Conceptual Electromagnetics

개념문제로 이해하는

전자기학

역자소개

강형구 (kang@ut.ac.kr)

1997년 성균관대학교 전기공학과 학사
1999년 성균관대학교 전기공학과 석사
2005년 연세대학교 전기전자공학부 박사
2005년~2009년 현대중공업 기계전기연구소 선임연구원
2009년~현재 한국교통대학교 전기공학과 교수

성영제 (yjsung@kyonggi.ac.kr)

2000년 고려대학교 전기전자전파공학부 학사
2002년 고려대학교 전파공학과 석사
2005년 고려대학교 전파공학과 박사
2005년~2008년 삼성전자 무선사업부 책임연구원
2008년~현재 경기대학교 전자공학과 교수

윤익재 (ijyoon@cnu.ac.kr)

2003년 연세대학교 전기전자공학부 학사
2005년 연세대학교 전기전자공학과 석사
2012년 University of Texas at Austin 전기컴퓨터공학과 박사
2005년~2008년 삼성종합기술원 연구원
2012년~2014년 Technical University of Denmark 전기공학과 박사후연구원/조교수
2014년~현재 충남대학교 전기공학과 부교수

오순수 (ssoh@chosun.ac.kr)

1999년 인하대학교 전자공학과 학사
2000년 인하대학교 전자공학과 석사
2003년 고려대학교 전파공학과 박사
2003년~2005년 University of Manitoba, 박사후연구원
2005년~2013년 한국전자통신연구원(ETRI) 선임연구원
2013년~현재 조선대학교 전자공학과 교수

홍익표 (iphong@kongju.ac.kr)

1994년 연세대학교 전자공학과 학사
1996년 연세대학교 전자공학과 석사
2000년 연세대학교 전기컴퓨터공학과 박사
2000년~2003년 삼성전자 무선사업부 책임연구원
2006년~2007년 Texas A&M University 방문연구원
2012년~2013년 Syracuse University 방문연구원
2003년~현재 공주대학교 스마트정보기술공학과 교수

Conceptual Electromagnetics

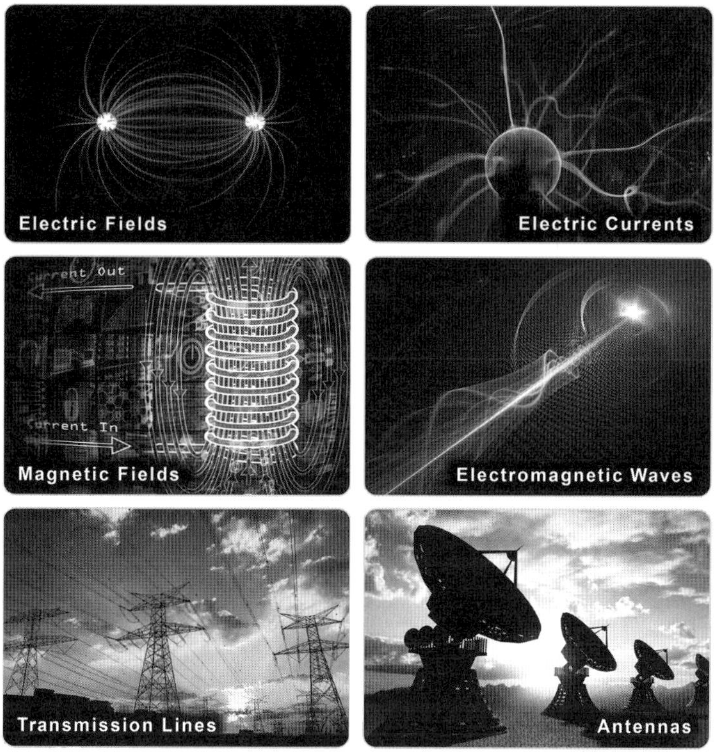

개념문제로 이해하는

전자기학

Branislav M. Notaroš 지음
강형구 · 성영제 · 윤익재 · 오순수 · 홍익표 옮김

도서출판 홍릉

Conceptual Electromagnetics

by Branislav M. Notaroš

개념문제로 이해하는

전자기학

인 쇄: 2022년 1월 10일 초판 1쇄
발 행: 2022년 1월 20일 초판 1쇄

역 자: 강형구, 성영제, 윤익재, 오순수, 홍익표
발행인: 송 준
발행처: 도서출판 홍릉
주 소: 01093 서울시 강북구 인수봉로 50길 10
등 록: 1976년 10월 21일 제5-66호

전 화: 02-999-2274~5, 903-7037
팩 스: 02-905-6729
e-mail: hongpub@hongpub.co.kr
http://www.hongpub.co.kr
ISBN: 979-11-5600-945-0(93000)

정 가: 32,000원

낙장 및 파본은 구입처나 본사에서 교환하여 드립니다.

서 문

전자기 이론은 기술 교육의 기본 토대이지만 동시에 학생들이 이해하기 가장 어려운 과목 중 하나입니다. 이러한 어려움을 해결하고 극복하는 데 도움을 주기 위해 전자파에 대한 개념적 이해를 바탕으로 한 학부생을 위한 전자기장 및 파동에 관한 교재인 Conceptual Electromagnetics를 소개합니다. 이 책은 공학 및 물리학을 전공하는 학생 및 기타 사용자에게 기본 이론과 전자기학의 888개 개념 질문 및 문제들을 독창적이고 종합적으로 연계하여 실용적인 엔지니어링 응용을 목표로 하는 전자기 원리에 대한 지식과 명료한 이해를 제공합니다. 본질적으로 이 책은 이론적인 서술 및 기본 방정식과 관련된 개념 질문만을 사용하여 학부 전자기학 전체의 모든 주제에 대해 제시하고 설명합니다. 이 책의 목표는 학생들이 더 강한 직관력과 전자기학에 대한 더 깊은 이해를 개발하고 더 매력적이고 흥미를 갖게 하도록 하는 것입니다.

이 책은 온라인 수업과 원격 교육을 포함하여 혁신적인 강의와 수업 중 숙제 및 시험을 위해, 강의자와 독립적 자율 학습을 위한 학생에게 풍부한 기회를 제공합니다. 개념적 질문은 또한 대화형 수업 내 질문, 탐색 및 토론(일반적으로 능동적 교수법 및 학습법이라고 함)이나, 학생들간의 상호 작용 및 학생들이 서로 가르치는(소위 동료 교육) 학습, 팀웍 및 아이디어 교환(협업 교육/학습)을 위한 학습방법으로 이상적입니다. 일반적으로 이러한 모든 교육적 기술과 접근 방식은 최근 과학 및 공학 교육자들의 많은 관심을 받았으며 수업 전달 및 교육의 선호 방법 또는 주요 구성 요소로 자리 잡고 있습니다. 과학 및 공학 전반에 걸친 여러 연구와 교실 경험을 통해 이러한 새로운 학습자 중심의 교수법 및 실습, 특히 능동적인 교수/학습법이 매우 효과적이고 동기를 부여하며 학생들에게 긍정적인 평가를 받는 것으로 나타났습니다. 또한 개념적 질문은 수업 평가, 즉 ABET(Accreditation Board for Engineering and Technology, 미국공학교육인증[*역자주]) 및 유사한 인증 기준(이 기준의 키워드는 "평가"입니다)에 비추어 특히 중요한 프로그램 및 교과과정의 성공뿐만 아니라 학생의 수행을 평가하고 수업의 효율성을 평가하는 데 매우 적합합니다.

Conceptual Electromagnetics에는 두 가지 의도가 있습니다. 독립적인 리소스로 또는 사용 가능한 학부 전자기학 교재(예: 참고 문헌의 [1]–[18])의 보충 자료로 사용할 수 있는 독립형 교재입니다. 즉, 교과과정에서 매우 중요한 개념적 구성 요소를 추가하는 종합적인 교재로서 개념 기반의 전자기장 및 파동 교과과정(또는 일련의 과정)의 주요 교재 역할을 하거나 다른(현재 사용되거나 채택될) 교재 및 다양한 교수법 스타일을 보완하도록 설계되었습니다. 어느 쪽이든 개념적 질문은 이론적 개념과 전자기학의 이해 및 문제 해결 기술과 능력을 모두 강력하게 시행하고 향상시키도록 설계되었습니다.

또한 이 책의 거의 모든 장의 각 부분은 안테나, 마이크로파 이론 및 공학, 파동 전파(wave propagation) 및 유도(guidance), 고급 전자기 이론(advanced electromagnetic theory), 계산 전자기학(computational electromagnetics), 전기 기계(electrical machines), 신호 무결성(signal integrity) 등(예를 들어, 참고문헌의 [19]-[34])에 대한 고급 과정에서도 효과적으로 통합할 수 있습니다. 또한, 이 책은 개념적 이해에 대해 강조하기 때문에 전자기장 및 파동의 기본 지식 또는 전자기 이론 및 응용의 특정 측면에 대한 지식을 복습하고 강화하기 위해 특정 과정 이외의 학생들과 실제 엔지니어 및 과학자들도 사용할 수 있습니다.

마지막으로, 개념적("빠르고 직관적으로 요점을 전달하는") 철학과 효과적인 객관식 형식으로 이 책은 원격 교육, 온라인 과정 및 비전통적인 교육 내용 전달의 기타 교육 방식에 유용할 수 있습니다. 개념적 질문은 자료의 핵심 개념에 초점을 맞춘 객관식 질문으로, 개념적 추론과 이해가 필요하고 계산이 전혀 필요하지 않습니다. 교육학적으로 이러한 질문들은 의미있는 내용으로 숙제와 시험, 수업 발표 및 토론을 위해 제공되어 전통적인 강의와 연계될 수 있습니다. 사실, 이 책에서 제공하는 이론적인 부분과 개념적인 질문을 사용하여 전체 과정을 가르칠 수 있습니다. 즉, 강의 주제는 사전에 읽기 과제와 결합될 수 있는 이론적인 소개(또한 책에서)와 함께 수업에서 제시되는 개념적 질문을 통해 포괄적으로 강의할 수 있습니다. 숙제와 시험은 순전히 개념적 질문으로 구성되거나 개념적 질문(문제)과 전통적인 계산 문제의 조합으로 구성될 수 있습니다.

예를 들어, 이 교재를 사용하여 능동적 학습 및 동료 교육(peer instruction)을 할 수 있는 방법 중 하나는 수업에 개념적 질문을 제기하고 이에 대해 "투표"한 다음 동료 그룹 내에서 학생들 사이의 다양한 의견들을 이상적으로 해결하기 위해 다양한 답변과 접근 방식에 대해 토론하는 것을 의미합니다(물리학 입문에 대한 Eric Mazur의 동료 교육을 참고). 학생과 강의자는 왜 일부(오답) 답이 매력적으로 보이고 옳게 보였는지, 그리고 궁극적으로 하나의 정답을 선택한 이유(또는 왜 답이 되는지)에 대해 토론합니다. 전반적으로 이 교재를 통해 전자기학 수업은 한편으로는 매우 교육적이고 생산적이며 다른 한편으로는 (학생과 강의자 모두에게) 진정한 재미를 줄 수 있습니다.

또한, 이 교재는 학생들이 이론(이 책이나 다른 교재 또는 강의 노트에서)을 읽거나 비디오 강의를 시청하여 교실 밖에서 수업 내용을 미리 배우는 거꾸로(inverted) 또는 뒤집힌(flipped) 교실이라는 새로운 교수법과 매우 잘 맞을 수 있습니다. 그런 다음 개념적 질문과 문제를 사용하는 능동적이고 문제 기반 학습을 위해 강의실에서 더 많은 대면 시간을 확보하여 자유롭게 토론을 할 수 있습니다. 물론 전체 과정은 사용 가능한 강의실(및 기타)의 기술과 연결될 수 있으므로 매우 효율적이고 학생들에게 매력적입니다. 기존 가상(전자) 학습 관리 시스템의 일부로 만들 수도 있습니다. 게다가, 이 책에는 매우 많은(888) 개념적 질문이 있으므로 수업 중 발표 및 토론, 숙제, 시험 및 평가, 추가 독립적인 학습 및 연습에 각각 충분합니다.

Conceptual Electromagnetics 는 주로 전기 및 컴퓨터 공학, 물리학 및 이와 유사한 전공의 2학년 학부생을 위해 2학기 과정 또는 1학기 과정 및/또는 이에 상응하는 학기 교육과정을 위해 설계되었습니다. 그러나 교육 과정의 이전 및 이후에도 사용할 수 있습니다. 이 책을 또한 학부생을 위한 전자기장 및 파동의 모든 중요한 이론적 개념, 방법론적 절차 및 솔루션 접근 방식을 다루며, 정전기장; 정전류; 정자기장; 시변 전자기장; 균일한 평면 전자기파; 전송 선로; 도파관 및 캐비티 공진기; 안테나 및 무선 통신 시스템에 대한 12개 장으로 구성되어 있습니다. 이 구성은 Pearson Education에서 2010년에 출판한 Branislav M. Notaroš가 저술한 **Electromagnetics** 책과 유사한 반면에 이 책은 전송선로 접근 방법을 포함하여 많은 유연성과 다양한 옵션을 허용합니다. 즉, 10장(전송선로의 회로 해석)에서는 시간-조화 전압 및 전류의 페이저 및 복소 표현을 소개하는 6.9절 및 6.10절과 함께 언제든지 사용할 수 있는 순수한 회로 이론 개념을 다루고 있습니다.

또한 Conceptual Electromagnetics 은 Branislav M. Notaroš(Pearson Education, 2013)의 **MATLAB®-Based Electromagnetics** 에서 제공되는 MATLAB® 컴퓨터 실습, 튜토리얼 및 프로젝트와 매우 효과적으로 연계할 수 있습니다.

이 책의 각 장의 각 절은 주제에 대한 이론적 자료로 시작하고 그 다음에는 이론과 밀접하게 연결된 개념적 질문이 이어집니다. 풍부한 응용과 함께 이론의 많은 구성 요소와 관련 내용은 개념적 질문 자체를 통해 소개됩니다. 이 책의 가장 중요한 장점은 스스로 학습할 수 있다는 것입니다. 학생을 비롯한 독자들은 책의 이론적인 내용과 수식에 기초하여 모든 질문에 답할 수 있을 것입니다.

이 책의 개념적 질문은 또한 학생들이 개념적 지식을 문제 해결 과정에 적극적으로 응용하도록 돕는 것을 목표로 합니다. 많은 질문은 학생이 문제 상황에 대한 개념적, 전략적, 정성적 분석을 수행하도록 요구하며, 이는 표준 계산 문제에서 정량적 분석 및 계산에 크고 즉각적인 도움이 됩니다. 그것들을 묶을 수 있는 개념적 지식 구조가 없으면 방정식은 의미가 없고 학기 도중과 학기 후에 빨리 잊혀지게 됩니다. 계산 문제와 관련된 개념적 질문은 학생들이 개념적 분석을 기반으로 한 문제 해결 전략을 개발하는 데 도움이 될 것입니다.

또한, 개념적 질문을 사용한 학생 학습 평가에서 학생의 수행과 수업의 효율성은 일반적으로 교과과정 시작전 "사전시험"과 종료후의 "사후시험" 점수 사이의 "이득"으로 평가할 수 있습니다. 이 책에서 제공하는 방대한 컬렉션에서 선택된 개념적 질문은 전체 수업에 대해 그리고 수업의 개별 주제에 대한 부분 및 최종 평가 도구로 강사가 쉽게 사용할 수 있습니다. ABET(또는 이와 유사한) 인증 규정 준수를 위해 개념적 질문을 쉽게 구현하여 개별 주요 교과과정 개념(전자기장 및 파동 개념)에 대한 학생들의 이해와 숙달을 정확하고 직접적으로 평가할 수 있습니다. 그런 다음 개별 교과과정 목표(과정을 통과하는 모든 학생이 규정된 수준에서 충족해야 함)에 대한 정량적 평가로 직접 변환(매핑)할 수 있습니다. 교과과정 목표는 전체 프로그램(예: 전기 공학 프로그램)에 대한 학생 결과(예: ABET 용어로 성과 a~k)와 마지막으로 프로그램 교육 목표에 매핑됩니다. 개념적 질문을 일부 학생 성과에 직접 매핑하는 것도 가능합니다. 개별 교과과정 개념에 대해 정량적으로 평가된 학생의 수행내용을 기반으로 강사는 수업, 전달 방식, 과제, 시험, 심지어 수업 내용까지 수정할 수 있습니다. 이를 통해 개념적 질문은 평가 피드백 메커니즘의 주요 부분이 됩니다(예를 들어, ABET 지속적 개선 기준에 의해 설명되며, 이는 틀림없이 달성, 문서화 및 준수하기 가장 어려운 기준임).

각 질문에 대해 제공되는 여러 답변은 자료에 대한 진정한 이해와 착각을 강조하기 위해 고안되었습니다. 각 질문에 대해 제공된 오답 중 일부는 다양한 유형의 "선택지" 역할을 하도록 설계되었으며, 이는 학습자의 일반적인 오해와 오류를 식별하고 올바른 선택(그렇지 않으면 무작위 추측으로 선택될 수 있음) 개념에 대한 이해가 전혀 없거나 빈약한 학생을 다른 유형으로 유도하기 위한 것입니다.

테스트, 시험 및 숙제의 채점 측면에서 전통적인 계산 문제보다 객관식 문제를 채점하는 것이 훨씬 쉽고 빠릅니다. 더욱이 이 책의 질문은 개념적이기 때문에 오답을 선택하는 것은 단순한 계산상의 오류가 아니라 방정식이나 풀이 과정에 대한 개념의 오해나 중대한 개념적 오류를 의미한다. 결과적으로, 개념적 질문이 있는 테스트는 실제로 등급이 매겨지고 지식은 전체 작업이 아니라 제공된 답변 선택만을 고려하여 온/오프(맞음/틀림) 기준으로 평가될 수 있습니다. 이러한 평가는 효율적일 뿐만 아니라 가장 공정하고 객관적이며 시험에 대한 학생의 공부에 대한 토론과 해석의 필요성을 없애줍니다.

이 책의 개념적 질문은 EMCI(Electromagnetics Concept Inventory)에 대한 질문의 의도와 형식을 따릅니다. EMCI(저자 Branislav Notaroš)는 전자기학의 기본 개념에 대한 학생들의 이해도를 측정하기 위해 고안된 평가 도구입니다. 이 작업은 NSF Foundation Coalition 프로젝트의 일부로 수행되었습니다. EMCI는 Hestenes와 Halloun이 만든 FCI(Force Concept Inventory)와 물리 교육에 미치는 영향에서 영감을 받았습니다.

이 책의 범위와 의도에 대한 개념적 질문은 전자기 영역과 거의 모든 전기 및 컴퓨터 공학 영역에서 완전히 새로운 것입니다. 또한 이것은 과학 및 공학 교육 전반에 걸쳐 가장 완전하고 야심찬 시도 중 하나입니다. 지금까지 개념적 전자기학은 학생들에게 매우 좋은 평가를 받았습니다. 나는 이 책이 전자기학의 개념적 질문과 문제가 교육, 학습 및 평가에서 전자기학 교육에서 널리 채택되고 사용되는 교육학적 도구와 실습이 되며 점점 더 많은 학생들이 이 매혹적인 학문을 좋아하고 감상하기 시작하는 데 도움이 되기를 바랍니다.

의견, 제안, 질문 및/또는 수정 사항을 notaros@colostate.edu로 보내주시기 바랍니다.

역자서문

최근 과학기술의 발전은 믿기 어려울 정도로 놀랄만한 속도로 각 분야에서 이루어지고 있습니다. 특히 인공지능, 로봇, 드론, 사물인터넷, 빅데이터, 자율주행 자동차, 3D 프린팅, 나노기술, 생명공학 등 폭넓은 분야에서 광범위한 기술발전은 바야흐로 4차 산업혁명을 이끌어 가고 있으며, 이 기반에는 5G에서 6G로 이어지는 무선통신 기술이 가장 중요하다고 할 수 있습니다. 이 무선통신의 가장 기초가 되는 학문을 꼽자면 무선통신의 기본인 맥스웰 방정식과 전파의 개념과 원리를 배우게 되는 전자기학이라고 할 수 있습니다. 하지만 전자기학을 제대로 이해하기 위해서는 벡터, 복소수, 미분, 적분 등 깊은 수학적인 지식이 요구되는 등 수식이 많고 물리적인 개념이 많기 때문에 학생들이 어려워하는 과목 중 하나입니다.

역자는 2019년 폴란드에서 열린 유럽 안테나 및 전파 학술대회(EuCAP2019)에서 본 책의 저자인 Notaros 교수가 "전자기학 교육의 미래와 도전"이라는 주제로 하는 초청 강연을 우연히 들은 적이 있습니다. Notaros 교수는 전자기학을 공부하는 학생들의 수학적 역량 및 문제 해결능력이 점점 줄어드는 경향이 있다는 점과, 전통적인 강의방법을 고수하는 강의자와 학생들 사이의 격차에 따라 새로운 교육 방법을 고민해야 한다고 하면서 수업 전 개념적 질문과 대화형 문제 기반 학습을 이용하는 플립드 러닝(Flipped Learning) 방법 등을 새로운 교육 방법을 전자기학에 도입해야 한다고 주장하고 실제로 그 효과를 제시하여 참석한 많은 학자들의 박수를 받았습니다. 이후 Notaros 교수가 이러한 개념과 문제를 기반으로 학생들이 능동적으로 학습이 가능하도록 저술한 Conceptual Electromagnetics라는 교재를 알게 되어, 국내에 소개하고자 하였습니다. 이 교재는 각 절마다 기본 개념을 간단하게 소개하고, 객관식으로 이루어진 다양한 문제들을 통해 전자기학의 개념을 더 깊게 이해할 수 있습니다. 문제를 통한 개념 이해는 강의자가 일방적으로 강의하는 방식에서 탈피하여 문제를 놓고 학생들과 토론을 하거나 학습평가를 위해 유용하게 주교재 또는 보조교재로도 활용할 수 있을 것입니다.

전공도서의 번역은 그 들이는 시간과 노력에 비하면 번역자의 사명감이 없다면 할 수 없는 일입니다. 다행히도 본 교재의 번역에는 1장-3장 윤익재(충남대), 4장-5장 강형구(한국교통대), 6장-7장 오순수(조선대), 8장-10장 홍익표(공주대), 11장-12장 성영제(경기대) 교수님들이 바쁘신 가운데에서도 참여를 해주셨습니다. 그럼에도 불구하고 여러 명이 작업을 하다 보니, 용어나 문장의 통일성이 다소 부족할 수도 있고 번역이 매끄럽지 못할 수도 있다는 점을 너그러이 양해해 주시고 오자나 바로잡아야 할 내용들이 있다면 저자들이나 출판사에 알려주시면 적극 반영하여 수정하도록 하겠습니다. 책의 번역작업에 함께 수고해주신 도서출판 홍릉 최윤석이사님과 박찬혁실장님께 진심으로 감사드립니다.

2022년 2월

역자일동

목 차

제7장 균일 평면 전자기파 ······ 225

제8장 평면파의 반사와 투과 ······ 261

제9장 전송 선로의 필드 해석 ······ 301

제10장 전송 선로의 회로 해석 ······ 327

제 1 장 자유공간에서의 정전기장

개요

정전기(electrostatics)는 정적 상태의 전기(static electricity)와 관련된 현상을 다루는 전자기학의 한 분야로써, 이는 본질적으로 전하들 간 서로 힘이 작용한다는 단순한 실험적 사실에 대한 결과이다. 이러한 힘을 전기력(electric forces)이라고 하며, 하나의 전하가 다른 전하에 힘을 가하는 공간의 특수한 상태를 전기장(electric field)이라고 한다. 시간 변이가 있는 공간에서의 모든 전하 분포는 전기장의 소스(원천, source)가 된다. 정지 상태의, 시변하지 않는(즉, 시간에 따라 변하지 않고 움직이지 않는) 전하에 의한 전기장을 정적 전기장(static electric field) 혹은 정전기장(electrostatic field)이라고 한다. 이것은 일반 전자기장(electromagnetic field)의 가장 단순한 형태이며, 이에 대한 물리적, 수학적 해석이 전체 전자기 이론의 초석이 된다. 한편, 정전기에 대한 명확한 이해는 전기, 전자 장치 및 시스템에서 정전기장, 전하 및 전기력을 포함하는 많은 응용 분야에 필수적이다.

1.1 쿨롱의 법칙

쿨롱의 법칙(Coulomb's law)에 따르면 진공 또는 공기(자유공간)에서 점전하 Q_1으로 인한 점전하 Q_2에 대한 전기력 $\mathbf{F}_{e12}$는 다음과 같다[1] (그림 1.1):

$$\mathbf{F}_{e12} = \frac{1}{4\pi\varepsilon}\frac{Q_1 Q_2}{R^2}\hat{\mathbf{R}}_{12} \text{(쿨롱의 법칙)} \tag{1.1}$$

1) 본 교재에서 벡터는 **F**, **R**과 같이(이탤릭체가 아닌) 굵은, 정규 부호(symbol)로 표현되는 반면, 벡터의 크기는 스칼라량과 마찬가지로 굵지 않은 이탤릭체 부호(예: F, R, Q)로 표시된다. 일반적으로 타자된(typewritten) 작업에서 흔히 볼 수 있는 벡터의 굵은체(**F**) 표기법은 통상적으로 수기로 작업한 문서에서 부호 상단에 오른쪽 방향 화살표를 둔 $\vec{F}$와 같이 벡터를 표기하는 것에 해당한다.

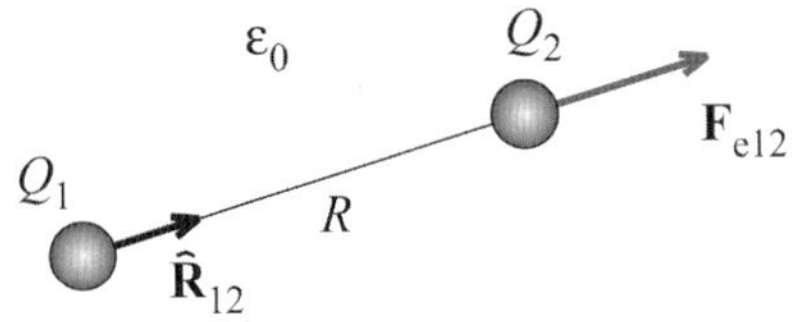

그림 1.1 식 (1.1)에 따른 쿨롱의 법칙에서의 표기법

$\mathbf{R}_{12}$가 Q_1에 상대적인 Q_2의 위치 벡터[2)]를 나타내는 경우, $R=|\mathbf{R}_{12}|$는 두 전하 사이의 거리, $\hat{\mathbf{R}}_{12}=\mathbf{R}_{12}/R$은 벡터 $\mathbf{R}_{12}$의 단위 벡터, ε_0은 자유공간의 유전율이다.

$$\varepsilon_0 = 8.8542 \ \text{pF/m} \ (\text{자유공간의 유전율}) \tag{1.2}$$

점전하(point charge)는 전하들 사이의 거리보다 크기가 훨씬 작은 임의 형태의 대전된 형상(charged bodies)을 의미한다. 전하에 대한 SI(국제 단위계) 단위는 쿨롱(C)이고, 힘(**F**)에 대한 단위는 뉴턴(N)이다.

만약 2개 이상의 점전하가 있다면, 중첩의 원리(superposition principle)를 이용하여 특정한 전하에 미치는 힘을 계산할 수 있다. 즉, 각각의 전하에 의해 가해지는 부분적인 힘은 벡터적으로 더해진다.

개념문제 1.1 **정사각형 꼭짓점에 위치한 두 개의 점전하**

두 개의 작은 대전된 전하가 자유공간 상 정사각형의 두 꼭짓점에 위치하고 있다(그림 1.2). 전하 사이의 전기력은 다음 중 어떤 경우가 더 큰지 답하시오.[3)]

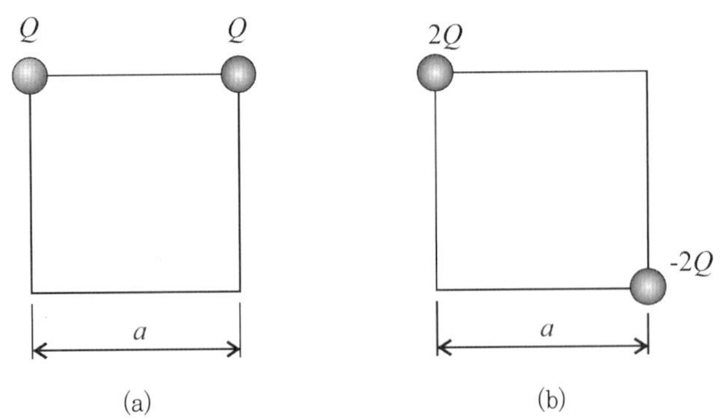

그림 1.2 정사각형 꼭짓점에 위치한 두 개의 점전하(개념문제 1.1)

2) 본 교재의 모든 단위 벡터(unit vector)는 “hat” 표기법을 사용하여 표시한다. 예를 들어 (직교 좌표계) x-방향의 단위 벡터는 $\hat{x}$로 주어진다(널리 사용되는 단위 벡터의 다른 표현 방법으로는 a_x, i_x, u_x 등이 있다).

3) 본 교재의 모든 개념 문제는 정확히 1개의 답이 존재한다.

(A) (a) 경우.

(B) (b) 경우.

(C) 두 경우의 전기력 크기는 같다.

개념문제 1.2 **삼각형 꼭짓점에 위치한 세 개의 점전하**

극성과 크기가 다른 세 개의 점전하가 그림 1.3과 같이 삼각형의 꼭짓점에 위치해 있다. 이때 오른쪽 아래 꼭짓점에서의 전기력 $\mathbf{F}_e$는:

(A) 그림 1.3(a)와 같다.

(B) 그림 1.3(b)와 같다.

(C) 그림 1.3(c)와 같다.

(D) 그림 1.3(d)와 같다.

(E) 0이다.

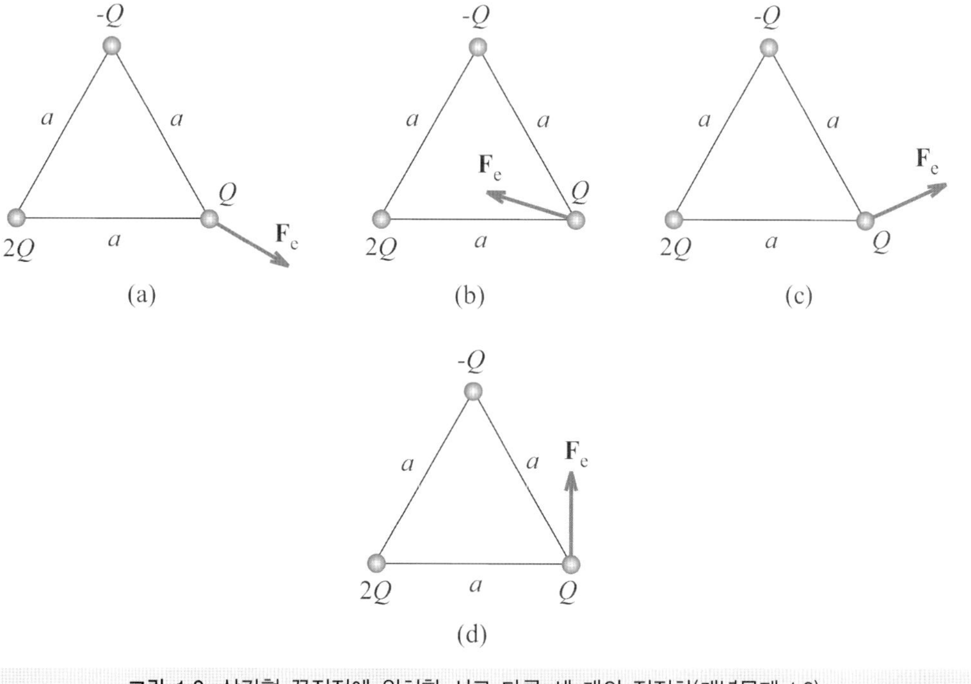

그림 1.3 삼각형 꼭짓점에 위치한 서로 다른 세 개의 점전하(개념문제 1.2)

1.2 전하 분포에 의한 전기장 세기 벡터

전기장은 대전된 물체 주위 공간에 존재하는 특별한 물리적 상태를 말하며, 그 근본적인 특성은 공간에 배치된 고정된 전하에 작용하는 힘(쿨롱 힘)이 있다는 것이다. 이 필드를 정량적으로 설명하기 위해, 전기장 세기 벡터(electric field intensity vector) **E**라고 불리는 벡터량(vector quantity)을 도입한다. 정의에 따라, 이는 전기장에 놓인 작은 시험 점전하 Q_p에 대한 전기력 $\mathbf{F}_e$를 Q_p로 나눈 것과 같다. 즉,

$$\mathbf{E}=\frac{\mathbf{F}_e}{Q_p}(Q_p\rightarrow 0)\ \text{(전기장 세기 벡터의 정의; 단위: V/m)} \tag{1.3}$$

전기장 세기(electric field intensity)의 단위는 단위 미터(m)당 전압이다 (V/m). 식 (1.3)의 정의와 식 (1.1)의 쿨롱의 법칙으로부터, 점전하 Q로부터 거리 R만큼 떨어진 지점에서의 전기장 세기 벡터의 식을 구할 수 있다(그림 1.4).

$$\mathbf{E}=\frac{1}{4\pi\varepsilon_0}\frac{Q}{R^2}\hat{\mathbf{R}}\ \text{(점전하에 의한 전기장)} \tag{1.4}$$

이때 $\hat{\mathbf{R}}$은 전하(원천점, source point)의 중심에서 전계가 관측되는 지점(관측점)으로 향하는 방향 R에 대한 단위 벡터이다.

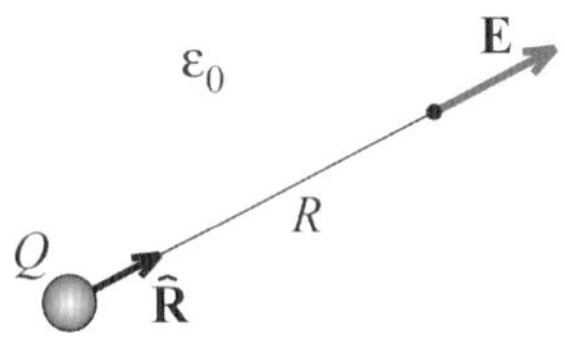

그림 1.4 자유공간에 놓인 점전하에 의한 전기장 세기 벡터

일반적으로, 전하는 체적, 면, 선을 따라 분포할 수 있다. 이 세 가지 각각의 경우에 대한 연속 전하 분포는 적절한 전하 밀도(charge density) 함수로 표현할 수 있다. 볼륨 v에 대한 체적 전하 밀도는 [그림 1.5(a)]로 정의된다.

$$\rho=\frac{dQ}{dv}\ \text{(체적 전하 밀도, 단위: C/m}^3\text{)} \tag{1.5}$$

면적 S에 대한 표면 전하 밀도는 [그림 1.5(b)]로 정의된다.

$$\rho_s=\frac{dQ}{dS}\ \text{(표면 전하 밀도, 단위: C/m}^2\text{)} \tag{1.6}$$

길이 l에 대한 선 전하 밀도는 [그림 1.5(c)]로 정의된다.

$$Q' = \frac{dQ}{dl} \text{ (선 전하 밀도, 단위: C/m)} \tag{1.7}$$

기호 ρ 대신 ρ_v, ρ_s 대신 σ, Q' 대신 ρ_l이 종종 사용될 수 있다는 것을 기억하자. 또한 Q'(Q'= 상수)으로 구조물(예: 얇거나 혹은 두꺼운 실린더)의 1m 단위 길이 당(p.u.l., per unit length) 전하량을 나타내기도 한다.

$$Q' = Q_{p.u.l.} = \frac{Q_{alongvl}}{l} = \frac{Q_{\text{for 1m length}}}{\text{1m}} \text{ (단위 길이당 전하량, C/m)} \tag{1.8}$$

따라서 Q'은 수치적으로 구조물의 각 단위 길이(1m)에서 발생하는 전하량과 동일하다.

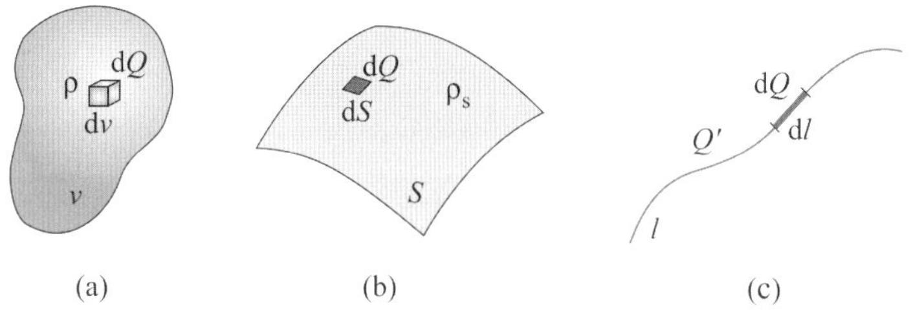

그림 1.5 세 가지 종류의 연속된 전하 분포 및 전하 요소: (a) 체적 전하, (b) 표면 전하, (C) 선 전하

중첩 원리에 의해, 각각의 전하 분포 ρ, ρ_s, Q'에 기인하는 전기장 세기 벡터는 전하 분포를 구성하는 수많은 등가 점전하에 의한 전계 세기의 벡터합(vector summation)으로 간주할 수 있다. 따라서 식 (1.4)의 전하 Q를 그림 1.5(c)의 $dQ = Q'dl$로 교체하고 적분함으로써,

$$\mathbf{E} = \frac{1}{4\pi\epsilon_0}\int_l \frac{Q'dl}{R^2}\hat{\mathbf{R}} \text{(선 전하에 의한 전기장)} \tag{1.9}$$

로 나타낼 수 있으며, 면과 체적 전하 분포에 대해서도 유사한 식을 구할 수 있다.

개념문제 1.3 **반원(semicircle)을 따라 분포한 균일 전하에 의한 전기장**

균일한 선 전하 밀도 Q'(Q'=상수) 가 그림 1.6과 같이 자유공간(xy-평면)에 위치한 반지름 a인 반원 위에 분포해 있다. 만약 $Q' > 0$일 경우, 좌표 $z = a$로 정의한 z축의 지점에서 이 전하로 인한 전기장 세기 벡터 $\mathbf{E}$는 다음과 같이 나타낼 수 있다.

(A) $\mathbf{E} = E_x\hat{\boldsymbol{x}}$ $(E_x \neq 0)$

(B) $\mathbf{E} = E_z\hat{\boldsymbol{z}}$ $(E_z \neq 0)$

(C) $\mathbf{E} = E_x\hat{\boldsymbol{x}} + E_y\hat{\boldsymbol{y}}$ $(E_x > 0, E_y > 0)$

(D) $\mathbf{E} = E_x\hat{\boldsymbol{x}} + E_y\hat{\boldsymbol{y}}$ $(E_x > 0, E_y < 0)$

(E) $\mathbf{E} = E_x\hat{\boldsymbol{x}} + E_z\hat{\boldsymbol{z}}$ $(E_x > 0, E_z > 0)$

(F) $\mathbf{E} = E_x\hat{\boldsymbol{x}} + E_z\hat{\boldsymbol{z}}$ $(E_x > 0, E_z < 0)$

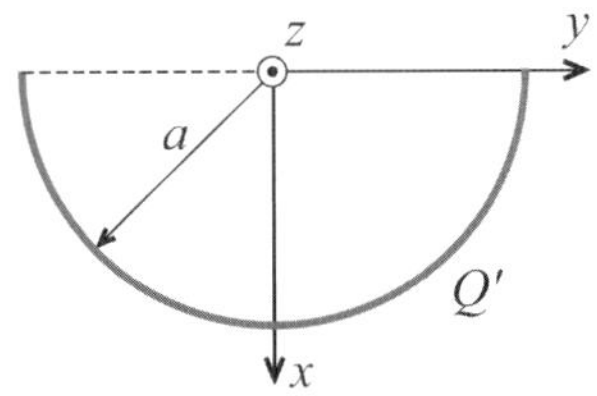

그림 1.6 반원 형태의 균일 선전하(line charge)(개념문제 1.3)

개념문제 1.4 반 양극, 반 음극인 유한 선전하

그림 1.7과 같이 자유공간 상에 절반은 $Q'(Q' > 0)$, 그리고 나머지 절반은 $-Q'$으로 대전된 유한한 길이의 선전하가 있다. 선 끝에서 동일한 거리 M에서의 전기장 세기 벡터 $\mathbf{E}$는:

(A) 그림 1.7(a)와 같다.

(B) 그림 1.7(b)와 같다.

(C) 그림 1.7(c)와 같다.

(D) 그림 1.7(d)와 같다.

(E) 0이다.

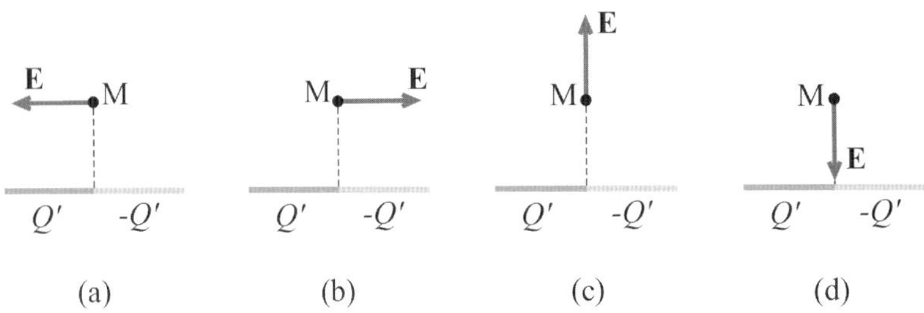

그림 1.7 절반은 양극, 절반은 음극으로 대전된 유한한 길이의 선전하(개념문제 1.4)

개념문제 1.5 두 개의, 동일한 표면 전하 밀도(surface charge density)를 가진 평행 스트립(parallel strips)

두 개의 평행하고 무한하게 긴 폭 a의 스트립이 동일한 전하 밀도 ρ_s $(\rho_s > 0)$로 균일하게 대전되어 있으며, 구조물의 단면은 그림 1.8에 나타나 있다. 주변 매질은 공기이고, 스트립

사이의 거리는 d이다. 이에 따른 전기장 세기 벡터 $\mathbf{E}$는 그림의 M 지점에서 다음과 같이 발생한다.

(A) 양방향의 x-축 성분만 갖는다.

(B) 음방향의 x-축 성분만 갖는다.

(C) 양방향의 z-축 성분만 갖는다.

(D) 음방향의 z-축 성분만 갖는다.

(E) 0이다.

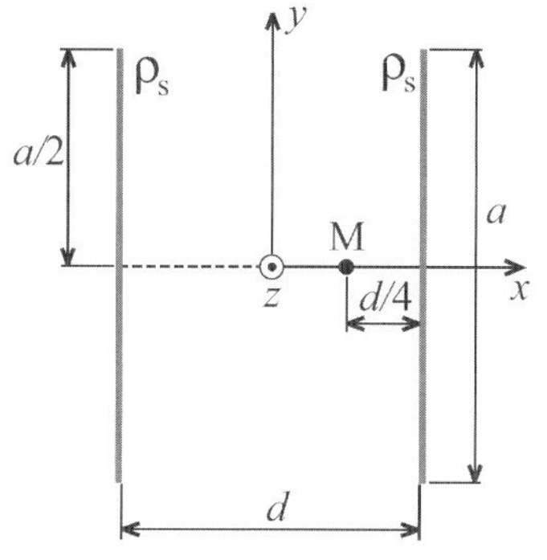

그림 1.8 동일한 표면전하 밀도로 대전되어 있는 두 개의 평행하고, 무한히 긴 스트립의 단면(개념문제 1.5)

개념문제 1.6 **두 개의 평행한, 균일하게 대전된 평면(sheet)**

그림 1.9는 공기 중에 위치한 두 개의 평행한 평면(무한히 길고, 무한히 넓은 스트립, 즉 그림 1.8에서 $a \to \infty$ 인 경우)의 단면을 보여주며, 각각에 동일한 (상수의) 양전하 밀도 ρ_s가 분포한다고 가정한다. 지점 M에서 양쪽 평면으로 인한 총 전기장 세기 벡터 $\mathbf{E}$는:

(A) 양방향의 x-축 성분만 갖는다.

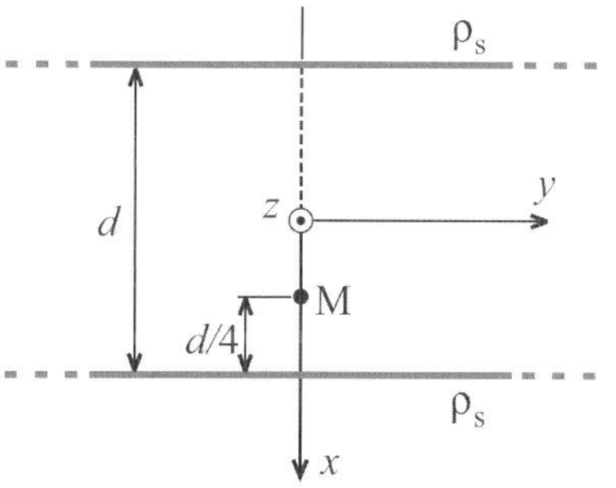

그림 1.9 두 개의 평행한, 동일한 표면 전하 밀도로 균일하게 대전된 표면의 단면(개념문제 1.6)

(B) 음방향의 x-축 성분만 갖는다.

(C) 양방향의 z-축 성분만 갖는다.

(D) 음방향의 z-축 성분만 갖는다.

(E) 0이다.

개념문제 1.7 **체적 전하(volume charge)에 따른 전기장**

진공에서의 임의의 불균일한 체적 전하 분포를 생각하자. 그리고 공간내 임의 지점에서 이러한 전하 분포로 인한 전기장 세기 벡터 **E**는 0이 아니다. 전하 밀도 ρ가 모든 곳에서 두 배로 증가하여 $\rho_{new}=2\rho$가 된다면 전기장 벡터는,

(A) 방향은 그대로이며 세기는 두 배로 커진다.

(B) 방향은 그대로이며 세기는 커지지만 항상 두 배는 아니다.

(C) 세기는 커지지만 방향은 바뀔 수 있다.

(D) 세기는 두 배로 커지며 방향은 바뀔 수 있다.

(E) 세기는 커질 수도 작아질 수도 있으며 방향은 바뀔 수 있다.

1.3 전기 스칼라 전위

전기 스칼라 전위(Electric scalar potential)는 정전기장 설명에 있어 전기장 세기 벡터 대신 사용할 수 있는 스칼라량이다. 전기장이 존재하는 공간 P 지점에서의 전위 V는 시험 점전하 Q_P를 P에서 기준 지점 $\mathcal{R}$로 이동할 때 전기력 $\mathbf{F}_e$에 의해 수행된 일 W_e로 정의된다(그림 1.10).

$$W_e=\int_P^{\mathcal{R}}\mathbf{F}_e\cdot dl=\int_P^{\mathcal{R}}F_e dl\cos\alpha \tag{1.10}$$

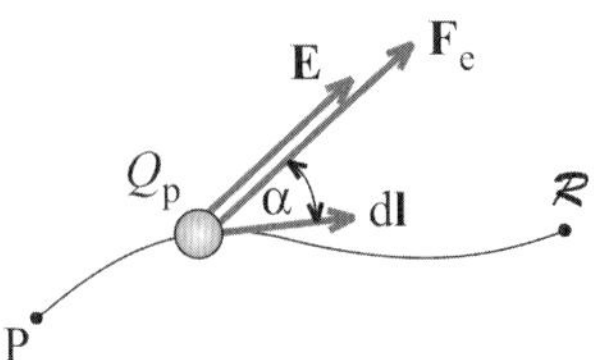

그림 1.10 정전기장 내 시험 점전하의 변위

(벡터 $\mathbf{a}$와 $\mathbf{b}$의 내적은 $\mathbf{a}\cdot\mathbf{b}=|\mathbf{a}||\mathbf{b}|\cos\alpha$ (α는 $\mathbf{a}$와 $\mathbf{b}$ 사이의 각도) 정의에 따라 스칼라량으로 주어진다) 이를 Q_P로 나누어준다. 식 (1.3)에 따라서 이는,

$$V=\frac{W_e}{Q_\mathrm{P}}=\int_\mathrm{P}^{\mathcal{R}}\frac{\mathbf{F}_\mathrm{e}}{Q_\mathrm{P}}\cdot d\mathbf{l}=\int_\mathrm{P}^{\mathcal{R}}\mathbf{E}\cdot d\mathbf{l}\ \text{(전위의 정의, 단위: V)} \tag{1.11}$$

즉, V는 P에서 $\mathcal{R}$까지 벡터 $\mathbf{E}$의 선적분이다[4]. 전위의 단위는 볼트(V)이다. Φ는 또한 전위를 나타내기 위해 사용된다.

식 (1.11)과 (1.4)로부터, 기준점이 무한대에 있을 때 자유공간 상의 점전하 Q에서 거리 R 만큼 떨어진 지점에서의 전기 스칼라 전위는 $V=Q/(4\pi\epsilon_0 R)$이다. 중첩 원리에 의해, 그림 1.5의 세 가지 종류의 연속 전하 분포에 대하여 전위에 대한 식을 도출할 수 있다. 예를 들어, 식 (1.9)에 해당하는 전계 벡터의 전위에 대한 식은 다음과 같이 나타난다.

$$V=\frac{1}{4\pi\varepsilon_0}\int_l\frac{Q'dl}{R}\ \text{(선전하에 의한 전위)} \tag{1.12}$$

에너지 보존 법칙에 따라 정전기장에 의해 Q_P를 지점 A에서 지점 B로 이동한 다음, 다른 경로를 따라 다시 A로 이동하는 알짜일(net work)은 0이다(왕복 후의 시스템은 시작과 동일하기 때문이다). 즉, 임의의 폐쇄경로를 따라 전기장 세기 벡터의 선 적분은 0이다.

$$\oint_C\mathbf{E}\cdot d\mathbf{l}=0\ \text{(정전기장의 보존 성질)} \tag{1.13}$$

이는 정전기장에 대한 맥스웰의 첫 번째 방정식을 구성한다.

정의에 따라, 전압은 두 지점간의 전위차로 표현된다.

$$V_\mathrm{AB}=V_\mathrm{A}-V_\mathrm{B}\ \text{(A와 B지점 사이의 전압)} \tag{1.14}$$

여기서 V_A와 V_B는 각각 동일한 기준점에 대한 A지점과 B지점에서의 전위이다. 식 (1.11)과 (1.14)의 조합을 통해 다음을 얻을 수 있다.

$$V_\mathrm{AB}=\int_A^B\mathbf{E}\cdot d\mathbf{l}\ \text{(}\mathbf{E}\text{의 선적분에 의한 전압)} \tag{1.15}$$

---

4) 벡터 함수(혹은 field) $\boldsymbol{a}$에 대해 선(곡선) l을 따라 A지점부터 B지점까지의 선적분은 $\int_l\mathbf{a}\cdot d\mathbf{l}=\int_A^B\mathbf{a}\cdot d\mathbf{l}$로 정의되며, 여기서 $d\mathbf{l}$은 A에서 B로 향하는 방향의 곡선에 접하는 (그림 1.10과 같은) 차분 길이이다. 선이 닫힌 경우(예: 원 또는 사각형) 우리는 이를 경로(contour)(그리고 보통 C로 표시)이라고 하며, 선 적분 $\oint_C\mathbf{a}\cdot d\mathbf{l}$은 $\boldsymbol{a}$의 C에 따른 순환이라고 부른다. $d\mathbf{l}$의 기준 방향은 경로의 접선* 방향과 일치한다.
(*: 역자주)

개념문제 1.8 **기준점에서의 전위**

전위의 기준점인 R에서 전기 스칼라 전위(V)는:

(A) 0

(B) 무한대.

(C) 정의할 수 없다.

개념문제 1.9 **대전된 링(ring)에 의한 전위 및 전기장**

균일한 전하 밀도 Q'의 선전하량이 공기 내 반경 a인 링의 원주를 따라 분포한다. 전기 스칼라 전위(무한대 기준점 기준) V 및 링 중앙에서 이 전하분포로 인한 전기장 세기(field intensity) E는 다음과 같다.

(A) $V=0$ 그리고 $E=0$.

(B) $V=0$ 그리고 $E\neq 0$.

(C) $V\neq 0$ 그리고 $E=0$.

(D) $V\neq 0$ 그리고 $E\neq 0$.

개념문제 1.10 **일정한 전기장 내 지점에서의 전위**

그림 1.11과 같이 정전기장의 강도 E가 균일한(어디서나 동일한) 영역을 생각해보자. A 지점에서의 전기 스칼라 전위가 0($V_A=0$)이면, 그림에서 표기된 B 지점의 전위는 다음과 같다.

(A) $V_B = Ed$.

(B) $V_B = Ed\sin\alpha$.

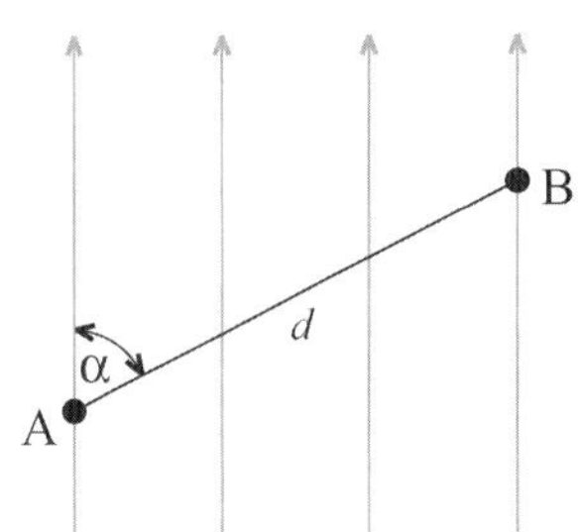

그림 1.11 균일한 전기장 내의 A와 B 지점(개념문제 1.10)

(C) $V_B = -Ed\sin\alpha$.

(D) $V_B = Ed\cos\alpha$.

(E) $V_B = -Ed\cos\alpha$.

(F) $V_B = 0$

개념문제 1.11 **점전하 필드의 경로(contour)**

점전하 Q가 자유공간 상에 있다. 이 전하에 의한 전기장 세기 벡터 $\boldsymbol{E}$에 대하여 그림 1.12와 같이 반지름 a와 $2a$인 부분의 원호와, 길이 a로 구성된 반지름 부분으로 구성된 경로 C에 대한 선적분은:

(A) $Q/(4\pi\epsilon_0 a)$.

(B) $-Q/(4\pi\epsilon_0 a)$.

(C) $Q/(8\pi\epsilon_0 a)$.

(D) $-Q/(8\pi\epsilon_0 a)$.

(E) 0

(ε_0은 진공에서의 유전율이다).

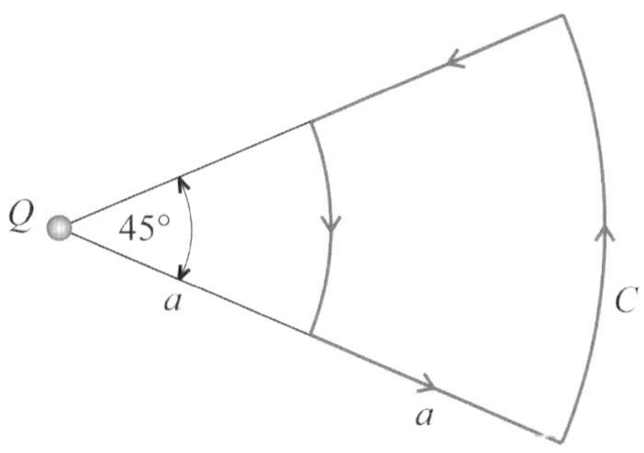

그림 1.12 자유공간 상의 점전하 Q로 인한 전기장에 있는 경로 C (개념문제 1.11)

개념문제 1.12 **새로운 기준점에 대한 전위와 전압**

정전기 시스템에서 전위에 대한 새로운 기준점이 수립되면 전위와 전압이 어떻게 변하는가?

(A) 전위와 전압이 같은 값으로 변화한다.

(B) 전위는 0이 되고 전압은 변화가 없다.

(C) 전위와 전압 모두 변화가 없다.

(D) 전위는 같은 값으로 변화하고 전압은 변화가 없다.

(E) 전위는 변화가 없고 전압은 같은 값으로 변화한다.

1.4 정전기에서 필드와 전위의 차등 관계

식 (1.11)은 전기장 세기 벡터와 정전기 전위 간의 적분 관계를 나타내며, **E**를 알고 있다면 이를 통해 V를 결정할 수 있다. V에서 **E**를 계산할 때 사용할 수 있는 이 두 물리량*(*역자주) 사이의 등가, 차등 관계(differential relationship)는 다음과 같다.

$$\mathbf{E} = E_x\hat{\mathbf{x}} + E_y\hat{\mathbf{y}} + E_z\hat{\mathbf{z}} = -\left(\frac{\partial V}{\partial x}\hat{\mathbf{x}} + \frac{\partial V}{\partial y}\hat{\mathbf{y}} + \frac{\partial V}{\partial z}\hat{\mathbf{z}}\right) = -\,grad\,V = -\nabla V$$

(gradient를 사용하여 정전기 V로부터 구한 **E**) (1.16)

전위가 세 좌표(다변수 함수), 즉 $V = V(x, y, z)$의 함수로 표현되기 때문에 일반적인 미분 대신 편미분 함수를 사용하여 표현한다. 괄호 안의 식을 스칼라 함수 V의 기울기(gradient)라고 한다. 때로는 $grad\,V$로 표기되지만 보통은 델(del) 연산자 혹은 나블라(nabla) 연산자를 사용하여 ∇V로 작성하며, 다음과 같이 정의된다.

$$\nabla = \frac{\partial}{\partial x}\hat{\boldsymbol{x}} + \frac{\partial}{\partial y}\hat{\boldsymbol{y}} + \frac{\partial}{\partial z}\hat{\boldsymbol{z}} \text{(del 연산자)} \qquad (1.17)$$

원통형 및 구형 좌표계에서도 gradient(∇V)를 계산하기 위한 유사한 공식이 있다.

주어진 스칼라 필드 f(정전기 전위가 아닐 수도 있음)에 대해 공간의 한 지점에서 ∇f의 크기는 단위 거리 당 함수 f의 최대 공간 변화율과 같고 $[|\nabla f| = (df/dl)_{\max}]$ ∇f는 f에서 최대 공간 변화율 방향을 가리킨다. 따라서 f의 기울기는 f가 가장 빠르게 변하는 방향과 최대 공간 변화율의 크기를 모두 제공하는 벡터이다.

개념문제 1.13 **전위(potential) 분포의 필드 최댓값**

어떤 영역의 정전기 전위 V는 직각 좌표계 x만의 함수이며 $V(x)$를 그림 1.13에 나타내었다. 지점 A, B, C, D 및 E에서 전기장 강도를 고려할 때, 가장 큰 필드 세기는 어느 지점에서 나타나는가?

(A) A.

(B) B.

(C) C.

(D) D.

(E) E.

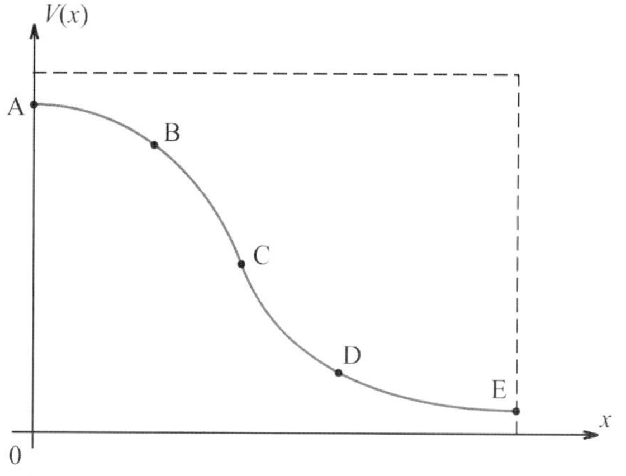

그림 1.13 1차원 포텐셜 분포(개념문제 1.13)

개념문제 1.14 특정 지점에서의 제로(zero)-전위 그리고/혹은 필드

어느 공간 영역의 정전기장과 다음 두 설명을 생각해 보시오. (a) 해당 영역의 한 지점에서 전기 스칼라 전위가 0이면 해당 지점의 전기장 벡터도 0이어야 한다. (b) 한 지점의 전기장 벡터가 0이면 같은 지점의 전위는 0이어야 한다. 다음 중 참인 설명은 무엇인가?

(A) (a) 설명.

(B) (b) 설명.

(C) 둘 모두.

(D) 둘 모두 참이 아니다.

개념문제 1.15 가장 가파른 기울기 증가 방향

지역의 지형 고도는 함수 $h(x,y)$로 나타난다. 여기서 x와 y는 수평면의 좌표이다. 위치 (x_0, y_0)에서 가장 가파른 상승 방향(지형 고도의 최대 증가, h)은 다음 단위 벡터 $\hat{\mathrm{I}}$ ($|\hat{\mathrm{I}}| = 1$)로 정의된다 (이때, $\partial h / \partial x = 3$, $\partial h / \partial y = 4$).

(A) $\hat{\mathbf{I}} = (3\hat{\mathbf{x}} + 4\hat{\mathbf{y}})/5.$

(B) $\hat{\mathbf{I}} = -(3\hat{\mathbf{x}} + 4\hat{\mathbf{y}})/5.$

(C) $\hat{\mathbf{I}} = (4\hat{\mathbf{x}} + 3\hat{\mathbf{y}})/5.$

(D) $\hat{\mathbf{I}} = -(4\hat{\mathbf{x}} + 3\hat{\mathbf{y}})/5.$

(E) $\hat{\mathbf{I}} = -(\hat{\mathbf{x}} + \hat{\mathbf{y}})/\sqrt{2}.$

(F) 모두 답이 아니다.

개념문제 1.16 **최대 상승은 얼마나 가파른가?**

지형 고도 함수 $h(x,y)$ (x 및 y는 수평 직교 좌표계의 성분임)와 $\partial h/\partial x = 3$이고, $\partial h/\partial y = 4$인 위치 ($x_0$, y_0)를 고려하면 각도 α(° 단위)로 표현되는 위치에서의 가장 가파른 상승은:

(A) $\alpha = \arctan(3/4) = 36.87°$ ($\arctan \equiv \tan^{-1}$)

(B) $\alpha = \arctan(4/3) = 53.13°$

(C) $\alpha = \arctan 5 = 78.69°$

(D) $\alpha = \arctan 2 = 63.43°$

(E) $\alpha = \arctan 1 = 45°$

(F) 모두 답이 아니다.

개념문제 1.17 **전자기 전위의 최대 증가 방향**

어떤 영역의 정전기장 세기 벡터는 $\mathbf{E}(x,y,z) = (\hat{\mathbf{x}} - z^2\hat{\mathbf{y}} + 2yz\hat{\mathbf{z}})\,V/m$ (x, y, z는 모두 m 단위)로 주어진다. 점 ($1m$, $1m$, $1m$)에서 전기 스칼라 전위의 최대 증가 방향은 다음 단위 벡터에 의해 결정된다.

(A) $\hat{\mathbf{I}} = (-2\hat{\mathbf{y}} + 2\hat{\mathbf{z}})/\sqrt{8}.$

(B) $\hat{\mathbf{I}} = (2\hat{\mathbf{y}} - 2\hat{\mathbf{z}})/\sqrt{8}.$

(C) $\hat{\mathbf{I}} = (\hat{\mathbf{x}} - \hat{\mathbf{y}} + 2\hat{\mathbf{z}})/\sqrt{6}.$

(D) $\hat{\mathbf{I}} = (-\hat{\mathbf{x}} + \hat{\mathbf{y}} - 2\hat{\mathbf{z}})/\sqrt{6}.$

(E) $\hat{\mathbf{I}} = \hat{\mathbf{z}}$

(F) 모두 답이 아니다.

1.5 적분형 가우스 법칙

가우스 법칙(적분형)(Gauss' Law in Integral Form)은 자유공간[5]에서 닫힌 표면 S를 통해 나가는 전기장 세기 벡터 $\mathbf{E}$의 플럭스(표면 적분)를 나타내며 전속(electric flux)이라고도 한다. 해당 표면에 의해 둘러싸인 총 전하 Q_S를 ε_0로 나눈 값과 같다는 것을 말한다. 즉,

$$\oint_S \mathbf{E} \cdot d\mathbf{S} = \frac{Q_S}{\varepsilon_0} \quad \text{(가우스 법칙)} \tag{1.18}$$

연속 전하 분포의 가장 일반적인 경우는 체적 전하 분포(volume charge distribution) (그림 1.14)이며, 가우스 법칙은 다음과 같이 쓸 수 있다.

$$\oint_S \mathbf{E} \cdot d\mathbf{S} = \frac{1}{\varepsilon_0} \int_v \rho dv \quad \text{(체적 전하에 대한 가우스 법칙)} \tag{1.19}$$

v는 표면 S로 둘러싸인 체적을 나타내고 ρ는 체적 전하 밀도를 나타낸다. 이 특정 형태의 가우스 법칙은 일반적으로 자유공간의 정전기장에 대한 맥스웰의 세 번째 방정식으로 언급된다.

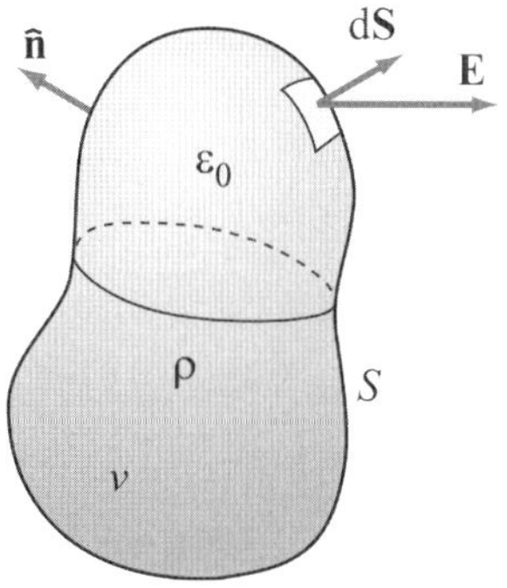

그림 1.14 자유공간에서 체적 전하 분포를 포함하는 임의의 폐곡면(closed surface)

5) 개방 또는 폐쇄 표면 S를 통한 벡터 함수 $\mathbf{a}$의 플럭스는 $\int_S \mathbf{a} \cdot d\mathbf{S}$로 정의된다. 여기서 $d\mathbf{S}$는 표면에 수직인 벡터 성분이며 표면의 방향에 따라 방향이 지정된다.

개념문제 1.18 **무한 표면을 통과하는 전기장 벡터의 플럭스**

점전하 Q가 그림 1.15에 나타낸 것처럼 가상의 (비물질) 무한 평면 S 상 매우 낮은 높이 $h(h \to 0)$의 자유공간에 위치한다. 표면의 법선 벡터는 위쪽 방향으로 향한다(*역자주). 전하 Q로 인한, S를 통해 나오는 전기장 세기 벡터의 플럭스(ψ_E)는 다음과 같이 표현된다.

(A) $\psi_E = Q/(4\pi\varepsilon_0)$.

(B) $\psi_E = Q/(2\varepsilon_0)$.

(C) $\psi_E = -Q/(2\varepsilon_0)$

(D) $\psi_E = -Q/(\varepsilon_0)$

(E) $\psi_E = 0$.

(F) $\psi_E \to \infty$.

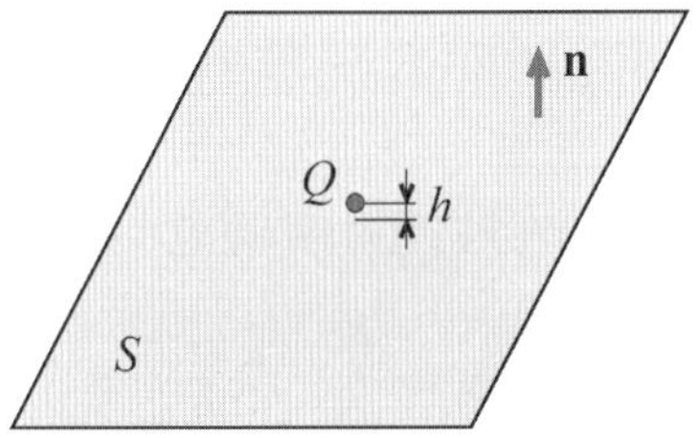

그림 1.15 비물질 표면 S에서 무한한 평면 위의 매우 작은 높이 $h \to 0$에서의 점전하 Q(개념문제 1.18)

개념문제 1.19 **꼭짓점에 전하가 있을 때 정육면체 면을 통해 나오는 플럭스(flux)**

점전하 Q가 그림 1.16에 표시된 것처럼 자유공간에 있는 가상 정육면체(cube)의 꼭짓점 중 하나에 위치한다. 이 전하로 인해 전하를 포함하지 않는 정육면체 면(예 : 그림의 상단 정육면체 면)을 통해 나오는 이 전하로 인한 전기장 세기 벡터의 플럭스 ψ_E는 다음과 같다.

(A) $\psi_E = Q/\varepsilon_0$.

(B) $\psi_E = Q$.

(C) $\psi_E = Q/(2\varepsilon_0)$.

(D) $\psi_E = Q/(6\varepsilon_0)$.

(E) $\psi_E = Q/(24\varepsilon_0)$.

(F) $\psi_E = 0$.

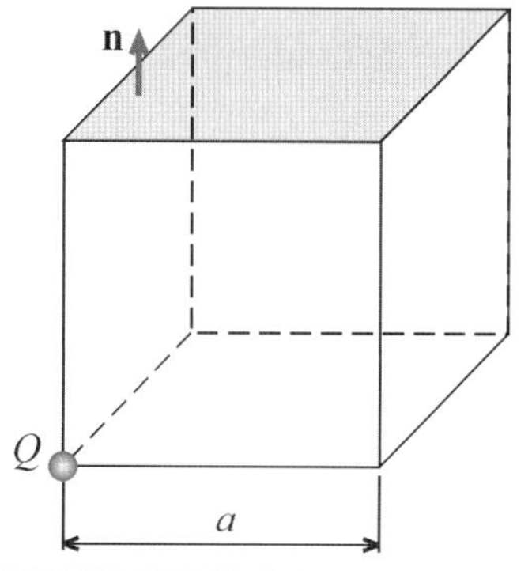

그림 1.16 정육면체 꼭짓점에 위치한 점전하 Q(개념문제 1.19)

개념문제 1.20 **체적 전하 분포 내부의 가우스 표면(Gaussian surface)**

전하 Q ($Q > 0$)는 자유공간에서 반경 a인 구(sphere) 체적 전체에 균일하게 분포한다. 이때, 그림 1.17에 표시된 닫힌 표면 S를 통한 전기장 세기 벡터 $\mathbf{E}$의 외부로 향하는 플럭스는 다음과 같다.

(A) Q/ε_0.

(B) $-Q/\varepsilon_0$.

(C) Q/ε_0 보다 크다.

(D) 양수이지만 Q/ε_0 보다 작다.

(E) 0.

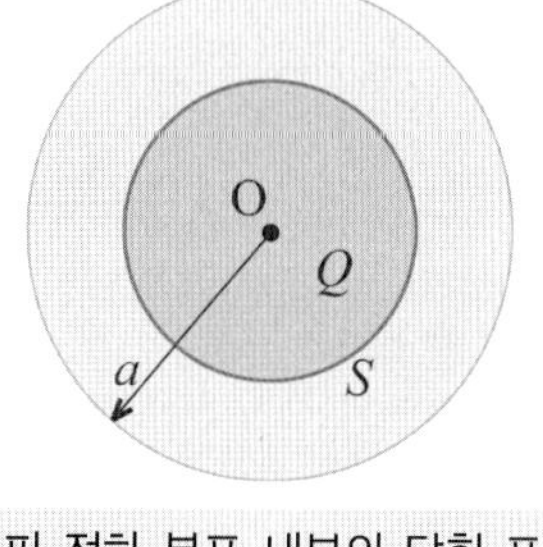

그림 1.17 균일한 부피 전하 분포 내부의 닫힌 표면 S(개념문제 1.20)

개념문제 1.21 **구 표면 내부의 전기 쌍극자(electric dipole)**

그림 1.18은 전기 쌍극자 모멘트 $\mathbf{p} = Q\mathbf{d}$ $(Q > 0)$를 특징으로 하는 전기 쌍극자(거리 d만큼 떨어진, 동일한 크기와 반대 극성의 Q 및 $-Q$의 두 점 전하로 구성된 정전기 시스템)를 보여준다. 여기서 $\mathbf{d}$는 자유공간에서 음전하에 대한 양전하의 위치 벡터이다. 중심이 쌍극자의 중심에 있는 반지름 r인 구를 생각하시오 $(r \gg d)$. (그림 1.18의 점 P는 구의 표면에 속한다). $\mathbf{p}$의 크기가 두 배가 되면 구 표면을 통과하는 전기장 세기 벡터의 외부로 향하는 플럭스는:

(A) 증가한다.

(B) 감소한다.

(C) 변화 없다.

(D) 판단을 위해서는 정보가 더 필요하다.

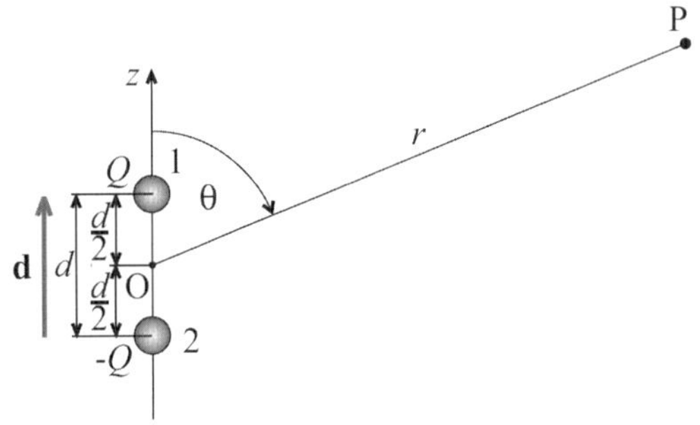

그림 1.18 전기 쌍극자(개념문제 1.21)

개념문제 1.22 **가우스 표면 근처 점전하의 도입**

구(sphere) 표면(S)이 체적에 걸쳐 균일하게 대전된 다른 구와 중심을 공유하며 자유공간에 배치되고, 이때 S의 반경은 대전된 구의 반경보다 크다. 그런 다음 그림 1.19에서와 같이 구의 총 전하량과 같은 점전하 Q를 그 주변에 위치시킨다. ψ_E와 $\mathbf{E}$는 각각 S를 통한 전기장 세기 벡터의 바깥쪽으로 향하는 플럭스와 그림의 A 지점에서의 전기장 세기를 나타낸다. 점전하가 도입된 후 이 중 그 값이 변경되는 것은 무엇인가?

(A) ψ_E만.

(B) E만.

(C) 두 물리량 모두.

(D) 둘 모두 아니다.

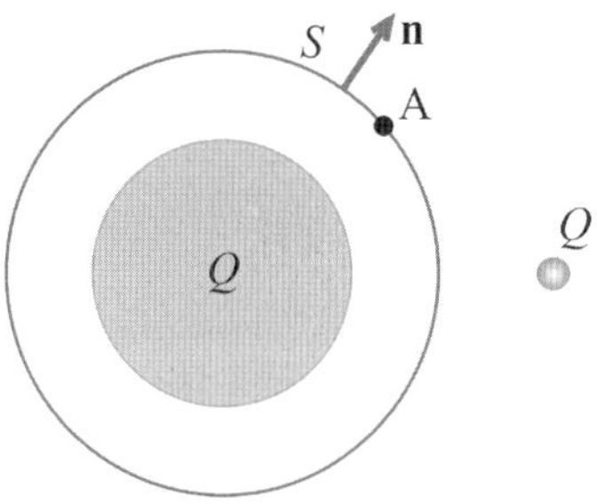

그림 1.19 균일한 체적 전하를 가진 구에 대한 닫힌 구의 표면 S 및 S 외부의 점전하 Q (개념문제 1.22)

개념문제 1.23 균일하게 대전된 구 표면(spherical surface)에 의한 전기장

총 전하 Q로 표면이 균일하게 대전된, 자유공간에 위치한 반경 a인 구를 생각하시오. 구 중심으로부터 방사상 거리가 r인 점에서의 전기장 세기 벡터는 다음의 어떤 r 값 범위일 때 구 중심에 놓인(그리고 대전된 구 표면을 대체하는) 점전하 Q에 의한 $\mathbf{E}$와 동일한가?

(A) $a < r < \infty$.

(B) $r \gg a$.

(C) $0 < r < \infty$.

(D) $0 < r < a$.

(E) 대체 가능한 r의 범위는 없다.

개념문제 1.24 불균일하게 대전된 구(sphere) 표면 전하

표면이 불균일하게 대전된 반경 a의 구(표면 전하 밀도는 구 좌표계의 θ의 함수임)와 표면 전하를 대체하며 구형 표면 전하의 총량을 대체하는 구 중심에 위치한 점전하를 비교한다. 둘 모두 진공 상태에 있는 것을 가정한다. 각 표면 전하 및 점전하로 인한 전계 세기 벡터는 구 중심으로부터 다음 중 어떤 방사형 거리 r에 대해 동일한가?

(A) $a < r < \infty$.

(B) $r \gg a$.

(C) $0 < r < \infty$.

(D) $0 < r < a$.

(E) 이를 가능하게 하는 r의 범위는 없다.

1.6 가우스법칙의 미분형, 발산

가우스 법칙 식 (1.19)는 전기장 세기 벡터 **E**와 체적 전하 밀도 ρ사이의 적분 관계를 나타낸다. 이와 동일한 **E**와 ρ 사이의 미분 관계, 즉 가우스 법칙의 미분형은 다음과 같이 주어진다.

$$\mathrm{div}\mathbf{E} = \nabla \cdot \mathbf{E} = \frac{\partial E_x}{\partial x} + \frac{\partial E_y}{\partial y} + \frac{\partial E_z}{\partial z} = \frac{\rho}{\varepsilon_0} \quad \text{(미분형 가우스 법칙)} \qquad (1.20)$$

E의 벡터 성분에 대한 편미분 함수로 이루어진 표현을 벡터 함수(**E**)의 발산(divergence)이라 하며 div**E**로 표현된다. 데카르트 좌표계*(*역자주: 직교 좌표계)에서 두 벡터의 내적에 대한 공식을 식 (1.17)의 델(del) 연산자와 벡터 **E**에 적용하여 div**E**= ∇ · **E**를 얻는다. 유사한 공식이 원통형 및 구형 좌표의 발산을 계산하는 데 사용된다.

개념문제 1.25 **1차원 전하 및 필드(field) 분포 도시(plot)**

자유공간 한 영역의 체적 전하 밀도는 오직 데카르트 좌표계 x에 대한 함수이다. 그림 1.20에 표시된 두 주기 함수 $f_1(x)$ 및 $f_2(x)$의 다음 조합 중 어떤 것이 이 영역에서 $\rho(x)$ 및 관련 전기장 강도 $E(x)$를 나타낼 수 있는가?

(A) $\rho(x) = f_1(x)$ 그리고 $E(x) = f_2(x)$.

(B) $\rho(x) = f_2(x)$ 그리고 $E(x) = f_1(x)$.

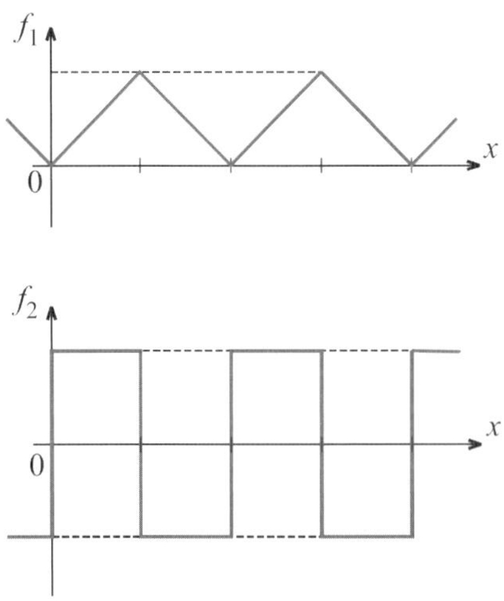

그림 1.20 자유공간에서 데카르트 좌표 x의 두 주기 함수(개념문제 1.20)

(C) $\rho(x) = f_1(x)$ 그리고 $E(x) = cf_1(x)$, c는 상수.

(D) $\rho(x) = f_2(x)$ 그리고 $E(x) = cf_2(x)$, c는 상수.

(E) 위의 어떤 조합도 아니다.

개념문제 1.26 **발산이 없는 벡터 필드(field)**

그림 1.21(a)와 그림 1.21(b)의 필드(field) 패턴(자유공간의 일부에 벡터 필드 **a**의 선 표시)을 생각하자. 다음 중 발산이 없는($\nabla \cdot \mathbf{a} = 0$) 경우는?

(A) 그림 1.21(a)의 필드만.

(B) 그림 1.21(b)의 필드만.

(C) 둘 모두.

(D) 둘 모두 아님.

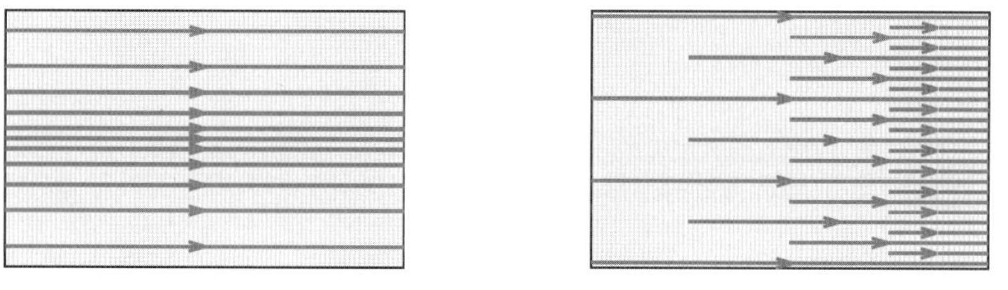

(a) (b)

그림 1.21 공간 일부에서의 벡터 필드(field)의 두 패턴(한 지점에서 벡터의 크기는 해당 지점에서 필드선의 밀도에 비례함)(개념문제 1.26)

1.7 정전기장에서의 도체

전기적 특성 측면에서 재료는 광범위하게 (전류를 전도하는)전도체와 유전체(절연체)로 분류할 수 있다. 이 장의 나머지 부분에서는 정전기장과 전도체의 상호 작용을 다루는데, 이 경우 정전기 방정식에 이론적인 수정은 필요하지 않다. 정전기장에서의 유전체 특성은 다음 장에서 논의한다. 전도체는 물질의 전기 전도도(전류를 흐르게 하는 정도)를 만드는 높은 자유전하(자유전자 및 이온) 밀도를 갖고 있다. 전도도가 가장 높은 전도체는 은, 구리, 금, 알루미늄 등의 금속으로 정전기장을 다룰 때 전도체란 일반적으로 금속 전도체를 의미한다.

정전기 조건에서 과도기(*역자주: transition, 정전기 평형에 도달하기 위한 전이 구간)과정 후에는 도체 내부에 전기장이 있을 수 없다.

$$\mathbf{E} = 0 \text{ (도체 내부에 정전기장은 존재하지 않음)} \tag{1.21}$$

식 (1.21), (1.15) 및 (1.14)에 따르면, 표면의 점을 포함하여 도체의 어떠한 두 점 사이의 전압도 0이다. 이것은 도체가 등전위체(equipotential body)라는 것을 의미한다. 즉, 전위는 도체와 도체표면의 모든 곳에서 동일하다. (V=상수). 식 (1.21) 로부터 도체 안에서 $\nabla \cdot \mathbf{E} = 0$이며, 내부에 잉여 체적 전하가 존재할 수 없음을 (즉, $\rho = 0$) 알 수 있다[식 (1.20)]. 따라서 전체적으로 중성(비대전)이든 아니든, 도체의 국부적 잉여 전하는 표면 전하로서 밀도 ρ_s의 값으로 도체 표면에 위치해야 한다. 또한 식 (1.13) 및 (1.18)은 전기장이 도체 표면에서 충족해야 하는 다음 경계 조건으로 나타낼 수 있다.

$$E_t = 0, \quad E_n = \frac{\rho_s}{\varepsilon_0} \text{ (도체 표면에서의 경계 조건)} \tag{1.22}$$

E_t는 진공(혹은 공기 중) 상태에서 도체 부근에 존재하는 $\mathbf{E}$의 경계 표면에서의 접선 성분이며, E_n은 표면의 바깥 쪽 법선(도체에서 자유공간으로 향함)에 대해 정의된 법선 성분이다.

개념문제 1.27 **도체 표면 부근에서의 전기장**

점전하 $Q(Q<0)$가 도체 스크린 위의 공기 중에 있다. 스크린 표면 바로 위의 공기 중 전기장 세기 벡터 $\mathbf{E}$는:

(A) 그림 1.22(a)와 같다.

(B) 그림 1.22(b)와 같다.

(C) 그림 1.22(c)와 같다.

(D) 그림 1.22(d)와 같다.

(E) 0.

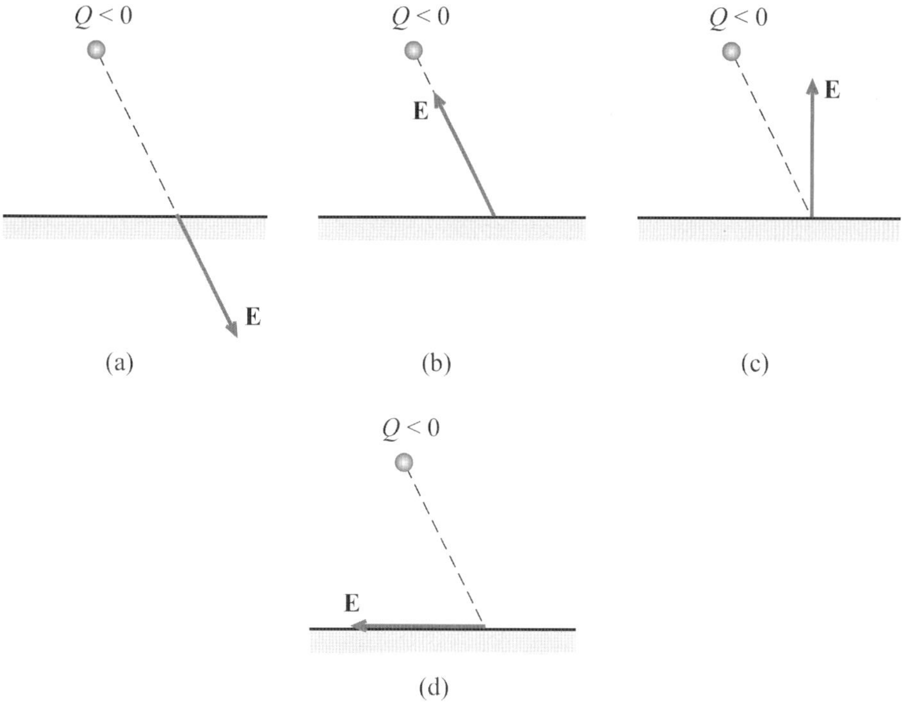

그림 1.22 도체 스크린 위의 점전하 Q(개념문제 1.27)

개념문제 1.28 **전기장에 금속 막대(metallic rod)를 갖고 올 때**

대전되지 않은 얇은 금속 막대를 그림1.23에 표시된 것처럼 $\mathbf{E}_0$에 수직이거나 평행하도록 자유공간의 균일한 세기 벡터 $\mathbf{E}_0$인 정전기장이 있는 자유공간으로 갖고 온다. 이 막대가 원래 필드(field)에 영향을 미치는 정도는:

(A) (a) 경우가 더 적다.

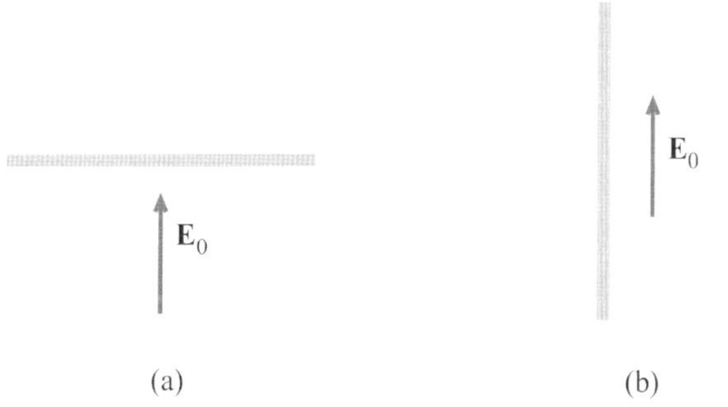

그림 1.23 대전되지 않은 얇은 금속 막대를 균일한 전기장에 갖고 옴($\mathbf{E}_0$는 새로운 정전기 상태가 설정되기 전의 원래 필드(field) 세기 벡터를 나타냄)

(B) (b) 경우가 더 적다.

(C) 두 경우 모두 확연한 영향을 미친다.

(D) 두 경우 무시할 수 있는 정도의 영향을 미친다.

개념문제 1.29 **균일한 전기장에 금속 슬래브(slab) 삽입**

강도 벡터 $\mathbf{E}_0$의 균일한 전기장이 그림 1.24(a)에 보이는 것처럼 두 금속 전극 사이가 공기로 채워진 공간에 인가된다. 전극을 건드리지 않고 대전되지 않은 (두꺼운)금속 슬래브를 이 공간에 삽입하면 그림 1.24(b)의 구조처럼 된다. 이때, 새로운 정전기 상태에서 영역 3(슬래브 위)의 전기장 세기 벡터는 다음과 같다.

(A) $\mathbf{E}_3 = 0$.

(B) $\mathbf{E}_3 = -\mathbf{E}_0$.

(C) $\mathbf{E}_3 = \mathbf{E}_0/3$.

(D) $\mathbf{E}_3 = 3\mathbf{E}_0/2$.

(E) $\mathbf{E}_3 = \mathbf{E}_0$.

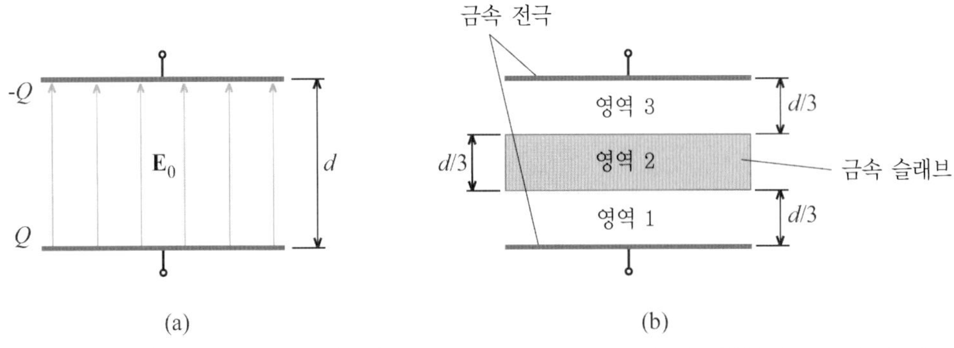

그림 1.24

1.8 정전기 차폐

자유공간에서 균일한 정전기장에 들어온, 대전되지 않은 상태의 금속 구(sphere)를 생각해 보자. 그림 1.25(a)에 정전기 평형에 도달한 후 구 주변의 필드(field) 선을 나타내었다. 정전기 유도 결과로 구형 표면에 표면 전하가 유도된다 (외부 정전기장에 의해 전도체에 과잉 전하가 생성되는 것을 정전기 유도라고 한다). 유도 전하로 인한 필드(이 필드는 구의 내부와 외부에 모두 존재)는 외부 필드에 중첩되기 때문에 구 내부의 총 필드는 0이 되며 [식 (1.21)], 그 외부의 필드는 더 이상 균일하지 않다. 음으로 유도된 전하는 구의 왼쪽에 있는 필드선이 들어오는 쪽인(sink, *역자주: drain)반면 구의 오른쪽에 있는 필드선은 양으로 유도된 전하로부터 나오는 (source) 쪽이다. 양쪽의 필드 라인은 구 표면에 수직이므로 구 근처에서 구부러진다. 그러나 구 내부 전체에 필드가 없기 때문에 구 외부의 필드에 영향을 주지 않고 이를 제거할 수 있다. 따라서 그림 1.25(b)와 같이 금속 쉘(shell)로 경계가 지정된 필드가 없는 영역을 얻는다. 이는 쉘 캐비티(cavity) 내부의 공간이 외부 정전기 필드로부터 완벽하게 격리된다는 것을 의미한다. 쉘의 두께는 임의의 형태가 될 수 있으며 모양이 구형일 필요는 없다. 따라서 임의의 닫힌 전도성 쉘은 내부 영역에 대한 완벽한 정전기 차폐 또는 스크린을 나타내며, 이러한 차폐(shield)를 패러데이 케이지(Faraday cage)라고 부른다. 케이지 외부의 필드가 변경되면 케이지 벽의 전하가 재분배되어 내부 필드가 0으로 유지된다. 전하 재분배는 비정전(nonelectrostatic) 전이(transitional) 과정으로, 그 과정 중에 캐비티 내에 0이 아닌 시간에 따라 변하는(시변, time-varying) 전자기장이 있다. 이 과정은 매우 빠르고 실질적이며 즉각적으로 이루어진다.

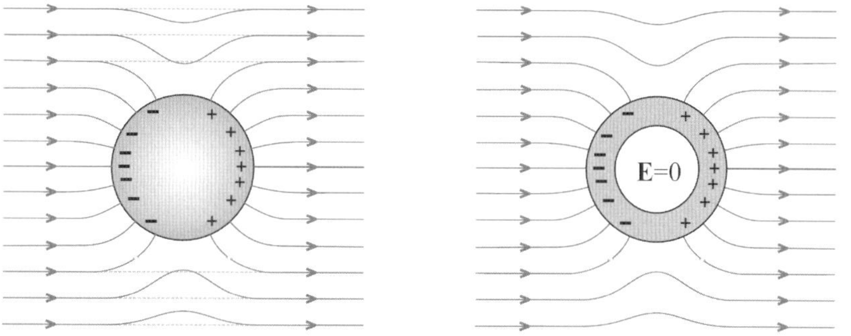

(a) (b)

그림 1.25

개념문제 1.30 **패러데이 케이지(Faraday cage) 내부의 음전하**

음으로 대전된 작은 전하가 대전되지 않은 구형 금속 쉘 내부에 있다. 이때 쉘의 외부 표면에 유도된 전하의 분포는 다음과 같이 나타낼 수 있다.

(A) 그림 1.26(a).

(B) 그림 1.26(b).

(C) 그림 1.26(c).

(D) 그림 1.26(d).

(E) 그림 1.26(e).

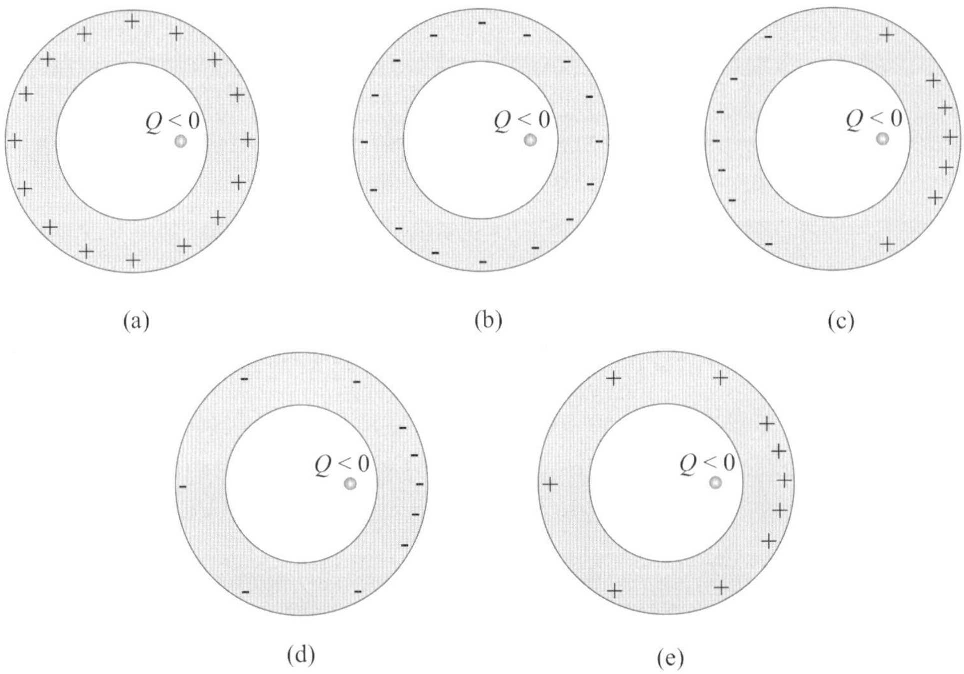

그림 1.26 대전되지 않은 구형 금속 쉘 내의 음전하(개념문제 1.30)

개념문제 1.31 **정전기 차폐 - 본체(body) 2개와 스크린 1개**

대전된 본체 A로 인한 정전기 필드로부터 본체 B를 보호하기 위해 접지되지 않은 닫힌 금속 스크린을 위치시켰다(그림 1.27). 전자기 차폐는 다음의 경우에 이루어진다.

(A) (a) 경우만.

(B) (b) 경우만.

(C) 두 경우 모두.

(D) 둘 모두 해당하지 않음.

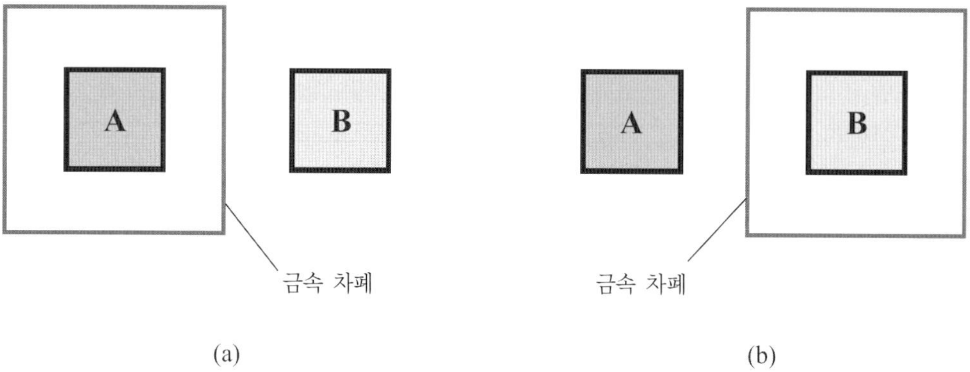

그림 1.27 정전기 차폐를 위해 제안된 두 가지 구성(개념문제 1.31)

1.9 임의 형상의 금속체에서의 전하 분포

일반적으로 임의 모양의 대전된 금속체의 경우, 표면의 전하 분포가 균일하지 않다. 비대칭 및/또는 표면이 매끄럽지 않은 형상(body)에 대한 전하 분포를 결정하는 것은 다소 복잡한 문제이다. 전하가 임의의 모양으로 분리된 전도체의 표면에 어떻게 분포되어 있는지에 대한 정성적 통찰을 위해 자유공간에서 중심이 거리 d만큼 떨어져 있는 서로 다른 반경 a와 b 두 개의 대전된 금속구로 구성된 시스템을 생각해보자.

이 두 개의 금속구는 그림 1.28과 같이 매우 얇은 도체로 연결되어 있다. 문제를 단순화하기 위해 $d \gg a,b$를 가정하면 상대 구가 없는 것처럼 각 구의 전위를 계산할 수 있다. 따라서 식 (1.18)의 가우스 법칙을 사용하면, 그림 1.28의 총전하량 Q_a로 대전된 구에 의한 전기장을 식 (1.4)를 이용하여 얻을 수 있고, 식 (1.11)을 통해 기준점이 무한대일 때의 구의 전위를 나타낼 수 있다: $V_a = Q_a/(4\pi\varepsilon_0 a)$. 이와 유사하게, 다른 구의 전위는 $V_b = Q_b/(4\pi\varepsilon_0 b)$이며, $V_a = V_b$이기 때문에(두 개의 구는 서로 갈바니전기에 의해(galvanically) 연결되어 있으므로 등전위면인 단일 전도체를 나타냄.) $Q_a/Q_b = a/b$를 얻는다. 식 (1.6)에 의해 구 전하는 관련 표면 전하 밀도 $\rho_{sa} = Q_a/(4\pi a^2)$ 그리고 $\rho_{sb} = Q_b/(4\pi b^2)$으로 표현될 수 있다. 그리고 식 (1.22)의 두 번째 경계 조건은 구 표면 근처의 전기장 강도 사이의 관계를 제공한다.

$$\frac{\rho_{sa}}{\rho_{sb}}=\frac{E_a}{E_b}=\frac{b}{a}\text{(전하 밀도 및 국소 필드 강도 } \propto \text{ 표면 곡률)} \tag{1.23}$$

그림 1.28에 두 개의 금속체구 사이에 전하가 분포되어 있는데, 개별의 표면 근처의 표면 전하 밀도와 전기장 강도가 반경에 반비례하는 방식으로 분포되어 있음을 알 수 있다. 작은 구에서 표면 전하 밀도가 높고 필드는 더 세다. 식 (1.23)은 그림 1.28과 같은 특정 시스템을 포함하여 일반적으로 성립한다. 이는 임의 형상의 전도체 표면의 서로 다른 부분에서의 표면 전하 밀도 및 주변 필드의 세기는 볼록한 한 표면의 국부 곡률에 거의 비례한다는 일반적인 결론을 의미한다.[6] 또한 이것은 일반적으로 가장 큰 전하 밀도와 가장 강한 전계가 전도체의 날카로운 부분 주위에 있음을 의미한다. 예를 들어, 이러한 현상은 피뢰침의 작동에 필수적이라는 것을 알 수 있다.

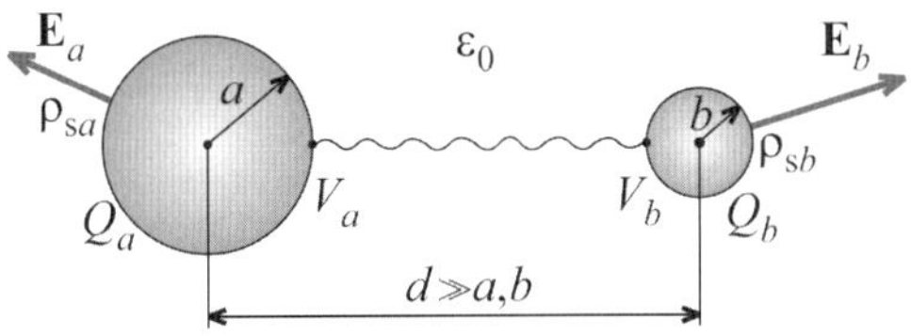

그림 1.28 동일한 전위의, 서로 다른 반지름을 갖는 두 개의 금속체 구

개념문제 1.32 **상대적 표면 전하 밀도의 측정**

그림 1.29(a)는 자유공간에 위치한 대전된 금속체를 나타내었다. 이 금속체의 표면 전하 분포를 생각해보자. 전하를 측정하기 위한 간단한 정전기 장치(검전기)를 사용한다. 격리된 손잡이에 있는 작은 금속 구(ball)로 M 지점에서 금속을 건드린 다음 동일한 금속구로 검전기를 건드리면, 검전기의 스트립(잎) 사이의 각도는 지점 M에서의 표면 전하 밀도 크기를 나타낸다. 본체에 있는 점 M_1, M_2, M_3에 대한 검전기의 가능한 표시는 다음과 같다.

(A) 그림 1.29(b).

(B) 그림 1.29(c).

(C) 그림 1.29(d).

(D) 본체의 전하가 양성, 혹은 음성인지에 따라 다르다.

(E) 위 경우 모두 가능하지 않다.

6) 전도체 표면이 오목한 경우(안쪽으로 구부러진 경우), 이러한 효과는 반대로 나타난다. 깊은 내곡(incurvature)의 경우, 실제로 패러데이 케이지(캐비티, cavity)는 부분적으로 효과가 있으며(그림 1.25(b)) 국부 필드 세기의 감소 현상이 나타난다.

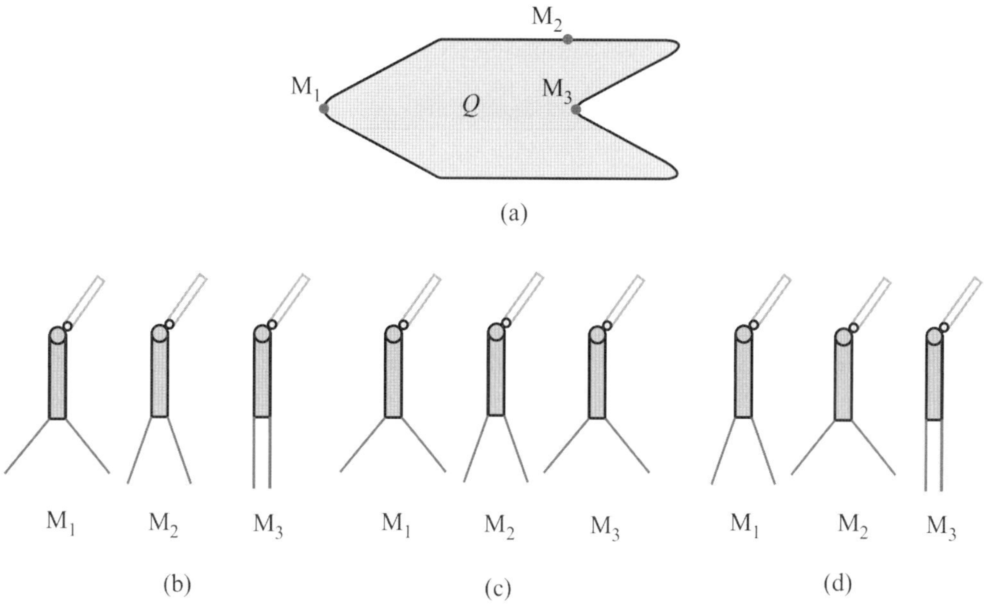

그림 1.29 복잡한 금속 표면의 서로 다른 부분에 대한 상대 전하 밀도 측정: 검전기의 세 가지 표시 (개념문제 1.32)

개념문제 1.33 금속체(metallic body)의 서로 다른 부분에서의 전압

그림 1.30의 대전된 금속체에 대하여, 지점 M_2와 M_3 사이의 전압 크기와 지점 M_1과 M_3 사이의 전압을 비교한다.

(A) 첫 번째 경우가 더 크다.

(B) 첫 번째 경우가 더 작다.

(C) 둘 모두 0이다.

(D) 두 경우의 전압은 같지만 0이 아니다.

(E) 두 경우 모두 무한대이므로 비교할 수 없다.

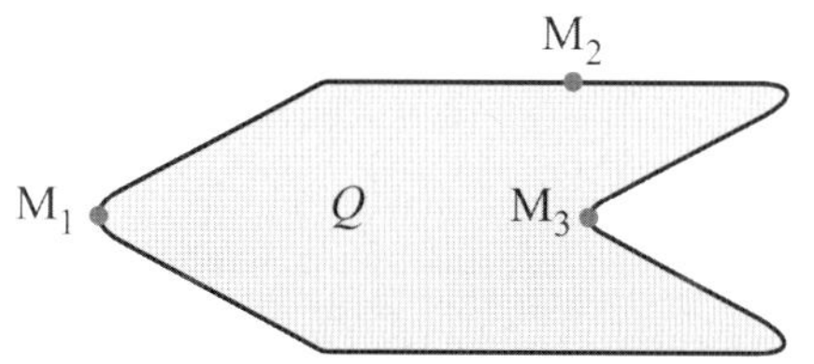

그림 1.30 자유공간에서 복잡한 모양의 대전된 금속체에 대하여 서로 다른 지점 사이의 전압 비교 (개념문제 1.33)

개념문제 1.34 **구부러진 대전된 표면 근처에서의 전기장**

그림 1.31과 같이 대전된 금속체가 공기 중에 있다. 금속체의 P_1 지점에서의 전위와, 공기 중 주변 전기장 벡터의 크기는 각각 V_1 및 E_1이다. 그림의 P_2 지점에서 이러한 양은 V_2 및 E_2와 같다. 금속의 총 전하가 양수이면:

(A) $V_1 = V_2$ 그리고 $E_1 = E_2$.

(B) $V_1 = V_2$ 그리고 $E_1 < E_2$.

(C) $V_1 = V_2$ 그리고 $E_1 > E_2$.

(D) $V_1 < V_2$ 그리고 $E_1 < E_2$.

(E) $V_1 > V_2$ 그리고 $E_1 > E_2$.

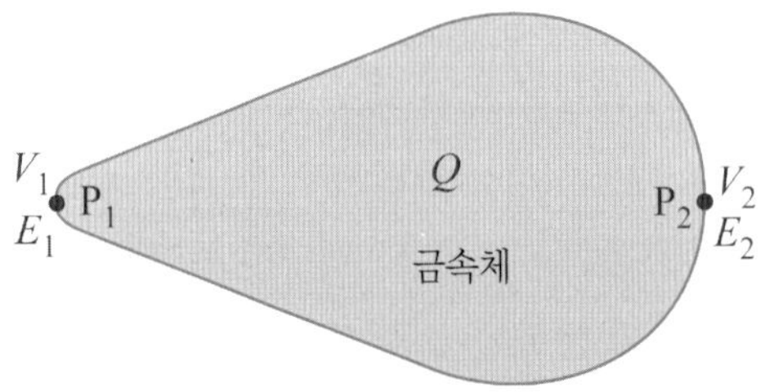

그림 1.31 대전된 금속체(개념문제 1.34)

1.10 영상 이론

종종 정전기 시스템에는 접지된 전도성 평면이 있는 경우에서의 전하 구성을 다룬다. 예를 들면 접지된 금속판 근처의 대전된 도체 또는 큰 평면도체, 도체 중 하나가 접지면(마이크로 스트립 전송선 등)인 전송선(transmission line), 지구 표면 위의 다양한 대전된 물체(전력선, 대전된 구름, 대전된 비행기, 피뢰침 등) 등이 있다. 그림 1.32에 정전기 시스템 분석에 있어 대전된 평면을 없앨 수 있는 매우 유용한 개념을 나타내었다. 이에 따르면, 위쪽 절반 공간의 정전기장에 관한 한 그림 1.32(a)와 (b)의 시스템은 동일(*역자주: 전기적으로 등가)하다. 이것이 영상 이론(image theory)으로, 하나 이상의 점전하, 즉 (이산 또는 연속) 전하 분포에 대하여 일반적으로 무한한 크기의 접지된 평면 위의 임의의 전하 구성이 자유공간 상의 새로운 전하 구성, 즉 원래의 전하 구성과 전도성 평면이 있던 공간의 음의(negative) 영상으로 구성된 전하로 대체될 수 있음을 나타낸다. 앞서 언급한 전기적 등가는 전도성

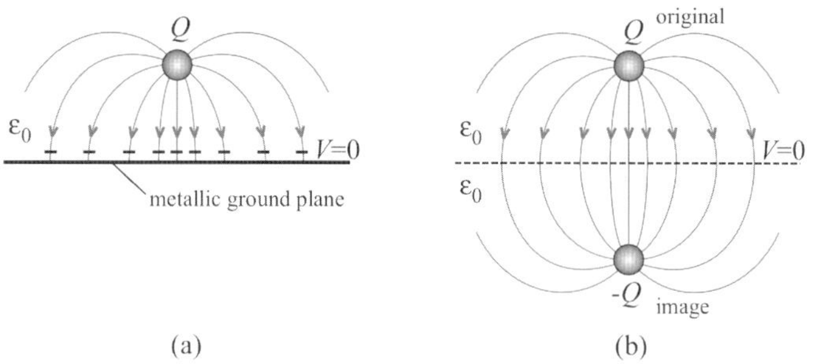

그림 1.32 영상 이론: (a)와 (b) 금속 도체면 위의 절반에서의 전기장은 같음

평면 위의 전기장에 대한 것으로써, 전도성 도체 상의 표면 전하에 의한 전기장과 영상으로 구성된 전기장은 같다.

개념문제 1.35 **전도성 평면위의 점전하에 가해지는 힘**

공기 중의 점전하 Q는 접지된 전도성 평면 위의 높이 h에 위치한다. 평면과 비교할 때, 이 전하에 가해지는 전기력은:

(A) 항상 인력이 작용한다(평면이 전하를 끌어당긴다).

(B) 항상 척력이 작용한다(평면이 전하를 밀어낸다).

(C) 양전하 Q에 대해서는 인력, 음전하 Q에 대해서는 척력이 작용한다.

(D) 음전하 Q에 대해서는 인력, 양전하 Q에 대해서는 척력이 작용한다.

(E) 항상 0이다.

개념문제 1.36 **전도성 평면위의 전기 쌍극자에 대한 영상 이론**

공기 중, 평면 도체면 위에 위치한 전기 쌍극자 모멘트(*역자주: electric dipole moment) p= Qd(d는 $-Q$에 대한 Q의 위치 벡터)를 갖는 전기 쌍극자를 고려해보자. 전기 쌍극자는 $Q>0$인 점전하와 $-Q$인 전하로 구성되어 있으며 거리 d만큼 떨어져 있다. 또한 이 도체에서의 영상을 면을 기준으로 위의 절반에서의 전기장이 원래 시스템(*역자주: 도체가 있을 때의 문제 구성)과 같도록 영상 이론을 이용하여 구성하자. 이때, 수직, 수평 및 비스듬한 쌍극자의 영상은 다음과 같다.

(A) 그림 1.33(a).

(B) 그림 1.33(b).

(C) 그림 1.33(c).

(D) 그림 1.33(d).

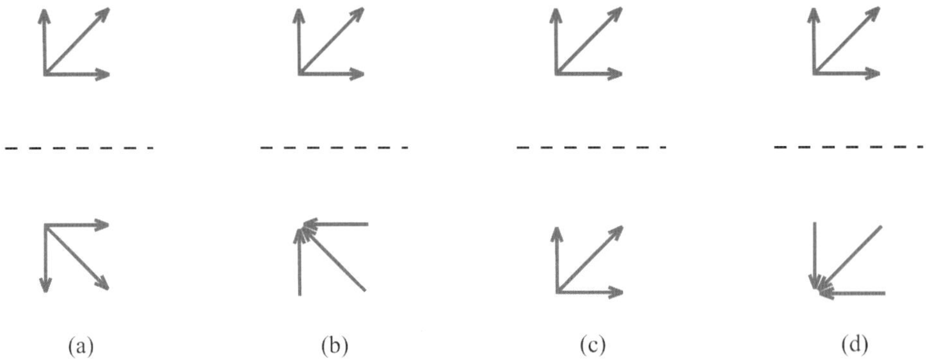

그림 1.33 금속 평면 위의 세 가지의 전기 쌍극자에 대한 영상 이론에 대한 4가지 세트 (모든 벡터는 쌍극자의 전기 모멘트 p를 나타냄)(개념문제 1.36)

개념문제 1.37 **코너 스크린(corner screen)에 평행한 선전하에 대한 영상 이론**

그림 1.34는 공기 중에 90° 코너 스크린이 있는 경우 선전하 밀도 Q'에 대하여 영상 이론을 적용한 경우를 보여준다. 그림에 주어진 세 가지 영상 선전하의 밀도는:

(A) $Q_1' = Q_2' = -Q'$ 그리고 $Q_3' = Q'$.

(B) $Q_1' = Q_2' = Q_3' = -Q'$

(C) $Q_1' = Q_2' = Q'$ 그리고 $Q_3' = -Q'$.

(D) $Q_1' = Q_3' = -Q'$ 그리고 $Q_2' = Q'$.

(E) $Q_1' = Q_2' = -Q'$ 그리고 $Q_3' = 0$.

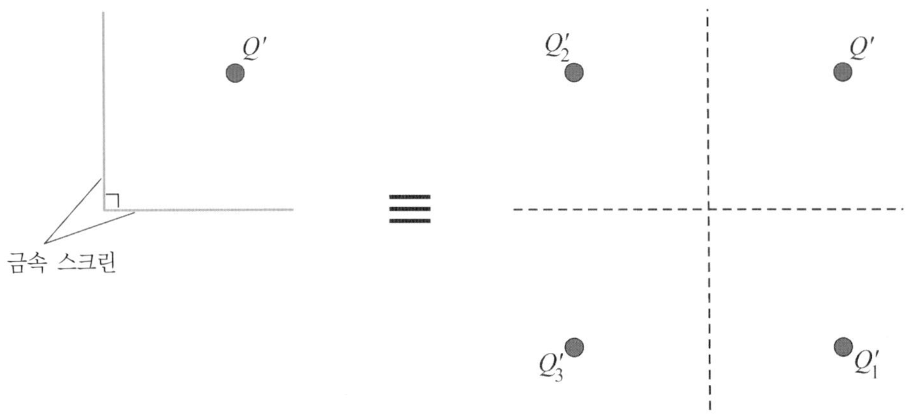

그림 1.34 90° 코너 스크린이 있는 경우 선전하 밀도 Q'에 대한 영상 이론(구조의 단면)(개념문제 1.37)

제 2 장 유전체가 있는 경우의 정전기장

개요

유전체 또는 절연체는 내부에 자유 전하가 거의 없는 비전도성 물질이다 (이론적으로, 완벽한 유전체에는 자유 전하가 없다). 그러나 속박(bound) 또는 분극(polarization) 전하라고 하는 또 다른 유형의 전하가 분극 유전체에 존재한다. 이는 유전체의 원자와 분자는 미세한 전기 쌍극자처럼 행동하기 때문이다. 도체와 유전체를 모두 포함하는 정전기 시스템에서 등가 전기장의 원천(source)은 자유공간에 있는 것으로 간주되는 자유 전하와 속박 전하이다. 유전체 유전율의 개념을 도입함으로써, 시스템에서는 자유 전하만을 다루는 반면, 속박 전하에 의한 영향은 유전체 유전율 이라는 개념을 통해 적절하게 추가할 수 있다. 계속해서, 우리는 정전기장의 이론과 응용에 대한 연구의 확장으로, 정전 용량, 에너지 및 브레이크다운(breakdown) 특성을 평가하고 논의하기 위해 전도체와 유전체로 구성된 커패시터(capacitor)와 전송선(transmission line)을 분석한다.

2.1 유전체의 분극

유전체의 각 원자 또는 분자는 전기적으로 중성이다. 대부분의 유전체에서 원자 또는 분자의 양전하와 음전하의 "중력" 중심은 외부 전기장이 없을 때 일치한다. 그러나 유전체가 전기장 세기 $\mathbf{E}$의 외부 필드(field) 공간에 놓이면 양전하와 음전하가 상호 인력 때문에 반대 방향으로 이동하여 작은 전기 쌍극자(electric dipole)를 생성한다. 이 등가 쌍극자의 모멘트는 $\mathbf{p}=q\mathbf{d}$로 주어지며, 여기서 Q는 원자 또는 분자의 양전하 ($-Q$는 음전하)이고, $\mathbf{d}$는 $-Q$에 대한 Q의 벡터 변위이다. 전하는 식 (1.3)의 $\mathbf{F}_{e1}=Q\mathbf{E}$와 $\mathbf{F}_{e2}=-Q\mathbf{E}$ 힘에 의해 평형 위치에서 변위된다. 변위 $\mathbf{d}$는 원자와 분자의 크기 단위로 매우 작다. 전하 Q와 $-Q$는 원자 및 분자 힘에 의해 고정되어 있지만 외부 필드에 반응하여 위치를 약간 이동할 수 있다. 따라서 동등한 작은 쌍극자에서의 두 전하는 서로 분리되어 전기장의 반대 방향으로 물질을 가로질러 이동할 수 없다. 이러한 전하를 자유 전하(free charges)의 반대 개념으로 속박 전하(bound charges)라고 한다. 물과 같은 일부 유전체는 양전하와 음전하의 중심 사이에 영구적인 변위가 있는 분자가 있고 이는 전기장을 가하지 않아도 작은 전기 쌍극자 역할을 한다. 그림 2.1에 따르면 쌍극자의 중심(점 O)에 대한 힘 $\mathbf{F}_{e1}$ 및 $\mathbf{F}_{e2}$의 토크(모멘트, moment)는 각각 $\mathbf{T}_1 = \mathbf{r}_1 \times \mathbf{F}_{e1}$ 및 $\mathbf{T}_2 = \mathbf{r}_2 \times \mathbf{F}_{e2}$다. $\mathbf{r}_1$ 및 $\mathbf{r}_2$는 쌍극자 중심에 대한 Q 및 $-Q$의 위치 벡터를 나타낸다. $\mathbf{r}_1 - \mathbf{r}_2 = \mathbf{d}$이므로 쌍극자에 대한 토크는 다음과 같이 나타난다.

$$\mathbf{T}_{ondipole} = \mathbf{T}_1 + \mathbf{T}_2 = Q(\mathbf{r}_1 - \mathbf{r}_2) \times \mathbf{E} = Q\mathbf{d} \times \mathbf{E}_{\text{ext}} = \mathbf{p} \times \mathbf{E} \tag{2.1}$$

유전체에서 원자와 분자를 만드는 과정은 미세 전기 쌍극자처럼 움직인다. 식 (2.1)의 토크를 따라 이 쌍극자를 외부 필드의 방향으로 향하게(혹은 회전하게) 하는 것을 유전체의 분극(polarization)이라고 하며, 속박 전하는 때때로 분극 전하라고도 한다. 이 과정은 매우 빠르고 실질적이며 즉각적으로 일어난다. 새로운 정전기 상태의 유전체는 분극 또는 분극 상태라고 한다.

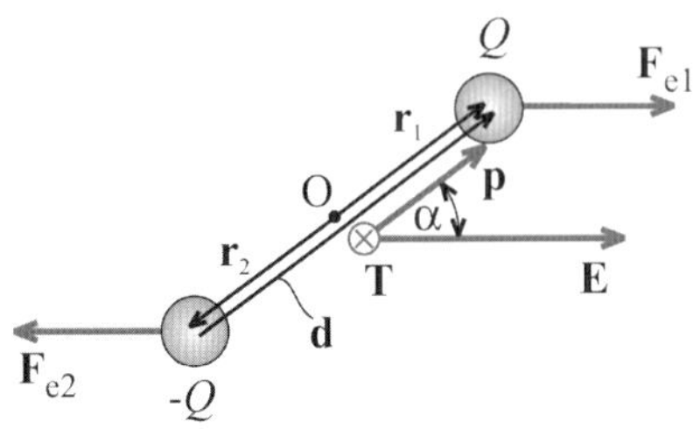

그림 2.1 외부 전기장에서 유전체의 원자 또는 분자를 나타내는 작은 전기 쌍극자

유전체의 분극 상태를 설명하고 분석하기 위해 다음과 같이 기본 체적 dv에서 쌍극자 모멘트를 평균함으로써 정의되는 분극 벡터(polarization vector)라고 하는 거시적 양을 도입한다.

$$\mathbf{P} = \frac{(\sum \mathbf{p})_{\text{in}\,dv}}{dv} \text{(분극 벡터, 단위: C/m}^2\text{)} \tag{2.2}$$

유전체 내부의 벡터 $\mathbf{P}$의 분포를 알면 체적과 표면 속박(분극) 전하 밀도의 거시적 분포를 알 수 있다 [식 (1.5) 및 식 (1.6) 참조]. ρ_{p} 및 ρ_{ps}는 각각 체적 전체와 표면에서 모든 미세한 전기 쌍극자와 그 전하의 거시적 등가량을 다음과 같이 나타낸다.

$$\rho_{\text{p}} = -\operatorname{div}\mathbf{P} = -\nabla \cdot \mathbf{P}, \quad \rho_{\text{ps}} = \hat{\mathbf{n}} \cdot \mathbf{P} \quad (\hat{\mathbf{n}} \text{ 바깥 방향의 법선 단위 벡터})$$
$$\text{(결합 및 표면 전하 밀도)} \tag{2.3}$$

여기서 $\hat{\mathbf{n}}$은 유전체에서 바깥쪽으로 향하는 표면의 법선 단위 벡터를 나타낸다. 나머지 물질은 필드를 생성하지 않기 때문에, 분극 유전체로 인한 전기장은, 진공 상태로 간주되는 이러한 체적 및 표면 전하로 인한 필드와 동일하다.

개념문제 2.1 **균일한 정전기장에서 전기 쌍극자에 가해지는 토크**

전하 Q 및 $-Q$를 갖는 전기 쌍극자가 그림 2.2에 표시된 바와 같이 세기 벡터가 $\mathbf{E}$인 균일한 정전기장에 놓여 있다. 정전기장이 쌍극자에 토크를 가하는 경우는:[1]

(A) (b) 경우와 (d) 경우만.

(B) (c) 경우만.

(C) (b), (c), 그리고 (d) 경우만.

(D) (a) 경우와 (e) 경우만.

(E) (a), (b), (d), 그리고 (e) 경우만.

(F) 위의 어떤 경우도 해당 사항 없음.

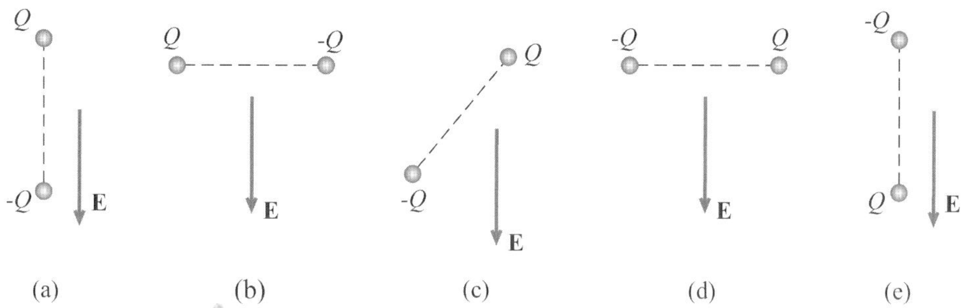

그림 2.2 강도 E의 균일한 정전기장에서 전기 쌍극자: 필드(field) 선에 대한 쌍극자의 다섯 가지 다른 위치(개념문제 2.1)

개념문제 2.2 **안정된 평형 상태(stable equilibrium)의 전기 쌍극자**

그림 2.2 (표시된 5가지 경우 중)에서 몇 개의 쌍극자의 위치가 안정된 평형 상태에 있는가?

(A) 0.

(B) 1.

(C) 2.

(D) 3.

(E) 4.

1) 본 교재의 모든 개념 문제는 정확히 1개의 답이 존재한다.

개념문제 2.3 **균일하게 분극된 유전체**

분극 벡터가 유전체 내부의 모든 지점(P =상수)에서 동일하면(즉, 균일하게 분극된 유전체) 물질에 거시적인 과잉 체적 결합 전하가 없다.

(A) 항상 참.

(B) 참인 경우도 있고 거짓인 경우도 있다.

(C) 항상 거짓.

개념문제 2.4 **불균일하게 분극된 유전체**

분극 벡터가 유전체 부피 전반에 걸쳐 변화하는 경우(불균일 분극 벡터, P ≠ 상수), 물질에 거시적인 과잉 체적 결합 전하가 없다.

(A) 항상 참.

(B) 참인 경우도 있고 거짓인 경우도 있다.

(C) 항상 거짓.

개념문제 2.5 **초과 표면 속박 전하**

분극 유전체의 전체 표면에는 항상 일부 부분에서 양수이고 다른 부분에서 음수인 과잉 표면 속박 전하가 존재한다(반대 극성으로 대전된, 인접한 쌍극자의 끝단으로 보상할 수 없는 표면에 눌러진 기본 전기 쌍극자의 끝단이 있다).

(A) 참.

(B) 거짓.

개념문제 2.6 **폐곡면에서의 총 속박 전하**

분극된 유전체 내부에(전체적으로 또는 부분적으로) 위치한 가상의 임의로 닫힌(그림 1.14의 표면과 같은) 표면 S에 의해 둘러싸인 총 속박 (분극) 전하 Q_{pS}는,

(A) 항상 양수이다.

(B) 항상 0이다.

(C) 항상 음수이다.

(D) 양수일수도, 음수일수도, 0일 수도 있다.

개념문제 2.7 **유전체의 총 속박 전하**

자유공간에 위치한 분극된 유전체의 총 속박 전하는 다음과 같다.

(A) 양수.

(B) 0.

(C) 음수.

(D) 좀 더 많은 정보가 있어야 판단 가능하다.

개념문제 2.8 **공기에서의 분극**

공기에서는 분극 현상이 없다($\mathbf{P}=0$).

(A) 참.

(B) 거짓.

개념문제 2.9 **균일하게 분극된 대형 유전체 슬래브(slab) 내부 필드**

두께 $d=2a$의 무한히 큰 유전체 슬래브에 그림 2.3에 표시된 것처럼 분극 벡터 $\mathbf{P}$가 슬래브의 면(경계 표면)에 수직 방향으로 균일하게 분극되어 있다. 주변 매체는 공기이며 유전체에는 자유 전하가 없다. (슬래브의 속박 전하로 인한)슬래브 내부의 한 지점에서의 전기장 세기 벡터는 다음과 같다.

(A) 0이 아니며, $\mathbf{P}$와 같은 방향을 갖는다.

(B) 0이 아니며, $\mathbf{P}$와 반대 방향을 갖는다.

(C) 0.

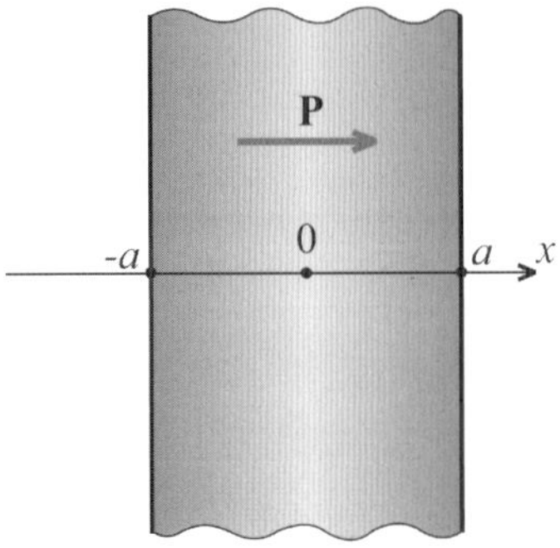

그림 2.3 공기 중에 위치한 분극 벡터 P를 갖는 무한히 큰 분극 유전체 슬래브(개념문제 2.9)

개념문제 2.10 **불균일 분극 슬래브(slab), 속박 전하 밀도**

그림 2.3에 표시된 무한히 큰 유전체 슬래브의 분극 벡터가 슬래브 면에 수직이고 $\mathbf{P} = \mathrm{P}_0 x\hat{\mathbf{x}}/a(-a < x < a)$로 주어진다. 여기서 P_0은 양의 상수이다. $-a < x < a$에 대해 슬래브 내부의 체적 전하 밀도는 다음과 같다.

(A) 양의 값이며 상수.

(B) x의 양의 함수.

(C) 0.

(D) x의 음의 함수.

(E) 모두 답이 아니다.

개념문제 2.11 **불균일 분극 슬래브(slab) 외부 필드**

그림 2.3의 유전체 슬래브가 $\mathbf{P} = P(x)\hat{\mathbf{x}}$, $-a < x < a$로 주어지도록 분극 벡터가 불균일하게 분극되었다고 가정하면 슬래브 외부의 전기장 세기 벡터는 다음의 어떤 경우에 0인가?

(A) $P(x)$가 기함수일 때

(B) $P(x)$가 우함수일 때

(C) 임의의 $P(x)$

(D) $P(x)$ 해당 함수 없음.

개념문제 2.12 **분극 유전체 주변 전기장 벡터의 전속(electric flux)**

자유공간에서 자유 전하가 없는 분극 유전체를 생각해보자. 이 유전체를 완전히 둘러싸는 닫힌 표면 S를 통한 전기장 세기 벡터 $\mathbf{E}$의 외부로 향하는 전속은 다음과 같다.

(A) 양수.

(B) 0.

(C) 음수.

(D) 유전체가 균질(homogeneous)한지 아닌지에 따라 다르다.

(E) 유전체 내의 분극 벡터의 분포에 따라 다르다.

2.2 일반화된 가우스 법칙 및 유전율

이제 전도체와 유전체를 모두 포함하는 가장 일반적인 정전기 시스템을 생각해보자. 필드의 소스는 자유공간 상의 자유 전하 및 속박 전하 모두이며 이에 따라 새로운 벡터를 정의한다.

$$\mathbf{D} = \varepsilon_0 \mathbf{E} + \mathbf{P} \quad \text{(전속 밀도 벡터(electric flux density), 단위: C/m}^2\text{)} \tag{2.4}$$

이를 전속 밀도 벡터(전기 변위 벡터 또는 전기 유도 벡터라고도 함)라고 하며, 식 (1.18) - (1.20) 대체하는 일반화된 가우스 법칙은:

$$\oint_S \mathbf{D} \cdot d\mathbf{S} = Q_S, \quad \oint_S \mathbf{D} \cdot d\mathbf{S} = \int_v \rho dv, \quad \nabla \cdot \mathbf{D} = \rho \quad \text{(일반화된 가우스 법칙)} \tag{2.5}$$

여기서 Q_S는 임의의 폐곡면 S로 둘러싸인 자유 전하의 총량이며, ρ는 자유전하 밀도이다.

선형(linear) 유전체에 대해서는,

$$\mathbf{D} = \varepsilon \mathbf{E}, \quad \varepsilon = \varepsilon_r \varepsilon_0 \quad \text{(선형 유전체의 유전율, 단위: F/m)} \tag{2.6}$$

ε은 유전율(permittivity)이며, ε_r은 매질의 상대 유전율이다($\varepsilon_r \geq 1$). ε의 단위는 단위 m 길이당 패럿(Farad)인 것에 반해 (F/m), ε_r은 단위가 없다. 비선형(nonlinear) 유전체에서 $\mathbf{D}$와 $\mathbf{E}$의 관계는 $\mathbf{D} = \mathbf{D}(\mathbf{E})$이며, 비선형적이다. 게다가 물질의 특성이 관심 있는 영역의 점과 점 사이에서 변하지 않을 때 물질이 균질하다고 하기 때문에 선형 균질 유전체에서 ε은

공간 좌표와 무관한 상수이다. 그렇지 않으면 물질은 균질하지 않다고 한다(예: 주어진 영역에서 $\varepsilon = \varepsilon(x,y,z)$).

개념문제 2.13 **전기장 세기 벡터의 전속**

분극 벡터 **P** 및 자유 체적 전하 밀도 ρ가 유전체의 모든 지점에서 알려져 있다. 전체적으로 유전체 내부에 위치한 폐곡면 S를 통한 전기장 세기 벡터의 전속에 대한 표현은 다음과 같다.

(A) $\oint_S \mathbf{E} \cdot d\mathbf{S} = \int_v \rho dv$ (v는 S에 의해 둘러싸인 부피).

(B) $\oint_S \mathbf{E} \cdot d\mathbf{S} = (\int_v \rho dv)/\varepsilon_0$.

(C) $\oint_S \mathbf{E} \cdot d\mathbf{S} = \varepsilon_0 \oint_S \mathbf{P} \cdot \mathbf{S}$.

(D) $\oint_S \mathbf{E} \cdot d\mathbf{S} = (\int_v \rho dv - \oint_S \mathbf{P} \cdot d\mathbf{S})/\varepsilon_0$.

(E) $\oint_S \mathbf{E} \cdot d\mathbf{S} = 0$.

개념문제 2.14 **유전체 내의 균일 필드(field)**

특정 유전체 영역에 균일한 전기장(**E**=상수)이 있다. 자유 체적 전하 밀도는 ρ이다. 속박 체적 전하 밀도는:

(A) $\rho_p = 0$.

(B) $\rho_p = \rho$.

(C) $\rho_p = -\rho$.

(D) $\rho_p = \varepsilon_0 \nabla \cdot \mathbf{E}$.

(E) $\rho_p = \varepsilon \nabla \cdot \mathbf{E} + \rho$.

개념문제 2.15 **균질(homogeneous), 선형 유전체 내 체적 전하**

상대 유전율 ε_r의 균질, 선형 유전체에서 자유 체적 전하 밀도는 ρ이다. 속박 체적 전하 밀도는 다음과 같다.

(A) $\rho_p = 0$.

(B) $\rho_p = \rho$.

(C) $\rho_p = \rho/\varepsilon_r$.

(D) $\rho_p = -\rho/\varepsilon_r$.

(E) $\rho_p = -(\varepsilon_r - 1)\rho/\varepsilon_r$.

개념문제 2.16 **전하가 없는 균질 매질**

자유 체적 전하가 없는 균질 선형 매질은 속박 체적 전하도 없다.

(A) 참.

(B) 거짓.

개념문제 2.17 **비균질 매질에 대한 포아송 방정식(Poisson's equation)**

유전율이 ε인 비균질 유전체 영역의 경우, 전위 V와 자유 체적 전하 밀도 ρ에 관한 다음 2차 미분 방정식(포아송 방정식)은 다음과 같다:

(A) $\nabla^2 V = \rho/\varepsilon$.

(B) $\nabla^2 V = -\rho/\varepsilon$.

(C) $\nabla \cdot (\nabla V) = \rho$.

(D) $\nabla \cdot (\varepsilon \nabla V) = -\rho$.

(E) $\nabla V = -\rho/\varepsilon$.

개념문제 2.18 **1차원 전위 분포로 인한 전하 밀도**

유전율 ε의 균질한 유전체로 채워진 정전기 시스템에서 전위 V가 x의 2차 함수이다(다른 좌표에 대한 변위는 없다). 이때 시스템의 전하 밀도 ρ는 다음과 같다.

(A) x에 대한 선형 함수.

(B) x에 대한 2차 함수.

(C) x에 대하 3차 함수.

(D) 0이 아닌 상수.

(E) 0.

개념문제 2.19 **비선형 유전체에서의 유전율과 필드(field) 세기**

비선형 유전체 매질의 분극 특성과 유전율 ε은 재료의 전기장 세기 **E**에 따라 달라진다.

(A) 참.

(B) 거짓.

개념문제 2.20 **비선형 유전체의 벡터 관계**

비선형 유전체로 채워진 금속 구조를 생각하자. 유전체의 전기장 세기, 전속 밀도 및 분극 벡터는 각각 **E**, **D** 및 **P**이다. 유전체의 어느 지점에서, 그리고 모든 필드 세기에 대해 다음의 벡터는 **E**에 선형적으로 비례한다.

(A) **D**만.

(B) **P**만.

(C) **D**와 **P** 모두.

(D) **D** − **P**.

(E) 위 모두 해당 사항 없음.

2.3 유전체-유전체 경계 조건

그림 2.4에 표시된 유전체-유전체 경계 표면을 고려해보자. $\mathbf{E}_1$과 $\mathbf{D}_1$은 각각 매질 1의 경계에 가까운 전기장 세기 벡터와 전속 밀도 벡터이고, $\mathbf{E}_2$와 $\mathbf{D}_2$는 매질 2에서의 동일한 물리량이다. 식 (1.13) 및 (2.5)는 **E**의 접선 성분과 **D**의 법선 성분에 대해 경계에서 다음과 같은 경계 조건을 생성한다.

$$E_{1t} = E_{2t},\ \ D_{1n} - D_{2n} = \rho_S \ (\text{유전체-유전체 경계 조건}) \tag{2.7}$$

여기서 수직 성분은 영역 2에서 영역 1로 향하는 단위 법선 $\hat{\mathbf{n}}$에 대해 정의되며(그림 2.4), ρ_S는 표면에 존재할 수 있는 표면 자유 전하 밀도이다. 전하가 없는 경우는,

$$D_{1n} = D_{2n} \rightarrow \varepsilon_1 E_{1n} = \varepsilon_2 E_{2n} \quad (\rho_S = 0) \tag{2.8}$$

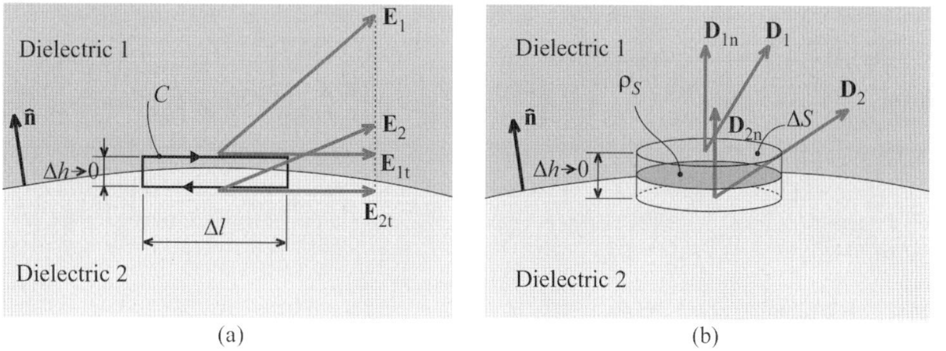

그림 2.4 유전체-유전체 경계면: (a) E의 접선 성분 및 (b) D의 수직 성분에 대한 경계 조건

α_1과 α_2는 영역 1과 영역 2의 필드 선이 경계면에 대한 법선 $\hat{\mathbf{n}}$과 만드는 각도를 나타내며, 그림 2.5에 표시된 것처럼 $\tan\alpha_1 = E_{1t}/E_{1n}$, 그리고 $\tan\alpha_2 = E_{2t}/E_{2n}$이다. 이 탄젠트(tangent)성분들을 나누고 식 (2.7)과 식 (2.8)을 사용하면 전하가 없는 상황에서의 유전체-유전체 경계에 대한 전기장의 굴절 법칙(law of refraction)을 얻는다 ($\rho_S = 0$):

$$\frac{\tan\alpha_1}{\tan\alpha_2} = \frac{\varepsilon_1}{\varepsilon_2} \quad (\text{전기장에 대한 굴절 법칙}) \tag{2.9}$$

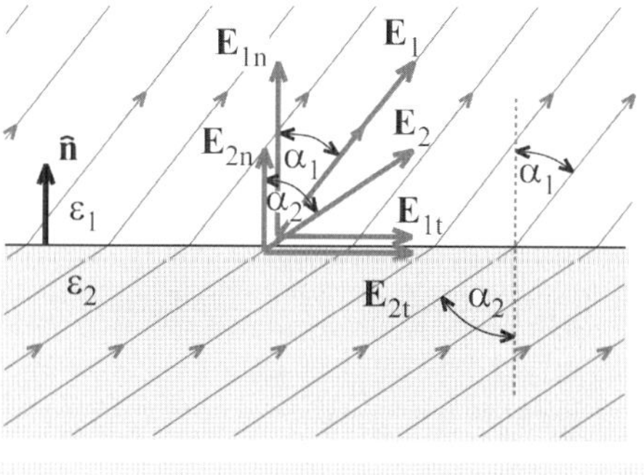

그림 2.5

개념문제 2.21 **유전체-유전체에서의 경계 조건**

각각 상대 유전율이 $\varepsilon_{r1} = 4$ 및 $\varepsilon_{r2} = 2$인 두 유전체 매질 사이의 경계면을 생각하자. 경계에 표면 전하가 없다고 가정할 때 그림 2.6에 표시된 경우 중 경계의 양측에서 가능한 전기장 세기 벡터를 나타내는 것은 무엇인가?

(A) (a)만.

(B) (b)만.

(C) (c)만.

(D) (d)만.

(E) 한 경우 이상.

(F) 어떤 경우도 해당 사항 없음.

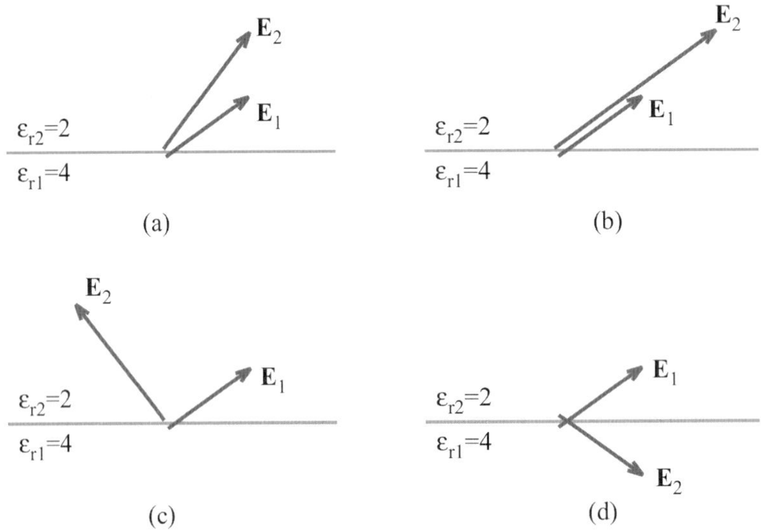

그림 2.6 유전체-유전체 경계면 양측에 있는 전기장 세기 벡터의 네 가지 조합($\varepsilon_{r1} = 2\varepsilon_{r2}$) (개념문제 2.21)

개념문제 2.22 **정전기 필드 선의 굴절(refraction)**

그림 2.7은 전하가 없는($\rho_S = 0$) 유전체-유전체 경계 근처의 정전기 필드선(field line)을 보여준다. 이를 가능하게 하는 두 매질의 조합은 다음 중 무엇인가?

(A) 매질 1은 PVC($\varepsilon_{r1} = 2.7$) 그리고 매질 2는 운모(mica)($\varepsilon_{r2} = 5.4$).

(B) 매질 1은 운모(mica)($\varepsilon_{r1} = 5.4$) 그리고 매질 2는 PVC($\varepsilon_{r2} = 2.7$).

(C) 매질 1은 물($\varepsilon_{r1} = 81$) 그리고 매질 2는 공기($\varepsilon_{r2} = 1$).

(D) 매질 1은 공기($\varepsilon_{r1} = 1$) 그리고 매질 2는 물($\varepsilon_{r2} = 81$).

(E) 상기 (A)와 (B)의 조합 모두 가능.

(F) 상기 (C)와 (D)의 조합 모두 가능.

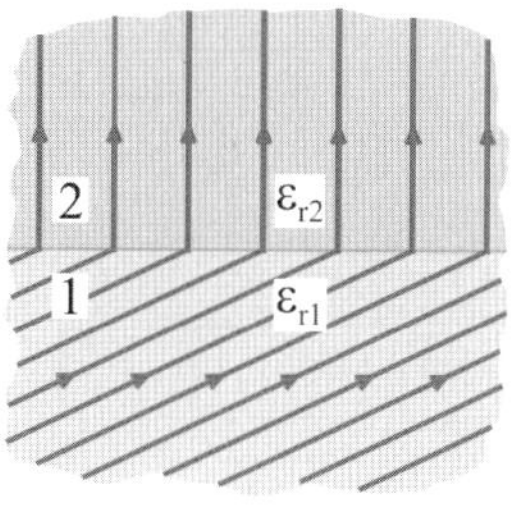

그림 2.7 두 유전체 매질 경계에서 전기장선의 굴절(개념문제 2.22)

2.4 균질한 유전체로 채워진 커패시터 분석

그림 2.8은 유전체에 포함된 두 개의 금속체(전극, electrode)로 구성되고 반대 극성 Q와 $-Q$의 동일한 전하량으로 대전된 커패시터를 보여준다. (선형 유전체로 채워진)선형 커패시터에서 Q는 커패시터 전압에 선형적으로 비례하며, 이는 순차적으로 다음과 같이 구해진다(그림 2.8).

$$V = \int_1^2 \mathbf{E} \cdot \mathrm{d}\mathbf{l} \tag{2.10}$$

이 비례를 바탕으로 커패시터의 커패시턴스는 다음과 같이 정의된다.

$$C = \frac{Q}{V} \quad \text{(커패시터의 커패시턴스, 단위: F)} \tag{2.11}$$

C는 항상 양수이며 ($C > 0$), 단위는 패럿(Farad, F)이다. 두 개의 도체로 이루어진 전송선로(two-conductor transmission line) (균일한 단면의 매우 긴 두 개의 도체로 이루어진 시스템)의 경우 선로의 단위 길이 당 커패시턴스를 다음과 같이 정의한다.

$$C' = C_{p.u.l} = \frac{C}{l} = \frac{Q'}{V}$$

(전송 선로의 단위 길이(per unit length, p.u.l)당 커패시턴스, 단위: F/m)

(2.12)

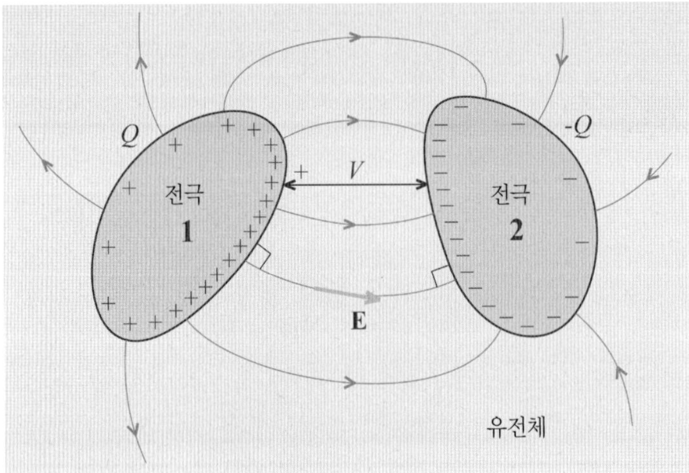

그림 2.8 커패시터

여기서 C, l, 그리고 Q'은 각각 총 커패시턴스, 길이, 그리고 구조물의 단위 길이 당 전하이다(식 (1.8) 참조).

그림 2.9에 가장 자주 사용되는 커패시터 및 전송 선로를 나타내었다. 그림 2.9(a)의 구(spherical) 커패시터의 경우, 식 (2.5)의 일반화된 적분형 가우스 법칙을 사용하고 식 (2.10) 및 식 (2.11)을 사용하면 다음을 얻을 수 있다.

$$E(r) = \frac{Q}{4\pi\varepsilon r^2} \quad (a < r < b) \;\rightarrow\; V = \int_a^b E(r)dr = \frac{Q}{4\pi\varepsilon}\left(\frac{1}{a} - \frac{1}{b}\right)$$
$$\rightarrow\; C = \frac{Q}{V} = \frac{4\pi\varepsilon ab}{b-a} \quad \text{(구형 커패시터의 커패시턴스)} \tag{2.13}$$

유사한 방법으로 그림 2.9(b)의 동축 케이블(coaxial cable)에 대한 식 (2.12)의 단위 길이 당 커패시턴스 $C' = 2\pi\varepsilon/\ln(b/a)$이고, 그림 2.9(c)의 얇은 2개의 선으로 구성된 대칭형 전송 선로의 단위 길이 당 커패시턴스는 $C' = \pi\varepsilon/\ln(d/a)$이다.

프린징(fringing) 효과가 무시된(즉, 유전체의 전기장이 균일하고 유전체 외부에 필드가 없다고 가정함) 평행판(parallel-plate) 커패시터를 분석하기 위해 일반화된 가우스 법칙을 그림 2.9(d)의 직사각형 형태의 가우스 표면에 적용한다. 그 결과,

$$C = \varepsilon\frac{S}{d} \quad \text{(평행판 커패시터의 커패시턴스, 프린징 효과 무시)} \tag{2.14}$$

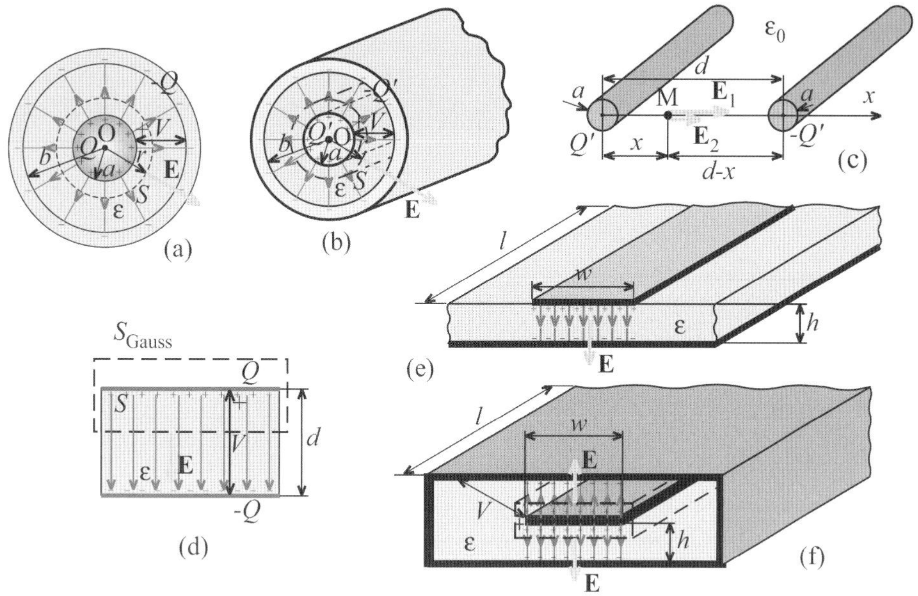

그림 2.9 커퍼시터와 전송 선로의 예: (a) 구형 커패시터, (b) 동축 케이블, (c) 얇은 두 개의 선으로 이루어진 전송 선로, (d) 평행판 커패시터, (e) 마이크로스트립 전송 선로, (f) 스트립 전송 선로; (d)–(f)의 경우 프린징 효과는 무시한다.

같은 방식으로, 그림 2.9(e)의 마이크로스트립(microstrip) 전송 선로의 단위 길이당 커패시턴스는 $C' = \varepsilon w/h$, 그림 2.9(f)의 스트립(strip) 전송 선로의 단위 길이당 커패시턴스는 $C' = 2\varepsilon w/h$로 나타난다 (두 경우 모두 프린징 효과는 무시한다).

개념문제 2.23 **전속 밀도 변화에 따른 전압의 변화**

대전된, 선형 유전체를 포함한 커패시터 단자 사이의 전압은 V이다. 유전체의 모든 지점에서 전속 밀도가 두 배가 되면 새로운 정전기 상태(electrostatic state)에서의 커패시터의 전압은 다음과 같다.

(A) $V/2$.

(B) V.

(C) $2V$.

(D) $4V$.

(E) 위 모두 아님.

개념문제 2.24 **"정육면체형(cubical)" 커패시터의 커패시턴스**

그림 2.10과 같이 중심이 같은, 얇은 벽을 가진 금속 큐브(cube) 2개로 구성된 "정육면체형" 커패시터를 생각해보자. 내부 및 외부 도체의 가장자리 길이는 각각 a=5cm 및 b=15cm이고 도체 사이의 매질은 공기이다. 이때, a가 두 배로 커지고 b가 동일하게 유지되면 커패시터의 커패시턴스는:

(A) 증가한다.

(B) 감소한다.

(C) 변화가 없다.

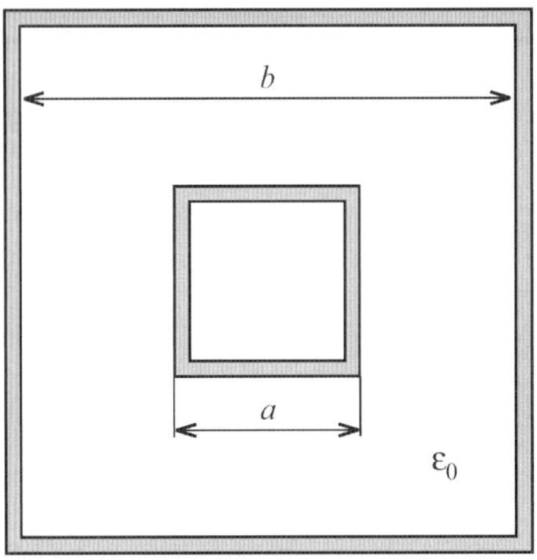

그림 2.10 공기로 채워진 "정육면체형" 커패시터(개념문제 2.24)

개념문제 2.25 **"정육면체형" 커패시터와 격리된(isolated) 큐브**

그림 2.10의 "정육면체형" 커패시터의 커패시턴스는 공기 중의 가장자리 길이 a를 가진 중앙의 큐브 컨덕터의 커패시턴스(이는 $b \to \infty$ 인 "정육면체형" 커패시터의 내부 전극으로 생각할 수 있음) 보다:

(A) 크다.

(B) 동일하다.

(C) 작다.

개념문제 2.26 **유전체 변화에 따른 전기장 세기의 변화**

공기가 채워진 평행판 커패시터(parallel-plate capacitor)가 대전된 채 해당 단자는 개방(open)인 상태로 유지된다. 손이나 다른 전도체로 평행판은 건드리지 않은 채 상대 유전율 $\varepsilon_r = 2$인 유전체 슬래브(slab)를 삽입하여 평행판 사이의 공간을 채운다. 결과적으로 평행판 사이의 전기장 세기는:

(A) 증가한다.

(B) 감소한다.

(C) 동일하다.

개념문제 2.27 **소스가 연결된 상태에서의 유전체 변화**

공기로 채워진 평행판 커패시터(parallel-plate capacitor)가 전압원(voltage source)에 연결된다. 전압원이 여전히 연결되어 있는 동안 평판 사이의 공간은 유전체 슬래브(slab)($\varepsilon_r = 2$)로 완전히 채워진다. 새로운 정전기 상태에서 전기장 세기는 공기로 채워진 커패시터보다:

(A) 크다.

(B) 동일하다.

(C) 작다.

개념문제 2.28 **유전체 유무에 따른 임의 형상의 커패시터**

임의의 모양의 전극을 가진 커패시터가 상대 유전율 ε_r ($\varepsilon_r > 1$)의 균일한 유전체로 채워져 있다. (전극의 모양을 변경하지 않고)유전체를 제거하면 커패시터의 커패시턴스는:

(A) 증가한다.

(B) 감소한다.

(C) 동일하다.

(D) 전극의 모양에 따라 답이 다를 수 있다.

개념문제 2.29 **금속 슬래브(slab)가 삽입된 평행판 커패시터**

공기로 채워진 평행판 커패시터(parallel-plate capacitor)에서 평행판의 전하는 Q 및 $-Q$이다. 커패시터 단자는 개방되어 있으며 프린징(fringing) 효과는 무시할 수 있다. 그림 2.11과 같이 두께가 판 간격보다 작은 대전되지 않은 금속 슬래브(slab)를 평행판 사이에 삽입한다. 평행판 커패시터 사이의 전압은 슬래브를 삽입하기 전보다:

(A) 크다.

(B) 동일하다.

(C) 작다.

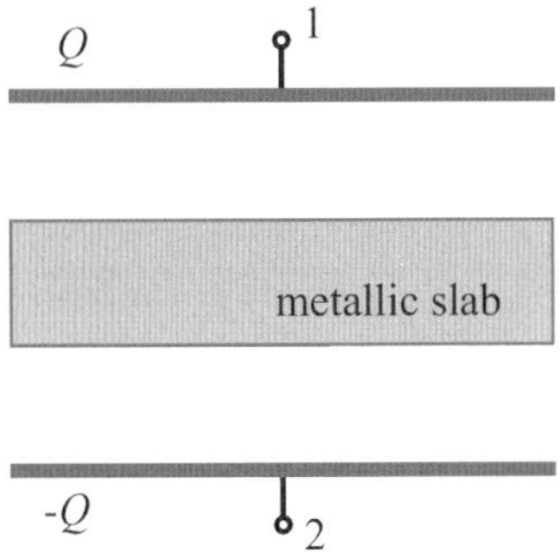

그림 2.11 평행판 사이에 금속 슬래브가 삽입된 평행판 커패시터(개념문제 2.29)

개념문제 2.30 **슬래브(slab)가 있는 두 가지 형상의 커패시터**

그림 2.11의 커패시터에 대해 다음 두 가지 형상 변화를 생각해보자. (a)의 경우, 슬래브가 위의 금속판(plate)에 전기적으로 연결되어 있다(그림 2.12(a)). (b)의 경우, 평행판들이 서로 전기적으로 연결되어 있다(그림 2.12(b)). 1, 2 단자 사이의 커패시턴스는 어느 경우에 더 큰가?

(A) (a) 경우.

(B) (b) 경우.

(C) 두 경우의 커패시턴스는 동일하다.

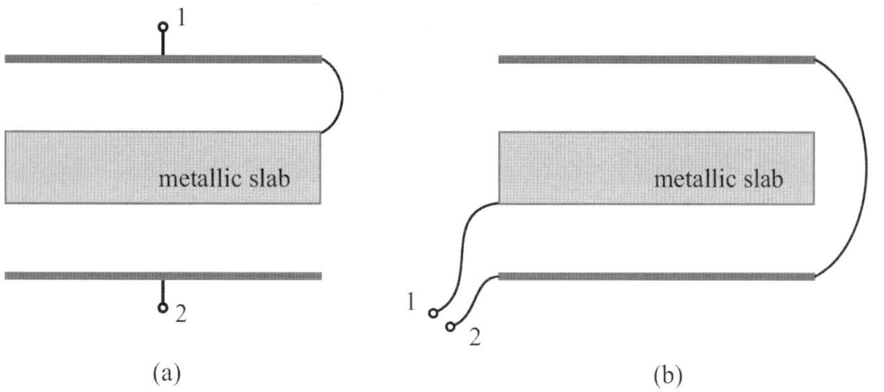

그림 2.12 그림 2.11의 커패시터에서 (a) 슬래브가 위의 평행판에 전기적으로 연결된 경우, (b) 평행판들이 서로 전기적으로 연결된 경우(개념문제 2.30)

개념문제 2.31 **여러 개의 평행판(parallel-plate)으로 구성된 커패시터**

그림 2.13에 표시된 커패시터는 가장자리 길이 a의 평행한 정사각형 금속판 7개와 인접한 모든 평행판 사이의 간격 $d(d << a)$로 구성된다. 평행판 사이의 매질은 공기이다. 평행판 면적이 a^2, 평행판 간 간격 d의 공기로 채워진 평행판 커패시터의 커패시턴스를 C라 하면, 그림 2.13 커패시터의 커패시턴스는 다음과 같다.

(A) $C/6$.

(B) $C/3$.

(C) C.

(D) $3C$.

(E) $6C$.

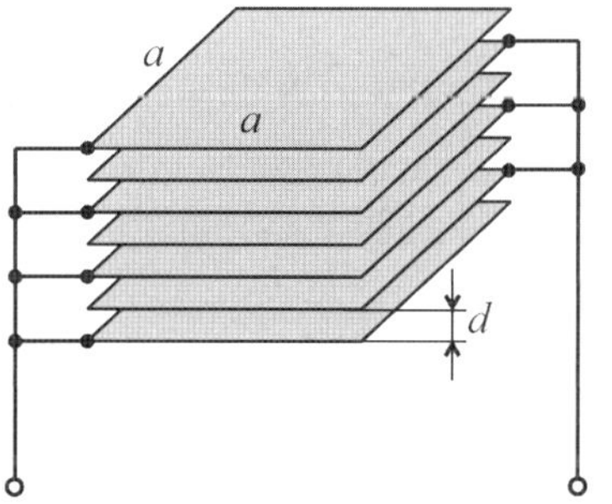

그림 2.13 공기 중 7개의 평행 평행판으로 구성된 커패시터(개념문제 2.31)

2.5 비균질한 유전체로 채워진 커패시터 분석

종종 비균질(inhomogeneous) 유전체를 포함하는 커패시터 및 전송 선로를 다룰 때가 있다. 이러한 정전기 시스템을 설명하기 위해 그림 2.14에 표시된 부분적으로 균질한 유전체가 있는 두 개의 평행판 커패시터를 고려하고, 두 경우 모두 프린징(fringing) 효과는 무시할 수 있다고 가정하자. 두 개의 유전체 층이 있는 그림 2.14 (a) 커패시터의 필드 분석은 식 (2.5)의 일반화된 가우스 법칙을 Q로 대전된 금속판을 감싸는, 우측이 유전체 중 한 부분에 위치한 직사각형 폐쇄 표면(*역자주: 가우스 표면)에 적용하면,

$$D_1 = D_2 = D = \frac{Q}{S} \rightarrow E_1 = \frac{D}{\varepsilon_1} = \frac{Q}{\varepsilon_1 S} \text{ 그리고 } E_2 = \frac{D}{\varepsilon_2} = \frac{Q}{\varepsilon_2 S}$$
$$\rightarrow V = E_1 d_1 + E_2 d_2 = \frac{Q}{S}\left(\frac{d_1}{\varepsilon_1} + \frac{d_2}{\varepsilon_2}\right) \rightarrow C_a = \frac{Q}{V} = \frac{\varepsilon_1 \varepsilon_2 S}{\varepsilon_2 d_1 + \varepsilon_1 d_2} \quad (2.15)$$

다른 방법으로, C_a는 식 (2.14)를 두 번 사용하여(균질한 유전체의) 직렬 연결된 두 개의 커패시터의 등가 커패시턴스처럼 구할 수 있다.

$$C_a = \frac{C_1 C_2}{C_1 + C_2}, \text{ 이때 } C_1 = \varepsilon_1 \frac{S}{d_1} \text{ 그리고 } C_2 = \varepsilon_2 \frac{S}{d_2} \quad (2.16)$$

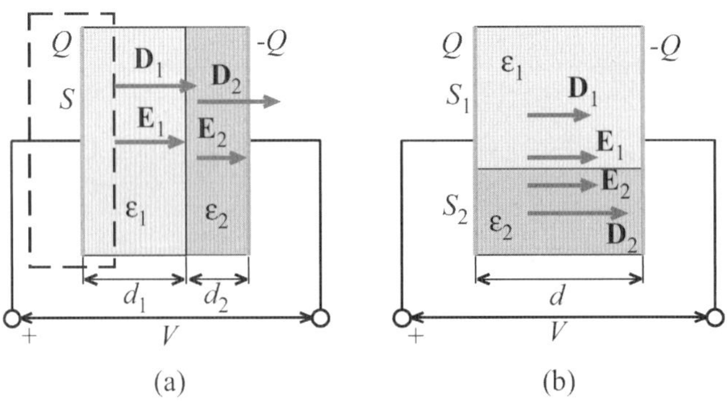

그림 2.14 비균질 유전체가 있는 커패시터의 두 가지 특징적인 예:
(a) 유전체 층이 두 개인 평행판 커패시터,
(b) 유전체 섹터가 두 개인 평행판 커패시터(두 경우 모두 프린징 무시)

이와 달리, 그림 2.14(b)의 커패시터의 전기장 분석은 다음과 같이 계산할 수 있다.

$$E_1 = E_2 = E = \frac{V}{d} \rightarrow D_1 = \varepsilon_1 E = \frac{\varepsilon_1 V}{d} \text{ 그리고 } D_2 = \varepsilon_2 E = \frac{\varepsilon_2 V}{d}$$
$$\rightarrow Q = D_1 S_1 + D_2 S_2 = (\varepsilon_1 S_1 + \varepsilon_2 S_2)\frac{V}{d} \rightarrow C_b = \frac{Q}{V} = \frac{\varepsilon_1 S_1 + \varepsilon_2 S_2}{d} \quad (2.17)$$

한편, 두 커패시터의 등가 커패시턴스 개념을 병렬로 사용하는 또 다른 풀이 방식은 다음과 같다.

$$C_b = C_1 + C_2, \text{ 이 때 } C_1 = \varepsilon_1 \frac{S_1}{d} \text{ 그리고 } C_2 = \varepsilon_2 \frac{S_2}{d} \tag{2.18}$$

개념문제 2.32 **유전체 슬래브(slab)가 삽입된 평행판(parallel-plate) 커패시터**

유전율 $\varepsilon(\varepsilon > \varepsilon_0)$의 무극성(unpolarized) 유전체 슬래브가 그림 2.15에서와 같이 각각 Q 및 $-Q$로 대전된, 공기로 채워진 개방 회로 평행판 커패시터의 플레이트 사이에 삽입된다. 프린징(fringing) 효과는 무시할 수 있다. 평행판 커패시터 사이의 전압은 이제 슬래브가 삽입되기 전보다:

(A) 크다.

(B) 동일하다.

(C) 작다.

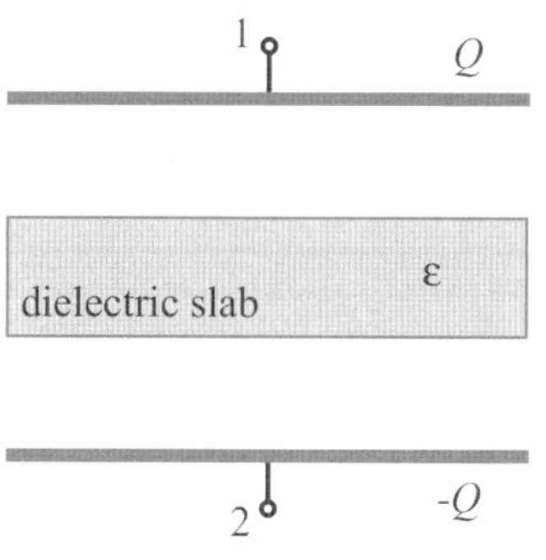

그림 2.15 금속판 사이에 유전체 슬래브가 삽입된 평행판 커패시터(개념문제 2.32)

개념문제 2.33 **구형 커패시터에서의 전기장 세기**

선형 유전체로 대전된 구형 커패시터를 생각해보자. 커패시터 중심으로부터 임의 지점의 반경 거리를 r로 지정하면 커패시터 전극 사이의 전기장 세기 벡터 $\mathbf{E}$의 크기는 다음과 같다.

(A) r에 반비례한다.

(B) r^2에 반비례한다.

(C) $\ln r$에 반비례한다.

(D) 일정하다.

(E) 판단을 위해서는 정보가 더 필요하다.

개념문제 2.34 **구형 커패시터에서의 전속 밀도**

선형(linear) 유전체로 채워진 대전된 구형 커패시터 전극 사이의 전속 밀도 벡터 **D**의 크기는 다음과 같다(r은 커패시터 중심으로부터의 반경 거리를 나타낸다).

(A) r에 반비례한다.

(B) r^2에 반비례한다.

(C) $\ln r$에 반비례한다.

(D) 일정하다.

(E) 판단을 위해서는 정보가 더 필요하다.

개념문제 2.35 **네 부분으로 된 유전체가 있는 평행판(parallel-plate) 커패시터**

평행판 커패시터가 그림 2.16에서와 같이 유전율 ε_1, ε_2, ε_3, ε_4의 네 부분으로 구성된 유전체로 채워진다. 커패시터가 대전되고 각 조각의 전기장이 균일하며 유전체-유전체 경계에 표면 자유 전하가 존재하지 않는다고 가정할 때 다음 네 가지 설명을 판단하라. (a) $\varepsilon_1 = \varepsilon_2$ 및 $\varepsilon_3 = \varepsilon_4$이면 벡터 **E**는 모든 조각에서 동일하다. (b) $\varepsilon_1 = \varepsilon_2$ 및 $\varepsilon_3 = \varepsilon_4$이면 벡터 **D**는 모든 조각에서 동일하다.(c) $\varepsilon_1 = \varepsilon_3$ 및 $\varepsilon_2 = \varepsilon_4$이면 벡터 **E**는 모든 조각에서 동일하다. (d) $\varepsilon_1 = \varepsilon_3$ 및 $\varepsilon_2 = \varepsilon_4$이면 벡터 **D**는 모든 조각에서 동일하다. 위의 설명 중 맞는 것은 무엇인가?

(A) (a)와 (b) 설명.

(B) (c)와 (d) 설명.

(C) (a)와 (d) 설명.

(D) (b)와 (c) 설명.

(E) 어떠한 설명도 맞지 않다.

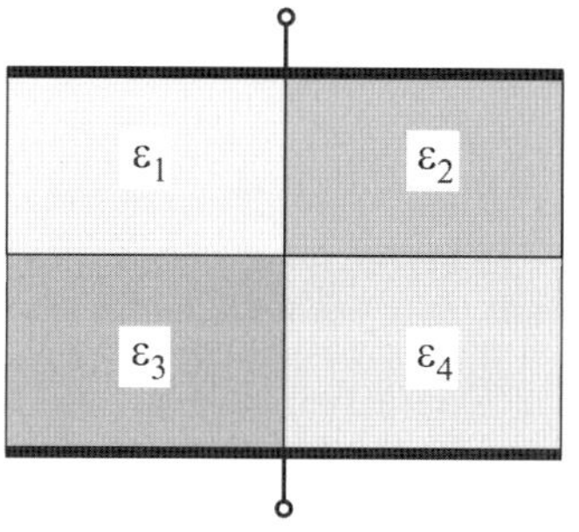

그림 2.16 4개의 유전체 조각으로 채워진 평행판 커패시터(개념문제 2.35)

개념문제 2.36 **방사형(radial) 방향으로 유전율 변화가 있는 동축 케이블**

동축 케이블이 연속적으로 비균질한 유전체로 채워지고 전압원에 연결된다. 유전체의 유전율은 케이블 축으로부터의 방사형 거리 r의 함수이며 다른 좌표에는 독립적이다(*역자주: 실린더 좌표계의 ϕ 및 z에 대한 함수가 아니다). 케이블의 **D**와 **E** 벡터를 생각해보자. 유전체를 통해 각 벡터의 변화는 공기로 채워져 있는 동일한 케이블에서와 같은가?

(A) 두 벡터 모두에 대해 같다.

(B) **D** 벡터에 대해서만 같다.

(C) **E** 벡터에 대해서만 같다.

(D) 어떤 벡터에 대해서도 같지 않다.

개념문제 2.37 **4개의 유전체 섹터(sector)가 있는 동축 케이블**

서로 다른 유전율을 가진 4개의 90° 섹터 형태의 유전체가 있는 동축 케이블을 생각해보자. 전압원에 연결된 단면이 그림 2.17에 나와 있다. **D**와 **E** 벡터가 각각 케이블 유전체 전체에 걸쳐 변하는 방식은 공기가 채워져 있는 경우의 동일한 케이블과 같은가?

(A) 두 벡터 모두에 대해 같다.

(B) **D** 벡터에 대해서만 같다.

(C) **E** 벡터에 대해서만 같다.

(D) 어떤 벡터에 대해서도 같지 않다.

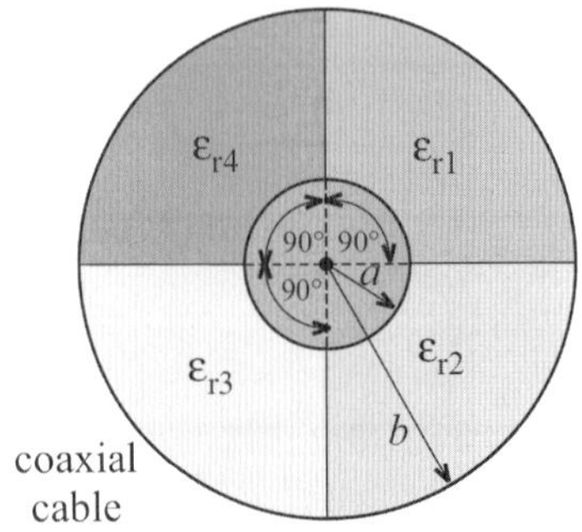

그림 2.17 4개의 다른 유전체로 채워져 있는 동축 케이블의 단면(개념문제 2.37)

개념문제 2.38 **직/병렬로 연결되어 있는 100개의 커패시터**

서로 다른 커패시턴스 C_1, $C_2, \ldots,$ C_{100}을 갖는 임의의 모양의 100개의 커패시터 집합이 있다. C_{series}와 C_{parallel}을 각각 직렬로 연결된 커패시터[그림 2.18(a)]와 병렬로 연결된 커패시터[그림 2.18(b)]의 등가 총 커패시턴스라고 하자. 이 두 등가 커패시턴스를 비교하면:

(A) $C_{series} < C_{\text{parallel}}$.

(B) $C_{series} = C_{\text{parallel}}$.

(C) $C_{series} > C_{\text{parallel}}$.

(D) 개별 커패시터의 모양에 따라서만 다르다.

(E) C_1, $C_2, \ldots,$ C_{100} 커패시터 값들의 관계에 따라서 다르다.

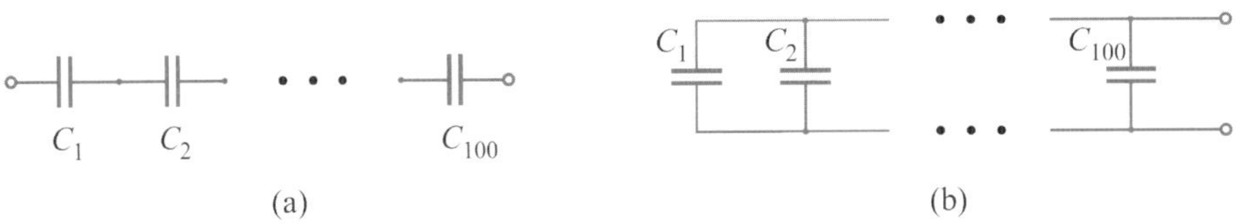

그림 2.18 임의의 100개 커패시터의 연결. (a) 직렬, (b) 병렬(개념문제 2.38)

2.6 정전기 시스템의 에너지

모든 대전된 커패시터와 대전된 전도체로 구성된 시스템이 갖는 일정량의 에너지는 에너지 보존의 법칙에 따라 시스템 충전 과정에서 수행되는 일(work)과 동일하다. 이 에너지를 전기 에너지(electric energy)라고 하며 이는 시스템에서 전도체의 전하 및 전위와 관련이 있다. 커패시턴스 C, 전하 Q 및 전압 V의 선형 커패시터(선형 유전체로 채워진 커패시터)의 경우 [그림 2.8 및 식 (2.11)] 에너지는,

$$W_e = \frac{1}{2}CV^2 = \frac{1}{2}QV = \frac{Q^2}{2C} \text{ (커패시터의 에너지, 단위: } J) \tag{2.19}$$

전기 에너지의 단위는 줄(J)이다.

정전기 시스템의 전하는 전기장의 소스(source)이기 때문에 시스템의 에너지는 시스템 전체의 전기장 세기로도 표현될 수 있다. 이것은 전기 에너지가 실제로 전기장에 국한되어 있으므로 정전기 시스템 (예: 커패시터) 도체 사이의 유전체(공기 및 진공일 수 있음)에 국한된다는 가정으로 이어진다. 정량적으로 유전체의 특정 위치에서 에너지의 밀도는 국부 전기장 강도 $\boldsymbol{E}$의 제곱에 비례하며 [식 (2.6)]을 사용하여 다음과 같이 쓸 수 있다.

$$w_e = \frac{1}{2}\varepsilon E^2 = \frac{1}{2}ED = \frac{D^2}{2\varepsilon} \text{ (전기 에너지 밀도, 단위: } J/m^3) \tag{2.20}$$

시스템의 총 전기 에너지는 $W_e = \int_v w_e dv$로 얻어지며, 여기서 v는 유전체의 체적이다.

개념문제 2.39 **유전체의 변화에 따른 커패시터 에너지의 변화**

그림 2.9(a) 구형 커패시터의 유전체는 기름이다. 커패시터는 전압원에 연결된다. 그런 다음 전압원이 차단(분리)되고 오일이 커패시터에서 흘러나온다. 최종 정전기 상태에서 커패시터의 에너지는 전압원이 차단(분리)되기 전보다:

(A) 크다.

(B) 동일하다.

(C) 작다.

개념문제 2.40 **다른 상황에서의 유전체 유출(drain)**

구형 커패시터의 기름 유전체가 전압원이 커패시터에 연결되어 있는 동안 완전히 유출된다. 결과적으로 커패시터의 에너지는:

(A) 증가한다.

(B) 감소한다.

(C) 동일하다.

개념문제 2.41 **서로 다른 크기의 격리된 금속 구체의 에너지**

공기 중에 동일한 전하와 다른 반경을 가진 두 개의 격리된 금속 구(sphere)를 생각하고 그 에너지를 비교하자 (분리된 구는 외부 전극이 무한히 큰 반지름을 갖는 구형 커패시터의 내부 전극으로 간주될 수 있음). 더 큰 에너지는:

(A) 더 큰 구에서 나타난다.

(B) 더 작은 구에서 나타난다.

(C) 에너지는 동일하다.

(D) 판단을 위해서는 보다 많은 정보가 필요하다.

개념문제 2.42 **전기장 세기, 전속 밀도, 에너지의 변화**

두 개의 커패시터가 동일한 양의 전기 에너지를 갖고 있다. 첫 번째 커패시터의 모든 지점에서 전기장 세기 (E)가 두 배로 커지고, 두 번째 커패시터의 모든 지점에서 전속 밀도 (D)가 절반이 되면 새로운 정전기 상태에서의 첫 번째 커패시터에 저장된 에너지는 두 번째 커패시터에 저장된 에너지의:

(A) 1/4이 된다.

(B) 1/16이 된다.

(C) 4배가 된다.

(D) 16배가 된다.

(E) 동일하다.

개념문제 2.43 **절반이 채워진 커패시터의 에너지 밀도**

커패시터 전극 사이의 공간이 상대 유전율 $\varepsilon_r = 2$인 유전체로 절반이 채워지고 나머지 절반은 공기로 채워진다. 전체 공간의 전기장은 일정하다 (**E**=상수). 공기 중의 에너지 밀도를 유전체의 전기 에너지 밀도와 비교하면:

(A) 더 크다.

(B) 더 작다.

(C) 동일하다.

(D) 0.

(E) 판단을 위해서는 보다 많은 정보가 필요하다.

2.7 정전기 시스템의 유전체 파괴

정전기 시스템의 유전체에서 전계 세기 E는 무한히 증가할 수 없다. 특정 값을 초과하면 유전체가 전도(conducting)된다. 이때 유전체는 일시적 또는 영구적으로 절연성을 잃게 되며 파괴(breakdown)되었다고 한다. 파괴하는 전기장(breaking field) 값, 즉 개별 유전체 재료가 파괴 없이 견딜 수 있는 최대 전기장 세기를 물질의 절연 내력(dielectric strength)이라고 하며, E_{cr}(임계 전기장 세기)로 표시된다. 공기의 경우 $E_{cr0} = 3MV/m$이고, 다른 유전체의 경우 $E_{cr} > E_{cr0}$이다(예: 폴리에틸렌(polyethylene)의 경우 $E_{cr} = 47MV/m$). 이제 고전압 사용처들, 즉 유전체에 걸리는 전기장이 너무 강해서 구조에서 절연 파괴의 위험이 있는 커패시터와 전송선 상황을 살펴볼 것이다. 파괴는 유전체에서 가장 큰 국소 필드의 강도가 특정 물질의 E_{cr}에 도달할 때 발생한다. 따라서, 균일하지 않은 전기장 분포가 있는 구조에서의 유전체에 가장 취약한 지점을 찾는 것은 매우 중요한 일이며, 이 작업은 여러 유전체 영역을 포함하는 구조의 경우 더 복잡하다.

개념문제 2.44 **진공에서의 유전체 파괴(breakdown)**

진공의 절연 내력은 공기의 내력($E_{cr0} = 3MV/m$)보다:

(A) 크다.

(B) 동일하다.

(C) 작다.

개념문제 2.45 **공기 중 비대칭 이중(two-wire) 선로에서의 유전체 파괴(breakdown)**

비대칭 얇은 이중 전송 선로[그림 2.9 (c)와 같지만 반경이 다른 전선을 사용함]가 공기 중에 위치하며 대전되었다. 양전하(단위 길이 당 $Q' > 0$)가 있는 선의 반경은 a이고, 다른 선의 반경(단위 길이 당 $-Q'$로 충전 됨)은 $b = a/2$이다. 선 축 사이의 거리는 $d = 100a$이다. Q'이 유전체 파괴가 발생할 수 있을 만큼 충분히 커지면 이것은:

(A) 양전하로 대전된 선의 표면 옆에서 발생한다.

(B) 음전하로 대전된 선의 표면 옆에서 발생한다.

(C) 두 선의 표면에 (동시에) 가까운 곳에서 발생한다

(D) 선의 축을 포함하는 평면상, 대략 선들의 중간에서 발생한다.

(E) 판단을 위해서는 보다 많은 정보가 필요하다.

개념문제 2.46 **두 개의 유전체 부분이 있는 커패시터의 유전체 파괴(breakdown)**

평행판(parallel-plate) 커패시터의 유전체에 균질한 두 개의 유전체 1과 유전체 2가 있다. 이들 사이의 경계면은 그림 2.19에서와 같이 커패시터 금속판과 평행하다. 유전체 1의 절연 내력은 유전체 2의 두 배이다. 커패시터의 파괴(breakdown) 전압 [커패시터에 가할 수 있는 가능한 가장 높은 전압 (파괴 전)]보다 큰 전압이 커패시터 단자에 가해지면, 파괴는:

(A) 유전체 1에서 발생한다.

(B) 유전체 2에서 발생한다.

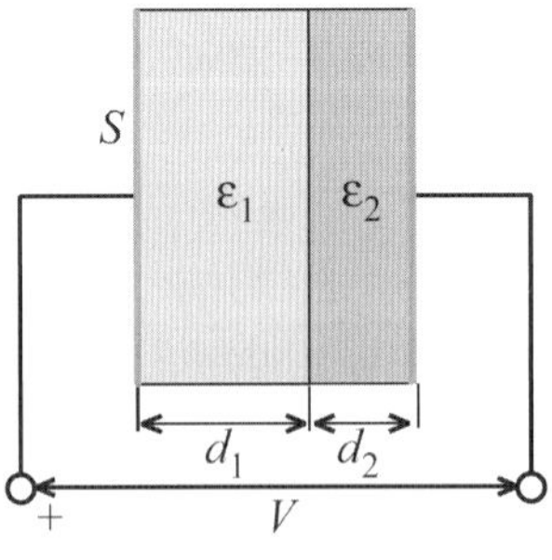

그림 2.19 2개의 유전체 층이 있는 평행판 커패시터의 유전체 파괴 분석(개념문제 2.46)

(C) 두 유전체에서 동시에 발생한다.

(D) 판단을 위해서는 보다 많은 정보가 필요하다.

개념문제 2.47 **유전체의 다른 부분에서의 유전체 파괴**

두 개의 유전체 섹터가 있는 평행판(parallel-plate) 커패시터를 생각해보자. 즉, 커패시터의 유전체를 구성하는 두 개의 균질 매질 부분 사이의 경계면이 그림 2.20에서와 같이 커패시터 평행판에 수직이다. 유전체 1의 절연 내력이 유전체 2의 2배라고 가정한다. 인가 전압(applied voltage)이 커패시터의 파괴 전압(breakdown voltage)보다 크면 파괴가:

(A) 유전체 1에서 발생한다.

(B) 유전체 2에서 발생한다.

(C) 두 유전체에서 동시에 발생한다.

(D) 판단을 위해서는 보다 많은 정보가 필요하다.

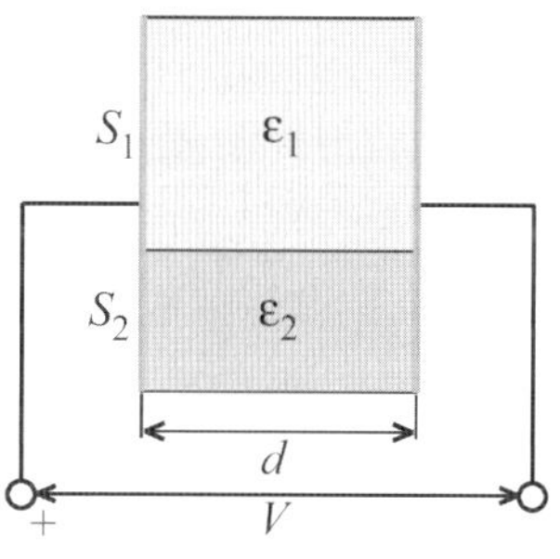

그림 2.20 두 개의 유전체 섹터가 있는 평행판 커패시터의 파괴 분석(개념문제 2.47)

제 3 장 정상 전류

개요

지금까지 정전기장, 즉 시변하지 않는(time-invariant) 전하와 관련된 전기장을 다루었다. 이제 전류를 구성하는 전하의 거시적 움직임을 생각해보자. 이 장에서의 초점은 전도성 매질에서의 자유 전하의 일정한 흐름, 즉, (전선 도체를 통과하는 전류의 양과 같은) 전류의 거시적 특성이 시간에 따라 변하지 않는 정상(시불변, time-invariant) 전류에 대한 것이다. 정상 전류는 직류라고도 하며, 약어로 dc이다.

3.1 연속성 방정식, 전도도, 옴과 줄의 법칙

전류 세기 I는 표면(예: 원통형 도체의 단면)을 통과하는 전하의 이동 속도로 정의된다,

$$I=\frac{dQ}{dt} \text{ (전류 세기, 혹은 간단히, 전류; 단위: } A) \tag{3.1}$$

즉, I는 기본 시간 dt 동안 표면을 통해 흐르는 총 전하량을 dt로 나눈 값이다. 일반적으로 간단히 전류라고 하는 전류 세기의 단위는 암페어(A)이며 C/s와 같다. 전류 밀도 벡터 $\mathbf{J}$는 전류선을 따라 흐르는 벡터이며, 그 크기는 그림 3.1(a)를 참조할 때 다음과 같이 나타난다.

$$J=\frac{dI}{dS} \text{ (전류 밀도, 단위: } A/m^2) \tag{3.2}$$

여기서 dI는 영역 dS의 단위 표면적을 통해 흐르는 전류이다.

많은 상황에서 전류 흐름은 그림 3.1(b)에 표시된 것처럼 표면 위의 필름과 같이 매우 얇은 (이론적으로는 무한히 얇은) 면에 국한된다. 이것이 표면 전류 밀도 벡터 $\mathbf{J}_S$로 설명되는 표면 전류(surface current)이며, 다음과 같이 정의된다.

$$J_S = \frac{dI}{dl} \text{ (표면 전류 밀도; 단위 } A/m) \quad (3.3)$$

여기서 dI는 전류 흐름에 수직으로 설정된 선 성분 dl을 가로지르는 전류이다 [그림 3.1(b)]. 표면 전류 밀도 벡터는 때때로 **K**로 표시하기도 한다.

연속성 방정식(continuity equation)에 의해, 닫힌 표면 S를 통해 도메인 v를 떠나는 시간에 따른 총 전류, 즉 S를 통한 전류 밀도 벡터의 총 외부 플럭스(그림 3.1(c))는 S로 둘러싸인 내부의 총 전하의 시간에 따른 음의 변화량(*역자주: 감소하는 변화량)과 같다,

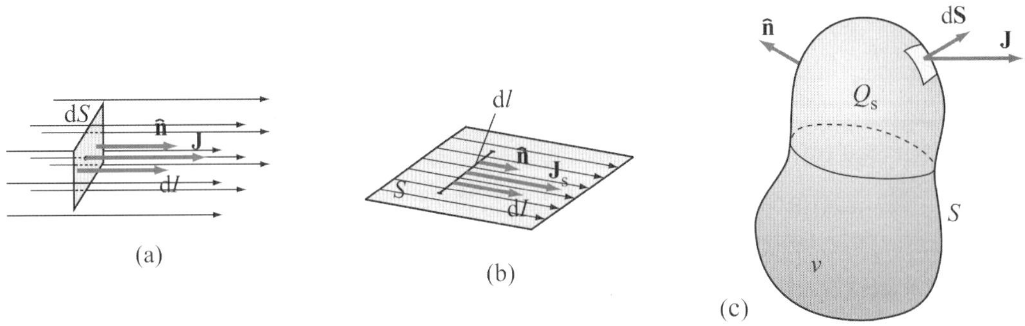

그림 3.1 (a) 전류 밀도 벡터(J), (b) 표면 전류 밀도 벡터(J_S), (c) 전류가 있는 영역에서 임의의 닫힌 표면

$$\oint_S \mathbf{J} \cdot d\mathbf{S} = -\frac{dQ_S}{dt} \text{ (시간에 따라 변하는 전류에 대한 연속성 방정식)} \quad (3.4)$$

식 (2.5)의 일반화된 가우스 법칙의 적분 및 미분 형태와 유사하게, 연속성 방정식의 미분형을 구할 수 있다:

$$\nabla \cdot \mathbf{J} = -\frac{\partial \rho}{\partial t} \text{ (미분형 연속성 방정식)} \quad (3.5)$$

(시불변) 정상 전류에 대해서는, 식 (3.4)와 식 (3.5)는 다음과 같이 간략하게 표현된다.

$$\oint_S \mathbf{J} \cdot d\mathbf{S} = 0, \quad \nabla \cdot \mathbf{J} = 0 \text{ (정상 전류에 대한 연속성 방정식)} \quad (3.6)$$

여기서 적분 방정식은 회로 이론 키르히호프 전류 법칙(Kirchhoff's current law)의 일반형을 나타낸다.

선형 매질에서, **J**는 전기장 세기 벡터 **E**에 선형적으로 비례한다,

$$\mathbf{J} = \sigma \mathbf{E} \text{ (국부적 옴(Ohm)의 법칙)} \quad (3.7)$$

여기서 σ는 매질의 전도도[단위: 미터(m)당 지멘스 (S/m)]이다. 이 관계는 국부적(local) 또는 어느 한 점(point form)에서의 옴의 법칙(Ohm's law)으로 알려져 있다. 또한, 정상 전류를 공부할 때 도체의 시간 불변 전류는 정전기장에 의해 생성된다는 것을 항상 염두에 두고 있어야 한다. 정전기장은 보존적인(conservative) 필드이다. 즉, 임의의 폐쇄 경로를 따른 $\boldsymbol{E}$의 선 적분이 0이라는 것을 의미한다(식 1.13).

가장 일반적으로 사용되는 금속 전도체인 구리(Cu)는 실온 (20° C)에서 전도도가 $\sigma_{Cu} = 58MS/m$ 이다. 많은 응용 분야에서 구리 및 기타 금속 전도체를 완전 전기 전도체(perfect electric conductor, PEC)로 간주한다.

$$\sigma \rightarrow \infty \text{ (완전 도체 - PEC)} \qquad (3.8)$$

전류가 흐르는 도체에서 전기 에너지는 지속적으로 열로 변환되는데, 이 에너지 변환 속도는 물질 내 한 지점에서 주울(Joule)의 손실(ohmic) 전력의 체적 밀도는 다음과 같은 국부적(local or point form) 주울의 법칙(Joule's law)에 의해 설명된다.

$$p_J = JE = \frac{J^2}{\sigma} = \sigma E^2 \text{ (국부적 주울의 법칙)} \qquad (3.9).$$

전력 단위는 와트(W)이므로 p_J의 단위는 W/m^3이다. 볼륨 v 영역(예: 전체 전도체)에서 주울 손실의 총 전력(열로 인해 손실되는 전력)은 $P_J = \int_v p_J dv$로 구한다.

개념문제 3.1 **전기장 세기의 변화에 따른 전류의 변화**

금속 도체가 세기 I의 일정한 전류를 전달한다. 도체의 모든 지점에서 전기장 세기가 두 배가 되면 새로운 정상 상태에서 도체의 전류 세기는 다음과 같다.[1)]

(A) $I/2$.

(B) I.

(C) $2I$.

(D) $4I$.

(E) 모두 답이 아니다.

1) 본 교재의 모든 개념 문제는 정확히 1개의 답이 존재한다.

개념문제 3.2 **가변(variable) 단면의 도체**

일정한 전류가 그림 3.2와 같이 다양한 단면의 균질한 금속 도체를 통해 흐른다. 도체의 두 긴 부분(그림 참조)에서 전기장 세기 E_1 및 E_2 ($E_1, E_2 > 0$) 관계는 다음과 같다.

(A) $E_1 < E_2$.

(B) $E_1 = E_2$.

(C) $E_1 > E_2$.

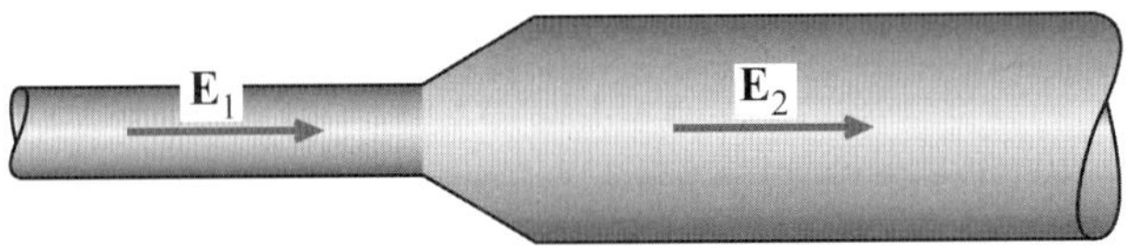

그림 3.2 정상 전류가 흐르는 가변 단면의 금속 도체(개념문제 3.2)

개념문제 3.3 **얇은 금속판(plate)의 체적 전류 밀도**

길이 l, 너비 w 및 두께 $d(d << w)$의 매우 얇은 알루미늄 금속판은 금속판(너비 w 및 두께 d의) 단면에 균일하게 분포된 전류 I를 전달한다. 전류 선은 금속판 길이 방향에 평행하다. 이 전류가 체적 전류라고 하면 전류 밀도는:

(A) $J = I/w$.

(B) $J = I/l$.

(C) $J = I/d$.

(D) $J = I/(wl)$.

(E) $J = I/(wd)$.

(F) $J = I/(wld)$.

개념문제 3.4 **얇은 금속판(plate)의 표면 전류 밀도**

길이 l, 너비 w 및 두께 $d(d << w)$의 매우 얇은 알루미늄 금속판을 통해 흐르는 전류 I (전류는 금속판 길이 방향을 따라 흐르고 금속판 단면에 걸쳐 일정함)를 표면 전류라고 한다면, 금속판의 표면 전류 밀도는:

(A) $J_S = I/w$.

(B) $J_S = I/l$.

(C) $J_S = I/d$.

(D) $J_S = I/(wl)$.

(E) $J_S = I/(wd)$.

(F) $J_S = I/(wld)$.

개념문제 3.5 **정상 전류(steady current)의 가능한 분포**

데카르트 좌표계(*역자주: 직교 좌표계)에서의 다음 네 개 벡터를 생각해보자. $\mathbf{J}_1 = J_0\hat{\mathbf{x}}$, $\mathbf{J}_2 = J_0(x/a)\hat{\mathbf{x}}$, $\mathbf{J}_3 = J_0(xy/a^2)\hat{\mathbf{x}}$, $\mathbf{J}_4 = J_0(y/a)^2\hat{\mathbf{x}}$, 여기서 J_0 및 a는 상수다. 다음 중 전도 매질에서 정상 전류의 밀도 벡터가 될 수 있는 것은 무엇인가?

(A) $\mathbf{J}_1$만.

(B) $\mathbf{J}_1$과 $\mathbf{J}_2$만.

(C) $\mathbf{J}_1$과 $\mathbf{J}_4$만.

(D) $\mathbf{J}_4$만.

(E) 네 개 벡터 모두.

(F) 네 개 벡터 모두 아님.

개념문제 3.6 **시변 전류의 가능한 분포**

네 개의 벡터 $\mathbf{J}_1 = J_0\hat{\mathbf{x}}$, $\mathbf{J}_2 = J_0(x/a)\hat{\mathbf{x}}$, $\mathbf{J}_3 = J_0(xy/a^2)\hat{\mathbf{x}}$, $\mathbf{J}_4 = J_0(y/a)^2\hat{\mathbf{x}}$ (J_0 및 a는 상수) 중, 전도 매질에서 시변 전류의 밀도 벡터가 될 수 있는 것은 무엇인가?

(A) $\mathbf{J}_1$만.

(B) $\mathbf{J}_1$과 $\mathbf{J}_2$만.

(C) $\mathbf{J}_1$과 $\mathbf{J}_4$만.

(D) $\mathbf{J}_4$만.

(E) 네 개 벡터 모두.

(F) 네 개 벡터 모두 아님.

개념문제 3.7 전류 밀도 벡터의 순환(circulation)

전도 매질에서 일정한 전류 분포를 생각해보자. 이 매체에서 임의의 닫힌 경로(clsoed path)를 따르는 전류 밀도 벡터 **J**의 선적분(line integral)은 다음과 같다.

(A) 0.

(B) 0이 아니다.

(C) 판단을 위해서는 정보가 더 필요하다.

개념문제 3.8 복잡한 형상의 균일한(uniform) 단면을 갖는 도체

그림 3.3은 정상 전류를 전달하는 긴 균질 금속 도체의 단면을 보여준다. 도체의 두 부분(그림 참조)에서의 전류 밀도 J_1과 J_2 관계는 다음과 같다.

(A) $J_1 < J_2$.

(B) $J_1 = J_2$.

(C) $J_1 > J_2$.

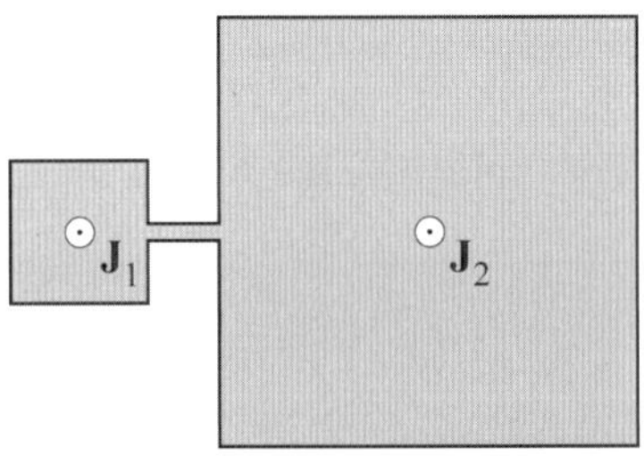

그림 3.3 정상 전류가 흐르는 균질(homogeneous) 도체의 단면(개념문제 3.8)

개념문제 3.9 두 부분의 서로 다른 전도도를 가진 전도체

크기는 같지만 전도율이 다른 두 개의 균질한(homogeneous) 조각(piece)으로 구성된 도체가 있다 ($\sigma_1 \neq \sigma_2$). (a)의 경우, 조각들은 서로 맞붙어 연결되어 있다 [그림 3.4(a)]. (b)의 경우, 서로 연이어 연결되어 있다 [그림 3.4(b)]. 세기 I의 시불변 전류가 도체를 통해 흐르면 두 도체 조각에서의 전류 밀도 벡터는 다음 중 어떤 경우에 같은가 ($\mathbf{J}_1 = \mathbf{J}_2$)?

(A) (a) 경우만.

(B) (b) 경우만.

(C) 두 경우 모두.

(D) 두 경우 모두 해당 사항 없음.

(E) 매질의 파라미터(parameter)에 따라 다르다.

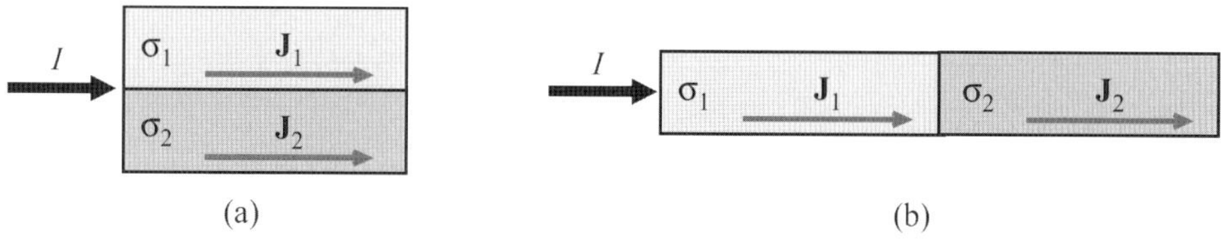

그림 3.4 서로 다른 도전율로 이루어진 전류 도체 (a) 두 도체가 서로 맞붙어 연결되어 있을 때. (b) 두 도체가 서로 연이어 연결되어 있을 때(개념문제 3.9)

개념문제 3.10 **두 전도체의 전계 세기**

그림 3.5에서 두 도체의 각 부분에 있는 전기장 세기 벡터를 고려할 때, 어떤 경우에 $\mathbf{E}_1 = \mathbf{E}_2$가 되는가?

(A) (a) 경우만.

(B) (b) 경우만.

(C) 두 경우 모두.

(D) 두 경우 모두 해당 사항 없음.

(E) 매질의 파라미터(parameter)에 따라 다르다.

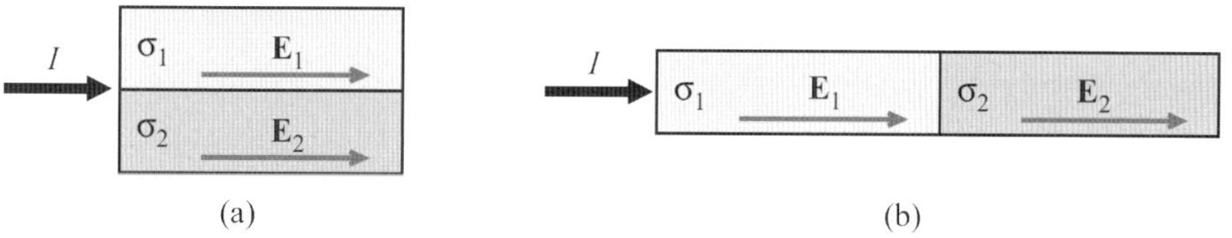

그림 3.5 전도도가 서로 다른 두 조각으로 구성된 두 개의 전류 전도체에서 전기장 세기 벡터 분석 ($\sigma_1 \neq \sigma_2$)(개념문제 3.10)

개념문제 3.11 **두 전도체의 전속 밀도**

그림 3.6에서, 두 전도체의 전속 밀도 벡터는 어떠한 경우에 동일한가($\mathbf{D}_1 = \mathbf{D}_2$)?

(A) (a) 경우만.

(B) (b) 경우만.

(C) 두 경우 모두.

(D) 두 경우 모두 해당 사항 없음.

(E) 매질의 파라미터에 따라 다르다.

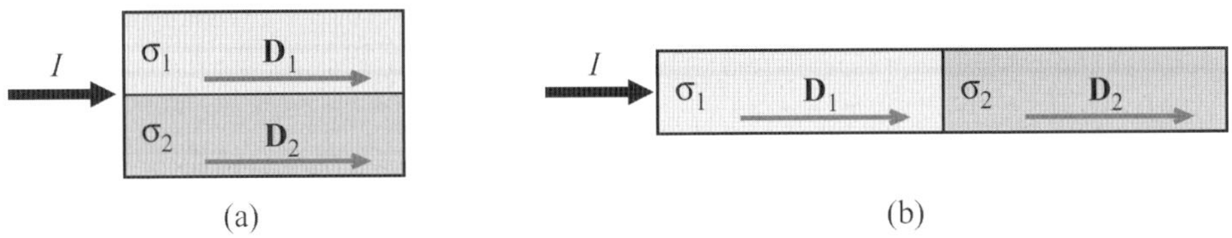

그림 3.6 $\sigma_1 \neq \sigma_2$인 조각으로 만들어진 도체에서의 전속 밀도 벡터 분석(개념문제 3.11)

개념문제 3.12 **두 전도체에서의 줄(Joule) 손실 전력**

그림 3.7의 서로 다른 전도성을 가진 전류가 흐르는 금속의 배열에 대해서 $\sigma_1 > \sigma_2$로 가정하고 각 금속에서의 줄(Joule) 손실 전력을 생각해보자. 이 전력은:

(A) 전도도가 높은 금속에서 더 크다.

(B) 전도도가 낮은 금속에서 더 크다.

(C) 두 경우가 같다.

(D) 물질의 파라미터에 따라 다르다.

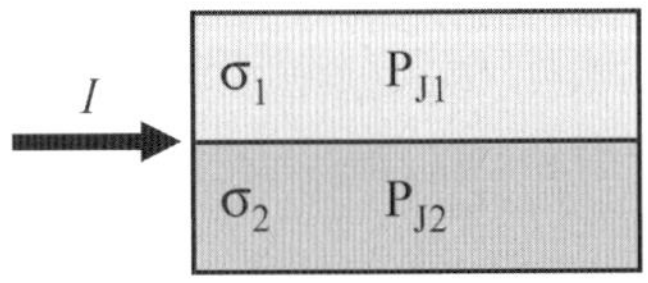

그림 3.7 서로 맞붙어 연결된 두 조각($\sigma_1 > \sigma_2$)으로 구성된 전류 도체에서 주울 손실의 전력(개념문제 3.12)

개념문제 3.13 **다른 금속 배열에서의 줄(Joule) 손실**

$\sigma_1 > \sigma_2$이고, 전류가 흐르는 도체 매질 조각이 그림 3.8과 같이 배열되어 있을 때, 주울(Joule) 손실 전력은:

(A) σ_1 조각에서 더 크다.

(B) σ_2 조각에서 더 크다.

(C) 두 경우가 같다.

(D) 물질의 파라미터에 따라 다르다.

그림 3.8 서로 연이어 연결된 두 조각($\sigma_1 > \sigma_2$)으로 구성된 전류 도체에서 주울 손실의 전력(개념문제 3.13)

개념문제 3.14 **새로운 정상 상태에서의 줄(Joule) 손실 전력**

두 도체에서 주울 손실(Joule's loss) 전력이 동일한 것으로 나타난다. 첫 번째 도체의 모든 지점에서 전류 밀도가 두 배로 커지고 두 번째 도체의 모든 지점에서 전기장 세기가 절반으로 줄어들면, 이와 같은 새로운 정상 상태에서 첫 번째 도체에서 주울 손실 전력은 두 번째 도체에서의 주울 손실 전력에 비해:

(A) 1/4이다.

(B) 1/16이다.

(C) 4배다.

(D) 16배다.

(E) 동일하다.

3.2 저항, 전도도, 옴의 법칙

두 개의 단자와 (실질적인) 저항 R이 있는 컨덕터를 일반적으로 저항이라고 한다. 저항의 전압, 전류 및 저항 사이의 관계는 옴의 법칙(Ohm's law)으로 알려져 있다.

$$V = IR \text{ 혹은 } I = GV\left(G = \frac{1}{R}\right) \text{ (옴의 법칙)} \tag{3.10}$$

저항은 항상 음의 값이 아니고($R \geq 0$) 단위는 V/A와 같은 옴(Ω)이다. R의 값은 도체(저항)의 모양과 크기 및 물질의 전도도 σ(또는 저항률 ρ)에 따라 다르다. 저항의 역수를 컨덕턴스라고하며, G로 표현한다. 저항의 단위는 지멘스(S)이며, $S = \Omega^{-1} = A/V$이다. 종종(옴-ohm의 철자를 역순으로 한) mho를 지멘스 대신 사용하기도 한다.

예를 들어, 임의의 모양과 표면적 S의 균일한 단면을 가진 균질(homogeneous) 저항기의 저항은 다음과 같이 나타낼 수 있다:

$$J = \frac{I}{S} \rightarrow V = El = \frac{J}{\sigma}l = \frac{Il}{\sigma S} \rightarrow R = \frac{V}{I} = \frac{l}{\sigma S} \tag{3.11}$$

여기서 I, J, E, l, V은 각각 저항의 전류 세기, 전류 밀도, 전기장 세기, 길이, 전압이며 σ는 물질의 전도도이다.

개념문제 3.15 **두 개의 입방체(cuboidal part)가 있는 저항**

저항 전도도가 σ_1 및 σ_2 ($\sigma_1 \neq \sigma_2$)인 서로 다른 저항성 물질로 만든 a, b, c면이 있는 동일한 크기의 두 직사각형 입방체로 구성된다. 그림 3.9에서와 같이 두 개의 직육면체가 연결되고 저항 단자 사이의 전압을 V라고 하면, 저항의 전류 세기는:

(A) $I = (\sigma_1 + \sigma_2)aV/(2bc)$.

(B) $I = (\sigma_1 + \sigma_2)bcV/(2a)$.

(C) $I = (\sigma_1 + \sigma_2)aV/(\sigma_1\sigma_2 bc)$.

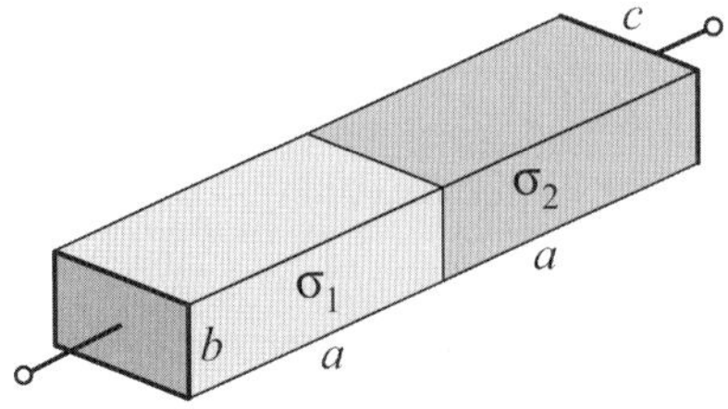

그림 3.9 서로 다른 저항성 재료로 만들어진, 서로 연이어 연결된 두 개의 직사각형 입방체(개념문제 3.15)

(D) $I = \sigma_1\sigma_2 bcV/[(\sigma_1+\sigma_2)a]$.

(E) $I = \sigma_1\sigma_2 aV/[(\sigma_1+\sigma_2)bc]$.

(F) $I = 2aV/[(\sigma_1+\sigma_2)bc]$.

개념문제 3.16 **두 개의 입방체가 다른 형태로 연결된 저항**

저항이 그림 3.10에서와 같이 두 개의 서로 다른 전도도를 가진 매질로 연결된 입방체로 구성되어 있고 저항을 통과하는 전류 세기가 I이면, 저항 단자 사이의 전압은:

(A) $V = (\sigma_1+\sigma_2)bcI/a$.

(B) $V = aI/[(\sigma_1+\sigma_2)bc]$.

(C) $V = (\sigma_1+\sigma_2)bcI/(2a)$.

(D) $V = 2aI/[(\sigma_1+\sigma_2)bc]$.

(E) $V = \sigma_1\sigma_2 aI/[(\sigma_1+\sigma_2)bc]$.

(F) $V = \sigma_1\sigma_2 bcI/[(\sigma_1+\sigma_2)a]$.

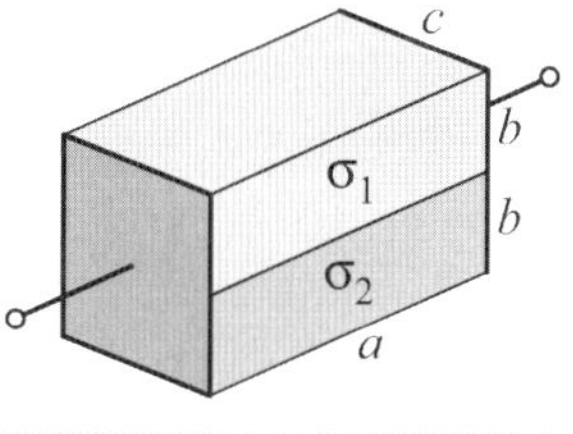

그림 3.10 세로 방향으로 연결된 두 개의 직사각형 입방체($\sigma_1 \neq \sigma_2$)(개념문제 3.16)

개념문제 3.17 **직렬/병렬로 연결된 100개의 저항**

다양한 저항 R_1, $R_2, \ldots, R_{100}$이 먼저 직렬로 연결되고[그림 3.11(a)], 그 후 병렬로 연결된다[그림 3.11(b)]. 저항이 더 큰 조합은 무엇인가?

(A) 직렬 연결.

(B) 병렬 연결.

(C) 두 연결 방법은 동일한 저항값을 갖는다.

(D) 개별 저항의 구조에 따라서만 달라진다.

(E) R_1, $R_2, \ldots, R_{100}$ 저항값 간의 관계에 따라 달라진다.

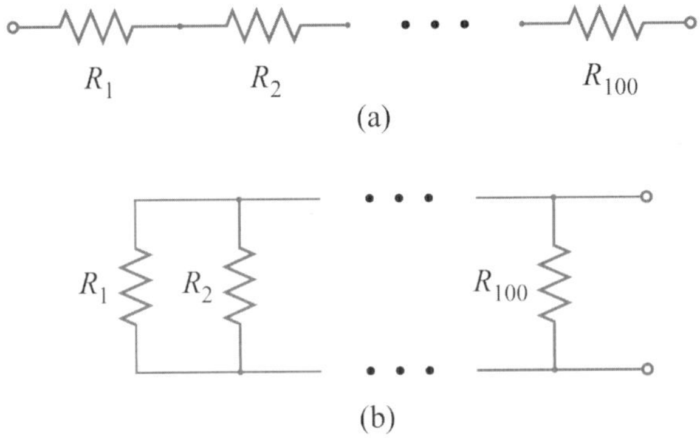

그림 3.11 임의 형상의 100개의 저항과 (a) 직렬 연결, (b) 병렬 연결(개념문제 3.17)

3.3 정상 전류에서의 경계 조건

식 (3.4)와 식 (2.5)을 비교함으로써, 전도도가 다른 전도 매질 사이의 경계면에서 벡터 J의 수직 성분에 대한 경계 조건이 식 (2.7)의 벡터 D에 대한 경계 조건과 같은 형태라고 할 수 있다. 유일한 차이는 식의 우변에 있는데, 우변의 ρ_S(표면에 존재할 수 있는 표면 전하 밀도)는 $-\partial\rho_S/\partial t$로 대체된다. 정상 전류의 경우 $-\partial\rho_S/\partial t=0$이고, 식 (1.13)에 상응하는 경계 조건은 식 (2.7)에서와 같이 정전기장의 경우와 동일하다. 따라서 정상 전류에 대한 완전한 경계 조건은 다음과 같다:

$$E_{1t}=E_{2t},\quad J_{1n}=J_{2n}\ \text{(정상 전류의 경계 조건)} \tag{3.12}$$

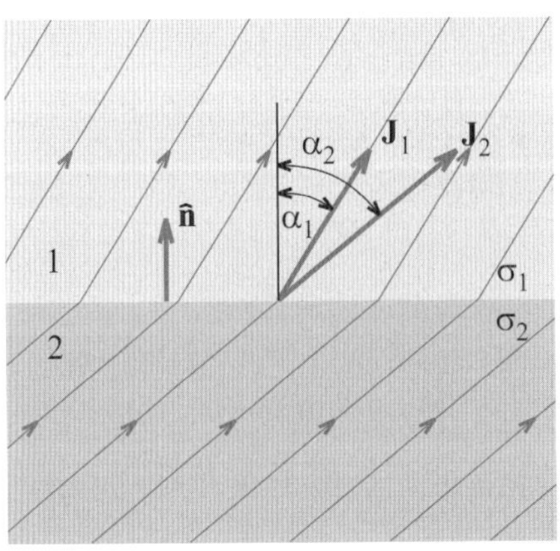

그림 3.12 도체-도체 경계면에서의 정상 전류선의 굴절

이 경계 조건과 식(3.7)로부터, 식(2.9)와 유사하게 그림 3.12의 경계면에서의 전류 밀도 선의 굴절 법칙(law of refraction)을 얻는다,

$$\frac{\tan\alpha_1}{\tan\alpha_2} = \frac{\sigma_1}{\sigma_2} \quad \text{(전류선에 대한 굴절 법칙)} \tag{3.13}$$

개념문제 3.18 **도체-도체 경계면에서의 경계 조건**

전도도 σ_1 및 σ_2의 두 전도 매체 사이의 경계면을 생각해보자. 여기서 $\sigma_1 = 2\sigma_2$이다. 그림 3.13에 표시된 경우 중 경계의 양측에서 가능한 시간 불변(time-invariant) 전류 밀도 벡터를 나타내는 경우는 무엇인가?

(A) (a) 경우.

(B) (b) 경우.

(C) (c) 경우.

(D) (d) 경우.

(E) 하나의 경우 이상.

(F) 어떤 경우도 아님.

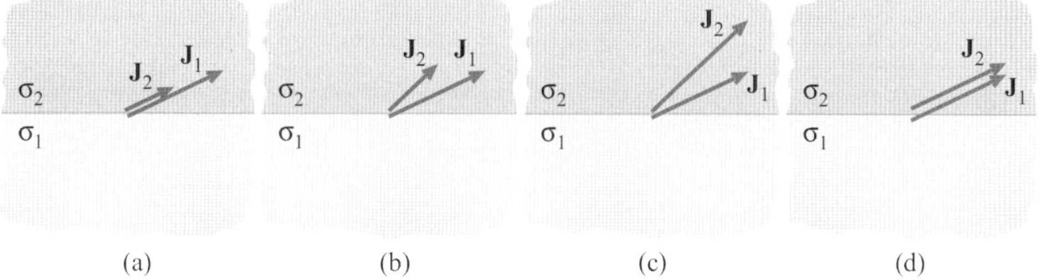

그림 3.13 두 전도성 매질 사이의 경계면 ($\sigma_1 = 2\sigma_2$) – 양측의 벡터 J_1과 J_2의 서로 다른 네 가지 조합 경우(모두 물리적으로 의미가 있는 것은 아님)(개념문제 3.18)

개념문제 3.19 **정상 전류 선의 굴절**

그림 3.14는 두 전도성 매질 경계 근처의 정상 전류 밀도 선을 나타낸다. 둘 중 어느 것의 도전율(전도율)이 높은가?

(A) 매질 1.

(B) 매질 2.

(C) 정보가 더 필요함.

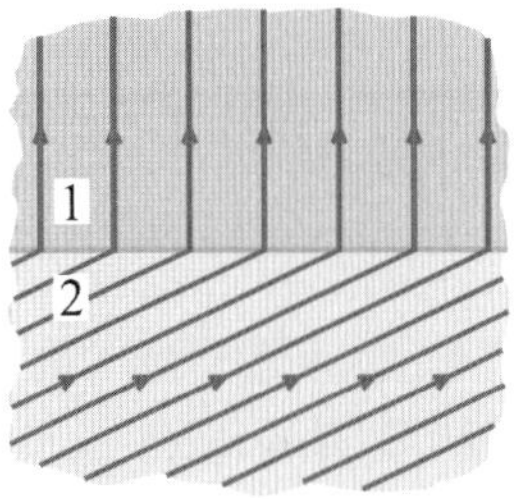

그림 3.14 두 전도성 매질 사이의 경계면에서 정상 전류 밀도 라인의 굴절(개념문제 3.19)

3.4 정상 전류 필드의 쌍대성 관계

정상 전류 필드에서 전기장 세기 벡터 E는 시스템의 고정된 잉여 전하에 의해 생성된다. 이러한 전하의 분포는 물질의 접속 밀도 벡터 D로부터 결정될 수 있다. 식 (2.6)과 식 (3.7)을 조합하여, 선형 도체에서 D와 J 사이에 다음과 같은 쌍대성 관계(duality relationship)를 얻는다.

$$\mathbf{D} = \varepsilon \mathbf{E} = \frac{\varepsilon}{\sigma}\mathbf{J} \text{ (D와 J의 쌍대성 관계)} \tag{3.14}$$

식 (2.5)와 식 (3.6)의 관계에 의하여, 도체에서의 체적 전하 밀도는:

$$\sigma = \nabla \cdot \mathbf{D} = \nabla \cdot \left(\frac{\varepsilon}{\sigma}\mathbf{J}\right) = \left[\nabla\left(\frac{\varepsilon}{\sigma}\right)\right] \cdot \mathbf{J} + \frac{\varepsilon}{\sigma}(\nabla \cdot \mathbf{J}) = \mathbf{J} \cdot \nabla\left(\frac{\varepsilon}{\sigma}\right) \tag{3.15}$$

다음으로 그림 3.15와 같이 전도성 σ와 유전율 ε의 균질한(homogeneous) 전도 매질에 배치된 한 쌍의 금속체(전극)를 생각해보자. 이제 식 (3.14)를 사용하여 전극 사이의 컨덕턴스 G와 커패시턴스 C를 연관 짓는다. 식 (3.15)로부터 매체에 체적 전하(ρ)는 없다 (σ 및 ε는 상수). 정상 전류에 대한 식 (3.6)의 적분형 연속성 방정식과 식 (2.5)의 일반화된 가우스 법칙을 양극을 완전히 둘러싸는 임의의 표면 S에 적용하면 (그림 3.15), $I = \int_S \mathbf{J} \cdot d\mathbf{S} = (\sigma/\varepsilon)\int_S \mathbf{D} \cdot d\mathbf{S} = \sigma Q/\varepsilon$이 도출된다. 이를 V로 나누고 식 (3.10)과 식 (2.11)을 이용하면, G와 C의 쌍대성 관계는 다음과 같이 나타난다.

$$G = \frac{\sigma}{\varepsilon} C \text{ (}G\text{와 }C\text{의 쌍대성 관계)} \tag{3.16}$$

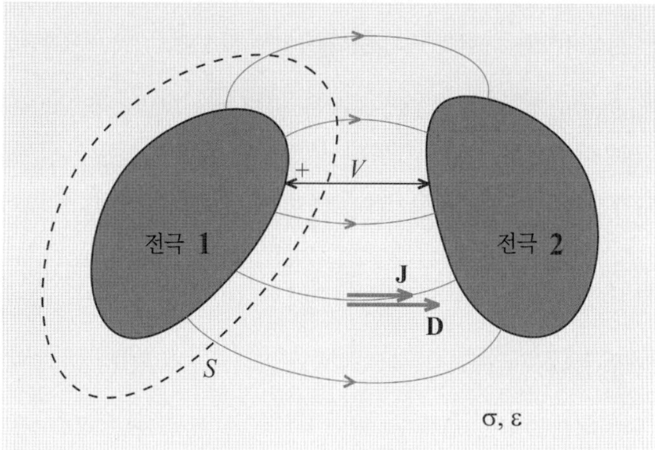

그림 3.15 균질한 도전 매체 속의 두 개의 금속 전극

개념문제 3.20 저항의 과도한 체적 전하

정상 전류를 전달하는 저항의 부피 전체에 과잉 자유 전하가 분산될 수 없다.

(A) 참.

(B) 거짓.

개념문제 3.21 손실이 있는 유전체의 과도한 체적 전하

불완전한(imperfect) 유전체를 가진 커패시터가 시간 불변(time-invariant) 전압원에 연결되면 과도한 체적 전하가 유전체에 축적될 수 있다.

(A) 참.

(B) 거짓.

개념문제 3.22 균질한(homogeneous) 매질에서의 과도한 체적 전하

정상 전류를 가진 균질 매질 내부에는 체적 초과 전하 ($\rho = 0$)가 있을 수 없다.

(A) 참.

(B) 거짓.

개념문제 3.23 **손실이 있는 매질과 공기 중의 동일한 시스템**

두 개의 금속 구(sphere)가 전도성 σ의 균질한 손실 매질 상에 있으며 서로 접촉하지 않는다. 이 구 사이의 컨덕턴스는 (공기로 채워진 시스템의 컨덕턴스는 0 임에도 불구하고) 공기에서 동일한 상호 거리에 있는 동일한 구 사이의 커패시턴스에서 찾을 수 있다.

(A) 참.

(B) 거짓.

(C) 정보가 더 필요함.

개념문제 3.24 **두 개의 커패시터의 컨덕턴스와 커패시턴스**

동일한 균질한(homogeneous) 불완전(imperfect) 유전체로 채워진 두 개의 커패시터를 생각해보자. 첫 번째 커패시터의 커패시턴스가 두 번째 커패시터의 커패시턴스보다 크면 컨덕턴스도 이와 마찬가지이다.

(A) 참.

(B) 거짓.

(C) 정보가 더 필요함.

개념문제 3.25 **서로 다른 손실 유전체로 채워진 두 개의 커패시터**

서로 다른 균질한(homogeneous) 불완전(imperfect) 유전체를 가진 두 커패시터의 커패시턴스와 컨덕턴스를 생각해보자. $C_1 > C_2$이면 $G_1 > G_2$이다.

(A) 참.

(B) 거짓.

(C) 정보가 더 필요함.

개념문제 3.26 **비균질(inhomogeneous) 유전체의 컨덕턴스와 커패시턴스**

커패시터가 알려진 파라미터(parameter)의 비균질한 불완전 유전체로 채워져 있다. 이 커패시터의 컨덕턴스는 커패시턴스로부터 구할 수 있는가?

(A) 불가능하다.

(B) 항상 가능하다.

(C) 종종 가능하다.

개념문제 3.27 **이상적인 저항과 커패시터를 포함하는 회로**

그림 3.16과 같이 이상적인 전압원, 2개의 이상적인 저항 및 2개의 이상적인 커패시터로 구성된 dc 회로의 $E = 10\text{V}$, $R_1 = R_2 = 3\Omega$, $C_1 = 4\text{nF}$ 및 $C_2 = 6\text{nF}$이다. 두 번째 커패시터에 걸리는 전압은:

(A) $V = 0$.

(B) $V = 3\text{V}$.

(C) $V = 4\text{V}$.

(D) $V = 5\text{V}$.

(E) $V = 6\text{V}$.

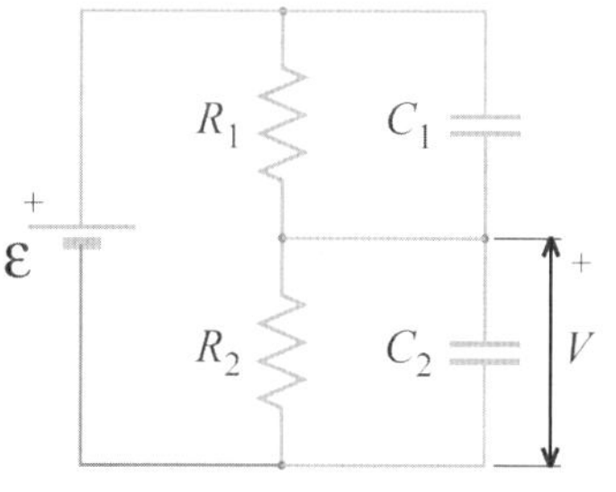

그림 3.16 dc 영역에서 이상적인 요소로 구성된 회로(개념문제 3.27)

개념문제 3.28 **하나의 비이상적(nonideal) 커패시터가 있는 회로**

그림 3.16 ($E = 10\text{V}$, $R_1 = R_2 = 3\Omega$, $C_1 = 4\text{nF}$ 및 $C_2 = 6\text{nF}$)의 dc 회로에서 첫 번째 커패시터에 불완전한(imperfect) 유전체가 있다고 가정한다. 이 변경으로 인해 모두 이상적인(ideal) 요소로 구성된 회로의 각 전압과 비교하여 전압이 다른 커패시터는 무엇인가?

(A) 첫 번째 커패시터만.

(B) 두 번째 커패시터만.

(C) 두 커패시터 모두.

(D) 두 커패시터 모두 아님.

3.5 정상 전류가 흐르는 손실 전송 선로

이 절에서는 시간 불변 (dc) 영역에서 손실이 있는 이중 전송 선로(two-conductor transmission line) [예: 그림 2.9 (b), (c), (e) 및 (f)의 선로]를 다룬다. 그림 3.17에 표시된 대로 선로를 길이 Δz의 짧은 마디로 세분하고 각 마디를 저항 $\Delta R = R'\Delta z$의 직렬 저항과 컨덕턴스 $\Delta G = G'\Delta z$의 병렬(shunt) 저항으로 구성된 회로 셀(cell)로 나타낸다. R' 및 G'은 선로의 단위 길이 당 저항 및 누설 컨덕턴스이며, 각각 선로의 전도체 및 유전체의 손실을 모델링한다. 이러한 전송 선로를 분산(distributed) 파라미터(단위 길이 당 매개변수)로 구성된 회로라고 한다. 키르히호프의 전압 및 전류 법칙(Kirchhoff's voltage and current laws)과 회로의 셀(그림 3.17)에 대한 옴의 법칙을 사용하여 $V(z+\Delta z) - V(z) = -\Delta RI$ 및 $I(z+\Delta z) - I(z) = -\Delta GV$를 얻는다. 이는 $\Delta z \to 0$ 의 극한에서,

$$\frac{\mathrm{d}V}{\mathrm{d}z} = -R'I,\ \frac{\mathrm{d}I}{\mathrm{d}z} = -G'V \text{(dc 영역에서의 텔레그래프(telegrapher) 방정식)} \tag{3.17}$$

전송 선로의 시간 불변 전류 및 전압에 대한 이른바 텔레그래프(telegrapher) 방정식(*역자주: 분산회로 이론을 정보 및 전력 전달을 위한 전송 선로를 설계하는 데 사용하여 이를 telegrapher's equation이라 부른다)을 얻을 수 있다. $R' \neq 0$ 및 $G' \neq 0$인 선로의 경우, 이들은 결합된 미분 방정식으로, 그 해는 $V(z)$ 및 $I(z)$에 대한 지수 함수이다. $R' = 0$이고 $G' \neq 0$이면, V=상수이고 $I(z)$는 선로의 길이에 따른 선형(linear) 함수이다. 반대로 $G' = 0$이고 $R' \neq 0$이면, $I(z)$=상수이고 $V(z)$는 선형 함수다. 마지막으로, $G' = 0$이고 $R' = 0$이면 전류와 전압이 모두 선로를 따라 변하지 않는다.

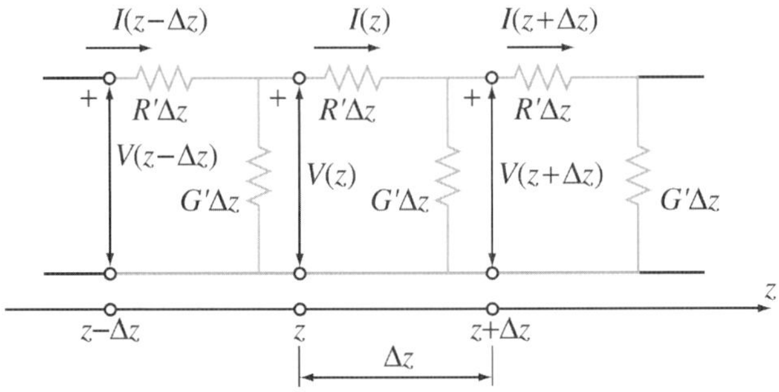

그림 3.17 dc 영역에서 전도체 및 유전체 손실이 있는 전송 선로의 회로 이론 표현

개념문제 3.29 **선로 도체의 무한한 전도도**

전송 선로에서 전도체의 전도도는 $\sigma_c \to \infty$ 이고, 유전체의 전도도 σ_d는 유한하고 0이 아니다. 이 선로의 경우 그림 3.18의 dc 회로 모델은:

(A) $R' \to \infty$.

(B) $G' \to \infty$.

(C) $R' = 0$.

(D) $G' = 0$.

(E) $R' \to \infty$, $G' = 0$

(F) $R' = 0$, $G' \to \infty$

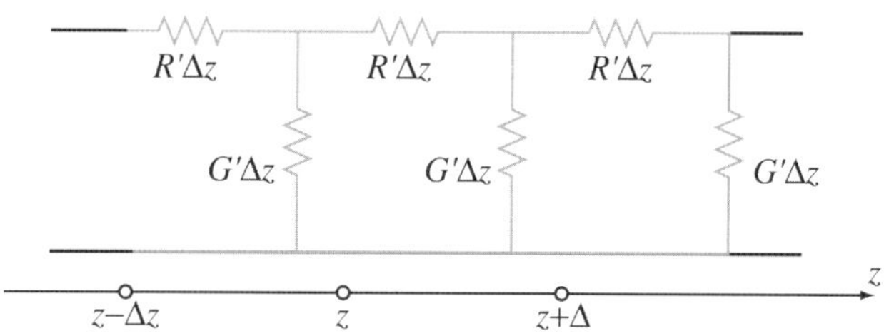

그림 3.18 손실 전송 선로의 일반 dc 회로 모델(개념문제 3.29)

개념문제 3.30 **선로 유전체의 제로(zero) 도전율**

$\sigma_d = 0$이고, σ_c는 유한하고 0이 아닌 전송 선로의 dc 회로 모델(그림 3.18)에서,

(A) $R' \to \infty$.

(B) $G' \to \infty$.

(C) $R' = 0$.

(D) $G' = 0$.

(E) $R' \to \infty$, $G' = 0$

(F) $R' = 0$, $G' \to \infty$

개념문제 3.31 **전송 선로의 단위 길이당 저항 및 컨덕턴스**

dc 영역에서 손실 전송 선로의 단위 길이 당 저항(R')과 누설 컨덕턴스(G')를 생각해보자(그림 3.18). 선의 총 길이는 l이다. 다음 관계 중 항상 만족되는 것은 무엇인가?

(A) $R' = 1/G'$.

(B) $R' = l^2/G'$.

(C) $R'l^2 = 1/G'$.

(D) 없음.

개념문제 3.32 **손실 전송 선로에 흐르는 전류**

불완전(imperfect) 유전체가 있는 전송 선로가 이상적인 시간 불변(time-invariant) 전압원(voltage generator)에 연결된다. 다른 한쪽 끝은 개방되어(open) 있다. 선로 도체에 흐르는 전류 세기는:

(A) 전압원에서 멀어질수록 선형적으로 감소한다.

(B) 전압원에서 멀어질수록 선형적으로 증가한다.

(C) 전압원과의 거리에 따라 비선형적으로 변한다.

(D) 전압원과의 거리에 따라 변하지 않지만 0은 아니다.

(E) 전압원과의 거리에 무관하게 0이다.

(F) 판단을 위해서는 정보가 더 필요하다.

개념문제 3.33 **손실 유전체가 있는 동축 케이블(coaxial cable)**

구리 도체가 있는 동축 케이블[그림 2.9 (b)]이 액체 유전체로 채워져 있다. 케이블의 한쪽 끝은 이상적인 시간 불변(time-invariant) 전압원(voltage source)에 연결되고 다른 쪽 끝은 순수한 저항성 부하(purely resistive load)로 종단(terminated)된다. 케이블 도체의 손실은 무시할 수 있는 반면 유전체의 손실은 반영되어야 한다. 도체 사이의 전압과 도체를 통과하는 전류를 고려할 때 다음 두 가지 양은 케이블을 따라 일정하다.

(A) 전압만.

(B) 전류만.

(C) 둘 모두.

(D) 둘 모두 아님.

개념문제 3.34 **손실 유전체가 있는 이중 선로(two-wire line)**

이중 전송 선로[그림 2.9 (c)]가 무손실 도체와 손실 유전체로 구성되어 있다. 선로는 시간 불변(time-invariant) 전압원에 의해 전원이 공급된다. 전선의 전류 밀도와 유전체의 전류 밀도는 전압원과의 거리에 따라 같은 방식으로 변화한다.

(A) 참.

(B) 거짓.

제 4 장 자유공간에서의 정자기장

개요

본 장에서는 전류가 흐르는 도체들 사이에 서로 힘이 작용한다는 단순한 실험적 결과로부터 정상 전류와 관련된 새로운 현상들을 소개하고자 한다. 이와 같은 힘을 자기력(magnetic force)이라고 하며, 전류가 흐르는 도체에 의하여 발생된 필드가 다른 도체에 영향을 주는 것을 자기장(magnetic field)이라고 한다. 모든 전하의 움직임과 전류는 자기장을 발생시킨다. 정상 전류에 의한 자기장을 정자계(magneto static) 또는 정자기장(magnetostatic field)이라고 한다. 본 장에서는 진공과 비자성 물질에서 정자기장에 의한 이론을 다룰 것이며, 다음 장에서는 자성 물질에 대한 정자기장을 다룰 것이다.

4.1 자기력과 자속 밀도 벡터

자기장을 정량적으로 기술하기 위해서는 자속 밀도(magnetic flux) 벡터, B라고 하는 벡터량을 알아야 한다. 자기장 내에서 속도 v를 가지고 이동하는 점전하 Q_p에 인가되는 자기력은 정전기장 내에서의 점전하가 받는 전기력으로 정의되는 전기장 세기 벡터, 식 (1.3)과 같이 E와 유사하게 정의되는데 그 값은 다음과 같이 $Q_p\mathbf{v}$와 B의 외적[1])으로 표시된다.

$$\mathrm{F}_m = Q_p\mathbf{v}\times \mathrm{B} \ (Q_p\to 0)(\text{자속 밀도 B의 정의; 단위: T}) \tag{4.1}$$

자속 밀도 B의 단위는 테슬라라고 읽고 T로 표시한다.

식 (1.1)의 쿨롱의 법칙에 대한 자기적 등가식은 그림 4.1(a)에서와 같이 진공 또는 공기

1) 벡터 a와 b의 외적, a×b는 $|a\times b| = |a||b|\sin\alpha$에 의해서 얻어지는 크기의 벡터이다. 여기에서 α는 벡터 곱에서 두 벡터의 사잇각을 의미한다. 벡터 a와 b에 의한 평면에 수직이고 방향은 벡터 a가 벡터 b쪽으로 최단 경로로 회전할 때 오른손 법칙에 의해 결정된다. 이와 같은 법칙에서 회전의 방향은 엄지손가락이 외적의 방향을 가리킬 때 오른손 손가락에 의해서 결정된다.

중에서 속도 $\mathbf{v}_1$으로 이동하는 점전하 Q_1에 의해 발생된 자기장 내에서 속도 $\mathbf{v}_2$로 이동하는 점전하 Q_2에 인가되는 자기력으로 다음과 같다.

$$\mathbf{F}_{m12} = \frac{\mu_0}{4\pi}\frac{Q_2\mathbf{v}_2 \times (Q_1\mathbf{v}_1 \times \hat{\mathbf{R}}_{12})}{R^2} \text{(자기력)} \tag{4.2}$$

μ_0는 진공(자유공간)에서의 투자율(permeability)을 의미하며 다음과 같은 값을 가진다.

$$\mu_0 = 4\pi \times 10^{-7}\text{H/m} \text{ (진공에서의 투자율)} \tag{4.3}$$

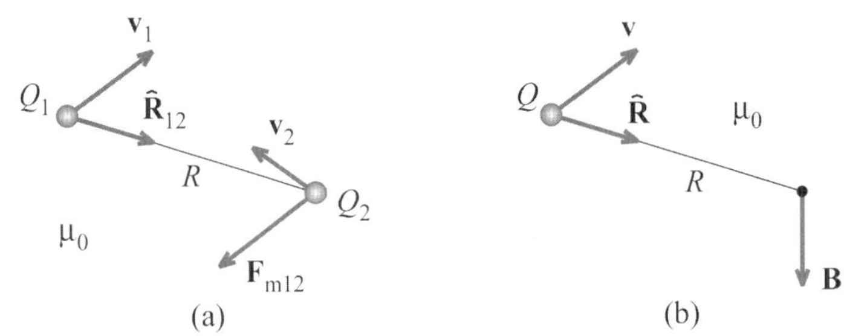

그림 4.1 (a) 식 (4.2)와 같이 진공 내에서 이동하는 두 점전하 사이에서의 자기력
(b) 식 (4.4)와 같이 이동하는 점전하에 의한 자속 밀도 벡터

식 (4.1)과 식 (4.2)를 통하여 그림 4.1(b)와 같이 속도 $\mathbf{v}$로 이동하는 점전하 Q의 자속 밀도 벡터를 다음과 같이 나타낼 수 있다.

$$\mathrm{B} = \frac{\mu_0}{4\pi}\frac{Q\mathbf{v} \times \hat{\mathrm{R}}}{R^2} \text{ (자유공간 내에서 이동하는 점전하에 의한 B)} \tag{4.4}$$

결과적으로 식 (4.1)과 중첩의 원리로부터 균일한 자속 밀도 B 내에 놓인 정상 전류 I가 흐르는 길이 l인 직선 도체에 가해지는 자기력은 다음과 같다는 사실을 알 수 있다.

$$F_m = I\mathrm{l} \times \mathrm{B} \text{ (}F_m\text{은 균일한 자기장 내에 놓인 직선 도체에 가해지는 힘)} \tag{4.5}$$

벡터 l의 방향은 도체를 따라 흐르는 전류의 방향과 같으며 $|\mathrm{l}| = l$이다.

개념문제 4.1 **이동하는 두 점전하 사이의 자기력**

자유공간 내에서 각각 $\mathbf{v}_1$과 $\mathbf{v}_2$의 속도로 이동하는 Q_1, Q_2 두 점전하를 고려해 보자. 그림 4.2에서 나타낸 것과 같이 벡터 $Q_1\mathbf{v}_1$과 $Q_2\mathbf{v}_2$는 서로 평행하며 점전하를 연결하는 선과 수직한다고 하자. 그림에서 보는 바와 같이 두 경우에 대하여 점전하 사이의 자기력은?[2)]

(A) (a) 경우에는 인력이 발생하고, (b) 경우에는 척력이 발생한다.

(B) (a) 경우에는 척력이 발생하고 (b) 경우에는 인력이 발생한다.

(C) 두 경우 모두 인력이 발생한다.

(D) 두 경우 모두 척력이 발생한다.

(E) 두 경우 모두 힘이 존재하지 않는다.

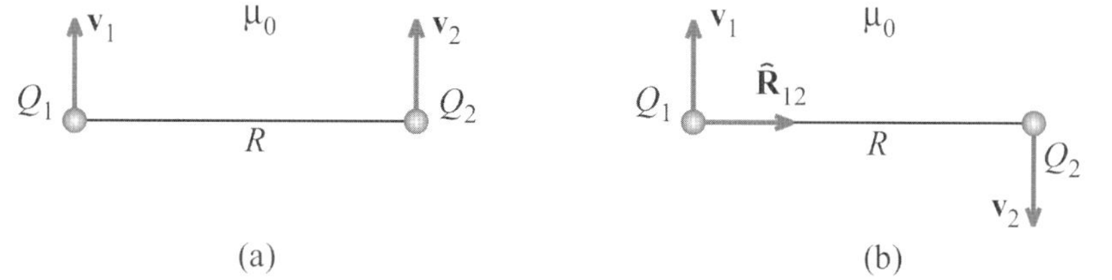

그림 4.2 진공 내에서 (a) 동일한 방향으로 (b) 반대 방향으로 서로 평행하게 이동하는 두 전하(개념문제 4.1)

개념문제 4.2 **선도체 근처에서 움직이는 점전하**

점전하 Q는 공기 중 시불변 전류 I가 흐르는 직선 도체 근처에서 속도 $\mathbf{v}$를 가지고 움직인다. 그림 4.3과 같이 서로 다른 방향을 가지는 속도 $\mathbf{v}$에 대하여 Q에 대한 자기력이 '0'인 조건은?

(A) (a) 경우만 해당한다.

(B) (b) 경우만 해당한다.

(C) (c) 경우만 해당한다.

(D) 적어도 두 경우가 해당한다.

(E) 모두 해당되지 않는다.

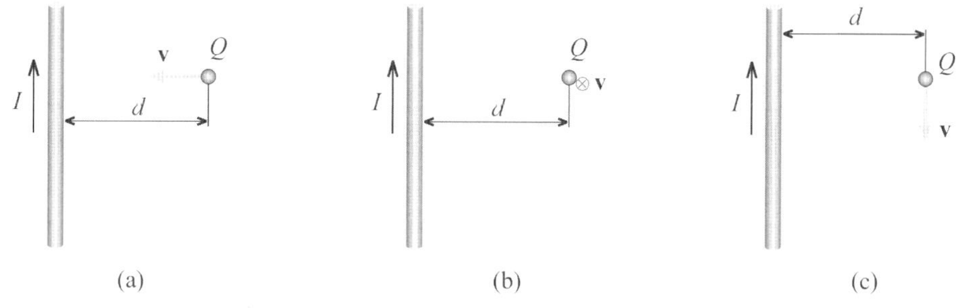

그림 4.3 정상 전류(steady current)가 흐르는 선도체 근처에 서로 다른 방향을 가지며 속도 $\mathbf{v}$로 움직이는 점전하(개념문제 4.2)

2) 본 교재에서 모든 개념 문제는 반드시 한 개의 정답이 존재한다.

개념문제 4.3 **점전하 원천에 의한 B와 E 비교**

자유공간 내에서 $Q\mathbf{v}$($\mathbf{v}$의 속도로 움직이는 점전하 Q)의 곱으로 인한 자속 밀도 $\mathbf{B}$와 움직이지 않는 점전하에 의한 전기장 $\mathbf{E}$를 비교했을 때, 원천 $Q|\mathbf{v}|$와 Q의 양, 그리고 거리 R에 대하여 동일한 관계를 가진다. 단, 상수 μ_0는 상수 $1/\varepsilon_0$와 일치한다.

(A) 참

(B) 거짓

개념문제 4.4 **이동하는 전하에 의한 자기장선**

자유공간 내에서 속도 $\mathbf{v}$로 이동하는 점전하 Q에 의하여 발생하는 자속 밀도 벡터 $\mathbf{B}$의 선은?

(A) Q에서 방사 방향이다.

(B) $Q\mathbf{v}$ 벡터에 평행한 직선이다.

(C) $Q\mathbf{v}$ 벡터에 수직인 직선이다.

(D) $Q\mathbf{v}$ 벡터를 포함하는 선에 접하는 원이다.

(E) $Q\mathbf{v}$ 벡터를 포함하는 선에 중심을 가지는 원이다.

개념문제 4.5 **대전된 전하의 가속과 (또는) 굴절**

진공 내에서 속도 $\mathbf{v}$로 이동하는 대전된 전하가 있다. 이에 자속 밀도 $\mathbf{B}$를 인가하면

(A) $\mathbf{v}$의 크기와 방향을 바꿀 수 있다.

(B) $\mathbf{v}$의 크기는 바꿀 수 있지만 방향은 바꿀 수 없다.

(C) $\mathbf{v}$의 방향은 바꿀 수 있지만 크기는 바꿀 수 없다.

(D) $\mathbf{v}$의 크기와 방향 모두 바꿀 수 없다.

4.2 비오-사바르 법칙

식 (4.4)로 표현되는 중첩의 원리에 의하여 그림 4.4(a)와 같이 선 l을 따라 전류 I가 흐름으로 인하여 발생하는 합성 자속 밀도 벡터를 표현하는 식을 얻을 수 있다.

$$\mathrm{B}=\frac{\mu_0}{4\pi}\int_l \frac{I\mathrm{dl}\times\hat{\mathrm{R}}}{R^2} \text{(비오-사바르 법칙)} \tag{4.6}$$

이 식은 비오-사바르(Biot-Savart) 법칙으로 알려져 있다.

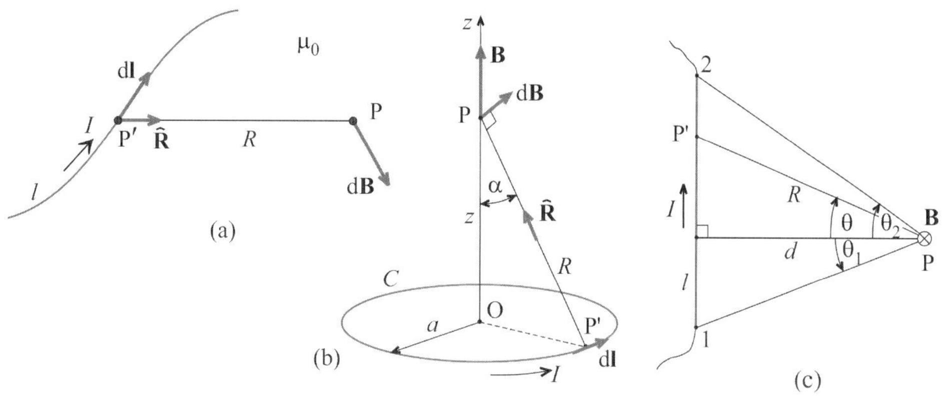

그림 4.4 (a) 자유공간 내에서의 임의의 선전류, (b) 원형 루프 전류, 그리고 (c) 유한한 직선 도체에 의한 자속 밀도 벡터

식 (4.6)은 자유공간 또는 비자성체 내에서 주어진 체적, 표면 전류의 전류 분포에 의한 자속 밀도 B를 계산하기 위한 해석에도 사용할 수 있다(식 (4.6)의 Idl 공간에서의 전류 요소에 대해 체적, 표면 전류는 각각 Jdv, $\mathrm{J_s}$dS를 가진다). 예를 들면, 그림 4.4(b)와 같이 축에서 평면에 수직하는 원형 전류 루프에 의한 자속 밀도 B는 다음과 같이 구할 수 있다.

$$\mathrm{B}=\oint_C \mathrm{dB}_z\hat{\mathbf{z}}=\oint_C \mathrm{dB}\sin\alpha\hat{\mathbf{z}}=\oint_C\frac{\mu_0 I dl}{4\pi R^2}\frac{a}{R}\hat{\mathbf{z}}=\frac{\mu_0 Ia}{4\pi R^3}\hat{\mathbf{z}}\oint_C dl=\frac{\mu_0 Ia^2}{2(z^2+a^2)^{3/2}}\hat{\mathbf{z}}$$

(원형 전류 I에 의한 자속 밀도 B) (4.7)

이와 유사하게 그림 4.4 (c)와 같이 유한한 길이를 가지는 선형 도체 내의 정상 전류에 의한 공간 내에서의 임의의 점에서의 자속 밀도의 세기는 다음과 같다.

$$\mathrm{B}=\frac{\mu_0 I}{4\pi d}(\sin\theta_2-\sin\theta_1) \text{ (유한한 길이의 선도체에 의한 자속 밀도 세기 B)} \tag{4.8}$$

그림 4.4(c)에서 $\theta_1 = -\pi/2$, $\theta_2 = \pi/2$로 취하면, 전류 I가 흐르는 무한히 긴 직선 도체에 의한 자속 밀도 세기 B를 나타내는 식 (4.8)은 ($d = r$이라고 할 때)

$$B = \frac{\mu_0 I}{2\pi r} \text{(무한히 긴 선도체에 의한 자속 밀도 세기 B)} \qquad (4.9)$$

개념문제 4.6 **체적 전류에 의한 자기장**

진공 내 체적 전류의 임의 분포와 공간 내 임의의 점에서 이 전류에 의한 자속 밀도 벡터를 생각해 보자. 모든 점에서 전류 밀도 벡터의 크기가 두 배가 된다면 자속 밀도 벡터는

(A) 크기는 두 배이고 방향은 동일하다.

(B) (항상 두 배는 아닌) 크기가 커지며 방향은 동일하다.

(C) 크기가 커지며 방향도 변화한다.

(D) 크기가 두 배가 되고 방향도 변화한다.

(E) 크기가 커지거나 작아지며 방향도 변화한다.

개념문제 4.7 **2개의 원형, 직선 도체로 구성된 전류 루프**

크기가 I인 ($I>0$) 정상 전류가 그림 4.5와 같은 2개의 원형, 2개의 직선 도체로 이루어진 평면 루프를 따라 흐르며 이때 매질은 공기이다. 원의 중심 (O점)에서의 자속 밀도 벡터는

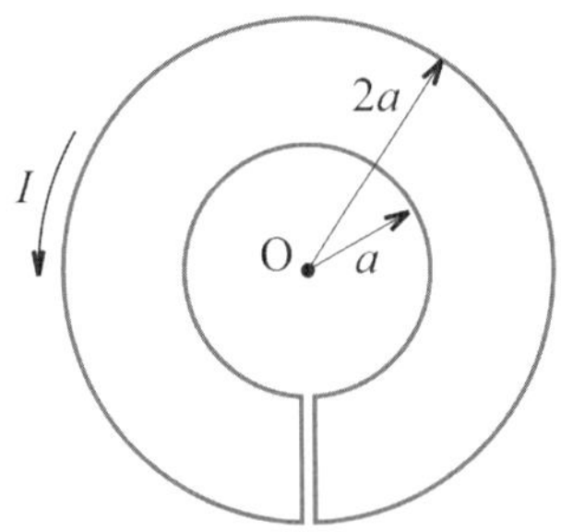

그림 4.5 2개의 원형, 2개의 직선 도체로 이루어진 전류 루프(개념문제 4.7)

(A) 그림의 평면 속으로 향한다.

(B) 그림의 평면 밖으로 향한다.

(C) 그림의 평면에 놓인다.

(D) '0'이다.

(E) 정보가 더 필요하다.

개념문제 4.8 **직사각형 루프 전류의 자기장**

그림 4.6과 같이 공기 중에 놓인 가장자리의 길이가 a, b인 직사각형 루프에 $I(I>0)$의 정상 전류가 흐른다. 그림에서 점 M에서의 자속 밀도 벡터 B는 다음과 같이 표현될 수 있다.

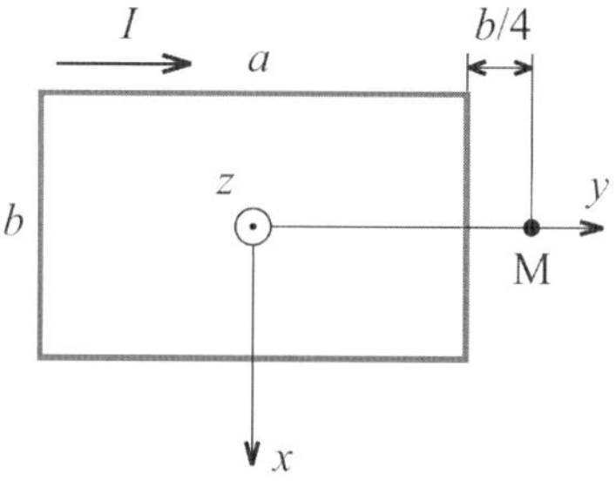

그림 4.6 정상 전류가 흐르는 직사각형 루프(개념문제 4.8)

(A) $\mathbf{B}=B_x\hat{\mathbf{x}}(B_x>0)$

(B) $\mathbf{B}=B_x\hat{\mathbf{x}}(B_x<0)$

(C) $\mathbf{B}=B_z\hat{\mathbf{z}}(B_z>0)$

(D) $\mathbf{B}=B_z\hat{\mathbf{z}}(B_z<0)$

(E) $\mathbf{B}=B_x\hat{\mathbf{x}}+B_y\hat{\mathbf{y}}(B_x\neq 0, B_y\neq 0)$

개념문제 4.9 **3개의 솔레노이드 코일에 의한 자기장**

그림 4.7과 같이 비자성체의 원통형 보빈에 절연되어 있는 가는 선이 균일하고 촘촘하게 단층으로 N회가 감긴 이상적인 3개의 솔레노이드 코일이 공간에 놓여 있다(솔레노이드 코일의 모든 각 턴은 그림 4.4(b)와 같이 하나의 원형 전류 루프와 같다). 동일 평면 상에 코일 축이 놓여 있고 모든 점에서 투자율은 μ_0이다. I_1, I_2 그리고 I_3는 코일에서 시불변 전류라고 하자. 다음의 두 경우를 고려할 때((a) I_1, I_2, $I_3=I$, (b) $I_1=I$, $I_2=I_3=0$) 만약 I가 0보다 크다면 (a) 경우일 때 시스템 중심점 (P점)에서의 자속 밀도는 (b) 경우일 때 동일한 점에서의 자속 밀도에 비하여

(A) 크다.

(B) 동일하다.

(C) 작다.

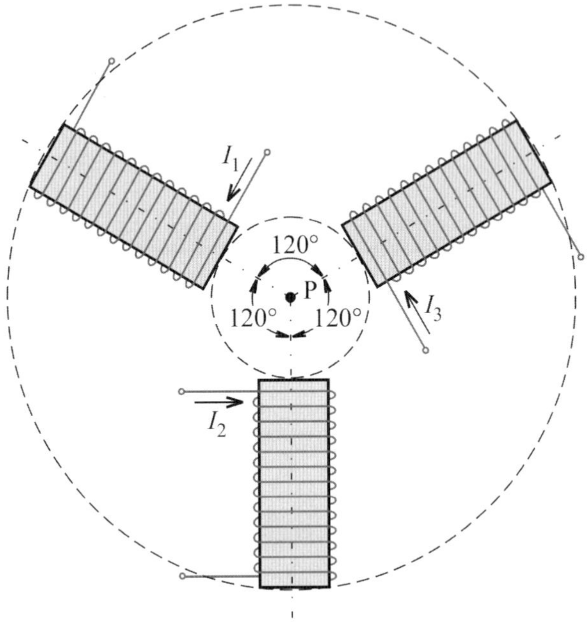

그림 4.7 정상 전류가 흐르는 3개의 솔레노이드 코일(개념문제 4.8)

개념문제 4.10 **직사각형 루프와 긴 직선 도체 - 자기력**

그림 4.8과 같이 자유공간 내의 동일한 평면에 놓인 두 도체인 직사각형 루프와 긴 직선 도체에 동일한 크기의 정상 전류 I가 흐른다. 전류의 방향이 그림과 같을 때 직선 도체에 가해지는 자기력은

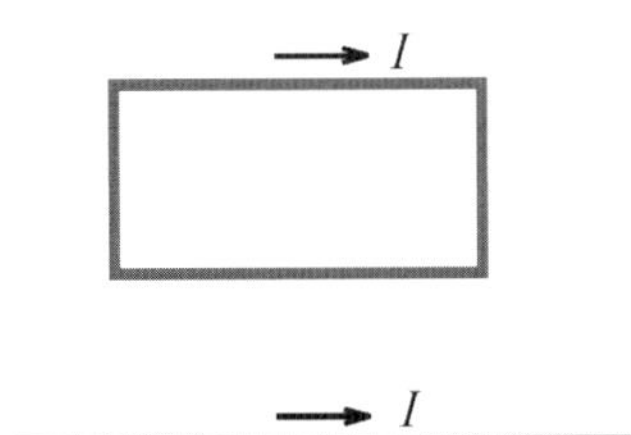

그림 4.8 동일한 크기의 정상 전류가 흐르는 직사각형 루프와 긴 직선 도체(개념문제 4.10)

(A) 그림의 평면 안으로 향한다.

(B) 그림의 평면 밖으로 향한다.

(C) 루프쪽으로 향한다.

(D) 루프로부터 멀어진다.

(E) 힘은 '0'이다.

개념문제 4.11 **자기장 내에서 서로 다른 방향의 전류 루프**

자속 밀도가 B로 균일한 공간 내에 놓인 크기가 I인 정상 전류가 흐르는 직사각형 모양의 루프가 있다. 그림 4.9는 자기장 선에 따라 서로 다른 위치에 있는 5가지 경우를 나타낸다. 자기장은 다음과 같은 루프에 대해 토크를 발생시킨다.

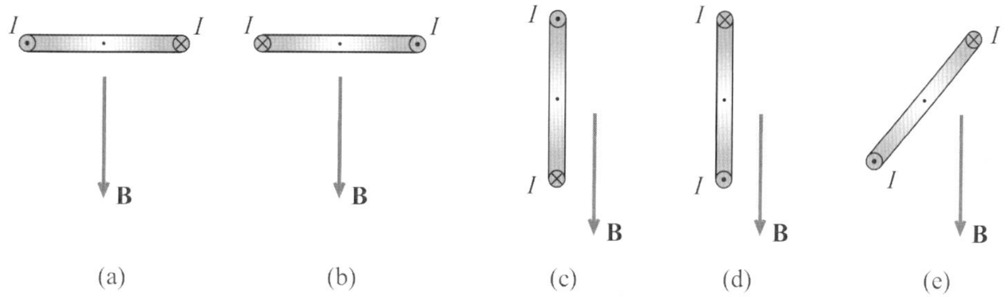

그림 4.9 균일한 자속 밀도 B인 공간에 자기장 선에 따라 서로 다른 방향을 갖는 직사각형 루프 전류(개념문제 4.11)

(A) (a) 경우와 (b) 경우

(B) (c) 경우

(C) (a) 경우와 (b) 경우, 그리고 (c) 경우

(D) (d) 경우와 (e) 경우

(E) (c) 경우와 (d) 경우, 그리고 (e) 경우

(F) 해당 사항 없음.

개념문제 4.12 **안정한 평형 상태에서의 전류 루프**

그림 4.9에서 몇 개의 전류 루프 위치가 안정한 평형 상태를 나타내는가?

(A) 없음.

(B) 1개

(C) 2개

(D) 3개

(E) 4개

4.3 적분형 암페어 법칙

정자기장을 가지는 자유공간 내에서 비오-사바르 법칙보다 쉽게 대칭 전류 분포에 의한 자기장을 계산할 수 있는 법칙은 암페어(Ampere) 법칙이다. 암페어 법칙은 그림 4.10(a)와 같이 진공 내 (자유공간)의 임의의 경로에 대한 자속 밀도 벡터의 폐곡선 선적분은 그 폐곡선에 둘러싸인 총 전류, I_c와 μ_0의 곱과 같음을 나타낸다.

$$\oint_C B \cdot \mathrm{dl} = \mu_0 I_c,\ \oint_C \mathbf{B} \cdot \mathrm{dl} = \mu_0 \int_S \mathbf{J} \cdot \mathrm{d}\mathbf{S} \text{(암페어 법칙)} \tag{4.10}$$

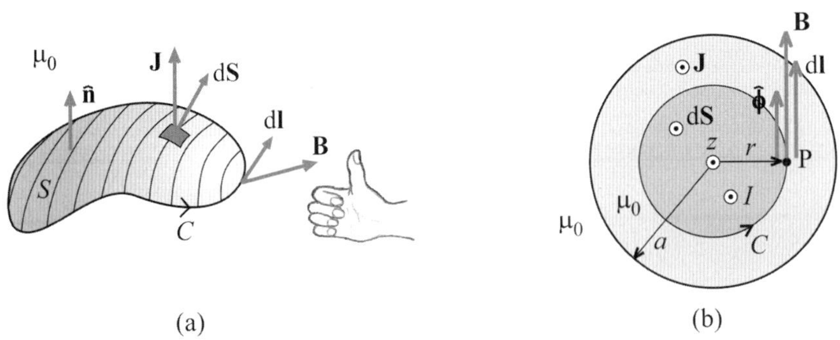

그림 4.10 (a) 전자기장 내 임의의 경로 – 암페어 법칙
(b) 정상 전류 I를 갖는 원통형 도체의 단면 : B를 찾기 위한 암페어 법칙 적용 예

여기에서 S는 C로 둘러싸인 임의의 모양을 가지는 표면이다. 전류 흐름의 방향은 표면 S를 기점으로 하며, 오른손 법칙에 따른 경로의 방향과 관련이 있다. 그림 4.10(a)와 식 (4.10)과 같은 자유공간 내에서 정자기장에 대한 맥스웰의 두 번째 방정식과 같이 나머지 손가락들이 경로의 방향을 나타낼 때, 전류는 오른손의 엄지 손가락 방향으로 정의된다.

암페어 법칙의 응용 예로서 공기 중에서 전류 I가 흐르는 반지름 a인 원통형의 무한히 긴 구리 도체를 생각해 보자. 대칭성으로 인하여 도체 전류에 의한 자기장 선은 도체에 중심을 둔 원이 된다. 즉, 도체의 내부나 외부의 임의의 점 P에서 벡터 B는 그림 4.10(b)에서 보는 바와 같이 $\mathbf{B} = B(r)\hat{\phi}$와 같다. 식 (4.10)과 그림 4.10(b)로부터

$$\oint_C \mathrm{B} \cdot \mathrm{dl} = \oint_C B(r)\mathrm{d}l = B(r)\oint_C \mathrm{d}l = B(r)l = B(r)2\pi r \qquad (4.11)$$
$$= \mu_0 \begin{cases} J\pi r^2 & \text{for } r < a \\ I & \text{for } r \geq a \end{cases}$$

$J = I/(\pi a^2)$는 도체의 전류 밀도이며, 자속 밀도 세기는 다음과 같다.

$$\mathrm{B} = \begin{cases} \mu_0 Ir/(2\pi a^2) & \text{for } r < a \\ \mu_0 I/(2\pi r) & \text{for } r \geq a \end{cases} \text{(B는 두꺼운 원통형 도체로 인한 자속 밀도 세기)} \qquad (4.12)$$

개념문제 4.13 **총 폐전류의 대수 계산**

그림 4.11에서 공기 중에 존재하는 경로 C를 따르는 자속 밀도 벡터의 계산 값, $\oint_C \mathrm{B} \cdot \mathrm{dl}$은 다음과 같다($\mu_0$는 진공에서의 투자율이다).

(A) $\mu_0(I_4 - I_5)$

(B) $\mu_0(-I_4 + I_5)$

(C) $\mu_0(I_1 - I_4 - I_7)$

(D) $\mu_0(-I_1 + I_4 + I_7)$

(E) $\mu_0(I_1 + 4I_2 - I_4 + I_5 - I_7)$

(F) $\mu_0(I_1 + I_2 + I_3 + I_4 + I_5 + I_6 + I_7)$

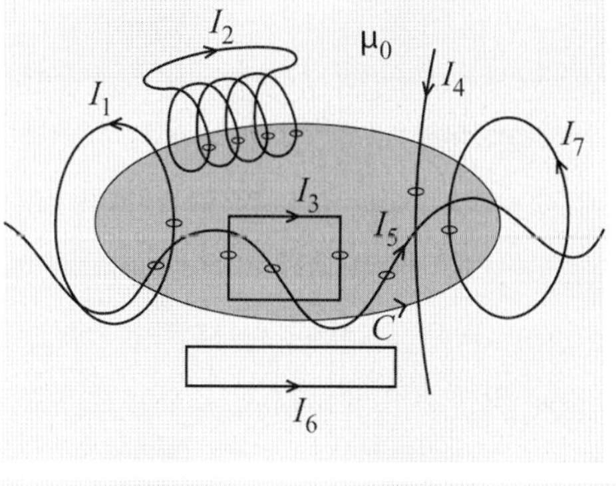

그림 4.11 공기 중에서의 닫힌 경로와 7개의 선 전류(개념문제 4.13)

개념문제 4.14 **전류가 흐르는 도체 외부에서의 암페어 경로**

공기 중에 원통형의 구리 도체에 크기가 I ($I>0$)인 시불변 전류가 흐른다. 그림 4.12에서 보는 바와 같이 두 개의 원형 부분이 도체 외부에 존재하는 경로 C를 따라 흐르는 자속 밀도 벡터 B의 주회 (선적분)는 다음과 같다.

(A) $\mu_0 I$

(B) $-\mu_0 I$

(C) $\mu_0 I$ 보다 크다.

(D) $\mu_0 I$ 보다 작지만 양수이다.

(E) '0'이다.

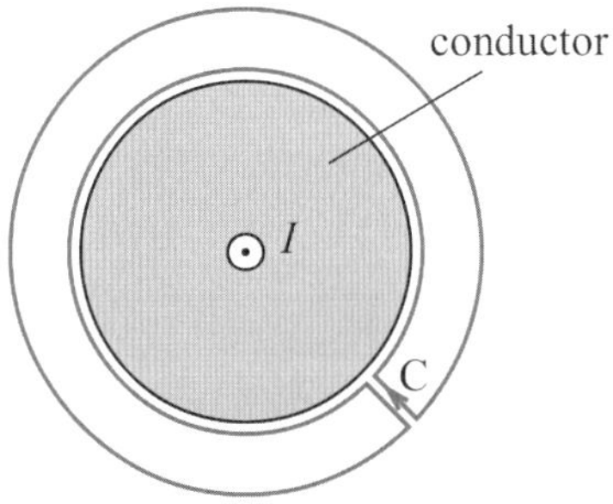

그림 4.12 정상 전류가 흐르는 도체 외부의 암페어 경로(개념문제 4.14)

개념문제 4.15 **도체 내부의 암페어 경로**

그림 4.13에서 보는 바와 같이 직류 전류 I ($I>0$)가 흐르는 공기 중에서의 원통형 구리 도체 내부에 존재하는 원형 경로 C를 따르는 벡터 B의 선적분은 다음과 같다.

(A) $\mu_0 I$

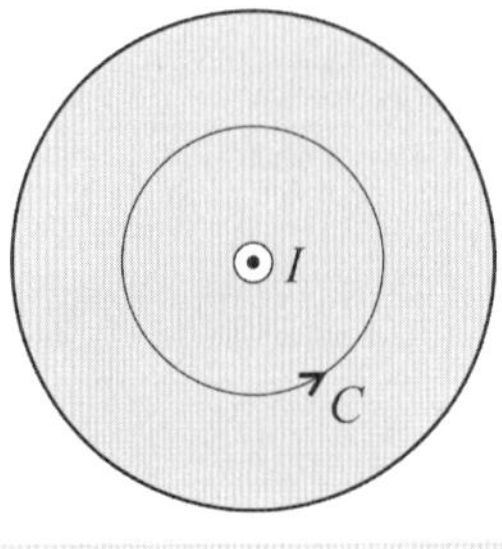

그림 4.13 직류 전류가 흐르는 도체 내부의 경로(개념문제 4.15)

(B) $-\mu_0 I$

(C) $\mu_0 I$ 보다 크다.

(D) $\mu_0 I$ 보다 작지만 양수이다.

(E) '0'이다.

개념문제 4.16 **서로 다른 도체 내부의 동일한 경로**

한 개는 원형이고 또 다른 한 개는 정사각형 단면을 가지는 매우 긴 금속 도체 두 개를 생각해 보자. 두 도체는 동일한 밀도의 정상 전류가 흐른다. 만일 그림 4.14와 같이 동일한 원형 경로 C가 각 도체들의 내부에 존재한다면, 원형 도체 내에서 C를 따르는 자속 밀도 벡터의 주회 값은 정사각형 도체 내에서의 주회 값에 비하여

(A) 크다.

(B) 동일하다.

(C) 작다.

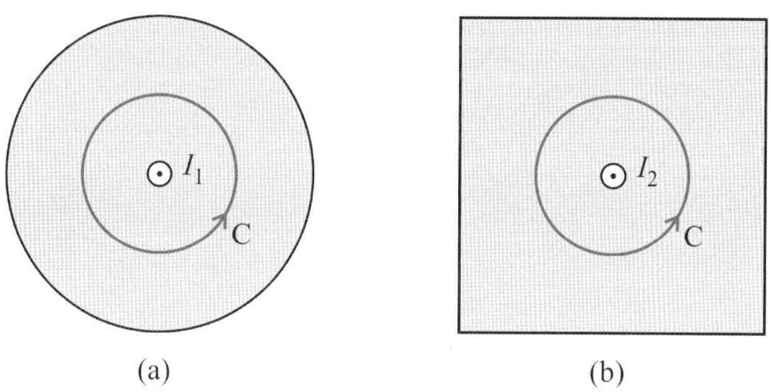

그림 4.14 매우 긴 서로 다른 도체 내부에 동일한 원형의 모양과 밀도를 갖는 정상전류를 가진 단면 (개념문제 4.16)

개념문제 4.17 **동일한 도체 외부의 서로 다른 경로**

같은 세기의 정상 전류가 흐르는 두 동일한 금속 원통형 도체와 외부에 위치한 암페어 경로를 가정해 보자. 그림 4.15에서 보는 바와 같이 한 개의 도체는 원형이며, 또 다른 도체는 정사각형이다. 원형 경로를 따르는 자속 밀도 벡터의 주회 값은 정사각형 경로를 따르는 벡터 주회 값에 비하여

(A) 크다.

(B) 동일하다.

(C) 작다.

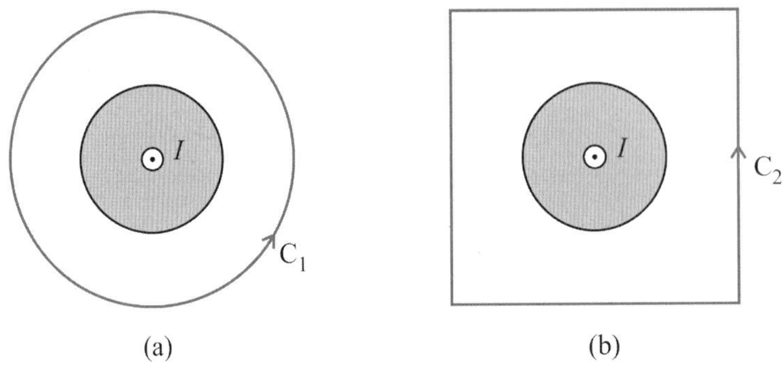

그림 4.15 동일한 크기의 정상 전류가 흐르는 원통 도체의 외부에 존재하는 (a) 원형, (b) 정사각형의 경로(개념문제 4.17)

개념문제 4.18 **궤적의 부분을 따르는 선적분**

그림 4.16에서 보는 바와 같이 공기 중에 크기가 I인 정상 전류가 흐르는 매우 긴 선 도체 외부에 여덟 개의 직선으로 구성된 경로가 있다. N과 P를 지나는 M과 Q 사이의 경로를 따라 흐르는 전류에 의한 자속 밀도 벡터의 선적분은 다음과 동일하다.

(A) $\mu_0 I$

(B) $\mu_0 I/2$

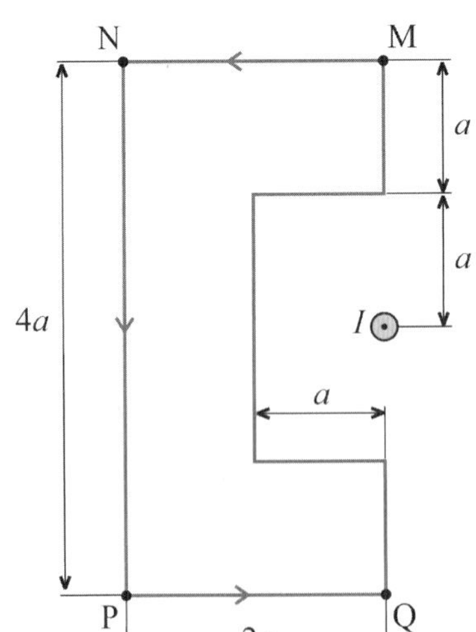

그림 4.16 매우 긴 전류 도체의 자기장 내의 여덟 개의 직선으로 이루어진 궤적(개념문제 4.18)

(C) '0'

(D) $-\mu_0 I$

(E) 어느 것에도 해당하지 않는다.

개념문제 4.19 **동축 케이블 외부 도체 내의 자기장**

그림 4.17에서 보는 바와 같이 동일한 크기와 반대 방향을 가지는 정상 전류가 흐르는 동축 케이블의 내부와 외부 도체가 있다. 케이블 유전체와 도체는 공기 중에 존재하며 비자성 특성을 가지고 있다. 만약 내부 도체 내의 전류 크기가 증가하고 외부 도체의 전류 크기가 동일하다면, 외부 도체의 모든 점에서의 자속 밀도는 다음과 같다.

(A) 증가한다.

(B) 감소한다.

(C) 변화하지 않는다.

(D) 더 많은 정보가 필요하다.

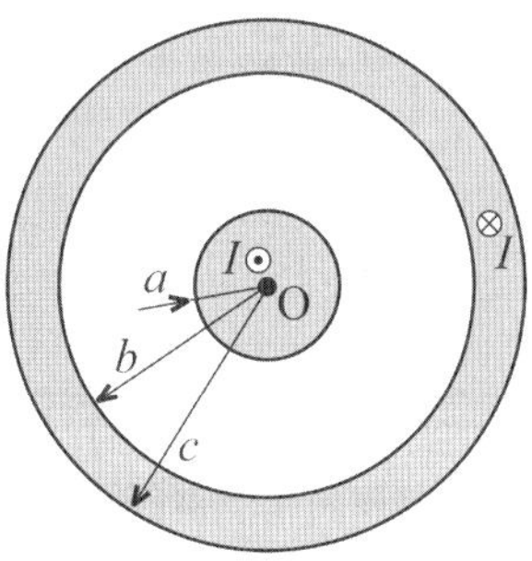

그림 4.17 정상 전류가 흐르는 동축 케이블의 단면(개념문제 4.19)

개념문제 4.20 **동축 케이블 내부 도체에서의 자기장**

그림 4.17에서 동축 케이블에 대해서 외부 도체의 전류 크기가 감소한다고 가정하면, 새로운 전류 I_2는 I보다 작다. 반면에 내부 도체의 전류는 $I_1 = I$으로 변화하지 않는다. 결과적으로 내부 도체의 모든 점에서 자속 밀도는 다음과 같다(도체 축 위 점들은 고려하지 않는다).

(A) 증가한다.

(B) 감소한다.

(C) 변화하지 않는다.

(D) 더 많은 정보가 필요하다.

개념문제 4.21 **전류가 흐르는 접힌 금속 조각**

그림 4.18에서 보는 바와 같이 접힌 금속 조각에 크기가 I인 정상 전류가 흐르고 있다. 금속 조각의 너비는 $a=20d$이고, d는 금속 조각의 원통형 구멍(cavity)의 지름이다. 구멍 내부의 점 P에서 B의 크기는 구멍 외부의 점 Q에서 B와 비교하여

(A) 매우 크다.

(B) 매우 작다.

(C) 실질적으로 동일하다.

(D) 더 많은 정보가 필요하다.

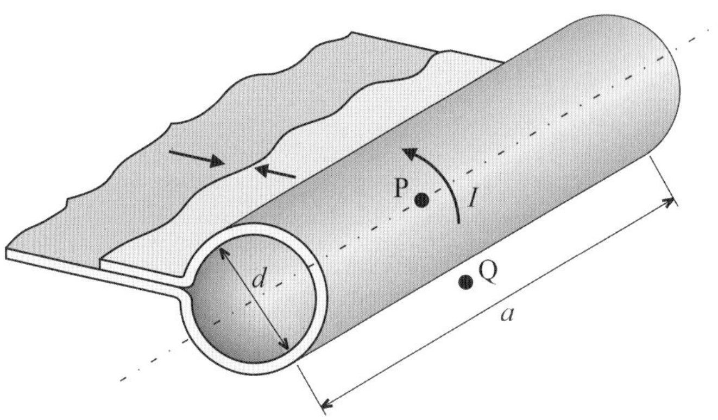

그림 4.18 정상 전류가 흐르는 접힌 금속 조각(개념문제 4.21)

개념문제 4.22 **긴 구멍을 가지는 넓은 금속 조각 도체**

그림 4.18에서 보는 바와 같이 접힌 조각 도체를 생각해 보자. 도체 조각의 너비 a는 두 배가 되고 전류 I는 동일하며, 구멍의 지름 d는 동일하다고 가정하자. 설명과 같이 바뀐 구조에서의 점 P에서 B의 크기는 원래 구조와 비교하여

(A) 매우 크다.

(B) 매우 작다.

(C) 실질적으로 동일하다.

개념문제 4.23 **평행한 두 조각의 도체**

공기 중에 평행하고 서로 매우 가까이 위치한 두 개의 매우 길고 넓은 도체가 있다. 그림 4.19에서 보는 바와 같이 정상 전류는 동일한 크기의 I를 가지며 서로 다른 방향을 가진다. 만약 한 개의 도체의 방향이 바뀌면 도체 가장자리 주변에서 멀리 떨어진 두 도체 사이의 자기장은

(A) 매우 강해진다.

(B) 매우 약해진다.

(C) 실질적으로 동일하다.

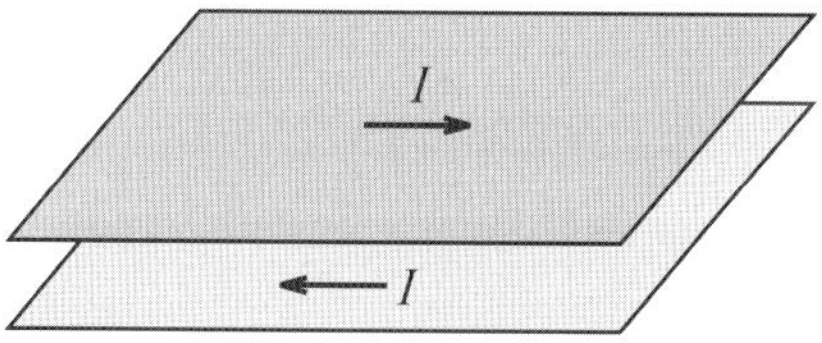

그림 4.19 정상 전류가 흐르는 두 개의 평행한 큰 도체(개념문제 4.23)

4.4 미분형 암페어 법칙과 회전

식 (4.10)과 대응 관계에 있는 식은 다음과 같다.

$$\left(\frac{\partial B_z}{\partial y}-\frac{\partial B_y}{\partial z}\right)\hat{\mathbf{x}}+\left(\frac{\partial B_x}{\partial z}-\frac{\partial B_z}{\partial x}\right)\hat{\mathbf{y}}+\left(\frac{\partial B_y}{\partial x}-\frac{\partial B_x}{\partial y}\right)\hat{\mathbf{z}}=\mu_0\mathbf{J} \tag{4.13}$$

윗 식에서 좌변의 표현은 벡터 B의 회전이라고 하며 curl B라고 쓴다. 이와 같은 식은 $\nabla\times\mathbf{B}$로서 직각 좌표계 시스템 내에서 두 벡터의 외적으로 표현할 수 있으며 ∇ 연산자는 식 (1.17)에 의해 B의 회전을 정확히 구할 수 있다. 그러므로 미분형 암페어 법칙은 짧게 다음의 식 (4.14)와 같이 쓸 수 있다.

$$curl\,\mathbf{B}=\nabla\times\mathbf{B}=\mu_0\mathbf{J}\ \text{(미분형 암페어 법칙)} \tag{4.14}$$

원통 좌표계와 구좌표계 시스템에서는 식 (4.13)과 유사하게 주어지며, 식 (4.14)와 같이 $\nabla\times\mathbf{B}$가 회전을 계산하기 위해 사용된다.

개념문제 4.24 **균일한 자기장**

자유공간 내에서의 특정 영역에서 균일한 자속 밀도 B_0를 갖는 자기장이 존재한다. 그 영역에서 체적 전류 밀도는

(A) 공간적 좌표계에 따라 변하지 않으며 '0'이 아니다.

(B) '0'이다.

(C) 특정한 방식으로 공간적 좌표계에 따라 변한다.

(D) 보다 많은 정보가 필요하다.

개념문제 4.25 **1-D 전류와 자기장 분포의 그림**

자유공간 내의 영역에서 시불변 전류 밀도 벡터 J는 하나의 직각 좌표계 성분을 가지며 자속 밀도 벡터 B에 대해서도 동일하다. J와 B는 모두 오로지 직각 좌표계 x에 의존하며 '0'이 아닌 성분은 그림 4.20과 같이 두 주기 함수인 $f_1(x)$와 $f_2(x)$의 조합으로 나타낼 수 있다. 다음 중 어떤 것이 가능한 조합인가?

(A) $J_y(x) = f_1(x)$ and $B_x(x) = f_2(x)$

(B) $J_y(x) = f_2(x)$ and $B_x(x) = f_1(x)$

(C) $J_z(x) = f_1(x)$ and $B_y(x) = f_2(x)$

(D) $J_z(x) = f_2(x)$ and $B_y(x) = f_1(x)$

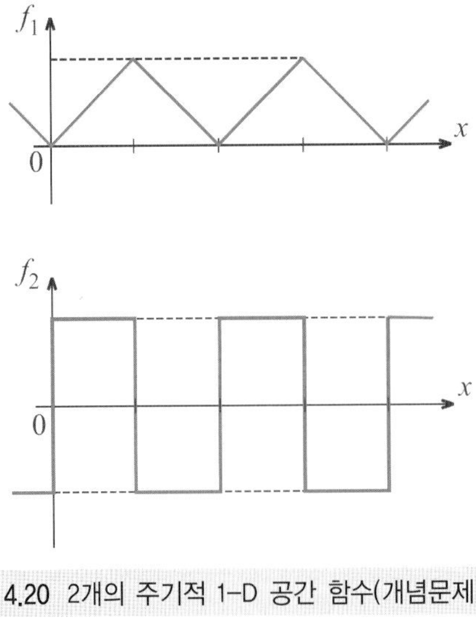

그림 4.20 2개의 주기적 1-D 공간 함수(개념문제 4.25)

(E) $J_x(x)=f_1(x)$ and $B_x(x)=f_2(x)$

(F) $J_x(x)=f_2(x)$ and $B_x(x)=f_1(x)$

개념문제 4.26 **회전이 '0'인 벡터**

그림 4.21에서 어떤 공간적 패턴이 회전 값이 '0' ($\nabla \times \mathbf{a}=0$)인 벡터 **a**인가?

(A) 그림 4.21(a)의 공간만

(B) 그림 4,21(b)의 공간만

(C) 두 공간 모두

(D) 둘 다 아니다.

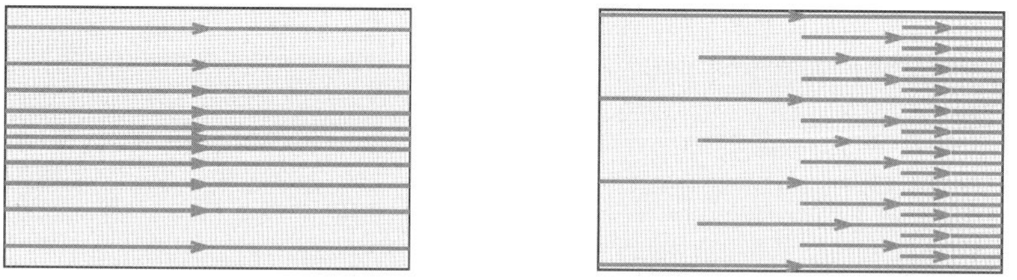

(a) (b)

그림 4.21 두 가지 패턴의 자기장(자유공간 부분에서 그 점에서 선속 밀도에 비례하는 점의 크기를 가지는 벡터장 **a**의 선을 보여준다)(개념문제 4.26)

4.5 자속 보존의 법칙

벡터 B가 자속 밀도라고 하면 표면 S를 통한 플럭스(flux)를 자속이라고 하며 Φ로 나타내며, 단위는 웨버(Wb)이다.

$$\Phi=\int_S \mathbf{B}\cdot d\mathbf{S}\ (\text{자속; 단위: Wb}) \tag{4.15}$$

그림 1.14의 하나와 같이 폐곡면을 통해서 밖으로 나가는 알짜 자속은 항상 '0'이다. 따라서 식 (3.6)과 유사하게 자속 밀도 B는 발산하지 않거나(divergence free) 솔레노이드 벡터장으로 식 (4.16)과 같이 나타낼 수 있다.

$$\oint_S \mathbf{B} \cdot d\mathbf{S} = 0, \; \nabla \cdot \mathbf{B} = 0 \text{(자속 보존의 법칙)} \quad (4.16)$$

이 식들은 자속 보존의 법칙(conservation of magnetic flux)과 맥스웰의 네 번째 방정식(적분형과 미분형)으로 알려져 있으며, 때때로 자속에 대한 가우스 법칙으로도 부른다. 근본적으로 이 법칙은 + 또는 – "자하"(magnetic charge)가 존재하지 않으며 자속선은 반드시 폐회로를 형성한다는 것을 의미한다.

개념문제 4.27 **구 표면을 통한 자속**

자유공간 내에 존재하는 반지름 a를 가지는 구 근처에 크기 I를 가지는 정상 전류가 흐르는 매우 긴 직선이 있다. 선 축으로부터 구 중심까지의 거리는 d이다. 구 평면을 통과하는 자속은

(A) 오로지 a에만 의존한다.

(B) 오로지 I에만 의존한다.

(C) 오로지 a와 I에만 의존한다.

(D) a와 I, 그리고 d에 의존한다.

(E) 위의 3가지 요소 어느 것에도 의존하지 않는다.

개념문제 4.28 **경로에 의해 닫힌 다른 표면을 통과하는 자속**

그림 4.22와 같이 임의의 경로 C와 세개의 서로 다른 열린 면 S_1, S_2, S_3를 고려해보자. 이 세 면은 모두 경로의 중심에 대한 오른손 법칙에 따라 같은 방향이며 경로에 의해 닫혀 있다. 이와 같은 Φ_1, Φ_2, Φ_3에 의한 각 표면들을 통한 자속은 다음과 같이 나타낼 수 있다.

(A) $\Phi_1 = \Phi_2 = \Phi_3$

(B) $\Phi_1 = \Phi_2 = -\Phi_3$

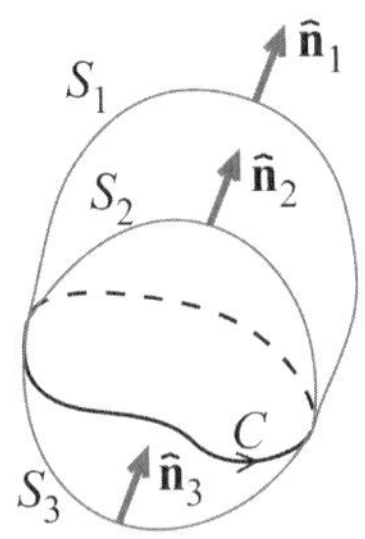

그림 4.22 경로 C에 의해 닫혀 있는 3개의 서로 다른 열린면(S_1, S_2, 그리고 S_3)을 통한 자속(개념문제 4.28)

(C) $\Phi_1 = -\Phi_2 = -\Phi_3$

(D) $\Phi_1 + \Phi_2 + \Phi_3 = 0$

(E) $\Phi_1 \neq \Phi_2$, $\Phi_2 \neq \Phi_3$, and $\Phi_1 \neq -\Phi_3$

개념문제 4.29 **원뿔 표면을 통과하는 자속**

자속 밀도 B=1T인 균일한 정상 자계 내에서의 가상의 열린 원뿔 표면을 생각해 보자. 원뿔의 높이 (길이) h=20cm이고, 열린 면 a의 반지름은 10cm이다. 그림 4.23과 같이 벡터 B는 원뿔 축과 $\alpha = 45°$ 의 각을 이룬다. 만약 h가(a, B, 그리고 α의 변화 없이) 두 배가 되면 원뿔 표면 (아래 방향으로 향한다)을 통과하는 자속은 다음과 같다.

(A) 증가한다.

(B) 감소한다.

(C) 변함 없이 동일하다.

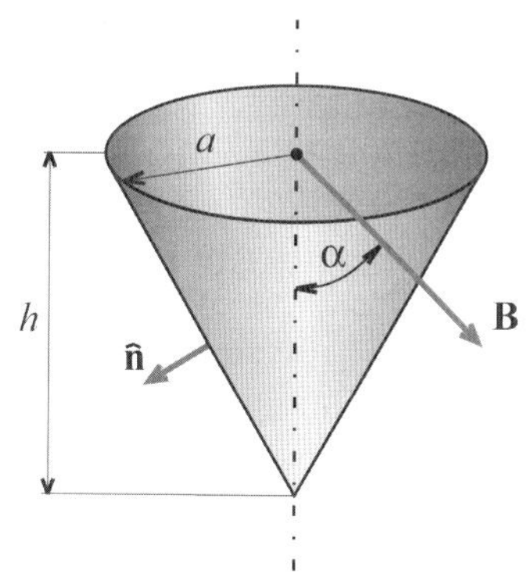

그림 4.23 균일한 자기장 내에서의 열린 원뿔 표면(개념문제 4.29)

개념문제 4.30 **원통 표면을 통과하는 자속**

자속 밀도 B의 크기를 가지는 균일한 자기장 내에서 반경은 a이고 높이가 h인 가상의 원통 (물질이 아닌)을 생각해 보자. 원통의 측면을 통과하는 바깥 방향으로의 자속은 다음과 같다.

(A) $\Phi = 2\pi Bah\sin\alpha$

(B) $\Phi = -2\pi Bah\sin\alpha$

(C) $\Phi = 2\pi Ba^2 \cos\alpha$

(D) $\Phi = -2\pi Ba^2 \cos\alpha$

(E) $\Phi = \pi Ba^2 \cos\alpha$

개념문제 4.31 원통 바닥을 통과하는 자속

자유공간 내에서 정상자계 내에서 수직으로 서 있는 원통을 생각해 보자. 만약 Φ_1이 원통의 바닥을 통과하는 자속이라고 하고 Φ_2를 원통의 뚜껑을 통해 밖으로 향하는 자속이라고 하면 다음과 같이 말할 수 있다.

(A) $\Phi_1 = \Phi_2$

(B) $\Phi_1 \neq \Phi_2$

(C) 더 많은 정보가 필요하다.

개념문제 4.32 가능한 정자기장 패턴

그림 4.24와 같이 나타낸 2개의 장에서 어떤 것이 정자기장 B의 패턴으로 가능한가?

(A) 그림 4.24(a)의 패턴만 가능하다.

(B) 그림 4.24(b)의 패턴만 가능하다.

(C) 두 패턴 모두 가능하다.

(D) 어느 것도 가능하지 않다.

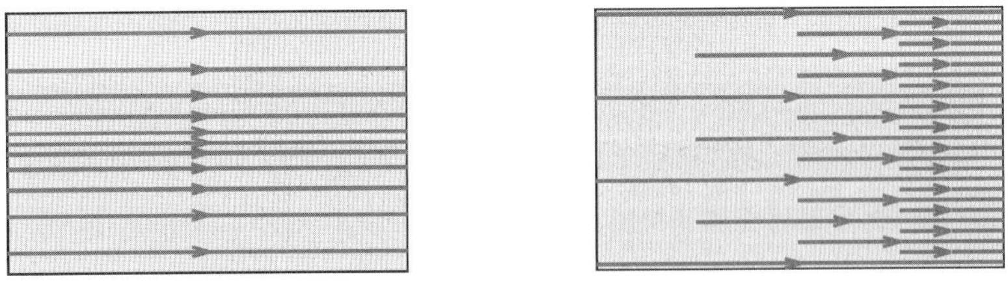

(a) (b)

그림 4.24 2개의 벡터장(벡터의 크기는 자기장의 밀도와 비례한다)(개념문제 4.32)

개념문제 4.33 **가능한 정전기장 패턴**

그림 4.24에서 표시하는 2개의 장에서 어떤 것이 정전기장 **E**의 패턴으로서 가능한가?

(A) 그림 4.24(a)의 패턴만 가능하다.

(B) 그림 4.24(b)의 패턴만 가능하다.

(C) 두 패턴 모두 가능하다.

(D) 어느 것도 가능하지 않다.

개념문제 4.34 **'0' 회전과 한 점에서의 발산 벡터**

만약 한 점에서의 벡터 **a**의 회전과 발산이 '0'이라면, 그 점에서 **a**는 반드시 '0'이 된다.

(A) 참

(B) 거짓

개념문제 4.35 **한 점에서의 '0' 벡터**

만약 한 점에서의 벡터 **a**가 '0'이라면, **a**의 회전과 발산은 그 점에서 반드시 '0'이다.

(A) 참

(B) 거짓

4.6 자기 벡터 포텐셜

식 (1.12)의 스칼라 포텐셜(전위) (V)와 식 (1.16)에서 V로부터 전기장 크기 벡터 (**E**)와 유사하게 다음과 같이 나타낼 수 있다.

$$\mathbf{A} = \frac{\mu_0}{4\pi}\int_l \frac{I d\mathbf{l}}{\mathbf{R}} \rightarrow \mathbf{B} = \nabla \times \mathbf{A}\ (\text{포텐셜로부터의 자속 밀도}) \tag{4.17}$$

벡터 **A**는 자기 벡터 포텐셜이라고 하며 단위는 T · m이다.

개념문제 4.36 직선 도체의 자기 벡터 포텐셜

비자성 물질 내에서 일직선의 금속 도선에 정상 전류가 흐른다고 한다. 선축 상이 아닌 공간의 임의의 점에서 이 전류에 의한 자기 벡터 포텐셜은 다음과 같다.

(A) 도선과 평행이다.

(B) 도선과 직교한다.

(C) 위 두 경우 모두 아니다.

(D) 도선의 특정 위치에 따라 다르다.

개념문제 4.37 정사각형 전류 루프의 자기 벡터 포텐셜

자유공간 내에 정상 전류 I가 흐르는 정사각형 루프를 생각해 보자. A_1을 정사각형 측면에 흐르는 전류에 의한 루프 중심에서의 자기 벡터 포텐셜 크기라고 한다. 중심에서의 총 자기 벡터 포텐셜의 크기는 다음과 같다.

(A) $4A_1$

(B) $2A_1$

(C) '0'

(D) 위의 예 모두 아니다.

개념문제 4.38 원형 전류 루프의 자기 벡터 포텐셜

정상 전류가 흐르는 원형 선 루프에 의한 자기 벡터 포텐셜, **A**는 루프 평면에 수직인 루프의 축(그림 4.4(b)의 z축)의 모든 점에서 '0'이다.

(A) 참

(B) 거짓

개념문제 4.39 **원형 전류 루프 포텐셜에 의한 자기장**

평면에 수직인 축 상의 원형 전류 루프에 의한 자속 밀도 벡터 **B**는(식 4.7에서 **B**에 대한 표현) 동일한 축(그림 4.4(b)의 z 축)을 따르는 루프에 의한 벡터 포텐셜 **A**로부터 구할 수 있는가?

(A) 그렇다.

(B) 아니다.

제 5 장 물질 내에서의 정자기장

개요

자기 물질이 존재하는 정자기장의 해석에서 많은 기본 개념과 물리적 법칙, 그리고 수학적 테크닉들은 전적으로 정전기장 (2장)에서의 해당 개념과 법칙, 그리고 테크닉과 유사하다. 자화된 물질들은 매우 작은 원자 전류 루프의 거대한 집합으로 표현될 수 있다. 반면에 물질의 투자율 개념은 물질과 필드의 거시적인 특성을 결정한다. 그러나 유전체의 분석과 비교하여 가장 중요한 차이점은 가장 중요한 종류의 자기 물질인 강자성체(ferromagnetic)의 고유한 비선형 거동이다. 이것은 현저한 자화 특성(다른 물질에 비하여 굉장히 큰 크기를 가지는)을 가지는 물질의 일종으로 대표적인 예로 철을 들 수 있다. 물질의 자기장에 대한 학습의 정점이라고 할 수 있는 자기 회로(magnetic circuit)의 해석은 비선형 전기 회로의 DC 해석과 근본적으로 유사하다. 추가적으로 전류가 흐르는 도체의 배열은 자기 에너지를 축적한다. 비선형성이 현저한 강자성체 물질을 포함하는 시스템의 경우, 시스템의 에너지 밸런스는 물질의 히스테리시스(hysteresis) 손실을 포함한다.

5.1 자화 전류

물질의 기본적인 원자 모델에 따르면, 모든 물질들은 중앙에 고정된 양전하로 대전된 원자핵과 원자핵 주변을 여러 개의 궤도로 돌고 있는 여러 개의 음전하로 대전된 전자로 구성되어 있다. 이와 같은 전자의 궤도 운동과 고유한 자전 운동은 모두 작은 전류 루프로 나타낼 수 있으며, 이를 자기 쌍극자(magnetic dipole)라고 한다. 각 루프의 자기 모멘트(magnetic moment)는 $\mathbf{m} = I\mathbf{S}$와 같이 나타낸다. 여기에서 I는 루프의 전류 밀도이고 $\mathbf{S}$는 전류의 기준 방향에 대한 오른손 법칙을 따르는 루프의 표면 벡터를 나타낸다. 이 전류 루프는 자기장을 인가하면 토크(Torque)가 발생하게 되는데, 이와 같은 토크는 외부 자기장과 미세한 자기 쌍극자 모멘트와 물질 내에서 순 자기 모멘트를 정렬하게 된다. 이와 같은 과정을 물질의 자화(magnetization)라고 한다. 그러나 각각의 원자와 모든 미세 자기 쌍극자 모멘트를 분석하는 대신에 자화 벡터(magnetization vector)라고 하는 거시적인 양을 도입하고 다음의 식으로 정의한다.

[식 (2.2)와의 유사한 점을 주목하자]

$$\mathbf{M} = \frac{(\sum \mathbf{m})_{\text{in } dv}}{dv} \quad (\text{자화 벡터; 단위 A/m}) \tag{5.1}$$

원자의 전류 루프와 등가인 거시적 관점의 전류는 자화 전류(magnetization current)라고 하며, 해당 체적 및 표면 전류 밀도 [그림 3.1과 식 (3.2), (3.3) 참고], $\mathbf{J}_m$과 $\mathbf{J}_{ms}$는 자화된 체적과 표면 전체에 걸쳐 각각 다음과 같이 계산된다.

$$\mathbf{J}_m = \text{curl}\,\mathbf{M} = \nabla \times \mathbf{M},\ \mathbf{J}_{ms} = \mathbf{M} \times \hat{\mathbf{n}}\ (\hat{\mathbf{n}}\text{은 밖으로 수직}) \tag{5.2}$$

(자화된 체적과 표면 전류 밀도 벡터)

이러한 거시적 관점의 전류가 진공에 존재하는 것을 고려하여 적절한 자유공간 방정식(예: 다양한 형태의 비오-사바르 법칙 및 암페어 법칙)을 사용하여 자화된 물질(그리고 연관되는 다른 모든 양)로 인한 자속 밀도 벡터 **B**를 계산할 수 있다.

개념문제 5.1 **균일하게 자화된 물질**

균일하게 자화된 물질 내에서는 공간적으로 변하지 않는 자화 벡터(**M**=상수)가 있는 경우, 알짜 체적의 거시적 자화 전류[1]가 존재하지 않는다.

(A) 항상 참이다.

(B) 참인 경우도 있고 거짓인 경우도 있다.

(C) 항상 거짓이다.

개념문제 5.2 **균일하지 않게 자화된 물질**

물질(균일하지 않게 자화된 물질)의 체적을 통해 변화하는 자화 벡터를 가지는 자기 물질($\mathbf{M} \neq$ 상수)을 생각해 보자. 그와 같은 물질에는 거시적 알짜 체적 자화 전류가 존재하지 않는다.

(A) 항상 참이다.

(B) 참인 경우도 있고 거짓인 경우도 있다.

(C) 항상 거짓이다.

1) 모든 개념 문제에서는 정확히 한 개의 정답이 존재함.

개념문제 5.3 **표면 자화 전류**

자화된 자기 물질의 전체 표면에는 항상 표면 거시적 자화 전류가 존재한다(원자 전류 루프의 일부가 표면 위에 존재하며, 이 전류는 주변 루프의 반대 방향으로 흐르는 전류로는 상쇄되지 않는다).

(A) 참

(B) 거짓

개념문제 5.4 **무한히 긴 원통형 막대 자석**

공기 중에 존재하는 반지름 a의 무한히 긴 원통형 막대 자석은 균일한 크기로 영구적으로 자화되며, 크기 M의 자화 벡터는 막대자석의 축과 평행하다. 자화된 체적과 표면 전류 밀도 벡터의 크기, J_m과 J_{ms}는 자석의 체적과 표면적에 대하여 각각

(A) $J_m = M$이고, $J_{ms} = 0$

(B) $J_m = 0$이고, $J_{ms} = M$

(C) $J_m = \mu_0 M$이고, $J_{ms} = M/a$

(D) $J_m = M/a$이고, $J_{ms} = M$

(E) $J_m = 0$이고, $J_{ms} = 0$

(μ_0는 진공의 투자율)

개념문제 5.5 **균일하게 자화된 강자성 디스크에 따른 자기장**

반지름이 a이고, 두께가 d인($d \ll a$) 얇은 강자성 디스크가 공기 중에 놓여 있다. 디스크는 체적 전체가 균일하게 자화되었다. 자화 벡터는 디스크에 대하여 수직이고 크기는 M이다. 자화된 디스크에 의한 자속 밀도 벡터 **B**는 반지름이 a이고, 전류 밀도 $I = Md$인 등가 원형 전류 루프(디스크의 주변을 따라 위치하고 있으며 진공 내에 존재한다고 가정한다)에 의한 자속 밀도 벡터 **B**와 동일하다. 이와 같은 사실은 다음의 위치에서 관찰할 때 성립한다(즉, **B**가 계산되었다는 의미).

(A) 디스크와 수직인 디스크 축 위의 임의의 점

(B) 디스크의 중심

(C) 디스크 내부의 임의의 점

(D) 디스크 외부의 임의의 점

(E) 공간 내의 임의의 점

(F) 그런 점은 존재하지 않는다.

개념문제 5.6 **불균일하게 자화된 강자성체 물질**

강자성체 물질의 자화 벡터는 $\mathbf{M}=M(x)\hat{\mathbf{y}}$로 나타낼 수 있다. 이 물질 내의 자화 체적 전류 밀도 벡터는 다음과 같이 나타낼 수 있다.

(A) $\mathbf{J_m}=J_m(x)\hat{\mathbf{x}}$

(B) $\mathbf{J_m}=J_m(x)\hat{\mathbf{y}}$

(C) $\mathbf{J_m}=J_m(x)\hat{\mathbf{z}}$

(D) $\mathbf{J_m}=J_m(y)\hat{\mathbf{x}}$

(E) $\mathbf{J_m}=J_m(z)\hat{\mathbf{x}}$

(F) $\mathbf{J_m}=0$

5.2 일반화된 암페어 법칙과 투자율

도체를 통해 전도 전류가 흐르고(도전성을 갖는 자성 물질을 포함) 자기 물질 내부와 그 표면에 자화 전류가 흐르는 일반적인 정자기장 시스템의 경우에 식 (4.10)과 (4.14)에서 물질의 자화 특성을 포함하면 일반적인 암페어 법칙을 유도할 수 있다.

$$\oint_C \mathbf{H}\cdot d\mathbf{l}=I_c,\quad \nabla\times\mathbf{H}=\mathbf{J}\text{(일반적인 암페어 법칙)} \tag{5.3}$$

여기에서 식 (4.10)과 (4.14)에서와 같이 I_c는 임의의 경로 C에 의하여 둘러싸인 총 전도 전류(conduction current)이고, $\mathbf{J}$는 전도 전류 밀도 벡터(magnetic field intensity vector)이다. $\mathbf{H}$는 자기장 세기 벡터라고 하는 새로운 양으로서 다음과 같이 정의된다.

$$\mathbf{H}=\frac{\mathbf{B}}{\mu_0}-\mathbf{M}\text{(자기장 세기 벡터; 단위 A/m)} \tag{5.4}$$

선형 자성체에 대하여 자화 벡터 M은 B에 대하여 선형적으로 비례하므로 식 (5.4)로부터 B는 H와 선형적으로 비례하며 비례상수는 물질의 투자율 μ이다.

$$\mathrm{B} = \mu \mathrm{H}, \ \mu = \mu_r \mu_0 (\text{투자율; 단위 H/m}) \tag{5.5}$$

μ의 단위는 H/m이고, μ_r은 물질의 비투자율(relative permeability)로서 무차원의 단위이다.

강자성체 물질 내에서 B=B(H) 함수는 비선형이고 여러 가지의 해를 가진다. μ의 값은 일반적으로 여러 개의 값을 가진다. 일반적으로 코발트의 μ_r 최댓값은 약 250, 니켈은 약 600, 철은 약 5,000(0.4% 불순물)의 값을 가지는 반면에 정제된 철(0.04% 불순물)은 200,000 정도의 값을 가진다. 강자성체 물질을 응용하는 많은 경우 다음과 같이 가정할 수 있다.

$$\mu_r \to \infty \ (\text{완전 자기 도체, PMC}) \tag{5.6}$$

이와 같은 물질은 완전 자기 도체(perfect magnetic conductor, PMC)라고 한다.

개념문제 5.7 **전도 전류(conduction current)가 없는 자기장 영역**

체적 전류가 존재하지 않는 특성 자기장 영역(J=0)과 자속 밀도 벡터가 공간 좌표에 따라 변화하지 않는(B=상수), 영역 내에서 자화 체적 전류 밀도 벡터인 $\mathrm{J_m}$은

(A) 항상 '0'

(B) 일반적으로 '0'이 아니지만, 공간 좌표의 함수가 아니다. ($\mathrm{J_m}$=상수)

(C) 일반적으로 공간 좌표의 '0'이 아닌 함수이다.

개념문제 5.8 **토로이달 자기 철심(toroidal magnetic core) 내에서의 자기장 세기**

그림 5.1과 같이 토로이달 자기 철심 위에 균일하고 촘촘하게 N번 감은 코일이 있다. 권선을 통해 정상 전류 I가 흐르고 있다. 철심 내 자기장의 세기 벡터 H는 다음과 같은 조건에서 공기로 채워진 같은 코일 내 자기장과 동일하다.

(A) 코어의 자성 물질 특성이 선형일 때

(B) 토로이드가 가늘 때

(C) 코어 재질이 포화 상태에 도달하지 않았을 때

(D) 코어 재질이 포화되었을 때

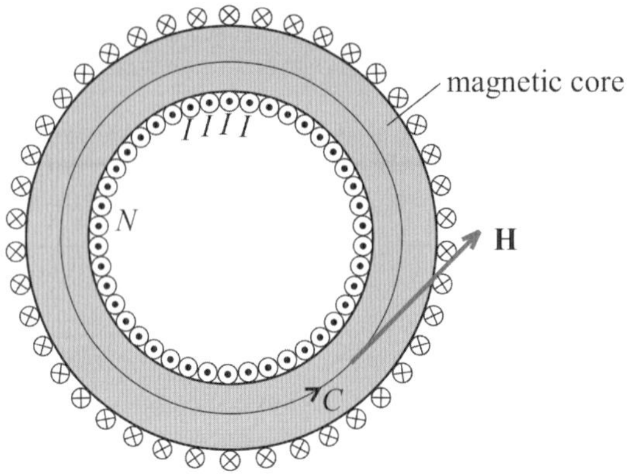

그림 5.1 자기 철심의 토로이달 코일 내 자기장 세기 벡터의 계산(개념문제 5.8)

(E) 항상

(F) 불가능

개념문제 5.9 **강자성체 물질이 부분적으로 채워진 동축 케이블**

동축 케이블에는 시불변 전류 I가 흐른다. 얇은 층의 강자성체 물질이 외부 도체의 안쪽에 위치하고 도체 사이의 나머지 공간은 공기로 채워져 있다. 케이블의 단면을 나타내고 있는 그림 5.2의 표시로부터 자기장은 다음과 같은 영역 내에서만 존재한다.

(A) 영역 ③

(B) 영역 ②와 영역 ③

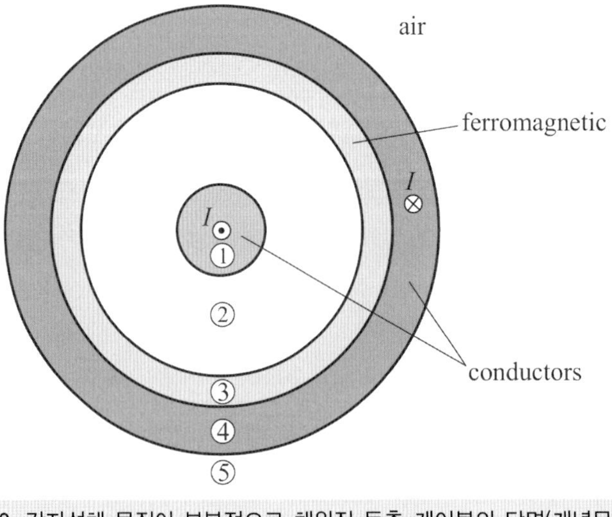

그림 5.2 강자성체 물질이 부분적으로 채워진 동축 케이블의 단면(개념문제 5.9)

(C) 영역 ①, 영역 ③, 그리고 영역 ④

(D) 영역 ①, 영역 ②, 영역 ③, 그리고 영역 ④

(E) 영역 ①, 영역 ②, 영역 ③, 영역 ④, 그리고 영역 ⑤

개념문제 5.10 **균질한 선형 자성 물질**

비투자율 μ_r이 균질하고 선형인 자성 물질 내 한 점에서의 전도 체적 전류 밀도(conduction volume current density)는 $\mathbf{J}$이다. 그 점에서의 자속 밀도 벡터의 외적, $\nabla \times \mathbf{B}$은 다음과 같다.

(A) $\mu_0 \mathbf{J}$

(B) $\mu_r \mu_0 \mathbf{J}$

(C) $\mu_r \mathbf{J}$

(D) $(\mu_r - 1)\mathbf{J}$

(E) $\mathbf{J}$

(F) 0

개념문제 5.11 **균질한 선형 물질에서의 자화 전류**

투자율 μ_r인 균질하고 선형인 자성 물질에 대하여 전도 체적 전류 밀도 벡터가 $\mathbf{J}$인 점에서 자화 체적 전류 밀도 벡터는 다음과 같다.

(A) $\mathbf{J}_\mathrm{m} = 0$

(B) $\mathbf{J}_\mathrm{m} = \mathbf{J}$

(C) $\mathbf{J}_\mathrm{m} = \mu_r \mathbf{J}$

(D) $\mathbf{J}_\mathrm{m} = \mu_r \mathbf{J}$

(E) $\mathbf{J}_\mathrm{m} = (\mu_r - 1)\mathbf{J}$

개념문제 5.12 **전류가 흐르지 않는 균질한 물질**

전도 전류가 없는($\mathbf{J}$=0) 균질한 선형 자성 물질 내에서는 자화 체적 전류(magnetization volume current)가 존재하지 않는다. ($\mathbf{J}_\mathrm{m}$=0)

(A) 참

(B) 거짓

개념문제 5.13 **비선형 강자성체 물질 내에서 투자율 대 자기장 세기**

비선형 강자성체 물질 내에서 투자율 μ는 외부에서 인가된 자기장 세기 $\mathbf{H}$의 함수이다.

(A) 참

(B) 거짓

5.3 자기장의 경계 조건

일반 적분형 암페어 법칙의 식 (5.3)과 자속 보존의 법칙인 식 (4.16)으로부터 식 (2.7)과 유사하게 두 개의 임의의 물질 사이의 경계 표면에서 자기장에 대한 다음과 같은 경계 조건을 구할 수 있다.

$$H_{1t} - H_{2t} = J_s,\ B_{1n} = B_{2n} (\text{자기-자기 경계 조건}) \tag{5.7}$$

여기에서 $\mathbf{J}_s$는 그림 5.3(a)의 경계에 존재하는 표면 전도 전류 밀도이다. 그림 5.3(b)의

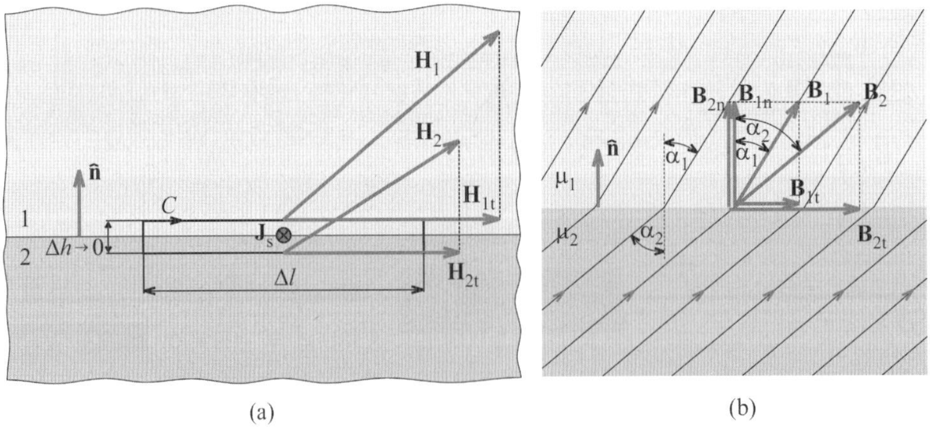

그림 5.3 (a) 임의의 자기-자기 경계면에서의 벡터 $\mathbf{H}$의 접선 성분에 대한 경계 조건
(b) $\mathbf{J}_s$=0인 두 개의 선형 자기 물질 사이의 경계면에서의 자기장 선의 굴절

투자율 μ_1과 μ_2, 그리고 J_s=0인 선형 자기 물질인 경우에 자기장 굴절(refraction of the magnetic field line)은 식 (2.9) 및 식 (3.13)과 같은 형태로 유지된다.

$$\frac{\tan\alpha_1}{\tan\alpha_2} = \frac{\mu_1}{\mu_2} \text{(자기장 선의 굴절의 법칙)} \tag{5.8}$$

개념문제 5.14 **자기-자기 경계면에서의 경계 조건**

비투자율이 각각 μ_{r1}=600, μ_{r2}=300인 두 자기 물질 사이의 경계면을 생각해 보자. 경계면 위에서 전도 전류가 존재하지 않는다고 가정하면(J_s=0), 그림 5.4에 표시된 예 중에서 어떤 것이 경계면 양측의 자기장 세기 벡터를 나타내는가?

(A) (a)의 경우만 가능하다.

(B) (b)의 경우만 가능하다.

(C) (c)의 경우만 가능하다.

(D) (d)의 경우만 가능하다.

(E) 한가지 이상의 경우가 가능하다.

(F) 모두 불가능하다.

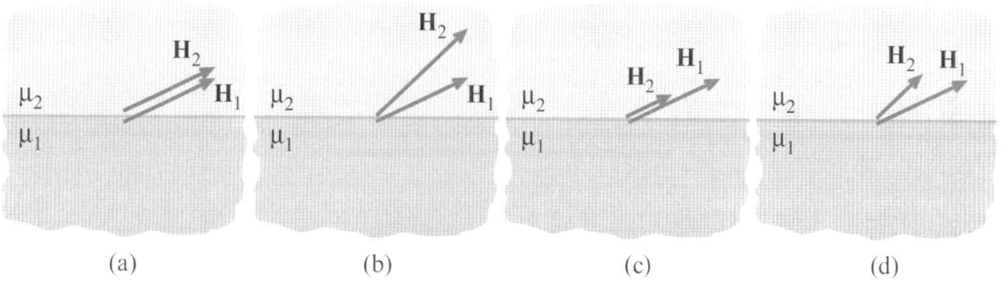

그림 5.4 자기-자기 경계면의 양측 위에서의 자기장 세기 벡터의 네 가지 경우($\mu_1 = 2\mu_2$, $J_s = 0$) (개념문제 5.14)

개념문제 5.15 **자속 밀도 벡터에 대한 경계 조건**

그림 5.5에서 보는 예는 자기-자기 경계면 양측의 가능한 자속 밀도 벡터 B_1과 B_2를 나타낸다.

(A) (a)의 경우만 가능하다.

(B) (b)의 경우만 가능하다.

(C) (c)의 경우만 가능하다.

(D) (d)의 경우만 가능하다.

(E) 한 가지 이상의 경우가 가능하다.

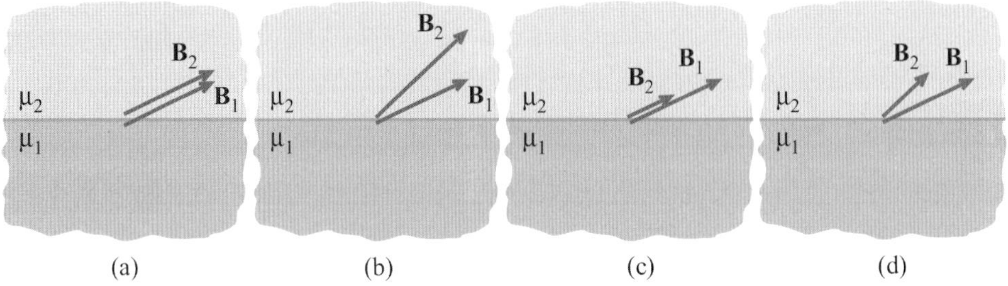

그림 5.5 $\mu_1 = 2\mu_2$, $J_s = 0$인 두 자기 물질 사이 경계면의 양측 위에서 **B** 벡터의 네 가지 가능한 경우(개념문제 5.15)

개념문제 5.16 자기력선의 굴절

그림 5.6은 전도 전류가 '0'인(J_s=0) 선형 자기 물질 사이의 경계면 가까이에 있는 자기력선을 나타낸다. 어떤 것이 두 물질 중에서 보다 높은 투자율을 가지는가?

(A) 물질 1

(B) 물질 2

(C) 보다 많은 정보가 필요하다.

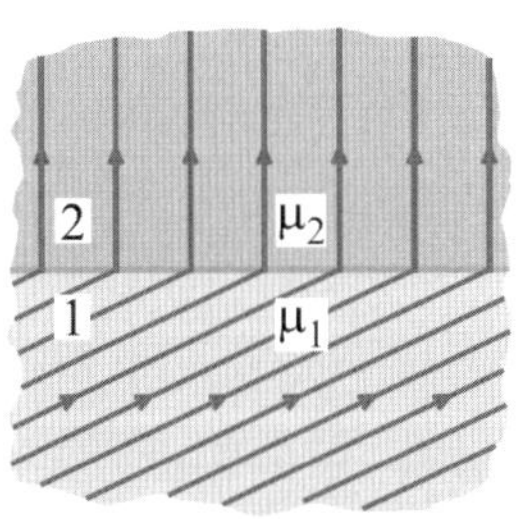

그림 5.6 전도 전류가 흐르지 않는 (J_s=0) 두 자기 물질 사이의 경계면에 존재하는 자기장선의 굴절 (개념문제 5.16)

개념문제 5.17 **완전 자기 도체 표면 주변의 자기장 벡터**

전류 성분 Idl($I > 0$)가 완전 자기 도체인 강자성체 물질의 큰 블록 위의 공기 중에 있다. 그 전류 성분은 블록의 표면에 평행하다. 강자성체 물질의 표면 바로 위 공기 중에 존재하는 자기장 세기 벡터 **H**는

(A) 그림 5.7(a)과 같다.

(B) 그림 5.7(b)와 같다.

(C) 그림 5.7(c)와 같다.

(D) 그림 5.7(d)와 같다.

(E) '0'이다.

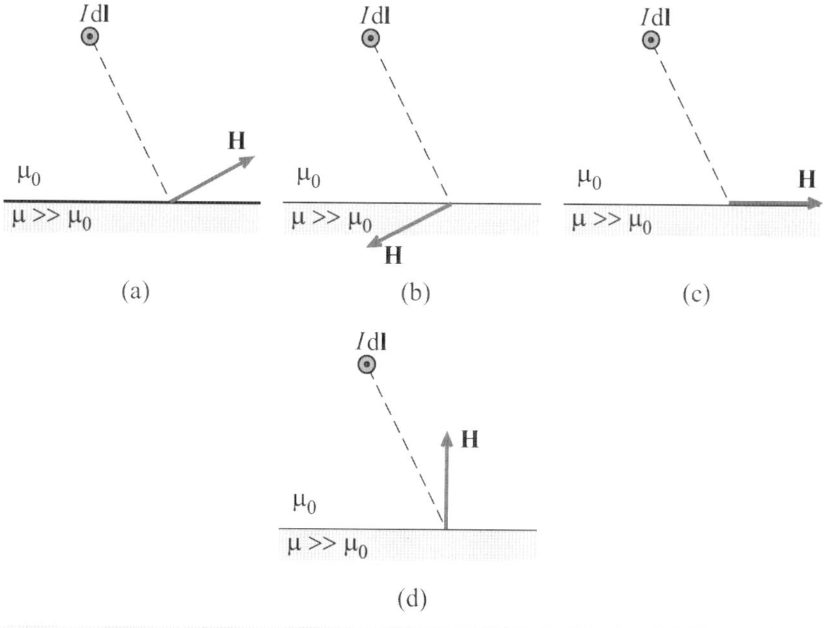

그림 5.7 공기 중 완전 자기 도체 위의 전류 성분 Idl(개념문제 5.17)

5.4 자기장의 영상 이론

정자기장은 종종 완전 자기 도체 반 공간(half space)으로 근사할 수 있는 긴 평판 강자성체 물질이 존재하는 전류 도체를 포함[식 (5.6) 참조]한다. 그림 1.32와 같이 나타낸 절차와 유사

하게 영상 이론을 이용함으로서 시스템으로부터 강자성체 물질을 제거할 수 있으며, 완전 자기 도체 평면에 평행한 일직선 전류 도체의 경우를 나타내는 그림 5.8에서 보는 바와 같이 자유공간시스템을 얻기 위하여 본래의 전류 분포의 영상으로 대체할 수 있다.

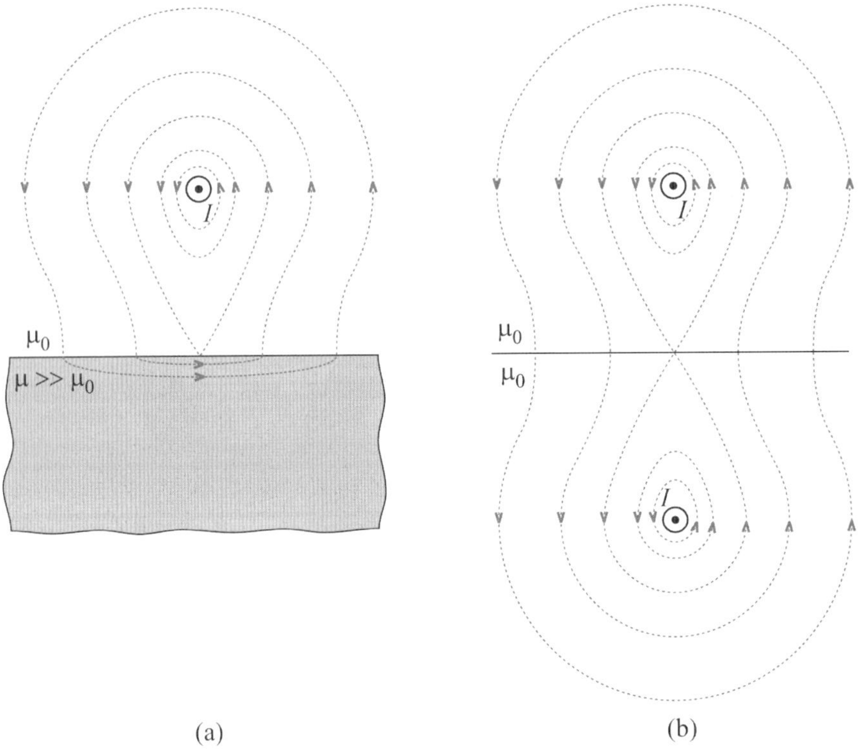

그림 5.8 (a) 강자성체 물질(또는 완전 자기 도체) 반 공간의 경계면에 평행한 일직선의 전류 도체
(b) 영상 이론에 의하여 윗 부분의 반 공간 내 자기장 상의 강자성체 물질의 영향은 원래 전류의 양성 영상(positive image)으로 표현될 수 있다.

개념문제 5.18 **강자성 평면 위의 도체에 가해지는 힘**

완전 자기 도체 평면으로 간주되는 커다란 강자성 블록(즉, 자화 전류)이 공기 중 어느 정도 떨어진 거리에서 평행하게 흐르는 전류 도체(정상 전류 I가 흐르는 선)에 작용하는 자기력은 항상 다음과 같다.

(A) '0'이다.

(B) 인력이 작용한다(평면이 도체를 끌어당긴다).

(C) 척력이 작용한다(평면이 도체를 밀어낸다).

(D) '0'이 아니지만 인력이나 척력은 아니다(평면에 평행한다).

개념문제 5.19 **완전 자기 도체와 평행한 선전류에 대한 영상 이론**

그림 5.9는 공기 중 완전 자기 도체로 구성된 90˚ 코너에 평행한 매우 길고 얇은 금속선에 정상 전류 I가 흐르고 있을 때 영상 이론을 적용한 예를 나타내었다. 만약 그림에서 세 가지 영상 전류의 세기가 다음과 같을 때 공기 중에서의 자기장은 원래의 시스템과 영상이 있는 시스템에서의 값과 동일하다(그리고 완전 자기 도체는 제거).

(A) $I_1 = I_2 = -I$ 그리고 $I_3 = I$

(B) $I_1 = I_2 = I$ 그리고 $I_3 = -I$

(C) $I_1 = I_2 = I_3 = I$

(D) $I_1 = I_2 = I$ 그리고 $I_3 = 2I$

(E) $I_1 = I_2 = I$ 그리고 $I_3 = 0$

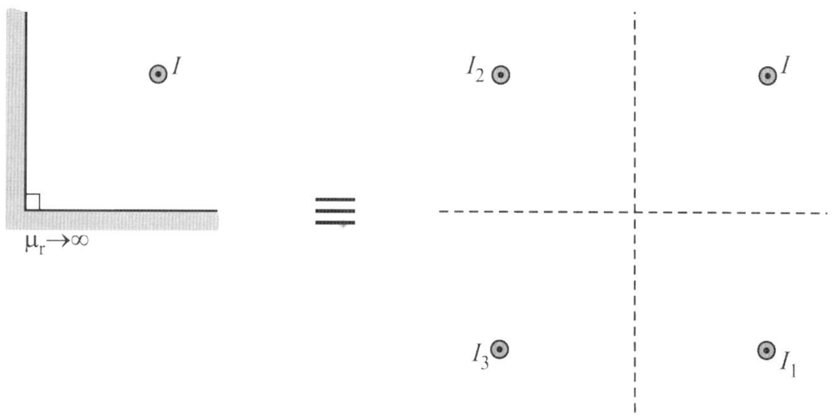

그림 5.9 완전 자기 도체의 90˚ 코너에 있는 전류가 흐르고 있는 금속선에 대한 영상 이론(구조의 단면) (개념문제 5.19)

5.5 자화 곡선과 히스테리시스

강자성체 물질의 B-H 관계를 생각해 보자. 일반적으로 비선형인 이러한 관계는 H(가로축)의 함수 B(세로축)를 표시하는 그래프와 자화 곡선(magnetization curve)이라고 하는 다이어그램 상 B(H) 함수를 나타내는 곡선의 그래프로 주어진다. 그림 5.10(a)는 물질이 완전히 비자화되고 자기장이 인가되기 전에 B와 H 모두 '0'인 경우의 전형적인 강자성체 샘플의 초기 자화 곡선을 나타낸다. 자화 곡선이 완전히 평평하게 되는 포화 상태에 도달하기 위해서는 매우 강한 자기장이 필요하다. 다음으로 H를 감소시킴에 따라 히스테리시스(Hysteresis)의 영향이 나타나기 시작하며, 그림 5.10(b)에서 보는 것과 같이 초기 자화 곡선을 따라 변화하지 않는다[히스테리시스 ("지체"라는 의미를 가지는 그리스어에서 유래함.)란 B가 H에 뒤지는 것을 의미한다]. 심지어 H가 '0'이 된 이후에도 B는 '0'이 되지 않고 $B=B_r$이 된다. B_r은 잔류(residual, remnant) 자속 밀도를 의미한다. 강자성체 물질 내의 잔류 자속 밀도의 존재는 영구자석이 가능하다는 것을 유념해야 한다. H가 더욱 감소한 뒤에 다시 증가하면 B−H 다이어그램 내의 완전한 주기가 완성된다[그림 5.10(b)]. 이와 같은 주기 동안 자화 곡선에 의한 루프의 경로를 히스테리시스 루프라고 한다.

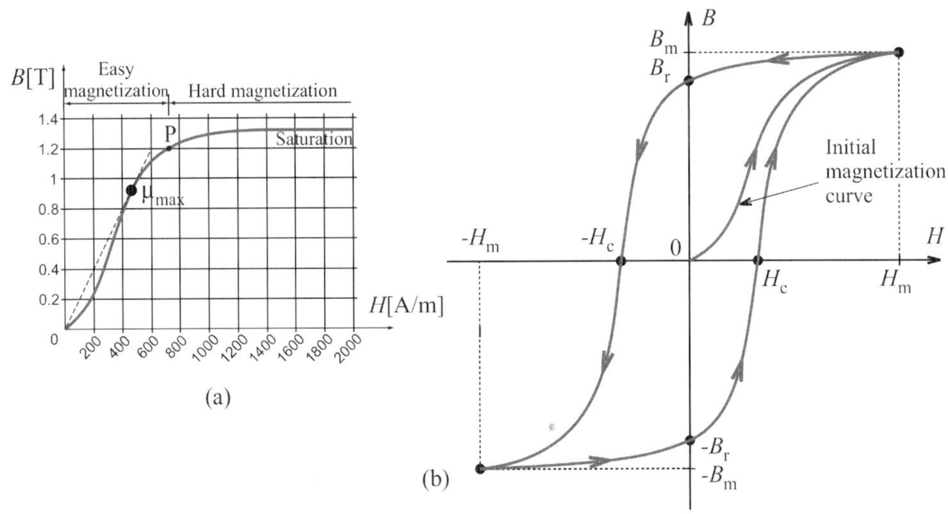

그림 5.10 강자성체 물질의 전형적인 초기 자화 곡선(a)과 히스테리시스 루프(b)

개념문제 5.20 **토로이달 자기 철심 코일을 흐르는 전류의 증가**

그림 5.11과 같은 구조에서 전류가 흐르는 코일은 얇은 토로이달 자기 철심에 균일하고 조밀하게 권선되어 있다. 코일에 흐르는 전류가 I이고, 철심 내에서의 자기장 세기와 자속 밀도 세기가 각각 H와 B이다. 만약 I가 두 배가 되면 다음과 같이 변화한다.

(A) H와 B 모두 두 배가 된다.

(B) H는 두 배, B는 거의 변화가 없다.

(C) H는 거의 변화가 없으며 B는 두 배가 된다.

(D) H는 두 배가 되며 B는 약 50% 증가한다.

(E) 위의 예 모두 아니다.

(F) 보다 많은 정보가 필요하다.

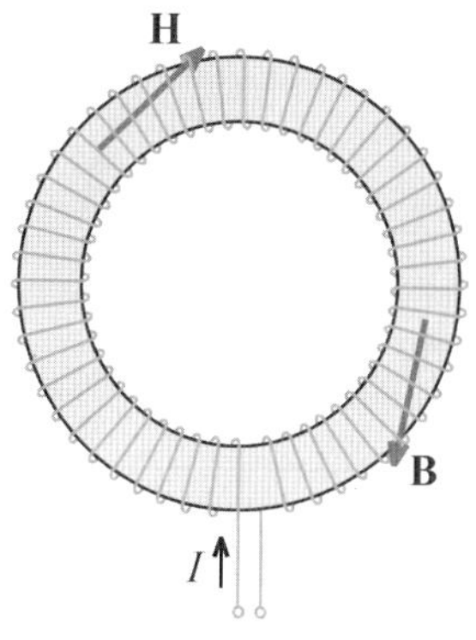

그림 5.11 정상 전류가 흐르는 균일하고 조밀한 권선으로 감긴 얇은 토로이달 자기 철심(개념문제 5.20)

개념문제 5.21 **인가 자기장을 증가하고 감소시키기 위한 자화 곡선**

비선형 강자성체 물질 내에서 인가 자기장을 증가시키고 감소시키기 위한 자화 곡선은 다음과 같다.

(A) 동일하다.

(B) 동일하지 않다.

개념문제 5.22 **철심 코어 내에서 자속 밀도의 증가/감소**

철로 만들어진 얇은 토로이달에 그림 5.12와 같이 균일하고 조밀한 선이 감겨 있다. 만약 코일 전류 I가 '0'에서부터 매우 큰 값까지 점차 서서히 증가한다면 자속 밀도 B의 값은 철심 내에서 다음과 같다.

(A) 모든 과정에서 거의 같은 속도로 상승한다.

(B) 처음에는 느리게 싱승하고 나중에는 보다 빠르게 싱승한다.

(C) 처음에는 빠르게 상승하고 나중에는 보다 천천히 상승한다.

(D) 변화하지 않는다.

(E) 처음에는 상승하고 나중에는 감소한다.

(F) 주기를 가지고 상승하고 감소한다.

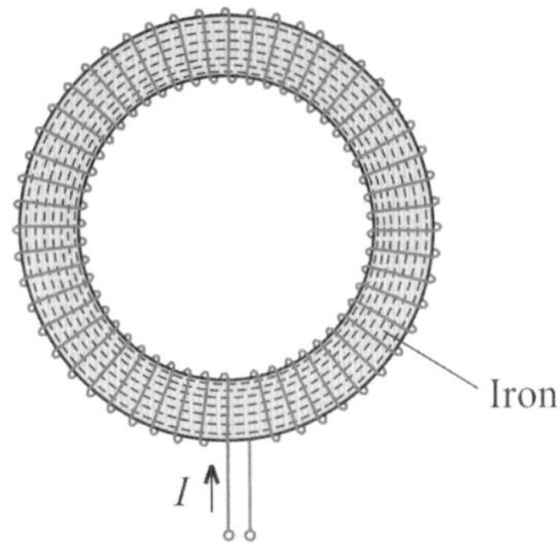

그림 5.12 여자 코일(excitation coil)을 가지는 얇은 토로이달 철심(개념문제 5.22)

개념문제 5.23 **철심을 둘러싼 코일의 전류감소**

그림 5.12에서 철심의 코일에 전류 I가 매우 큰 양의 값으로 흐른다. 만약 I가 '0'으로 감소하면, 철심 내에서의 자기장 세기(H)와 자속 밀도(B) 값은 다음과 같이 변화한다.

(A) H와 B 모두 '0'으로 감소한다.

(B) H는 '0'으로 감소하고 B는 처음 값 (포화값)을 유지한다.

(C) H는 포화 값을 유지하고 B는 '0'으로 감소한다.

(D) H는 '0'으로 감소하고 B는 '0'이 아닌 값으로 감소한다.

(E) H는 '0'이 아닌 값으로 감소하고 B는 '0'으로 감소한다.

(F) H와 B 모두 '0'이 아닌 값으로 감소한다.

개념문제 5.24 **히스테리시스 루프**

히스테리시스 루프는 인가된 자기장 변화의 범위와 관계없이 강자성체 물질의 성질이다.

(A) 참

(B) 거짓

5.6 자기 회로

일반적으로 자기 회로(magnetic circuit)는 자기력선을 따라 형성하는 회로와 물질의 집합으로 이루어져 있다. 즉, 자기 회로는 자속 흐름의 회로로서 그와 같은 명칭은 전기 회로와의 유사성에서 붙여졌다. 실용적인 응용면에서 변압기와 발전기, 전동기, 릴레이, 그리고 자기 저장 장치 등의 여러 장치의 자기 회로는 여러 가지 형태의 강자성 철심으로 구성되어 있다. 그와 같은 철심은 일부분이 전류가 흐르는 권선으로 이루어져 있으며 공극(airgap)을 가지고 있을 수도 있고 공극이 없을 수도 있다. 그림 5.13(a)는 전형적인 자기 회로를 나타내었다. 자기장이 공극(누설 자속(flux leakage)과 주변 자속(fringing)은 무시)을 포함하는 자기 회로의 가지(branch)로 제한되고 모든 가지에서 균일하다는 가정하에 노드(branch의 절점)에 위치한 폐곡면 S에 자속보존의 법칙[식 (4.16)]을 적용한다. 그림 5.13(b)에서 보는 바와 같은 자기 회로 내에서 자속선의 폐경로를 따라 위치하는 경로 C에 일반화된 암페어 법칙의 [식 (5.3)]을 적용한다.

$$\oint_S \mathrm{B} \cdot d\mathrm{S} = 0 \rightarrow \sum_{i=1}^{M} B_i S_i = 0,$$
$$\oint_C \mathrm{H} \cdot d\mathrm{l} = I_C \rightarrow \sum_{j=1}^{P} H_j l_j = \sum_{k=1}^{Q} N_k I_k \quad (5.9)$$

(자기 회로에 대한 키르히호프 법칙)

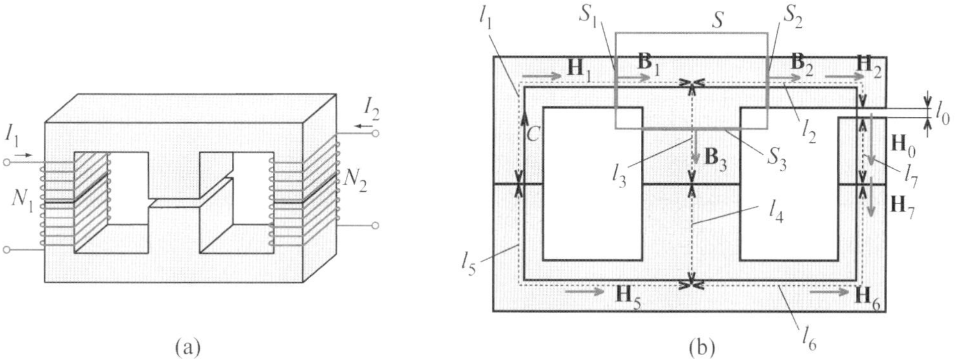

그림 5.13 (a) 전형적인 자기 회로
(b) 회로의 가지 축을 따르는 폐경로 C와 노드에 대한 폐곡면 S
(자기 회로에 대한 키르히호프 법칙의 식)

$B_i (i = 1, 2, \ldots, M)$와 $H_j (j = 1, 2, \ldots, P)$는 가지의 자속 밀도와 자기장 세기를 나타낸다. 식 (5.9)는 자기 회로에 대한 키르히호프 법칙을 나타낸다. 이와 같은 회로 법칙들과 더불어 회로의 풀이를 위하여 "요소 법칙(element law)" 즉, 가장 흔한 비선형인 회로 [그림 5.10(a)]의 가지에 대한 B=B(H)의 관계가 필요하다.

개념문제 5.25 **자기 회로 해석에서의 근사화**

자기 회로의 해석에서 계산의 단순화를 위하여 근사화 집합을 소개한다. 그러나 이와 같은 근사화는 다음과 같은 가정이 가능할 때 적용할 수 있다: (a) 자속은 강자성 철심의 가지와 공극 내에서만 집중된다. (b) 철심의 자성 물질은 선형으로 고려된다. (c) 가지의 자성 물질은 포화되지 않는다. (d) 공극에는 자기장이 존재하지 않는다. (e) 공극의 길이는 '0'으로 간주할 수 있다. (f) 공극의 끝부분 근처의 자속은 무시될 수 있다. (g) 자기장의 세기 (H)는 회로의 모든 가지에서 동일하다. (h) 자기장은 회로의 각 가지의 체적에 대하여 균일하다. (i) 자속은 회로의 모든 가지에서 동일하다. 다음 중 해석에 사용된 근사화 집합을 구성하는 요소가 될 수 있는 것은 무엇인가?

(A) (a)−(i)까지의 모든 가정

(B) (a)−(c)와 (g)−(i)의 가정

(C) (b)−(e)와 (i) 가정

(D) (a), (e), 그리고 (g) 가정

(E) (a), (f), 그리고 (h) 가정

개념문제 5.26 **간단한 선형 자기 회로에서의 공극**

투자율이 μ인 강자성체 물질로 만들어진 얇은 토로이달 철심이 그림 5.14에서 보는 바와 같이 공극을 가지고 있다. 권선에는 시불변 전류가 흐르고 있다. 시계 방향을 기준으로 하는 강자성체에서의 자기장 세기 벡터의 크기는 H이다. 동일한 기준 방향에 대한 공극에서의 자기장 세기 벡터의 크기(H_0)는 다음 중 어떤 것인가?

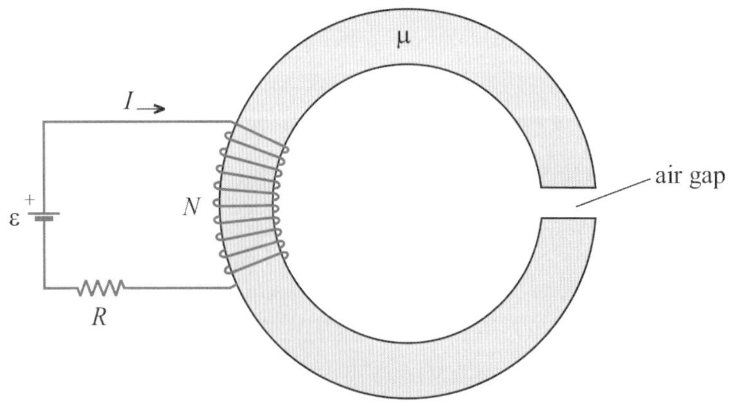

그림 5.14 공극이 있는 간단한 선형 자기 회로(개념문제 5.26)

(A) $H_0 = H$

(B) $H_0 = 0$

(C) $H_0 = \mu_0 H$

(D) $H_0 = \mu_0 H/\mu$

(E) $H_0 = \mu H/\mu_0$

개념문제 5.27 **3개의 병렬 가지를 가지는 비선형 자기 회로**

그림 5.15(a)에서 보는 바와 같은 비선형 자기 회로와 그림 5.14(b)에서 보는 바와 같은 강자성 철심의 이상적인(선형) 초기 자화 곡선을 생각해 본다. 그림 5.15(a)와 같은 병렬 회로의 계산과 원점(자속 밀도와 자기장 세기의 기준 방향)에 대하여 회로의 가능한 해를 나타내는 자화 곡선에 대한 병렬 회로의 동작점 위치의 조합은 다음과 같다.

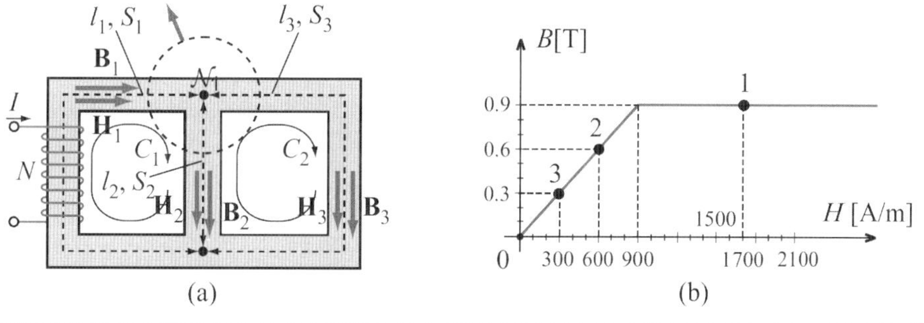

그림 5.15 3개의 병렬 가지를 가지는 비선형 자기 회로의 해석:
(a) $\mathbf{B}_i$와 $\mathbf{H}_i$의 기준 방향을 가지는 회로의 구조, 병렬 회로에서 $i = 1, 2, 3$
(b) 병렬 회로에 대한 동작점 (1, 2, 3)을 표시한 철심의 이상적인 초기 자화 곡선
(표시된 점 위치의 조합은 참이거나 회로의 가능한 해를 나타내는 것은 아니다)
(개념문제 5.27)

(A) 그림 5.15(b)에서 1번 가지는 포화, 2번, 3번 가지는 선형 영역을 나타낸다.

(B) 1번과 2번 가지는 선형 영역, 3번 가지는 포화 영역을 나타낸다.

(C) 1번과 3번 가지는 선형 영역, 2번 가지는 포화 영역을 나타낸다.

(D) 세 가지 모두 포화 영역이다.

(E) 위의 조합 모두 아니다.

개념문제 5.28 **복잡한 자기 회로에 대한 키르히호프 법칙**

그림 5.16과 같은 여러 노드와 가지를 가지는 자기 회로에 대해 키르히호프 법칙을 고려해 본다. 특히 자속 보존의 법칙(키르히호프의 전류 법칙)에 따라 쓰인 방정식은 최소 몇 개 ($N_{eqs\ \mathrm{for}\ nodes}$)인가? 또한 암페어 법칙(키르히호프의 전압 법칙)을 기본으로 하는 방정식은 최소 몇 개 ($N_{eqs\ \mathrm{for}\ closed\,paths}$)인가? 이와 같은 방정식은 이 회로의 가지에서의 자속 밀도와 자기장 세기를 계산하기 위하여 조합된 것이다.

(A) $N_{eqs\ \mathrm{for}\ nodes} = 4$이고, $N_{eqs\ \mathrm{for}\ closed\,paths} = 6$

(B) $N_{eqs\ \mathrm{for}\ nodes} = 4$이고, $N_{eqs\ \mathrm{for}\ closed\,paths} = 8$

(C) $N_{eqs\ \mathrm{for}\ nodes} = 3$이고, $N_{eqs\ \mathrm{for}\ closed\,paths} = 3$

(D) $N_{eqs\ \mathrm{for}\ nodes} = 4$이고, $N_{eqs\ \mathrm{for}\ closed\,paths} = 4$

(E) $N_{eqs\ \mathrm{for}\ nodes} = 8$이고, $N_{eqs\ \mathrm{for}\ closed\,paths} = 4$

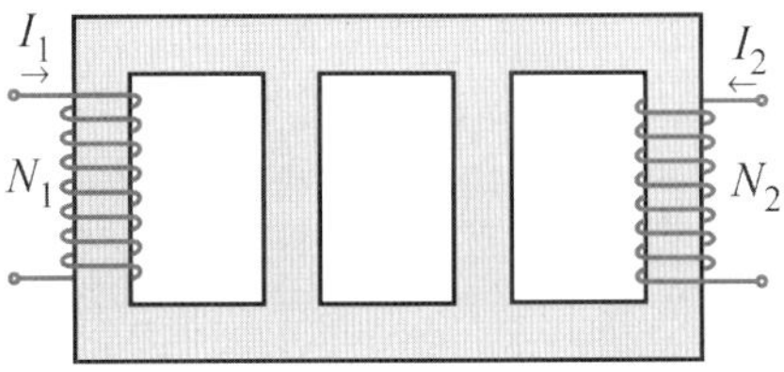

그림 5.16 동일한 강자성체로 만들어진 전체 철심의 복소 자기 회로(개념문제 5.28)

개념문제 5.29 **자기 회로 해석에서 직접적, 역방향의 문제**

그림 5.13(a)와 그림 5.10(a)에서 같이 전형적인 비선형 자기 회로(철심 물질의 비선형 자화 곡선과 함께)에 대하여 해석에 있어서 직접적인 문제는 일반적으로 다음과 같이 구성된다: 회로의 주어진 여자(勵磁) 즉, 기자력(branch에서 코일의 NI 곱)을 계산하기 위하여 회로의 가지 내에서의 하나 또는 그 이상의 자속에 대한 응답을 찾아야 한다. 다른 한편으로는 다음과 같은 역방향의 문제가 있다: 주어진 응답(회로의 하나 또는 하나 이상의 branch에서의 자속)에 대하여 그것을 유발하는 미지의 여자(하나 또는 그 이상의 기자력)를 찾아야 한다. 다음 중에서 문제를 해결하기 위한 보다 단순한 것은 어떤 것인가?

(A) 직접적인 문제

(B) 역방향의 문제

(C) 두 문제 모두 일반적으로 동일한 복잡성을 가지고 있다.

(D) 각각의 문제는 대략 동일한 수의 경우로 해결하기에 더 복잡하다.

개념문제 5.30 '0' 자속을 가지는 가지의 가능성

여러 노드와 가지를 가지는 자기 회로에서 철심 물질의 비선형 자화 곡선과 하나 이상의 기자력(전류가 흐르는 권선)에서는 자속의 크기가 '0'인 가지를 가지는 것이 가능하다.

(A) 참

(B) 거짓

5.7 자기 에너지

자기 에너지라고 하는 일정량의 에너지를 가지는 전류가 흐르는 루프의 모든 시스템은 전기 에너지를 저장하는 전하가 충전된 도체의 시스템과 유사하다. 시스템의 자기 에너지의 분포와 위치를 설명하기 위해서는 자기 에너지 밀도(단위 체적당 에너지) w_m을 정의하고 사용해야 한다. 임의의 자기 물질 내 한 점에서 w_m은 다음과 같이 계산될 수 있다.

$$w_m = \int_0^B H\mathrm{d}B(\text{자기 에너지 밀도; 단위: J/m}^3) \tag{5.10}$$

비선형 강자성체의 전형적인 초기 자기화 곡선을 염두에 두고, $H\mathrm{d}B$가 그림 5.17(a)에서 표시한 바와 같이 H축에 따른 높이 B에서의 B축과 곡선 사이에 위치하는 길이가 H(A/m의 단위로 측정)이고, 너비가 $\mathrm{d}B$(T의 단위로 측정)인 가느다란 조각 모양의 면적과 비례하다는 사실을 주목할 수 있다. 이와 같은 사실은 식 (5.10)에서 w_m이 그림 5.17(a)에서 곡선으로 이루어진 삼각형 OPQ의 면적과 비례하는 것을 의미한다. 선형 물질의 경우에는 삼각형의 면적이 그림 5.17(b)에 묘사한 바와 같이 $w_m = BH/2 = \mu H^2/2$와 같다. [식 (2.20)에서 전기 에너지 밀도에 대한 해당 식에 대한 쌍대성에 유의] 체적이 v일 때, 총 자기 에너지는 다음과 같다.

$$W_m = \int_v w_m \mathrm{d}v(\text{자기 에너지; 단위: J}) \tag{5.11}$$

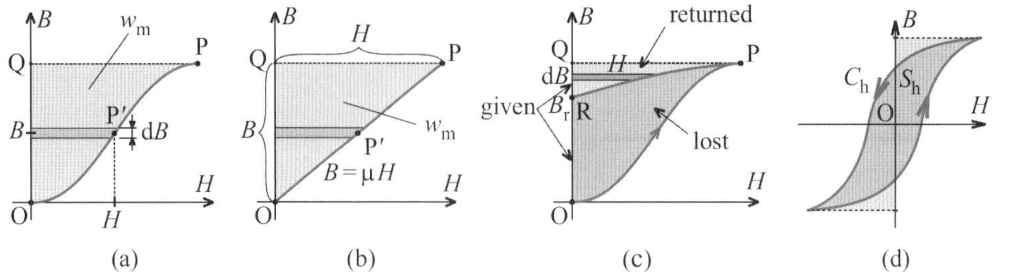

그림 5.17 (a) 비선형 자기 물질에 대한 식 (5.10)에서 자기 에너지 밀도의 계산
(b) 선형인 경우
(c) 강자성체의 자화와 탈자화 과정에서 에너지를 원천으로 돌리는 것과 자기장에 주어진 에너지 사이의 차이에 따른 히스테리시스 손실의 계산
(d) 물질 내의 전체 히스테리시스 주기에서의 히스테리시스 손실

히스테리시스 효과를 보이는 강자성체에서 $B(H)$ 함수는 다중의 가지를 가진다[그림 5.10(b) 참조]. 그러므로 만약 H가 그림 5.17(a)의 점 P에서의 값에서부터 '0'으로 감소한다면, 자기장에 의해 되돌려지는 에너지는 원천과 자기장에 의해서 그림 5.17(c)에서 보는 바와 같이 이전에 소비된 에너지보다 작게 된다. 자화 및 탈자화 과정 (히스테리시스 손실)에서 재료의 열에 대한 차이가 사라진다. 히스테리시스 손실의 에너지 밀도는 그림 5.17(c)의 곡선으로 그려지는 삼각형 OPR의 면적과 비례한다. 결과적으로 하나의 완전한 자화-탈자화 히스테리시스 주기에서의 에너지 손실 밀도는 그림 5.17(d)의 히스테리시스 루프 S_h에 의하여 둘러싸인 면적에 의하여 결정된다.

개념문제 5.31 **자기장의 세기/자속 밀도와 에너지의 변화**

선형 자기 철심을 가지는 두 개의 코일은 동일한 양의 자기 에너지를 포함한다. 만약 첫 번째 코일의 철심 내의 모든 점에서 자기장 세기(H)가 두 배로 커지지만, 두 번째 코일의 철심의 모든 점에서 자속 밀도(B)는 절반으로 작아진다면, 새로운 정상 상태에서 첫 번째 코일에 저장되는 에너지는 다음과 같은 크기로 두 번째 코일에 저장된다.

(A) 1/4

(B) 1/16

(C) 4배

(D) 16배

(E) 동일

개념문제 5.32 **비선형 물질에서 자기장을 형성하기 위한 에너지 소비**

이상적인 초기 자화 곡선이 그림 5.18과 같은 강자성 철심을 가지는 자기 회로를 생각해 보자. 철심(그림 5.18에서 회로의 동작점 P) 내에서의 최종적인 자속 밀도의 크기와 자기장 세기는 각각 B와 H이다. B_k와 H_k는 그림 5.18에서 점 K(곡선의 두 부분 사이의 변곡점)에서의 자속 밀도와 자기장 세기를 나타낼 때, 다음의 내용은 철심에서의 자기장을 형성 즉, '0'에서부터 $(B,\ H)$까지 변화하기 위한 에너지 소비 밀도 w_m에 대하여 항상 참이다.

(A) $0 < w_m < B_k H_k/2$

(B) $w_m = B_k H_k/2$

(C) $B_k H_k/2 < w_m < BH/2$

(D) $w_m = (B - B_k)(H - H_k)/2$

(E) $w_m = BH/2$

(F) $w_m > BH/2$

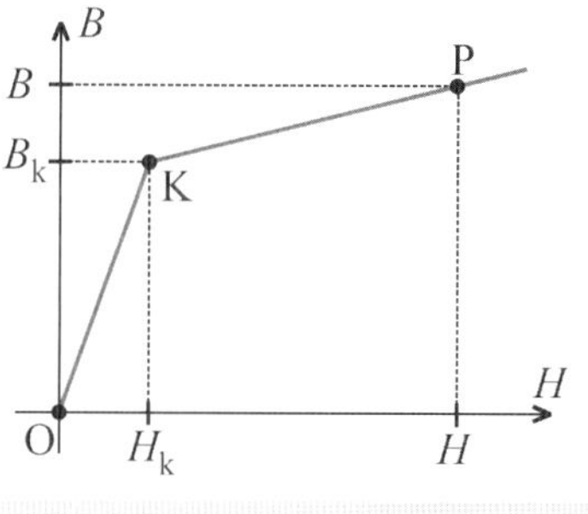

그림 5.18 강자성 철심의 이상적인 초기 자화 곡선(개념문제 5.32)

개념문제 5.33 **자화-탈자화 과정에서의 에너지 소비**

동일한 크기를 가지는 두 개의 서로 다른 강자성체 물질에서 동일한 자기장 세기(H_m)에서 먼저 동일한 세기로 균일한 자기장을 형성한 다음 '0'(H=0)으로 감소하였을 때, 이 과정에서 동작점은 그림 5.19의 각자 경로를 묘사한다. (a)의 경우에 자화-탈자화(magnetization-demagnetization) 과정에서 소비된 알짜 자기 에너지는 (b) 경우와 비교하여 다음과 같은 크기를 가진다.

(A) 두 배

(B) 세 배

(C) 절반

(D) 삼분의 일

(E) 동일

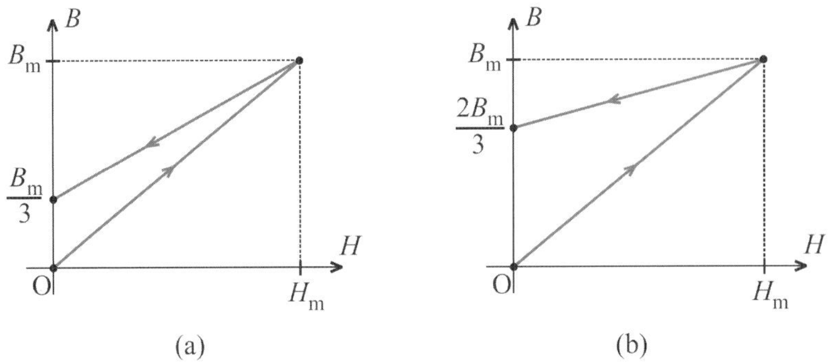

그림 5.19 두 강자성체 물질의 자화–탈자화 과정(개념문제 5.33)

개념문제 5.34 **솔레노이드 철심 내 히스테리시스 손실의 에너지 밀도**

매우 긴 솔레노이드 코일이 다음의 그림 5.20과 같은 이상적인 히스테리시스 루프를 가지는 비선형 강자성 철심의 주위에 감겨 있다. 크기가 $i(t) = I_0 \sin wt$(I_0는 크기이고, w는 각도 또는 전류의 각주파수)인 시간 조화(time–harmonic) 전류가 권선을 통하여 흐르고 있다. 자기장은 철심 전체에 대하여 균일하고 물질 내에서 포화되지 않은 상태이다. 물질의 완전한 자화–탈자화 히스테리시스 한 주기에서 철심 내 히스테리시스 손실의 에너지 밀도는 다음과 같다.

(A) $w_h = 0$

(B) $w_h = B_m H_m / 2$

(C) $w_h = B_m H_m$

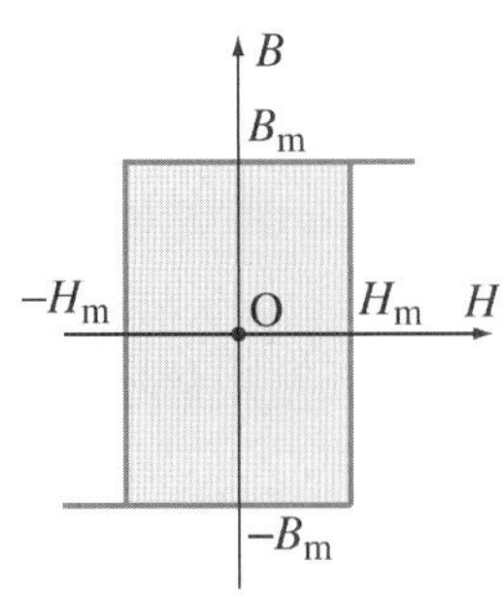

그림 5.20 솔레노이드 코일을 채우는 강자성 철심의 이상적인 히스테리시스 루프(개념문제 5.34)

(D) $w_h = 2B_m H_m$

(E) $w_h = 4B_m H_m$

(F) 어느 것도 아니다.

개념문제 5.35 **주파수에 대한 히스테리시스 손실의 의존성**

강자성체의 전체 체적을 통하여 세기가 $H(t) = H_0 \cos(2\pi f t)$인 균일한 시간 조화 자기장이 있다. 만약에 자기장의 주파수 (f)가 두 배가 된다면 강자성체 내부 히스테리시스 손실의 시간당 평균 전력량은 그 이전 값의 c배가 된다. 여기에서 c는 다음과 같다.

(A) $c = 2$

(B) $c > 2$

(C) $c = 1/2$

(D) $c < 1/2$

(E) $c = 1$

제 6 장 시변 전자기장

개요

본 장에서는 시간적으로 변하는 전기장과 자기장을 전기자기학 모델로 도입하고자 한다. 새로운 장(field)은 시간적으로 변하는 전자기장이며, 시간적으로 변하는 전하와 전류에 의하여 발생한다. 정적 전자기장(static electromagnetic field)에 반대하여 시변 전자기장(time-varving electromagnetic field)을 구성하는 전기장과 자기장은 서로 결합되어 있고, 별도로 해석할 수 없다. 게다가, 시변 전기장 및 자기장의 상호 유도(발생)는 전자기파의 전파와 방사의 근간이다. 정전기장 또는 정자기장의 가정하에서 존재하지 않지만 필수적인 새로운 첫 번째 특징은 전자기 유도이며, 본 장에서는 인덕턴스와 연관된 개념을 또한 학습한다. 다른 중요한 단계는 변위 전류(displacement current)라고 부르는 새로운 형태의 전류를 일반화된 암페어의 법칙의 정적 전자기장 공식에 추가하는 것이다. 일반화된 맥스웰 방정식의 전체 세트를 미분과 적분의 표시 및 경계 조건의 표시로 본 장에서 학습한다. 복소수(주파수) 영역뿐만 아니라 시간 영역에서도 학습을 할 것이며, 이 방법은 일반적으로 매우 효과적이다.

정량화된 시간 지연(time retardation, 전자파 신호 발생 후 시간적으로 처짐)과 로렌쯔(Lorenz)(지연) 전자기 포텐셜이 또한 소개되고 관찰된다. 마지막으로 본 장은 또한 전자기적 현상에 대한 에너지 보존 법칙의 표현인 포인팅 정리(Poynting's theorem)를 다룬다.

6.1 유도 전기장 세기 벡터

1장으로부터 자유공간에 놓인 점전하 Q는 식 (1.4)로 표현된 쿨롱 법칙에 따라 전기장의 원천(source)이 된다. 한편, 비오 사바르 법칙 (4장)에 따르면 만일 자유공간에서 점전하 Q가 속도 $\mathbf{v}$로 이동하면, 식 (4.4)에 의하여 자기장이 존재할 것이다.

이제 세 번째 장(field)을 소개하면, 이는 속도 $\mathbf{v}$로 이동할 때마다 또는 전하의 가속(또는 감속) $\mathbf{a}=d\mathbf{v}/dt$이 0이 아닐때마다, 전하 주변의 공간에 존재할 것이다.

새로운 장은 특성적으로 전기장의 형태이며, 유도 전기장(induced electric field)이라 부른다. 유도 전기장 세기 벡터는 다음 식에 의해 주어진다.

$$\mathbf{E}_{\mathrm{ind}}\,(t) = -\frac{\mu_0}{4\pi}\frac{Q\dfrac{\mathrm{d}\mathbf{v}}{\mathrm{d}t}}{R}\text{(점전하의 가속 운동)} \tag{6.1}$$

중첩의 원리에 의하여 식 (6.1)의 일반화 표현은 선로(와이어) l을 따라 흐르는 세기 $i(t)$의 시변 전류에 대한 표현 $\mathbf{E}_{\mathrm{ind}}$을 유도한다(그림 4.4(a) 참고).

$$\mathbf{E}_{\mathrm{ind}}\,(t) = -\frac{\mu_0}{4\pi}\int_l \frac{(\mathrm{d}i/\mathrm{d}t)\mathrm{d}\mathbf{l}}{R}\text{(유도 전기장 세기 벡터; 단위: V/m)} \tag{6.2}$$

좀 더 정확하게 표현하면, 식 (6.2)는 천천히 변하는(저주파수) 전류에 대하여 유효하며, 유도 전기장 $\mathbf{E}_{\mathrm{ind}}$은 천천히 변하거나 거의 변하지 않는 전자기파를 구성한다. 이 사항은 6.11절에서 자세히 다룰 것이다. 식 (6.2)와 (4.17)을 비교하면 $\mathbf{E}_{\mathrm{ind}} = -\partial\mathbf{A}/\partial t$라고 결론내릴 수 있다. 여기서 $\mathbf{A}(t)$는 전류 $i(t)$에 대한 자기 벡터 포텐셜(magnetic vector potential)이다.

개념문제 6.1 **이동 점전하로 인한 전기장**

점전하 Q ($Q>0$)가 속도 v ($v>0$)로 자유공간에서 이동한다. 속도 벡터 $\mathbf{v}$에 수직인 선로 위의 점 M에서 전기장 세기 벡터 $\mathbf{E}$는 다음 중[1] 어느 것인가?

(A) 그림 6.1(a)

(B) 그림 6.1(b)

(C) 그림 6.1(c)

(D) 그림 6.1(d)

(E) 추가 정보가 필요하다.

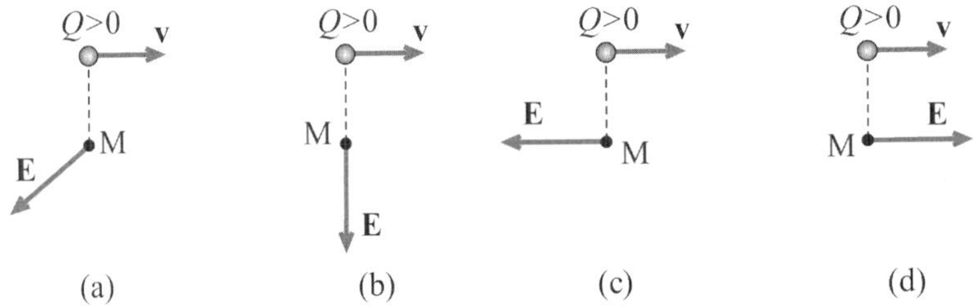

그림 6.1 자유공간에서 속도 v로 이동하는 점전하 $Q>0$에 대한 전기장 세기 벡터 $\mathbf{E}$(개념문제 6.1)

1) 본문의 모든 개념 문제에서 정확히 한 개 답만 옳음.

개념문제 6.2 전기장 벡터를 바탕으로 전하 속도 구하기

만일 점전하 $Q>0$에 의한 전기장 벡터가 그림 6.2와 같이 생성되고 v_0와 t_0가 양수일때, 이러한 상황에서 발생하는 전하의 속도 v에 대한 값은 다음 중 무엇인가?

(A) $v = v_0 t / t_0$

(B) $v = v_0$

(C) $v = 0$

(D) 위의 (A)–(C) 중 한 개 이상

(E) 위의 (A)–(C) 중에는 답이 없다.

(F) 추가 정보가 필요하다.

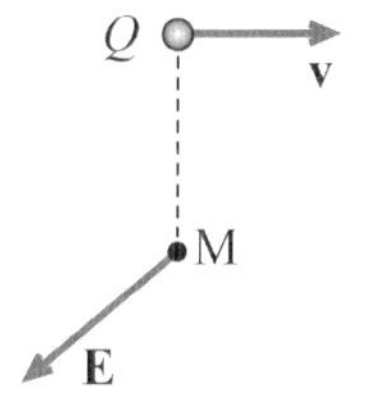

그림 6.2 알려진 유도 전기장 세기 벡터를 바탕으로 알려지지 않은 전하 속도(개념문제 6.2)

개념문제 6.3 이동/정지 전하와 관련한 다른 경우

(이동)점전하에 의한 전기장 세기 벡터가 그림 6.3과 같다고 가정하면, 전하의 가능한 속도 v는 다음 중 무엇인가? (v_0와 t_0가 양수이다.)

(A) $v = v_0 t / t_0$

(B) $v = v_0$

(C) $v = 0$

(D) 위의 (A)–(C) 중 한 개 이상

(E) 위의 (A)–(C) 중에는 답이 없다.

(F) 추가 정보가 필요하다.

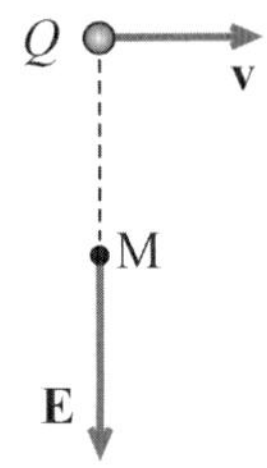

그림 6.3 (이동)점전하 $Q>0$에 의한 전기장 세기 벡터의 또 다른 경우(개념문제 6.3)

개념문제 6.4 두 순간적인 시간에 유도된 전기장

시간적으로 천천히 변하는 $i(t)$의 전류가 공기 중에서 금속 와이어 루프를 따라 흐른다. 두 개의 순간적인 시간 $i=i_1$과 $i=i_2$에서 각각 유도된 전기장 세기 벡터는 $\mathbf{E}_{\text{ind1}}$과 $\mathbf{E}_{\text{ind2}}$이다. 만일 i_2가 i_1의 두 배라면, $\mathbf{E}_{\text{ind1}}$는 $\mathbf{E}_{\text{ind2}}$의 두 배여야 한다.

(A) 참

(B) 거짓

개념문제 6.5 원형 전류 루프의 중심에서 유도된 전기장

시간적으로 천천히 변하는 전류가 자유공간에 놓여진 원형 금속 와이어 루프를 흐른다. 만일 전류 세기는 동일하고 루프의 반지름이 두 배가 되면, 루프 중심에서 유도 전기장 세기 벡터 $\mathbf{E}_{\text{ind}}$의 크기는 어떻게 되는가?

(A) 증가한다.

(B) 감소한다.

(C) 동일하게 유지한다.

(D) 추가 정보가 필요하다.

개념문제 6.6 직사각형 전류 루프의 유도된 전기장

시간적으로 천천히 변하는 $i(t)$의 전류가 그림 6.4와 같이 길이 a와 $b=a/2$를 갖는 직사각형 루프에 존재한다. $\mathrm{d}i/\mathrm{d}t<0$인 순간 시간에서 그림의 점 M에서 유도된 전기장 세기 벡터 $\mathbf{E}_{\text{ind}}$는 어떤 특성을 가지는가?

(A) 양의 x방향 성분

(B) 음의 x방향 성분

(C) 양의 y방향 성분

(D) 음의 y방향 성분

(E) 양의 z방향 성분

(F) 음의 z방향 성분

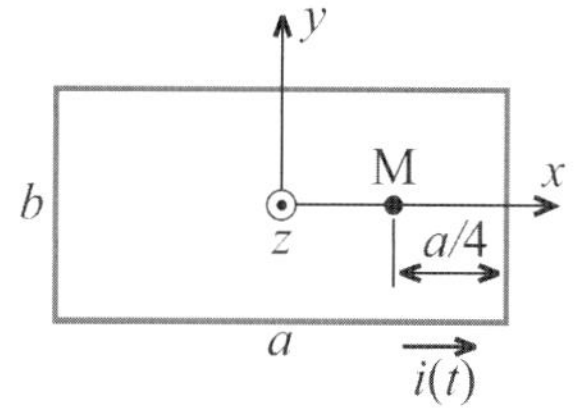

그림 6.4 공기 중에서 직사각형 전류 루프(개념문제 6.6)

개념문제 6.7 **펄스 전류가 흐르는 삼각형 루프의 유도된 전기장**

한변의 길이가 a인 정사각형의 반인 삼각형 형태로 루프가 자유공간 안에 존재하며, 그림 6.5(b)와 같이 펄스 전류 $i(t)$가 흐른다. $E_0 > 0$에 대하여 정사각형의 4개 꼭지점 P에서 시간 $t = 18.5$ ns에서 유도된 전기장 세기 벡터 ($\mathbf{E}_{\text{ind}}$)는 다음 중 어느것인가?

(A) $\mathbf{E}_{\text{ind}} = E_0(\hat{\mathbf{x}} - \hat{\mathbf{y}})$

(B) $\mathbf{E}_{\text{ind}} = E_0(-\hat{\mathbf{x}} + \hat{\mathbf{y}})$

(C) $\mathbf{E}_{\text{ind}} = E_0(\hat{\mathbf{x}} + \hat{\mathbf{y}})$

(D) $\mathbf{E}_{\text{ind}} = E_0\hat{\mathbf{z}}$

(E) $\mathbf{E}_{\text{ind}} = 0$

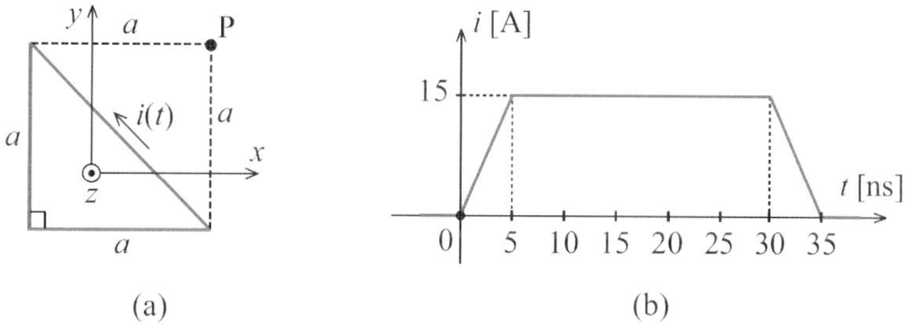

그림 6.5 펄스 전류가 흐르는 삼각형 전류 루프 (a) 구조 (b) 전류(개념문제 6.7)

6.2 패러데이 전자기 유도

공간에 놓인 임의의 두 개 점 M과 N을 연결하는 선로에서 유도 전기장 세기 벡터 $\mathbf{E}_{\text{ind}}$ [식 (6.2)]의 선적분은 선로에서 기전력(emf)을 유도한다.

$$e_{\text{ind}} = \int_{M}^{N} \mathbf{E}_{\text{ind}} \cdot \mathrm{d}\mathbf{l} \text{(유도 기전력 - emf; 단위: V)} \tag{6.3}$$

여기서 선로는 그림 6.6(a)와 같이 emf(electromotive force) e_{ind}를 갖는 등가 이상 전압원에 의하여 대체된다. 그림 6.6(b)의 폐경로에 대해 유도 기전력은 다음과 같다.

$$e_{\text{ind}} = -\frac{\mathrm{d}\Phi}{\mathrm{d}t} \quad \text{or} \quad \oint_{C} \mathbf{E}_{\text{ind}} \cdot \mathrm{d}\mathbf{l} = -\frac{\mathrm{d}}{\mathrm{d}t}\int_{S} \mathbf{B} \cdot \mathrm{d}\mathbf{S} \text{(패러데이 법칙)} \tag{6.4}$$

즉, 유도 기전력은 경로에 둘러싸인 임의 형상의 표면을 통과하는 자속 Φ의 시간 변화율의 음수와 같다 [식 (4.15)]. 그리고 경로의 방향에 오른손 법칙에 의하여 방향이 결정된다. 이것은 그림 6.6(b)와 같이 자속의 방향이 오른속의 엄지에 의하여 정의되고, 다른 손가락은 emf의 방향으로 향한다는것을 의미한다.

식 (6.4)는 전자기 유도의 패러데이 법칙(Farady's law)이라고 한다. 천천히 시간적으로 변하는(준 정적) 전자기파와 시간적으로 변하는 전자장과 자기장 사이의 명백한 관계를 지배하는 가장 중요한 법칙이다.

패러데이 법칙은 시간적으로 변하는 전자기파에 대한 맥스웰의 첫 번째 방정식을 나타낸다. 이것은 시간적으로 변하지 않는 전자기파에 대한 방정식 [식 (1.13)]과 본질적으로 다르다.

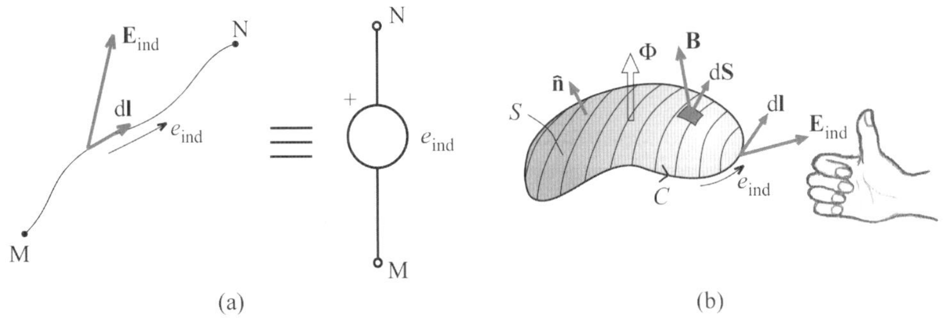

그림 6.6 (a) 공간에서 두 개 점을 연결하는 선로에서 유도 기전력
(b) 전자기 유도의 패러데이터 법칙에 대한 시간적으로 변하는 자기장에서 임의의 경로

그림 6.6(b)에서 경로 C는 임의의(비 물질적인) 선일 수 있다. 즉, 식 (6.4)에 대하여 경로 C는 전류가 흐르는 와이어 루프일 필요가 없다. 그러나 C가 전류가 흐르는 와이어 루프일 경우에는 와이어에 e_{ind}와 동일한 기준 방향에 대하여 세기 $i_{ind} = e_{\text{ind}}/R$ 의 유도 전류가 존재

한다. 여기서 R은 경로의 전체 저항이다. 식 (6.4)의 음수 부호 때문에, 유도 전류에 의한 자기장은 유도된 emf와 처음 위치의 전류를 발생하는 자속의 변화에 반대되는 방향(감소하는 경향)이며, 이것을 렌츠의 법칙(Lenz's law)이라고 한다[2].

본 절은 자기장의 시간 변화에 의한 정지 경로의 유도 emf를 계산하는 경우에 전자기 패러데이 법칙의 응용에 관한 것이다. 이런 종류의 전자기 유도를 변압기 유도(transformer induction)라고 부른다. 그 이유는 회로 간의 자기 결합에 의한 전류와 전압간 변환의 기본이기 때문이다. 자기장에서 도체의 이동에 의한 전자기 유도는 다음 절에서 소개되고 학습된다.

개념문제 6.8 **직선 와이어를 따라 유도된 emf와 전류**

준정적 전자기장(저주파수)에서 유한 길이의 직선 금속 와이어가 존재한다. 유도 기전력(emf) e_{ind}와 전류 세기 i 중에서 와이어를 따라 반드시 0인 것은?

(A) e_{ind}만 해당

(B) i만 해당

(C) 두 개 모두 해당

(D) 어느 값도 해당하지 않는다.

개념문제 6.9 **균일한 시간 조화 자기장에서 와이어 루프**

직사각형 와이어 루프가 자속 $B(t) = B_0 \sin wt \, (B_0 > 0)$의 균일 저주파수 시간 조화 자기장에 놓여 있다. 벡터 **B**는 그림 6.7과 같이 루프 평면에 수직이다. 유도된 전류에 의한 자기장은 무시될 수 있다. 유도된 emf는 다음에서 어느 형태를 갖는가? (ε_0는 양수이다.)

(A) $e_{\text{ind}}(t) = \varepsilon_0 \sin \omega t$

(B) $e_{\text{ind}}(t) = -\varepsilon_0 \cos 2\omega t$

(C) $e_{\text{ind}}(t) = -\varepsilon_0$

---

2) PEC(완전 전기적 도체, 식 (3.8)) 와이어 경로(예: 초전도체로 만들어진 경로)에서 전체 저항은 0이다($R=0$). 따라서 $e_{\text{ind}} = Ri = 0$이므로 $\mathrm{d}\Phi/\mathrm{d}t = 0$이다. 즉 경로를 통과하는 Φ는 0이다. 이것은 초전도체 경로를 통과하여 존재하는 전체 자속은 변할 수 없다는 것을 의미한다. 예를 들어, 만약 초전도체 경로가 존재하는 공간에서 외부 또는 주된(primary) 자기장이 변하고(또는 변하거나), 장(field)에서 운동 중인 경로가 존재한다면, 전류는 경로 안에서 유도된다. 여기서 전류의 전기장(두 번째 장)은 경로(극한 형태의 로렌쯔 법칙)을 통과하는 자속의 변화를 완전히 상쇄함으로써 경로를 통과하는 전체 자속(Φ)은 동일하게 유지된다.

(D) $e_{\text{ind}}(t) = -\varepsilon_0 \cos\omega t$

(E) $e_{\text{ind}}(t) = 0$

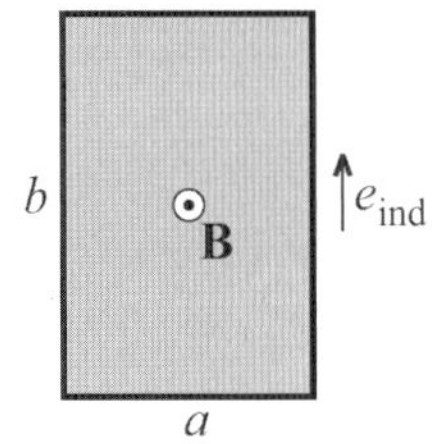

그림 6.7 자속 밀도 벡터 B의 균일한 저주파수 시간 조화 자기장 안에 위치한 와이어 루프(개념문제 6.9)

개념문제 6.10 **끊어진 와이어 경로에서 유도 emf**

직사각형 와이어 루프가 자속 $B(t) = B_0 \sin wt\,(B_0 > 0)$의 균일한 저주파수 자기장에 놓여 있고, 그림 6.7의 루프 평면에 수직인 B는 끊어져 있다. 즉, 루프의 모서리 중 한 개에서 루프의 불연속(개방)을 만드는 작은 공기 갭(Gap)이 존재한다. 이러한 상황에서 유도된 emf는 다음에서 어느 형태를 갖는가? (ε_0는 상수이다.)

(A) $e_{\text{ind}}(t) = \varepsilon_0 \sin\omega t$

(B) $e_{\text{ind}}(t) = -\varepsilon_0 \cos 2\omega t$

(C) $e_{\text{ind}}(t) = -\varepsilon_0$

(D) $e_{\text{ind}}(t) = -\varepsilon_0 \cos\omega t$

(E) $e_{\text{ind}}(t) = 0$

개념문제 6.11 **초전도체 경로에서 유도 전류에 의한 자속**

면적 S를 갖는 직사각형 초전도체 경로(경로의 전류 $R = 0$)가 자기장의 외곽에 놓여 있으며, 흐르는 전류는 없다. 그러고 나서 경로가 자속 밀도 B의 균일 시불변 자기장으로 당겨져서 위치한다. 이때 벡터 B는 그림 6.8과 같이 경로 평면에 수직이다. 새로운 정상 상태에서 유도 전류에 의한 경로를 통과하는 자속은 벡터 B와 동일한 방향을 가진다. 이때 다음 중 어느 크기를 갖는가?

(A) $\Phi_{\text{ind}} = BS$

(B) $\Phi_{\text{ind}} = -BS$

(C) $\Phi_{\text{ind}} = kBS$

(D) $\Phi_{\text{ind}} = -kBS$

(E) $\Phi_{\text{ind}} = 0$

여기서 k는 단위 없는 상수이고, $0 < k < 1$이다.

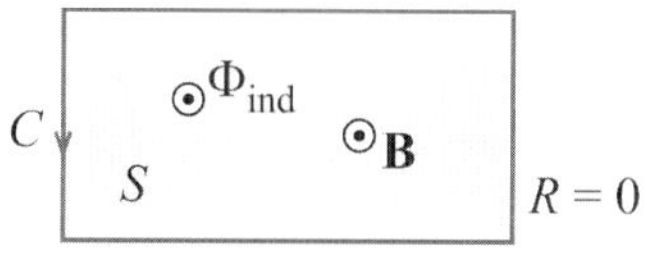

그림 6.8 균일 시불변 자기장으로 당겨진 초전도체 경로(개념문제 6.11)

개념문제 6.12 **개방된 와이어 도체에 대한 전압 대 유도 emf**

끝이 M과 N으로 표기된 임의 형상의 개방된 와이어 도체가 저주파수 시간 조화 전자기장에 놓여 있다. M부터 N으로 향하는 기준 방향에 대하여 와이어를 따라 유도된 emf를 $e_{\text{ind}}(t)$라고 할때, 점 M과 N 사이의 전압은 다음 중 무엇과 같은가?

(A) $v_{\text{MN}}(t) = e_{\text{ind}}(t)$

(B) $v_{\text{MN}}(t) = -e_{\text{ind}}(t)$

(C) $v_{\text{MN}}(t) = 0$

(D) 위의 (A)-(C) 중에는 답이 없다.

개념문제 6.13 **솔레노이드 주변의 개방 회로 루프**

단면이 반지름 a의 원형이고 공기가 채워진 무한히 긴 솔레노이드 코일에 시간적으로 천천히 변하는 전류가 흐르고 있다. 코일이 한 번 감긴 동안 확장된 표면을 통과하는 자속을 $\Phi(t)$라고 한다. 코일 외부의 자기장은 0이다. 반지름 $b(b > a)$를 갖는 개방 회로 원형 와이어 루프가 그림 6.9와 같이 솔레노이드와 동축으로 놓인다. 그림에서 단자의 기준 방향에 대하여 루프의 단자 사이의 전압은 다음 중 무엇과 같은가?

(A) $v(t) = \mathrm{d}\Phi/\mathrm{d}t$

(B) $v(t) = -\mathrm{d}\Phi/\mathrm{d}t$

(C) $v(t) = (b/a)^2 \mathrm{d}\Phi/\mathrm{d}t$

(D) $v(t) = -(b/a)^2 \, d\Phi/dt$

(E) $v(t) = 0$

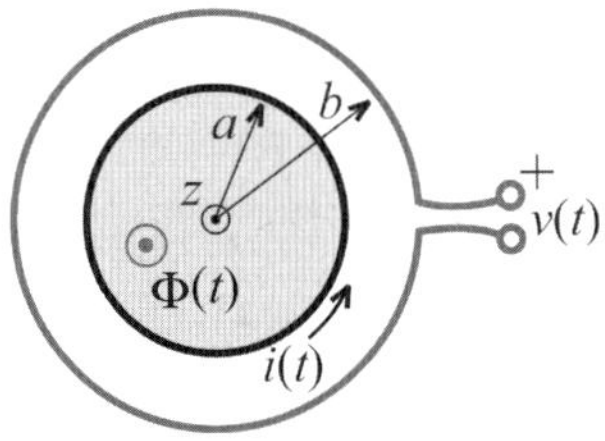

그림 6.9 시간적으로 천천히 변하는 전류(구조의 횡단면)에 놓인 공기가 채워진 무한히 긴 개방 회로 솔레노이드 코일(개념문제 6.13)

개념문제 6.14 **원형 루프를 따라 유도된 emf**

그림 6.10의 루프를 따라 유도된 기전력 e_{ind}가 있을 때 만일 루프 반지름이 $2b$로 두 배 증가하지만 $(2b)$, a와 $\Phi(t)$는 변하지 않을 때, e_{ind}는 어떻게 되는가?

(A) 2배가 된다.

(B) 4배가 된다.

(C) 동일하게 유지한다.

(D) 1/2이 된다.

(E) 기존 값의 1/4가 된다.

(F) 위의 (A)-(E) 중에는 답이 없다.

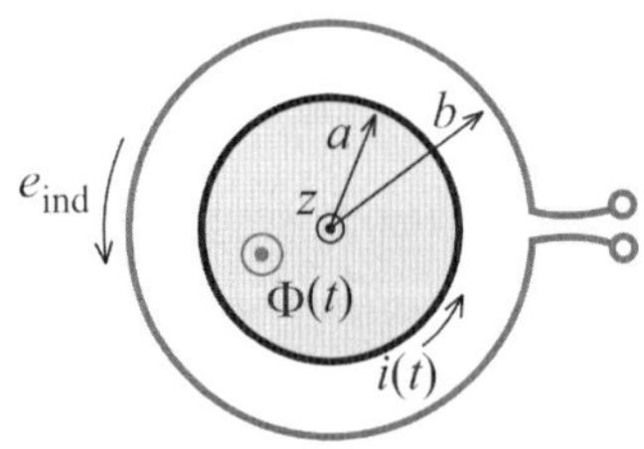

그림 6.10 시간적으로 천천히 변하는 자속(솔레노이드의 외부 $B=0$)을 갖는 솔레노이드 주변 개방 회로 루프를 따라 유도된 emf(개념문제 6.14)

개념문제 6.15 **원형 루프를 따라 유도된 전기장**

그림 6.11에서 루프 반지름이 두 배가 될 때, 루프를 따라 유도된 전기장 세기 E_{ind}은 어떻게 되는가?

(A) 2배가 된다.

(B) 4배가 된다.

(C) 동일하게 유지한다.

(D) 1/2이 된다.

(E) 기존 값의 1/4가 된다.

(F) 위의 (A)-(E) 중에는 답이 없다.

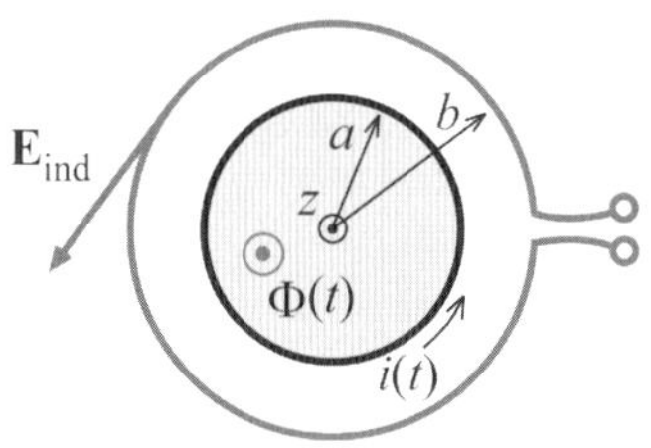

그림 6.11 무한히 긴 솔레노이드 코일 주변의 개방 회로 루프를 따라 유도된 전기장 세기 벡터(개념문제 6.15)

개념문제 6.16 **가상의 경로를 따라 유도된 emf와 전기장**

만일 그림 6.12와 같이 전도성 와이어 루프가 놓인 곳에 그림 6.9와 같은 가상(비 물질) 경로에 놓일 때, 유도 기전력(e_{ind})과 유도 전기장 세기(E_{ind}) 중 어느 것이 그 값을 일정하게 유지하는가?

(A) e_{ind}만 해당

(B) E_{ind} 만 해당

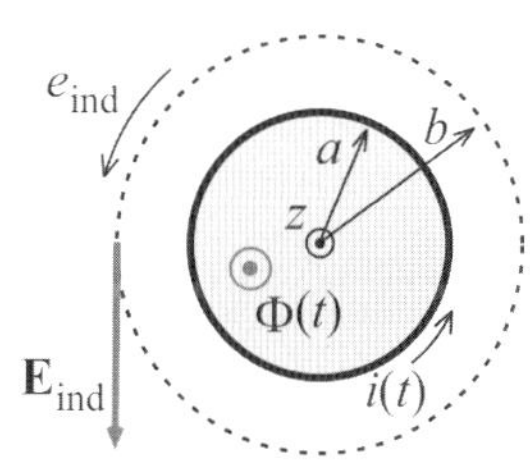

그림 6.12 무한히 긴 솔레노이드 주변의 가상(비 물질) 경로와 도전성 와이어 루프(개념문제 6.16)

(C) 두 개 모두 해당

(D) 어느 값도 해당하지 않는다.

개념문제 6.17 **비선형 자기 회로에서 전자기 유도**

그림 6.13은 히스테리시스 효과를 갖는 비선형 강자성체로 구성된 얇은 토로이드 코어를 균일하고 촘촘하게 감고 있는 와이어 코일을 보여주고 있다. 코일에는 저주파수 시간 조화 전류 $i(t) = I_0 \cos wt$가 흐르고 있다. 코어에서 자속 밀도 $B(t)$와 자기장 세기 $H(t)$와 코일에서 $e_{\text{ind}}(t)$중 시간 조화 함수는 어느 것인가?

(A) $B(t)$ 만 해당

(B) $H(t)$ 만 해당

(C) $B(t)$와 $H(t)$ 만 해당

(D) $B(t)$와 $e_{\text{ind}}(t)$ 만 해당

(E) 세 개 모두

(F) 어느 값도 해당하지 않는다.

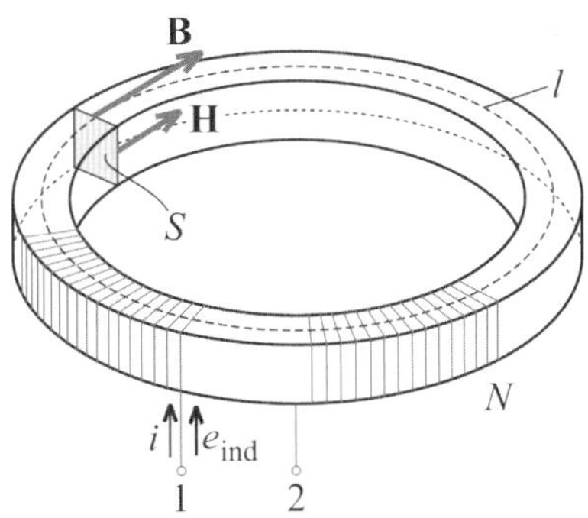

그림 6.13 비선형 강자성체로 만든 코어를 갖는 코일 안의 전자기 유도에 대한 해석(개념문제 6.17)

6.3 운동에 의한 전자기 유도와 전체 유도

자속 밀도 B의 시불변 자기장에서 속도 v를 갖고 이동하는 도체가 존재할때, 자기장은 도체안의 각각의 전하 캐리어(carrier)에 대하여 식 (4.1)에 따라 정해지는 자기력 $\mathbf{F}_{\text{m}}$을 생성

한다. 이 힘은 캐리어를 이동하도록 밀고, 도체안의 초과 양전하와 음전하를 분리한다. 공식에서 $\mathbf{F}_m$을 캐리어의 전하 (Q)로 나누면 $\mathbf{F}_m/Q = \mathbf{v}\times\mathbf{B}$가 도출된다. V/m으로 표현되는 새로운 물리량은 운동에 의해 유도된 전기장 세기 벡터(induced electric field due to motion)고 한다.

$$\mathbf{E}_{\text{ind}} = \mathbf{v}\times\mathbf{B} \text{(운동에 의해 유도된 전기장 세기 벡터; 단위: V/m)} \tag{6.5}$$

$\mathbf{E}_{\text{ind}}$ 은 식 (6.3)에 주어진 바에 따라 유도 기전력을 발생한다. 따라서 그림 6.6(a)의 점 M과 N 사이의 도체를 통과하여 6.6(b)의 닫힌 경로의 선로를 따라 생성되는 시불변 자기장 운동의 emf는 다음과 같다.

$$e_{\text{ind}} = \int_M^N \mathbf{E}_{\text{ind}}\cdot d\mathbf{l} = \int_M^N (\mathbf{v}\times\mathbf{B})\cdot d\mathbf{l},\ \ e_{\text{ind}} = \oint_C (\mathbf{v}\times\mathbf{B})\cdot d\mathbf{l} \text{(운동의 emf)} \tag{6.6}$$

이러한 emf를 운동 유도에 의한 emf 또는 간단히 운동의 emf라고 부른다. 경로의 어떤 부분은 정적인 반면에 다른 부분은 임의의 방향으로 이동하는 경우를 포함하기 때문에, 경로의 각 부분의 속도는 같을 필요는 없다. 바꾸어 말하면, 경로의 운동은 어떤 식으로든 경로의 평형 이동, 회전, 변형(모양과 크기를 변화)을 포함한다.

경로가 정자기장에서 이동 또는 변화할 때 경로를 통한 자속은 일반적으로 시간에 따라 변화한다. 즉, 경로에서 유도된 emf를 자속의 변화율에 연관시킬 수 있다. 다시 말하면, 식 (6.4)와 같이 경로를 통과하여 변화하는 자속의 패러데이 개념 관점에서 운동 emf를 표현할 수 있다. 따라서 전자기 유도의 패러데이의 법칙과 동일한 형태는 변압기와 운동 emf 모두에 대하여 유지된다. 또한 전체 유도(total induction)라 불리는 두 매커니즘의 결합에 대해서도 유효하다.

$$e_{\text{ind}} = -\frac{d\Phi}{dt} \text{(변압기 또는 운동 또는 전체 유도에 의한 emf)} \tag{6.7}$$

개념문제 6.18 **균일한 정자기장에서 이동하는 금속 막대**

유한 길이의 금속 막대가 자속 밀도 $\mathbf{B}$의 균일한 정자기장에서 속도 $\mathbf{v}$로 균일하게 이동한다. 그림 6.14는 자기장선에 관하여 속도 벡터와 금속 막대가 다른 위치를 갖는 5가지 경우를 보여주고 있다. 그중에서 0이 아닌 유도된 emf는 어느 경우인가?

(A) (a)의 경우만 해당

(B) (b)의 경우만 해당

(C) (d)의 경우만 해당

(D) (a)와 (c)만 해당

(E) (b), (c), (d)만 해당

(F) 어느 경우도 해당하지 않는다.

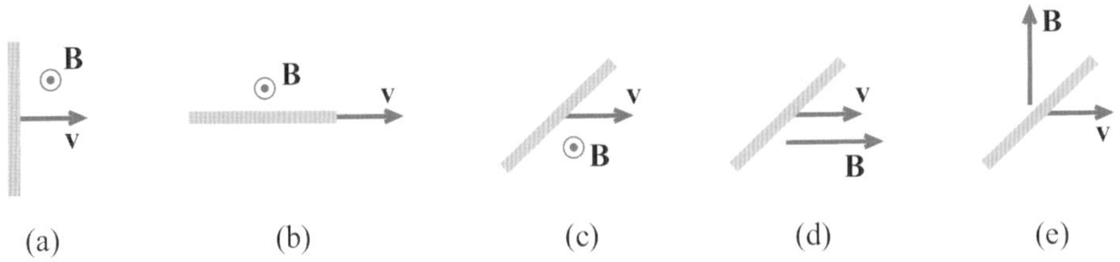

그림 6.14 자속 밀도 B의 자기장에서 속도 v로 이동하는 금속 막대의 두 성분의 다섯 가지 다른 위치와 방향(개념문제 6.18)

개념문제 6.19 **자기장에서 이동하는 루프**

직사각형 도전성 와이어 루프가 자속 밀도 벡터 B의 자기장에서 일정 속도 v ($\mathbf{v} = v\hat{\mathbf{x}}$)로 이동하고 있다. 주위의 물질은 공기이다. 그림 6.15에 따라 B_0, w, a가 상수일 때, 루프에 유도된 0이 아닌 emf는 어느 경우에 해당하는가?

(A) $\mathbf{B} = B_0 \cos\omega t\,\hat{\mathbf{x}}$

(B) $\mathbf{B} = B_0 \cos\omega t\,\hat{\mathbf{z}}$

(C) $\mathbf{B} = B_0 \hat{\mathbf{z}}$

(D) $\mathbf{B} = B_0 x\hat{\mathbf{z}}/a$

(E) $\mathbf{B} = B_0 y\hat{\mathbf{z}}/a$

(F) 위의 (A)-(E) 중 한개 이상

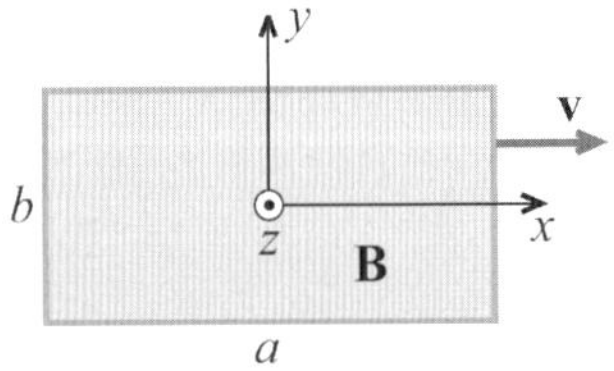

그림 6.15 자기장에서 속도 v로 이동하는 도전성 와이어 루프(개념문제 6.19)

개념문제 6.20 **루프 안에서 운동 emf 계산하기**

평평한 금속 와이어 루프가 그림 6.16과 같이 자속 밀도 B의 비균일 자기장에서 속도 v로 운동한다. 루프에서 유도된 전류에 의한 자기장은 무시할 수 있다. 루프에 대하여 $A_1 = -\frac{d}{dt}\int_S \mathbf{B} \cdot d\mathbf{S}$와 $A_2 = \oint_C (\mathbf{v} \times \mathbf{B}) \cdot d\mathbf{l}$의 두 가지 계산식은 오른손 법칙에 의하여 dl과 dS는 상호 연결된다. 다음 중 유도된 emf와 e_{ind}에 대하여 옳은 것은?

(A) $e_{ind} = A_1 + A_2$

(B) $e_{ind} = A_1 - A_2$

(C) $e_{ind} = A_1 = A_2$

(D) $e_{ind} = A_1$ and $e_{ind} \neq A_2$

(E) $e_{ind} = A_2$ and $e_{ind} \neq A_1$

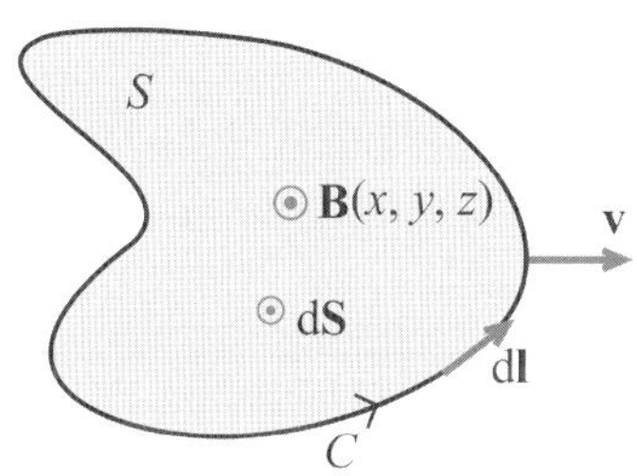

그림 6.16 시불변 자기장 선속벡터 $\mathbf{B}(x,y,z)$에서 속도 v로 이동하는 평판 금속 와이어 루프(개념문제 6.20)

개념문제 6.21 **정자기장에서 루프 회전하기**

그림 6.17은 자속 밀도 B의 균일 시불변 자기장의 축과 동일한 축을 가지면서 각속도 w로 회전하는 원형 도전성 와이어 루프를 나타낸다. 벡터 B는 그림의 평면에 수직이다. 유도된 전류에 의한 자기장은 무시될 수 있다. 양의 싱수 ε_0와 $T = 2\pi/\omega$를 가질 때, 유도된 루프에서 emf의 형태는 어느것인가?

(A) $e_{ind}(t) = \varepsilon_0 \cos\omega t$

(B) $e_{ind}(t) = \varepsilon_0(1 - e^{-t/T})$

(C) $e_{ind}(t) = \varepsilon_0 t/T$

(D) $e_{ind}(t) = -\varepsilon_0$

(E) $e_{ind}(t) = 0$

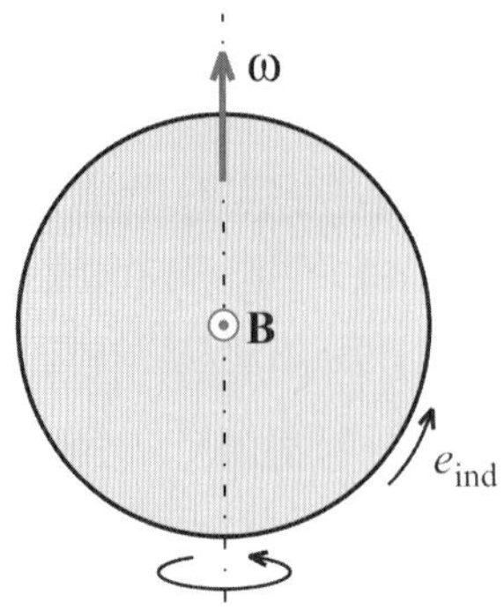

그림 6.17 균일한 시불변 자기장에서 원형 도전성 와이어 루프(개념문제 6.21)

개념문제 6.22 **이동 선로 – 폐쇄/개방 가상 전도성**

그림 6.18은 네 가지 경우를 나타낸다. 폐쇄 경로 또는 두 개 끝을 갖는 개방 선로를 갖는 가상(비 물질) 또는 금속 와이어가 시불변 자기장 또는 정자기장에서 속도 **v**로 균일하게 이동하고 있다. 벡터 **B**의 특별한 방향과 공간의 변화에 대하여 경로 또는 선로를 따라 유도될 수 있는 emf ($e_{\text{ind}} \neq 0$)는 어느 것인가?

(A) (a)와 (c)만 해당

(B) (c)의 경우만 해당

(C) (c)와 (d)의 경우만 해당

(D) (a), (c), (d)만 해당

(E) 네 가지 모두 해당

(F) 어느 경우도 해당하지 않는다.

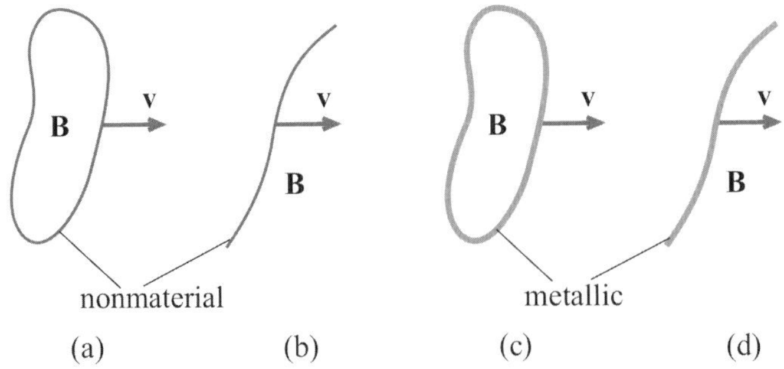

그림 6.18 가상 또는 도전성 경로 또는 시불변 전기장에서 이동하는 개방 선로(개념문제 6.22)

개념문제 6.23 정자기장에서 튜브를 통과하는 유체 흐름

전도도 σ의 유동체가 균일 시불변 자속 밀도 $\mathbf{B}=B\hat{\mathbf{y}}$가 인가된 상태에서 그림 6.19와 같이 동일한 속도 $\mathbf{v}=v\hat{\mathbf{x}}$ 로 튜브를 통과하여 흐르고 있다. 튜브의 폭을 가로질러 발생된 전압은 무엇인가?

(A) $V=vB$

(B) $V=\sigma vB$

(C) $V=vBd$

(D) $V=\sigma vBd$

(E) $V=0$

(F) 추가 정보가 필요하다.

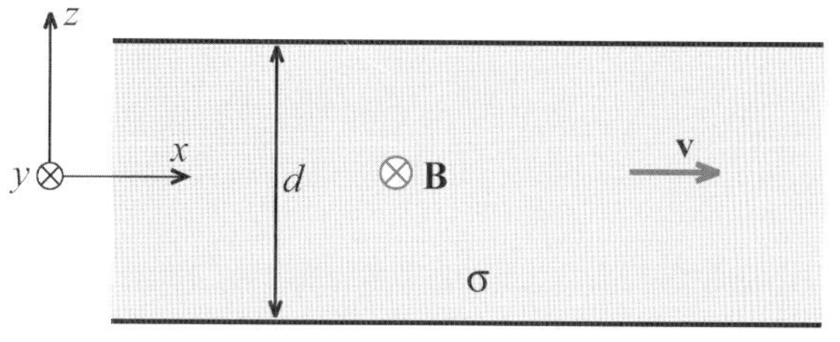

그림 6.19 시불변 자기장 내에서 튜브를 통과하여 흐르는 도전성 유체(개념문제 6.23)

개념문제 6.24 회전하는 실린더에서 와류 전류

반지름 a를 갖는 매우 긴 전도성 실린더가 자속 밀도 B의 균일 시불변 자기장에서 축을 중심으로 그림 6.20과 같이 각속도 w로 균일하게 회전하고 있다. 끝(기본)으로부터 멀리 있는 실린더의 내부에 와류 전류(eddy current)라고 불리는 유도된 체적 전류의 유선(streamline)은 어떤 형태인가?

(A) 원형(원의 중심은 실린더의 중심에 위치한다)

(B) 방사형(실린더 축으로부터)

(C) 축형(실린더 축과 평행)

(D) 존재하지 않는다(이 경우에 와류 전류는 유도되지 않는다).

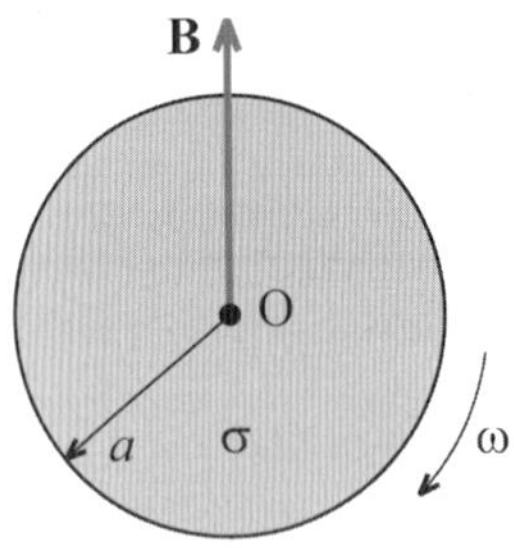

그림 6.20 균일한 정자기장에서 회전하는 금속 실린더의 횡단면(개념문제 6.24)

개념문제 6.25 움직이는 자기장에서 회전하는 루프

$B(t) = B_0 \cos wt \, (B_0 > 0)$의 저주파수 시간 조화 균일 자기장에서 축을 중심으로 그림 6.21과 같이 원형 전도성 와이어 루프가 각속도 w로 균일하게 회전하고 있다. 유도된 전류에 의한 자기장은 무시될 수 있다. $\varepsilon_0 > 0$일 때, 루프에서 유도된 emf는 다음 중 어떻게 표현될 수 있나?

(A) $e_{\text{ind}}(t) = \varepsilon_0 \cos \omega t$

(B) $e_{\text{ind}}(t) = \varepsilon_0 \sin 2\omega t$

(C) $e_{\text{ind}}(t) = -\varepsilon_0$

(D) $e_{\text{ind}}(t) = \varepsilon_0 \sin \omega t$

(E) $e_{\text{ind}}(t) = 0$

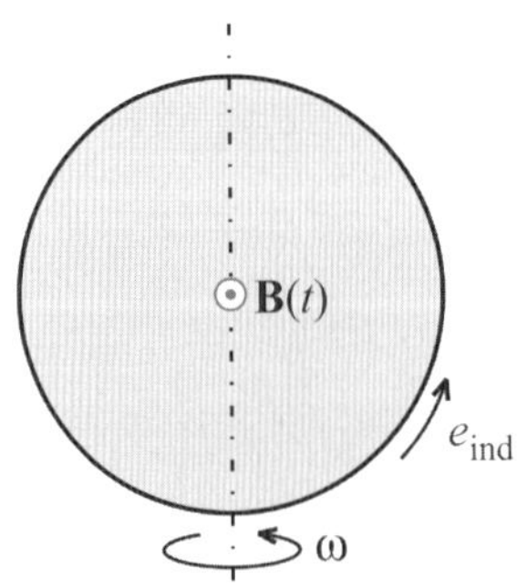

그림 6.21 시간 조화 균일 자기장에서 자기장의 각 주파수와 루프 회전의 각 속도를 동일하게 맞추어서 회전하는 원형 와이어 루프(개념문제 6.25)

개념문제 6.26 **회전하는 자기장에서 회전하는 루프**

그림 6.22와 같이 원형 도전성 와이어 루프가 각속도 w로 균일하게 회전하고 있고, 균일 시불변 자기장의 자속 밀도 벡터 B가 각속도 w_B로 균일하게 회전하고 있다고 가정한다. 여기서 $w_B > w$이고, 벡터 $\boldsymbol{w_B}$와 $\boldsymbol{w}$는 동일 선상이고 동일한 방향이다. ε_0에 대하여 ε_{01}와 ε_{02}는 각각의 상수와 무시할 수 있는 유도 전류에 의한 자기장을 나타낸다. 이때 루프 내에 유도된 emf는 어느것인가?

(A) $e_{\text{ind}}(t) = \varepsilon_0 \cos \omega t$

(B) $e_{\text{ind}}(t) = \varepsilon_0 \cos \omega_B t$

(C) $e_{\text{ind}}(t) = \varepsilon_{01} \cos \omega t + \varepsilon_{02} \cos \omega_B t$

(D) $e_{\text{ind}}(t) = \varepsilon_0 \cos (\omega_B - \omega) t$

(E) $e_{\text{ind}}(t) = \varepsilon_0 \cos (\omega_B + \omega) t$

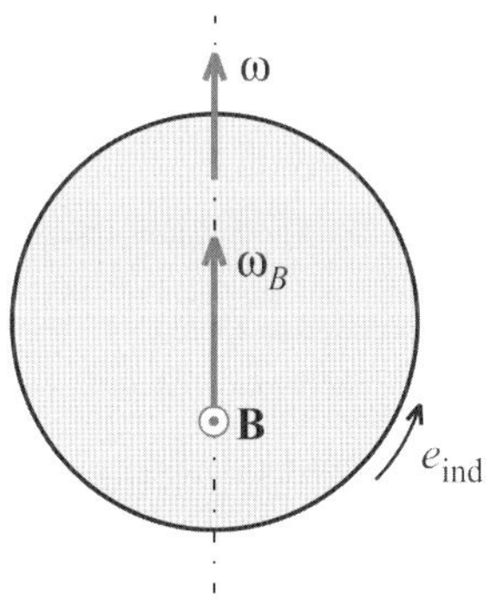

그림 6.22 각 주파수 w_B의 회전 자기장에서 각 속도 w로 회전하는 자기장 원형 와이어 루프 (여기서 $w_B > w$). 이러한 장치는 기초적인 비동기 모터를 나타낸다.(개념문제 6.26)

6.4 자기 인덕턴스

일반적으로 인덕턴스는 선형 자성 매질에서 시변 전류를 갖는 전도성 경로(회로) 시스템에서 변압기 전자기파 유도의 척도로 해석될 수 있다. 간단히 말하면, 자기 인덕턴스(self-inductance)는 자기 자신의 전류에 의해서 발생한 한 개의 독립된 경로(또는 시스템에서 경로 중 한 개)에서 유도된 emf와 자속의 척도이다. 동일하게 한 개의 경로 안의 전류는 또 다른 경로를 통과하는 자속과 그안에서 유도된 emf를 발생시킨다. 상호 인덕턴스(mutual inductance)는 경로들 간의 결합을 나타내기 위하여 사용한다.

선형인 균일 또는 비균일 자성 매질 내에서 정지해 있는 도전성 와이어 경로(루프) C를 고려해보자. 그리고 그림 6.23(a)와 같이 천천히 시간적으로 변하는 세기 i의 전류가 경로 안에 존재한다. 이 전류는 공간의 어느 지점과 어느 순간에도 전류 i에 비례하는 자속 밀도 벡터 $\mathbf{B}$를 갖는 자기장을 생성하며, 또한 식 (6.2)에 따라 유도된 전기장 세기 $\mathbf{E}_{\text{ind}}$ 그리고 식 (6.4)에 의해 경로 C를 따라 유도된 emf e_{ind}를 생성한다. 식 (4.15)로부터, 경로 C에 의해 둘러싼 표면 S를 통과하는 자속 Φ도 또한 전류에 항상 비례한다. 따라서 다음 식을 쓸 수 있다.

$$L = \frac{\Phi}{i}, \quad e_{\text{ind}} = -\frac{d\Phi}{dt} = -L\frac{di}{dt} \, (L \text{ - 자기 인덕턴스; 단위: H}) \tag{6.8}$$

여기서 L은 경로의 자기 인덕턴스라고 하며, 단위는 헨리(H)이다. 더 정확하게 표현하면, 이것은 외부 인덕턴스(external inductance)이며 그 이유는 루프의 경로 외부에 존재하는 자기장의 선속 Φ 만을 고려하기 때문이다. 따라서 주위를 둘러싸는 물질이 자성적으로 선형이기 때문에 L은 매질의 투자율과 경로의 모양 및 규격에 의존적이며, 전류 세기 i에는 의존적이지 않다. 여기서 주목할 점은 식 (6.8)에서 자기 유도성 emf 정의는 정상 전류에 대하여 해당하지 않지만, 자속 정의는 동적과 정적의 양쪽 조건하에 실질적으로 동일한 방식으로 사용된다.

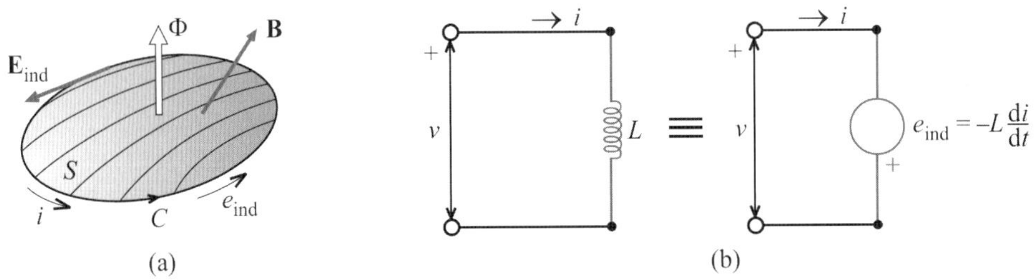

그림 6.23 (a) 자기 인덕턴스 L의 정의를 위하여 선형 자성 매질에서 전류 경로
(b) 인덕터와 등가제어 전압원의 회로 이론 표현

두 개의 도체로 구성된 전송 선로에 대하여, 선로의 단위 길이당 외부 인덕턴스 L'는 식 (2.12)의 단위 길이당 커패시턴스 $L_{\text{p.u.l}}$와 유사하게 정의된다. 즉 $L' = L_{\text{p.u.l}} = L/i = \Phi'/i = \Phi/(il)$ (단위: F/m). 여기서 Φ'은 선로의 단위 길이당 선속을 의미한다면, 선로 경로 간 범위의 표면을 통과하는 것으로 계산된다.

그림 6.23(b)는 기본 특성으로 인덕턴스 L을 갖는 인덕터의 회로 이론 표현을 나타낸다. 그림 6.6(a)와 식 (6.8)을 고려하면, 인덕터는 단자들 관점에서 전류 i의 시간적 미분에 의하

여 이상적으로 제어되는 등가 제어 전압원으로 그림 6.23(b)와 같이 대체될 수 있고, 인덕터의 전압 v는 쉽게 구해진다.

커패시터가 전기 에너지를 저장하는 것처럼 인덕터는 자기 에너지를 저장하고 [식 (2.19)와 (6.8)], $W_m = Li^2/2 = \Phi i/2 = \Phi^2/(2L)$에 의해 주어지며, 또한 식 (5.11)에 의해 계산할 수 있다.

개념문제 6.27 **자기 인덕턴스의 부호**

선형 자성 매질에서 임의의 금속 와이어 경로의 자기 인덕턴스 L은 항상 음수가 아니다.

(A) 참

(B) 거짓

개념문제 6.28 **가상의 경로의 인덕턴스**

동일한 형상과 크기를 갖는 전도성 와이어 루프와 가상(비물질, nonmaterial) 경로의 인덕턴스(외부 자기 인덕턴스)는 동일하다.

(A) 참

(B) 거짓

개념문제 6.29 **자기 인덕턴스의 일반적인 값**

자기 인덕턴스의 일반적인 값이 주어질때, L=1mH는 어느 영역에 속하는가?

(A) 작은 인덕턴스 값

(B) 중간 인덕턴스 값

(C) 큰 인덕턴스 값

개념문제 6.30 **dc 영역에서 와이어 경로**

자유공간에 놓인 금속 와이어에 대하여, 경로를 통과하는 자속 Φ와 경로를 따라 유도된 기전력 (emf) e_{ind}와 경로의 인덕턴스 L 중에서 경로의 전류가 시불변 (dc)이면 반드시 0이 되는 것은 무엇인가?

(A) Φ와 e_{ind}만 해당

(B) L만 해당

(C) e_{ind}와 L만 해당

(D) e_{ind}만 해당

(E) 세 가지 모두 해당

(F) 어느 것도 해당하지 않는다.

개념문제 6.31 **정상 전류를 갖는 경로의 인덕턴스**

L_{dc}와 L_{ac}를 dc와 ac (교류) 동작 체계에서 획득한 경로의 인덕턴스라고 하자. 여기서 dc 전류는 I로 표기하고, 경로를 따라 흐르면서 시간적으로 천천히 변하는 전류를 i라고 하면, $L_{\text{dc}} = \Phi_1/I$이고 $L_{\text{ac}} = \Phi_2/i$이다. 다음 중 두 값의 비교로서 옳은 것은?

(A) $L_{\text{dc}} < L_{\text{ac}}$

(B) $L_{\text{dc}} = L_{\text{ac}}$

(C) $L_{\text{dc}} > L_{\text{ac}}$

개념문제 6.32 **루프의 인덕턴스와 유도된 emf**

세기 $i(t)$의 천천히 변하는 전류가 공기 중의 금속 와이어 루프에 흐르고 있다. 그림 6.24와 같이 루프의 인덕턴스와 저항, 루프를 통과하는 자속을 각각 L, R, $\Phi(t)$라고 정하면, 루프안에서 유도된 emf는 무엇인가?

(A) $e_{\text{ind}}(t) = Li(t)$

(B) $e_{\text{ind}}(t) = L\,\mathrm{d}i/\mathrm{d}t$

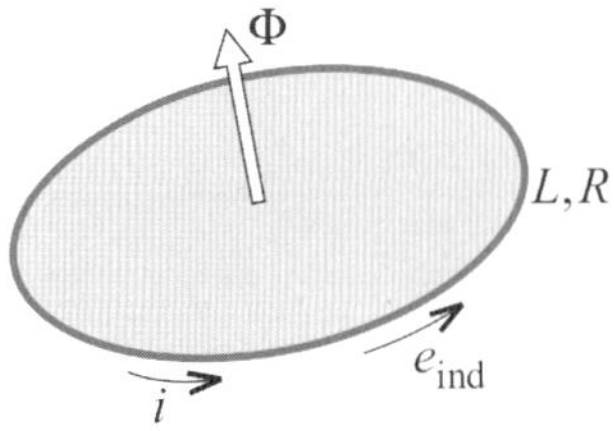

그림 6.24 공기 중에서 시간적으로 천천히 변하는 전류를 갖는 와이어 루프(개념문제 6.32)

(C) $e_{\text{ind}}(t) = -L\text{d}i/\text{d}t$

(D) $e_{\text{ind}}(t) = -\text{d}\Phi/\text{d}t + L\text{d}i/\text{d}t$

(E) $e_{\text{ind}}(t) = L\text{d}i/\text{d}t + Ri(t)$

개념문제 6.33 **인덕터의 인덕턴스**

세기 $i(t)$의 천천히 변하는 전류가 공기 중의 금속 와이어 루프에 흐르고 있고, 그림 6.25와 같이 루프를 통과하는 자속을 $\Phi(t)$라 정하면, 인덕터의 단자 사이에 걸친 전압은 무엇인가?

(A) $v(t) = L\text{d}i/\text{d}t$

(B) $v(t) = -L\text{d}i/\text{d}t$

(C) $v(t) = -\text{d}\Phi/\text{d}t + L\text{d}i/\text{d}t$

(D) $v(t) = \text{d}\Phi/\text{d}t - L\text{d}i/\text{d}t$

(E) $v(t) = -(1/L)\int i(t)\text{d}t$

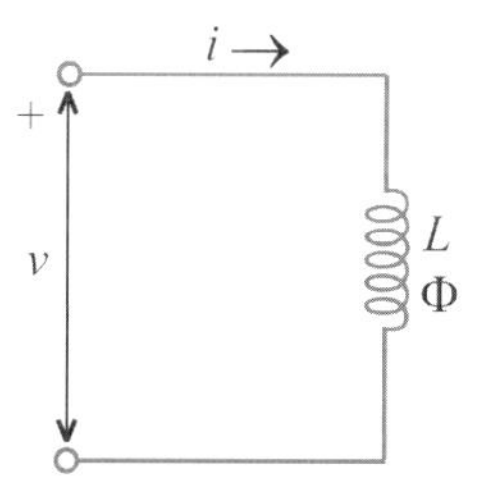

그림 6.25 시간적으로 천천히 변하는 전류를 갖는 인덕터(개념문제 6.33)

개념문제 6.34 **이상적인 인덕터의 회로이론 모델**

회로 이론 관점에서 이상적인 인덕터 모델에 의하여 유일하게 영향을 받는 것은 자기 인덕턴스에 의한 emf e_{ind} 뿐이다.

(A) 참

(B) 거짓

개념문제 6.35 **전기 회로에서 자기장의 집중화**

회로 이론 관점에서 자기장은 회로의 인덕터 내부에만 집중된다고 가정한다.

(A) 참

(B) 거짓

개념문제 6.36 **회로에서 연결 도체로 인한 emf**

회로 이론 관점에서, 회로 레이아웃에서 부품 소자 간을 연결하는 도전체 선로에 의해 생기는 emf는 다음 중 어떤 특성을 가지는가?

(A) 도전체의 모양과 크기 및 전류에 의존적이다.

(B) 도전체 내부의 전류와 의존적이고, 모양과 크기에는 의존적이지 않다.

(C) 존재하지 않는다고 항상 가정한다.

개념문제 6.37 **다른 루프의 존재에서 루프의 자기 인덕턴스**

다른 루프가 존재할 때 루프의 자기 인덕턴스는 자유공간에서 독립된 상태의 자기 인덕턴스와 가끔 다르다.

(A) 참

(B) 거짓

개념문제 6.38 **정상 전류를 갖는 원형 루프에 대한 6가지 변화**

공기 중에서 정상 전류가 흐르는 원형 구리 루프에 대하여 다음의 (a)-(f)의 변화가 한 차례씩 생긴다. 다음 중 루프의 인덕턴스가 변화 하는것은?

(a) 와이어 물질을 구리에서 알루미늄으로 변화

(b) 루프 반지름을 두 배로 증가

(c) 루프를 확장하여 주축(major axis) 대비 종축(minor axis)의 비율을 4배로 증가하는 반면, 둘레는 원래 루프와 동일함

(d) 강자성체 코어를 추가하고, 루프가 코어를 감싸게 함

(e) 루프의 전류를 두 배로 증가

(f) 루프의 전류 방향을 반대로 함

(A) 변화 (a)–(d)만 해당

(B) 변화 (b)–(f)만 해당

(C) 변화 (b)–(d)만 해당

(D) 변화 (a)와 (d)만 해당

(E) 변화 (b)–(d)와 (f)만 해당

(F) 변화 (a)–(f) 모두 해당

개념문제 6.39 **선형 자성 코어를 갖는 루프의 인덕턴스**

만일 투자율 μ_r를 갖는 강자성체의 일부가 그림 6.26과 같이 와이어 루프의 코어에 위치한다면, 인덕턴스 L은 코어가 없을 때의 인덕턴스 L_0에 어떤 관계인가?

(A) $L = \mu_r L_0$

(B) $L_0 < L < \mu_r L_0$

(C) $L = L_0$

(D) $L = L_0/\mu_r$

(E) $L = \mu_r \mu_0 L_0$

(F) $L = L_0/(\mu_r \mu_0)$

(μ_0는 진공의 투자율이다)

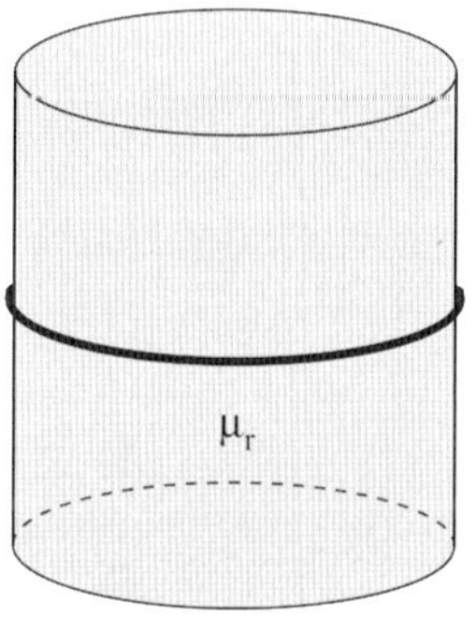

그림 6.26 강자성체 코어를 갖는 와이어 루프(개념문제 6.39)

개념문제 6.40 **코일에서 와이어 감은 수를 두 배로 증가**

그림 6.27과 같이 얇은 토로이드 코어 주위를 와이어로 균일하고 촘촘하게 N번 감은 코일이 있다. 코어는 상대 투자율 μ_r의 강자성체로 만들었다. 만일 코일의 와이어 지름을 반으로 줄이고 감은 수 N을 두 배로 증가하되, 전류 I를 일정하게 하면, 코어 내부의 자속 밀도 B와 코일의 인덕턴스 L의 관계는 어떻게 되는가? 여기서 자속 밀도 B는 얇은 코어 두께로 인하여 코어 내부 체적에 일정하게 분포한다.

(A) B와 L 모두 2배로 증가함

(B) B와 L 모두 동일하게 유지됨

(C) B와 L 모두 4배로 증가함

(D) B는 2배로 증가하고, L은 4배로 증가함

(E) B는 동일하게 유지되고, L은 4배로 증가함

(F) B는 동일하게 유지되고, L은 반으로 감소함

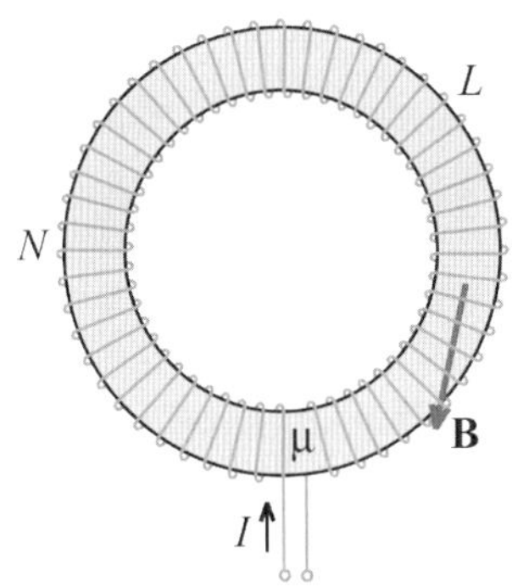

그림 6.27 정상 전류가 흐르고 균일하고 조밀하게 감은 얇은 토로이드 선형 자기 코어(개념문제 6.40)

개념문제 6.41 **2선식(two-wire) 선로에 대한 외부 인덕턴스의 정의**

공기 중에 놓인 얇고 대칭인 2선식 전송 선로의 단위 길이당 외부 인덕턴스는 정의되지 않는다. 왜냐하면 선로는 전류 루프를 형성하지 않기 때문이다.

(A) 참

(B) 거짓

개념문제 6.42 **동축 케이블에 대한 외부 인덕턴스의 정의**

공기를 채운 동축 케이블의 단위 길이당 외부 인덕턴스는 0이다. 왜냐하면 케이블은 완전 차단된 닫힌 시스템이고, 자기장은 케이블 내부에만 전적으로 집중되어 있기 때문이다.

(A) 참

(B) 거짓

개념문제 6.43 **비선형 인덕터**

비선형 인덕터 즉 자기적으로 비선형 물질로 채워진 인덕터는 인덕터 전류 $L = L(i)$의 세기 i에 의존한다.

(A) 참

(B) 거짓

개념문제 6.44 **동일한 자속을 갖는 두 인덕터의 에너지**

인덕턴스 L과 $2L$의 두 선형 인덕터는 동일한 자속 Φ를 갖는다. 큰 값의 인덕턴스가 두 배가 되면 인덕터에 저장된 자기 에너지는 다른 인덕터에 저장된 에너지에 비하여 몇 배가 되는가?

(A) 2배

(B) 4배

(C) 1/2배

(D) 1/4배

(E) 같음

6.5 상호 인덕턴스

선형(균질 또는 비균질) 자성 매질에 그림 6.28(a)와 같이 두 개의 정지 상태 전도성 와이어 경로 C_1과 C_2가 존재한다. 첫 번째 경로(주 회로)에는 세기 i_1의 시간적으로 천천히 변하는 전류가 흐르고 있다. 그 결과 자속 밀도 B_1의 자기장이 모든 곳에 생성된다. 그리고 공간 좌표와 시간의 함수인 B_1은 i_1에 비례한다. B_1의 일부 선은 두 번째 경로(부 회로)를 통과한다. 즉, C_2가 둘러싼 표면 S_2를 통과한다. 이러한 선은 전류 i_1에 의한 두 번째 경로를 통과하는 자속선을 구성하며, $\Phi_2 = \int_{S_2} \mathrm{B}_1 \cdot d\mathrm{S}_2$로 표현된다. 따라서 자속선 Φ_2나 두 번째 경로에서 대응되는 유도 emf e_{ind}를 계산하거나 측정함으로써 두 개의 자기적으로 결합된 경로(회로들) 간의 상호 인덕턱스(mutual inductance)는 다음과 같이 값을 구할 수 있다.

$$L_{21} = \frac{\Phi_2}{i_1},\ e_{\mathrm{ind2}} = -\frac{\mathrm{d}\Phi_2}{\mathrm{d}t} = -L_{21}\frac{\mathrm{d}i_1}{\mathrm{d}t}(L_{21}\ -\ \text{상호 인덕턴스; 단위: H}) \quad (6.9)$$

선형 시스템에서 신호원 위치와 신호원에 대한 반응을 관찰하는 위치가 서로 교환되어도 전달함수는 동일하게 유지된다. 이것을 가역성(reciprocity)이라고 부르며, $L_{12} = L_{21}$이 성립한다. 심벌 M은 상호 인덕턴스를 표시하는 데 사용된다. 상호 인덕턴스의 값은 경로들의 모양과 크기 및 상호 위치와 매질의 자기적 특성(투자율)에 의존적이다. 상호 인덕턴스는 주어진 상호 위치에 대하여 각 경로의 적용하는 기준 방향에 따라 양수이거나 음수일 수 있다. 즉, 만일 경로 경로 C_2의 방향에 오른손 법칙을 적용한 방향과 일치하는 표면 S_2의 방향에 대하여, C_1에서 양의 전류 i_1이 양의 자속 Φ_2를 생성하면, 상호 인덕턴스는 양수가 된다. 그렇지 않을 경우, 음수가 된다[3].

그림 6.28(b)에 도시한 것은 두 개의 인덕터가 자기적으로 결합된 회로의 회로 이론 표현이다. 두 개의 이상적인 인덕터로 구성되어 있으며, 자기 유도에 의한 emf 모델링에 추가하여 인덕터 간의 상호 유도에 의한 emf의 영향도 모델링되었다. 인덕터 간의 상호 인덕턴스는 관례상 $L_{12} = \pm k\sqrt{L_1 L_2}$로 표기하며, 여기서 k는 인덕터(회로)의 (자기)결합 계수(coupling coefficient)라 부르는 양의 단위 없는 상수이며 다음과 같이 정의하며, 1보다 클 수 없다.

$$k = \frac{|L_{12}|}{\sqrt{L_1 L_2}},\quad 0 \le k \le 1(\text{자기 결합 계수}) \quad (6.10)$$

L_{12}의 부호는 전류 i_1과 i_2에 적용된 기준 방향에 의존적이고, k를 따라 정보(음수 또는 양수)의 일부만 주어질 수 없으며 전류 방향에 독립적이므로, 그림 6.28(b)의 표현에서 정보를 포함하기 위하여 2점 표시(two-dot notation)라는 것을 사용한다. 이것은 두 개 인덕터의 특별한 종단 근처에 두 개의 큰 점을 찍는것이다. 이러한 표시(관습)에 따라, 만일 양쪽 전류(i_1과 i_2)가 그림 6.28과 같이 큰 점으로 표시된 종단에서 인덕터로 들어가면, 전류의 기준 방향의 특별한 조합에 대하여 상호 인덕턴스는 양수가 된다. 만일 양쪽 전류가 표시 된 종단에

3) 어떤 책에서는 경로의 특정 기준 방향에 대한 상호 인덕턴스의 부호에 대한 정보는 그 정의에서 수록되어 있지 않다. 즉, 상호 인덕턴스는 항상 음수가 아닌 것으로 정의되어 있다.

서 인덕터를 빠져나가도 상호 인덕턴스는 양수가 된다. 그렇지 않은 경우, 만일 한쪽 전류는 표시된 종단에서 인덕터로 들어가고 한쪽 전류는 표시된 종단에서 인덕터를 빠져나가면, 상호 인덕턴스는 음수가 된다.

그림 6.28에서 시스템의 자기 에너지는 $W_m = (\Phi_1 i_1 + \Phi_2 i_2)/2$이다. 여기서 식 (6.8)과 (6.9) 및 중첩 원리에 의하여, $\Phi_1 = L_1 i_1 + L_{12} i_2$이고 Φ_2도 유사한 방식으로 계산된다.

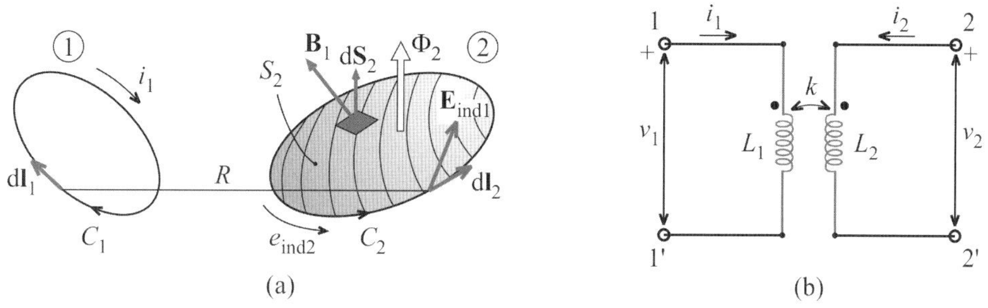

그림 6.28 (a) 상호 인덕턴스 정의를 위하여 두 개의 자기적으로 결합된 전도성 경로
(b) 두 개의 결합된 인덕터에 대한 회로 이론 표현

개념문제 6.45 **2선로 경로 간의 상호 인덕턴스**

세기 $i_1(t)$와 $i_2(t)$의 시간적으로 천천히 변하는 전류가 공기 중에서 두 개 전도성 와이어 경로 C_1과 C_2에 흐른다. 경로 간의 상호 인덕턴스 L_{12}가 변하지 않는 것은 다음 중 어느 경우인가?

(A) C_1의 크기가 변하고, C_2의 크기는 그대로 유지된다.

(B) C_2의 크기가 변하고, C_1의 크기는 그대로 유지된다.

(C) 두 경로의 크기가 모두 변한다.

(D) 두 경로의 크기가 그대로 유지된다.

(E) 위의 (A)-(D)중 한 개 이상

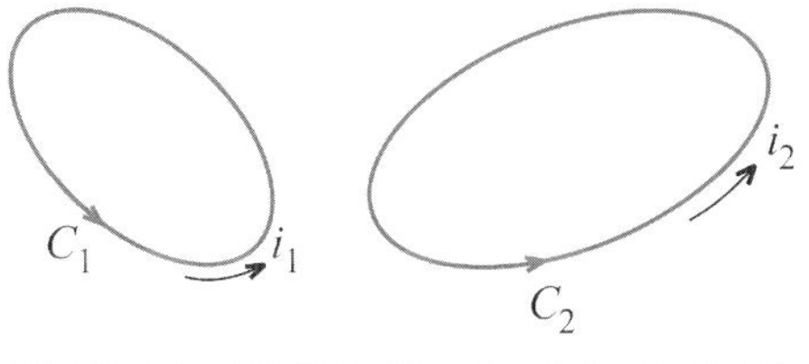

그림 6.29 공기 중에서 시간적으로 천천히 변하는 전류를 갖는 두 개 와이어 경로(개념문제 6.45)

개념문제 6.46 **자기적으로 결합된 경로에서 전류의 변화**

그림 6.29에서 두 경로의 상호 인덕턴스 L_{21}는 다음의 어느 경우에 변하는가?

(A) 전류 i_1은 두 배로 증가하고, i_2는 동일하게 유지되는 경우

(B) 전류 i_2은 두 배로 증가하고, i_1는 동일하게 유지되는 경우

(C) 양쪽 전류 모두 두 배로 증가하는 경우

(D) 양쪽 전류가 동일하게 유지되는 경우

(E) 위의 (A)-(D) 중 한 경우 이상

(F) 위의 어느 경우도 해당하지 않는다.

개념문제 6.47 **한 개 경로의 방향 변화**

그림 6.30(a)에서 경로 C_1의 방향은 역전되고 C_2는 동일하게 유지되어 그림 6.30(b)와 같이 새로운 상황이 될 경우, 경로의 상호 인덕턴스 L_{12}과 L_{21}중 변하는 것은?

(A) L_{12}만 해당

(B) L_{21}만 해당

(C) 두 인덕턴스 모두 해당

(D) 위의 (A)-(C) 중 어느 것도 해당하지 않는다.

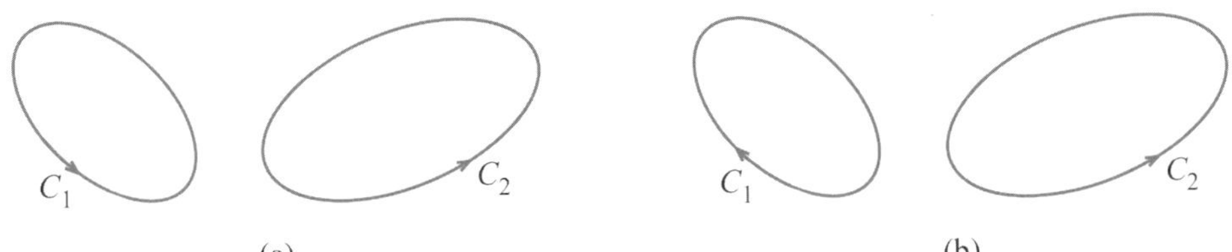

그림 6.30 (a) 자유공간의 두 개의 와이어 경로
(b) 한 개 경로(C_1)의 방향이 반대인 두 개 경로(개념문제 6.47)

개념문제 6.48 **결합된 경로 중 한개를 통과하는 자속**

그림 6.31과 같이 경로 C_2를 통과하는 자속은 다음 중 어느것인가?

(A) $\Phi_2 = L_{21} i_1$

(B) $\Phi_2 = -L_{21}i_1$

(C) $\Phi_2 = L_{12}i_1$

(D) $\Phi_2 = -L_{12}i_1$

(E) 위의 (A)-(D) 중 한 개 이상

(F) 위의 (A)-(E) 중 어느 것도 해당하지 않는다.

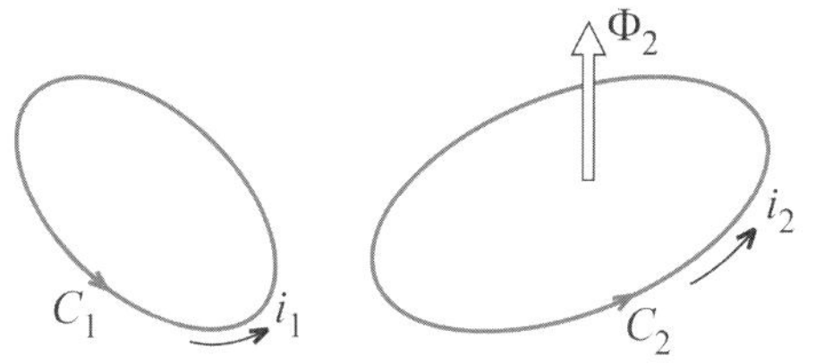

그림 6.31 천천히 시간적으로 변하는 전류가 흐르는 두 개의 전도성 와이어 경로에 대하여 두 번째 경로를 통과하여 흐르는 자기장 선속(개념문제 6.48)

개념문제 6.49 **한 개 또는 두 개의 강자성체 코어를 추가하는 것**

그림 6.32와 같이 상대 투자율 μ_r의 선형 강자성체 물질을 한 조각 또는 두 조각을 자유공간에서 자기적으로 결합된 와이어 경로의 한 쪽 또는 양쪽의 코어로 넣는다. 그림 6.32는 강자성체 일부를 첫 번째 경로에만 삽입하는 새로운 경우를 보여주고 있다. 다음의 어느 경우에 대하여, 경로의 상호 인덕턴스 L_{21}의 크기 값이 증가하는가?

(A) 한 조각이 경로 C_1에만 삽입된다.

(B) 한 조각이 경로 C_2에만 삽입된다.

(C) 두 조각이 경로 각각에 삽입된다.

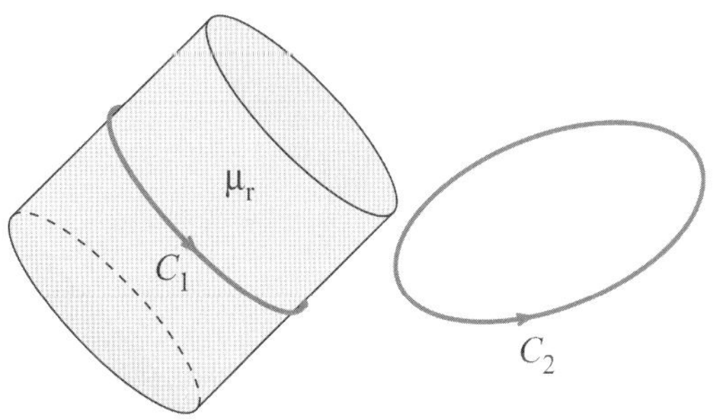

그림 6.32 선형 강자성체 코어를 자유공간에 놓여 있는 자기적으로 결합된 와이어 경로의 한 쪽 또는 두 쪽에 추가하는 것(개념문제 6.49)

(D) 위의 (A)-(C) 모두가 해당한다.

(E) 위의 (A)-(C) 중 어느 것도 해당하지 않는다.

개념문제 6.50 **자기적으로 결합된 경로의 두 상호 인덕턴스**

그림 6.32와 같이 경로 C_1의 한 개 코어에 선형 강자성체의 조각을 더하는 경우, 두 개의 자기적으로 결합된 경로의 상호 인덕턴스 L_{12}와 L_{21}는 어떤 관계인가?

(A) $L_{12} = L_{21}$

(B) $L_{12} =- L_{21}$

(C) $|L_{12}| < |L_{21}|$

(D) $|L_{12}| > |L_{21}|$

개념문제 6.51 **두 와이어 루프의 4개 상호 위치**

그림 6.33에 도시한 바와 같이 두 개의 원형 와이어 루프의 네 가지 상호 위치 중에서, 루프 간의 상호 인덕턴스의 크기 값이 가장 큰 것은?

(A) 경우 (a)

(B) 경우 (b)

(C) 경우 (c)

(D) 경우 (d)

(E) 차이가 없다.

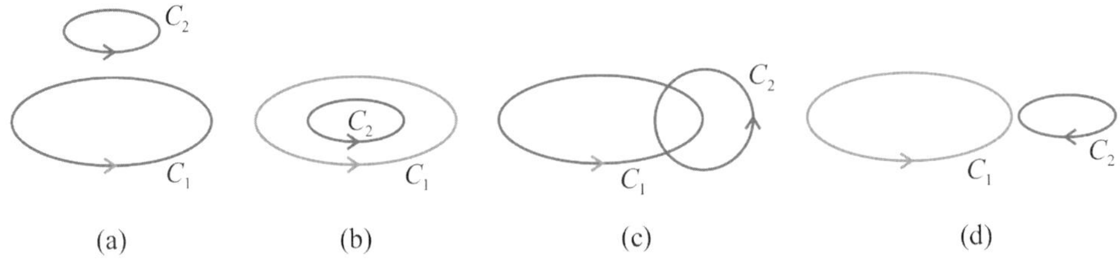

그림 6.33 네 가지 다른 상호 위치를 갖는 두 개의 원형 루프(개념문제 6.51)

개념문제 6.52 **직렬로 연결된 두 개의 코일**

그림 6.34는 카드보드 코어에 감긴 두 개의 코일을 나타낸다. 코일의 상호 인덕턴스 L_{12}의 부호는 무엇인가?

(A) 양수

(B) 음수

(C) 0

(D) 추가 정보가 필요하다.

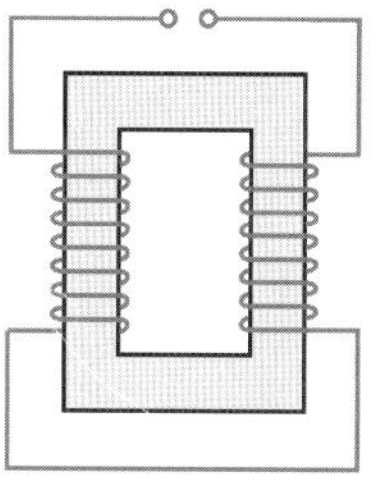

그림 6.34 카드보드 코어에 감긴 코일의 직렬 연결(개념문제 6.52)

개념문제 6.53 **병렬로 연결된 두 개의 코일**

그림 6.35에 도시된 두 개의 코일에 대하여 코일의 상호 인덕턴스 L_{12}의 부호는 무엇인가?

(A) 양수

(B) 음수

(C) 0

(D) 추가 정보가 필요하다.

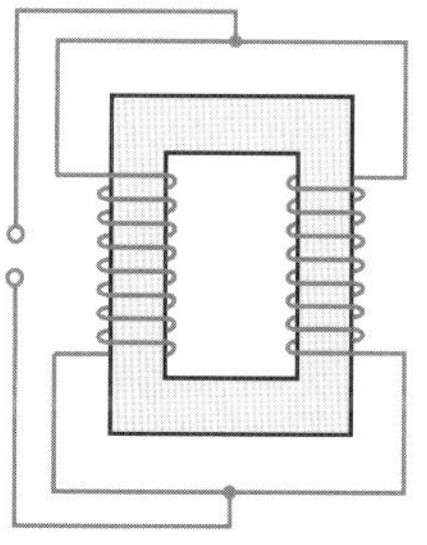

그림 6.35 카드보드 코어에 감긴 코일의 병렬 연결(개념문제 6.53)

개념문제 6.54 **솔레노이드와 루프 간의 자기적 결합**

그림 6.36과 같이 시간적으로 천천히 변하는 세기 $i(t)$의 전류를 갖는 솔레노이드 코일 주변에 개방 회로 루프가 존재한다. 솔레노이드와 루프 간의 상호 인덕턴스를 L_{21}이라고 한다. 솔레노이드의 감은 기준 방향과 루프의 종단을 고려하면, 루프 종단 간의 전압은 무엇인가?

(A) $v(t) = |L_{21}|\,\mathrm{d}i/\mathrm{d}t$

(B) $v(t) = -|L_{21}|\,\mathrm{d}i/\mathrm{d}t$

(C) $v(t) = (a/b)^2|L_{21}|\mathrm{d}i/\mathrm{d}t$

(D) $v(t) = -(a/b)^2|L_{21}|\mathrm{d}i/\mathrm{d}t$

(E) $v(t) = 0$

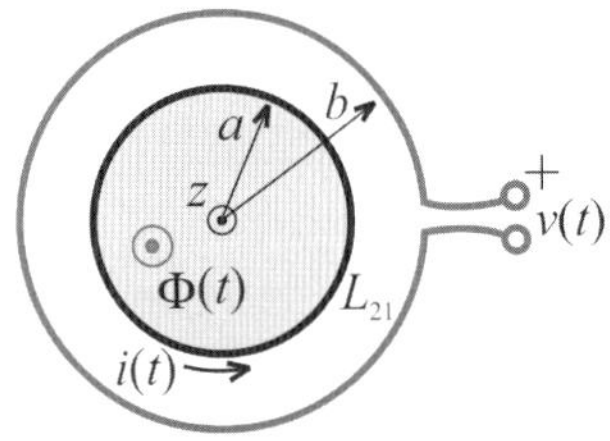

그림 6.36 공기로 채워진 무한히 긴 솔레노이드와 개방 회로 동축 루프의 상호 인덕턴스(개념문제 6.54)

개념문제 6.55 **솔레노이드와 루프 간의 상호 인덕턴스의 계산**

그림 6.36에 도시된 솔레노이드-루프 시스템에 대하여, 상호 인덕턴스 L_{21}는 $L_{21} = \Phi/i$로 계산될 수 있다. 여기서 Φ는 코일의 한 번 감기는 표면을 통과하는 자속이다. 따라서 코일 감김과 루프는 모두 반시계 방향으로 향한다.

(A) 참

(B) 거짓

개념문제 6.56 **단락 회로 루프와 개방 회로 솔레노이드**

먼저 시간적으로 천천히 변하는 세기 $i(t)$의 전류를 가지는 공기가 채워진 무한히 긴 솔레노이드 코일에 대하여 동축으로 개방 회로 루프를 그림 6.37(a)에 도시한 바와 같이 배치한다. 코일의 외부에는 자기장이 존재하지 않는다. 루프 단자 사이의 합성 전압은 $v(t)$이다.

그림 6.37(a)에서 루프는 단락 회로이고 시간적으로 천천히 변하는 세기 $i(t)$의 전류가 그림 6.37(b)와 같이 시계 반대 방향을 기준으로 형성되어 있다고 가정한다. 아울러 솔레노이드 코일은 매우 길지만 유한한 길이(솔레노이드 주변의 루프는 그 길이의 중간에 있다)이고, 와이어를 N번 감으며 개방 회로로 설정한다. 이와 함께 그림 6.37(a)에 도시한 개방 회로 루프 전압 $v(t)$에 대해 반시계 기준 방향에 대하여 그림 6.37(b)의 개방 회로 코일에서 유도된 emf는 다음 중 어느 것인가?

(A) $e_{\text{ind}}(t) \approx v(t)$

(B) $e_{\text{ind}}(t) \approx -v(t)$

(C) $e_{\text{ind}}(t) \approx Nv(t)$

(D) $e_{\text{ind}}(t) \approx -Nv(t)$

(E) $e_{\text{ind}}(t) = 0$

(F) 위의 (A)-(E)에서 해당 사항이 없다.

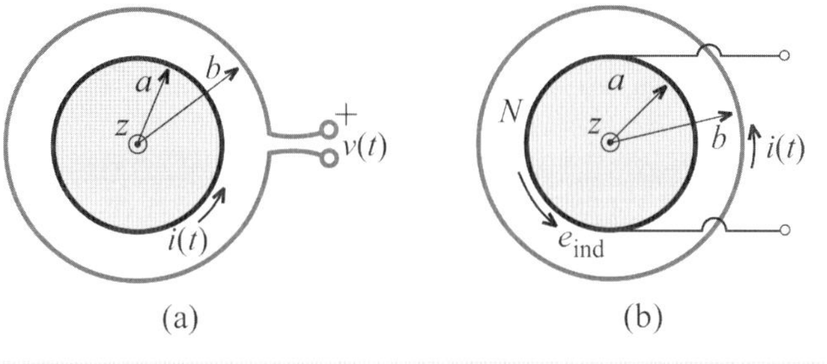

그림 6.37 (a) 전류 $i(t)$를 갖는 솔레노이드와 개방 회로 동축 루프
(b) 전류 $i(t)$를 갖는 단락 회로 루프와 개방 회로 동축 솔레노이드 코일. 보여지는 부분은 구조의 단면이다.(개념문제 6.56)

개념문제 6.57 **상호 인덕턴스의 부호에 대한 2점 관례**

그림 6.38에 도시한 두 개의 자기적으로 결합된 인덕터의 상호 인덕턴스 L_{12}의 부호는 무엇인가?

(A) 양수

(B) 음수

(C) 추가적인 정보가 필요하다

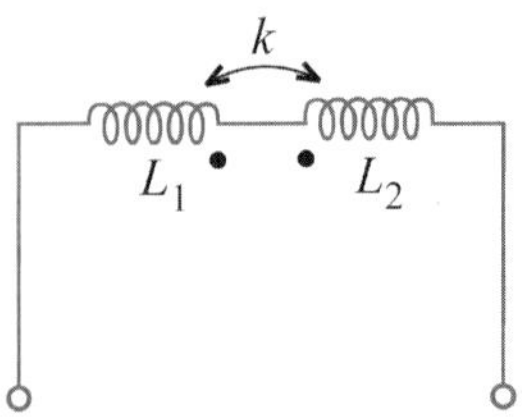

그림 6.38 두 개의 자기적으로 결합된 인덕터(개념문제 6.57)

개념문제 6.58 **직렬로 연결된 두 개의 인덕터의 등가 인덕턴스**

인덕턴스 L_1과 L_2를 가지면 직렬로 연결된 두 개 인덕터의 등가 인덕턴스가 자기적으로 결합되었을 때와 결합이 되지 않을 때를 비교하자. 등가 인덕턴스는 다음 중 어느 경우에 더 큰 값을 갖는가?

(A) 결합이 된경우

(B) 결합이 되지 않은 경우

(C) 차이가 없다.

(D) 추가적인 정보가 필요하다.

개념문제 6.59 **일렬로 코일이 놓인 경우, 두 개 코일의 결합 계수**

두 개 동일한 솔레노이드 코일이 실린더를 따라 일렬로 놓여서 카드보드 코어를 감싸고 있다. 만일 이 코어가 선형 강자성체 물질로 만들어진 것에 의해 대체된다면, 두 코일 간의 결합 계수(k)는 어떻게 되는가?

(A) 증가한다.

(B) 감소한다.

(C) 그대로 유지된다.

(D) 추가 정보가 필요하다.

개념문제 6.60 **코일 안에 코일이 놓인 경우, 두 개 코일의 결합 계수**

공기가 채워져서 동일한 길이와 상이한 반경을 갖는 두 개의 솔레노이드 코일이 중심이 같게 동일 축 위에 놓여 있다. 만일 선형 강자성체 코어가 내부 코일을 꽉 찰 정도로 채워진다면, 코일의 결합 계수 k는 어떻게 변하는가?

(A) 증가한다.

(B) 감소한다.

(C) 그대로 유지된다.

(D) 추가 정보가 필요하다.

개념문제 6.61 **토로이드를 감싸는 코일의 결합 계수**

두 개의 코일이 얇은 토로이드 카드보드 코어 주위를 두 층(한 층 위에 다른 층의 형태)으로 균일하고 촘촘하게 감싸고 있다. 만일 이 코어가 선형 강자성체로 대체되면, 코일의 결합 계수는 어떻게 변하는가?

(A) 증가한다.

(B) 감소한다.

(C) 그대로 유지된다.

(D) 추가 정보가 필요하다.

개념문제 6.62 **완전 자기 도체(PMC) 평면 위 루프의 자기 인덕턴스**

그림 6.39에 도시한 바와 같이 공기 중에서 $\mu_r \to \infty$ 인 강자성체 평판 위에 평평한 금속 와이어 루프가 위치한다. 평판이 존재하는 상태에서 루프의 자기 인덕턴스 L과 평판이 존재하지 않는 상태에서 루프의 자기 인덕턴스 L_0는 어떤 관계인가?

(A) $L = L_0$

(B) $L = 2L_0$

(C) $L \gg L_0$

(D) $L = L_0/2$

(E) $L \ll L_0$

(F) 위의 (A)-(E) 중에 없다.

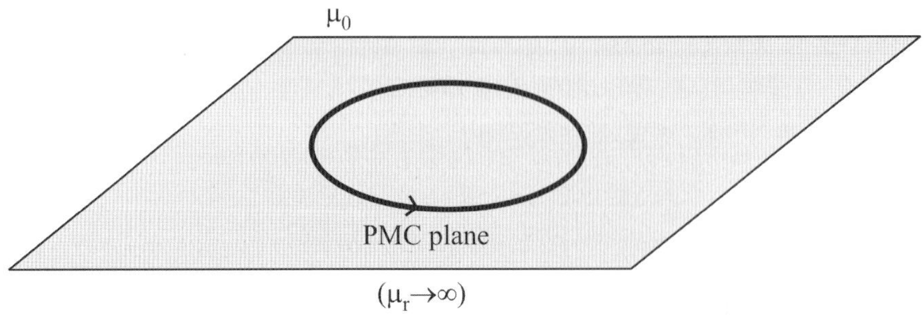

그림 6.39 강자성체(또는 완전 자기 도체) 위에 놓여 있는 평평한 금속 와이어 루프(개념문제 6.62)

개념문제 6.63 **두 개의 결합된 코일의 에너지**

만일 정상 전류 I_1과 I_2를 갖는 두 개의 자기적으로 결합된 코일의 상호 인덕턴스(L_{12})가 두 배($L_{12}^{(new)} = 2L_{12}^{(old)}$)가 되고 자기 인덕턴스와 전류가 변하지 않는다면, 시스템의 자기 에너지는 어떻게 되는가?

(A) 두 배로 증가한다.

(B) 증가하지만 정확히 두 배가 되지 않는다.

(C) 감소한다.

(D) 그대로 유지된다.

(E) 추가 정보가 필요하다.

6.6 변위 전류

본 장의 나머지는 빠르게 시간적으로 변하는 전자기장(고주파수 시간 조화 전자기장(time-harmonic electromagnetic field))에 대하여 다루며, 전자기 지연 효과를 고려하지 않고는 해석할 수 없다. 먼저 전도 전류와 병렬로 변위 전류를 추가함으로써, 일반화된 암페어 법칙(맥스웰의 두 번째 방정식)의 준정자기(정자기) 형을 수정한다. 맥스웰 방정식에서 새로운 항을 추가하는 것은 장 표현에 시간 지연을 포함시키는 것에 대응되며, 전자기파의 전파와 방사를 모델링할 수 있게 한다.

빠르게 시간적으로 변하는(고주파수) 전자기장에 대하여 암페어 법칙의 가장 일반적인 형은 다음과 같다.

$$\oint_C \mathbf{H}\cdot d\mathbf{l} = \int_S \left(\mathbf{J} + \frac{\partial \mathbf{D}}{\partial t}\right)\cdot d\mathbf{S}$$

(정정된 일반화된 암페어 법칙(generalized Ampere's law) (6.11)

여기서 표현 $\partial \mathbf{D}/\partial t$는 전류 밀도의 단위($\mathrm{A/m^2}$)를 가진다. 공기나 진공 중에서도 존재하는 새로운 형태의 전류 밀도이며, 변위 전류 밀도(diplacement current density)라고 부르고 $\mathbf{J}_d$로 표기한다.

$$\mathbf{J}_d = \frac{\partial \mathbf{D}}{\partial t} \text{(변위 전류 밀도 벡터: } \mathrm{A/m^2}) \tag{6.12}$$

천천히 시간적으로 변하는(저주파수) 장(6.11절)의 한 점에서 전속 밀도 벡터의 시간적 변화률 $\partial \mathbf{D}/\partial t$은 식 (3.7)에 주어진 전도성 전류 밀도 벡터 $\mathbf{J} = \sigma \mathbf{E}$에 비교하여 무시할 정도로 느리다. 따라서 식 (6.11)의 암페어 법칙은 식 (5.3)의 준정적(quasistatic) 또는 정적(static)인 형태로 근사화될 수 있다. 예외 사항은 비전도성(예를 들어 공기)이나 전도성이 나쁜 물질에서 천천히 시간적으로 변하는 필드이며, 여기서 $\mathbf{J}$는 0이거나 매우 작은 값이다. 따라서 $\mathbf{J}_d$는 천천히 시간적으로 변하는 경우에도 무시될 수 없다. 그러한 경우를 제외하고는 일반적으로 천천히 시간적으로 변하거나 준정자기장에 대한 암페어 법칙은 $\partial \mathbf{D}/\partial t$를 포함하지 않는다.

개념문제 6.64 **고주파수 전자기장에서 닫힌 경로**

고주파수 시간 조화 전자기장이 손실 매질에서 존재한다. 이 매질에서 전류 밀도는 $\mathbf{J}$이고, 전속 밀도는 $\mathbf{B}$이고, 자속 밀도 벡터는 $\mathbf{B}$이다. 매질내에서 임의의 평판 경로(닫힌 경로)를 따라 자기장 세기 벡터 $\mathbf{H}$를 선적분하면, 경로를 걸쳐 평평한 표면을 통과하는 어느 벡터의 선속과 동일한가?

(A) $\mathbf{J}$

(B) $\mathbf{B}$

(C) $\partial \mathbf{D}/\partial t$

(D) $\mathbf{J} + \partial \mathbf{D}/\partial t$

(E) $-\partial \mathbf{B}/\partial t$

개념문제 6.65 **자기장을 발생하는 변위 전류**

변위 전류는 전도 전류가 자기장을 발생하는 방식과 동일한 방식으로 자기장을 발생한다.

(A) 참

(B) 거짓

개념문제 6.66 **수정된 일반화된 미분형 암페어 법칙**

공간 내의 한점에서 시변 전기장이 존재할 때마다 시변 자기장 세기 벡터 $\mathbf{H}$의 순수한 회전(curl)이 그 지점에서 존재한다.

(A) 참

(B) 거짓

개념문제 6.67 **E와 H 벡터의 관계**

공기 중의 한 점과 한순간에 $\partial\mathbf{E}/\partial t \neq 0$이고 $\mathbf{H}=0$이다. 이것은 가능한가?

(A) 참

(B) 거짓

(C) 불가능하다고 말할 수 있다.

개념문제 6.68 **E와 H 벡터의 또 다른 관계**

공기 중의 한 점과 한순간에 $\nabla\times\mathbf{H}\neq 0$이고 $\mathbf{E}=0$이다. 이것은 가능한가?

(A) 참

(B) 거짓

(C) 불가능하다고 말할 수 있다.

개념문제 6.69 **전도 전류 밀도와 변위 전류 밀도의 비교**

전도성 매질에서 시간 조화 변위 전류 밀도 크기는 동일 지점에서 전도성 전류 밀도보다 절대로 크지 않다.

(A) 참

(B) 거짓

개념문제 6.70 **고주파수와 저주파수에서 변위 전류 밀도**

전도성 매질 내 한 점에서 시간 조화 변위 전류 밀도 벡터는 무시될 수 있다.

(A) 참

(B) 거짓

개념문제 6.71 **60 Hz의 변위 전류**

모든 전자기 문제에서 60Hz의 변위 전류는 무시될 수 있다.

(A) 참

(B) 거짓

개념문제 6.72 **이상적인 커패시터의 단자를 통과하는 전류**

다음 중 전자회로의 이상적인 커패시터의 단자를 통과하여 흐를 수 없는 전류는 무엇인가?

(A) 시간적으로 변하지 않는 전류

(B) 천천히 시간적으로 변하는 전류

(C) 빠르게 시간적으로 변하는 전류

(D) 시간적으로 변하는 모든 형태의 전류

(E) 모든 형태의 전류

(F) 위 (A)-(E) 중에 없다.

개념문제 6.73 **이상적이지 않은 커패시터를 통과하는 전류**

다음 중 전자회로의 이상적이지 않은 커패시터의 단자를 통과하여 흐를수 없는 전류는 무엇인가?

(A) 시간적으로 변하지 않는 전류

(B) 천천히 시간적으로 변하는 전류

(C) 빠르게 시간적으로 변하는 전류

(D) 시간적으로 변하는 모든 형태의 전류

(E) 모든 형태의 전류

(F) 위 (A)-(E)중에 없다.

개념문제 6.74 **전도 전류와 변위 전류간의 관계**

만일 파라미터 ε, μ_0, σ를 갖는 손실 매질의 한 점에서 전도 전류 밀도가 $J(t) = J_0 \sin wt$로 주어지면, 그 점에서 변위 전류 밀도는 다음 중 어느 형태인가? (J_0, w, J_{d0}는 양의 상수이다.)

(A) $J_d(t) = J_{d0} \sin wt$

(B) $J_d(t) = -J_{d0} \sin wt$

(C) $J_d(t) = J_{d0} \cos wt$

(D) $J_d(t) = J_{d0}$

(E) $J_d(t) = 0$

(F) 위의 (A)-(E)중에 없다.

개념문제 6.75 **변위 전류 비율에 대한 전도**

세기 $E(t) = E_0 \cos wt$의 시변 전기장을 가득찬 전도도 σ와 유전율 ε를 갖는 전도성 물질에 대하여, 전도 전류 밀도와 변위 전류 밀도의 최대 크기 값은 어떻게 주어지는가? (여기서 E_0와 w는 양의 상수이다)

(A) $|J|_{max}/|J_d|_{max} = \varepsilon E_0/\sigma$

(B) $|J|_{max}/|J_d|_{max} = \sigma E_0/\varepsilon$

(C) $|J|_{max}/|J_d|_{max} = \omega\varepsilon/\sigma$

(D) $|J|_{max}/|J_d|_{max} = \sigma/(\omega\varepsilon)$

(E) $|J|_{max}/|J_d|_{max} = 0$

(F) $|J|_{max}/|J_d|_{max} \to \infty$

개념문제 6.76 **공기 중에서 변위 전류**

변위 전류는 공기 중에서 존재한다.

(A) 참

(B) 거짓

개념문제 6.77 **진공 중에서 변위 전류**

변위 전류는 진공 중에서 존재한다.

(A) 참

(B) 거짓

6.7 고주파수 전자기장의 맥스웰 방정식

식 (6.11)에 표현된 일반화된 암페어 법칙의 수정형을 식 (6.4), (5.3), (2.5), (4.16)과 묶어서 가장 일반적인 전자기장(빠르게 변하는 또는 고주파수 전자기장)에 대하여 맥스웰 방정식(Maxwell's Equations)의 전체 세트를 정리할 수 있다. 전자기 매질의 물질 특성을 나타내는 세 개의 구성 방정식[식 (2.6), (5.5), (3.7)]과 함께 미분형으로 표현하면 다음과 같다.

$$\nabla \times \mathbf{E} = -\frac{\partial \mathbf{B}}{\partial t} \text{(맥스웰의 첫 번째 방정식, 미분형)} \tag{6.13}$$

$$\nabla \times \mathbf{H} = \mathbf{J} + \frac{\partial \mathbf{D}}{\partial t} \text{(맥스웰의 두 번째 방정식, 미분형)}$$

$$\nabla \cdot \mathbf{D} = \rho \text{(맥스웰의 세 번째 방정식, 미분형)}$$

$\nabla \cdot \mathrm{B} = 0$(맥스웰의 네 번째 방정식, 미분형)
$\mathrm{D} = \mathrm{D(E)}[\mathrm{D} = \epsilon\mathrm{E}]$(D에 대한 구성 방정식)
$\mathrm{B} = \mathrm{B(H)}[\mathrm{B} = \mu\mathrm{H}]$(B에 대한 구성 방정식)
$\mathrm{J} = \mathrm{J(E)}[\mathrm{J} = \sigma\mathrm{E}]$(J에 대한 구성 방정식)

추가로 전류 밀도 J와 전하 밀도 ρ는 구성 방정식(constitutive equation) (3.5) 또는 식 (3.4)의 적분형에 의해 연관된다.

위의 미분형 방정식은 항상 모든 곳에서 유효하다. 예외적인 곳은 전자기 매질의 물질 특성이 한 값에서 다른 값으로 갑자기 변하는 경우 즉, 전자기적으로 다른 물질 사이의 경계 표면이다. 여기서 기본적인 벡터 함수는 경계 표면을 걸쳐서도 갑자기 변화할 뿐만 아니라, 한 점에서도 갑자기 변한다. 이것은 표면에 수직인 방향으로 공간적인 미분이 정의되지 않는다는 것을 의미한다.

또한 주목할 점은 맥스웰 방정식은 완전히 서로 독립적이지 않다는 것이다. 예를 들어, 맥스웰 두 번째 방정식의 미분형에 대하여 좌우변 항에 발산을 취하고, 그 결과 식을 연속방정식 (3.5)와 항등식 $\nabla \cdot (\nabla \times \mathrm{a}) = 0$을 결합하면, 식 (6.13)의 맥스웰 세 번째 방식을 유도할 수 있다.

개념문제 6.78 **고주파수 및 저주파수에서 맥스웰 방정식의 미분형**

맥스웰 방정식의 네 가지 미분형 중 빠르게 시간적으로 변하는 전자기파와 천천히 시간적으로 변하는 전자기파에 대하여 같은 값을 갖는 것은 몇 개인가?

(A) 없다

(B) 한 개

(C) 두 개

(D) 세 개

(E) 모두

개념문제 6.79 **고주파수 및 저주파수에서 맥스웰 방정식의 적분형**

맥스웰 방정식의 네 가지 적분형 중 빠르게 시간적으로 변하는 전자기파와 천천히 시간적으로 변하는 전자기파에 대하여 같은 값을 갖는 것은 몇 개인가?

(A) 없다

(B) 한 개

(C) 두 개

(D) 세 개

(E) 모두

개념문제 6.80 **고주파수 및 시불변장에 대한 맥스웰 방정식의 적분형**

맥스웰 방정식의 네 가지 미분형 중 빠르게 시간적으로 변하는 전자기파에 대한 형태와 시간적으로 변하지 않는 필드에 대한 형태가 같은 것은 몇 개인가?

(A) 없다

(B) 한 개

(C) 두 개

(D) 세 개

(E) 모두

개념문제 6.81 **맥스웰 방정식의 표현**

다음 (a)-(d)의 네 가지 표현 중에서 얼마나 많은 표현이 참인가? (a) 시변 자기장은 전기장을 생성한다. (b) 시변 전기장은 자기장을 생성한다. (c) 전하는 전기장의 소스이다. (d) 자하는 자기장의 소스이다.

(A) 없다

(B) 한 개

(C) 두 개

(D) 세 개

(E) 모두

개념문제 6.82 **회전(circulation)과 선속 (flux)의 맥스웰 방정식의 한계**

빠르게 시간적으로 변하는 장을 갖는 전자기 시스템에서, 두 개의 회전 맥스웰 방정식 적분형을 적용하는 경로 C는 두 개의 선속 맥스웰 방정식을 적용한 닫힌 표면 S로부터 완전히 독립적일 수 있는가?

(A) 예

(B) 아니오

개념문제 6.83 **맥스웰 방정식의 미분형의 유효성**

맥스웰 방정식의 미분형은 임의의 전자기 시스템의 모든 지점과 모든 가능한 전자기파에 대해 유효한가?

(A) 참

(B) 거짓

개념문제 6.84 **서로 다른 맥스웰 방정식의 유도**

빠르게 시간적으로 변하는 전자기장에 대하여 네 개의 맥스웰 방정식의 미분형을 고려할 때, 다음 (a)-(b)중 참인 것은? (a) 두 개의 발산 방정식은 두 개의 회전 방정식과 연관된 구성 방정식으로 유도할 수 있다. (b) 두 개의 회전 방정식은 두 개의 발산 방정식과 구성 방정식으로부터 유도할 수 있다.

(A) 표현 (a)만

(B) 표현 (b)만

(C) 두 표현 모두

(D) 어느 표현도 참이 아니다.

개념문제 6.85 **완전 전기 도체(PEC)에서 0과 0이 아닌 시변 장의 양**

만일 매질이 $\sigma \to \infty$ 인 완전 전기 도체(PEC)라면, 균일 선형 매질내의 시변 전자기장의 네 가지 양(전기장 세기 벡터 $\mathbf{E}$, 자기장 세기 벡터 $\mathbf{H}$, 전속 밀도 벡터 $\mathbf{D}$, 자속 밀도 벡터 $\mathbf{B}$) 중에서 0이 되는 것은?

(A) $\mathbf{E}$와 $\mathbf{D}$만

(B) $\mathbf{E}$, $\mathbf{D}$, ρ만

(C) $\mathbf{H}$, $\mathbf{B}$, $\mathbf{J}$만

(D) $\mathbf{E}$, $\mathbf{H}$, $\mathbf{D}$, $\mathbf{B}$만

(E) 모두 해당

(F) 어느 것도 없다.

개념문제 6.86 **완전 전기 도체(PEC)에서 0과 0이 아닌 정전계**

맥스웰 방정식과 연관된 장과 소스체적량 E, H, D, B, J 중에서 완전 전기 도체($\sigma \to \infty$) 내에서 시불변 전자기파에 대하여 0이 되는 것은?

(A) E와 D만

(B) E, D, ρ만

(C) H, B, J만

(D) E, H, D, B만

(E) 모두 해당

(F) 어느 것도 없다.

6.8 고주파수 전자기장에 대한 경계 조건

빠르게 시간적으로 변하는 또는 고주파수 전자기장에 관한 일반적인 전자기 경계 조건(electromagnetic boundary conditions)은 다음과 같다. 두 개의 전자기 매질(영역 1과 2) 사이의 경계 표면에서 벡터 E와 H의 접선 성분과 D와 B의 법선 성분은 식 (2.7)과 식 (5.7)로부터 동일한 형태를 갖는다. 벡터 표기로 표현하면 다음 식과 같다.

$$\begin{aligned} &\hat{n} \times E_1 - \hat{n} \times E_2 = 0 (E_t\text{에 대한 경계 조건}) \\ &\hat{n} \times H_1 - \hat{n} \times H_2 = J_s (H_t\text{에 대한 경계 조건}) \\ &\hat{n} \cdot D_1 - \hat{n} \cdot D_2 = \rho_s (D_n\text{에 대한 경계 조건}) \\ &\hat{n} \cdot B_1 - \hat{n} \cdot B_2 = 0 (B_n\text{에 대한 경계 조건}) \end{aligned} \tag{6.14}$$

여기서 $\hat{n}$은 표면에 수직인 단위 벡터이고, 영역 2로부터 영역 1로 향한다(그림 2.4와 5.3). 아울러 3.3절에 논의한 바와 같이, 벡터 J의 수직 성분에 대한 경계 조건은 ρ_s 대신 $-\partial\rho_s/\partial t$로 교체하면, D의 수직 성분과 동일한 형태를 갖는다. 즉 $\hat{n} \cdot J_1 - \hat{n} \cdot J_2 = -\partial\rho_s/\partial t$이다.

특별히 중요한 경우로써, 만일 영역 2가 $\sigma \to \infty$인 완전 전기 도체(perfect electric condition), (PEC)이면 그곳에서는 시변 전자기장이 존재하지 않으며, 식 (6.14)는 다음과 같이 된다. 여기서 $\hat{\mathbf{n}}$은 전도체 밖으로 향한다.

$$\hat{\mathbf{n}}\times\mathbf{E}=0,\ \hat{\mathbf{n}}\times\mathbf{H}=\mathbf{J}_s,\ \hat{\mathbf{n}}\cdot\mathbf{D}=\rho_s,\ \hat{\mathbf{n}}\cdot\mathbf{B}=0\text{(PEC 위에서)} \tag{6.15}$$

표면 전류 밀도 $\mathbf{J}_s$와 전하 밀도 ρ_s는 연속 방정식 $\nabla_s\cdot\mathbf{J}_s=-\partial\rho_s/\partial t$에 의해 상호 연관된다. 이것은 식 (3.5)에서 (체적)발산 연산자의 표면 공식을 생성하며, (PEC)평판에 대한 연속 방정식이라고 언급된다.

개념문제 6.87 동적 및 정적 경계 조건

두 개의 다른 매질 사이의 연결 점에서 빠르게 시간적으로 변하는(고주파수) 전기장 세기 벡터 **E**, 자기장 세기 벡터 **H**, 전속 밀도 벡터 **D**, 자속 밀도 벡터 **B**에 대하여, 시불변 전기장 및 자기장에 대하여 동일 조건상에서 비교한다면, 다음 경계 조건 중에서 어느 것이 다른 형태를 가지는가?

(A) **E**의 접선 성분에 대한 경계 조건

(B) **H**의 접선 성분에 대한 경계 조건

(C) **D**의 법선 성분에 대한 경계 조건

(D) **B**의 법선 성분에 대한 경계 조건

(E) 위의 (A)-(D)중 한 개 이상

(F) 위의 경계 조건에서 어느 것도 아니다.

개념문제 6.88 경계를 통과하는 H와 D 벡터 성분의 연속성

두 개의 다른 매질 사이의 연결 점에서 빠르게 시간적으로 변하는 자기장 세기 벡터 **H**와 전속 밀도 벡터 **D** 중 어느 것이 임의의 전자기 매질 간의 경계 표면의 양쪽에서 동일한가?

(A) **H**의 접선 성분

(B) **H**의 법선 성분

(C) **D**의 접선 성분

(D) **D**의 법선 성분

(E) 위의 선택 성분 중 1개 이상

(F) 위의 선택 성분 중 없다.

개념문제 6.89 **경계 표면에 법선 성분의 방향의 역전**

벡터 E와 H의 접선 성분과 D와 B의 법선 성분에 대한 네 개의 일반적인(고주파수) 전자기 경계 조건 중에서, 만일 두 개의 임의의 전자기파 매질 사이의 경계 표면에서 표면의 법선 단위 벡터 $\hat{n}$를 영역 1에서 영역 2로 향하도록 채택하여 다시 작성하면, 어느 것이 동일한 형태를 유지하는가?

(A) 없다

(B) 한 개

(C) 두 개

(D) 세 개

(E) 모두

개념문제 6.90 **PEC 표면 근처에서 0과 0이 아닌 장 성분**

빠르게 시간적으로 변하는 전기장 세기 벡터 E와 자기장 세기 벡터 H의 성분 중에서 공기 중에 놓인 수평 PEC(완전 전기 도체)의 표면으로부터 떨어진 바로 위에서 즉각적으로 반드시 0이 되는 것은?

(A) E의 접선 성분과 H의 법선 성분

(B) E의 법선 성분과 H의 접선 성분

(C) E와 H의 접선 성분

(D) E와 H의 법선 성분

(E) 위 조합 중 한 개 이상

(F) 위 조합 중에서 없다.

개념문제 6.91 **전류 밀도 벡터에 대한 경계 조건**

빠르게 시간적으로 변하는 또는 고주파수 전류 밀도 벡터 J의 법선 성분에 대한 경계 조건은 빠르게 변하는 전류와 전하에 대한 연속 방정식과 대응되어 전도체-전도체 경계에서 정적 버전과 동일한 형태를 가지는가?

(A) 예

(B) 아니오

개념문제 6.92 **PEC 표면에서 표면 전류와 전하의 관계**

직교 좌표계 시스템의 xy-평면에 놓인 평평한 PEC 표면에 고주파수 표면 전류와 전하가 존재한다. x와 y성분에 의해 주어진 표면 전류 밀도 벡터 $\mathbf{J}_s$와 전하 밀도 ρ_s는 표면의 임의의 점에서 서로 어떤 관계인가?

(A) $J_{sx} + J_{sy} = -\partial\rho_s/\partial t$

(B) $\partial J_{sx}/\partial x + \partial J_{sy}/\partial y = \rho_s$

(C) $\partial J_{sx}/\partial x + \partial J_{sy}/\partial y = \partial\rho_s/\partial t$

(D) $\partial J_{sx}/\partial x + \partial J_{sy}/\partial y = -\partial\rho_s/\partial t$

(E) $\partial(J_{sx} + J_{sy})/\partial t = -\partial\rho_s/\partial x - \partial\rho_s/\partial y$

(F) 상호 간 관계가 없다.

6.9 시간 조화 전기자기학

주파수(반복률) f와 크기(첨두값) V_0를 갖는 시간 조화(time-harmonic)(정상 상태 정현) 전압를 고려하자. 전압의 순간 값 즉 어떤 순간 t에서 전압은 다음과 같이 쓸 수 있다.

$$v(t) = V_0\cos(\omega t + \theta) = V\sqrt{2}\cos(\omega t + \theta)\,(V = V_{rms}),\ \omega = 2\pi f,$$
$$T = \frac{2\pi}{\omega} = \frac{1}{f}\,(\text{시간 조화 전압}) \tag{6.16}$$

여기서 w는 각주파수(라디안 주파수)이고, T는 시간 조화 진동의 시간 주기이다. 단위는 주파수 f에 대하여 헤르쯔 (Hz=1/s) 이고, 각주파수 w에 대하여 초당 라디안 (rad/s)이다. 반면에 θ는 전압의 초기 위상(순간 $t=0$일 때 위상)이다. $v(t)$의 실효값(rms)은 정의에 의하여 다음과 같다.

$$V_{rms} = \sqrt{\frac{1}{T}\int_0^T v^2(t)\mathrm{d}t}\ (\text{실효값}) \tag{6.17}$$

따라서 $V = V_{\mathrm{rms}} = V_0/\sqrt{2}$ 이다[4]. 사실 시간 조화 양의 최대 크기보다 실효값을 사용하는것이 더 편리하다. 대부분의 계측기는 측정한 양의 실효값을 읽도록 교정되어 있기 때문이다. 게다가 회로이론과 전자기학에서 시간 조화 작용의 시간 평균 전력, 에너지, 전력 밀도, 에너지 밀도에 대한 모든 표현은 만일 전류, 전압, 필드 세기와 다른 양의 실효값이 사용되면 시불변 작용에 대한 것처럼 계산될 수 있다. 예를 들어, 저항 R의 저항기에서 주울(Joule)의 저항성 손실은 $P_J = RI^2$ (dc), $P_J(t) = Ri^2(t)$ (순간 값)과 같고, 시평균 전력(time-average power)은 다음과 같다.

$$(P_{\mathrm{J}})_{\mathrm{ave}} = \frac{1}{T}\int_0^T P_{\mathrm{J}}(t)\,\mathrm{d}t = R\frac{1}{T}\int_0^T i^2(t)\,\mathrm{d}t = \frac{1}{2}RI_0^2 = RI^2 \text{(시평균 전력)} \quad (6.18)$$

공간에서도 변하는 전자기 양에 대한 시간 조화 표현은 실효값과 초기 위상을 일반적으로 공간 좌표의 함수로 염두에 두면 식 (6.16)과 완전히 유사한 방식으로 나타낼 수 있다. 그리고 벡터에 대한 개별 표현은 각 성분으로 쓸 수 있다. 예를 들어, 시간 조화 전기장 세기 벡터 **E**의 직교 좌표계 x성분은 $E_x(x,y,z,t) = E_x(x,y,z,t)\sqrt{2}\,cos[wt + \theta_x(x,y,z)]$로 표현된다. E_y와 E_z도 유사하다.

개념문제 6.93 **시간 조화 전압과 전류를 갖는 전기 회로**

모든 시간 조화 여기(전압과 전류 신호원)를 갖는 전기 회로에서, 정상 상태에서 모든 응답(회로 소자 양단의 전압과 회로 가지에서 전류)은 항상 동일 주파수의 시간 조화 양이거나 0이다.

(A) 모든 회로에 대하여 참이다.

(B) 모든 회로가 아닌 일부 회로에 대하여 참이다.

(C) 모든 회로에 대하여 거짓이다.

개념문제 6.94 **시간 조화 양 샘플을 갖는 선형 전자기 시스템**

모든 전자기 물질이 선형이지만 불균일할 수 있는 선형 전자기 시스템이 있다. 만일 이 시스템의 한 점에서 전기장 세기 벡터의 x성분이 주파수 f의 시간 조화 양이면, 시스템의 모든 점에서 전기장 세기 벡터와 자기장 세기 벡터의 모든 0이 아닌 x, y, z성분은 주파수 f의 시간 조화 양이다.

4) 실효 값 양은 본 교재의 남은 부분에서 규칙적으로 사용될 것이므로, 그것을 나타내는 아래첨자 'rms'를 표시하지 않는다. 이러한 관행에 따라, V_{rms}는 단순히 V로, H_{rms}는 H로 등등 표기될 것이다.

(A) 참

(B) 거짓

(C) 추가 정보가 필요하다.

개념문제 6.95 **시간 조화 양에 대한 시간기준의 천이**

시간 조화 장 또는 회로 양의 초기 위상(θ)의 변화는 필연적으로 시간 기준($t=0$)의 천이를 초래한다.

(A) 참

(B) 거짓

개념문제 6.96 **가정의 전기 콘센트에서 실효 전압과 첨두 전압**

만일 가정의 전기 콘센트에 꼽혀 있는 ac 전압계가 실효값으로 110V를 나타내면, 콘센트에서 전압의 첨두값은 대략 얼마인가?

(A) 55 V

(B) 77.8 V

(C) 110 V

(D) 155.6 V

(E) 220 V

(F) 주파수에 의존적이다.

개념문제 6.97 **시간 조화 양의 시간 평균값**

임의의 시간 조화 회로의 시간 평균값 또는 필드의 양은 무엇과 동일한가?

(A) 양의 진폭의 $1/2$배

(B) 양의 진폭의 $1/\sqrt{2}$ 배

(C) 양의 실효값의 $\sqrt{2}$ 배

(D) 0

(E) 추가 정보가 필요하다.

개념문제 6.98 **직각 펄스 전압의 실효값**

그림 6.40은 진폭 V_0와 주기 T를 가지면서 주기적인 교류 직각 펄스 시간 함수의 형태인 전압 $v(t)$를 도시하고 있다. 이 전압의 시평균 값 V_{ave}과 실효값 V_s는 얼마인가?

(A) $V_{ave} = V_0/2$, $V_{rms} = V_0/\sqrt{2}$

(B) $V_{ave} = V_{rms} = V_0$

(C) $V_{ave} = 0$, $V_{rms} = V_0/2$

(D) $V_{ave} = 0$, $V_{rms} = V_0/\sqrt{2}$

(E) $V_{ave} = 0$, $V_{rms} = V_0$

(F) $V_{ave} = V_{rms} = 0$

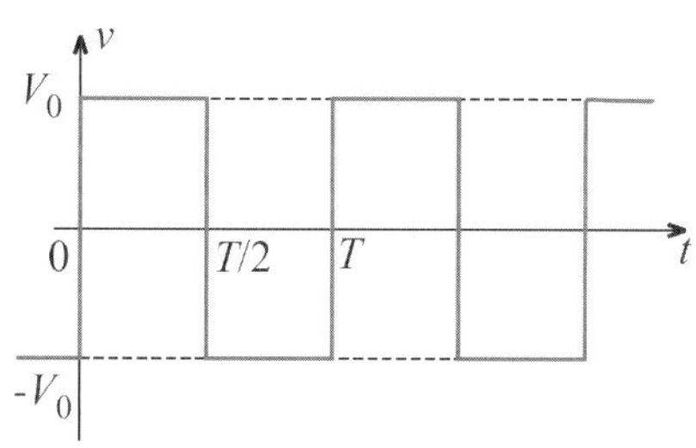

그림 6.40 주기적인 교류 직각 펄스 전압(개념문제 6.98)

개념문제 6.99 **장 세기의 실효값 관점에서 시평균 에너지 밀도**

유전율 ε의 유전체 매질 한 점에서 전기 에너지 밀도의 순시값이 $w_e(t) = \varepsilon E^2(t)/2$로 주어졌다. 여기서 $E(t)$는 그 점에서 전기장 세기의 순간 값이다. 만일 $E(t)$가 시간 조화 장의 실효세기 E_{rms}라면, 연관된 시평균 전기 에너지 밀도는 무엇인가?

(A) $(w_e)_{ave} = \varepsilon E_{rms}^2/2$

(B) $(w_e)_{ave} = \varepsilon E_{rms}^2/4$

(C) $(w_e)_{ave} = \varepsilon E_{rms}^2$

(D) $(w_e)_{ave} = \varepsilon E_{rms}^2/\sqrt{2}$

(E) $(w_{\text{e}})_{\text{ave}} = 0$

(F) 추가 정보가 필요하다.

개념문제 6.100 **실효값 장 세기의 관점에서 첨두값 에너지 밀도**

유전율 ε의 유전체 매질 한 점에서 시간 조화 전기장은 실효값 세기 E_{rms}를 갖는다. 이 점에서 전기 에너지 밀도 $[w_e(t) = \varepsilon E^2(t)/2]$의 최댓값은 무엇인가?

(A) $(w_{\text{e}})_{\max} = \varepsilon E_{\text{rms}}^2 / 2$

(B) $(w_{\text{e}})_{\max} = \varepsilon E_{\text{rms}}^2 / \sqrt{2}$

(C) $(w_{\text{e}})_{\max} = \varepsilon E_{\text{rms}}^2$

(D) $(w_{\text{e}})_{\max} = \sqrt{2}\, \varepsilon E_{\text{rms}}^2$

(E) $(w_{\text{e}})_{\max} = 2\varepsilon E_{\text{rms}}^2$

(F) 추가 정보가 필요하다.

6.10 시간 조화 장 및 회로 양의 복소 표현

시간 조화 양은 그림 6.41과 같이 xy면에서 균일하게 회전하는 벡터 즉 페이저(phasor)로 그래프적으로 표현할 수 있다. 여기서 일정한 각속도 w로 회전하면서 크기 V_0 벡터의 x축으로 투영은 식 (6.16)의 $v(t)$와 동일하다. 게다가 그림 6.41(a)의 x축과 y축이 그림 6.41(b)의 복소 평면의 실수 축과 허수 축이고, 시간 조화 양을 표현하기 위하여 복소수를 사용함을 공식적으로 선언할 수 있다. 복소수[5] $\underline{c}$는 두 개의 실수 a와 b로 이루어져 있고, 그림 6.41(c)에 도시한 바와 같이, 점 $(a,\ b)$나 복소 평면의 벡터[좌표계 원점 관점에서 점 $(a,\ b)$의 위치 벡터]에 대응된다. 이것의 직각(대수적인)과 극좌표(지수적인) 형은 다음 식으로 표현된다.

$$\underline{c} = a + \mathrm{j}b = c\mathrm{e}^{\mathrm{j}\phi},\quad a = \mathrm{Re}\{\underline{c}\},\quad b = \mathrm{Im}\{\underline{c}\},$$
$$\mathrm{j} = \sqrt{-1},\quad c = |\underline{c}| = \sqrt{a^2 + b^2} \tag{6.9}$$

5) 본 교재에서 복소수와 복소 변수를 나타내는 활자는 밑줄이다. 이것은 IEC(International Electrotechnical Commission) 표준과 부합하다.

따라서 a와 b는 $\underline{c}$의 실수와 허수 부분을 각각 표현하고, j는 허수 단위를 나타낸다. 반면에 c는 크기 값(또는 몫)이며, ϕ는 $\underline{c}$의 위상(편각)이다. 그림 6.41(c)와 식 (6.19)에서 한 변 $|a|$와 $|b|$를 갖는 직각 삼각형으로부터, 오일러의 정리(Euler's identity)을 갖는다.

$$e^{j\phi} = \cos\phi + j\,sin\phi \text{(오일러의 정리)} \tag{6.20}$$

그림 6.41(a)에서 회전 벡터를 그림 6.41(b)의 실수 축 위에 투영한 것은 복소수의 실수 부분과 일치하는 것이 명백하다.

시스템에서 시간 조화 양을 나타내는 모든 페이저는 동일 각속도를 갖도록 회전하기 때문에, 순간 $t=0$에서 멈추어 모든 벡터를 갖는 그림은 모든 관계 데이터를 포함하고 있다. 따라서 페이저의 회전을 무시할 수 있고, 관련된 방정식에서 시간 인자 e^{jwt}를 생각할 수 있고, 그림 6.41(d)에 도시된 복소수 표현을 사용할 수 있다. 여기서 시간 조화 양의 복소 실효값 표현은 다음과 같이 정의된다.

$$v(t) = V\sqrt{2}\,cos(\omega t + \theta) \quad \leftrightarrow \quad \underline{V} = Ve^{j\theta},\ v(t) = \mathrm{Re}\{\underline{V}\sqrt{2}\,e^{j\omega t}\}$$
$$\text{(시간 복수 변환; } \underline{V}\text{- 복수 실효값)} \tag{6.21}$$

복소량의 크기는 그 순간의 크기보다는 $|\underline{V}| = V = V_{rms}$를 갖는 실효값으로 표현한다. 그 이유는 앞절에서 도시한 두 예제 (계측기의 판독과 시평균 전력의 계산)에서 이미 언급하고 설명한 바와 같이, 실효값을 사용하는 것이 더 편리하다. 그러나 주목할 점은, 많은 전자기학 교재는 후자의 표현을 사용한다. 즉, $\underline{V} = V_0 e^{j\theta}$ $(V_0 = V\sqrt{2})$의 복소 크기 표현이다. 또한 복소(페이저) 양 $\underline{V}$에 대한 대체적 표현은 $\widetilde{V}$, V_s 등을 포함한다.

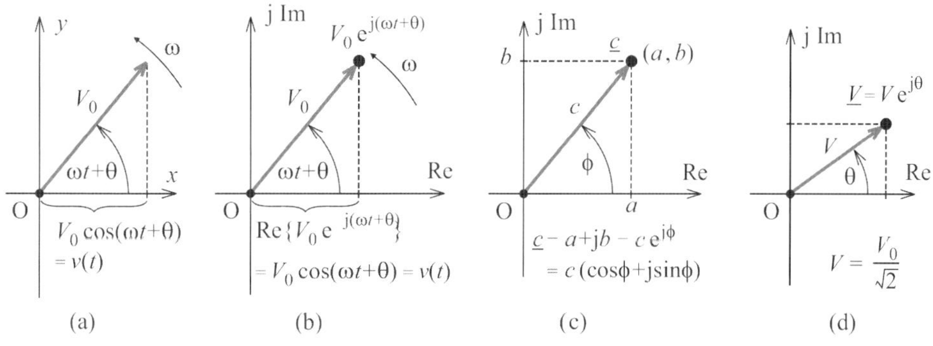

그림 6.41 페이저와 복소수에 의한 시간 조화 양의 표현
(a) 순간적인 양의 크기(첨두값)와 각속도가 진폭과 각주파수와 일치하는 페이저 (회전하는 벡터). [식 (6.16)]
(b) 순간적인 양의 진폭과 위상에 일치하는 크기(몫)와 위상 각도(편각)를 갖는 복소수
(c) 일반적으로 복소수의 미분형과
(d) 시간인자 e^{jwt}가 빠진 시간 조화 양의 최종 적용된 복소수 실효값 표현

식 (6.21)에서 $dv/dt \leftrightarrow jw\underline{V}$로 주어진 시간-복소 변환의 두드러진 특징은 장/회로 방정식에서 모두 시간 미분을 jw인자에 의해 대체할 수 있다는 것이다. 이는 해석을 엄청나게 단순화시킨다. 예를 들어 맥스웰 첫 번째 방정식 미분형 [식 6.13]의 복소 영역 등가는 $\nabla \times \underline{\mathbf{E}} = -jw\underline{\mathbf{B}}$이다.

개념문제 6.101 **복소 평면에서 페이저의 회전**

전자기 시스템 또는 전기 회로에서 다중 시간 조화 양을 표현하는 페이저는 복소 평면에서 회전하므로, 다이어그램에서 읽은 다음 파라미터 중 시간에 따라 항상 같지 않고 변하는 것은?

(A) 모든 시간 조화 양의 크기

(B) 모든 양의 순간적인 위상

(C) 개별 양 간의 위상 차이

(D) 모든 양의 각 주파수

(E) 위의 파라미터중 한 개 세트 이상

(F) 위의 파라미터에는 없다.

개념문제 6.102 **페이저 회전의 방향의 역전**

만일 필드와 회로 시간 조화 양을 나타내는 페이저의 회전이 역전된다면, 즉, 만일 페이저가 시계 방향(수학적으로 음의 방향)으로 회전하도록 설정한다면, 동일 인자 e^{-jwt}(e^{jwt}을 대신해서)를 포함하는 전자기 시스템 또는 전기 회로 모든 양과 동일하다. 이것은 시스템/회로를 지배하는 모든 양/회로 방정식의 양쪽에 나타난다.

(A) 참

(B) 거짓

개념문제 6.103 **시스템/회로에 대한 양족 방향에서 페이저 회전**

페이저를 사용하는 시간 조화 전자기 시스템 또는 전기 회로의 표현과 분석에서, 어떤 페이저는 시계 방향으로 회전하고 다른 것은 반시계 방향으로 회전하는 것이 가능하다.

(A) 참

(B) 거짓

개념문제 6.104 **시간 조화 양의 절대적 및 상대적 페이저**

다음 위상 파라미터 중에서 전자기 시스템 또는 전기 회로의 해석에 있어서 시간 조화 양의 적절한 표현으로 어느 것이 중요한가?

(A) 모든 양의 순간적인(임의의 시간 t에서) 위상

(B) 모든 양의 초기($t=0$) 위상만

(C) 개별 양 간의 위상 차이만

(D) 위상 파라미터 위의 세트 중에서 한 개 이상

(E) 파라미터의 위의 세트 중에는 없다.

개념문제 6.105 **시간 조화 양을 표현하는 sine 함수**

만일 시간 조화 필드 및 회로 양(예: $v(t)=V_0 \sin(wt+\theta)$)을 표현하기 위하여 cosine 대신 sine 함수를 사용된다면, 복소 평면에서 회전하는 벡터(페이저)에 의하여 이러한 양을 표현하는 것은 타당하지 않고 사용할 수 없다.

(A) 참

(B) 거짓

개념문제 6.106 **시간-복소 변환**

$v(t)=10\sqrt{2}\,sin(10^9 t)$ V로 주어지는 시간 조화 전압에 등가인 복소 실효값은 무엇인가?

(A) $\underline{V}=-10$ V

(B) $V=-10\sqrt{2}$ V

(C) $\underline{V}=-\mathrm{j}10$ V

(D) $\underline{V}=-\mathrm{j}10\sqrt{2}$ V

(E) $\underline{V}=\mathrm{j}10\mathrm{e}^{-\mathrm{j}\pi/2}$ V

(F) $\underline{V}=5\sqrt{2}(1-\mathrm{j})$ V

개념문제 6.107 **복소-시간 변환**

만일 복소 실효 전류가 $\underline{I}=(-1+\mathrm{j})$ A라면, 상응하는 순간 전류는 다음 중 어느것인가?

(A) $i(t)=\cos(\omega t-\pi/4)$A

(B) $i(t)=\sqrt{2}\,cos(\omega t-\pi/4)$A

(C) $i(t)=\sqrt{2}\,cos(\omega t+3\pi/4)$A

(D) $i(t)=2\cos(\omega t-\pi/4)$A

(E) $i(t)=2\cos(\omega t+\pi/4)$A

(F) $i(t)=2\cos(\omega t+3\pi/4)$A

여기서 w는 각주파수이다.

개념문제 6.108 **시간 조화장 벡터의 복소 영역 표현**

만일 자기장 세기 벡터가 $\mathbf{H}=\sqrt{2}\,e^{-0.02z}[\cos(10^8t-z)\hat{\mathrm{x}}+\cos(10^8t-z+90^\circ)\hat{\mathrm{y}}]$ A/m로 표현되면, 연관된 복소 유효 값 장 벡터는 무엇인가?

(A) $\underline{\mathbf{H}}=-0.02z\,\mathrm{e}^{-\mathrm{j}10^{-8}z}(\hat{\mathbf{x}}+0.5\hat{\mathbf{y}})$A/m

(B) $\underline{\mathbf{H}}=-0.02z\,\mathrm{e}^{-\mathrm{j}10^{-8}z}(1+\pi/2)\,\hat{\mathbf{z}}$ A/m

(C) $\underline{\mathbf{H}}=-z\mathrm{e}^{-0.02z}(\hat{\mathbf{x}}+\mathrm{j}\,\hat{\mathbf{y}})$A/m

(D) $\underline{\mathbf{H}}=\mathrm{e}^{-0.02z}\mathrm{e}^{-\mathrm{j}z}(\hat{\mathbf{x}}+\mathrm{j}\,\hat{\mathbf{y}})$A/m

(E) $\underline{\mathbf{H}}=\mathrm{e}^{-0.02z}(\hat{\mathbf{x}}+\mathrm{j}\,\hat{\mathbf{y}})$A/m

(F) $\underline{\mathbf{H}}=\mathrm{e}^{-\mathrm{j}1.02z}(\hat{\mathbf{x}}+\mathrm{j}\,\hat{\mathbf{y}})$A/m

개념문제 6.109 **복소 벡터의 순시간 영역 전환**

$\underline{\mathbf{E}}=E_0e^{\mathrm{j}\theta}\sin\beta ze^{-\mathrm{j}\beta x}\hat{\mathbf{x}}+E_0\cos\beta ze^{-\mathrm{j}\beta x}\hat{\mathbf{z}}$으로 주어진 복소 실효 전기장 세기 벡터에 대응하는 순간값은 무엇인가?

(A) $\mathbf{E}(t)=E_0\sqrt{2}\cos\theta\sin\beta z\cos(\omega t-\beta x)\hat{\mathbf{x}}+E_0\sqrt{2}\cos\beta z\cos(\omega t-\beta x)\hat{\mathbf{z}}$

(B) $\mathbf{E}(t)=E_0\sqrt{2}\sin\beta z\cos(\omega t-\beta x+\theta)\hat{\mathbf{x}}+E_0\sqrt{2}\cos\beta z\cos(\omega t-\beta x)\hat{\mathbf{z}}$

(C) $\mathbf{E}(t)=E_0\sqrt{2}\cos(\omega t-\beta z-\beta x+\theta)\hat{\mathbf{x}}+E_0\sqrt{2}\cos(\omega t+\beta z-\beta x)\hat{\mathbf{z}}$

(D) $\mathbf{E}(t)=E_0\sqrt{2}\cos\theta\cos\beta x\cos(\omega t-\beta z)\hat{\mathbf{x}}+E_0\sqrt{2}\cos\beta x\cos(\omega t+\beta z)\hat{\mathbf{z}}$

(E) $\mathbf{E}(t)=-E_0\sqrt{2}\sin\beta z\cos\beta z\cos(\omega t-\beta x+\theta)\hat{\mathbf{y}}$

(F) $\mathbf{E}(t)=-E_0\sqrt{2}\sin\beta z\cos\beta z\cos\beta x\cos(\omega t+\theta)\hat{\mathbf{y}}$

개념문제 6.110 **편미분 방정식의 복소 등가**

편미분 방정식의 복소 영역 등가는 다음 중 어느것인가?

(A) $\partial \underline{E}_x/\partial z=-\mathrm{j}w\mu\underline{H}_y$

(B) $\mathrm{j}\omega\underline{E}_x=-\mu\partial\underline{H}_y/\partial t$

(C) $\mathrm{j}\omega\underline{E}_x=-\mathrm{j}\omega\mu\underline{H}_y$

(D) $\partial \underline{E}_x/\partial z=\mathrm{j}w\mu\underline{H}_y$

(E) $\partial \underline{E}_x/\partial z=\mathrm{j}w\mu\underline{H}_y/\omega$

(F) $\partial \underline{E}_x/\partial z=-\mu\partial\underline{H}_y/\partial t$

개념문제 6.111 **복소 영역에 대한 2차 PDE(partial differrential equation)의 변환**

2차 편미분 방정식 $\partial E_x/\partial z=-\mu\partial H_y/\partial t$을 복소 영역에서 나타내면 다음 중 어느 것인가?

(A) $\nabla^2\underline{V}-\varepsilon\mu\partial^2\underline{V}/\partial t^2=-\rho/\varepsilon$

(B) $\nabla^2\underline{V}=-\rho/\varepsilon$

(C) $\nabla^2\underline{V}-j\omega\varepsilon\mu\underline{V}=-\rho/\varepsilon$

(D) $\nabla^2\underline{V}+j\omega\varepsilon\mu\underline{V}=j\omega\rho/\varepsilon$

(E) $\nabla^2\underline{V}+\omega^2\varepsilon\mu\underline{V}=-\rho/\varepsilon$

(F) $\nabla^2\underline{V}-\omega^2\varepsilon\mu\underline{V}=-\rho/\varepsilon$

개념문제 6.112 **복소 벡터의 도시**

일반적으로 복소 벡터는 세 개의 실수부와 세 개의 허수부가 있으므로 여섯 개 숫자의 조합이다. 이것은 순간적인 값과 달리 특별한 경우를 제외하고 복소 벡터가 공간에 그려질 수 없는 이유이다.

(A) 참

(B) 거짓

6.11 로렌쯔 전자기 포텐셜

시간 지연 개념은 전자기학에서 가장 중요한 현상이다. 기본적으로 필드의 원천(source) 즉 시변 전하와 전류의 변화와 상응하는 필드의 변화 간에는 시간 지연이 존재하다는것을 말해준다. 따라서 소스로부터 어떤 거리의 필드 세기의 값은 그 이전 시간의 전하와 전류 밀도의 값에 의존적이다. 다시 말하면, 전하와 전류의 변화에 대하여 원거리장의 한 점에서 영향을 느끼기에는 일정 시간이 소요된다. 시간 지연은 상응하는 거리를 진행하여 전자기 교란에 필요한 시간과 동일하다.

즉, 그림 6.42(a)에 도시한 것처럼, 체적 v의 소스영역에서 체적 전류와 전하의 임의의 분포를 고려하자. 체적 v에서 전류 밀도 $\mathbf{J}$와 전하 밀도 ρ를 공간 좌표와 시간의 알려져 있는 함수로 설정한다. 만일 시간 변화가 빠르면(고주파수), 공간(장 또는 관측점) 상의 임의의 점 P에서 전기 스칼라 포텐셜(electric scalar potential) V와 자기 벡터포텐셜(magnetic vector potential) $\mathbf{A}$는 다음으로 나타낸다(정적인 경우는 식 (1.2)와 (4.17)로 주어진 형태를 가진다).

$$V(t)=\frac{1}{4\pi\varepsilon}\int_v \frac{\rho(t-R/c)\mathrm{d}v}{R},\quad \mathbf{A}(t)=\frac{\mu}{4\pi}\int_v \frac{\mathbf{J}(t-R/c)\mathrm{d}v}{R},\quad c=\frac{1}{\sqrt{\varepsilon\mu}}$$

(로렌쯔 전기 스칼라 포텐셜과 자기 벡터 포텐셜) (6.22)

여기서 선전하와 전류에 대하여 식 (6.22)에서 $\rho\mathrm{d}v$와 $\mathbf{J}\mathrm{d}v$는 $Q'\mathrm{d}l$와 $i\mathrm{d}\mathbf{l}$로 대체된다. 이러한 포텐셜을 로렌쯔 전자기 포텐셜(Lorenz electromagnetic potential) 또는 지연 전자기 포텐셜(retarded electromagnetic potential)이라고 칭한다. 상수 c는 매질(파라미터 ε와 μ) 내에서 전자기 교란의 전파 속도(velocity of propagation)이다. 만일 매질이 공기(진공)이면, 식 (1.2)와 (4.3)로부터 ε_0와 μ_0에 대한 값으로 대체되며, $c_0=1/\sqrt{\varepsilon_0\mu_0}\approx 3\times10^8$ m/s가 된다. 이것은 자유공간에서 빛의 속도(speed of light) (그리고 다른 전자기파)와 동일하

다. 식 (6.22)에서 시간 t는 점 P에서 시간인 반면에 $t'=t-R/c$는 그림 6.42(a)에서 소스점(P')의 시간이므로, 소스와 포텐셜 간에는 식 (6.23)의 시간 지연(time retardation)이 존재한다고 결론지을 수 있다.

$$\tau=\frac{R}{c}\text{(소스와 관측점 간의 시간 지연)} \tag{6.23}$$

바꾸어 말하면, P'에서 기본 소스 ρdv와 $\mathbf{J}dv$의 시간 변화에 의한 발생하는 전자기 교란은 빛의 속도로 구형 전자기파의 형태[식 6.42(a)]로 거리 R을 걸쳐 진행하고, 전파 시간 τ후에 P에서 포텐셜과 필드로 운반된다.

물론, 고주파수 소스 분포 $\mathbf{J}$와 ρ는 그림 6.42(a)에서 독립적으로 특정될 수 없고, 식 (3.5)의 연속 방정식에 의해 반드시 서로 연관이 있고, i와 Q'간에도 유사한 관계를 갖는다. 주목할 점은, 후자의 관계는 와이어의 연속방적식으로 알려져 있는데, 그림 6.42(b)처럼 와이어 전도체에서 빠르게 시간적으로 변하는 전류의 세기는 도체를 따라 변할 수 있다는 것을 의미하며, 식 (3.4)로부터 $i_2-i_1=-\partial(Q'/\Delta l)/\partial t$ 이다. 이것은 와이어 도체에서 시불변이며, 천천히 시간적으로 변하는 전류와는 반대이다. 소스 분포(예: $\mathbf{J}$와 ρ)간의 연속관계는 포텐셜 $\mathbf{A}$와 V간 유사한 미분 관계를 생성하며, 이것을 포텐셜에 대한 연속 방정식 또는 로렌쯔 조건(Lorenz condiction) (로렌쯔 게이지(Lorenz gauge))이라고 한다.

그러나 만일 관심 있는 영역의 소스와 필드 위치의 모든 조합에 대하여 시간 τ가 소스의 변화 시간 [예를 들어 시간 조화(정상 상태 정현파) 전하 및 전류의 변화 주기, $T=1/f$, 여기서 f는 소스의 주파수 (식 6.16)] 보다 상당히 더 짧다면, 고려하는 시스템에서 지연 효과는 무시될 수 있다. 이것은 시스템 크기 및 전하와 전류의 변화율은 소스가 상당히 변하기 이전에 전체 시스템 또는 시스템의 관심 부분에 걸쳐 전자기 교란이 진행될 수 있을 정도라는 것이다. 우리는 이러한 전하와 전류가 천천히 시간적으로 변하거나 또는 저주파수 소스라고 부르며, 상응하는 전자기장이 천천히 시간적으로 변하거나 (저주파수), 또는 준정적 필드(quasi-static

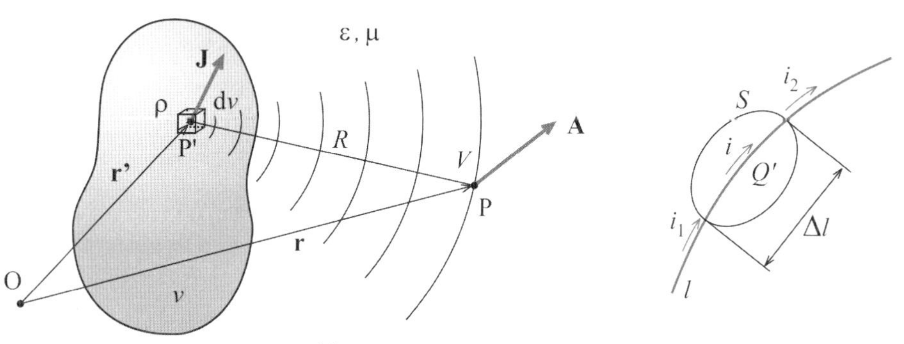

그림 6.42 (a) 선형 균일 무손실 매질에서 빠르게 시간적으로 변하는 체적 전류와 전하에 의한 전자기 포텐셜의 계산
(b) 빠르게 변하는 선전류에 대한 연속방정식 삽화

field)라고 부른다. 좀더 구체적으로, 만일 관찰하고 있는 전자기 시스템이 저주파수 또는 준정적 조건을 만족하면, 식 (6.23)에서 $\tau \approx 0$이고 식 (6.22)에서 포텐셜 V와 $\mathbf{A}$는 미지연 준정적 포텐셜(non-retarded quasistatic electric potential)과 미지연 준정적 자기 포텐셜(non-retarded quasistatic magnetic potential)이 각각 된다.

개념문제 6.113 **소스와 관찰점 간의 시간 지연**

선형 균일 비손실 매질에 빠르게 시간적으로 변하는 소스(전류와 전하)를 갖는 전자기 시스템이 있다. 만일 소스의 시간 변화가 더 빨라지면, 소스와 필드 관찰점 간의 시간 지연은?

(A) 증가한다.

(B) 감소한다.

(C) 동일하게 유지된다.

(D) 추가 정보가 필요하다.

개념문제 6.114 **체적 전류와 체적 전하로 인한 로렌쯔 포텐셜**

공기 중에서 영역 v안에 고주파수 시간 조화 체적 전류 밀도 $\mathbf{J}$와 전하 밀도 ρ가 임의로 분포하고 있고, 그에 상응한 자기 벡터 포텐셜 $\mathbf{A}$와 전기 스칼라 포텐셜 V가 영역의 임의의 점 (포텐셜 중 어느 것도 0이 아닌다)에서 존재한다. 만일 $\mathbf{J}$가 영역 v의 모든 곳에서 두 배가 되어서 새로운 전류 밀도 벡터 $\mathbf{J}_{\text{new}} = 2\mathbf{J}$이면, 새로운 포텐셜은 무엇인가?

(A) $\mathbf{A}_{\text{new}} = 2\mathbf{A},\ V_{\text{new}} = V$

(B) $\mathbf{A}_{\text{new}} = \mathbf{A},\ V_{\text{new}} = 2V$

(C) $\mathbf{A}_{\text{new}} = 2\mathbf{A},\ V_{\text{new}} = 2V$

(D) $\mathbf{A}_{\text{new}} = 4\mathbf{A},\ V_{\text{new}} = V$

(E) 위 (A)-(D)에 없다.

개념문제 6.115 **체적 소스에 의한 로렌쯔 포텐셜 간의 관계**

자유공간에서 고주파수 전류 및 전하의 체적 분포에 의한 포텐셜 $\mathbf{A}$와 V 간의 미분 관계식은 무엇인가?

(A) $\nabla \times \mathbf{A} = -\varepsilon_0 \mu_0 \nabla V$

(B) $\nabla \times \mathbf{A} = -\varepsilon_0\mu_0 V$

(C) $\nabla \cdot \mathbf{A} = -\varepsilon_0\mu_0 \partial V/\partial t$

(D) $\nabla \cdot \mathbf{A} = -\varepsilon_0\mu_0 V$

(E) $\mathbf{A}$와 V는 서로 연관이 없다.

개념문제 6.116 **선 소스로 인한 로렌쯔 포텐셜 간의 관계**

자유공간의 금속 와이어를 따라 고주파수 전류 세기 i와 전하 밀도 Q'에 의한 포텐셜 $\mathbf{A}$와 V 간의 관계는 무엇인가?

(A) $\nabla \times \mathbf{A} = -\varepsilon_0\mu_0 \nabla V$

(B) $\nabla \times \mathbf{A} = -\varepsilon_0\mu_0 V$

(C) $\nabla \cdot \mathbf{A} = -\varepsilon_0\mu_0 \partial V/\partial t$

(D) $\nabla \cdot \mathbf{A} = -\varepsilon_0\mu_0 V$

(E) $\mathbf{A}$와 V는 서로 연관이 없다.

개념문제 6.117 **표면 소스로 인한 로렌쯔 포텐셜 간의 관계**

자유공간에서 고주파수 표면 전류 밀도 $\mathbf{J}_s$와 전하 밀도 ρ_s 간의 미분 관계는 다음 중 무엇인가?

(A) $\nabla \times \mathbf{A} = -\varepsilon_0\mu_0 \nabla V$

(B) $\nabla \times \mathbf{A} = -\varepsilon_0\mu_0 V$

(C) $\nabla \cdot \mathbf{A} = -\varepsilon_0\mu_0 \partial V/\partial t$

(D) $\nabla \cdot \mathbf{A} = -\varepsilon_0\mu_0 V$

(E) $\mathbf{A}$와 V는 서로 연관이 없다.

개념문제 6.118 **전기 및 자기 포텔셜의 관계**

자유공간에서 시불변 체적 전류와 전하에 의한 포텐셜 $\mathbf{A}$와 V의 관계는 무엇인가?

(A) $\nabla \times \mathbf{A} = -\varepsilon_0\mu_0 \nabla V$

(B) $\nabla \times \mathbf{A} = -\varepsilon_0 \mu_0 V$

(C) $\nabla \cdot \mathbf{A} = -\varepsilon_0 \mu_0 \partial V / \partial t$

(D) $\nabla \cdot \mathbf{A} = -\varepsilon_0 \mu_0 V$

(E) $\mathbf{A}$와 V는 서로 연관이 없다.

개념문제 6.119 개방 종단을 갖는 와이어에서 전류

다음 전류의 형태 중에서 유한 길이의 곧게 뻗은 금속와이어(개방 종단을 갖는 와이어)에 흐를 수 있는 것은?

(A) 시불변 전류

(B) 천천히 시간적으로 변하는 전류

(C) 빠르게 시간적으로 변하는 전류

(D) 모든 시변 전류

(E) 모든 전류

(F) 위 (A)-(E)에 없다.

개념문제 6.120 와이어 루프를 따라 전류 크기의 변화

자유공간에서 반경 a=30cm인 원형 와이어 루프에 크기가 루프를 따라 상당히 변하는 시간 조화 전류가 흐르고 있다. 다음 중에서 이 전류의 가능한 주파수는 무엇인가?

(A) 0Hz(dc), 60Hz, 100kHz, 1GHz

(B) 0Hz(dc), 60Hz, 100kHz

(C) 0Hz(dc), 60Hz, 100kHz, 1GHz

(D) 60Hz, 100kHz

(E) 100kHz, 1GHz

(F) 1GHz

개념문제 6.121 **천천히 시간적으로 변하는 전자기장**

자유공간에서 시변 전자기장의 관심 영역(해석을 위한 모든 소스와 모든 장의 위치를 포함하는)의 최대 크기를 D로 지정하고, Δt를 소스 변화의 최소 시간으로 지정할때, 필드가 천천히 시간적으로 변하는 것으로 간주할지 안 할지를 판단할 수 있는 기준은 무엇인가?

(A) $D = c_0 \Delta t \ (c_0 = 3 \times 10^8 \, \mathrm{m/s})$

(B) $D > c_0 \Delta t$

(C) $D < c_0 \Delta t$

(D) $D \gg c_0 \Delta t$

(E) $D \ll c_0 \Delta t$

개념문제 6.122 **삼각형 루프에서 저주파수 시간 조화 전류**

그림 6.43에 도시한 것처럼, 공기 중에서 한 변이 a인 정사각형의 반으로 나타내는 삼각형 루프에 세기 $i(t) = I_0 \cos(2\pi f t)$의 시간 조화 전류가 흐른다. 이 전류로 인한 전자기장은 사각형의 4번째 꼭지점에 위치한 점 P에서 계산될 수 있다. 이 계산에서 $i(t)$가 저주파수 전류로 간주될 수 있는 것은 다음 중 어느 것인가?

(A) 1kHz

(B) 1kHz, 1MHz

(C) 1kHz, 1MHz, 1GHz

(D) 위 (A)-(C)중에 없다.

(E) 추가 정보가 필요하다.

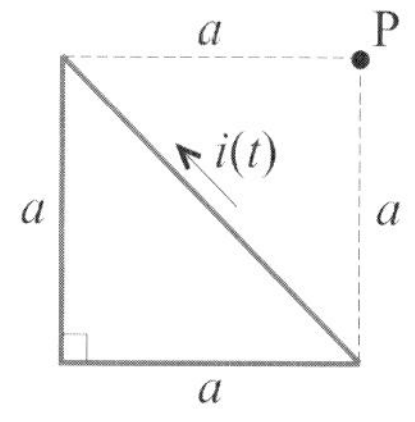

그림 6.43 공기 중에서 시간 조화 전류를 갖는 삼각형 전류 루프(개념문제 6.122)

개념문제 6.123 **준정적 시스템으로써 전류 루프**

그림 6.43에서 전류 $i(t) = I_0 \cos(2\pi f t)$와 관측점 P를 갖는 삼각형 루프가 있다. 빛의 속도와 자유공간에서 다른 전자기파의 속도를 c_0 $(c_0 = 3\times 10^8 \text{ m/s})$라고 하면, 다음 어느 경우에 준정적이라고 할 수 있는가?

(A) $f \ll c_0/a$

(B) $f \ll c_0 a$

(C) $f < 2\pi c_0/a$

(D) $f \gg c_0/a$

(E) $f \ll 1\text{MHz}$

(F) $f \gg 1\text{MHz}$

개념문제 6.124 **EMI 소스로써 펄스 전류를 갖는 삼각형 루프**

전자기 간섭 (EMI)의 소스는 삼각형 루프로 도시할 수 있으며, 그림 6.44(a)에 도시한 것처럼 한 변의 길이가 a=5cm이고, 공기 중에 놓여 있다. 경로에 세기 $i(t)$의 전류가 흐르고 있으며, 그림 6.44(b)의 시간 함수의 펄스 형태이다. EMI는 그림 6.44(a)의 점 P에서 계산될 수 있다. 이 전류는 시간적으로 천천히 변하고 시스템은 준정적이라고 간주될 수 있나?

(A) 참

(B) 거짓

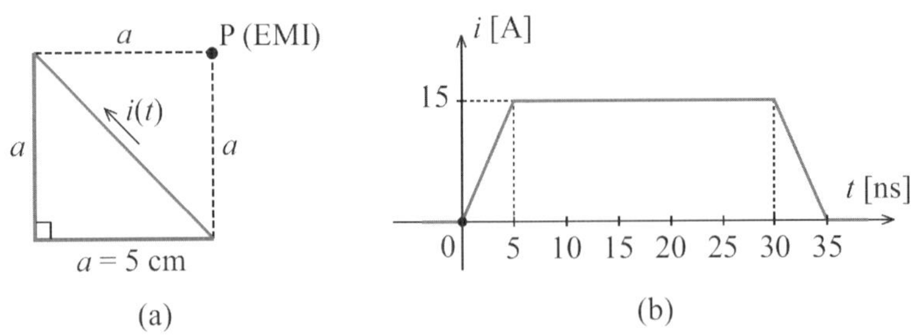

그림 6.44 (a) EMI 소스를 모사하는 삼각형 전류 루프
(b) 루프에서 상승과 하강 시간이 0이 아닌 펄스 전류 세기(개념문제 6.124)

개념문제 6.125 **더 큰 삼각형 루프에서 펄스 전류**

삼각형 전류 루프의 a=1m이고, 그림 6.44(a)의 점 P에서 EMI를 평가한다고 가정하면, 그림 6.44(b)에서 펄스 전류는 천천히 시간적으로 변하고, 시스템은 준정적이라고 간주할 수 있는가?

(A) 예

(B) 아니오

(C) 판단할 수 없다.

개념문제 6.126 **준정적 시스템에서 전자기 교란의 진행**

준정적 시스템에서, 전자기 교란(전자기파)이 시스템의 한 점에서 다른 점으로 전파하는 속도는 등가적으로 어떻게 간주될 수 있는가?

(A) 0

(B) 무한한 값

개념문제 6.127 **저주파수에서 고주파수 포텐셜의 사용**

다양한 전류와 전하 분포에 의한 전기 포텐셜과 자기 포텐셜에 대한 고주파수 표현은 저주파수에서도 잘 활용될 수 있다.

(A) 참

(B) 거짓

6.12 순간 및 복소 포인팅 벡터, 포인팅 정리

벡터 E와 H로 묘사되는 임의의 전자기장을 고려하자. 상응하는 순간 포인팅 벡터(Poynting vector)는 다음으로 정의된다.

$$\mathbf{P} = \mathbf{E} \times \mathbf{H} \text{(포인팅 벡터; 단위: W/m}^2\text{)} \tag{6.24}$$

(심볼 **S**도 또한 포인팅 벡터를 표기하기 위하여 광범위하게 사용된다) 포인팅 벡터는 표면 전력 밀도(단위면적 당 전력)의 차원을 가지고, W/m^{2}로 표현된다(E의 단위인 V/m에 H의 단위인 A/m를 곱한다). 따라서 어떤(개방 및 닫힌) 표면 S(전력 흐름)를 통과하여 전달되는 순간 전력은 다음으로 구할 수 있다.

$$P_{\mathrm{f}} = \int_S \mathbf{P}\cdot \mathrm{d}\mathbf{S} \text{(표면 } S\text{를 통과하는 순간 전력 흐름; 단위: W)} \tag{6.25}$$

시간 조화 장의 경우에 복소 전력 벡터(complex Poynting vector)는 다음으로 주어진다.

$$\underline{\mathbf{P}} = \underline{\mathbf{E}} \times \underline{\mathbf{H}}^* \text{ (복소 전력 벡터)} \tag{6.26}$$

여기서 $\underline{\mathbf{E}}$와 $\underline{\mathbf{H}}$는 각각 복소 유효 전기장 세기 및 자기장 세기 벡터이다[식 (6.210]. 따라서 식 (6.24)에서 순간 포인팅 벡터의 시평균은 다음과 같다. [식 (6.18)]

$$\underline{\mathbf{P}}_{\mathrm{ave}} = \frac{1}{T}\int_0^T \mathbf{P}(t)\mathrm{d}t = \mathrm{Re}\{\underline{\mathbf{P}}\} \text{(시평균 포인팅 벡터)} \tag{6.27}$$

이것은 단위면적당 시평균(활성) 전력 흐름을 나타낸다. 표면 S를 통과하는 복소 전력 흐름과 시평균 순전력 흐름은 다음으로 계산된다.

$$\underline{S} = \int_S \underline{\mathbf{P}} \cdot \mathrm{d}\mathbf{S} \text{ and } P_{\mathrm{ave}} = \int_S \mathbf{P}_{\mathrm{ave}} \cdot \mathrm{d}\mathbf{S} \text{(복소 전력 흐름과 시평균 전력 흐름)} \tag{6.28}$$

포인팅 정리(Poynting's theorem)는 전자기장에 적용되는 에너지보존 법칙의 수학적 표현을 나타낸다. 이것은 시간이나 복소 영역에서 맥스웰 방정식로부터 직접 유도되며, 정적인 경우에도 사용될 수 있다. 선형이고 일반적으로 비균일이고 손실 물질을 갖는 체적 v의 임의의 공간 영역에 대하여, 다음과 같이 쓸 수 있다.

$$P_{\mathrm{g}}(t) = P_{\mathrm{J}}(t) + \frac{\mathrm{d}W_{\mathrm{em}}}{\mathrm{d}t} + P_{\mathrm{f}}(t) \text{(포인팅 정리)} \tag{6.29}$$

식 (6.29) 좌측에 있는 P_{g}은 외부 전기 에너지 체적 소스(신호원)의 전체 순간 발생 전력이며, 회로 이론에서 이상적인 전압과 전류 신호원과 유사하다. 식 (6.29) 우측에 있는 P_{J}는 전체 주울 옴 손실의 순간 전력이다. 밀도는 체적 v에서 식 (3.9)로 주어지고, $W_{\mathrm{em}} = W_{\mathrm{e}} + W_{\mathrm{m}}$은 전체 저장된 순간 전자기 (전기와 자기의 합) 에너지이며, 이것의 에너지 밀도는 식 (2.20)과 그림 5.17(b)의 w_e와 w_m이다. 그리고 P_{f}는 식 (6.25)와 같이 표면 S를 통과하는 영역을 빠져나가는 전체 순시 순전력이다.

개념문제 6.128 **포인팅 벡터의 선속**

동적 전자기 시스템에서, 전기장 벡터 E는 표면 S의 모든 점에서 수직이고, S를 통과하여 같은 방향으로 향한다. E의 방향과 동일한 S의 방향을 갖는 표면을 통과하는 포인팅 벡터 $\boldsymbol{P}$의 부호는 무엇인가?

(A) 양수

(B) 음수

(C) 0

(D) 추가적인 정보가 없다.

개념문제 6.129 **복소 포인팅 벡터로부터 시평균**

만일 한 점에서 복소 포인팅 벡터가 $\underline{\mathbf{P}} = (2+j4)\hat{\mathbf{x}}\ \mathrm{W/m^2}$이면, 그 점에서 시평균 포인팅 벡터는 얼마인가?

(A) $\mathbf{P}_{ave} = 1\hat{\mathbf{x}}\ \mathrm{W/m^2}$

(B) $\mathbf{P}_{ave} = \sqrt{2}\hat{\mathbf{x}}\ \mathrm{W/m^2}$

(C) $\mathbf{P}_{ave} = 2\hat{\mathbf{x}}\ \mathrm{W/m^2}$

(D) $\mathbf{P}_{ave} = 4\hat{\mathbf{x}}\ \mathrm{W/m^2}$

(E) $\mathbf{P}_{ave} = 6\hat{\mathbf{x}}\ \mathrm{W/m^2}$

개념문제 6.130 **시평균 전력 흐름**

영역 벡터가 $\mathbf{S} = 1\hat{\mathbf{z}}\ \mathrm{m^2}$인 표면의 모든 점에서, 복소 유효 전기장 세기 벡터와 자기장 세기 벡터가 각각 $\underline{\mathbf{E}} = 3e^{j4}\hat{\mathbf{x}}\ \mathrm{V/m}$이고, $\underline{\mathbf{H}} = 2e^{j4}\hat{\mathbf{y}}\ \mathrm{A/m}$이다. S 방향으로 S를 통과하여 전달되는 시평균 전력은 얼마인가?

(A) $P_{ave} = 3\ \mathrm{W}$

(B) $P_{ave} = 6\ \mathrm{W}$

(C) $P_{ave} = 0$

개념문제 6.131 **리액티브 전력 흐름**

$\mathbf{S} = 1\hat{\mathbf{z}}\ \mathrm{m}^2$를 갖는 표면과, 그 표면에서 복소 전기장 세기 벡터 $\underline{\mathbf{E}} = 3e^{j4}\hat{\mathbf{x}}$ V/m와 자기장 세기 벡터 $\underline{\mathbf{H}} = 2e^{j4}\hat{\mathbf{y}}$ A/m에 대하여, $\mathbf{S}$방향으로 S를 통과하여 전달되는 리액티브 전력은 얼마인가?

(A) $Q = 6$ W

(B) $Q = -3$ W

(C) $Q = 0$

개념문제 6.132 **포인팅 정리에서 양과 음의 항**

포인팅 정리의 영역 v에 대하여 모든 항을 고려하자. 전력 신호원 P_g, 주울 손실 전력 P_J, 저장된 전자기 에너지의 시간 변화율 $dW_\mathrm{em}/\mathrm{d}t$, 경계 표면 S를 통과하는 전력 흐름 P_f 중에서 음과 양의 값을 모두 가질 수 있는 것은 무엇인가?

(A) 없다.

(B) 한 개

(C) 두 개

(D) 세 개

(E) 모두

개념문제 6.133 **신호원이 없는 영역으로부터 전력**

전자기장에 의해 점유된 영역 v는 어떠한 신호원도 포함하고 있지 않다. 이 영역으로부터 외부 공간으로 나가는 유출 순간 전력 흐름 $P_\mathrm{f}(t)$의 부호는 무엇인가?

(A) 반드시 양수이다.

(B) 반드시 0이다.

(C) 반드시 음수가 아니다(양수 또는 0).

(D) 반드시 음수이다.

(E) 반드시 음수나 0이다.

(F) 양수나 음수 또는 0일 수 있다.

개념문제 6.134 **공기로 채워진 PEC 공동기 안의 전자기 에너지**

벽면이 완전 전기 도체(PEC)로 만들어져 있고, 공기로 채워진 완전히 닫혀진 사각 상자(공동기) 안에 시간 조화 전자기장이 있다. 상자 내부는 어떠한 신호원도 없다. 상자 안에 저장된 전체 순시 전자기 에너지 $W_{\rm em}$는 어떤 특성을 가지는가?

(A) 0

(B) 시간적으로 일정하지만, 0은 아니다.

(C) 시간 조화이다.

(D) 시간에 따라 변하지만, 시간 조화는 아니다.

개념문제 6.135 **정적 장에 대한 포인팅 정리**

만일 관심 영역(v)이 시불변(정적) 전자기장에 의해 점유되어 있다면, 일반적인 포인팅 정리의 4가지 항 중 얼마나 많이 사라지는가? 여기서 4가지 항은 전력 신호원 ($P_{\rm g}$), 주울 손실 전력($P_{\rm J}$), 저장된 전자기 에너지의 시간 변화율($dW_{\rm em}/{\rm d}t$), 경계 표면 S를 통과하는 전력 흐름($P_{\rm f}$)이다.

(A) 없다.

(B) 한 개

(C) 두 개

(D) 세 개

(E) 포인팅 정리는 정적 필드에 적용되지 않는다.

개념문제 6.136 **회로 이론 모델에서 전력과 에너지 소모**

키르호프의 전류 및 전압 법칙과 저항, 인덕터, 커패시터, 이상적인 전압과 전류 신호원에 대한 소자 법칙을 기초로 하는 임의의 선형 RLC 회로의 회로 이론 모델에서, 포인팅 정리가 회로나 여러 부품에 적용될 때 어떤 가정이 만들어진다. 이런 관점에서, 다음 (a)-(e)의 다섯 가지 주장 중에서 회로 이론 모델에 대하여 참인 것은? (a) 외부인가 전기 에너지 체적 소스의 전력(P_{g})은 전적으로 이상적인 전압과 전류 신호원의 전력이다. (b) 주울 손실의 전력(P_{J})는 저항 내부에서만 소모된다. (c) 전기 에너지(W_{e})는 커패시터에만 집중된다. (d) 자기 에너지(W_{m})는 인덕터에만 집중된다. (e) 회로에서 전력 흐름(P_{f})는 소자간 전도체를 연결하면서 통과할 때만 발생한다.

(A) 주장 (a)만

(B) 주장 (a)와 (b)만

(C) 주장 (a)-(d)만

(D) 주장 (a)와 (c)-(e)만

(E) 모든 주장 (a)-(e)

(F) 어느 주장도 아니다.

개념문제 6.137 *RLC* **부하로부터 전력 흐름**

그림 6.45와 같이, 천천히 시간적으로 변하는 emf $e_{\mathrm{g}}(t)$를 갖는 이상적인 전압 신호원을 갖는 직렬 *RLC* 회로를 고려하자. *RLC* 부하를 감싸는 표면을 통과하는 포인팅 벡터의 순유출 선속은 얼마인가?

(A) $\oint_S \mathbf{P} \cdot d\mathbf{S} = e_{\mathrm{g}} i$

(B) $\oint_S \mathbf{P} \cdot d\mathbf{S} = -e_{\mathrm{g}} i$

(C) $\oint_S \mathbf{P} \cdot d\mathbf{S} = R i^2$

(D) $\oint_S \mathbf{P} \cdot d\mathbf{S} = -R i^2$

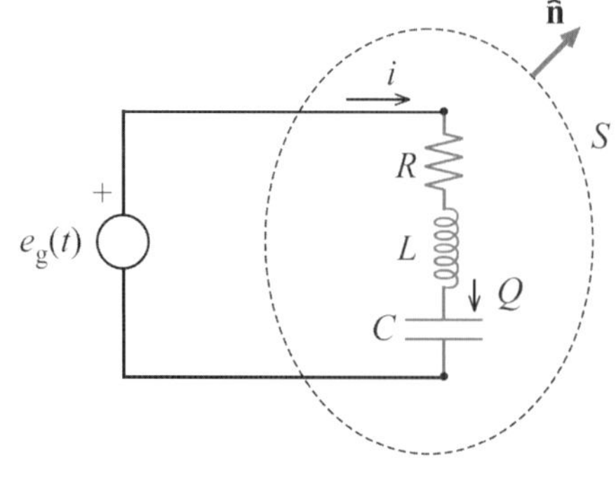

그림 6.45 천천히 시간적으로 변하는 전류을 갖는 직렬 RLC 회로에 포인팅 정리의 적용(개념문제 6.137)

(E) $\oint_S \mathbf{P} \cdot \mathrm{d}\mathbf{S} = 0$

(F) 추가 정보가 필요하다

개념문제 6.138 RLC **회로에 포인팅 정리의 또다른 적용**

그림 6.45에서 닫힌 표면 S에 포인팅 정리의 적용 결과는 무엇인가?

(A) $Ri^2 + \mathrm{d}[Q^2/(2C) + Li^2/2]/\mathrm{d}t = 0$

(B) $e_{\mathrm{g}}i = Ri^2 + \mathrm{d}[Q^2/(2C) + Li^2/2]/\mathrm{d}t$

(C) $e_{\mathrm{g}}i = Ri^2$

(D) $-Ri^2 + Q^2/(2C) + Li^2/2 = 0$

(E) $Ri^2 + Q^2/(2C) - Li^2/2 = 0$

(F) 포인팅 정리는 이 경우에 적용되지 않는다.

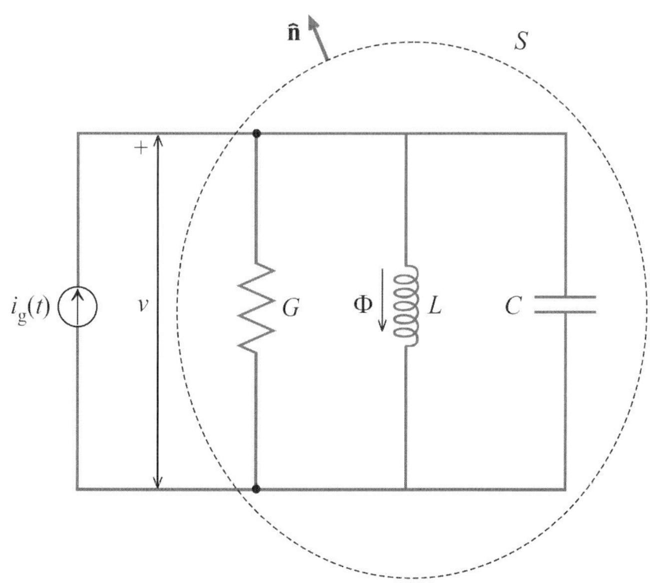

그림 6.46 천천히 시간적으로 변하는 회로 병렬 GLC 회로에 포인팅 정리의 적용(개념문제 6.138)

개념문제 6.139 **병렬 RLC회로에 대한 포인팅 정리**

그림 6.46과 도시한 것처럼 천천히 시간적으로 변하는 전류 세기 $i_g(t)$를 발생하는 단순한 병렬 RLC 또는 GLC 회로가 있다. GLC 부하 주변에 놓인 닫힌 표면 S에 포인팅 정리를 적용하면 결과는 어떻게 되는가?

(A) $Gv^2 + \mathrm{d}[\Phi^2/(2L) + Cv^2/2]\mathrm{d}t = 0$

(B) $vi_g = Gv^2 + \mathrm{d}[\Phi^2/(2L) + Cv^2/2]\mathrm{d}t$

(C) $vi_g = Gv^2$

(D) 위 (A)-(C)중에 아무것도 없다.

(E) 포인팅 정리는 이 경우에 적용되지 않는다.

개념문제 6.140 **무손실 동축 케이블의 시간 영역 전력 흐름**

도체 반지름이 a와 b(a는 내부 도체의 반지름이고, b는 외부 도체의 반지름이고 $a < b$이다)이고 유전체 파라미터 ε와 μ_0인 무손실 동축 케이블의 한쪽 끝에 저주파수 시간 조화 신호원이 연결되고, 다른 끝에서 알수 없는 복소 임피던스 부하에 의해 종단된다. 케이블의 순간 전압과 전류는 모든 단면에서 각각 $v(t)$과 $i(t)$이다. 여기서 v는 내부 도체에서 외부 도체로 측정되고, 내부 도체에서 i의 방향은 부하로 향한다. 부하로 향하는 방향 관점에서 계산된 케이블의 단면을 통과하는 순시 포인팅 벡터의 선속은 무엇인가?

(A) $\int_S \mathbf{P} \cdot \mathrm{d}\mathbf{S} = vi$

(B) $\int_S \mathbf{P} \cdot \mathrm{d}\mathbf{S} = -vi$

(C) $\int_S \mathbf{P} \cdot \mathrm{d}\mathbf{S} = \pi(b^2 - a^2)|v||i|/(b-a)^2$

(D) $\int_S \mathbf{P} \cdot \mathrm{d}\mathbf{S} = \pi\varepsilon v^2/\ln(b/a)$

(E) 부하 임피던스를 알 필요가 있다.

(F) 어느 단면을 고려했는지에 따라 의존적이다.

개념문제 6.141 복소 영역에서 동축 케이블의 전력 흐름

도체 반지름이 a와 b $(b > a)$이고, 저주파수 시간 조화 신호원이 연결되고, 알수 없는 복소 임피던스 부하에 의해 종단되는 무손실 동축 케이블이 있다. 모든 단면에서 케이블의 복소 유효 전압 $\underline{V}$과 전류 $\underline{I}$라고 가정하자. 부하쪽으로 향하는 방향에 대하여 주어진 케이블의 단면을 통과하는 복소 포인팅 벡터의 선속은 무엇인가?

(A) $\int_S \underline{\mathbf{P}} \cdot d\mathbf{S} = \underline{V}\underline{I}^*$

(B) $\int_S \underline{\mathbf{P}} \cdot d\mathbf{S} = \underline{V}\underline{I}$

(C) $\int_S \underline{\mathbf{P}} \cdot d\mathbf{S} = \pi(b^2 - a^2)\,\underline{V}\underline{I}^* / (b-a)^2$

(D) $\int_S \underline{\mathbf{P}} \cdot d\mathbf{S} = 0$

(E) 부하 임피던스를 알 필요가 있다.

(F) 어느 단면을 고려했는지에 따라 의존적이다.

제 7 장 균일 평면 전자기파

개요

전자기파 즉 진행하는 전기장과 자기장은 앞장에서 논의하였듯이 일반적인 맥스웰 방정식의 가장 중요한 결과이다. 본 장에서는 전자기파가 소스(source)로부터 멀리 진행할 때의 특성을 나타내기 위하여 전자기파 전파(electromagnetic wave propagation)의 해석에 대하여 서술한다. 소스는 소스 영역에서 빠르게 시간적으로 변하는 전류와 전하이며, 그림 6.2(a)의 경우처럼 단순히 송신 안테나가 될 수 있다. 소스로부터 멀어지면 소스로부터 발생한 기본적인 구형파는 구형파 면을 형성한다. 만일 수신 개구면(예: 무선링크의 수신 종단)에서 고려한다면, 이것은 균일 평면파의 일부처럼 취급될 수 있다. 이러한 전자기파는 진행 방향의 모든 수직 면으로 평면인 파의 면과 필드의 균일한(일정한) 분포를 가진다. 가장 중요한 것은, 해석할 때 구형파를 완전히 제거할 수 있고, 개구면에 입사하는 균일한 평면파가 전체 영역에서 존재한다고 가정할 수 있다는 것이다. 한 번 이 모델이 수립되면, 앞으로 균일한 평면파만 다루면 된다. 그리고 손실이 있거나 없는 경계가 없는(unbounded) 매질(7장) 뿐만 아니라 다른 전자기파 특성을 갖는 물질 영역 간의 평평한 경계면의 존재(8장)에도 전자기파의 전파를 학습할 수 있다.

7.1 파동 방정식

유전율 ε와 μ를 가지는 선형 균일 비손실($\sigma = 0$) 물질의 열린 영역에서 전기장 세기 벡터 E와 자기장 세기 벡터 H를 갖는 전자기파를 고려한다. 이는 소스가 없고 ($\mathbf{J}=0$, $\rho=0$), 식 (6.13)의 일반적인 맥스웰 방정식 미분형을 사용한다는 것을 의미하며, 독립변수로 공간 좌표계와 시간을 갖고, 미지수(공간과 시간의 결정되어야 할 미지수 함수) E와 H를 갖는 1차 편미분 방정식이다. 맥스웰 첫 번째 방정식에 컬(curl, $\nabla\times$)을 취한 후, 세 번째 방정식 $\nabla\cdot\mathbf{E}=0$와 두 번째 방정식 $\nabla\times\mathbf{H}$에 대한 표현을 대입하여 결합하여 E만의 관점으로 이차 편미분 방정식을 구할 수 있다. 전체적으로 유사한 방식으로, 맥스웰 두 번째 방정식에 컬을 취하여 **H**의 이차 편미분 방정식을 구할 수 있다.

$$\nabla^2\mathbf{E}-\varepsilon\mu\frac{\partial^2\mathbf{E}}{\partial t^2}=0,\ \nabla^2\mathbf{H}-\varepsilon\mu\frac{\partial^2\mathbf{H}}{\partial t^2}=0\text{(파동 방정식(wave equation))} \quad (7.1)$$

위 식은 **E**와 **H**에 대하여 소스 없는(source-free) 경우 3차원 파동 방정식이며, 보통 단순히 파동 방정식이라고 부른다. 이 식의 복소형은 헬름홀쯔 방정식(Helmholtz equation)으로 알려져 있다. 식 (7.1)은 서로 독립적이지 않는데, 그 이유는 모두 동일한 두 개의 맥스웰 방정식의 컬로부터 얻어졌기 때문이다. 따라서 이 식들은 **E**와 **H** 모두 구하기에는 충분하지 않고, 식 (6.13)과 후진 대입(back substitution)이 반드시 수반되어야 한다.

개념문제 7.1 **전자기파와 다른 파**

다음 (1)-(14) 중에서 전자기파가 아닌 것의 개수는? (1) X-선 (2) 적외선(infrared wave) (3) 초고주파(microwave) (4) 실파(string wave) (5) 레이저 빔 (6) 전파(radio wave) (7) 파도(ocean wave) (8) 음파(sound wave) (9) 멤브레인파(membrane wave) (10) 광파 (light wave) (11) 초음파(ultrasound wave) (12) γ-선 (13) 자외선(ultraviolet wave) (14) 지진파(seismic wave)[1)]

(A) 5

(B) 6

(C) 7

(D) 8

(E) 9

(F) 10

개념문제 7.2 **필드 벡터에 대한 맥스웰 방정식 풀기**

소스 없는 맥스웰 방정식의 전체 조합에 대한 전기장 세기 벡터 **E**와 자기장 세기 벡터 **H**의 어떠한 해도 두 개의 파동 방정식(전기장과 자기장 파동 방정식)을 모두 만족한다.

(A) 참

(B) 거짓

1) 교재의 모든 개념문제에 대하여, 정확히 한 개 답만 옳다.

개념문제 7.3 **필드 벡터에 대한 파동 방정식 풀기**

E와 **H**에 대한 두 개의 파동 방정식의 조합에 대한 어떠한 해도 자동적으로 소스 없는 맥스웰 방정식을 만족한다.

(A) 참

(B) 거짓

개념문제 7.4 **맥스웰 방정식으로부터 파동 방정식 구하기**

다음 (a)와 (b) 중에서 참인것은? (a) 벡터 **E**와 **H**에 대한 파동 방정식은 소스 없는 맥스웰 방정식의 결과이다. (b) 소스 없는 맥스웰 방정식은 두 개의 파동 방정식으로부터 구할 수 있다.

(A) 주장 (a)만

(B) 주장 (b)만

(C) 두 주장 모두 참이다.

(D) 어느 주장도 아니다.

개념문제 7.5 **직각 좌표계**

직각 좌표계의 함수로 표현되는 전기장 벡터 **E**와 자유공간 파동 방정식은 미지수로 E_x, E_y, E_z을 각각 갖는 세계의 세 개의 스칼라 편미분 방정식(스칼라 파동 방정식)으로 축소될 수 있으며, 자기장 벡터 **H**에 대해서도 동일하다.

(A) 참

(B) 거짓

개념문제 7.6 **전기장 헬름홀쯔 방정식**

전기장(E-field) 헬름홀쯔 방정식(복소 영역에서 파동 방정식)은 다음 중 무엇인가?

(A) $\nabla^2 \underline{\mathbf{E}} - j\omega\varepsilon\mu\underline{\mathbf{E}} = 0$

(B) $\nabla^2 \underline{\mathbf{E}} + j\omega\varepsilon\mu\underline{\mathbf{E}} = 0$

(C) $\nabla^2 \underline{\mathbf{E}} + \omega^2 \varepsilon \mu \underline{\mathbf{E}} = 0$

(D) $\nabla^2 \underline{\mathbf{E}} - \omega^2 \varepsilon \mu \underline{\mathbf{E}} = 0$

(E) $\nabla^2 \underline{\mathbf{E}} + \varepsilon \mu \underline{\mathbf{E}} / \omega^2 = 0$

(F) $\nabla^2 \underline{\mathbf{E}} - \varepsilon \mu \underline{\mathbf{E}} / \omega^2 = 0$

개념문제 7.7 **필드 벡터에 대한 헬름홀쯔 방정식 풀기**

복소 맥스웰 방정식의 결과로써, 전기장 세기 벡터 $\underline{\mathbf{E}}$에 대한 헬름홀쯔 방정식은 $\underline{\mathbf{E}}$와 $\underline{\mathbf{H}}$ 두 개를 모두 구하기에 단독으로 충분하다. 자기장 세기 벡터 $\underline{\mathbf{H}}$에 대한 헬름홀쯔 방정식도 마찬가지이다.

(A) 참

(B) 거짓

7.2 균일 평면파의 시간 영역 해석

그림 7.1에 도시한 바와 같이 직각 좌표계에서 전자기파 전파의 방향이 z축을 따르면, 파의 전기장 벡터는 $\mathbf{E} = E_x(z,t)\hat{\mathbf{x}}$의 형태이다. 이것으로 식 (7.1)에서 전기장 파동 방정식은 1차원 스칼라 방정식으로 단순화되고, 그 해는 변수 $t' = t - z/c$를 갖는 특정한 임의의 형태의 이중 차분 함수 f이다.

$$\frac{\partial^2 E_x}{\partial z^2} - \varepsilon\mu \frac{\partial^2 E_x}{\partial t^2} = 0 \quad \rightarrow \quad E_x = f\left(t - \frac{z}{c}\right) \text{(균일 평면파의 전기장)} \tag{7.2}$$

식 (7.2)는 직접 치환에 의해 증명할 수 있다. 주목할 점은 (6.22)의 구형파 함수와 유사하다는 것이다. 식 (7.2)의 파는 양의 z방향으로 속도 c를 가지고 진행한다.

$$c = \frac{1}{\sqrt{\varepsilon\mu}} \text{(균일 평면파의 속도; 단위: m/s)} \tag{7.3}$$

진공 또는 공기(자유공간)에 대하여, 식 (1.2)와 (4.3)은 다음 식을 제공하며, 보통 빛의 속도(speed of light)라고 한다.

$$c_0 = \frac{1}{\sqrt{\varepsilon_0 \mu_0}} \text{(자유공간에서 파의 속도)} \tag{7.4}$$

파의 자기장 세기 벡터에 대한 해를 식 (7.2)의 $\mathbf{E}$에 대한 해로부터 구하기 위하여, 맥스웰 첫 번째 방정식 [식 (6.13)]을 활용하여 $\mathbf{H} = H_y(z,t)\hat{\mathbf{y}}$과 다음 식을 도출한다.

$$\frac{\partial E_x}{\partial z} = -\mu \frac{\partial H_y}{\partial t} \rightarrow H_y = \frac{1}{\eta} f\left(t - \frac{z}{c}\right) \text{(균일 평면파의 자기장)} \tag{7.5}$$

여기에서 η는 임피던스 Ω [$(\mathrm{V/m})/(\mathrm{A/m}) = \mathrm{V/A} = \Omega$]의 단위를 가지며, 다음으로 주어지는 고유 임피던스(intrinsic impedance)를 나타낸다.

$$\eta = \frac{\boldsymbol{E}}{\boldsymbol{H}} = \sqrt{\frac{\mu}{\varepsilon}} \text{(매질의 고유 임피던스; 단위: } \Omega) \tag{7.6}$$

만일 매질이 공기(진공)라면, 다음과 같다.

$$\eta_0 = \sqrt{\frac{\mu_0}{\varepsilon_0}} \approx 120\pi\, ohm \approx 377\, ohm \text{(자유공간의 고유 임피던스)} \tag{7.7}$$

식 (6.24)로부터 전자기파의 포인팅 벡터(poynting vector)는 $\boldsymbol{P} = \mathbf{E} \times \mathbf{H} = EH\hat{\mathbf{n}}$ $(\hat{\mathbf{n}} = \hat{\mathbf{z}})$이고, 그림 7.6에 표시하였다.

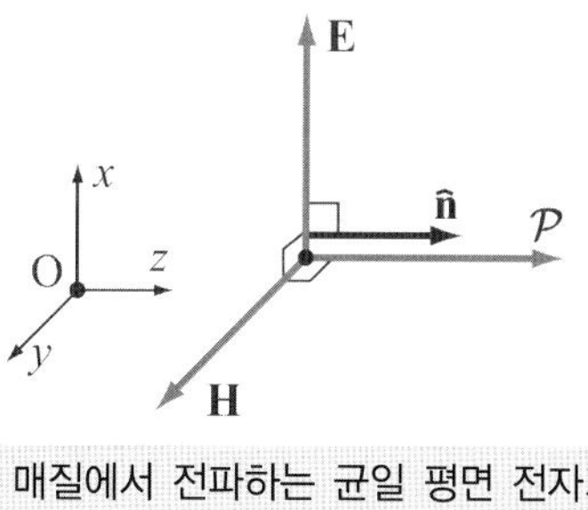

그림 7.1 경계가 없는 매질에서 전파하는 균일 평면 전자기장의 전기장 세기 벡터(E)와 자기장 세기 벡터(H)와 전파 단위 벡터($\hat{\mathbf{n}}$), 포인팅 벡터($\boldsymbol{P}$)

개념문제 7.8 **평면파의 E, H, $\hat{\mathbf{n}}$의 내적**

만일 균일 평면 전자기파의 전기장과 자기장 세기 벡터가 $\mathbf{E}$와 $\mathbf{H}$이고, 전파의 단위 벡터(propagation unit vector)(전파 진행 방향으로 정의되는)는 $\hat{\mathbf{n}}$이면, 다음 중 성립되는 것은 무엇인가?

(A) $\hat{\mathbf{n}} \cdot \mathbf{E} \neq 0$, $\hat{\mathbf{n}} \cdot \mathbf{H} \neq 0$, $\mathbf{E} \cdot \mathbf{H} \neq 0$

(B) $\hat{\mathbf{n}} \cdot \mathbf{E} \neq 0$, $\hat{\mathbf{n}} \cdot \mathbf{H} \neq 0$, $\mathbf{E} \cdot \mathbf{H} = 0$

(C) $\hat{n} \cdot E = 0$, $\hat{n} \cdot H = 0$, $E \cdot H \neq 0$

(D) $\hat{n} \cdot E = 0$, $\hat{n} \cdot H = 0$, $E \cdot H = 0$

(E) 위의 (A)-(D) 관계식 조합 중 1개 이상이 가능하다.

(F) 위 (A)-(D)에 없다.

개념문제 7.9 **평면파의 E와 H 벡터 간의 벡터 관계**

균일 평면 전자기파가 무손실 유전체 매질을 전파하고 있으며, 방향은 단위 벡터 $\hat{n}$(전파 단위 벡터)에 의해 정의된다. 매질의 고유 임피던스 η를 사용할때, 주어진 좌표계와 독립적으로 작성할 수 있는 전기장과 자기장 세기 벡터 간의 벡터 관계는 무엇인가?

(A) $H = \hat{n} \times E/\eta$, $E = \eta H \times \hat{n}$

(B) $H = \hat{n} \times E/\eta$, $E = -\eta H \times \hat{n}$

(C) $H = -\hat{n} \times E/\eta$, $E = \eta H \times \hat{n}$

(D) $H = -\hat{n} \times E/\eta$, $E = -\eta H \times \hat{n}$

(E) 위의 (A)-(D) 관계식 쌍 중 1개 이상

(F) 좌표계와 독립적으로 E와 H를 연관시킬 수 없다.

개념문제 7.10 **E와 H 벡터의 외적(cross product)**

고유 임피던스 η를 갖는 무손실 유전체 매질을 통과하여 전파 단위 벡터 $\hat{n}$로 진행하는 균일 평면 전자기파에 대하여, 다음 중 참인 것은?

(A) $E \times H = \hat{n}$

(B) $E \times H = \eta\hat{n}$

(C) $E \times H = \hat{n}/\eta$

(D) $E \times H = 0$

(E) 위의 (A)-(D) 관계식 조합 중 1개 이상이 가능하다.

(F) 위 (A)-(D)에 없다.

개념문제 7.11 **거꾸로 전파하는 전자기파의 전기장 벡터**

유전율 ε와 μ를 가지는 무손실 전자기 매질을 통과하여, 음의 z 방향으로 진행하는(파의 전파 단위 벡터는 $\hat{\mathbf{n}} = -\hat{\mathbf{z}}$) 균일 평면 전자기파의 전기장 세기 벡터는 어떻게 표현될 수 있는가? 여기서 $f(\bullet)$는 임의의 이중 미분 가능 함수이고 $c = 1/\sqrt{\varepsilon\mu}$ 이다.

(A) $\mathbf{E} = f(t + z/c)\hat{\mathbf{x}}$

(B) $\mathbf{E} = f(t + z/c)\hat{\mathbf{y}}$

(C) $\mathbf{E} = f(t + z/c)(-\hat{\mathbf{z}})$

(D) $\mathbf{E} = f(t - z/c)(-\hat{\mathbf{z}})$

(E) 위의 (A)-(D)중 한 개 이상

(F) 위의 (A)-(D)에 없다.

개념문제 7.12 **거꾸로 진행하는 파의 자기장 벡터**

고유 임피던스가 η인 유전체 매질을 통과하여 음의 z 방향으로 진행하는 균일 평면 전자기파가 있다. 만일 파의 전기장 벡터는 x방향 성분만 존재한다면, 즉 $\mathbf{E} = E\hat{\mathbf{x}}$이면, 대응되는 자기장 벡터는 무엇인가?

(A) $\mathbf{H} = E\hat{\mathbf{x}}/\eta$

(B) $\mathbf{H} = -E\hat{\mathbf{x}}/\eta$

(C) $\mathbf{H} = E\hat{\mathbf{y}}/\eta$

(D) $\mathbf{H} = -E\hat{\mathbf{y}}/\eta$

(E) $\mathbf{H} = E\hat{\mathbf{z}}/\eta$

(F) $\mathbf{H} = -E\hat{\mathbf{z}}/\eta$

개념문제 7.13 **다른 축을 따라 진행하는 평면파**

유전율 ε을 갖는 비자성 $(\mu = \mu_0)$ 유전체에서 진행하는 전자기파의 전기장 벡터는 $\mathbf{E} = f(t + y/c)\hat{\mathbf{z}}$이다. 이 파의 자기장 벡터는 무엇인가?

(A) $\mathbf{H} = \sqrt{\varepsilon/\mu_0}\, f(t + y/c)\hat{\mathbf{z}}$

(B) $\mathbf{H}= \sqrt{\varepsilon/\mu_0}\, f(t-y/c)\hat{\mathbf{z}}$

(C) $\mathbf{H}= \sqrt{\varepsilon/\mu_0}\, f(t+y/c)\hat{\mathbf{x}}$

(D) $\mathbf{H}= \sqrt{\varepsilon/\mu_0}\, f(t+y/c)(-\hat{\mathbf{x}})$

(E) $\mathbf{H}= \sqrt{\mu_0/\varepsilon}\, f(t+y/c)\hat{\mathbf{x}}$

(F) $\mathbf{H}= \sqrt{\mu_0/\varepsilon}\, f(t+y/c)(-\hat{\mathbf{x}})$

개념문제 7.14 **파동 방정식에 대한 해의 유효성과 유일성(uniqueness)**

전기장에 대한 식 $\mathbf{E}= f_1(t-z/c)\hat{\mathbf{x}}+ f_2(t+z/c)\hat{\mathbf{x}}$는 유전율 ε와 μ를 가지는 무손실 전자기 매질에서 전기장 세기 벡터에 관한 파동 방정식에서 ________________이다. 여기서 $f_1(\bullet)$와 $f_2(\bullet)$는 임의의 이중 미분 가능 함수이고, $c=1/\sqrt{\varepsilon\mu}$이다.

(A) 유일한 해

(B) 많은 해 중 한 개

(C) 해가 아니다.

개념문제 7.15 **자기장 방정식에 대한 해**

만일 $f_1(\bullet)$와 $f_2(\bullet)$이 임의의 이중 미분 가능 함수이고, $c=1/\sqrt{\varepsilon\mu}$, $\eta= \sqrt{\mu/\varepsilon}$일 때, 다음 두 가지 중에서 유전율 ε와 μ를 가지는 무손실 매질에서 자기장 벡터에 관한 파동 방정식의 해는 무엇인가?

(A) $\mathbf{H}= f_1(t-z/c)\hat{\mathbf{y}}/\eta+ f_2(t+z/c)\hat{\mathbf{y}}/\eta$

(B) $\mathbf{H}= f_1(t-z/c)\hat{\mathbf{y}}/\eta- f_2(t+z/c)\hat{\mathbf{y}}/\eta$

(C) (A)와 (B)의 두 가지 식

(D) 위 (A)-(B)에 없다.

개념문제 7.16 **맥스웰 방정식에 대한 파의 해**

만일 식 $\mathbf{E} = f_1(t - z/c)\hat{\mathbf{x}} + f_2(t + z/c)\hat{\mathbf{x}}$이 파라미터 ε, μ, $\sigma = 0$의 매질 내에서 빠르게 시간적으로 변하는 전자기장에 대한 맥스웰 방정식의 벡터 E에 대한 해라면, 다음 두 식 (A)와 (B) 중 맥스웰 방정식의 벡터 H에 대한 대응되는 해는 무엇인가?

(A) $\mathbf{H} = f_1(t - z/c)\hat{\mathbf{y}}/\eta + f_2(t + z/c)\hat{\mathbf{y}}/\eta$

(B) $\mathbf{H} = f_1(t - z/c)\hat{\mathbf{y}}/\eta - f_2(t + z/c)\hat{\mathbf{y}}/\eta$

(C) (A)와 (B)의 두 가지 식

(D) 위 (A)–(B)에 없다.

7.3 시간 조화 균일 평면파와 복소 영역 해석

균일 평면 전자기파의 시간 조화(정상 상태 정현의) 변화의 경우에, 식 (7.2)와 (7.5)의 함수 $f(t')$은 식 (6.16)에서 주어진 형태를 가진다(여기서 $t' = t - z/c$). 따라서 전기장과 자기장의 표현은 다음과 같다.

$$E_x = E_0\sqrt{2}\,cos(\omega t - \beta z + \theta_0), \quad H_y = \frac{E_0}{\eta}\sqrt{2}\,cos(\omega t - \beta z + \theta_0)$$

(시간 조화 균일 평면파) (7.8)

여기서 E_0는 실횻값이고 θ_0는 파의 전기장 세기의 평면 $z = 0$에서 초기 $(t = 0)$ 위상이다. ω는 각주파수이고, $H_y = E_x/\eta$ 이다. 상수 β (단위: rad/m)는 위상 상수(phase coefficient) 또는 파수(wave number) (심볼 k도 또한 파수를 표시하기 위하여 사용된다.)이고, 다음과 같이 주어진다.

$$\beta = \frac{\omega}{c} = \omega\sqrt{\varepsilon\mu} = \frac{2\pi f}{c} = \frac{2\pi}{\lambda} \text{(위상 계수 또는 파수; 단위: rad/m)} \tag{7.9}$$

여기서 λ는 파의 파장(wavelength)이고, 미터로 측정되며, 한 개 시간 주기 T 동안에 파에 의해 진행하는 거리로 정의된다.

$$\lambda = cT = \frac{c}{f} \text{(파장; 단위: m)} \tag{7.10}$$

파의 위상 속도(phase velocity)는 식 (7.8)에서 어떤 변함 없는 위상점이 그림 7.1처럼 양의 z방향으로 진행하는 속도를 말하며, $v_p = \omega/\beta$이다. 즉 $v_p = c = 1/\sqrt{\varepsilon\mu}$ 이다.

식 (6.21)에서 시간과 복소 간 변환을 식 (7.8)에서 순시 필드(instantaneous field) 세기에 적용하면, 그림 7.1의 파에 대한 복소 실효 필드 세기를 구하게 된다.

$$\underline{E}_x = \underline{E}_0 \mathrm{e}^{-\mathrm{j}\beta z}, \quad \underline{H}_y = \frac{\underline{E}_0}{\eta}\mathrm{e}^{-\mathrm{j}\beta z}, \quad \underline{E}_0 = E_0 \mathrm{e}^{\mathrm{j}\theta_0} (\text{복소 실효 필드}) \tag{7.11}$$

개념문제 7.17 **시간 조화 평면파의 공간 주기**

위상 상수 β를 갖고 무손실 매질에서 진행하는 시간 조화 균일 평면파의 필드 세기는 공간(즉, z축)을 따라서 주기적이다. 이때 공간 주기는 얼마인가?

(A) π

(B) 2π

(C) β

(D) 2β

(E) $2\pi/\beta$

(F) 정의되지 않는다(함수는 공간에서 주기적이지 않다).

개념문제 7.18 **시간 영역에서 전기장으로부터 자기장**

자유공간을 통과하여 진행하는 전자기파의 전기장 벡터는 $\mathbf{E} = 100\cos(3\times 10^8 t + x)\,\hat{\mathbf{z}}\ \mathrm{V/m}$이다($t$의 단위: s, x의 단위: m). 전자기파의 자기장 벡터는 무엇인가?

(A) $\mathbf{H} = 37.7\cos(3\times 10^8 t - x)\,\hat{\mathbf{y}}\ \mathrm{kA/m}$

(B) $\mathbf{H} = 0.265\cos(3\times 10^8 t - x)\,\hat{\mathbf{z}}\ \mathrm{A/m}$

(C) $\mathbf{H} = 0.265\cos(3\times 10^8 t + x)\,\hat{\mathbf{y}}\ \mathrm{A/m}$

(D) $\mathbf{H} = 0.265\cos(3\times 10^8 t - x)(-\hat{\mathbf{y}})\ \mathrm{A/m}$

(E) $\mathbf{H} = 37.7\cos(3\times 10^8 t - y)\,\hat{\mathbf{x}}\ \mathrm{kA/m}$

(F) $\mathbf{H} = 0.265\cos(3\times 10^8 t + y)(-\hat{\mathbf{x}})\ \mathrm{A/m}$

(t의 단위: s, x와 y의 단위: m)

개념문제 7.19 **복소 영역에서 자기장으로부터 전기장**

공기 중을 통과하여 진행하는 전자기파의 실효 자기장 벡터는 $\underline{\mathbf{H}} = 0.1\mathrm{e}^{\mathrm{j}10y}\hat{\mathbf{x}}\,\mathrm{A/m}$로 표현될 수 있다($y$의 단위: m). 전자기파의 복소 전기장 벡터는 무엇인가?

(A) $\underline{\mathbf{E}} = 265\,\mathrm{e}^{-\mathrm{j}10y}\hat{\mathbf{z}}\,\mu\mathrm{V/m}$

(B) $\underline{\mathbf{E}} = 37.7\,\mathrm{e}^{-\mathrm{j}10y}\hat{\mathbf{x}}\,\mathrm{V/m}$

(C) $\underline{\mathbf{E}} = 37.7\,\mathrm{e}^{\mathrm{j}10y}\hat{\mathbf{z}}\,\mathrm{V/m}$

(D) $\underline{\mathbf{E}} = 37.7\,\mathrm{e}^{\mathrm{j}10y}(-\hat{\mathbf{z}})\,\mathrm{V/m}$

(E) $\underline{\mathbf{E}} = 265\,\mathrm{e}^{\mathrm{j}10z}(-\hat{\mathbf{y}})\,\mu\mathrm{V/m}$

(F) $\underline{\mathbf{E}} = 37.7\,\mathrm{e}^{-\mathrm{j}10z}\hat{\mathbf{y}}\,\mathrm{V/m}$

(y와 z의 단위: m)

개념문제 7.20 **파의 각주파수 구하기**

공기 중에서 진행하는 자기장 벡터가 $\underline{\mathbf{H}} = 0.1\mathrm{e}^{\mathrm{j}10y}\hat{\mathbf{x}}\,\mathrm{A/m}$으로 주어진 파의 각(라디안) 주파수 ($\omega$)는 얼마인가?

(A) 0.477×10^{7} rad/s

(B) 3×10^{7} rad/s

(C) 3×10^{8} rad/s

(D) 0.477×10^{9} rad/s

(E) 3×10^{9} rad/s

(F) 추가 정보가 필요하다.

개념문제 7.21 **평면파에 의한 경로에서 유도된 emf**

한 변의 길이가 a와 b인 직사각형 경로 C가 자유공간에서 각주파수 ω의 균일 평면 시간 조화 전자기장에 놓여 있다. 파의 자기장 벡터는 경로의 모서리 쌍(b가 길다)에 평행하다. 이 경우에 대하여, 다음 두 적분 $\underline{I}_1 = \oint_C \underline{\mathbf{E}}\cdot\mathrm{d}\mathbf{l}$과 $\underline{I}_2 = \int_S \mathrm{j}\omega\mu_0\underline{\mathbf{H}}\cdot\mathrm{d}\mathbf{S}$을 고려하자. 여기서

S는 경로에 걸친 표면이고, 경로의 방향 관점에서 오른손 규칙에 맞추어 방향을 갖는다. 이러한 적분은 어떻게 연관되는가?

(A) $\underline{I}_1 = \underline{I}_2$

(B) $\underline{I}_1 = -\underline{I}_2$

(C) $\underline{I}_1 = \eta_0 \underline{I}_2$ $(\eta_0 = \sqrt{\mu_0/\varepsilon_0})$

(D) $\underline{I}_1 = -\eta_0 \underline{I}_2$

(E) 두 적분은 서로 연관되지 않는다.

(F) 추가 정보가 필요하다.

개념문제 7.22 **시간 조화파에 대한 시간 조화 양**

무손실 유전체를 전파하는 균일 평면 시간 조화 전자기파의 다음의 순시 양을 고려하자. 전기장 세기 벡터(**E**), 자기장 세기 벡터(**H**), 포인팅 벡터(***P***), 전기 에너지 밀도(w_e), 자기 에너지 밀도(w_m) 중에서 시간 조화 특성을 갖는 양은?

(A) **E**만

(B) **E**, **H**만

(C) **E**, **H**, ***P*** 만

(D) **E**, **H**, w_e, w_m만

(E) 모든 양

(F) 위 (A)–(D)에 없다.

개념문제 7.23 **순시 및 시평균 전기 에너지 밀도**

유전율 ε의 유전체에서 진행하는 시간 조화 균일 평면 전자기파의 순시 전기장 세기는 E이다. 반면에서 이 장의 실횻값은 E_0이다. 이 파의 순시 및 시평균(time-average) 전기 에너지 밀도는 무엇인가?

(A) $\omega_e = \varepsilon E^2$, $(\omega_e)\text{ave} = \varepsilon E_0^2$

(B) $\omega_e = \varepsilon E^2/2$, $(\omega_e)\text{ave} = \varepsilon E_0^2/2$

(C) $\omega_e = \varepsilon E^2/4$, $(\omega_e)\text{ave} = \varepsilon E_0^2/4$

(D) $\omega_e = \varepsilon E^2/2$, (ω_e)ave $= \varepsilon E_0^2/4$

(E) $\omega_e = \varepsilon E^2/4$, (ω_e)ave $= \varepsilon E_0^2/2$

(F) $\omega_e = \varepsilon E^2$, (ω_e)ave $= \varepsilon E_0^2/2$

개념문제 7.24 전기 및 자기 에너지 밀도의 등가설

공기 중에 진행하는 균일 평면 시간 조화 전자기파의 순시 전기 에너지 밀도 w_e와 자기 에너지 밀도 w_m은 어디에서 같은가?

(A) 공간의 모든 지점과 시간의 모든 순간

(B) 공간의 모든 지점과 시간의 어떤(모든것은 아님) 특징적 순간

(C) 시간의 모든 순간과 공간의 어떤(모든것은 아님) 특징적 지점

(D) 공간의 어느 지점과 시간의 어느 순간도 없다.

개념문제 7.25 평면파의 복소 포인팅 벡터

고유 임피던스 η인 유전체 매질을 통과하여 진행하는 시간 조화 전자기파의 복소 실효 전기장 세기 벡터는 $\underline{\mathbf{E}} = E_0 e^{-j\beta z}\hat{\mathbf{x}}$으로 주어진다. 이 파의 복소 포인팅 벡터는 무엇인가?

(A) $\underline{\boldsymbol{P}} = 0$

(B) $\underline{\boldsymbol{P}} = E_0^2\hat{\mathbf{z}}/\eta$

(C) $\underline{\boldsymbol{P}} = E_0^2 e^{-j\beta z}\hat{\mathbf{z}}/\eta$

(D) $\underline{\boldsymbol{P}} = E_0^2 e^{-j2\beta z}\hat{\mathbf{z}}/\eta$

(E) $\underline{\boldsymbol{P}} = E_0^2 e^{-2\beta z}\hat{\mathbf{z}}/\eta$

(F) 추가적인 정보가 필요하다.

개념문제 7.26 순시 및 시평균 포인팅 벡터

무손실 매질을 전파하는 균일 평면 시간 조화 전자기파의 시평균 $\boldsymbol{P}_{ave}$뿐만 아니라 순시 포인팅 벡터 $\boldsymbol{P}$를 고려하자. 두 벡터 중 공간 좌표에 의존적이지 않은 것은 무엇인가?

(A) $\boldsymbol{P}$만

(B) $\boldsymbol{P}_{\text{ave}}$만

(C) 두 벡터

(D) 어느 벡터도 아니다.

개념문제 7.27 **포인팅 벡터의 시간에서 진동**

시간 조화 균일 평면파 전기 및 자기장 벡터는 시간상에서 각주파수 ω로 진동(oscillation)한다. 이 파의 포인팅 벡터는 어떤 각주파수에서 진동하는가?

(A) ω

(B) ω^2

(C) 2ω

(D) $\omega/2$

(E) 0

(F) 위의 (A)-(E)에 없다.

7.4 임의 방향으로 진행하는 균일 평면파

좌표계 관점에서 완전히 임의로 진행 방향이 주어진 균일 평면파를 고려하자. 즉 진행 방향은 시스템의 축(x, y 또는 z)과 일치하지 않고, 단위 벡터(unit vector)는 그림 7.2와 같이 $\hat{\mathbf{n}} = n_x\hat{\mathbf{x}} + n_y\hat{\mathbf{y}} + n_z\hat{\mathbf{z}}$이다. 공간에서 임의의 점 P에서(좌표계 원점 O 관점에서 위치 벡터(position vector)는 $\mathbf{r} = x\hat{\mathbf{x}} + y\hat{\mathbf{y}} + z\hat{\mathbf{z}}$이고, P의 직각 좌표계는 x, y, z이다. 이 파의 장 벡터에 대한 표현을 찾기 위하여, 그림 7.2의 거리 $l = \mathbf{r} \cdot \hat{\mathbf{n}}$은 식 (7.11)에서 z의 역할로 설정하면, 한 점 P와 전체 평면 l=상수인 복소 전기 및 자기 실효장 세기 벡터는 다음과 같다.

$$\underline{\mathbf{E}} = \underline{\mathbf{E}}_0 \mathrm{e}^{-\mathrm{j}\beta l} = \underline{\mathbf{E}}_0 \mathrm{e}^{-\mathrm{j}\beta \mathbf{r} \cdot \hat{\mathbf{n}}} = \underline{\mathbf{E}}_0 \mathrm{e}^{-\mathrm{j}\beta(xn_x + yn_y + zn_z)}, \quad \underline{\mathbf{H}} = \frac{1}{\eta}\hat{\mathbf{n}} \times \underline{\mathbf{E}}$$

(임의의 방향으로 진행하는 균일 평면파(uniform plane wave)) (7.12)

유사한 표현은 식 (7.8)처럼 시간 영역에서 쓸 수 있다. 물론 $\hat{\mathbf{n}}=\hat{\mathbf{z}}\,(n_x=n_y=0,\ n_z=1)$를 갖는 식 (7.12)와 $\underline{\mathbf{E}}=E_0\hat{\mathbf{x}}$는 그림 7.1의 파(양의 z방향으로 진행하는)에 대하여 식 (7.11)로 단순화된다.

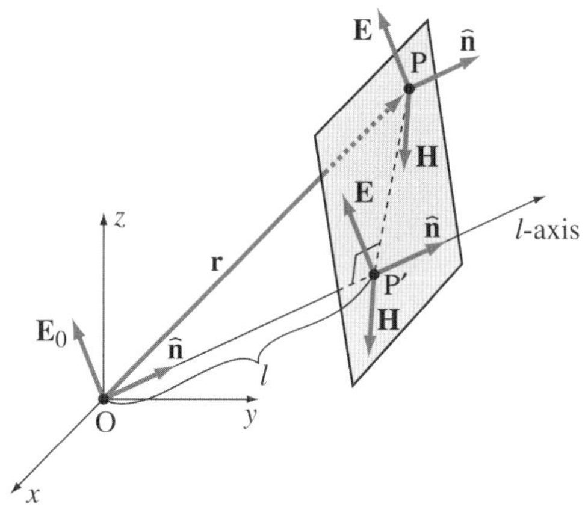

그림 7.2 통상적으로 사용하는 직각 좌표계의 어느 축과도 일치하지 않는 전파를 갖는 균일 평면파

개념문제 7.28 E, H, $\hat{\mathrm{n}}$ (임의의 전파 방향)의 내적

무손실 유전체 매질을 통과하여 직각 좌표계에서 벡터 $\hat{\mathrm{x}}+\hat{\mathrm{y}}$에 의해 정의되는 방향으로 진행하여, 파의 전파 단위 벡터 $\hat{\mathrm{n}}=\sqrt{2}\,(\hat{\mathrm{x}}+\hat{\mathrm{y}})/2\ (|\hat{\mathrm{n}}|=1)$로 전파하는 균일 평면 시간 조화 전자기파을 고려하자. 내적 $\hat{\mathrm{n}}\cdot\mathrm{E}$, $\hat{\mathrm{n}}\cdot\mathrm{H}$, $\mathrm{E}\cdot\mathrm{H}$에 대한 다음 내용 중에서 참인 것은? 여기서 E와 H는 각각 공간의 임의의 지점에서 계산되는 파의 전기 및 자기장 벡터이다.

(A) $\hat{\mathrm{n}}\cdot\mathrm{E}\neq 0$, $\hat{\mathrm{n}}\cdot\mathrm{H}\neq 0$, $\mathrm{E}\cdot\mathrm{H}\neq 0$

(B) $\hat{\mathrm{n}}\cdot\mathrm{E}\neq 0$, $\hat{\mathrm{n}}\cdot\mathrm{H}\neq 0$, $\mathrm{E}\cdot\mathrm{H}=0$

(C) $\hat{\mathrm{n}}\cdot\mathrm{E}=0$, $\hat{\mathrm{n}}\cdot\mathrm{H}=0$, $\mathrm{E}\cdot\mathrm{H}\neq 0$

(D) $\hat{\mathrm{n}}\cdot\mathrm{E}=0$, $\hat{\mathrm{n}}\cdot\mathrm{H}=0$, $\mathrm{E}\cdot\mathrm{H}=0$

(E) 위 (A)-(D)의 관계 조합 중에서 한 개 이상 가능하다.

(F) 위 (A)-(D)에는 없다.

개념문제 7.29 **임의의 전파 방향으로 복소 포인팅 벡터**

시간 조화 균일 평면파의 전파 단위 벡터는 직각 좌표계 시스템에서 $\hat{\mathrm{n}}=\sqrt{2}(\hat{\mathrm{x}}-\hat{\mathrm{y}})/2$로 주어진다. 좌표계 원점에서 전파의 복소 실효 필드 세기는 $\underline{E}_0$이고, 동작 주파수는 f이고, 매질은 공기이다. 공간의 임의의 지점 $\mathrm{P}(x,y,z)$에서 파의 복소 포인팅 벡터는 무엇인가?

(A) $\underline{\boldsymbol{P}}=0$

(B) $\underline{\boldsymbol{P}}=|\underline{E}_0|^2\hat{\mathrm{n}}/\eta_0\ (\eta_0=\sqrt{\mu_0/\varepsilon_0})$

(C) $\underline{\boldsymbol{P}}=|\underline{E}_0|^2\mathrm{e}^{-\mathrm{j}\beta\sqrt{2}(x-z)/2}\hat{\mathrm{n}}/\eta_0\ (\beta=2\pi f\sqrt{\varepsilon_0\mu_0})$

(D) $\underline{\boldsymbol{P}}=|\underline{E}_0|^2\mathrm{e}^{-\mathrm{j}\beta\sqrt{2}(x-z)}\hat{\mathrm{n}}/\eta_0$

(E) $\underline{\boldsymbol{P}}=\underline{E}_0\underline{E}_0^*\mathrm{e}^{-\mathrm{j}\beta\sqrt{2}(x-z)}(\hat{\mathrm{x}}-\hat{\mathrm{z}})/\eta_0$

(F) 위의 (A)–(E)에 없다.

개념문제 7.30 **임의로 향하는 평면파의 전기장**

주어진 직각 좌표계 관점에서 완벽히 임의의 방향을 갖는 균일 평면 시간 조화 전자기파를 고려하자. 파의 전파 단위 벡터는 $\hat{\mathrm{n}}$ ($|\hat{\mathrm{n}}|=1$)이고, 좌표계 원점 O에서 복소 전기장 실효 세기 벡터는 $\underline{\mathbf{E}}_0$이다. 파의 위상계수는 β이다. 직각 좌표가 x, y, z이고 원점 O에 대한 위치 벡터가 $\mathbf{r}$일 때, 공기의 임의의 점 P에서 전기장 벡터의 표현은 무엇인가?

(A) $\underline{\mathbf{E}}=\underline{\mathbf{E}}_0\mathrm{e}^{-\mathrm{j}\beta(x+y+z)}$

(B) $\underline{\mathbf{E}}=\underline{\mathbf{E}}_0\mathrm{e}^{-\mathrm{j}\beta(\hat{\mathrm{x}}+\hat{\mathrm{y}}+\hat{\mathrm{z}})\cdot\hat{\mathrm{n}}}$

(C) $\underline{\mathbf{E}}=\underline{\mathbf{E}}_0\mathrm{e}^{-\mathrm{j}\beta\mathbf{r}\cdot\hat{\mathrm{n}}}$

(D) $\underline{\mathbf{E}}=\underline{\mathbf{E}}_0\mathrm{e}^{-\mathrm{j}\beta\mathbf{r}\cdot(\hat{\mathrm{x}}+\hat{\mathrm{y}}+\hat{\mathrm{z}})}$

(E) 위의 (A)–(D)에서 한 개 이상

(F) 위의 (A)–(D)에 없다.

개념문제 7.31 **임의로 향하는 평면파의 동위상 평면**

공기에서 진행하는 균일 평면 시간 조화 전자기장의 전파 단위 벡터의 직각 좌표계 성분이 n_x, n_y, n_z이다($\hat{\mathbf{n}}$은 좌표 단위 벡터나 그 반대와 어느 것도 일치하지 않는다). 전자기파의 임의의 동위상(in-phase) 평면의 방정식은 무엇인가? 여기서 동위상 평면은 파의 초기 위상(순간 시간 $t=0$에서 위상)이 동일한 모든 점에서의 평면을 의미한다.

(A) $n^{2_x}+n^{2_y}+n^{2_z}=1$

(B) $x-n_x=y-n_y=z-n_z=$ 상수

(C) $x\hat{\mathbf{x}}+y\hat{\mathbf{y}}+z\hat{\mathbf{z}}=$ 상수

(D) $xn_x+yn_y+zn_z=$ 상수

(E) $xn_x+yn_y+zn_z=0$

(F) 위의 (A)-(E)에 없다.

개념문제 7.32 **직교 좌표의 첫 번째 팔분면의 대각선을 따라 전파**

E_0와 k의 적절한 값을 가질 때, 직각 좌표계의 모든 축과 같은 각도를 만들도록 첫 번째 팔분면의 주요 대각선을 따라 자유공간에서 진행하는 균일 평면 시간 조화 전자기장 복소 전자기장 벡터를 나타내는 표현은 무엇인가?

(A) $\underline{\mathbf{E}}=E_0(\hat{\mathbf{x}}+\hat{\mathbf{y}}+\hat{\mathbf{z}})\mathrm{e}^{-\mathrm{j}k(x+y+z)}$

(B) $\underline{\mathbf{E}}=E_0(\hat{\mathbf{x}}+\hat{\mathbf{y}}+\hat{\mathbf{z}})\mathrm{e}^{-\mathrm{j}kxyz}$

(C) $\underline{\mathbf{E}}=E_0(\hat{\mathbf{x}}+\hat{\mathbf{y}}+\hat{\mathbf{z}})\mathrm{e}^{-\mathrm{j}k(x-2y+z)}$

(D) $\underline{\mathbf{E}}=E_0(\hat{\mathbf{x}}-2\hat{\mathbf{y}}+\hat{\mathbf{z}})\mathrm{e}^{-\mathrm{j}k(x+y+z)}$

(E) $\underline{\mathbf{E}}=E_0(\hat{\mathbf{x}}+\hat{\mathbf{y}}+\hat{\mathbf{z}})\mathrm{e}^{-\mathrm{j}kz}$

(F) 위의 (A)-(E)에서 한 개 이상

7.5 손실 매질에서 시간 조화 전자기파

손실을 갖는($\sigma \neq 0$) 선형 균일 매질에서 균일 평면 시간 조화 전자기파에 대하여, 식 (7.11)은 다음과 같이 된다.

$$\underline{E}_x = \underline{E}_0 e^{-\underline{\gamma} z} = \underline{E}_0 e^{-\alpha z} e^{-j\beta z}, \quad \underline{\gamma} = \alpha + j\beta, \quad \underline{H}_y = \frac{\underline{E}_0}{\underline{\eta}} e^{-\underline{\gamma} z}, \quad \underline{\eta} = |\underline{\eta}| e^{j\phi}$$

(손실 매질에서 평면파) (7.13)

감쇠 상수(attenuation coefficient) α[단위: Np/m]와 위상 상수(phase coefficient) β, 파의 복소 전파 상수(propagation coefficient) $\underline{\gamma}$, 매질의 복소 고유 임피던스(intrinsic impedance)의 크기 $|\underline{\eta}|$, 위상각 (인자) ϕ는 다음과 같이 주어진다.

$$\alpha = \omega\sqrt{\frac{\varepsilon\mu}{2}}\left[\sqrt{1+\left(\frac{\sigma}{\omega\varepsilon}\right)}-1\right]^{1/2} \ (\mathrm{Np/m}), \quad \beta = \omega\sqrt{\frac{\varepsilon\mu}{2}}\left[\sqrt{1+\left(\frac{\sigma}{\omega\varepsilon}\right)^2}+1\right]^{1/2},$$

$$|\underline{\eta}| = \frac{\sqrt{\dfrac{\mu}{\varepsilon}}}{\left[1+\left(\dfrac{\sigma}{\omega\varepsilon}\right)^2\right]^{1/4}}, \quad \phi = \frac{1}{2}\arctan\frac{\sigma}{\omega\varepsilon}. \quad (\alpha, \beta, |\underline{\eta}|, \phi - \text{임의의 매질}) \qquad (7.14)$$

개념문제 7.33 **임의의 손실 매질에서 위상 상수**

파라미터 ε, μ, σ를 갖는 임의의 손실 매질에서 균일 평면 시간 조화 전자기파의 복소 전파 상수 $\underline{\gamma}$의 실수 부분는 감쇠 상수 α이고, 허수 부분은 파의 위상 상수 β이다. 이것은 파라미터 ε, μ, $\sigma = 0$인 무손실 매질에서 진행하는 동일한 파의 β와 같은 값을 갖는다.

(A) 참

(B) 거짓

개념문제 7.34 **시간 평균 포인팅 벡터의 감쇠율**

만일 α가 손실 매질에서 균일 평면 시간 조화파의 감쇠 상수이면, 전자기파의 전파 방향으로 시평균 포인팅 벡터의 감쇠율(rate of attenuation)은 무엇에 의해 결정되는가?

(A) α

(B) α의 두 배

(C) α의 제곱

(D) α의 반

(E) 위의 (A)-(D)에 없다.

개념문제 7.35 **임피던스 위상각에 대한 전력 흐름(power flow) 의존성**

시간 조화 평면파가 복소 고유 임피던스 $\eta = |\eta| e^{j\phi}$를 갖는 손실 매질을 통과하여 전파한다. 파가 진행하는 방향으로, 평면파의 시간 평균 표면 전력 밀도는 무엇에 비례하는가?

(A) $e^{j\phi}$

(B) $e^{-j\phi}$

(C) $\cos\phi$

(D) $\sin\phi$

(E) 위의 (A)-(D)에 없다.

개념문제 7.36 **자기장의 감쇠**

전도성 매질에서 시간 조화 전자기파의 자기장의 감쇠는 전자기장의 감쇠와 비교하면 어떤 특성을 갖는가?

(A) 항상 크다.

(B) 항상 작다.

(C) 항상 똑같다.

(D) 어떤 경우에는 크고, 어떤 경우에는 더 작다.

(E) 어떤 경우에는 같고, 어떤 경우에는 더 작다.

개념문제 7.37 **감쇠하는 평면파의 순간 전기장**

각주파수 ω의 시간 조화 균일 평면파가 양의 z 방향으로 손실 매질을 전파하고 있다. $z=0$인 평면에서 전기장의 실효 세기와 초기($t=0$) 위상은 E_0와 θ_0이다. 주어진 주파수에서 매질의 감쇠 및 위상 상수는 α와 β이다. 순간 전기장 세기는 무엇인가?

(A) $E(z,t) = E_0\sqrt{2}\,e^{-(\alpha+\beta)z}\cos(\omega t + \theta_0)$

(B) $E(z,t)=E_0\sqrt{2}\cos(\omega t-\alpha z-\beta z+\theta_0)$

(C) $E(z,t)=E_0\sqrt{2}\cos(\omega t-\beta z+\theta_0-\alpha)$

(D) $E(z,t)=E_0\sqrt{2}\,\mathrm{e}^{-\alpha z}\cos(\omega t-\beta z+\theta_0)$

(E) $E(z,t)=E_0\sqrt{2}\,\alpha\cos(\omega t-\beta z+\theta_0)$

개념문제 7.38 **감쇠파의 순간 자기장**

감쇠 및 위상 상수는 α와 β이고 복소 고유 임피던스는 $\eta=|\eta|\mathrm{e}^{\mathrm{j}\phi}$인 손실 매질에서, 양의 z방향으로 진행하는 각주파수 ω의 시간 조화 균일 평면파가 있다. 만일 $z=0$에 대하여 실효 세기와 초기 위상이 각각 E_0와 θ_0라면, 순간 자기장 세기 벡터는 무엇인가?

(A) $H(z,t)=E_0\sqrt{2}\,\mathrm{e}^{-\alpha z-\phi}\cos(\omega t-\beta z+\theta_0)/|\eta|$

(B) $H(z,t)=E_0\sqrt{2}\,\mathrm{e}^{-\alpha z}\cos(\omega t-\beta z+\theta_0-\phi)/|\eta|$

(C) $H(z,t)=E_0\sqrt{2}\,\mathrm{e}^{-(\alpha+\beta)z-\phi}\cos(\omega t+\theta_0)/|\eta|$

(D) $H(z,t)=E_0\sqrt{2}\cos(\omega t-\alpha z-\beta z+\theta_0-\phi)/|\eta|$

(E) $H(z,t)=E_0\sqrt{2}\,\alpha\mathrm{e}^{-\phi}\cos(\omega t-\beta z+\theta_0)/|\eta|$

개념문제 7.39 **임의의 손실 매질에 대한 위상 속도**

파라미터 ε, μ, σ를 갖는 임의의 손실 매질에서 주파수 f의 균일 평면 시간 조화 전자기파의 위상 속도 v_p ($v_\mathrm{p}=\omega/\beta$)는 무엇인가?

(A) $3\times10^8\,\mathrm{m/s}$와 같은 값의 상수

(B) $3\times10^8\,\mathrm{m/s}$와 다른 값의 상수

(C) 주파수(f)의 함수

개념문제 7.40 **전기장 및 자기장 사이의 위상 차이**

임의의 손실 매질에서 E와 H를 균일 평면 시간 조화파의 전기장과 자기장 강도라고 표기하면, 다음에서 옳은 것은 무엇인가?

(A) E와 H는 동위상이다.

(B) E는 항상 H에 뒤쳐진다.

(C) H는 항상 E에 뒤쳐진다.

(D) 어떤 경우에는 H가 E에 뒤쳐지고, 어떤 경우에는 E가 H에 뒤쳐진다.

7.6 양유전체와 양전도체

양유전체(good dielectric), 즉 주어진 주파수에서 유전율과 전도율이 식 (7.14)의 조건 $\sigma \ll \omega\varepsilon$를 만족하는 물질은 다음으로 근사화될 수 있다.

$$\sigma \ll \omega\varepsilon \rightarrow \alpha \approx \frac{\alpha}{2}\sqrt{\frac{\mu}{\varepsilon}}, \ \beta \approx \omega\sqrt{\varepsilon\mu}, \ \eta \approx \sqrt{\frac{\mu}{\varepsilon}} \text{ (양유전체)} \tag{7.15}$$

반면에 양전도체(good conductor)에서 $\sigma \gg \omega\varepsilon$에 대하여 식 (7.14)는 다음으로 축소된다.

$$\sigma \gg \omega\varepsilon \rightarrow \alpha \approx \beta\sqrt{\frac{\omega\mu\sigma}{2}}, \ |\eta| \approx \sqrt{\frac{\omega\mu}{\sigma}}, \ \phi \approx 45^\circ \text{ (양전도체)} \tag{7.16}$$

개념문제 7.41 **양유전체에 대한 기본 전파파라미터**

물질 파라미터 ε, μ, σ을 갖는 양유전체의 감쇠 상수(α), 위상 상수(β), 복소 고유 임피던스의 크기($|\eta|$), 임피던스의 위상 각도(ϕ)는 같은 주파수에서 ε, μ, $\sigma = 0$인 완전 유전체와 실질적으로 같은가?

(A) β만

(B) β, $|\eta|$, ϕ만

(C) $|\eta|$, ϕ만

(D) α, β, $|\eta|$만

(E) 모든 파라미터

(F) 위 파라미터 중에는 없다.

개념문제 7.42 **민물(fresh water)은 양유전체나 전도체인가?**

유전율 $\varepsilon_r = 80$와 $\sigma = 10^{-3}\,\mathrm{S/m}$를 갖는 민물은 어떻게 작용하는가?

(A) 양유전체

(B) 양전도체

(C) 양전도체와 양유전체 사이의 전도성 매질

(D) 위의 (A)-(C)에는 없다.

(E) 추가 정보가 필요하다.

개념문제 7.43 **양전도체에서 자기장 세기**

전도체 안에서 진행하는 균일 평면 시간 조화 전자기장파가 있다. σ가 더 큰 값을 갖는 더 좋은 전도체는 물질 내에서 같은 전기장 세기에 대하여 그 안의 자기장은 어떻게 변하는가?

(A) 더 강해진다.

(B) 더 약해진다.

(C) 차이가 없다.

개념문제 7.44 **구리의 고유 임피던스의 크기**

RF 및 마이크로파 주파수에서, 구리의 복소 고유 임피던스의 크기($|\eta|$)는 자유공간의 고유 임피던스 ($\eta_0 = 377\,\Omega$)와 비교하면 어떤 값을 갖는가?

(A) 매우 큰 값

(B) 대략적으로 비슷한 값

(C) 매우 작은 값

개념문제 7.45 **양전도체의 고유 임피던스의 위상**

양전도체에서 균일 평면 시간 조화 전자기파의 자기장은 대략적으로 얼마만큼 전기장에 뒤지는가?

(A) -90°

(B) $-45°$

(C) 0

(D) $45°$

(E) $90°$

(F) $180°$

개념문제 7.46 PEC 의 고유 임피던스

완전 전기 도체(PEC)의 복소 고유 임피던스는 얼마인가?

(A) $|\eta| = 0$

(B) $|\eta| \to \infty$

(C) $|\eta| \approx 377\,\Omega$

(D) 주파수에 의존적이다.

7.7 표피 효과

전도체의 표면에 입사하는 전자기파는 표면으로부터 멀어질수록 급속히 감쇠한다. 표피 깊이(skin depth) δ는 전기장의 진폭이 초기 값(표면에서 값)의 $1/e$ (또는 약 36.8%)로 감쇠되는 전도체쪽 깊이(전도체 표면으로부터 거리)로 정의된다. 식 (7.13)과 (7.16)을 사용하면, 다음과 같다.

$$\delta = \frac{1}{\alpha}\text{(표피 깊이; 단위: m)},\quad \delta \approx \frac{1}{\sqrt{\pi \mu f \sigma}}\text{(양전도체의 경우)} \qquad (7.17)$$

여기서 첫 번째 식은 어떠한 전도성 물질에 대해서도 성립하지만, 두 번째 식은 양도체의 경우에 해당된다. 식 (7.13)과 (7.17)로부터 주목할 점은, 침투파(penetrating wave)의 크기는 도전체의 표면으로부터 약 5δ 더 떨어진 위치에서 표면에서 세기의 1%보다 작은 값을 유지한다. 전도성 물체의 표피에서 필드, 전류, 전력이 집중되는 현상을 표피 효과(skin effect)라고 한다.

개념문제 7.47 **양전도체에서 표피 효과 대 주울 손실(Joule's loss)**

표피 효과 즉 양전도체에서 파의 진폭의 급격한 공간적 감소는 물질의 체적을 통과하면서 국부적인 주울 손실(전기전력이 열로 손실된다)에 의한 것이다.

(A) 참

(B) 거짓

개념문제 7.48 **알루미늄 호일의 차폐 효과(shielding effectiveness) 대비 주파수**

방에 입사하거나 나가는 전기장 및 자기장을 차폐(shielding)하기 위하여, 방의 벽을 1 mm 두께의 알루미늄 호일로 차단한다. 어느 주파수에서 가장 많이 차폐되는가?

(A) 1kHz

(B) 10kHz

(C) 100kHz

(D) 1MHz

(E) 차이가 없다.

개념문제 7.49 **전기장에 대한 차폐 대비 자기장에 대한 차폐**

100kHz에서 1mm 두께의 알루미늄 포일은 무엇을 제공하는가?

(A) 전기장에 대하여 더 좋은 절연(isolation)

(B) 자기장에 대하여 더 좋은 절연

(C) 전기장과 자기장에 대하여 동일한 절연

개념문제 7.50 **마이크로파 주파수에서 비어 있는 금속 도체 대비 꽉찬 금속 도체**

마이크로파 주파수에서 안테나와 전송 선로의 다양한 형태에서, 비어 있는 것과 꽉찬 금속(구리 또는 알루미늄)의 전기적 성능은 실질적으로 차이가 없다.

(A) 참

(B) 거짓

개념문제 7.51 **전력 주파수(power frequency)에서 비어 있는 전도체 대비 꽉찬 전도체**

전력 주파수(60Hz) 소자 및 시스템의 다양한 형태에서 구리 또는 알루미늄 전도체를 고려할 때, 실질적으로 비어 있는 전도체와 꽉찬 전도체 간의 성능의 차이는 없다.

(A) 참

(B) 거짓

개념문제 7.52 **민물 대비 바닷물에서 전파 통신**

짠 성분 때문에 바다(짠) 물은 민물보다 전기적으로 더 큰 전도성을 갖는다. 만일 전파 송신기와 수신기가 아래와 같이 물속에 넣어져 있다면, 그 통신은 어느 경우가 더 나은가?

(A) 민물

(B) 바닷물

(C) 차이가 없다.

개념문제 7.53 **잠수함의 전파 통신에 대한 주파수의 선택**

물속에 있는 잠수함과 전파 통신을 위하여 다음 중에서 가장 적합한 주파수는 무엇인가?

(A) 1kHz

(B) 10kHz

(C) 100kHz

(D) 1MHz

(E) 10MHz

개념문제 7.54 **철과 구리의 표피 깊이**

철은 구리보다 6배 낮은 전도율을 갖는다고 할 때, 철의 표피 깊이는 같은 주파수에서 구리의 표피 깊이와 비교하면 어떠한가?

(A) 더 크다.

(B) 더 작다.

개념문제 7.55 **PEC의 표피 깊이**

완전 전기 도체의 표피 깊이는 얼마인가?

(A) $\delta = 0$

(B) $\delta \to \infty$

(C) $\delta \approx 1$ nm

(D) 주파수에(오직) 의존적이다.

(E) 주파수와 물질의 유전율에 의존적이다.

7.8 플라즈마에서 파의 전파

플라즈마(plasma)는 이온화된 기체이고, 중성원자와 분자에 더하여, 충분히 큰 수의 이온화된 원자와 분자, 자유전하를 포함한다. 대전분자 간의 쿨롱힘에 의한 거시적 전자기 효과는 주목할 만하다. 플라즈마 매질을 통과하여 진행하는 주파수 f의 균일 평면 전자기파의 위상 계수는 다음으로 주어진다.

$$\beta = \frac{2\pi f}{c_0}\sqrt{1-\frac{f_{\mathrm{p}}^2}{f^2}},\ f_{\mathrm{p}} = 9\sqrt{N}(N:\ \mathrm{m}^{-3};\ f_{\mathrm{p}}:\ \mathrm{Hz})(\text{플라즈마 매질}) \qquad (7.18)$$

여기서 c_0는 자유공간 전파 속도[식 (7.4)]이고, f_{p}는 소위 플라즈마 주파수(plasma frequency)이고, N은 기체 중에서 자유 전하의 집중 정도이다. $f < f_{\mathrm{p}}$에 대하여, β는 순수하게 허수가 되고, 따라서 등가적으로 큰 감쇠 계수 α [식 (7.13)]를 가지며, 파는 전파하지 않는다.

플라즈마 매질의 중요한 예로 지구 표면으로부터 약 50~500km 고도의 지구 대기의 상층 영역인, 전리층(ionosphere)이 있다. 이는 태양의 복사에 의해 이온화된 매우 희박한 기체로 이루어져 있고, 전파 응용에 대단히 중요한 역할을 하고 있다.

개념문제 7.56 **프라즈마 매질의 주파수 응답**

주어진 주파수에서 전자기파가 플라즈마를 전파할 수 있거나 없는 것은, 플라즈마(이온하된 가스)가 무엇으로 동작하기 때문인가?

(A) 저역 필터

(B) 고역 필터

(C) 대역 필터

(D) 전혀 필터가 아니다.

개념문제 7.57 **플라즈마 주파수에서 전파**

플라즈마 주파수가 f_p인 이온화된 기체에서, 주파수 $f = f_p$인 평면파는 진행하는가?

(A) 기체를 통과하여 진행할 수 있다.

(B) 기체를 통과하여 진행할 수 없다.

(C) 추가 정보가 필요하다.

개념문제 7.58 **플라즈마 주파수보다 더 높은 주파수의 평면파**

플라즈마 주파수 f_p의 플라즈마 매질에서 주파수 f의 평면파가 전파한다. $f \gg f_p$에 대하여, 플라즈마는 무엇과 같이 작용하는가?

(A) 회로 이론에서 개방 회로

(B) 회로 이론에서 단락 회로

(C) 자유공간

개념문제 7.59 **플라즈마에서 반으로 줄어든 자유전자들의 농도**

시간 조화 평면파가 자유전하의 농도 $N = 6 \times 10^{11}\ \mathrm{m}^{-3}$인 이온화된 기체(플라즈마)를 통과하여 진행한다. 동일한 환경에서(동일 주파수를 갖는) $N = 3 \times 10^{11}\ \mathrm{m}^{-3}$를 가진 플라즈마 매질 통과하여 진행할 수 있는가?

(A) 예

(B) 아니오

(C) 추가 정보가 필요하다.

개념문제 7.60 **두 배가 된 자유전하의 농도**

자유전하의 농도 $N = 6 \times 10^{11}\ \mathrm{m}^{-3}$를 갖는 플라즈마 매질에서 진행하는 파는 $N = 12 \times 10^{11}\ \mathrm{m}^{-3}$를 갖는 플라즈마를 통과하여 진행할 수 있는가?

(A) 예

(B) 아니오

(C) 추가 정보가 필요하다.

개념문제 7.61 **지구로부터 전리층에 입사하는 파**

지구의 표면으로부터 전리층에 수직으로 입사하는 균일 평면 시간 조화 전자기파는 어떻게 되는가?

(A) 전리층을 통과하여 진행한다.

(B) 반사하여 되돌아온다.

(C) 추가 정보가 필요하다.

개념문제 7.62 **우주로부터 전리층에 입사하는 파**

우주로부터 전리층의 상부 경계면으로 수직으로 입사하는 균일 평면 시간 조화 전자기파는 어떻게 되는가?

(A) 전리층을 통과하여 진행한다.

(B) 반사하여 되돌아온다.

(C) 추가 정보가 필요하다.

7.9 분산과 군속도

손실을 갖고(또는 갖거나) 복소인 매질의 위상 속도는 주파수에 의존적이다. 따라서 매질을 통과하는 시간 조화 전자기파의 위상 상수 β는 각(라디안) 주파수 ω의 비선형 함수이다. 만일 상이한 주파수(그리고 일반적으로 신호의 푸리에(Fourier) 성분인 상이한 진폭과 위상)를 갖는 다중 시간 조화 전자기 신호가 이 매질을 통과하여 전달되면, 상이한 주파수 성분의 파는 상이한 위상 속도 $v_{\mathrm{p}}(\omega)$로 전파한다. 따라서 다른 위상 지연을 가지고 수신점에 도달한다. 이것은 푸리에 성분의 상대적인 위상이 변한다는 것을 의미하며, 신호가 왜곡될 뿐만 아니라 신호 모양이 변한다는 것이다. 다시 말하면, 매질은 주파수 성분을 분산시킴으로써, 신호의 왜곡을 야기한다. 이러한 현상은 일반적으로 분산(dispersion)으로 알려져 있으며, 이 매질(파를 유도하는 구조)을 분산 매질(dispersive media)이라고 하며 다음 관계를 갖는다.

$$v_{\mathrm{p}} = \frac{\omega}{\beta(\omega)} = v_p(\omega)\,(\text{분산 매질에서 위상 속도}) \tag{7.19}$$

매질에 대한 비선형 $\beta-\omega$관계의 그래프적인 표현은 식 7.3처럼 분산 다이어그램(dispersion diagram)이라고 불린다.

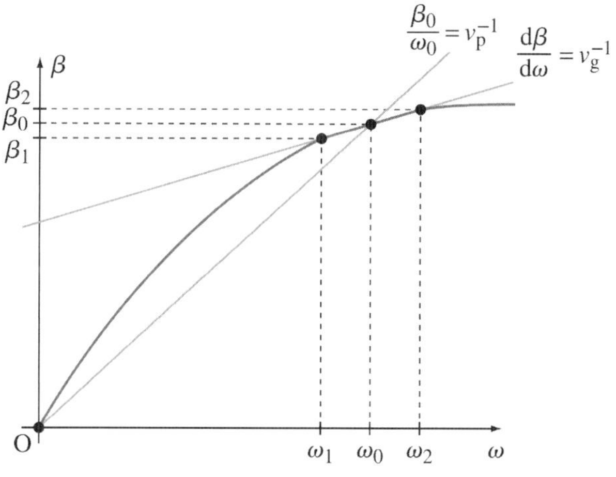

그림 7.3 식 (7.19)와 (7.20)에 의해 매질에 대한 위상과 군속도 정의의 그래프적인 해석을 갖는 분산 매질의 $\beta-\omega$관계의 스케치(분산 다이어그램)

파의 집합을 구성하는 주파수 그룹의 전파 속도를 군속도(group velocity)로 나타내고, v_{g}로 표현한다. 그림 7.3과 식 (7.20)처럼 기하학적으로 그것은 $\beta-\omega$ 곡선에서 기울기를 나타낸다.

$$v_{\mathrm{g}}(\omega) = \frac{1}{\mathrm{d}\beta(\omega)/\mathrm{d}\omega}\,(\text{군속도}) \tag{7.20}$$

이것은 일반적으로 주어진 매질을 통과하여 전자기파에 의해 운반되는 에너지와 정보의 전달 속도이며, 에너지 속도(energy velocity) 또는 신호 속도(signal velocity)라고도 한다.

개념문제 7.63 **분산적인 전파 매질의 정의**

위상 상수 β, 위상 속도 v_p, 군속도 v_g의 세 가지 양 중에서, 비분산 매질에 대하여 주파수에 독립적이고 주파수의 함수인 것은 무엇인가?

(A) β만

(B) v_p만

(C) β, v_p만

(D) v_p, v_g만

(E) 세 가지 양 모두

(F) 양이 없다.

개념문제 7.64 **공간에서 진행하는 시간 펄스의 광대역화**

시간 영역에서 직사각형 펄스 형태의 신호가 날카로운 모서리를 잃고 넓어진다. 또한 전자기 매질을 통과하여 전파하면서 넓어진다. 이러한 현상을 어떻게 표현하는가?

(A) 분산적이다.

(B) 비분산적이다.

(C) 판단할 수 없다.

개념문제 7.65 **공기 매질에 대하여 수신에서 신호 모양**

다수 개의 주파수(푸리에) 성분으로 구성된 신호가 공기(자유공간)을 통하여 진행한다. 수신점에서 개별 신호 성분을 중첩하면 항상 원래 신호와 똑같은 형태를 갖는다.

(A) 참

(B) 거짓

(C) 판단할 수 없다.

개념문제 7.66 **분산 전파 매질의 예제**

완전(무손실) 유전체, 저손실 유전체(양유전체), 양전도체, 플라즈마 중에서 분산 특성을 갖는 것은?

(A) 완전 유전체와 저손실 유전체만

(B) 저손실 유전체, 양전도체, 플라즈마만

(C) 양전도체와 플라즈마만

(D) 플라즈마만

(E) 모든 네 가지 매질

(F) 네 가지 매질에는 없다.

개념문제 7.67 **VLF 대역의 선박-잠수함 통신**

VLF(very low frequency) 바다 밑 선박-잠수함 통신 시스템에서, 선박이 물 속의 잠수함에 메시지를 통신하기 위하여 평면파를 바다로 발사하였다. 두 개의 상이한 주파수 성분 $f_1 = 7.77\ \mathrm{kHz}$와 $f_2 = 10\ \mathrm{kHz}$을 갖는 신호가 바다 표면에서 발사되고, 바다속 서로 다른 깊이에서 수신한다고 가정하자. 또한 두 신호 성분은 바다물의 큰 감쇠에도 불구하고, 고려되는 모든 깊이에서 수신할 수 있을 정도로 충분히 강하다고 가정하자. 다음 설명 (a)와 (b) 중에서 참인 것은? (a) 어떤 깊이에서는 두 주파수의 각각의 전기장 및 자기장은 위상이 반대가 되어 실제로 신호 수신점에서 서로 상쇄될 수 있다. (b) 어떤 깊이에서 두 주파수의 필드는 신호 수신에서 동위상이 되어 합해질 수도 있다.

(A) 설명 (a)만

(B) 설명 (b)만

(C) 두 설명 모두

(D) 두 설명에는 없다.

개념문제 7.68 **분산 매질에서 군속도**

분산 전파 매질에서 군속도(v_{g})는 위상 속도(v_{p})와 어떤 관계인가?

(A) 위상 속도(v_{p})와 같은 값을 갖는다.

(B) v_{p}보다 항상 더 낮다.

(C) v_p보다 항상 더 높다.

(D) 어떤 매질에서는 v_p보다 낮고, 다른 매질에서는 v_p보다 높다.

(E) 0

개념문제 7.69 **에너지 속도**

분산 매질 또는 전파 유도 구조에서 진행하는 전자기파에 의한 전자기파 에너지의 전달 속도는 무엇인가?

(A) 파의 위상 속도 v_p

(B) 파의 군속도 v_g

(C) 속도 $c_0 = 3 \times 10^8$ m/s

(D) 위의 (A)-(C)에 없다.

개념문제 7.70 **특수상대성 이론에 대한 위배**

어떤 분산 매질에서 위상 속도 v_p와 군속도 v_g와 자유공간 빛의 속도$c_0 = 3 \times 10^8$ m/s를 갖는 전자기파에 대하여, 다음 가정 중 에너지와 물체는 c_0보다 빠를 수 없다는 특수상대성 이론의 관점에서 불가능한 것은?

(A) $v_p > c_0$

(B) $v_g > c_0$

(C) 두 가정 모두

(D) 어느 가정도 아니다.

7.10 전자기파의 편파

지금까지 다룬 모든 시간 조화 전자기파는 소위 선형 편파(linear polarization, LP)를 가지는 것으로 설정하였다. 선형 편파는 공간의 주어진 지점에서 파의 전기장 세기 벡터의 끝(그리고 자기장 세기 벡터도 같다)이 그림 7.4(a)에서 보여진 것과 같이, 시간에 따라 직선으로 이동하는 것을 말한다. 그러나 만일 동일 주파수에서 상호 직교(mutually orthogonal) 선형 편파를 갖는 두 파가 동일한 방향으로 동시에 진행한다면, 합성파의 편파는 상대적인 진폭(또는 유횻값)과 개별 선형 편파 성분의 위상에 의존적이다. 예를 들어, 만일 두 직교성분이 같은 진폭을 가지지만 위상이 $\mp 90°$로 차이(시간 위상 직교)가 나면 원형 편파(Circular Polarization, CP)이다.

$$E_x = E_m \cos(\omega t - \beta z),\ E_y = \pm E_m \sin(\omega t - \beta z)\text{(원형 편파)} \tag{7.21}$$

다시 말하면, z=상수에 대한 합성 벡터 **E**는 각속도가 ω와 동일하고 그것의 끝은 그림 7.4(b)에 묘사된 바와 같이 시간의 함수로써 반경 E_m을 갖는 원을 묘사하면서 회전한다. 만일 식 (7.21)의 파의 직교성분의 진폭 중 한 개가 변하여 더이상 같지 않으면($E_1 \neq E_2$), 타원 편파(elliptical polarization, EP)이다.

$$E_x = E_1 \cos(\omega t - \beta z),\ E_y = \pm E_2 \sin(\omega t - \beta z)\text{(타원 편파)} \tag{7.22}$$

타원 편파의 경우, 합성 벡터 **E**의 끝 점은 그림 7.4(c)의 z=상수 평면에서 타원(편파 타원)을 추적한다. 여기서 파는 타원적으로 편파(EP)되었다고 한다. 가장 일반적인 경우로써, 진폭 간의 임의의 비율에 더하여 **E**의 두 성분 간의 임의의 위상 차이를 가지는 것으로 파는 타원편파지만 편파 타원은 x축 관점에서 기울어져 있다. 따라서 타원 편파는 시간 조화 벡터의 가장 일반적인 편파이다.

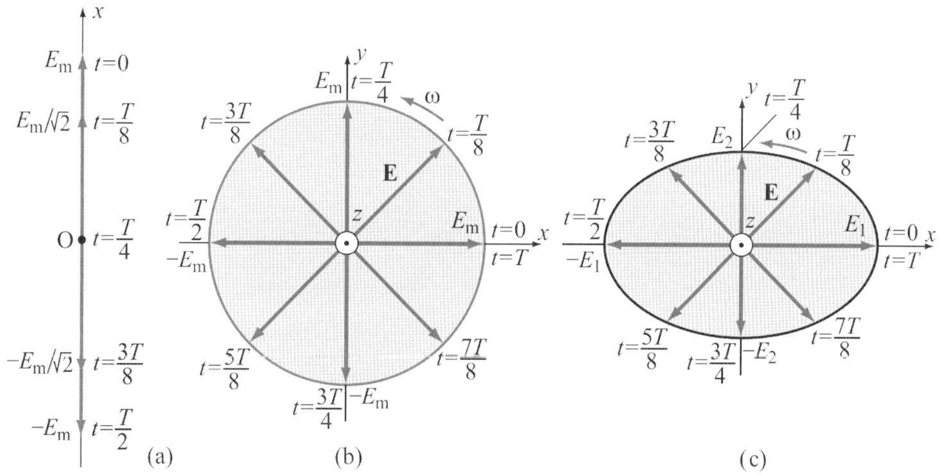

그림 7.4 (a) $z=0,\ \theta_0=0,\ E_n = E_0\sqrt{2}$(진폭)를 갖는 선형 편파된 시간 조화 균일 평면파 [식 (7.8)] (b) 원형 편파[식 (7.21)] (c) 타원 편파[식 (7.22)]. 위 (b)와 (c)에서 회전은 E_y에 대한 표현의 시작에서 양의 부호(±대신 +)에 상응하며, 이 파는 우현(RH) CP와 EP라고 각각 일컬어진다. (오른손 규칙의 엄지손가락이 파의 진행 방향을 가리키고, 다른 손가락들은 회전의 방향에서 컬을 가리킨다. 여기서 음수 부호는 회전 방향의 변화를 야기하며, 좌현(LP) CP와 EP 파를 발생한다.)

개념문제 7.71 **평면파의 편파 상태의 결정 - 경우 1**

순시 전기장 세기 벡터의 전자기파 편파가 $\mathbf{E}(x,t)=[2\cos(\omega t+\beta x)\hat{\mathbf{y}}-\sin(\omega t+\beta x)\hat{\mathbf{z}}]\,\mathrm{V/m}$로 주어진다. 여기서 ω와 β는 각주파수와 파의 위상 상수이다. 파의 편파는 무엇인가?

(A) 선형 편파

(B) 원형 편파

(C) 타원 편파

(D) 추가 정보가 필요하다.

개념문제 7.72 **편파 상태의 결정 - 경우 2**

만일 파의 전자기장이 $\mathbf{E}(x,t)=[2\cos(\omega t+\beta x)\hat{\mathbf{y}}-\cos(\omega t+\beta x)\hat{\mathbf{z}}]\,\mathrm{V/m}$로 표현될 때, 편파는 무엇인가?

(A) 선형 편파

(B) 원형 편파

(C) 타원 편파

(D) 추가 정보가 필요하다.

개념문제 7.73 **편파 상태의 결정 - 경우 3**

전기장 벡터가 $\mathbf{E}(x,t)=[\cos(\omega t+\beta x)\hat{\mathbf{y}}-\sin(\omega t+\beta x)\hat{\mathbf{z}}]\,\mathrm{V/m}$로 주어지는 파의 편파는 무엇인가?

(A) 선형 편파

(B) 원형 편파

(C) 타원 편파

(D) 추가 정보가 필요하다.

개념문제 7.74 **편파 상태의 결정 - 경우 4**

$\mathbf{E}(x,t) = [2\cos(\omega t + \beta x + \pi/3)\hat{\mathbf{y}} - \sin(\omega t + \beta x)\hat{\mathbf{z}}]\ \mathrm{V/m}$를 갖는 파의 편파는 무엇인가?

(A) 선형 편파

(B) 원형 편파

(C) 타원 편파

(D) 추가 정보가 필요하다.

개념문제 7.75 **편파 상태의 결정 - 경우 5**

만일 $\mathbf{E}(x,t) = [\cos(\omega t + \beta x + \pi/3)\hat{\mathbf{y}} - \sin(\omega t + \beta x)\hat{\mathbf{z}}]\ \mathrm{V/m}$이면, 파의 편파는 무엇인가?

(A) 선형 편파

(B) 원형 편파

(C) 타원 편파

(D) 추가 정보가 필요하다.

개념문제 7.76 **편파 상태의 결정 - 경우 6**

$\mathbf{E}(x,t) = [\sin(\omega t + \beta x + \pi/4)\hat{\mathbf{y}} - \sin(\omega t + \beta x - \pi/4)\hat{\mathbf{z}}]\ \mathrm{V/m}$를 갖는 파의 편파는 무엇인가?

(A) 선형 편파

(B) 원형 편파

(C) 타원 편파

(D) 추가 정보가 필요하다.

개념문제 7.77 **편파 상태의 결정 - 경우 7**

만일 $\mathbf{E}(x,t) = [\sin(\omega t + \beta x + \pi/4)\hat{\mathbf{y}} - 2\sin(\omega t + \beta x - 3\pi/4)\hat{\mathbf{z}}]\ \mathrm{V/m}$이면, 파의 편파는 무엇인가?

(A) 선형 편파

(B) 원형 편파

(C) 타원 편파

(D) 추가 정보가 필요하다.

개념문제 7.78 **좌현 원형 편파의 변화**

만일 우현 원형 편파(RHCP)의 두 개 직교 성분 진폭(또는 실횻값) 중 한 개가 두 배가 되고, 다른 성분의 진폭과 두 성분의 위상은 동일하게 유지된다면, 새로운 파는 무엇인가?

(A) 우현 원형 편파(RHCP)

(B) 좌현 원형 편파(LHCP)

(C) 우현 타원 편파(RHEP)

(D) 좌현 타원 편파(LHEP)

(E) 선형 편파(LP)

(F) 추가 정보가 필요하다.

개념문제 7.79 **자기장 벡터에 대한 편파 방향**

타원 편파의 편파 방향(RHEP 또는 LHEP)을 자기장 벡터를 고려하여 결정한 편파 방향은 전기장 벡터를 고려하여 결정하는 것의 반대이다.

(A) 참

(B) 거짓

개념문제 7.80 **자기장 벡터에 대한 편파**

타원 편파의 자기장 벡터에 대한 편파 타원은 파의 전기장 벡터에 대한 편파 타원에 직교한다.

(A) 참

(B) 거짓

제 8 장 평면파의 반사와 투과

개요

이전 장으로부터 다양한 전자기 성질을 가진 무한한 균질(hormogeneous) 매질에서 파의 진행과 관련된 해석 기술과 개념에 대해 논의를 했다. 이번 장에서는 두 매질의 경계면을 진행하는 파의 동작 특성에 대한 개념과 기술에 대해 논의를 진행하고자 한다.

일반적으로, 파가 서로 다른 두 매질로 분리된 경계를 만나면, 이 장의 제목처럼 파의 일부는 입사한 매질로 반사(reflection)되어 돌아오고, 일부는 경계의 다른쪽 매질로 투과(transmission)가 된다.

두 매질에서의 전파는 가장 간단한 완전 전기 도체면(PEC, perfect electric conductor)에 대한 수직 입사(전파의 진행 방향이 경계면에 대해 수직), 임의 두 매질 사이 경계면에 대한 수직 입사(normal incidence) 그리고 가장 복잡한 경우로서 두 매질의 경계면에 대한 임의 각도에서 경사 입사(oblique incidence) 등으로 구분하여 평면파(plane wave)의 반사와 굴절(refraction)로 불리기도 하는 투과로 나타낼 수 있다. 이 장에서는 전기장 및 자기장의 전파와 연관된 다양한 개념뿐만 아니라 파가 전파하는 구조에서 전체 전자기장 벡터와 전파의 분포에 대한 논의까지 포함하여 설명한다. 그렇지만 모든 문제에서 답의 핵심은 경계면들의 양쪽에서, 즉 입사 매질과 투과 매질에서, 전자기장 사이의 “연결(connection)”로서 일반적이며 적절한 전자기 경계 조건(boundary conditions)들을 사용하는 것이 될 것이다.

8.1 완전 도체면에 대한 수직 입사

유전율 ε와 투자율 μ를 가진 무손실($\sigma = 0$) 매질을 통과하여 전파하는 전기장 세기[1] E_{i0}와 주파수 f를 갖는 선형 편파(linearly polarized)특성을 갖는 시간 조화(time harmonic) 전자

1) 특별한 언급이 없다면 여기서 전기장 세기는 실횻값(rms, root mean square)을 의미한다.

기파인 균일한 평면파(uniform plane wave)를 가정하자. 전파가 그림 8.1(a)에 나타낸 것처럼 도전율(conductivity) $\sigma \to \infty$를 가진 완전 전기 도체(PEC, perfect electric conductor)인 무한한 평면에 수직으로 입사(전파 진행의 방향이 평면에 수직)한다고 할 때, 입사파인 전파의 복소(complex) 전기장과 자기장 세기 벡터는 다음과 같이 주어진다($\omega = 2\pi f$).(식 7.11을 참조)

$$\underline{\boldsymbol{E}}_{\mathrm{i}} = \underline{E}_{\mathrm{i0}} e^{-\mathrm{j}\beta z}\hat{\mathbf{x}},\ \underline{\boldsymbol{H}}_{\mathrm{i}} = \frac{\underline{E}_{\mathrm{i0}}}{\eta} e^{-\mathrm{j}\beta z}\hat{\mathbf{y}},\ \beta = \omega\sqrt{\varepsilon\mu},\ \eta = \sqrt{\frac{\mu}{\varepsilon}}\ (\text{입사파}) \tag{8.1}$$

이 전파로 인해 PEC 면에는 전류가 여기되며, 이 전류는 결국 반사되는(또는 역방향) 전파의 소스(source)가 되어 $-z$ 방향으로 전파하게 된다. 이 전자기장 벡터는 아래와 같이 주어진다.

$$\underline{\boldsymbol{E}}_{\mathrm{r}} = \underline{E}_{\mathrm{r0}} e^{\mathrm{j}\beta z}\hat{\mathbf{x}},\ \underline{\boldsymbol{H}}_{\mathrm{r}} = \frac{\underline{E}_{\mathrm{r0}}}{\eta} e^{\mathrm{j}\beta z}(-\hat{\mathbf{y}})(\text{반사파}) \tag{8.2}$$

식 (6.15)에서 벡터 E에 대한 경계 조건(더 정확하게 말하자면 접선 성분들에 대한)을 $z=0$인 평면에 적용하면 아래와 같이 쓸 수 있다.

$$\underline{E}_{\mathrm{i0}} + \underline{E}_{\mathrm{r0}} = 0 \to \underline{E}_{\mathrm{r0}} = -\underline{E}_{\mathrm{i0}}(\text{경계 조건}) \tag{8.3}$$

식 (8.1)-(8.3)과 식 (6.20)을 사용하면, $z \le 0$에 위치한 입사되는 매질에서 입사파와 반사파가 더해진 전체 복소 전기장과 자기장, 즉, 합성파(resultant wave)의 전기장 및 자기장 벡터는

$$\underline{\boldsymbol{E}}_{\mathrm{tot}} = 2\mathrm{j}\,\underline{\mathrm{E}}_{\mathrm{i0}}\sin\beta z\hat{\boldsymbol{x}},\ \underline{\boldsymbol{H}}_{\mathrm{tot}} = 2\frac{\mathrm{E}_{\mathrm{i0}}}{\eta}\cos\beta z\hat{\mathbf{y}}(\text{합성파}) \tag{8.4}$$

이고, 식 (6.21)에 의해 이 전자기장 벡터에 대한 시간 영역 성분은 다음과 같다.

$$E_{\mathrm{tot}}(t) = 2\sqrt{2}\,E_{\mathrm{i0}}\sin\beta z\sin\omega t\hat{\mathbf{x}},$$

$$H_{\mathrm{tot}}(t) = 2\sqrt{2}\,\frac{E_{\mathrm{i0}}}{\eta} cos\beta z\cos\omega t\hat{\mathbf{y}} \quad (\underline{E}_{\mathrm{i0}} = E_{\mathrm{i0}}) \tag{8.5}$$

(정재파의 순간적인 전자기장)

그림 8.1(b)에 서로 다른 순간에서 합성파 전자기장 세기의 파형 형태를 z의 함수로 나타내었다. 시간이 지나감에 따라 전자기장은 진행하지 않고 고정되어 0의 축을 중심으로 진동하며 머물러 있다는 것을 알 수 있다. 그래서 양쪽 방향으로 모두 진행파(traveling wave)가 나타나지 않는다. 두 진행파(traveling wave)의 중첩(superposition)으로 나타나는 합성된 전파를 그래서 "정재파(standing wave)"라고 한다.

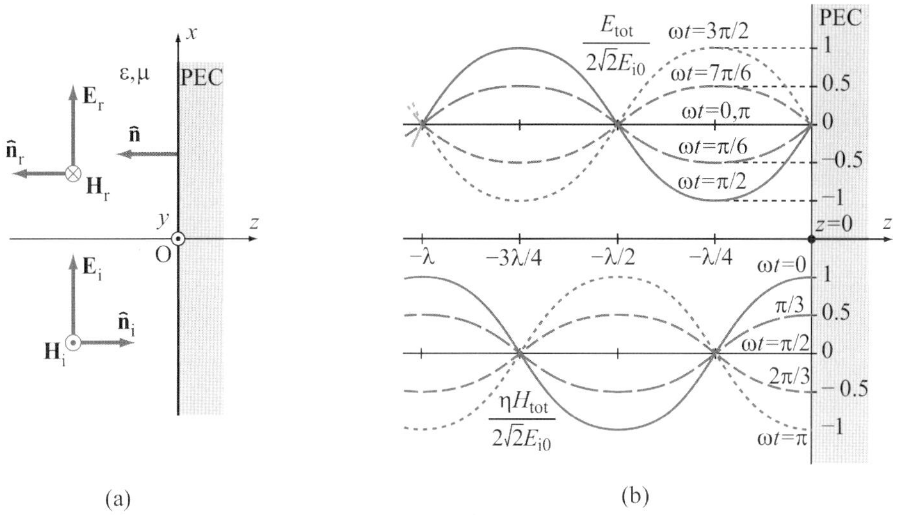

그림 8.1 (a) 완전 유전체와 PEC 사이 평면 경계면에 시간 조화 전자기 균일 평면파의 수직 입사
(b) 서로 다른 시간에 대해 z에 따른 식 (8.5)의 정규화된 전체 전기장과 자기장 세기

개념문제 8.1 PEC에 대한 수직 입사-합성파의 성질

전기장의 크기가 E_{i0}이고 주파수 f인 시간 조화 균일한 평면 전자기파가 공기 중을 전파하다가 그림 8.2와 같이 PEC 로 만들어진 무한한 평면에 수직으로 입사하고 있다. 공기 중에서 입사파와 반사파가 더해진 합성파에 대한 설명으로 옳은 것은?

(a) 합성파는 시간 조화 파이다.

(b) 합성파는 균일파이다.

(c) 합성파는 평면파이다.

(d) 합성파의 위상 속도(phase velocity)는 $c_0 = 3\times10^8\text{m/s}$와 같다.

(e) 합성파의 군속도(group velocity)는 $c_0 = 3\times10^8\text{m/s}$와 같다

(A) 설명 (a)와 (c)만 옳다.

(B) 설명 (b)와 (c)만 옳다.

(C) (a), (b), (c)가 옳다.

(D) (a)-(d)가 옳다.

(E) 모든 설명 (a)-(e)이 옳다.

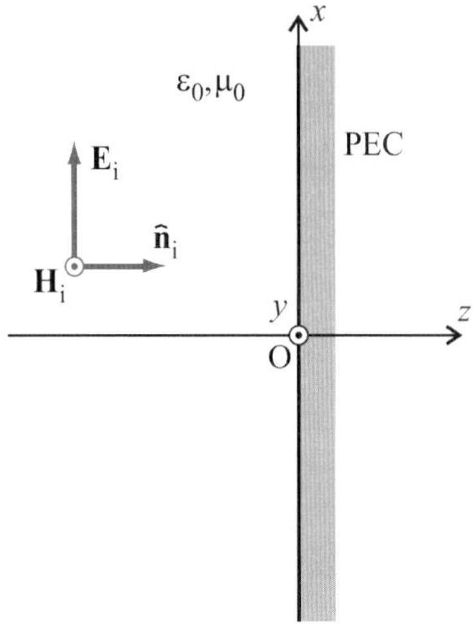

그림 8.2 공기 중으로부터 PEC 평면위에 수직 입사하는 시간 조화 전자기 균일 평면파(개념문제 8.1)

개념문제 8.2 **정재파의 파장**

주파수 f를 가진 시간 조화 균일 평면파가 공기 중으로부터 PEC 평면에 수직으로 입사할 때 공기 중에서 합성파의 파장은?

(A) $\lambda = c_0/f\,(c_0 = 3\times 10^8 \mathrm{m/s})$

(B) $\lambda = 2c_0/f$

(C) $\lambda = 0.5c_0/f$

(D) 정의되지 않는다.

(E) 위의 어느 것도 해당하지 않는다.

개념문제 8.3 **시간 조화 특성을 갖는 정재파의 일반적인 형태**

일반적으로 시간 조화 특성을 갖는 정재파는 임의 길이 좌표 l이 주어졌을 때 복소 영역에서 $e^{-j\beta l}$ 또는 시간 영역에서 $\omega t - \beta l$의 인자로 표시된다.

(A) 참

(B) 거짓

개념문제 8.4 **정재파의 전기장과 자기장 비**

시간 조화 균일 평면파가 공기 중으로부터 PEC 평면에 수직으로 입사하는 경우에 대해 입사 매질 영역에서 합성 전자기파와 관련하여 다음과 같은 두 가지를 설명하고 있다.

(1) 합성파의 전기장과 자기장 벡터는 평면 앞 공간의 임의 지점, 임의 순간에서 서로 수직이다 (2) 합성파의 전기장과 자기장의 비는 공기 중 임의 지점, 임의 순간에서 상수 $\eta_0 = \sqrt{\mu_0/\varepsilon_0}$ 로 주어진다. (1)과 (2) 중 옳은 것은?

(A) (1)만 옳음

(B) (2)만 옳음

(C) 모두 옳음

(D) 모두 옳지 않음

개념문제 8.5 **전기장과 자기장 사이 위상차**

시간 조화 균일 평면파가 공기 중으로부터 PEC 평면에 수직으로 입사할 때 합성 전자기파(정재파)의 전기장과 자기장은 공간 내 모든 위치에서

(A) 같은 위상이다.

(B) 반대 위상(서로 180° 위상차가 나는 경우)

(C) 서로 ±90° 위상차

(D) 0, 180°, ±90°와는 다른 각도를 갖는 위상차

(E) PEC로부터 떨어진 거리에 따라 위상차가 발생한다.

개념문제 8.6 **전기장과 자기장의 위상의 공간 의존 특성**

공기로부터 PEC 평면으로 수직 입사하는 시간 조화 균일 평면파의 합성파의 전기장과 자기장의 위상의 공간 의존 특성에 대해 고려해보자. PEC 면을 원점($z=0$)이라고 할 때, 면에 수직인 z축에 대해 전기장과 자기장의 위상 특성으로 맞는 것은?

(A) 공간 좌표 z의 선형 함수

(B) z의 지수 함수

(C) z의 삼각함수(sinusoidal)

(D) 상수

개념문제 8.7 **공기 중에서 방사하는 무한한 전류 시트(Current sheet)를 가진 모델**

시간 조화 균일 평면 전자기파가 공기 중으로부터 PEC 평면에 수직 입사하는 구조에서 표면 전류(밀도 $\underline{\mathbf{J}}_s$)가 입사파에 의해 PEC 평면위에 유도되면, 이 PEC 평면은 공기 중에 위치한 무한 전류를 가진 표면인 등가 모델로 대치할 수 있다. 즉, PEC 평면을 다른 절반 공간을 차지하는 물질(공기)로 대체할 수 있으며, 이전에 PEC 표면을 나타내는 평면에 흐르는 표면 전류가 공기로 채워진 균질한 무한 매질에 존재하는 것으로 간주할 수 있다. 이 모델에서 전파가 입사하는 반쪽 공간(원래 구조에서 공기로 채워졌던 영역, 또는 이후의 등가 모델)에서 전체 전기장으로 옳은 것은?

(A) 입사파의 전기장

(B) 전류 시트에 의해 방사되는 전기장

(C) (A)와 (B) 전기장의 합

(D) (A)와 (B)에서 전기장의 차이

(E) 0

(F) 위의 설명 중 정답이 없음

개념문제 8.8 **이전에 PEC 평면 영역이었던 곳에서 전체 전자기장**

평면파가 공기로부터 PEC 면에 입사할 때 유도된 표면 전류를 이용하여 PEC 평면이 대체된 무한 전류 시트를 가진 등가 모델에서 이전에 PEC 평면 영역으로 채워졌던 반공간 영역에서 전체 전기장과 같은 것은?

(A) 입사파의 전기장

(B) 전류 시트에 의해 방사되는 전기장

(C) (A)와 (B)에서 전기장의 합

(D) (A)와 (B)에서 전기장의 차이

(E) 0

(F) 위의 설명 중 정답이 없음

개념문제 8.9 **정재파가 존재하는 공간에 PEC 평면을 수직으로 삽입**

파장 λ_0를 갖는 시간 조화 평면 전자기파가 공기 중에서 $z=0$인 완전 도체 평면으로 수직 입사할 때 나타나는 정재파를 가정한다. 그림 8.3과 같이 완전 도체 평면이 $z=-h(h>0)$인 위치에 삽입되었을 때를 가정할 때 $-h \le z \le 0$인 영역에서 전자기장이 변하지 않는 위치는?

(A) $h=\lambda_0/8$

(B) $h=\lambda_0/4$

(C) $h=\lambda_0/2$

(D) 임의의 h

(E) 그러한 h는 없다

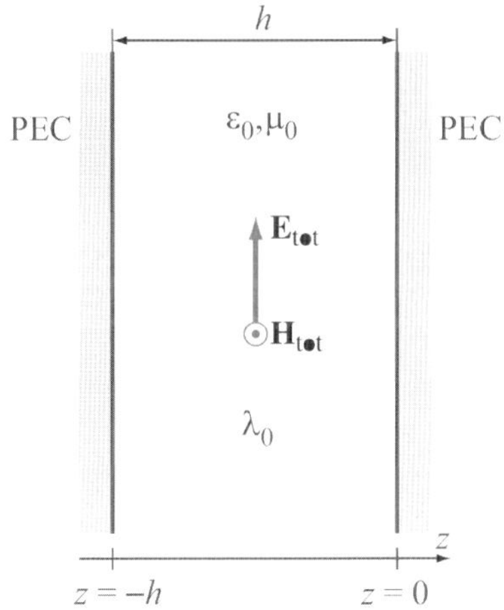

그림 8.3 정재파 특성을 갖는 전자기 평면파를 얻기 위해 $z=0$에 있는 PEC 평면 앞쪽($z=-h(h>0)$에 PEC 평면을 삽입한 두 평행한 PEC 면(두 개의 거울과 같은) 구조. 이 구조는 패브리-패롯 공진기(Fabry-Perot resonator)로 알려진 전자기 공진 구조이다.(개념문제 8.9)

개념문제 8.10 **균일한 평면파가 입사할 때 PEC 평면 위의 전류 분포**

그림 8.4과 같이 무손실 매질로부터 PEC 평면에 시간 조화 특성을 갖는 균일한 평면파가 입사한다. 그림 8.4와 같은 직각 좌표계에서 입사파의 전기장 벡터가 x성분만 가질 때 PEC 평면 위의 표면 전류 분포를 나타내는 표면 전류 밀도 벡터로 옳은 것은?

(A) $\underline{\mathbf{J}}_s = \underline{J}_s(x)\hat{\mathbf{x}}$

(B) $\underline{\mathbf{J}}_s = \underline{J}_s(y)\hat{\mathbf{x}}$

(C) $\underline{\mathbf{J}}_s = \underline{J}_s(x)\hat{\mathbf{y}}$

(D) $\underline{\mathbf{J}}_s = \underline{J}_s(y)\hat{\mathbf{y}}$

(E) $\underline{\mathbf{J}}_s = \underline{J}_{s0}\hat{\mathbf{x}}$ ($\underline{J}_{s0}$ = 상수)

(F) $\underline{\mathbf{J}}_s = \underline{J}_{s0}\hat{\mathbf{y}}$

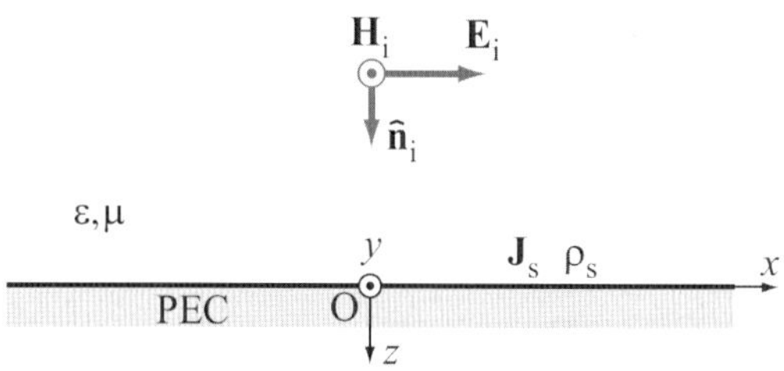

그림 8.4 PEC 평면에 시간 조화 특성을 갖는 균일한 평면파가 입사할 때 유도되는 표면 전류와 전하 (개념문제 8.10)

개념문제 8.11 **균일한 평면파가 입사할 때 PEC 평면 위의 전하 분포**

공기 중으로부터 PEC 평면에 수직으로 시간 조화 특성을 갖는 균일한 평면파가 입사할 때 유도되는 PEC 평면 위의 표면 전하(surface charge)에 의해 분포되는 표면 전하 밀도로 옳은 것은?

(A) $\underline{\rho}_s = \underline{\rho}_s(x)$

(B) $\underline{\rho}_s = \underline{\rho}_s(y)$

(C) $\underline{\rho}_s = \underline{\rho}_s(x,y)$

(D) $\underline{\rho}_s = \underline{\rho}_{s0}$ 여기서 $\underline{\rho}_{s0} \neq 0$인 상수

(E) $\underline{\rho}_s = 0$

개념문제 8.12 **정재파에서 전기 에너지가 없는 순간**

공기 중으로부터 PEC 평면으로 시간 조화 특성을 갖는 균일한 평면 전자기파가 수직으로 입사할 때 얻어지는 정재파에서 전기 에너지는 PEC 평면의 뒤쪽 영역인 반공간뿐만 아니라 공기영역 어디에서나 절대 0이 아니다.

(A) 참

(B) 거짓

개념문제 8.13 **정재파에서 자기 에너지가 없는 순간**

공기 중으로부터 PEC 평면으로 시간 조화 특성을 갖는 균일한 평면 전자기파가 수직으로 입사할 때 얻어지는 정재파에서 자기 에너지가 PEC 평면의 뒤쪽 영역인 반공간뿐만 아니라 공기영역 어디에서나 절대 0이 아니다.

(A) 참

(B) 거짓

개념문제 8.14 **전기 또는 자기 에너지 밀도가 0인 위치**

시간 조화 특성을 갖는 균일한 평면 전자기파가 공기 중에서 PEC 평면으로 수직 입사할 때 서로 다른 위치에서 합성파의 순간 전기와 자기 에너지 밀도를 w_e와 w_m이라고 할 때, 다음 중 옳은 것은?

(A) w_e와 w_m 모두 동시에 0인 위치가 있다.

(B) w_e와 w_m 중 어느 하나가 0인 위치(둘 다 0은 아니다)가 있다.

(C) w_e와 w_m중 어느 것도 0인 위치는 없다.

개념문제 8.15 **전기장과 자기장의 최대와 최소 위치**

공기 중으로부터 PEC 평면으로 수직 입사하는 시간 조화 특성을 갖는 균일한 평면파에 대해, PEC 평면의 앞쪽에서 합성파의 전기장 세기의 최댓값과 최솟값과 자기장 세기의 최댓값과 최솟값을 생각해보자. 최대가 되는 자기장이 발생하는 경우는

(A) 최대 전기장의 위치와는 다른 위치

(B) 최소 전기장 위치와 다른 위치

(C) 최대 전기장과 최소 전기장과도 일치하지 않는 다른 위치

(D) 모든 지점에서(전자기장 세기가 상수)

개념문제 8.16 **단선 다이폴 안테나(Short wire dipole antenna)에 의해 수신되는 정재파**

그림 8.5와 같이 공기 중으로부터 지표면으로 수직 입사하는 파장 λ_0의 균일한 시간 조화 전자기 평면파를 가정한다. 이때 지표면은 완벽하게 평평하고 무한하며, 완전한 전도성을 가져 PEC 접지면으로 가정할 수 있다. 그림 8.5에 나타낸 것처럼 대개 전기장 프로브(electric probe)로 불리는 단선(short-wire) 다이폴 안테나(안테나 터미널 단자 사이에 작은 틈(gap)을 가지며 λ_0 보다 매우 작은 길이를 갖는 두 직선 도선)를 이용하여 신호를 수신하길 원한다. 안테나에서 유도되는 유도기전력(electromotive force)이 최대가 될 때 다이폴의 위치는?

(A) $z = -\lambda_0/4\,(h = \lambda_0/4)$인 평면에서 x축에 대해 평행할 때

(B) $z = -\lambda_0/4\,(h = \lambda_0/4)$인 평면에서 y축에 대해 평행할 때

(C) $z = -\lambda_0/4\,(h = \lambda_0/4)$인 평면에서 z축에 대해 평행할 때

(D) $z = -\lambda_0/2\,(h = \lambda_0/2)$인 평면에서 x축에 대해 평행할 때

(E) $z = -\lambda_0/2\,(h = \lambda_0/2)$인 평면에서 y축에 대해 평행할 때

(F) $z = -\lambda_0/2\,(h = \lambda_0/2)$인 평면에서 z축에 대해 평행할 때

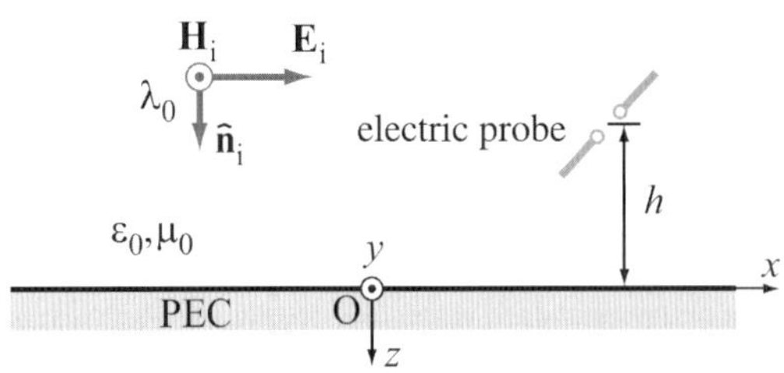

그림 8.5 단선 다이폴 안테나를 이용하여 지표면(또는 PEC 접지 평면) 위에 수직으로 입사하는 균일 평면파를 수신(개념문제 8.16)

개념문제 8.17 **정재파가 있는 공간에서 자기장 프로브**

공기 중으로부터 지구의 표면 또는 PEC 접지 평면으로 수직으로 입사하는 파장 λ_0의 균일한 평면파를 가정하자. 그림 8.6과 같이 자기장 프로브(magnetic probe)라고 불리는 작은 도선 루프(small wire loop, 루프 직경 또는 원형이 아니라면 크기가 λ_0에 비해 작은)가 수신 안테나로 사용된다. 안테나에서 유도된 유도기 전력은 루프가 다음과 같이 놓이면 최대가 된다.

(A) $z = -\lambda_0/4\,(h = \lambda_0/4)$인 중심에서 xy평면에 대해 평행할 때

(B) $z = -\lambda_0/4\,(h = \lambda_0/4)$인 중심에서 xz평면에 대해 평행할 때

(C) $z = -\lambda_0/4\,(h = \lambda_0/4)$인 중심에서 yz평면에 대해 평행할 때

(D) $z = -\lambda_0/2\,(h = \lambda_0/2)$인 중심에서 xy평면에 대해 평행할 때

(E) $z = -\lambda_0/2\,(h = \lambda_0/2)$인 중심에서 xz평면에 대해 평행할 때

(F) $z = -\lambda_0/2\,(h = \lambda_0/2)$인 중심에서 yz평면에 대해 평행할 때

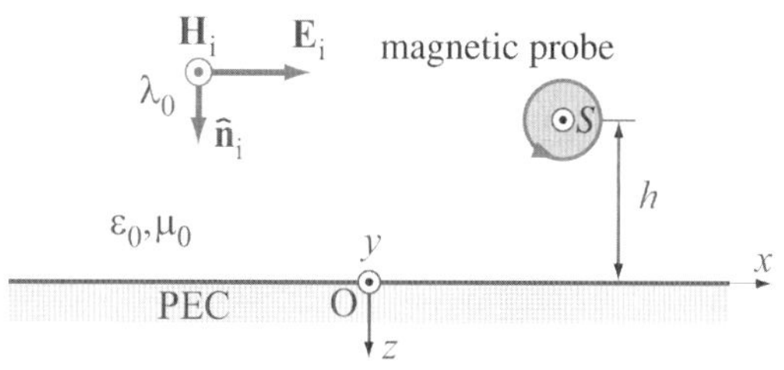

그림 8.6 PEC 접지 평면 위 수직으로 입사하는 균일 평면파를 작은 루프 안테나로 수신(개념문제 8.17)

개념문제 8.18 **정재파의 복소 포인팅 벡터(complex poynting vector)**

그림 8.7에서 합성파의 복소 포인팅 벡터 $\boldsymbol{P}$는

(A) 순수한 실수이다.

(B) 순수한 허수이다.

(C) 0이다.

(D) PEC 평면 앞의 모든 지점에서 0이 아닌 실수와 허수부를 갖는다.

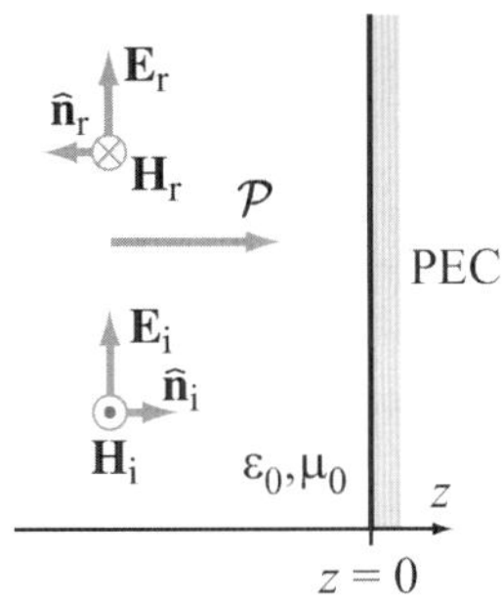

그림 8.7 시간 조화 균일 평면파가 PEC 평면으로 입사할 때 PEC 평면 앞에서 발생하는 정재파의 포인팅 벡터(개념문제 8.18)

개념문제 8.19 **정재파의 순시 포인팅 벡터(instantaneous poynting vector)**

그림 8.7에서 $-\infty < z \le 0$에 대해 합성파의 순시 포인팅 벡터($\mathbf{P}$)가 0이 되는 값은 아래와 같이 주어진다. 이때 $m = 0, 1, 2, \ldots,$이고, λ은 입사파의 자유공간 파장이다.

(A) $z = -m\lambda/2$

(B) $z = -m\lambda/4$

(C) $z = -m\lambda/8$

(D) $z = -(2m+1)\lambda/4$

(E) $z = -(4m+1)\lambda/8$

(F) z는 없다, 즉 $\mathbf{P}$는 $-\infty < z \le 0$에 대해 0을 갖지 않는다.

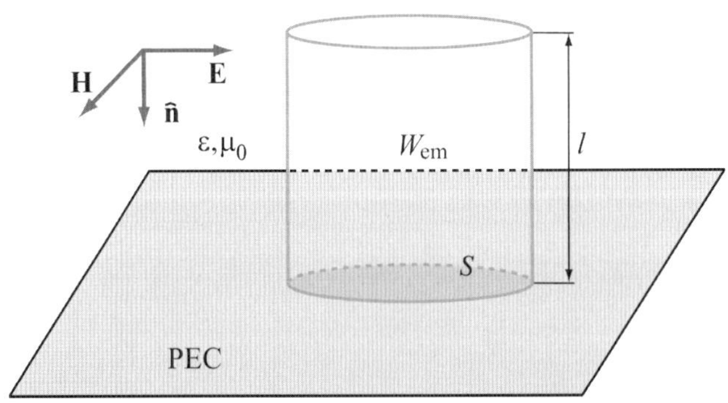

그림 8.8 PEC 평면 위의 가상의 원통에서 합성파의 전자기 에너지 해석(개념문제 8.19)

개념문제 8.20 **가상의 원통 내부의 전자기 에너지**

무손실 유전체를 진행하는 각주파수 ω와 파장 λ을 가진 시간 조화 균일 평면파가 완전 도체 평면에 수직으로 입사한다. 그림 8.8에 나타낸 것처럼 순간 합성 전자기 에너지(instantaneous resultant electromagnetic energy)가 전파의 진행 방향에 따라 유전체 위에 놓인 면적 S와 길이 l을 갖고 한쪽 바닥면이 PEC 평면인 가상의 원통에 저장되며 다음과 같이 표현될 수 있다. 이때 W_1과 W_2는 0이 아닌 상수이며 주울(Joule)로 주어진다.

(A) $W_{\mathrm{em}}(t) = W_1 + W_2 \cos\omega t$

(B) $W_{\mathrm{em}}(t) = W_1 + W_2 \cos 2\omega t$

(C) $W_{\mathrm{em}}(t) = W_1 \cos\omega t$

(D) $W_{\mathrm{em}}(t) = W_1 \cos^2 \omega t$

(E) $W_{\mathrm{em}}(t) = W_1$

(F) $W_{\mathrm{em}}(t) = 0$

개념문제 8.21 **PEC에 수직 입사하는 LHCP**

무손실 유전체 매질에서 PEC 평면으로 수직 입사하는 균일한 시간 조화 평면파가 좌현 원형 편파(LHCP, left-handed circularly polarized) 특성을 가지고 있을 때 반사되는 전파는

(A) 선형 편파이다.

(B) 좌현 원형 편파(LHCP)이다.

(C) 우현 원형 편파(RHCP, right-handed circularly polarized)이다.

(D) 좌현 타원 편파(LHEP, left-handed elliptically polarized)이다.

(E) 우현 타원 편파(RHEP, right-handed elliptically polarized)이다.

(F) 편파 특성이 없다.

개념문제 8.22 **PEC에 수직 입사하는 RHEP**

PEC 평면에 수직으로 입사하는 균일한 평면파가 우현 타원 편파 특성을 가질 때 반사되는 파는

(A) 선형 편파이다.

(B) 좌현 원형 편파이다.

(C) 우현 원형 편파이다.

(D) 좌현 타원 편파이다.

(E) 우현 타원 편파이다.

(F) 편파 특성이 없다.

8.2 투과 가능한 평면 경계에서 수직 입사

이제 그림 8.1(a)의 두 매질의 경계면 오른쪽 매질로 입사 전파가 수직으로 투과할 수 있는 일반적인 경우에 대해 고려해보자. 그림 8.9(a)에 나타낸 것처럼 두 매질이 모두 손실이 있다고 하자. 식 (8.1), (8.2)과 식 (7.13)으로부터 그림 8.9(a)의 전자기장 벡터들에 대해 다음과 같이 쓸 수 있다.

$$\underline{\boldsymbol{E}}_{\mathrm{i}} = \underline{E}_{\mathrm{i}0} e^{-\underline{\gamma}_1 z} \hat{\mathbf{x}}, \quad \underline{\boldsymbol{H}}_{\mathrm{i}} = \frac{\underline{E}_{\mathrm{i}0}}{\underline{\eta}_1} e^{-\underline{\gamma}_1 z} \hat{\mathbf{y}} \text{(입사파)} \tag{8.6}$$

$$\underline{\boldsymbol{E}}_{\mathrm{r}} = \underline{E}_{\mathrm{r}0} e^{\underline{\gamma}_1 z} \hat{\mathbf{x}}, \quad \underline{\boldsymbol{H}}_{\mathrm{r}} = \frac{\underline{E}_{\mathrm{r}0}}{\underline{\eta}_1} e^{\underline{\gamma}_1 z} (-\hat{\mathbf{y}}) \text{(반사파)} \tag{8.7}$$

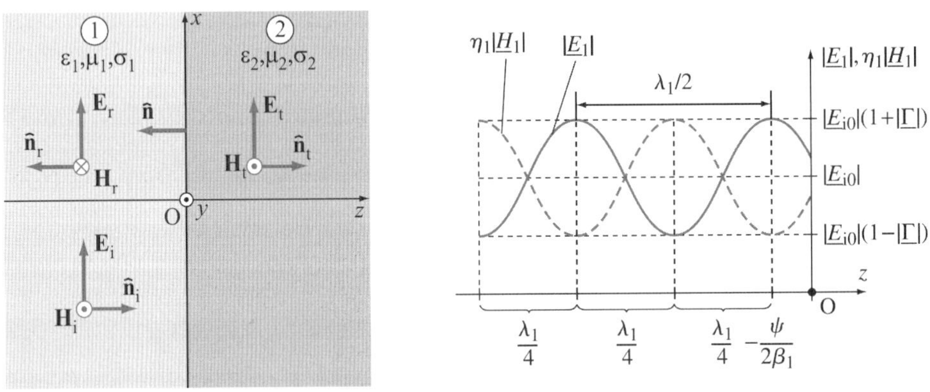

(a) (b)

그림 8.9 (a) 임의의 전자기 파라미터(electromagnetic parameter)를 가진 두 매질 사이 평면 경계에 수직으로 입사하는 균일한 시간 조화 전자기 평면파
(b) 식 (8.10)에서 반사 계수($\underline{\Gamma}=|\underline{\Gamma}|e^{j\psi}$)의 임의 각도($\psi$)에 대해 z의 함수(정재파 패턴)로 입사 매질(무손실을 가정한)에서 나타낸 전체 전기장과 자기장 세기 벡터($\lambda_1=2\pi/\beta_1$은 입사 매질에서 파장)

$$\underline{\boldsymbol{E}}_{\mathrm{t}} = \underline{E}_{\mathrm{t}0} e^{\underline{\gamma}_2 z} \hat{\mathbf{x}}, \quad \underline{\boldsymbol{H}}_{\mathrm{t}} = \frac{\underline{E}_{\mathrm{t}0}}{\underline{\eta}_2} e^{-\underline{\gamma}_2 z} (\hat{\mathbf{y}}) (\text{투과파}) \tag{8.8}$$

식 (8.7)과 (8.8)로부터 $z=0$에서 전자기장 세기로 주어지는 두 미지수 $\underline{E}_{\mathrm{r}0}$와 $\underline{E}_{\mathrm{t}0}$를 가진다. 주어진 $\underline{E}_{\mathrm{i}0}$에 대해 $\underline{E}_{\mathrm{r}0}$와 $\underline{E}_{\mathrm{t}0}$를 풀기 위해서는 식 (6.14)로부터 벡터 E와 H의 접선 성분들에 대한 두 경계 조건을 풀어야 한다.

$$\underline{E}_{\mathrm{i}0} + \underline{E}_{\mathrm{r}0} = \underline{E}_{\mathrm{t}0}, \quad \frac{\underline{E}_{\mathrm{i}0}}{\underline{\eta}_1} - \frac{\underline{E}_{\mathrm{r}0}}{\underline{\eta}_1} = \frac{\underline{E}_{\mathrm{t}0}}{\underline{\eta}_2} (\underline{\mathbf{J}}_{\mathrm{s}} = 0) (\text{경계 조건}) \tag{8.9}$$

여기서, 그림 8.1(a)와 같이 $z=0$인 평면에서 표면 전류(surface current)는 두 매질 중 하나가 PEC일 때만 존재하므로 벡터 $\underline{\mathbf{J}}_{\mathrm{s}}$는 0으로 간주할 수 있다. 식 (8.9)의 해는 다음과 같이 반사 계수(reflection coefficient) $\underline{\Gamma}$와 투과 계수(transmission coefficient) $\underline{\tau}$로 나타낼 수 있다($\underline{\eta}_1$과 $\underline{\eta}_2$는 각각 매질 1과 매질 2의 고유 임피던스(intrinsic impedance)이다).

$$\underline{\Gamma} = \frac{\underline{E}_{\mathrm{r}0}}{\underline{E}_{\mathrm{i}0}} = \frac{\underline{\eta}_2 - \underline{\eta}_1}{\underline{\eta}_1 + \underline{\eta}_2} (\text{반사 계수, 단위가 없음}) \tag{8.10}$$

$$\underline{\tau} = \frac{\underline{E}_{\mathrm{t}0}}{\underline{E}_{\mathrm{i}0}} = \frac{2\underline{\eta}_2}{\underline{\eta}_1 + \underline{\eta}_2} (\text{투과 계수, 단위가 없음}) \tag{8.11}$$

그림 8.9(a)에서 반사되는 전자기장과 투과되는 전자기장 계산이 가능하다. 그림 8.9(b)는 입사하는 매질에서 전체 전기장과 자기장 세기의 크기 $\underline{\mathbf{E}}_1 = \underline{\mathbf{E}}_{\mathrm{i}} + \underline{\mathbf{E}}_{\mathrm{r}}$과 $\underline{\mathbf{H}}_1 = \underline{\mathbf{H}}_{\mathrm{i}} + \underline{\mathbf{H}}_{\mathrm{r}}$, 즉 전기장과 자기장 정재파 패턴 형태를 z의 함수로 나타내었다(입사하는 매질은 무손실로 가정했다).

개념문제 8.23 **두 완전 유전체(perfect dielectric) 사이 경계면에서 반사 계수**

그림 8.10과 같이 두 완전 무손실 유전체 매질 사이 경계면에 시간 조화 균일 평면파가 수직으로 입사한다. 이 경우 반사 계수 $\underline{\Gamma}$은

(A) 순수한 실수이고 양수

(B) 순수한 실수이고 음수

(C) 0

(D) 위 모두 아니다.

(E) 더 많은 정보가 필요하다.

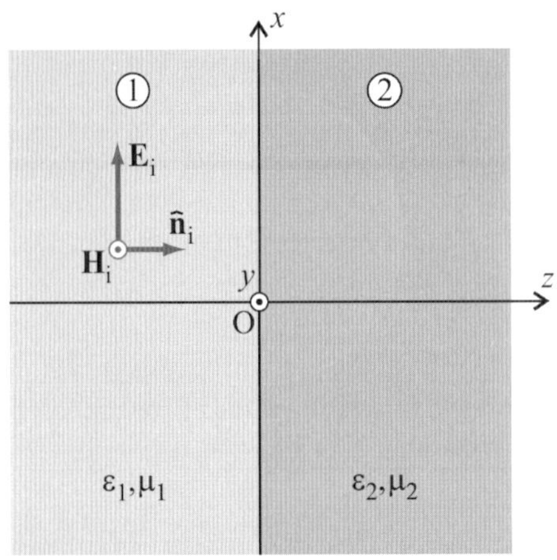

그림 8.10 무손실 매질 ①에서 무손실 매질 ②의 경계면으로 수직 입사하는 균일한 시간 조화 전자기 평면파 (개념문제 8.23)

개념문제 8.24 **두 완전 유전체 사이 경계면에서 투과 계수**

두 완전 유전체(그림 8.10) 사이 경계면에서 시간 조화 균일 평면파의 수직 입사에 대해 투과 계수가 $\underline{\tau}$일 때

(A) 순수한 실수이고 양수

(B) 순수한 실수이고 음수

(C) 0

(D) 위 모두 아니다.

(E) 더 많은 정보가 필요하다.

개념문제 8.25 **공기-양유전체(good dielectric) 경계에 대한 반사 계수**

균일한 시간 조화 평면파가 공기 중으로부터 양유전체이며, 비자성체인 매질로 수직 입사를 한다고 가정할 때, 반사 계수 $\underline{\Gamma}$은

(A) 순수한 실수이고 양수

(B) 순수한 실수이고 음수

(C) 순수한 허수

(C) 0

(D) 0이 아닌 같은 값을 갖는 실수와 허수부

(E) 더 많은 정보가 필요하다.

개념문제 8.26 **공기-양도체(good conductor) 경계에 대한 투과 계수**

균일한 시간 조화 평면파가 공기 중으로부터 양도체인 매질로 가시광 영역 주파수 대역까지 수직 입사를 한다고 가정할 때 투과 계수 $\underline{\tau}$은

(A) 순수한 실수이고 양수

(B) 순수한 실수이고 음수

(C) 순수한 허수

(C) 0

(D) 0이 아닌 같은 값을 갖는 실수와 허수부

(E) 더 많은 정보가 필요하다.

개념문제 8.27 **공기-PEC 경계에 대한 투과 계수**

반사되는 매질이 PEC이고 입사하는 매질이 공기일 때 투과 계수 $\underline{\tau}$는

(A) 순수한 실수이고 양수

(B) 순수한 실수이고 음수

(C) 순수한 허수

(C) 0

(D) 0이 아닌 같은 값을 갖는 실수와 허수부

(E) 더 많은 정보가 필요하다.

개념문제 8.28 **PEC 경계에 대한 반사 계수**

유전체와 PEC 사이 경계에 대해 반사 계수 $\underline{\Gamma}=|\underline{\Gamma}|e^{j\Psi}$의 크기 $|\underline{\Gamma}|$과 각도 Ψ의 값은

(A) $|\underline{\Gamma}|=1$과 $\Psi=0$

(B) $|\underline{\Gamma}|=-1$과 $\Psi=\pi$

(C) $|\underline{\Gamma}| = 1$과 $\Psi = 180°$

(D) $|\underline{\Gamma}| = 0$과 $\Psi = 0$

(E) $|\underline{\Gamma}| \rightarrow \infty$ 과 Ψ는 정의되지 않는다.

개념문제 8.29 **공기-유리와 유리-공기 전파**

그림 8.11(a)와 같이 만약 공기(매질 1)로부터 유리(매질 2)로 평면파의 수직 입사에 대해 반사 계수와 투과 계수가 각각 $\underline{\Gamma}_{12}$과 $\underline{\tau}_{12}$이라면, 그림 8.11(b)와 같이 유리로부터 공기로의 수직 입사에 대한 반사 계수 $\underline{\Gamma}_{12}$ 투과 계수 $\underline{\tau}_{12}$는

(A) $\underline{\Gamma}_{21} = -\underline{\Gamma}_{12}$이고 $\underline{\tau}_{21} = \underline{\tau}_{12}$

(B) $\underline{\Gamma}_{21} = \underline{\Gamma}_{12}$이고 $\underline{\tau}_{21} = \underline{\tau}_{12}$

(C) $\underline{\Gamma}_{21} = -\underline{\Gamma}_{12}$이고 $|\underline{\tau}_{21}| \neq |\underline{\tau}_{12}|$

(D) $\underline{\Gamma}_{21} = \underline{\Gamma}_{12}$이고 $|\underline{\tau}_{21}| \neq |\underline{\tau}_{12}|$

(E) 위의 어느 것도 해당되지 않음

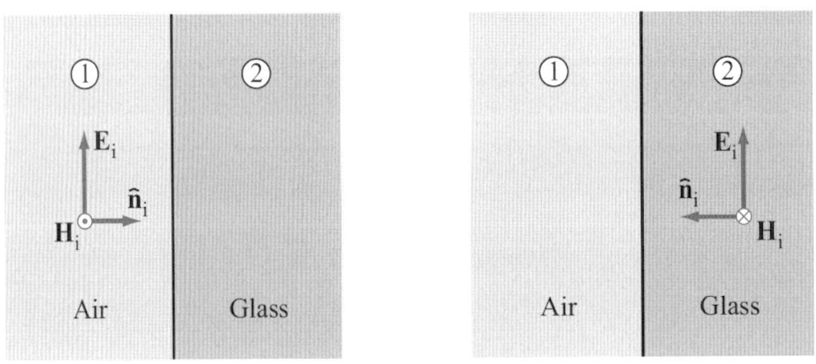

(a) (b)

그림 8.11 (a) 공기로부터 유리로
(b) 유리로부터 공기로 수직 입사하는 균일한 시간 조화 전자기 평면파(개념문제 8.29)

개념문제 8.30 **공기-PEC 와 PEC-공기 전파**

매질 1로서 공기와 매질 2로서 PEC에 대해, 반사와 투과 계수가 $\underline{\Gamma}_{21}$과 $\underline{\tau}_{21}$(PEC 로부터 공기로 수직 입사에 대해)일 때, 관련 계수 $\underline{\Gamma}_{12}$과 $\underline{\tau}_{12}$는

(A) $\underline{\Gamma}_{21} = -\underline{\Gamma}_{12}$이고 $\underline{\tau}_{21} = \underline{\tau}_{12}$

(B) $\underline{\Gamma}_{21} = \underline{\Gamma}_{12}$이고 $\underline{\tau}_{21} = \underline{\tau}_{12}$

(C) $\underline{\Gamma}_{21} = -\underline{\Gamma}_{12}$이고 $|\underline{\tau}_{21}| \neq |\underline{\tau}_{12}|$

(D) $\underline{\Gamma}_{21} = \underline{\Gamma}_{12}$이고 $|\underline{\tau}_{21}| \neq |\underline{\tau}_{12}|$

(E) 위의 어느 것도 해당되지 않음

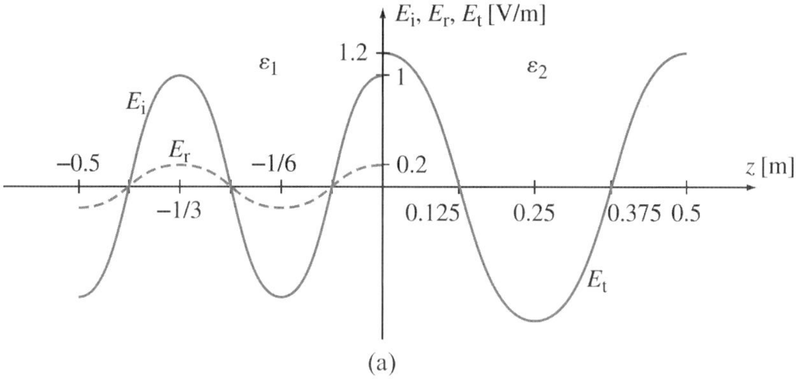

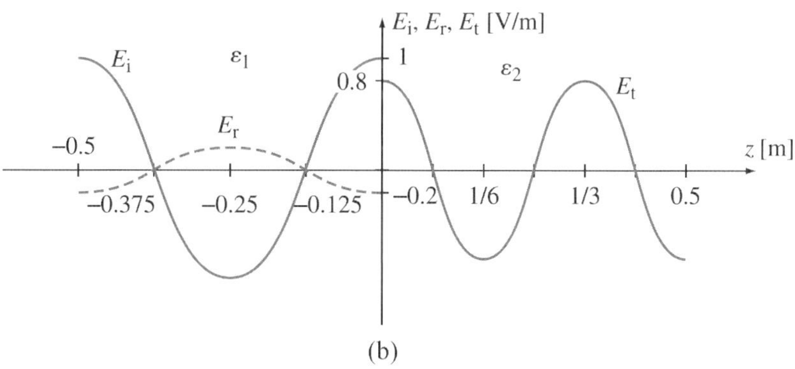

그림 8.12 $t=0$에서 시간 조화 균일 평면파가 $\mu_1 = \mu_2 = \mu_0$, $\sigma_1 = \sigma_2 = 0$인 매질 1에서 매질 2로 수직 입사할 때, 두 매질에서 입사파, 반사파, 투과파의 순시 전기장 세기(개념문제 8.30)

개념문제 8.31 **두 유전율의 조합을 가진 유전체 경계면**

시간 조화 균일 평면파가 비자성($\mu_1 = \mu_2 = \mu_0$)이고 무손실($\sigma_1 = \sigma_2 = 0$)인 두 매질 사이 평면 경계에 대해 수직으로 입사한다. 두 매질의 유전율이 서로 다른 값을 가질 때 입사파, 반사파, 그리고 투과파(같은 기준 방향 벡터인 $\underline{\mathbf{E}}_i$, $\underline{\mathbf{E}}_r$, $\underline{\mathbf{E}}_t$)를 z에 관한 함수로 $t=0$인 순간에 대해 그림 8.12와 같이 파형을 나타내었다. 그림 8.12(a)와 (b)에 대해 각각의 유전율 ε_1과 ε_2는?

(A) 그림 8.12(a)에서 $\varepsilon_1 > \varepsilon_2$이고, 그림 8.12(b)에서 $\varepsilon_1 < \varepsilon_2$

(B) 그림 8.12(a)에서 $\varepsilon_1 < \varepsilon_2$이고, 그림 8.12(b)에서 $\varepsilon_1 > \varepsilon_2$

(C) 그림 8.12(a)와 (b) 모두에서 $\varepsilon_1 > \varepsilon_2$

(D) 그림 8.12(a)와 (b) 모두에서 $\varepsilon_1 < \varepsilon_2$

(E) 그림 8.12(a)와 (b) 모두에서 $\varepsilon_1 = \varepsilon_2$

개념문제 8.32 두 매질에서 전파의 주파수들

그림 8.12(a)와 같은 두 매질에서 매질 2에서 투과되는 파의 주파수 f_1와 매질 1에서 입사파와 반사파의 주파수 f_2 비는

(A) $f_1/f_2 = 1/2$

(B) $f_1/f_2 = 2/3$

(C) $f_1/f_2 = 1$

(D) $f_1/f_2 = 2/3$

(E) $f_1/f_2 = 2$

(F) 위에 해당하는 사항이 없음

개념문제 8.33 전기장 파형으로부터 반사와 투과 계수

그림 8.13에 나타낸 유전율이 서로 다른 두 매질에 대한 전기장 파형으로부터 반사 계수 $\underline{\Gamma}$과 투과 계수 $\underline{\tau}$는 순수한 실수로 다음과 같다.

(A) $\Gamma = 0.2$이고 $\tau = 0.8$

(B) $\Gamma = 0.8$이고 $\tau = 0.2$

(C) $\Gamma = 0.2$이고 $\tau = 1.2$

(D) $\Gamma = -0.2$이고 $\tau = 1.2$

(E) $\Gamma = -0.2$이고 $\tau = 0.8$

(F) 위에 해당하는 사항이 없음

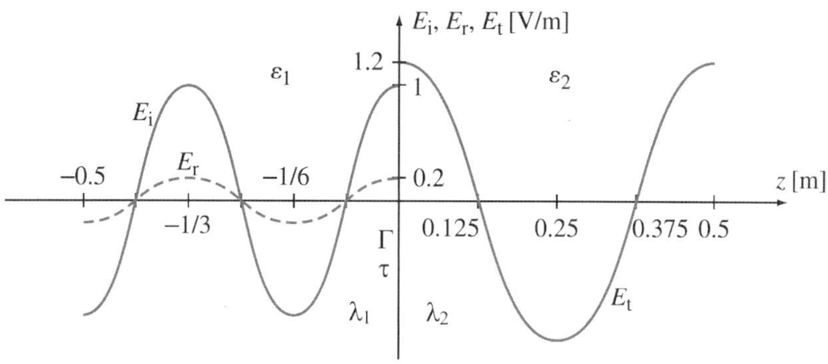

그림 8.13 유전율이 각각 ε_1과 ε_2인 두 비자성 무손실 매질에 대해 입사파, 반사파, 투과파의 순시 전기장 세기 (개념문제 8.33)

개념문제 8.34 **두 매질에서 주어진 파형으로부터 파장**

그림 8.13에 나타낸 파형에 대하여 매질 1의 파장 λ_1과 매질 2의 파장 λ_2의 비는

(A) $\lambda_1/\lambda_2 = 1/2$

(B) $\lambda_1/\lambda_2 = 2/3$

(C) $\lambda_1/\lambda_2 = 1$

(D) $\lambda_1/\lambda_2 = 3/2$

(E) $\lambda_1/\lambda_2 = 2$

(F) 위에 해당하는 사항이 없음

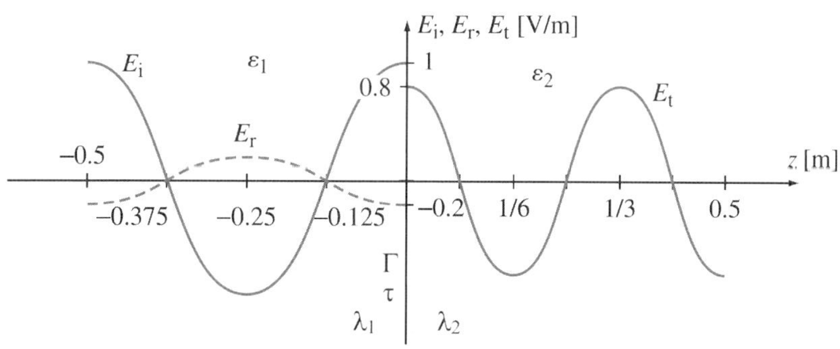

그림 8.14 유전율이 각각 ε_1과 ε_2인 두 매질($\mu_1 = \mu_2 = \mu_0$, $\sigma_1 = \sigma_2 = 0$)에 대해 입사파, 반사파, 투과파의 $t = 0$일 때 전기장(개념문제 8.34)

개념문제 8.35 **서로 다른 전기장 그림으로부터 $\underline{\Gamma}$과 $\underline{\tau}$**

그림 8.14에 서로 다른 유전율을 갖는 매질에서 전기장 그림으로부터 다음과 같은 내용을 알 수 있다.

(A) $\Gamma = 0.2$이고, $\tau = 0.8$

(B) $\Gamma = 0.8$이고, $\tau = 0.2$

(C) $\Gamma = 0.2$이고, $\tau = 1.2$

(D) $\Gamma = -0.2$이고, $\tau = 1.2$

(E) $\Gamma = -0.2$이고, $\tau = 0.8$

(F) 위에 해당하는 사항이 없음

개념문제 8.36 **파장에 대한 또 다른 의미**

그림 8.14의 파형으로부터 다음을 알 수 있다.

(A) $\lambda_1/\lambda_2 = 1/2$

(B) $\lambda_1/\lambda_2 = 2/3$

(C) $\lambda_1/\lambda_2 = 1$

(D) $\lambda_1/\lambda_2 = 3/2$

(E) $\lambda_1/\lambda_2 = 2$

(F) 위에 해당하는 사항이 없음

개념문제 8.37 **반사 계수와 투과 계수의 관계**

두 임의의 무손실 또는 손실 매질 사이의 경계에 대해, 반사 계수 $\underline{\Gamma}$과 투과 계수 $\underline{\tau}$ 사이에는 다음과 같은 관계가 성립한다.

(A) $1 + \underline{\Gamma} = \underline{\tau}$

(B) $\underline{\Gamma} + \underline{\tau} = 1$

(C) $\underline{\Gamma} + \underline{\tau} = 2$

(D) $\underline{\tau} = -\underline{\Gamma}$

(E) $\underline{\Gamma} = 1 + \underline{\tau}$

개념문제 8.38 **반사와 투과 전력**

균일한 시간 조화 전자기 평면파가 무손실 매질을 진행하여 서로 다른 물질 파라미터를 갖는 또 다른 무손실 매질로 수직 입사를 한다. 반사 계수와 투과 계수가 각각 $\underline{\Gamma}$ 과 $\underline{\tau}$라고 하면 다음과 같은 설명을 고려해보자. (a) 경계면으로부터 반사되는 시간 평균 입사 전력의 비율은 $|\underline{\Gamma}|^2 \times 100(\%)$와 같다 (b) 두 번째 매질로 투과되는 입사 전력의 비율은 $|\underline{\tau}|^2 \times 100(\%)$와 같다. 어떤 설명이 옳은가?

(A) (a) 설명만 옳다.

(B) (b) 설명만 옳다.

(C) 두 설명 모두 옳다

(D) 모두 틀리다.

개념문제 8.39 **반사 계수 크기에 대한 범위**

두 임의 매질 사이의 경계면에 대해 고려해보자. 반사 계수의 크기 $|\underline{\Gamma}|$가 가능한 범위는 다음과 같다.

(A) $0 \leq |\underline{\Gamma}| \leq 1$

(B) $-1 \leq |\underline{\Gamma}| \leq 1$

(C) $0 \leq |\underline{\Gamma}| \leq 2$

(D) $1 \leq |\underline{\Gamma}| < \infty$

(E) $0 \leq |\underline{\Gamma}| < \infty$

개념문제 8.40 **데시벨로 표현되는 반사 계수에 대한 범위**

데시벨로 표현되는 반사 계수 $\Gamma_{\mathrm{dB}} = 20\log|\underline{\Gamma}|$ $(\log x = \log_{10} x)$에 대해 가능한 값의 범위는 다음과 같이 주어진다.

(A) $0\,\mathrm{dB} \leq \Gamma_{\mathrm{dB}} \leq 1\,\mathrm{dB}$

(B) $1\,\mathrm{dB} \le \Gamma_{\mathrm{dB}} < \infty$

(C) $0\,\mathrm{dB} \le \Gamma_{\mathrm{dB}} < \infty$

(D) $-\infty < \Gamma_{\mathrm{dB}} \le 0\,\mathrm{dB}$

(E) $-\infty < \Gamma_{\mathrm{dB}} < \infty$

개념문제 8.41 **유전체 경계면 앞에 전자기장의 최댓값과 최솟값**

무손실 특성을 갖는 서로 다른 두 유전체 경계면에 수직으로 입사하는 균일한 시간 조화 전자기 평면파를 고려해보자. 입사하는 매질에서 주어지는 합성 전자기파의 전기장과 자기장 세기의 최댓값과 최솟값에 대해 최대 자기장이 발생하는 위치로 옳은 것은?

(A) 최대 전기장과 다른 위치

(B) 최소 전기장과 다른 위치

(C) 최대 전기장과 최소 전기장도 아닌 위치

(D) 모든 지점에서(전자기장 크기는 상수이다)

개념문제 8.42 **최대 전기장 세기 값을 갖는 위치에서 전파의 주파수를 찾기**

시간 조화 평면파가 공기 중을 통해 전파하여 수직으로 입사하는 유전체의 경계면으로부터 일부가 반사된다. 합성파의 상대적인 전기장 세기는 입사파의 진행 방향을 따라 유전체 매질의 앞쪽에서 전기장 프로브로 측정한다. 이 측정에서 0.5m 거리마다 전기장은 최댓값을 갖는다는 사실을 알았을 때 전파의 주파수는?

(A) $f = 75\,\mathrm{MHz}$

(B) $f = 150\,\mathrm{MHz}$

(C) $f = 300\,\mathrm{MHz}$

(D) $f = 600\,\mathrm{MHz}$

(E) 더 많은 정보가 필요함

개념문제 8.43 **경계면에서 최대 전기장**

시간 조화 평면파가 100Ω의 고유 임피던스를 가진 완전 유전체로부터 특성을 알 수 없는 매질로 수직 입사하며 이 매질의 표면으로부터 일부 반사가 된다. 입사 매질 영역에서 합성파가 정재파 특성을 가진다는 것과 경계 표면에서 전기장이 최대가 된다는 것을 알았다. 미지의 매질에 대해 알 수 있는 사실은?

(A) 매질의 고유 임피던스는 순수한 실수이고, 100Ω보다 크다.

(B) 미지의 매질의 고유 임피던스는 순수한 실수이며, 0이 아니고 100Ω보다 작다.

(C) 매질의 고유 임피던스는 100Ω과 같다.

(D) 매질은 손실 특성을 갖는다.

(E) 매질은 진공과 같은 특성을 갖는다.

(F) 매질의 고유 임피던스는 0이다.

개념문제 8.44 **경계면에서 최소 전기장**

시간 조화 평면파가 $\eta_1 = 100\Omega$의 고유 임피던스를 가진 완전 유전체에서 특성을 알 수 없는 매질로 수직 입사하며 매질의 표면으로부터 일부 반사가 된다. 입사 매질 영역에서 합성파가 정재파 특성을 가진다는 것과 경계 표면에서 전기장이 0이 아닌 최소가 된다는 것을 알았다. 미지의 매질에 대해 알 수 있는 사실은?

(A) 매질의 고유 임피던스는 순수한 실수이고, 100Ω보다 크다

(B) 미지의 매질의 고유 임피던스는 순수한 실수이며, 0이 아니고 100Ω보다 작다

(C) 매질의 고유 임피던스는 100Ω과 같다.

(D) 매질은 손실 특성을 갖는다.

(E) 매질은 진공과 같은 특성을 갖는다.

(F) 매질의 고유 임피던스는 0이다.

개념문제 8.45 **경계 표면에서 전기장이 0**

균일한 시간 조화 평면파가 $\eta_1 = 100\Omega$인 매질로부터 미지의 파라미터를 가진 매질로 수직 입사할 때 경계면에서 합성된 정재파의 전기장이 0이다. 미지의 매질에 대해 알 수 있는 사실은?

(A) 매질의 고유 임피던스는 순수한 실수이고, 100Ω보다 크다

(B) 미지의 매질의 고유 임피던스는 순수한 실수이며, 0이 아니고 100Ω보다 작다

(C) 매질의 고유 임피던스는 100Ω과 같다.

(D) 매질은 손실특성을 갖는다.

(E) 매질은 진공과 같은 특성을 갖는다.

(F) 매질의 고유 임피던스는 0이다.

개념문제 8.46 **RHCP 입사 및 반사파 편파 특성**

우현 원형 편파(RHCP)특성을 갖는 균일 평면파가 공기 중으로부터 $\varepsilon_r = 4$, $\mu_r = 1$과 $\sigma = 0$인 유전체 반공간에 수직으로 입사할 때, 반사파 편파 특성으로 옳은 것은?

(A) 선형 편파(LP)

(B) RHCP

(C) 좌현 원형 편파(LHCP)

(D) 우현 타원 편파(RHEP)

(E) 좌현 타원 편파(LHEP)

(F) 편파 특성이 없음

개념문제 8.47 **투과파의 편파 특성**

공기 중으로부터 $\varepsilon_r = 4$, $\mu_r = 1$과 $\sigma = 0$인 유전체로 수직 입사하는 RHCP 균일 평면파에 대해 투과파의 편파 특성으로 옳은 것은?

(A) 선형 편파(LP)

(B) RHCP

(C) 좌현 원형 편파(LHCP)

(D) 우현 타원 편파(RHEP)

(E) 좌현 타원 편파(LHEP)

(F) 편파 특성이 없음

개념문제 8.48 **매질이 바뀌었을때 반사파의 편파 특성**

RHCP인 균일 평면파가 $\varepsilon_r = 4$, $\mu_r = 1$과 $\sigma = 0$인 완전 유전체로부터 공기 중으로 수직 입사할 때 반사되는 파의 편파 특성으로 옳은 것은?

(A) 선형 편파(LP)

(B) RHCP

(C) 좌현 원형 편파(LHCP)

(D) 우현 타원 편파(RHEP)

(E) 좌현 타원 편파(LHEP)

(F) 편파 특성이 없음

개념문제 8.49 **매질이 바뀌었을 때 투과파의 편파 특성**

RHCP 균일 평면파가 $\varepsilon_r = 4$, $\mu_r = 1$과 $\sigma = 0$인 완전 유전체로부터 공기 중으로 수직 입사할 때 투과되는 파의 편파 특성으로 옳은 것은?

(A) 선형 편파(LP)

(B) RHCP

(C) 좌현 원형 편파(LHCP)

(D) 우현 타원 편파(RHEP)

(E) 좌현 타원 편파(LHEP)

(F) 편파 특성이 없음

8.3 완전 도체에 대한 경사 입사

이 절에서는 그림 8.1(a)에서 평면파의 완전 도체(PEC) 경계면에 대한 수직 입사에 대한 반사 특성 해석을 임의, 경사 입사에 대한 경우로 일반화한다. 즉, 균일한 시간 조화 전자기 평면파가 PEC 경계면에 입사될 때 경계면에 수직을 기준(수직 입사에 대해 $\theta_i = 0$)으로 입사각 $\theta_i (0 \le \theta_i \le 90^\circ)$을 가정한다. 그림 8.15(a)에 나타낸 것처럼 입사 전기장 세기 벡터 $\underline{\mathbf{E}}_i$는 경계에 대해 수직이고, 입사파 전파의 방향에 의해 정의되는 입사 평면에 수직이다. 따라서,

$\underline{\mathbf{E}}_{\mathrm{i}}$의 방향을 가진 경사 입사파는 수직(또는 직각)으로 편파(perpendicularly polarization) 되었다고 말할 수 있다. 또 다른 경우로는 $\underline{\mathbf{E}}_{\mathrm{i}}$가 그림 8.15(b)와 같이 입사면에(전파 진행 방향에 대해 수직) 평행할 때로 이는 입사파의 평행 편파(parallel polarization)라고 한다. 식 (7.12)에 임의 평면파에 대한 전자기장 표현식을 사용하여 그림 8.15에 나타낸 입사파와 반사파에 대해 $z=0$인 평면에 적용하면 식 (6.15)에서 벡터 $\underline{\mathbf{E}}$에 대한 경계 조건을 적용할 수 있다.

$$\theta_{\mathrm{r}}=\theta_{\mathrm{i}},\ \underline{E}_{\mathrm{r}0}=-\underline{E}_{\mathrm{i}0}\text{(PEC에 대한 경사 입사)} \tag{8.12}$$

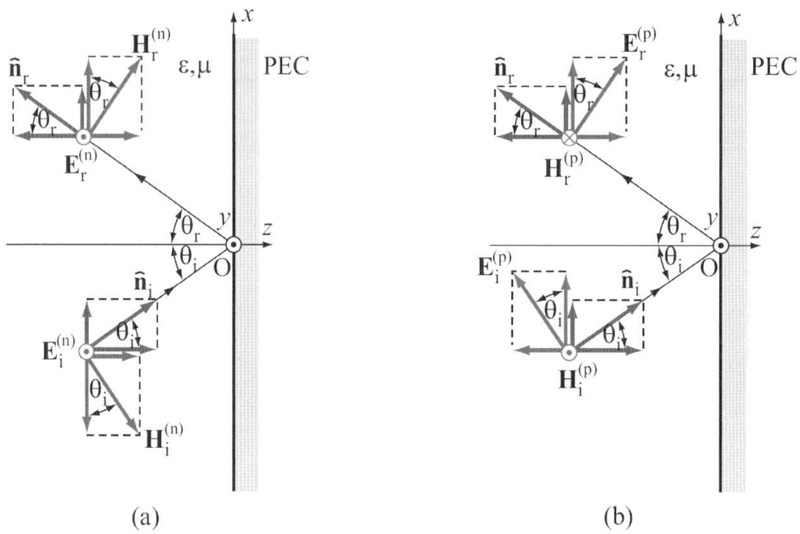

그림 8.15 PEC에 대한 경사 입사하는 균일한 시간 조화 전자기 평면파
(a) 수직 편파 (b) 평행 편파. 입사 매질은 PEC이고 그려진 면은 입사면

두 편파에 대해 스넬의 법칙(Snell's law)으로 알려진 첫 번째 관계를 얻을 수 있다. 이러한 사실로부터 그림 8.15(a)에서 전자기장 $\underline{\mathbf{E}}_{\mathrm{r}}^{(\mathrm{n})}$과 $\underline{\mathbf{H}}_{\mathrm{r}}^{(\mathrm{n})}$과 그림 8.15(b)에서 전자기장 $\underline{\mathbf{E}}_{\mathrm{r}}^{(\mathrm{p})}$과 $\underline{\mathbf{H}}_{\mathrm{r}}^{(\mathrm{p})}$에 대한 해를 완성시킬 수 있고 입사 매질에서 $\underline{\mathbf{E}}_{\mathrm{tot}}^{(\mathrm{n})}=\underline{\mathbf{E}}_{\mathrm{i}}^{(\mathrm{n})}+\underline{\mathbf{E}}_{\mathrm{r}}^{(\mathrm{n})}$을 얻을 수 있다.

개념문제 8.50 수직-평행 편파를 갖는 경사 입사파

주파수 f와 전기장 세기 $E_{\mathrm{i}0}$을 갖는 균일한 평면 시간 조화 전자기파가 공기 중을 전파하여 그림 8.16과 같이 PEC 평면으로 각도 $\theta_i(0<\theta_i<90^\circ)$로 경사 입사하고 있다. 전파의 전기장 벡터($\mathbf{E}_{\mathrm{i}}$)가 입사 평면 각도 $\alpha(0<\alpha<90^\circ)$를 만든다. 입사파는 수직과 평행 편파를 가진 균일한 두 평면파의 중첩(superposition)으로 나타낼 수 있다. 이때 전기장 세기는?

(A) $E_{i0}^{(n)} = E_{i0}\cos\theta_i$와 $E_{i0}^{(p)} = E_{i0}\sin\theta_i$

(B) $E_{i0}^{(n)} = E_{i0}\sin\theta_i$와 $E_{i0}^{(p)} = E_{i0}\cos\theta_i$

(C) $E_{i0}^{(n)} = E_{i0}\cos\alpha$와 $E_{i0}^{(p)} = E_{i0}\sin\alpha$

(D) $E_{i0}^{(n)} = E_{i0}\sin\alpha$와 $E_{i0}^{(p)} = E_{i0}\cos\alpha$

(E) $E_{i0}^{(n)} = E_{i0}\cos\alpha$와 $E_{i0}^{(p)} = E_{i0}$

(F) $E_{i0}^{(n)} = E_{i0}$와 $E_{i0}^{(p)} = E_{i0}\sin\alpha$

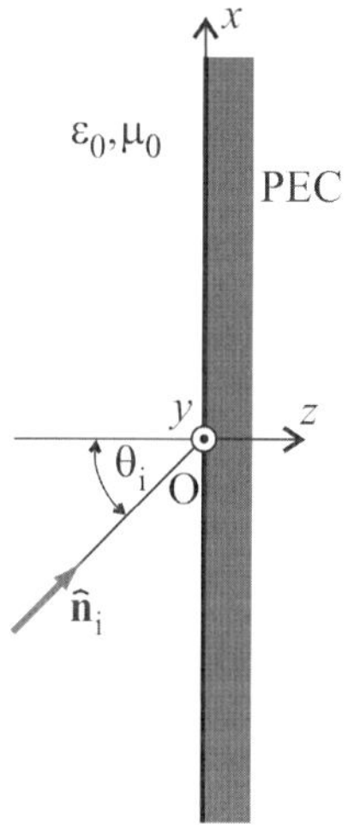

그림 8.16 공기로부터 PEC 평면으로 경사 입사하는 균일한 시간 조화 전자기 평면파(개념문제 8.50)

개념문제 8.51 **결합된 편파를 가진 합성파**

그림 8.16과 같이 공기 중으로부터 PEC 평면으로 경사 입사하는 수직-평행 편파가 결합된 평면파를 가정하자. 이 평면파는 수직 편파와 평행 편파를 가진 두 평면파의 중첩으로 나타낼 수 있으며 전기장 세기는 $\underline{E}_{i0}^{(n)}$와 $\underline{E}_{i0}^{(p)}$로 나타낸다. 입사 영역에서 전체 전기장 벡터는 수직 편파된 입사파에 대해서는 복소 전기장 세기 $\underline{E}_{i0}$ 대신 $\underline{E}_{i0}^{(n)}$, 평행 편파의 경우 $\underline{E}_{i0}$를 대신해 $\underline{E}_{i0}^{(p)}$로 나타내고, 전체 전기장은 두 성분을 더하여 얻을 수 있다.

(A) 참

(B) 거짓

개념문제 8.52 **수직 입사, 수직과 평행 편파**

각각 수직과 평행 편파로 입사파를 분류하는 것은 수직 입사의 경우에도 또한 적용된다.

(A) 참

(B) 거짓

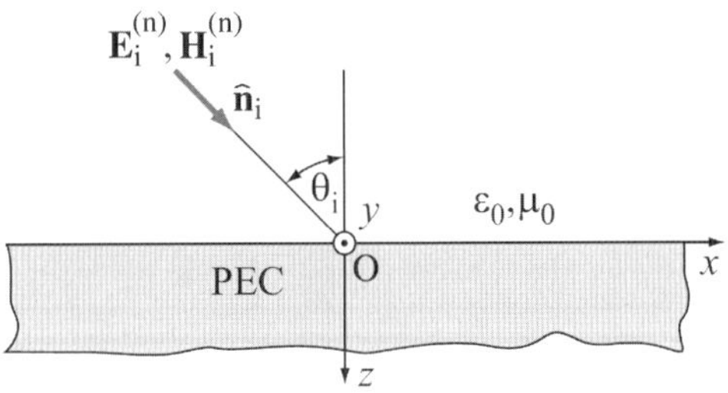

그림 8.17 수직 편파 특성을 갖는 균일한 시간 조화 전자기 평면파가 공기 중으로부터 PEC 평면으로 경사 입사(개념문제 8.52)

개념문제 8.53 **수직 편파에 대한 입사 전기장 벡터**

수직 편파 특성을 갖고 위상 상수 β와 전기장 전자기장 세기가 E_{i0}인 균일한 평면 시간 조화 전자기파가 공기 중으로부터 θ_i의 각도로 PEC 표면에 입사하고 있다. 그림 8.17에 나타낸 직각 좌표계에서, 입사파의 전기장 벡터는 $x, y, z (z \leq 0)$으로 정의되는 입사 매질의 임의 지점에서 $\underline{\mathbf{E}}_i = \underline{\mathbf{E}}_i^{(n)}$로 다음과 같이 나타낸다.

(A) $\underline{\mathbf{E}}_i = E_{i0} e^{-j\beta(x\sin\theta_i + z\cos\theta_i)} \hat{\mathbf{y}}$

(B) $\underline{\mathbf{E}}_i = E_{i0} e^{-j\beta(x\sin\theta_i - z\cos\theta_i)} \hat{\mathbf{y}}$

(C) $\underline{\mathbf{E}}_i = E_{i0} e^{-j\beta y} (\sin\theta_i \hat{\mathbf{x}} + \cos\theta_i \hat{\mathbf{z}})$

(D) $\underline{\mathbf{E}}_i = E_{i0} (\cos\theta_i \hat{\mathbf{x}} + \sin\theta_i \hat{\mathbf{z}}) e^{-j\beta y}$

(E) $\underline{\mathbf{E}}_i = E_{i0} (\cos\theta_i \hat{\mathbf{x}} - \sin\theta_i \hat{\mathbf{z}}) e^{-j\beta(x\sin\theta_i + z\cos\theta_i)}$

(F) $\underline{\mathbf{E}}_i = E_{i0} (\cos\theta_i \hat{\mathbf{x}} + \sin\theta_i \hat{\mathbf{z}}) e^{-j\beta(x\sin\theta_i - z\cos\theta_i)}$

개념문제 8.54 **평행 편파에 대한 입사 전기장 벡터**

그림 8.18과 같이 공기 중으로부터 PEC 평면에 각도 θ_i로 입사하는 평면파의 평행 편파에 대해 $\underline{\mathbf{E}}_{\mathrm{i}} = \underline{\mathbf{E}}_{\mathrm{i}}^{(\mathrm{p})}$일 때, 입사 전기장으로 옳은 것은?

(A) $\underline{\mathbf{E}}_{\mathrm{i}} = E_{\mathrm{i}0} e^{-j\beta(x\sin\theta_{\mathrm{i}} + z\cos\theta_{\mathrm{i}})} \hat{\mathbf{y}}$

(B) $\underline{\mathbf{E}}_{\mathrm{i}} = E_{\mathrm{i}0} e^{-j\beta(x\sin\theta_{\mathrm{i}} - z\cos\theta_{\mathrm{i}})} \hat{\mathbf{y}}$

(C) $\underline{\mathbf{E}}_{\mathrm{i}} = E_{\mathrm{i}0} e^{-j\beta y} (\sin\theta_{\mathrm{i}}\hat{\mathbf{x}} + \cos\theta_{\mathrm{i}}\hat{\mathbf{z}})$

(D) $\underline{\mathbf{E}}_{\mathrm{i}} = E_{\mathrm{i}0} (\cos\theta_{\mathrm{i}}\hat{\mathbf{x}} + \sin\theta_{\mathrm{i}}\hat{\mathbf{z}}) e^{-j\beta y}$

(E) $\underline{\mathbf{E}}_{\mathrm{i}} = E_{\mathrm{i}0} (\cos\theta_{\mathrm{i}}\hat{\mathbf{x}} - \sin\theta_{\mathrm{i}}\hat{\mathbf{z}}) e^{-j\beta(x\sin\theta_{\mathrm{i}} + z\cos\theta_{\mathrm{i}})}$

(F) $\underline{\mathbf{E}}_{\mathrm{i}} = E_{\mathrm{i}0} (\cos\theta_{\mathrm{i}}\hat{\mathbf{x}} + \sin\theta_{\mathrm{i}}\hat{\mathbf{z}}) e^{-j\beta(x\sin\theta_{\mathrm{i}} - z\cos\theta_{\mathrm{i}})}$

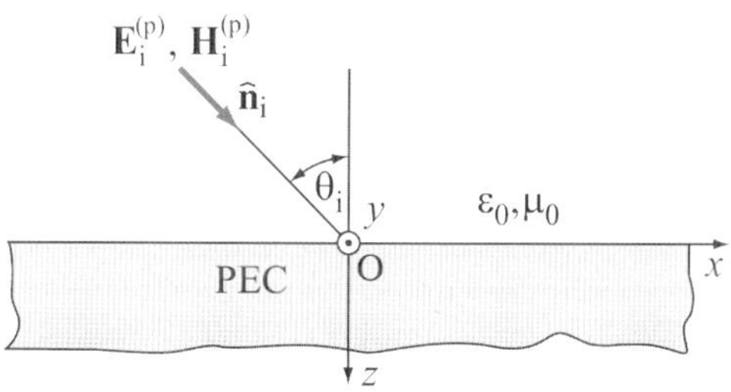

그림 8.18 평행 편파 특성을 갖는 균일한 시간 조화 전자기 평면파가 PEC 평면으로 경사 입사(개념문제 8.54)

개념문제 8.55 **평행 편파를 가진 전자기장 성분**

그림 8.18과 같이 경사 입사하는 평행 편파 특성을 갖는 평면파에 대해, 다음은 입사 매질에서 합성파의 전기장과 자기장 성분으로 옳은 것은(두 성분은 모두 0이 아니다)?

(A) $\underline{E}_{\mathrm{tot}\,x}^{(\mathrm{p})}$과 $\underline{H}_{\mathrm{tot}\,y}^{(\mathrm{p})}$

(B) $\underline{E}_{\mathrm{tot}\,y}^{(\mathrm{p})}$과 $\underline{H}_{\mathrm{tot}\,x}^{(\mathrm{p})}$

(C) $\underline{E}_{\mathrm{tot}\,x}^{(\mathrm{p})}$, $\underline{E}_{\mathrm{tot}\,z}^{(\mathrm{p})}$, $\underline{H}_{\mathrm{tot}\,y}^{(\mathrm{p})}$과 $\underline{H}_{\mathrm{tot}\,z}^{(\mathrm{p})}$

(D) $\underline{E}_{\mathrm{tot}\,y}^{(\mathrm{p})}$, $\underline{H}_{\mathrm{tot}\,x}^{(\mathrm{p})}$과 $\underline{H}_{\mathrm{tot}\,z}^{(\mathrm{p})}$

(E) $\underline{E}_{\mathrm{tot}\,x}^{(\mathrm{p})}$, $\underline{E}_{\mathrm{tot}\,z}^{(\mathrm{p})}$과 $\underline{H}_{\mathrm{tot}\,y}^{(\mathrm{p})}$

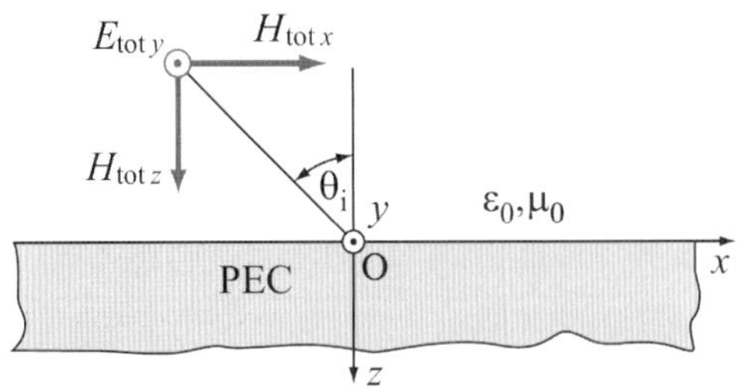

그림 8.19 균일한 시간 조화 전자기 평면파가 PEC 면으로 경사 입사 : 입사 매질에서 전체 자기장 벡터의 x와 z 성분과 전체 전기장 벡터의 y 성분(개념문제 8.55)

개념문제 8.56 **전체 전자기장 성분의 공간 의존 특성**

그림 8.19와 같이 PEC 평면 위 각도 θ_i로 입사하는 전파를 가정하자. 전파의 특정한 편파(수직 또는 평행)에 대해 입사 매질($z \leq 0$)에 대해)에서 전체 자기장 벡터의 x와 z 성분과 전기장 벡터의 y 성분이 다음 z 의 함수에 대해 비례한다(전자기장은 또한 x에 대해 의존한다). 옳은 설명은?

(A) $\underline{E}_{\text{tot }y} \propto \cos(\beta z \cos\theta_i)$, $\underline{H}_{\text{tot }x} \propto \cos(\beta z \cos\theta_i)$과 $\underline{H}_{\text{tot }z} \propto \cos(\beta z \cos\theta_i)$

(B) $\underline{E}_{\text{tot }y} \propto \cos(\beta z \sin\theta_i)$, $\underline{H}_{\text{tot }x} \propto \sin(\beta z \sin\theta_i)$과 $\underline{H}_{\text{tot }z} \propto \sin(\beta z \sin\theta_i)$

(C) $\underline{E}_{\text{tot }y} \propto \sin(\beta z \cos\theta_i)$, $\underline{H}_{\text{tot }x} \propto \cos(\beta z \cos\theta_i)$과 $\underline{H}_{\text{tot }z} \propto \sin(\beta z \cos\theta_i)$

(D) $\underline{E}_{\text{tot }y} \propto \sin(\beta z \cos\theta_i)$, $\underline{H}_{\text{tot }x} \propto \cos(\beta z \cos\theta_i)$과 $\underline{H}_{\text{tot }z} \propto \cos(\beta z \cos\theta_i)$

(E) $\underline{E}_{\text{tot }y} \propto \cos(\beta z \cos\theta_i)$, $\underline{H}_{\text{tot }x} \propto \sin(\beta z \cos\theta_i)$과 $\underline{H}_{\text{tot }z} \propto \cos(\beta z \cos\theta_i)$

개념문제 8.57 **수직 편파, PEC 평면에 유도된 표면 전류**

그림 8.20과 같이 수직 편파된 균일한 평면 시간 조화 전자기파가 유전율 ε와 투자율 μ를 가진 무손실 매질로부터 완전한 도체로 만들어진 평평한 수평 평면으로 경사 입사하고 있다. 입사 매질에서 그림 8.20과 같이 직각 좌표계에서 주어진 전체 자기장 벡터 $\underline{\mathbf{H}}_{\text{tot}}$의 각 성분을 사용하여 평면에 유도된 표면 전류 분포를 나타내는 복소 표면 전류 밀도 $\underline{\mathbf{J}}_{s}$로 옳은 것은?

(A) $\underline{\mathbf{J}}_{s} = \underline{H}_{\text{tot }x}\big|_{z=0}\,\hat{\mathbf{x}}$

(B) $\underline{\mathbf{J}}_{s} = \underline{H}_{\text{tot }y}\big|_{z=0}\,\hat{\mathbf{y}}$

(C) $\underline{\mathbf{J}}_s = \underline{H}_{\text{tot }y}\big|_{z=0}\ \hat{\boldsymbol{x}}$

(D) $\underline{\mathbf{J}}_s = \underline{H}_{\text{tot }x}\big|_{z=0}\ \hat{\boldsymbol{y}}$

(E) $\underline{\mathbf{J}}_s = \underline{H}_{\text{tot }x}\big|_{z=0}\ (-\hat{\boldsymbol{y}})$

(F) $\underline{\mathbf{J}}_s = \underline{H}_{\text{tot }z}\big|_{z=0}\ (-\hat{\boldsymbol{y}})$

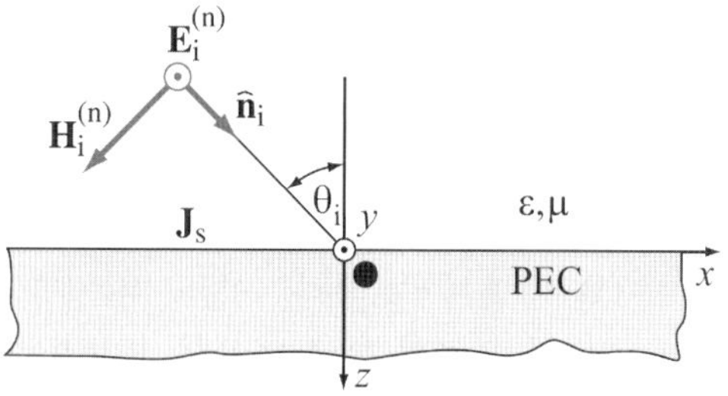

그림 8.20 수직 편파된 균일한 시간 조화 평면 전자기파가 PEC 면에 경사 입사할 때 유도되는 표면 전류 (개념문제 8.57)

개념문제 8.58 **평행 편파, 유도된 표면 전류**

그림 8.21과 같이 평면파의 평행 편파가 무손실 매질로부터 PEC 평면에 경사 입사한다면, 평면 위에 유도된 표면 전류의 밀도 $\underline{\mathbf{J}}_s$ 는 입사 매질에서 전체 자기장 벡터 $\underline{H}_{\text{tot}}$ 로 나타낼 수 있다.

(A) $\underline{\mathbf{J}}_s = \underline{H}_{\text{tot }x}\big|_{z=0}\ \hat{\boldsymbol{x}}$

(B) $\underline{\mathbf{J}}_s = \underline{H}_{\text{tot }y}\big|_{z=0}\ \hat{\boldsymbol{y}}$

(C) $\underline{\mathbf{J}}_s = \underline{H}_{\text{tot }y}\big|_{z=0}\ \hat{\boldsymbol{x}}$

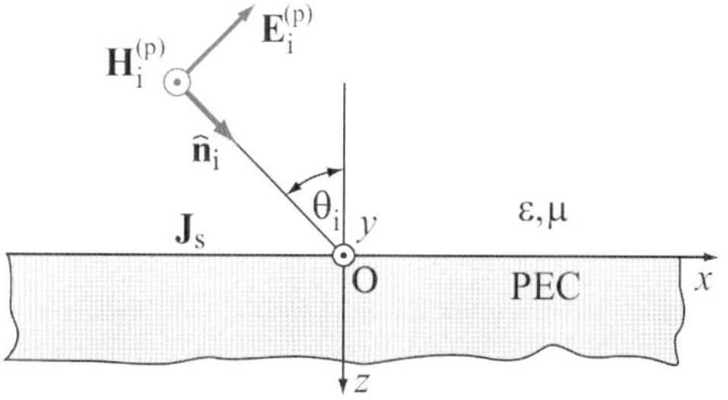

그림 8.21 평행 편파로 PEC 면에 경사 입사하는 균일파에 의해 유도되는 표면 전류(개념문제 8.58)

(D) $\underline{\mathbf{J}}_{\mathrm{s}} = \underline{H}_{\mathrm{tot}\,x}\big|_{z=0}\,\hat{\boldsymbol{y}}$

(E) $\underline{\mathbf{J}}_{\mathrm{s}} = \underline{H}_{\mathrm{tot}\,x}\big|_{z=0}\,(-\hat{\boldsymbol{y}})$

(F) $\underline{\mathbf{J}}_{\mathrm{s}} = \underline{H}_{\mathrm{tot}\,z}\big|_{z=0}\,(-\hat{\boldsymbol{y}})$

8.4 유전체 경계면에서 경사 입사

그림 8.15에서 경계면의 오른쪽 매질이 또 다른 무손실 유전체라면 입사 에너지의 일부는 수직 입사 경우에 대해 그림 8.9처럼 경계를 통해 투과할 것이다. 그림 8.22에서 식 (8.12)처럼 $\theta_{\mathrm{r}} = \theta_{\mathrm{i}}$인 반면 투과 각도(굴절 각도) θ_{t}는 스넬의 굴절 법칙에 따라 정해진다.

$$\frac{\sin\theta_{\mathrm{i}}}{\sin\theta_{\mathrm{t}}} = \frac{c_1}{c_2} = \frac{\beta_2}{\beta_1} = \sqrt{\frac{\varepsilon_2\mu_2}{\varepsilon_1\mu_1}} = \frac{n_2}{n_1}\ (\text{스넬의 굴절 법칙}) \tag{8.13}$$

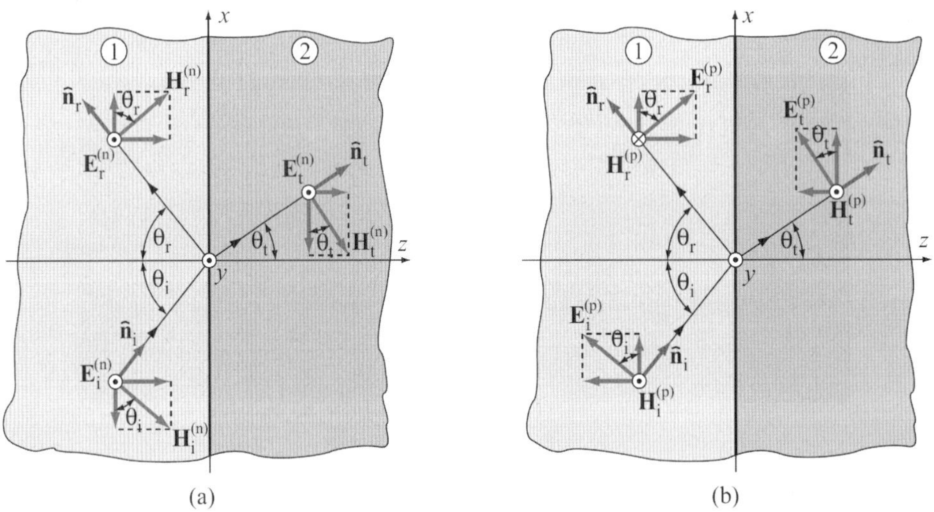

그림 8.22 평면 유전체 경계면에 경사 입사하는 균일한 시간 조화 전자기 평면파의 반사와 굴절 : 전기장과 자기장 벡터의 입사, 반사 및 투과 (a) 수직 (b) 평행 편파

여기서 c_1과 c_2는 매질 1과 매질 2에서의 전파 속도, β_1과 β_2는 각 매질에서의 위상 상수를 나타낸다. 두 매질에서의 굴절률 $n_1 = c_0/c_1 = \sqrt{\varepsilon_{1\mathrm{r}}\mu_{1\mathrm{r}}}$과 $n_2 = c_0/c_2 = \sqrt{\varepsilon_{2\mathrm{r}}\mu_{2\mathrm{r}}}$를 로 주어진다.

$z=0$인 평면에서 입사되는 파의 전기장 세기인 $\underline{E}_{i0}$에 대해 반사되는 파와 투과되는 파의 미지의 복소 전기장 세기인 $\underline{E}_{r0}$과 $\underline{E}_{t0}$를 찾기 위해서는 식 (8.9)와 같은 전기장 벡터와 자기장 벡터에 접선 성분에 대한 경계 조건을 적용한다. 여기서는 그림 8.22(a)와 (b)에서 나타낸 바와 같이 입사파의 수직 편파와 평행 편파를 구분하여 식 (8.10)과 (8.11)을 다르게 나타낼 필요가 있다.

$$\Gamma_n = \left(\frac{\underline{E}_{r0}}{\underline{E}_{i0}}\right)_n = \frac{\eta_2\cos\theta_i - \eta_1\cos\theta_t}{\eta_1\cos\theta_t - \eta_2\cos\theta_i},\ \tau_n = \left(\frac{\underline{E}_{t0}}{\underline{E}_{i0}}\right)_n = \frac{2\eta_2\cos\theta_i}{\eta_1\cos\theta_t + \eta_2\cos\theta_i} \tag{8.14}$$

(수직 편파에 대한 프레즈넬 계수)

$$\Gamma_p = \left(\frac{\underline{E}_{r0}}{\underline{E}_{i0}}\right)_p = \frac{\eta_2\cos\theta_t - \eta_1\cos\theta_i}{\eta_1\cos\theta_i - \eta_2\cos\theta_t},\ \tau_p = \left(\frac{\underline{E}_{t0}}{\underline{E}_{i0}}\right)_p = \frac{2\eta_2\cos\theta_i}{\eta_1\cos\theta_i + \eta_2\cos\theta_t} \tag{8.15}$$

(수평 편파에 대한 프레즈넬 계수)

이러한 계수들을 프레즈넬의 계수(Fresnel's coefficient, 반사와 투과)라고 한다.

그림 8.22에서 임의의 편파에 대해 $\mu_1=\mu_2$, $\varepsilon_1>\varepsilon_2$라면, 투과각 θ_t가 최댓값 $90°$를 갖는 θ_{ic}로 표현되고 임계각(critical angle)이라고 하는 입사각 θ_i가 존재한다. 이것은 매질 2로 투과되는 전파가 없거나 입사파가 모두 반사된다는 것을 의미한다. 전반사(total reflection) 조건은 임계각을 초과하는 임의 각도에 대해 만족하며 식 (8.13)으로부터 결정할 수 있다.

$$\theta_t = 90° \rightarrow \sin\theta_{ic} = \sqrt{\frac{\varepsilon_2}{\varepsilon_1}}\ (\varepsilon_1 > \varepsilon_2) \rightarrow\ \theta_i \geq \theta_{ic}(\text{전반사}) \tag{8.16}$$

한편 식 (8.15)에서 $\mu_1=\mu_2$ 로 Γ_p이 0이 될 때 반대의 현상을 얻을 수 있다. 즉 전투과(무반사, total transmission)가 이 입사파의 평행 편파에 대해 발생하며, 그림 8.22(b)에서 θ_i는 다음과 같이 주어진다($\mu_1=\mu_2$인한 임의각도 θ_i에 대해 $\Gamma_n=0$을 갖는 것은 불가능하다).

$$\Gamma_p = 0 \rightarrow \tan\theta_{iB} = \sqrt{\frac{\varepsilon_2}{\varepsilon_1}}\ (\text{전반사, 평행 편파}) \tag{8.17}$$

이 특별한 입사각을 브루스터 각도(Brewster's angle)라고 하며, θ_{iB}로 표기한다.

개념문제 8.59 **유전체-유전체 경계에서 경사 입사**

그림 8.23에 나타낸 것처럼 균일한 평면 시간 조화 전자기파가 두 유전체 매질의 평면 경계에서 각도 $\theta_i(0<\theta_i<90°)$로 경사 입사한다. 반사되는 각도 θ_r 투과 각도(굴절 각도)를 θ_t로 정의할 때 두 매질의 물질 파라미터에 의존하는 값은?

(A) θ_r 만

(B) θ_t 만

(C) 두 각도 모두

(D) 각도들에 의존하지 않는다

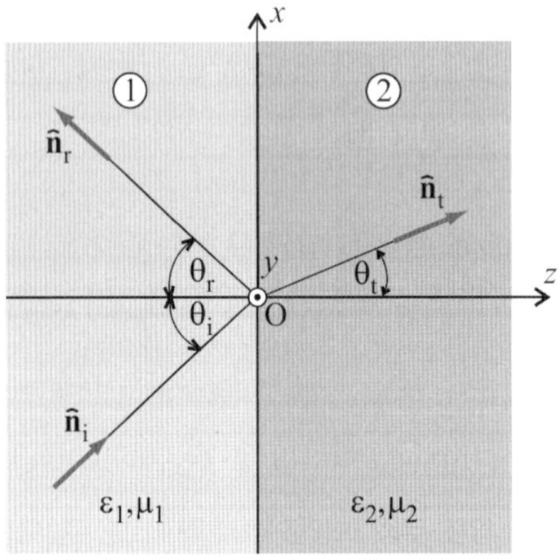

그림 8.23 투과면에서 균일한 시간 조화 전자기 평면파의 경사 입사(개념문제 8.59)

개념문제 8.60 **전체 전기장 벡터에 대한 경계 조건**

그림 8.23과 같이 두 무손실 유전체 매질 사이 경계에 평면파가 경사 입사할 때 다음 두 방정식을 고려해보자. (a) $\underline{E}_{i0}\cos\theta_i + \underline{E}_{r0}\cos\theta_r = \underline{E}_{t0}\cos\theta_t$ (b) $\underline{E}_{i0} + \underline{E}_{r0} = \underline{E}_{t0}$. 두 식에 대하여 수직 편파와 평행 편파에 대한 전체 전기장 벡터에 대한 경계 조건을 나타내는 것으로 알맞게 짝지은 것은?

(A) 수직 편파에 대해 식(a)와 평행 편파에 대해 식(b)

(B) 평행 편파에 대해 식(a)와 수직 편파에 대해 식(b)

(C) 수직/평행 편파에 대해 식(a)

(D) 수직/평행 편파에 대해 식(b)

개념문제 8.61 **전체 자기장 벡터에 대한 경계 조건**

그림 8.23과 같이 시간 조화 균일한 평면파가 두 완전 유전체 매질 사이의 경계면에 경사 입사할 때 전체 자기장 벡터의 접선 성분에 대한 경계 조건과 다음 두 식을 고려하자.

(a) $-\underline{E}_{i0}\cos\theta_i/\eta_1 + \underline{E}_{r0}\cos\theta_r/\eta_1 = -\underline{E}_{t0}\cos\theta_t/\eta_2$

(b) $\underline{E}_{i0}/\eta_1 - \underline{E}_{r0}/\eta_1 = \underline{E}_{t0}/\eta_2$

여기서 $\eta_1 = \sqrt{\mu_1/\varepsilon_1}$ 과 $\eta_2 = \sqrt{\mu_2/\varepsilon_2}$ 는 두 매질에서 각각의 고유 임피던스이다. 수직 편파와 평행 편파에 대해 알맞게 짝지은 것은?

(A) 수직 편파에 대해 식(a)와 평행 편파에 대해 식(b)

(B) 평행 편파에 대해 식(a)와 수직 편파에 대해 식(b)

(C) 수직/평행 편파에 대해 식(a)

(D) 수직/평행 편파에 대해 식(b)

개념문제 8.62 **평행 편파에 대한 프레즈넬 계수**

균일한 평면 시간 조화 전파가 공기 중으로부터 무손실 비자성 유전체의 평평한 표면으로 경사 입사하며, 전파는 평행 편파이다. 입사각이 θ_i이고, 유전체의 굴절률은 n이다. 반사 계수 Γ_p와 투과 계수 τ_p는 다음과 같이 나타낼 수 있다.

(A) $\sin\theta_i$만으로

(B) n만으로

(C) $\sin\theta_i$와 n만으로

(D) 위의 어느 것도 아님

개념문제 8.63 **물속에 잠긴 노(oar)의 형상**

물속에 잠긴 노는 보트에서 바라볼 때 물의 표면에서 절단된 것처럼 보이며, 노의 잠긴 부분은 실제보다 더 짧게 보인다. 이 현상은 다음과 같은 스넬의 법칙을 설명할 수 있다.

(A) 물의 표면에서 반사되는 빛에 대한 반사

(B) 공기로부터 물속으로 입사되는 빛의 굴절

(C) 물로부터 공기로 입사되는 빛의 굴절

(D) 위의 어느 것도 아님

개념문제 8.64 **먼 보트에서 물에 잠긴 노를 볼 수 없는 이유**

보트에서 물에 잠긴 노의 잠긴 부분은 떨어진 다른 보트에서는 볼 수 없다(노를 볼 때 공기 중에는 아무런 장애물이 없다.) 그 이유는 무엇인가?

(A) 공기로부터 물의 표면에 입사되는 빛의 전반사

(B) 물로부터 그 표면에 입사되는 빛의 전반사

(C) 공기로부터 물의 표면에 입사되는 빛의 무반사

(D) 물로부터 그 표면에 입사되는 빛의 무반사

(E) 위의 어느 것도 아님

개념문제 8.65 **광섬유(optical fiber)에서 다중 전반사**

그림 8.24에 나타낸 것처럼 광섬유는 서로 다른 유전체가 둘러싸는 동축 케이블 형태에서 발생하는 다중 전반사 현상(multiple total reflection) 때문에 빛은 원통형 유전체(유리 또는 투명한 플라스틱) 내부만 진행하게 된다. n_{core}과 n_{cladding}이 각각 외층(또는 클래딩, cladding)과 섬유코어(fiber core)의 굴절률(refractive index)을 나타낸다고 할 때 전반사를 위해 반드시 필요한 조건은?

(A) $n_{\mathrm{core}} < n_{\mathrm{cladding}}$

(B) $n_{\mathrm{core}} > n_{\mathrm{cladding}}$

(C) $n_{\mathrm{core}} << n_{\mathrm{cladding}}$

(D) $n_{\mathrm{core}} \gg n_{\mathrm{cladding}}$

(E) $n_{\mathrm{core}} = 1$이고 $n_{\mathrm{cladding}} = 1$

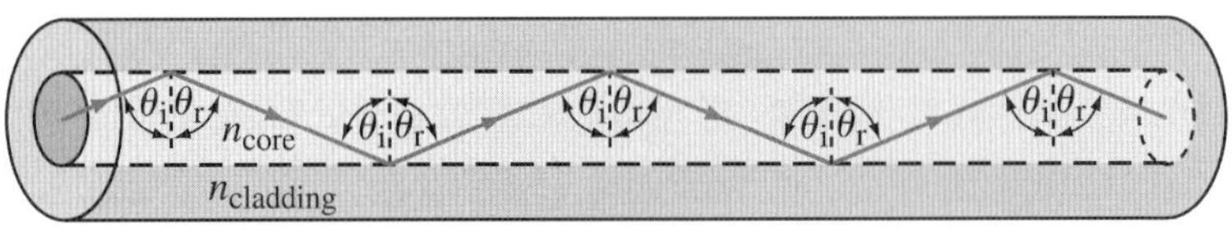

그림 8.24 외층(클래딩)으로부터 다중 전반사를 통해 광섬유 코어 내부에서 진행되는 전파 (개념문제 8.65)

개념문제 8.66 **브루스터 각도에서 입사되는 타원 편파의 반사**

공기 중에서 타원 편파인 균일한 평면 전자기파가 브루스터 각도에서 유전체 표면에 입사한다. 이때 반사파는?

(A) 선형 편파된다.

(B) 원형 편파된다.

(C) 타원 편파된다.

(D) 편파가 없다.

(E) 더 많은 정보가 필요하다.

개념문제 8.67 **브루스터 각도에서 CP(circularly polarized) 입사파의 투과**

원형 편파된 균일 평면파가 브루스터 각도로 공기 중으로부터 반공간 유전체로 입사한다. 투과파는?

(A) 선형 편파된다.

(B) 원형 편파된다.

(C) 타원 편파된다.

(D) 편파가 없다.

(E) 더 많은 정보가 필요하다.

제 9 장 전송 선로의 필드 해석

개요

이전 두 장에서 설명한 무한한 자유공간 또는 매질에서 전파하는 전자기파를 사용하는 무선 링크(wireless link) 외에도 유도 전자기파(guided electromagnetic wave)를 사용하여 전자기 신호와 에너지를 먼 거리까지 전송할 수 있다. 이러한 전파는 도체와 유전체로 구성된 유도 시스템(guiding system)을 통해 전달된다. 유도 시스템은 일반적으로 균일한 단면을 가지며, 두 개 이상을 갖는 개별 도체가 있는 전송 선로(transmission lines)와 단일 도체 또는 유전체만으로 구성된 도파관(waveguide)으로 분류한다. 이 장에서는 주어진 기하학적 형상과 재료로 구성된 선로를 따라 전파하는 전파(propagation)와 감쇠(attenuation)의 물리적 과정을 이해하기 위해 중요한 두 개의 도체를 갖는 전송 선로의 전자기장 해석을 다루고자 한다. 해석의 주된 결과로 임의 선로에 대한 회로 모델(circuit model)의 파라미터들을 얻게 되며, 집중 소자(lumped element)를 가진 작은 셀들이 직렬로 연결된 네트워크의 형태와 같다는 것을 알게 된다. 이 네트워크는 다음 장에서 분산 파라미터(distributed parameter, 이중 도체 전송 선로의 회로 해석)를 가진 회로로서 전송 선로의 주파수영역(복소 영역, complex-domain)과 과도(시간 영역, transient) 해석을 시작으로 회로 이론 개념과 방정식을 사용하여 다음 장에서 풀 수 있다.

9.1 무손실 전송 선로의 전자기장 해석

그림 9.1과 같이 유전율 ε와 투자율 μ인 균질한 완전 유전체에 있는 임의의 단면을 가진 두 완전한 도체로 구성된 전송 선로를 고려해보자. 주파수 f(높은 주파수)와 각(angular) 또는 라디안(radian) 주파수 $\omega = 2\pi f$의 선로에서 전자기장의 시간 조화 변화를 가정하고 복소 영역(complex domain)에서 해석을 수행한다. 도체 선로 사이 전압 $\underline{V}_{12}$는, 즉 전위 $\underline{V}_1$과 $\underline{V}_2$ 사이의 차이, 이고 도체를 통한 전류 I는 그림 9.1과 같이 z 축을 따라 흐르는 전파이다.

$$\underline{V}_{12} = \underline{V}_{12}(z) = \underline{V}_{12}(0)^{-\mathrm{j}\beta z}, \quad \underline{I} = \underline{I}(z) = \underline{I}(0)e^{-\mathrm{j}\beta z}, \quad \beta = \omega\sqrt{\varepsilon\mu} \tag{9.1}$$

이때 위상 상수(phase constant)는 β로 주어지며, 전송 선로의 유전체와 같은 파라미터를 갖는 무한한 매질을 전파하는 균일한 평면파에 대한 식 (7.9)와 같다.

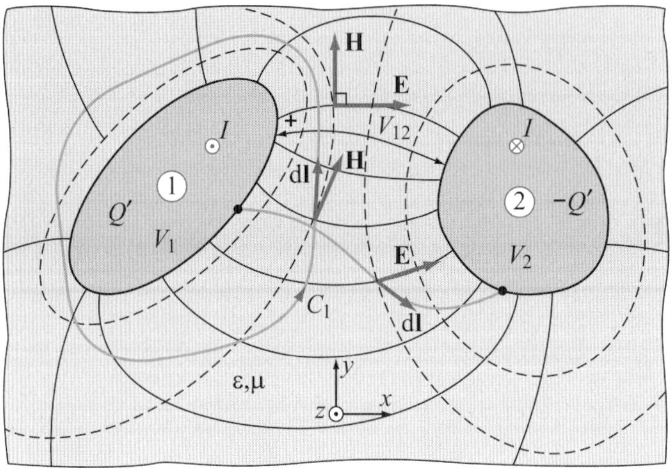

그림 9.1 (고주파수 영역에서) TEM파를 전달하는 균질 유전체를 갖는 이중 도체 전송 선로의 단면

선로를 따라(z축을 따라) 위상 속도(phase velocity) v_p와 파장 $\lambda_z = 2\pi/\beta$는 식 (7.3), (7.9) 그리고 (7.10)과 같다.

시스템의 단면에서 전기장과 자기장 선들은 각각 정전기장(electrostatic field)과 정자기장(magnetostatic field)과 같고, 전기장 벡터 $\underline{\mathbf{E}}$와 자기장 벡터 $\underline{\mathbf{H}}$는 TEM(transverse electro-magnetic) 파를 구성하며 전파 진행의 방향에 수직이다. 전송 선로의 임의 단면에서 $\underline{\mathbf{E}}$와 $\underline{\mathbf{H}}$가 각각 정전기장과 정자기장 분포(전자기장은 그림 9.1에서와 같이 수직 방향 좌표 즉 x와 y 공간 좌표에 의존한다)는 z 좌표축의 $\underline{\mathbf{E}}$ 와 $\underline{\mathbf{H}}$ 분포에 의존하며 무한한 유전체 매질에서의 균일한 평면파에 대해 식 (9.1)에서처럼 전파인자(propagation factor) $e^{-j\beta z}$에 의해 주어진다. 게다가 균일한 평면파에 대해 전자기장 벡터들은 서로 수직이고 복소 세기의 비는 실수인 상수로 주어지고 Z_{TEM}으로 표시하며 TEM파의 파동 임피던스(wave impedance)라고 한다(파라미터 ε와 μ의 매질에서 식 (7.6)의 고유 임피던스 η와 같은 값을 갖는다).

$$\underline{\boldsymbol{E}} \perp \underline{\boldsymbol{H}}, \quad \underline{\boldsymbol{E}}_z = 0, \quad \underline{\boldsymbol{H}}_z = 0, \quad Z_{TEM} = \frac{E}{H} = \sqrt{\frac{\mu}{\varepsilon}} \ (\text{TEM파}) \tag{9.2}$$

이렇게 같은 성질을 갖는 TEM파들은 $M \geq 2$로 임의의 M 개의 도체로 구성된 전송 선로를 전파할 수 있다. 그림 9.1을 참조하면 전송 선로의 단위 길이당 전하(Q'), 전압, 전류는 다음과 같이 계산할 수 있다.

$$\underline{V}_{12} = \underline{V}_1 - \underline{V}_2 = \int_1^2 \boldsymbol{E} \cdot \mathrm{dl},\ \underline{I} = \oint_{C_1} \underline{\boldsymbol{H}} \cdot \mathrm{dl},\ \underline{V}_{12} = \frac{Q'}{C'},\ \underline{I} = c\underline{Q}' = \frac{Q'}{\sqrt{\varepsilon\mu}} \tag{9.3}$$

여기서 도체들 사이의 적분 경로와 도체를 감싸는 폐적분 경로는 수직 평면에 놓여야 하며 (좌표 z에 의해 정의되는), C'는 식 (2.12)에서와 같이 단위 길이당 커패시턴스이다.

식 (9.1)은 선로 전압과 전류는 z-좌표에 대해 같은 지수 함수 의존적(exponential dependance)이고 선로의 모든 단면에 대해 그 비가 같다. 즉, 상수(constant)값을 갖는다. 이를 선로의 특성 임피던스(characteristic impedance)라고 하며 Z_0라고 쓴다. 식 (9.3)과 (7.3)을 결합하면

$$Z_0 = \frac{\underline{V}_{12}}{\underline{I}} = \frac{\underline{V}_{12}}{c\underline{Q}'} = \frac{1}{cQ'} = \frac{\sqrt{\varepsilon\mu}}{C'} \text{(선로 특성 임피던스)} \tag{9.4}$$

식 (9.2)에서 $\underline{E}$와 $\underline{H}$ 사이의 비인 결과로 그림 9.1에 선로의 단위 길이당 인덕턴스 L'과 C' 사이에 쌍대성(duality) 관계를 따른다.

$$L'C' = \varepsilon\mu \text{(전송 선로의 } L'\text{과 } C'\text{의 쌍대성)} \tag{9.5}$$

식 (9.4)에서 특성 임피던스는 $Z_0 = \sqrt{L'/C'}$ 로 쓸 수 있다.

개념문제 9.1 **균질한 유전체를 갖는 무손실 전송 선로**

주파수 f를 가진 시간 조화 TEM파가 그림 9.2에 나타낸 것처럼 유전율 ε와 투자율 μ를 가진 균질한 유전체에서 임의 단면에서 이중 도체로 구성된 무손실 전송 선로를 따라 진행하고 있다. 선로의 기본 전파 파라미터(propagation parameter)들이 다음과 같다. 위상 상수(β), 위상 속도(v_p), 그리고 선로에 대한 파장(λ_z). 이러한 파라미터들 중 전송 선로 유전체로서 같은 물질 파라미터 ε와 μ를 갖는 무한한 매질을 전파하는 주파수 f의 균일한 평면파와 같은 것은 무엇인가?

(A) β와 v_p만

(B) λ_z만

(C) v_p와 λ_z만

(D) 세 파라미터 모두

(E) 위의 어느 것도 해당이 되지 않음

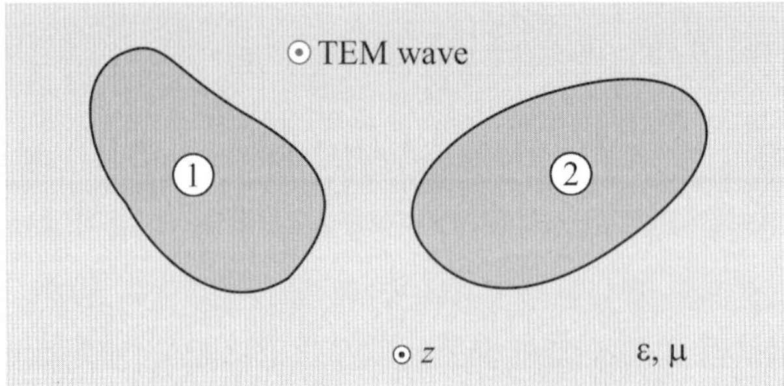

그림 9.2 균질한 유전체(구조의 단면)를 갖는 이중 도체 전송 선로를 따라 전파하는 TEM파(개념문제 9.1)

개념문제 9.2 **전송 선로에 자기장에 대한 전기장 비**

그림 9.2와 같이 파라미터 ε와 μ의 균질한 유전체를 갖는 무손실 이중 도체 전송 선로에서 전자기파와 관련된 다음 두 문장을 고려해보자. (a) 전파의 전기장과 자기장 벡터는 선로 유전체의 임의 지점과 임의 순간에서 모두 서로 수직이다. (b) 전파의 자기장 세기와 전기장 세기의 비는 유전체 내 임의 위치와 임의 시간에서 $\eta = \sqrt{\mu/\varepsilon}$ 로 상수와 같다. 어떤 문장이 옳은가?

(A) 문장 (a)만

(B) 문장 (b)만

(C) 두 문장 다

(D) 위의 어느 것도 해당이 되지 않음

개념문제 9.3 **유도된 TEM파와 자유공간 평면파 사이의 거리**

공기로 채워진 무손실 전송 선로에 유도된 TEM 시간조화파와 열린 공기 중에서 같은 주파수를 갖는 자유(유도되지 않은) 균일 평면파와 주된 차이점은

(A) 비유도 전파(자유파, free wave)는 TEM파가 아니다

(B) 유도 전파(guided wave)는 균일하지 않다

(C) 유도 전파의 속도는 주파수 의존적이다

(D) 위의 특징들 중 하나 이상 맞다

(E) 위의 어느 것도 해당이 되지 않음

개념문제 9.4 **TEM파가 전파하는 동축 케이블을 따라 전달되는 에너지**

그림 9.3과 같이 동축 케이블을 따라 TEM파가 전파한다. 케이블 도체들은 완전 도체이고 케이블은 무손실 유전체로 채워져 있다. 케이블을 따라 전달되는 에너지는 무엇을 통해 완전하게 이루어지는가?

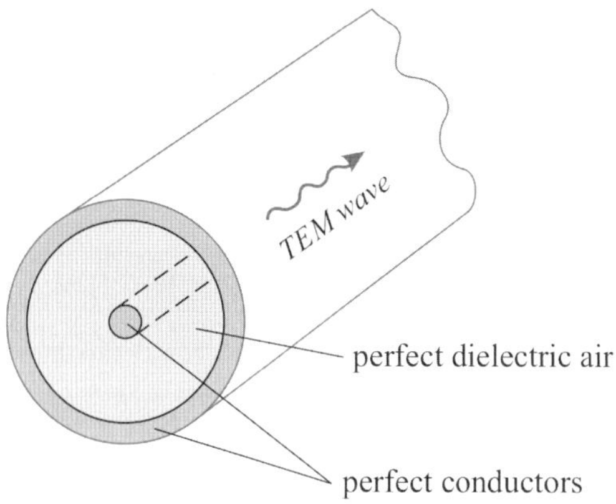

그림 9.3 TEM파를 전송하는 동축 케이블(개념문제 9.4)

(A) 케이블의 안쪽 도체

(B) 케이블의 안쪽과 바깥족 도체

(C) 케이블의 유전체

(D) 케이블 주위 공기

(E) 도체, 유전체, 그리고 공기

개념문제 9.5 **선로 단면에서 전자기장 분포**

TEM파가 균질한 유전체와 임의 단면을 갖는 도체를 가진 무손실 전송 선로를 따라 전파하고 있다. 선로의 단면에서 전기장 벡터 $\underline{\mathbf{E}}$의 분포, 즉 수직 좌표계 위 $\underline{\mathbf{E}}$에 대해서

(A) 정전기장에서처럼 $\underline{\mathbf{E}}$는 길이 방향 좌표계에 의존하지 않는다.

(B) 정전기장처럼 $\underline{\mathbf{E}}$는 길이 방향 좌표계에 의존한다

(C) 정전기장과 달리, $\underline{\mathbf{E}}$는 길이 방향에 독립적이다.

(D) 정전기장과 달리, $\underline{\mathbf{E}}$는 길이 방향에 의존한다.

개념문제 9.6 **선로의 준정적 자기장 분포**

TEM파를 전송하는데 손실이 없고 균질한 유전체를 갖는 전송 선로의 단면에서 자기장 벡터 $\underline{\mathbf{H}}$의 분포는 선로의 준정적(quasistatic) 자기장 분포와 같다.

(A) 참

(B) 거짓

개념문제 9.7 **전송 선로에서 복소 포인팅 벡터**

균질한 유전체에서 무손실 전송 선로를 따라 전파하는 TEM파의 복소 포인팅 벡터는?

(A) 순실수

(B) 순허수

(C) 0

(D) 선로 유전체 모든 점에서 0이 아닌 실수와 허수부를 갖는다.

개념문제 9.8 **TEM파를 갖는 동축 케이블의 전류 분포**

TEM파(높은 주파수 영역에서)를 갖는 무손실 동축 케이블(균질한 유전체로 채워진)에 대해 케이블 도체의 전류는 다음에만 분포한다.

(A) 안쪽 도체의 표면

(B) 바깥 도체의 안쪽 표면

(C) 바깥 도체의 바깥쪽 표면

(D) 바깥 도체의 안쪽 표면과 안쪽 도체의 표면

(E) 바깥 도체의 양쪽 표면과 안쪽 도체의 표면

(F) 안쪽과 바깥쪽 도체들의 체적

개념문제 9.9 **저주파수에서 동축 케이블의 전류 분포**

저주파수 영역에서 동작하는 무손실 균질한 유전체를 갖는 동축 케이블을 가정할 때, 케이블 도체의 전류는 다음과 같이 분포된다.

(A) 안쪽 도체의 표면

(B) 바깥 도체의 안쪽 표면

(C) 바깥 도체의 바깥쪽 표면

(D) 바깥 도체의 안쪽 표면과 안쪽 도체의 표면

(E) 바깥 도체의 양쪽 표면과 안쪽 도체의 표면

(F) 안쪽과 바깥쪽 도체들의 체적

개념문제 9.10 **표면 전류와 전하 밀도 사이의 비례 관계**

그림 9.4와 같이 진행하는 시간 조화 TEM파를 가진 동축 케이블에서, 복소 표면 전류와 전하 밀도 $\underline{J}_s$와 $\underline{\rho}_s$는 표면 전류를 가진 도체들의 표면에서 서로 비례한다.

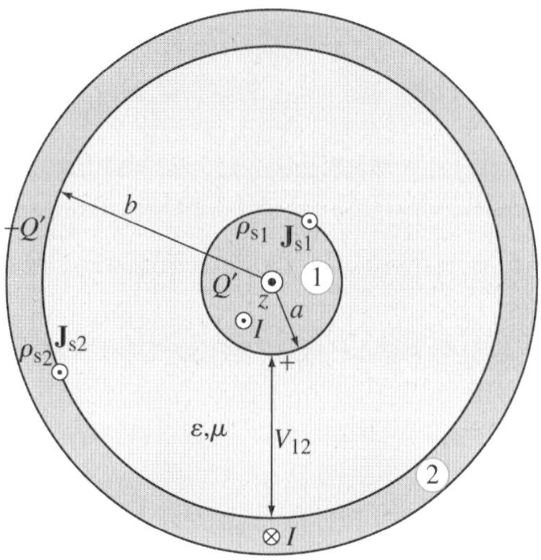

그림 9.4 $+z$ 방향으로 전파하는 TEM파와 균질한 유전체를 갖는 무손실 동축 케이블의 단면(개념문제 9.10)

(A) 모든 점에서

(B) 특정 지점에서(모든 점이 아닌)

(C) 없다.

개념문제 9.11 **도선-평면 전송 선로의 전류**

그림 9.5에 나타낸 것처럼 도선 도체와 접지된 도전성 평면으로 구성된 전송 선로가 있다. 평면 위 매질은 유전율 e를 갖는 균질한 비자성 완전 유전체이고 도선은 평면에 평행하며, 도선과 평면 모두 완전 도체로 만들어졌다. 시간 조화 TEM파가 선로에서 형성된다. 도선의 전류 세기를 i_{wire}로 칭하고, i_{wire}(양의 z 방향)으로 같은 기준 방향과 관련 계산된 접지 평면 위를 흐르는 전류의 전체 세기는?

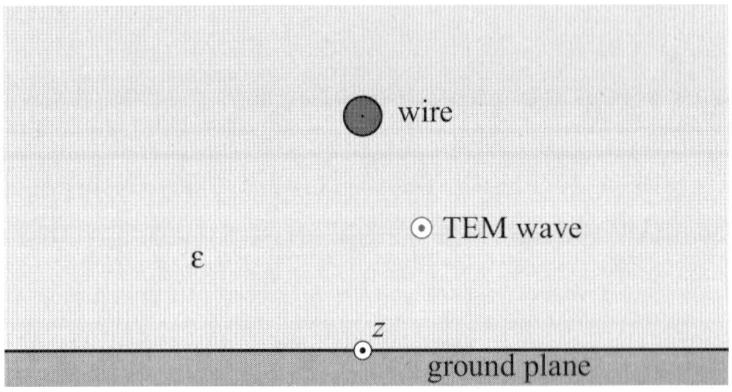

그림 9.5 접지된 도체 면과 선도체로 구성된 전송 선로의 단면(개념문제 9.11)

(A) $i_{\text{ground}} = i_{\text{wire}}$

(B) $i_{\text{ground}} = - i_{\text{wire}}$

(C) $i_{\text{ground}} = 0$

(D) $i_{\text{ground}} \to \infty$

(E) 위에 해당 사항이 없음

(F) 더 많은 정보가 필요하다.

개념문제 9.12 **도선-평면 전송 선로의 전하**

그림 9.5에 TEM파를 갖는 전송 선로의 도선 도체의 길이당 전하가 두 배가 된다면, 즉 이 전하의 값이 Q'에서 $2Q'$가 된다면 접지 평면의 단위 길이당 전체 전하는 어떻게 되는가?

(A) 또한 두 배가 된다.

(B) 반이 된다.

(C) 값은 그대로이며, 0이 아닌 유한한 값이다.

(D) 값은 그대로이며, 0이다.

(E) 값은 그대로이며, 무한한 값이다.

(F) 위 어느 것도 답이 없다.

개념문제 9.13 **TEM파의 전파를 막기 위한 동축 케이블 변화**

비유전율 $\varepsilon_r (\varepsilon_r > 1)$을 가진 균질한 선형 유전체를 가진 무손실 동축 케이블을 고려해보자. 다음과 같은 4개의 변화들에 (a) 케이블의 안쪽 도체의 제거 (b) 케이블의 바깥쪽 도체의 제거 (C) 다른 도체들과 같이 매우 얇은 원통형 도체의 추가 (d) 케이블의 유전체를 제거, 대해 변화들이 모두 한 번에 혹은 개별적으로 발생한다면 케이블을 따라 전파하는 임의의 TEM 전파를 막을 수 있는가?

(A) 없음

(B) 하나

(C) 둘

(D) 셋

(E) 모두

개념문제 9.14 **광섬유에서 TEM파의 가능성**

광섬유(유전체 코어와 바깥쪽 유전체 층으로 클래딩(cladding)을 가진 원통형 유전체 구조)에서 TEM 전파가 가능한가?

(A) 맞음

(B) 틀림

개념문제 9.15 **TEM 전파의 전기장 벡터의 선적분**

균질하고 선형인 유전체를 갖는 무손실 이중 도체 전송 선로에서 시간 조화 TEM파가 전파하고 있다. 점 1과 점 2의 두 점이 각각 첫 번째와 두 번째 선도체의 표면과 선로의 같은 단면에 속할 때 이 단면에 대해 도체들 사이의 복소 전압 $\underline{V}_{12}$는 점 1과 점 2사이 임의 경로에 대한 복소 전기장 세기 벡터 $\underline{\mathbf{E}}$의 선적분과 같다.

(A) 참

(B) 거짓

개념문제 9.6 **선로 유전체에서 전기장 벡터의 회전**

시간 조화 TEM 전파와 임의 단면을 가진 두 완전 도체를 가진 전송 선로의 유전체(균질, 선형, 완전)에서 폐경로에 대한 $\underline{\mathbf{E}}$의 선적분은?

(A) 0

(B) 0이 아님

(C) 더 많은 정보가 필요

개념문제 9.7 **TEM 전파의 자기장 벡터의 회전**

균질한 유전체와 TEM 전파를 갖는 무손실 동축 케이블의 복소 전류 세기를 $\underline{I}$라고 할 때, 케이블의 안쪽 도체를 감싸는 경로에 대한 복소 자기장 세기 벡터 $\underline{\mathbf{H}}$의 선적분은?

(A) $\underline{I}$ 또는 $-\underline{I}$, 경로의 방향에 따라

(B) $\underline{I}/2$ 또는 $-\underline{I}/2$, 경로의 방향에 따라

(C) $2\underline{I}$

(D) 0

(E) 위의 어느 것도 해당이 안됨

(F) 더 많은 정보가 필요

개념문제 9.18 **진행하는 TEM 전파에서 전류에 대한 전압비**

유전율 ε와 투자율 μ의 균질한 유전체를 가진 무손실 이중 도체 전송 선로를 따라 전파하는 시간 조화 TEM 전파가 있다. 선로의 복소 전압 $\underline{V}_{12}$와 전류 세기 $\underline{I}$의 비는?

(A) $\sqrt{\mu/\varepsilon}$와 같다.

(B) $\varepsilon\mu$와 같다.

(C) 선로의 단면의 기하 구조에 의존한다.

(D) 길이 방향 좌표 z에 의존한다.

(E) 선로 단면의 기하 구조와 좌표 z에 모두 의존한다.

개념문제 9.19 **전송 선로의 특성 임피던스**

완전 도체를 가진 공기로 채워진 전송 선로의 특성 임피던스 Z_0를 찾기 위해 가능하면 c_0 (자유공간에서 빛의 속도)와 다음을 알아야 한다

(A) 선로의 단위 길이당 커패시턴스 C'와 인덕턴스 L'

(B) C'나 혹은 L'

(C) C'와 L' 모두 그리고 선로의 또 다른 파라미터들

(D) C'나 혹은 L', 모두 그리고 선로의 또 다른 파라미터들

9.2 작은 손실을 갖는 전송 선로

모든 실제 전송 선로는 일반적으로 선로의 유전체에서의 손실(dielectric loss), 도체들에서의 손실(conductor loss)로 구성된 얼마 간의 손실을 갖는다. 그렇지만 설계 연습에서 사용하는 선로들에 대해 이러한 선로의 단위 길이당 손실들은 대부분 작다고 가정한다. 단순하게 실제 전송 선로에서 도체들과 유전체는 완전하지 않지만 좋은 특성을 가지며 식 (7.16)과 식 (7.15)으로부터 선로 도체의 도전율을 $\sigma_{\rm c}$, 선로 유전체의 도전율을 $\sigma_{\rm d}$라고 하면, 다음 조건을 만족하게 된다.

$$\sigma_c \gg \omega\varepsilon_0 \text{와 } \sigma_d \ll \omega\varepsilon \text{(작은 손실을 갖는 전송 선로)} \tag{9.6}$$

식 (7.13)에서처럼 전송 선로에서 손실은 선로를 따라 진행하는 TEM 전파의 감쇠를 일으키게 되며, 따라서 식 (9.1)에서 선로에서 복소 전류 세기는 다음과 같이 주어진다.

$$\gamma = \alpha + {\rm j}\beta(\alpha = \alpha_{\rm c} + \alpha_{\rm d}) \rightarrow \underline{I}(z) = \underline{I}(0)e^{-\gamma z} = \underline{I}(0)e^{-\alpha z}e^{-{\rm j}\beta z} \tag{9.7}$$

이는 해석에서 전압, 전자기장 세기 벡터, 그리고 다른 z-의존량에 대해서도 동일하게 적용된다. 구조에서 도체에서의 손실과 관련된(즉, α의 일부) 감쇠 상수 $\alpha_{\rm c}$는

$$\alpha_c = \frac{R'}{2Z_0},\ \ R' = \frac{1}{|\underline{I}|^2}\oint_{C_c} R_s |\underline{\mathbf{H}}_{\rm tang}|^2 {\rm d}l,\ \ R_s = \sqrt{\frac{\pi\mu_c f}{\sigma_c}} \text{ (선로 도체에 대해)} \tag{9.8}$$

로 주어진다. 여기서 실제로 $\mu_c = \mu_0$이며, R'는 전송 선로의 단위 길이당 높은 주파수 저항(Ω/m)이고, C_c는 선로 단면에서 도체들의 경로를 의미하고, dl은 C_c를 따른 미소 부분이 된다. R_s는 도체의 표면 저항(표피 효과를 가진, 7.7절을 참고하라)으로 Ω/square로 측정되며, 식 (7.16)에서 $R_s = \text{Re}\{\eta\}$로 도체들의 복소 고유 임피던스의 실수부분과 같다. 그리고 $\underline{\mathbf{H}}_{\text{tang}}$는 도체가 계산되는 완전 도체라면 도체 표면에서 복소 자기장 세기 벡터의 접선 성분을 나타낸다(Perturbataion method).

한편 식 (9.7)에서 전송 선로의 유전체에서 손실들에 대한 감쇠 상수 α_d는

$$\alpha_d = \frac{G'}{2Y_0},\ \left(Y_0 = \frac{1}{Z_0}\right),\ G' = \frac{\sigma_d}{\varepsilon}C'\ (\text{선로 유전체에 대해}) \tag{9.9}$$

로 주어지며 여기서 Y_0 는 선로의 특성 어드미턴스이고, G'는 식 (3.16)의 쌍대성(duality)으로부터 얻어지는 선로의 단위 길이당(S/m) 누설 컨덕턴스(leakage conductance)를 나타낸다.

개념문제 9.20 **저손실(low loss) vs. 무손실 전송 선로**

손실이 작은 전송 선로는 일반적으로 손실이 없는 전송 선로로 가정할 수 있다.

(A) 참

(B) 거짓

개념문제 9.21 **손실이 작은 선로에서 큰 전파의 감쇠**

작은 손실을 갖는 전송 선로에서 TEM 전파의 감쇠는 선로를 실제로 사용할 때 사용할 수 없을 만큼 크다.

(A) 참

(B) 거짓

개념문제 9.22 **시간 평균 전력 흐름의 감쇠율(rate of attenuation)**

만약 $\alpha\,(\alpha \neq 0)$이 TEM 전파를 가진 전송 선로의 감쇠 상수라면, 선로에서 시간 평균 전력 흐름(P)의 감쇠율은

(A) 같은 α에 의해 결정된다.

(B) α의 두 배 값에 의해 결정된다.

(C) α의 제곱값에 의해 결정된다.

(D) α의 반값에 의해 결정된다.

(E) 0(P=상수)

(F) 더 많은 정보가 필요하다.

개념문제 9.23 **전파감쇠 vs. 선로 도체들의 도전율**

전송 선로 도체들의 도전율 σ_c가 클수록 선로를 따라 TEM 전파 감쇠, 선로에서 손실들, 도체들의 전류 밀도의 크기는 더 커진다.

(A) 참

(B) 거짓

개념문제 9.24 **양도체(good conductor)의 표면 저항**

만약 주파수가 2배가 되면, 양도체(표피 효과가 현저한)의 표면 저항 R_s는

(A) 증가한다.

(B) 감소한다.

(C) 같은 값을 유지한다.

(D) 더 많은 정보가 필요하다.

개념문제 9.25 **PEC의 표면 저항**

완전 도체의 표면 저항(R_s)는

(A) 0

(B) 무한하다.

(C) 377Ω

(D) 주파수 함수이다.

(E) 위의 어느 것도 해당하지 않음

개념문제 9.26 **알루미늄 도체들에 대한 저항성 전력의 표면 밀도**

시간 조화 TEM 전파가 알루미늄 도체들을 가진 전송 선로를 따라 전파한다. 이때 표피 효과가 크게 나타난다고 할 때, 이러한 상황에서 선로 도체들의 Joule 손실들의 시간 평균 전력의 표면 밀도(도체 표면의 단위 면적당 전력)는 도체의 표면에 존재하는 복소 표면 전류 밀도 벡터 $\underline{\mathbf{J}}_s$의 크기와 도체의 표면 저항(R_s)으로 다음과 같이 표현할 수 있다.

(A) $d(P_J)_{ave}/dS = R_s|\underline{\mathbf{J}}_s|$

(B) $d(P_J)_{ave}/dS = R_s|\underline{\mathbf{J}}_s|^2$

(C) $d(P_J)_{ave}/dS = |\underline{\mathbf{J}}_s|/\mathrm{R}_s$

(D) $d(P_J)_{ave}/dS = |\underline{\mathbf{J}}_s|^2/R_s$

(E) 위에 해당 사항이 없음

개념문제 9.27 **저손실과 무손실 선로에서 전기장 분포**

손실이 작은 전송 선로는 손실을 무시할 수 있는 같은 선로와 비교하여 ________(곳)에서 대략적으로 전기장 벡터 $\underline{\mathbf{E}}$와 같은 분포(각 공간 좌표들에 대해 의존하는)를 갖는다.

(A) 선로를 따라서와 선로의 단면

(B) 선로의 단면이지만 선로를 따라서는 아닌

(C) 선로를 따라서지만 선로의 단면은 아닌

(D) 단면에서도 아니고 방향에 따라서도 아닌

개념문제 9.28 **자기장 분포**

저손실 및 무손실 전송 선로의 자기장 벡터 $\underline{\mathbf{H}}$의 분포는 대략적으로 ________(곳)에서 같다.

(A) 선로를 따라서와 선로의 단면에서

(B) 선로의 단면이지만 선로를 따라서는 아닌

(C) 선로를 따라서지만 선로의 단면은 아닌

(D) 단면에서도 아니고 방향에 따라서도 아닌

개념문제 9.29 **동축 케이블의 단위 길이당 고주파수 저항(high-frequency resistance)**

동축 케이블의 도체들은 구리로 만들어졌으며 유전체는 폴리에틸렌이다. 그림 9.6에 나타낸 것처럼 안쪽 도체의 반경은 a이고, 바깥쪽 도체의 내경과 외경은 각각 b와 c이다 ($a < b < c$). 케이블의 단위 길이당 고주파수 저항 R'를 계산할 때 적분의 경로($R_s|\underline{\mathbf{H}}_{\text{tang}}|^2$) C_c는 다음으로 구성되어 있다.

(A) 반지름 a, b, c인 원

(B) 반지름 a, b인 원

(C) 반지름 a, c인 원

(D) 반지름 b, c인 원

(E) 반지름 c인 원

(F) 위의 어느 것도 해당하지 않음

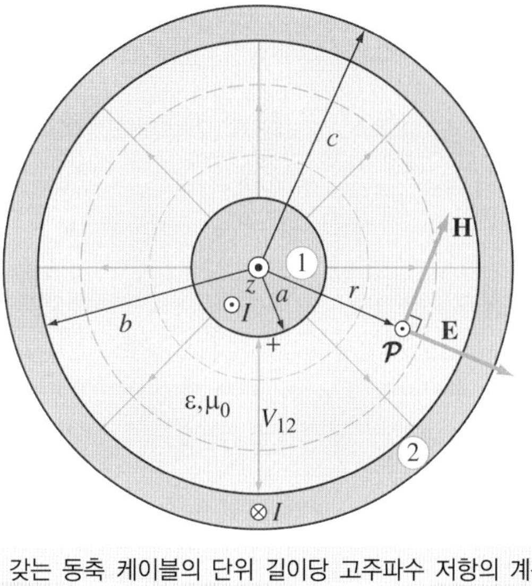

그림 9.6 TEM파를 갖는 동축 케이블의 단위 길이당 고주파수 저항의 계산(개념문제 9.29)

개념문제 9.30 **동축 케이블의 R'를 계산하기 위한 자기장**

그림 9.6과 같이 EM 전파가 진행하기 위해 반지름 a(안쪽 도체)와 b , $c > b$ 바깥쪽 도체인 구리 도체들과 폴리에틸렌 유전체를 가진 동축 케이블의 저항 R'를 계산하기 위해, 자기장 세기는 제곱후 적분되어야 한다($R_s|\underline{\mathbf{H}}_{\text{tang}}|^2$의 적분). 이때 자기장 세기에 대한 관련 식들로 옳은 것은?

(A) $\underline{H}_1 = \underline{I}e^{-\alpha z}/(\pi a^2)$과 $\underline{H}_2 = \underline{I}e^{-\alpha z}/[\pi(c^2 - b^2)]$

(B) $\underline{H}_1 = \underline{I}/(\pi a^2)$과 $\underline{H}_2 = \underline{I}/[\pi(c^2 - b^2)]$

(C) $\underline{H}_1 = \underline{I}e^{-\alpha z}/(2\pi a)$, $\underline{H}_2 = \underline{I}e^{-\alpha z}/(2\pi b)$와 $\underline{H}_3 = \underline{I}e^{-\alpha z}/(2\pi c)$

(D) $\underline{H}_1 = \underline{I}/(2\pi a)$, $\underline{H}_2 = \underline{I}/(2\pi b)$와 $\underline{H}_3 = \underline{I}/(2\pi c)$

(E) 위에 해당 사항이 없음

개념문제 9.31 **도체들에 대해 감쇠 상수의 주파수 의존성**

이중 도체 전송 선로의 도체에서 손실을 나타내는 감쇠 상수가 α_c이고, 전파하는 TEM 전파의 주파수 f에 대해 의존적이라고 한다. 이 의존성은 다음과 같이 표현할 수 있다.

(A) $\alpha_c \propto \sqrt{f}$

(B) $\alpha_c \propto f$

(C) $\alpha_c \propto f^2$

(D) $\alpha_c \propto f^{-1/2}$

(E) $\alpha_c \propto f^{-1}$

(F) α_c는 f에 의존하지 않는다.

개념문제 9.32 **실제 도체의 중요성 vs 유전체 손실들**

저손실 전송 선로의 도체와 유전체 손실에 대한 감쇠 상수를 각각 α_c와 α_d라고 하자. 설계 연습에서 이 선로를 설계할 때 옳은 것은?

(A) α_c가 α_d보다 더 우려된다.

(B) α_d가 α_c보다 더 우려된다.

(C) 두 상수는 동등하게 중요하다.

(D) 더 중요하게 여겨지는 상수는 없다.

9.3 전송 선로의 주/보조 회로 파라미터들의 평가

다음 장에서 볼 수 있듯이 TEM 전파를 갖는 임의의 이중 도체 전송 선로는 집중 소자를 가진 길이 Δz의 작은 셀과 등가로 연결된 네트워크를 선로로 나타낼 수 있는 것에 근거한 분산 파라미터(distributed parameter)들을 가진 전자 회로로 해석할 수 있다. 이러한 소자들은 선로의 단위 길이당 C', L', R', G'에 Δz를 곱해진 특징이 있다. C', L', R', G'가 전송 선로(다음 장에서 표현될)들의 회로 해석을 위한 기본이며 선로의 주 회로 파라미터(primary circuit parameter)들로 여겨진다. 회로 해석에서 사용되는 또 다른 파라미터들은 특성 임피던스 Z_0, 위상 상수 β, 위상 속도 v_p, 파장 λ_z, 그리고 선로의 감쇠 상수 α이다. 이러한 파라미터들은 주 파라미터들로부터 유도될 수 있기 때문에 전송 선로의 보조 파라미터(secondary circuit parameter)들이라 불린다. 게다가 주어진 선로에 대해 보조 파라미터들이 알려진다면 해석을 위해 충분하다(즉, 주 파라미터들이 필요하지 않다).

요약하면 식 (9.3)에서 커패시턴스 C'는 그림 9.1에서 선로의 단면에 대해 2-D 정전 해석(electrostatic analysis)으로부터 결정된다. 인덕턴스 L'와 컨덕턴스 G'는 각각 식 (9.5)와 (9.9)의 쌍대 관계를 사용하여 C'로부터 얻을 수 있다. 반면 저항 R' 는 선로의 단면에서 2-D 정자장(magnetostatic) 해석에 근거하여 얻을 수 있다. 임피던스 Z_0는 식 (9.4)로부터 발견되고 식 (9.1)에서 표현된 상수 β 또는 $\beta = \omega\sqrt{L'C'}$, 속도 v_p는 식 (7.3) 또는 $v_p = 1/\sqrt{L'C'}$, 선로의 파장 $\lambda_z = 2\pi/\beta$ 그리고 식 (9.7)-(9.9)를 사용하면 감쇠 상수 α를 R', G' 그리고 Z_0로부터 계산할 수 있다.

개념문제 9.33 **동일한 주 회로 파라미터들을 갖는 두 전송 선로**

적은 손실을 갖는 두 개의 전송 선로가 같은 주파수에서 단위 길이당 같은 커패시턴스, 인덕턴스, 저항, 컨덕턴스를 갖는다. 그렇지만 이러한 같은 주파수에서 다음 파라미터들 특성 임피던스, 위상 상수, 위상 속도, 파장, 감쇠 상수 등 중 일부는 두 선로들에 대해 다르다. 옳은 설명인가?

(A) 예

(B) 아니오

개념문제 9.34 **동일한 보조 파라미터들을 갖는 두 전송 선로**

주어진 주파수에서 두 저손실 전송 선로가 같은 특성 임피던스, 위상 상수, 위상 속도, 파장 그리고 감쇠 상수(보조 회로 파라미터들)를 갖는다. 그렇지만 단위 길이당 커패시턴스, 인덕턴스, 저항 그리고 컨덕턴스 등 하나 또는 그 이상 주회로 파라미터들은 두 선로들에 대해 다르다. 옳은 설명인가?

(A) 예

(B) 아니오

개념문제 9.35 **다른 선로로부터 주회로 파라미터들을 얻기**

저손실을 갖는 전송 선로에서 고주파수에서 TEM 전파에 대해 주회로 파라미터들이 단위 길이당 커패시턴스(C'), 인덕턴스(L'), 저항(R') 그리고 컨덕턴스(G')이다. 만약 선로의 유전체가 유전율 ε와 투자율 μ를 갖는 균질(그리고 선형)하다면, 파라미터들의 일부는 다른 값으로부터 얻을 수 있다. 특히 ______________.

(A) C'와 L'는 R'와 G'로부터 얻을 수 있다.

(B) L'는 C'로부터 R'는 G'로부터 얻을 수 있다.

(C) L'는 R'로부터 G'는 C'로부터 얻을 수 있다.

(D) L'와 G'는 C'로부터 얻을 수 있다.

(E) L', R', G'는 C'로부터 얻을 수 있다.

(F) 위의 어느 것도 해당이 되지 않음

개념문제 9.36 **단위 길이당 인덕턴스와 커패시턴스와의 관계**

TEM 전파의 각 주파수 ω에서, 균질한 유전체를 갖는 무손실 전송 선로의 단위 길이당 인덕턴스와 커패시턴스이고, 고유 임피던스는 η, 고유 위상 속도(같은 전자기 파라미터들을 갖는 열린 매질에서 전파의 속도)가 c일 때, 옳은 것은?

(A) $L'C' = 1/\omega^2$

(B) $L'/C' = \eta^2$

(C) $L'C' = c^2$

(D) $L'C' = 1/c^2$

(E) 위의 답 중 옳은 것이 하나이상이다.

(F) L'과 C'는 서로 관련이 없다.

개념문제 9.37 **전송 선로의 2차원 정전 해석**

고주파수 영역에서 균질한 유전체와 적은 손실을 갖는 전송 선로의 주회로 파라미터들인 C', L', R', G' 중 어떤 파라미터들이 TEM 전파의 주파수와 주어진 기하 구조와 물질 특성에 대한 선로의 단면에 대한 2차원 정전 해석에 근거하여 결정될 수 있는가?

(A) C'만

(B) C'와 L'만

(C) C'와 G'만

(D) C', L'와 G'만

(E) 모든 파라미터들 C', L', R', G'

(F) 위의 어느 것도 해당이 안됨

개념문제 9.38 **높은 주파수에서 선로 저항과 컨덕턴스**

높은 주파수 영역에서 낮은 손실 전송 선로의 단위 길이당 저항(R')과 컨덕턴스(G')를 가정하자. 만약 선로의 전체 길이가 l이라면, 다음 관계 중 항상 성립하는 것은?

(A) $R' = 1/G'$

(B) $R' = l^2/G'$

(C) $R'l^2 = 1/G'$

(D) 답이 없음

개념문제 9.39 **저주파수와 고주파수 저항과 컨덕턴스**

전송 선로의 두 파라미터들인 R'와 G' 중 선로가 낮은 주파수나 높은 주파수에서 고려하더라도 대략적으로 같은 값은?

(A) R'만

(B) G'만

(C) R'과 G'모두

(D) R'과 G' 모두 해당이 안됨

개념문제 9.40 **완전 도체와 유전체를 가진 전송 선로**

완전 도체와 완전 유전체를 가진 전송 선로에서 높은 주파수에서 각각 단위 길이당 R'와 G'를 다음과 같이 갖는다.

(A) $R' = 0$과 $G' = 0$

(B) $R' = 0$과 $G' \to \infty$

(C) $R' \to \infty$과 $G' = 0$

(D) $R' \to \infty$과 $G' \to \infty$

9.4 비균질 유전체를 가진 전송 선로

비균질, 무손실($\sigma_d = 0$), 그리고 비자성($\mu = \mu_0$) 유전체를 가진 이중 도체 전송 선로를 고려해보자(예제들은 그림 2.17과 같이 4개의 조각 유전체를 가진 동축 케이블과 그림 9.7에 나타낸것처럼 유전체 기판위에 공기 중 필드 선로들을 갖는 프린징 효과(fringing effect)가 포함된 그림 2.9(e)와 같은 마이크로스트립(microstrip) 전송 선로이다. 선로의 유효 상대 유전율(effective relative permittivity)을 다음과 같이 정의한다.

$$\varepsilon_{\text{reff}} = \frac{C'}{C_0'} \text{ (전송 선로의 유효 상대 유전율, 단위가 없음)} \tag{9.10}$$

여기서 C_0'는 만약 공기로 채워져 있을 때 ($\varepsilon = \varepsilon_0$를 가진 그림 2.9(b)의 동축 케이블처럼 첫 번째 예제에 대해) 단위 길이당 커패시턴스이다. 균질한 유전체(ε_r =상수), $\varepsilon_{\text{reff}} = \varepsilon_r$을

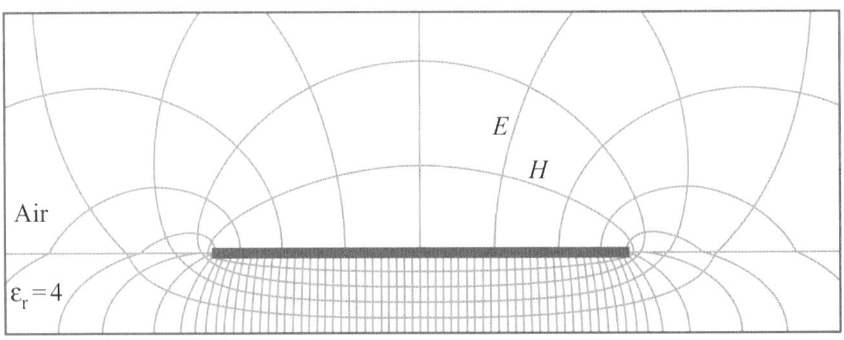

그림 9.7 마이크로스트립 선로에서 선로의 폭과 기판의 높이 비 w/h = 5.4이고, 기판의 비유전율 $\varepsilon_r = 4$일 때, 수치 해석으로 얻어지는 전기장과 자기장 패턴

가진 선로들에 대해 주목하자. 실제 선로의 위상 상수는 $\beta = \omega\sqrt{\varepsilon_{\text{reff}}}/c_0$로 계산할 수 있다(식 9.1). (식 (7.4)로부터 c_0는 자유공간에서 전파 속도이다). 선로의 인덕턴스 L'는 유전체가 공기라면 식 (9.5)로부터 $L' = L'_0 = \varepsilon_0\mu_0/C_0'$이며, 선로 특성 임피던스는 $Z_0 = \sqrt{L'/C'}$로 얻을 수 있다(식 (9.4)와 식 (9.5)). 최종적으로 선로의 저항 R'는 공기가 채워진 선로에 대해 같게 $R' = R_0'$로 얻을 수 있다.

개념문제 9.41 **유효 상대 유전율의 의미**

불균질 유전체를 가진 전송 선로의 유효 상대 유전율 $\varepsilon_{\text{reff}}$는 등가 균질 유전체 물질이 선로의 도체들 사이에 채워졌을 때 실제 선로의 비균질 유전체의 단위 길이당 같은 커패시턴스 C'를 나타낼 때의 상대 유전율로 해석할 수 있다.

(A) 참

(B) 거짓

개념문제 9.42 **액체 유전체로 반이 채워진 동축 케이블**

그림 9.8에 나타낸 것처럼 케이블 도체들 사이의 공간에 위쪽 반은 공기가 채워져 있고 반은 상대 유전율 ε_r $(\varepsilon_r \neq 1)$인 액체 유전체(liquid dielectric)로 채워진 동축 케이블이 수평 상태로 놓여 있다고 가정하자. 케이블의 유효 상대 유전율 $\varepsilon_{\text{reff}}$를 다음과 같이 쓸 수 있다.

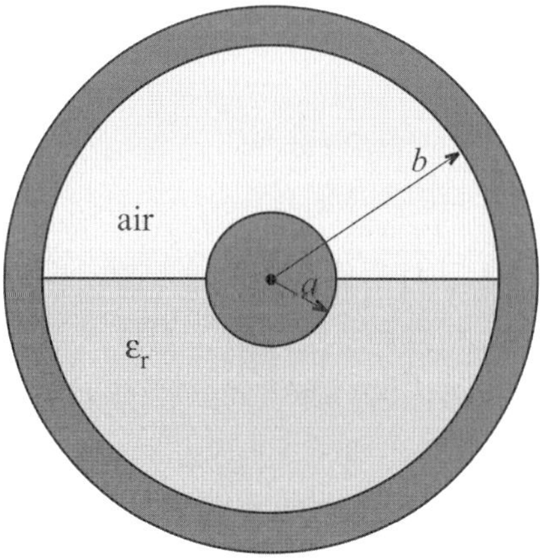

그림 9.8 상대 유전율 ε_r의 액체 유전체가 반만 채워진 동축 케이블의 단면(개념문제 9.42)

(A) $0 < \varepsilon_{\text{reff}} < 1$

(B) $1 < \varepsilon_{\mathrm{reff}} < \varepsilon_{\mathrm{r}}$

(C) $\varepsilon_{\mathrm{r}} < \varepsilon_{\mathrm{reff}} < 2\varepsilon_{\mathrm{r}}$

(D) $\varepsilon_{\mathrm{reff}} = 2\varepsilon_{\mathrm{r}}$

(E) $\varepsilon_{\mathrm{reff}} > 2\varepsilon_{\mathrm{r}}$

개념문제 9.43 **프린징 효과에 따른 마이크로스트립 선로**

그림 9.9에 나타낸 것과 같은 마이크로스트립 선로의 유효 상대 유전율($\varepsilon_{\mathrm{reff}}$)은 그림 9.7처럼 프린징 효과를 고려하여 해석하면 프린징 효과를 무시한 같은 선로(그림 2.9(e))의 유효 상대 유전율과 비교하여 ____________.

(A) 보다 크다.

(B) 같다

(C) 보다 작다.

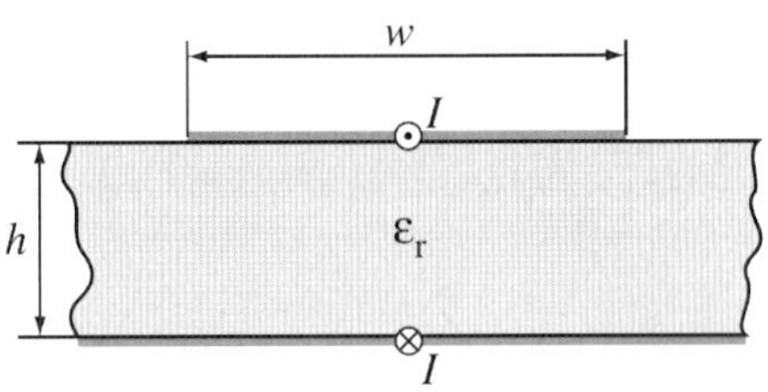

그림 9.9 마이크로스트립 선로의 단면(개념문제 9.43)

개념문제 9.44 **프린징 효과에 따른 스트립 선로**

그림 9.10에 나타낸 스트립 선로(strip line)의 유효 상대 유전율은 프린징 효과를 무시하거나 고려하여 각각 해석할 수 있다. 프린징 효과를 고려한 유효 상대 유전율은 고려하지 않은 경우에 비해 ____________.

(A) 보다 크다.

(B) 같다

(C) 보다 작다.

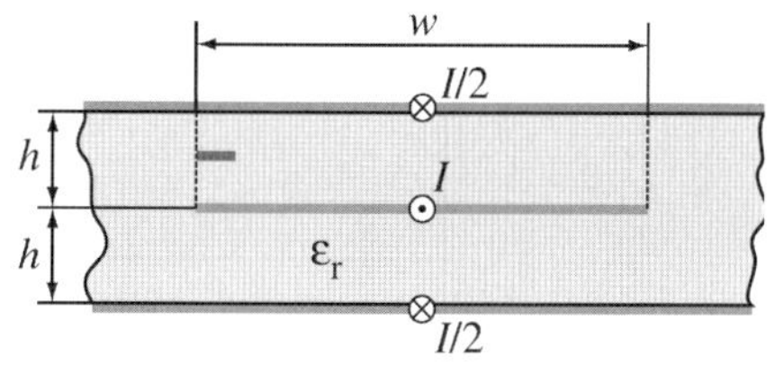

그림 9.10 스트립 선로의 단면(개념문제 9.44)

개념문제 9.45 **마이크로스트립과 스트립 선로의 유효 상대 유전율**

스트립 폭(w)과 기판 두께(h)의 비가 $w/h = 1$(프린징 효과를 무시할 수 없다)로 같고, 상대 유전율 $\varepsilon_r = 4$인 같은 유전체를 가진 마이크로스트립 선로와 스트립 선로를 고려해보자. 마이크로스트립 선로의 유효 상대 유전율 ε_{reff}는 스트립 선로보다 ____________.

(A) 보다 크다.

(B) 같다.

(C) 보다 작다.

개념문제 9.46 **마이크로스트립 선로는 스트립 선로보다 "빠른가" 또는 "느린가"**

$w/h = 1$(프린징 효과는 현저하다)과 $\varepsilon_r = 4$인 마이크로스트립 선로와 스트립 선로에 대해 신호는 마이크로스트립 선로에서 스트립 선로보다 ____________.

(A) 보다 빠르다.

(B) 같은 속도이다.

(C) 보다 느리다.

개념문제 9.47 **마이크로스트립 선로의 w/h 비의 증가**

같은 기판 유전체(같은 ε_r) 유지하면서 마이크로스트립 선로의 기판 높이에 대해 스트립 폭 w/h을 증가시키면, 선로의 유효 상대 유전율 ε_{reff})은 ____________.

(A) 증가한다.

(B) 감소한다.

(C) 같은 값을 유지한다.

개념문제 9.48 **스트립 선로에서 w/h 비의 증가**

스트립 선로의 w/h 비에 대한 $\varepsilon_{\mathrm{reff}}$의 의존성을 고려해보자. 만약 w/h가 증가하면 기판의 유전율 ε_{r}이 같다면, 선로의 $\varepsilon_{\mathrm{reff}}$는 ______________.

(A) 증가한다.

(B) 감소한다.

(C) 같은 값을 유지한다.

개념문제 9.49 **비균질 유전체를 가진 선로의 단위 길이당 인덕턴스**

비균질 비자성 유전체를 가진 전송 선로의 단위 길이당 인덕턴스는 다음의 단위 길이당 커패시턴스로부터 얻을 수 있다.

(A) 이 전송 선로

(B) 공기로 채워진 같은 선로

(C) 균질 비자성 유전체(공기가 아닌)로 채워진 같은 선로

(D) 파라미터 μ와 ε의 균질 유전체로 채워진 같은 선로

(E) 위의 구조 중 하나 이상

(F) 위의 구조 중 없다.

개념문제 9.50 **비균질 유전체를 가진 선로에서 $L'-C'$ 관계**

각주파수 ω에서 비균질 비자성 유전체를 가진 전송 선로를 고려해보자. 선로의 유효 상대 유전율과 위상 속도는 각각 $\varepsilon_{\mathrm{reff}}$와 $\mathrm{v_p}$이다. 선로의 단위 길이당 인덕턴스와 커패시턴스에 대해 옳은 것은?

(A) $L'C' = 1/\omega^2$

(B) $L'/C' = \eta_0^2/\varepsilon_{\mathrm{reff}}\,(\eta_0 = \sqrt{\mu_0/\varepsilon_0})$

(C) $L'C' = \varepsilon_{\mathrm{reff}}\varepsilon_0\mu_0$

(D) $L'C' = 1/\mathrm{v}_{\mathrm{p}}^2$

(E) 위의 답 중 옳은 것이 하나 이상이다.

(F) L'과 C'는 서로 관련이 없다.

개념문제 9.51 **비균질 유전체를 가진 선로, 특성 임피던스**

비균질 비자성 유전체와 유효 상대 유전율 $\varepsilon_{\mathrm{reff}}$를 가진 전송 선로의 특성 임피던스와 공기로 채워진 같은 선로의 특성 임피던스를 각각 Z_0와 $Z_0^{(\mathrm{air})}$라고 하면 ＿＿＿＿＿이다. 다음 중 옳은 것은?

(A) $Z_0 = Z_0^{(\mathrm{air})}$

(B) $Z_0 = \varepsilon_{\mathrm{reff}} Z_0^{(\mathrm{air})}$

(B) $Z_0 = \sqrt{\varepsilon_{\mathrm{reff}}}\, Z_0^{(\mathrm{air})}$

(B) $Z_0 = Z_0^{(\mathrm{air})}/\varepsilon_{\mathrm{reff}}$

(B) $Z_0 = Z_0^{(\mathrm{air})}/\sqrt{\varepsilon_{\mathrm{reff}}}$

(F) 위의 어느 것도 답이 아니다.

개념문제 9.52 **비균질 유전체를 가진 선로의 단위 길이당 저항**

비균질 비자성 유전체를 가진 전송 선로의 단위 길이당 고주파수 저항은 같은 주파수에서 균질 비자성 유전체로 채워진 같은 선로의 단위 길이당 고주파수 저항값과 같다.

(A) 참

(B) 거짓

개념문제 9.53 **비균질 유전체를 가진 선로, 감쇠 상수**

유효 상대 유전율 $\varepsilon_{\mathrm{reff}}$를 가진 전송 선로가 적은 손실을 갖는 구리 도체들을 갖고 있고, 비균질 비자성 유전체에서 손실들은 무시할 수 있다. 이 선로의 감쇠 상수 α는 공기로 채워진 같은 선로의 감쇠 상수 $\alpha^{(\mathrm{air})}$를 사용하여 다음과 같이 얻을 수 있다. 옳은 것은?

(A) $\alpha = \alpha^{(\text{air})}$

(B) $\alpha = \varepsilon_{\text{reff}}\alpha^{(\text{air})}$

(C) $\alpha = \sqrt{\varepsilon_{\text{reff}}}\,\alpha^{(\text{air})}$

(D) $\alpha = \alpha^{(\text{air})}/\varepsilon_{\text{reff}}$

(E) $\alpha = \alpha^{(\text{air})}/\sqrt{\varepsilon_{\text{reff}}}$

(F) 위의 어느 것도 답이 아니다.

제 10 장 전송 선로의 회로 해석

개요

이 장에서는 9장에서 다룬 선로들의 전자기장 해석을 위해 정의한 전송 선로의 주(primary) 및 보조(secondary) 회로 파라미터들을 사용하여 다양한 신호원과 부하 종단(load termination)을 가진 손실 및 무손실 전송 선로에서의 전압과 전류를 해석한다. 여기서 주목할만한 내용은 단위 길이당 특성이 이미 알려진 분산 파라미터(distributed parameter)들을 가진 회로로, 선로의 주파수 영역 해석과 과도 해석을 하기 위해 순수한 회로 이론 개념을 사용한 전송 선로의 회로 해석이라는 것이다. 여기서 해석은 임의 두 도체 전송 선로에 대해 집중 소자(lumped element)를 가진 단위 회로(elementary circuit) 셀의 사다리 형태 네트워크를 통해 만들어지는 회로 모델, 이 네트워크에서 전압과 전류에 대해 쉽게 풀 수 있는 텔레그래프 방정식(telegrapher's equation)이라고 하는 회로 미분 방정식에 근거하고 있다. 또한 스미스 차트(Smith chart)라고 하는 주파수 영역에서 전송 선로의 설계와 회로 해석을 위한 그래프 기술을 소개한다. 전송 선로의 과도 해석은 리액티브(reactive) 부하들, 선로의 각 종단에서 정합(matched) 또는 부정합(unmatched) 조건들 등 다양한 선로 종단들과 선로의 계단 형태와 펄스형태 신호원에 대해 다루게 될 것이다.

10.1 텔레그래프 방정식과 해

그림 10.1의 상단은 평행한 굵은 수평선 쌍으로 나타낸 임의의 두 도체로 구성된 손실 전송 선로를 등가회로로 나타낸 것이다. 이는 그림 9.1에 나타낸 이중 도선 전송선(two-wire transmission line)과 유사하며, 임의 단면을 가진 완전한 도체들과 일반적인 비균질 유전체를 가진 구조를 나타낸다. 이 선로를 길이 Δz 인 작은 부분으로 나누게 되면 각 부분은 그림 10.1에 나타낸 것과 같이 9장에서 다룬 선로의 주회로 파라미터들인 C', L', R', G'를 이용하여 단위 회로인 회로 셀(circuit cell) 또는 회로 단위 구조로 나타낼 수 있다. 단위 구조들에

대해 키르히호프의 법칙(Kirchhoff's law)과 각 소자들에 대한 전류-전압 특성으로부터 $\Delta z \to 0$ 을 가정할 때 선로에서 복소 전압과 전류에 대한 전송 선로 방정식(transmission-line equation) 또는 텔레그래프 방정식들을 얻을 수 있다. 이 방정식들에 대한 일반적인 해는 주어진 z에서 복소 지수 함수(complex exponential function)로 나타낸다.

$$\frac{d\underline{V}}{dz} = -(R' + j\omega L')\underline{I},\quad \frac{d\underline{I}}{dz} = -(G' + j\omega C')\underline{V}\text{(텔레그래프 방정식)} \tag{10.1}$$

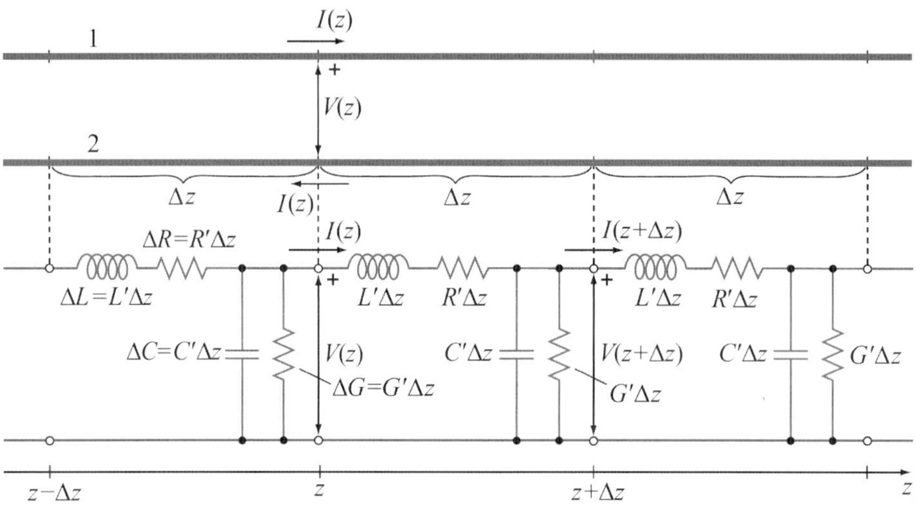

그림 10.1 교류(ac)영역에서 이중 도체로 이루어진 손실 전송 선로의 회로 모델

$$\underline{V}(z) = \underbrace{\underline{V}_{i0}e^{-\gamma z}}_{\text{입사파}} + \underbrace{\underline{V}_{r0}e^{\gamma z}}_{\text{반사파}},\quad \underline{I}(z) = \underbrace{\frac{\underline{V}_{i0}}{\underline{Z}_0}e^{-\gamma z}}_{\text{입사파}} + \underbrace{\left(-\frac{\underline{V}_{r0}}{\underline{Z}_0}e^{\gamma z}\right)}_{\text{반사파}} \tag{10.2}$$

$$\gamma = \sqrt{Z'Y'} = \alpha + \mathrm{j}\beta,\quad \underline{Z}_0 = \sqrt{\frac{Z'}{\gamma'}} = |\underline{Z}_0|e^{\mathrm{j}\phi}\text{(선로에서 }\underline{V}\text{와 }\underline{I}\text{에 대한 해)}$$

예상한 바와 같이 선로에서 전체 전압과 전류는 일반적으로 두 반대 방향으로 진행하는 전파, 양의 z방향으로 전파하는 입사파(순방향)와 음의 z방향으로 전파하는 반사파(역방향)들의 합이다(식 (8.6)과 (8.7)과 유사하다).

손실이 작은 전송 선로에 대해(식 (9.6)을 참고하라), $R' \ll \omega L'$, $G' \ll \omega C'$가 성립하므로 선로의 특성 임피던스 Z_0와 감쇠 상수와 위상 상수 α와 β는 대략 식 (9.4), (9.5), (9.8), (9.9)와 (9.1)로 계산할 수 있다.

$$\underline{Z}_0 = Z_0 = \sqrt{\frac{L'}{C'}}, \quad \alpha = \frac{R'}{2Z_0} + \frac{G'}{2Y_0}, \quad \beta = \omega\sqrt{L'C'} \text{ (작은 손실을 갖는 선로)} \quad (10.3)$$

개념문제 10.1 **전송 선로의 회로 모델에서 직렬 저항**

그림 10.2은 교류 영역에서 임의 두 도체로 이루어진 손실 전송 선로의 회로 모델에서 길이 Δz를 갖는 단위 회로구조를 나타낸다. 저항 $\Delta R = R'\Delta z$의 직렬 저항에 의해 모델링할 수 있는 손실들은 무엇인가?

(A) 선로의 도체에서 손실들

(B) 선로의 유전체에서 손실들

(C) 낮은 주파수에서 손실들

(D) 높은 주파수에서 손실들

(E) 임의 주파수에서 선로에서 가능한 모든 손실들

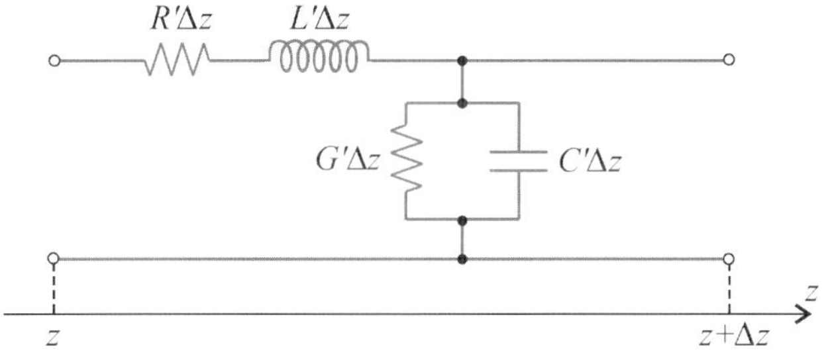

그림 10.2 전송 선로의 회로 모델에서 기본 단위 구조(개념문제 10.1)

개념문제 10.2 **전송 선로의 회로 모델에서 병렬 저항**

그림 10.2의 회로 모델에서 컨덕턴스 $\Delta G = G'\Delta z$의 병렬 저항에 의해 나타내는 손실은?

(A) 선로의 도체에서 손실들

(B) 선로의 유전체에서 손실들

(C) 낮은 주파수에서 손실들

(D) 높은 주파수에서 손실들

(E) 임의 주파수에서 선로에서 가능한 모든 손실들

개념문제 10.3 **선로의 직류 회로 모델에서 커패시터와 인덕터**

그림 10.2에 나타낸 것처럼 교류 영역에서 임의 손실 전송 선로의 회로 모델에서 커패시터의 커패시턴스 $\Delta C = C'\Delta z$ 인덕터의 인덕턴스 $\Delta L = L'\Delta z$에 대해 시간에 대해 일정한 전압과 전류를 가진 직류 영역에서 전송 선로의 커패시터와 인덕터는?

(A) 커패시터는 단락 회로이고 인덕터는 개방 회로이다

(B) 커패시터는 개방 회로이고 인덕터는 단락 회로이다

(C) 커패시터와 인덕터는 모두 단락 회로이다

(D) 커패시터는 전압원이고 인덕터는 전류원이다

(E) 커패시터와 인덕터는 모델에서 위치가 바뀐다

(F) 위의 모두 해당 사항이 없다.

개념문제 10.4 **무손실 전송 선로에서 복소 전압과 전류**

전송 선로가 이상적인 시간 조화 전압원에 한쪽 끝이 연결되었고 다른 한편은 개방 회로이다. 선로의 도체들과 유전체가 모두 완벽(무손실)하다고 할 때 선로를 따라 도체들 사이 복소 전압 $\underline{V}$와 선로를 통해 흐르는 복소전류 $\underline{I}$ 의 두 물리량은 선로를 따라 ________ 일정하다.

(A) $\underline{V}$만

(B) $\underline{I}$만

(C) 모두

(D) 해당 사항 없음

개념문제 10.5 **전송 선로 회로 모델에서 전압 강하(voltage drop)**

그림 10.3과 같은 임의 전송 선로의 회로 모델에서 회로 단위 회로에서 발생하는 전압 강하 $\Delta \underline{V} = \underline{V}(z) - \underline{V}(z+\Delta z)$는 무엇인가? 여기서 $\omega = 2\pi f$는 선로위 전압 $\underline{V}$ 전류 $\underline{I}$의 각주파수이다.

(A) $R'\Delta z \underline{I}(z)$

(B) $j\omega L'\Delta z \underline{I}(z)$

(C) $R'\Delta z \underline{I}(z) + j\omega L'\Delta z \underline{I}(z)$

(D) $R'\Delta z\underline{I}(z)+\underline{I}(z)/(G'\Delta z)$

(E) $j\omega L'\Delta z\underline{I}(z)+\underline{I}(z)/(j\omega C'\Delta z)$

(F) $R'\Delta z\underline{I}(z)+j\omega L'\Delta z\underline{I}(z)+\underline{I}(z)/(G'\Delta z)+\underline{I}(z)/(j\omega C'\Delta z)$

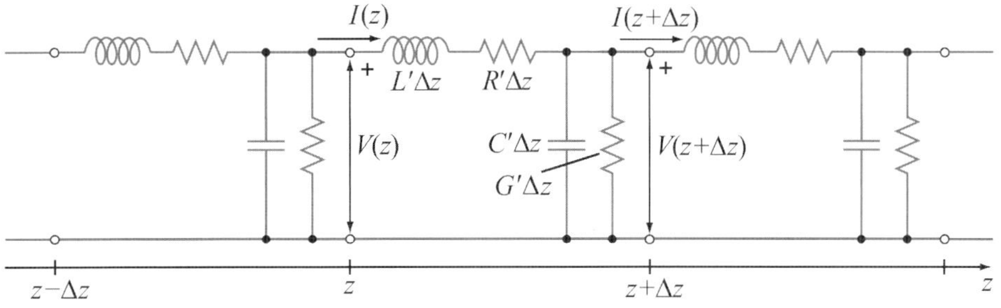

그림 10.3 교류 영역에서 이중 도체를 갖는 손실 전송 선로의 회로 모델에서 기본 단위 회로에서 전압과 전류 강하 찾기(개념문제 10.5)

개념문제 10.6 **전송 선로의 회로 모델에서 전류 강하(current drop)**

그림 10.3에 회로 단위 회로에서 전류 강하 $\Delta\underline{I}=\underline{I}(z)-\underline{I}(z+\Delta z)$의 양은?

(A) $\underline{V}(z)/(R'\Delta z)+G'\Delta z\underline{V}(z+\Delta z)$

(B) $\underline{V}(z)/(j\omega L'\Delta z)+j\omega C'\Delta z\underline{V}(z+\Delta z)$

(C) $\underline{V}(z)/(R'\Delta z)+G'\Delta z\underline{V}(z+\Delta z)+\underline{V}(z)/(j\omega L'\Delta z)+j\omega C'\Delta z\underline{V}(z+\Delta z)$

(D) $G'\Delta z\underline{V}(z+\Delta z)$

(E) $j\omega C'\Delta z\underline{V}(z+\Delta z)$

(F) $G'\Delta z\underline{V}(z+\Delta z)+j\omega C'\Delta z\underline{V}(z+\Delta z)$

개념문제 10.7 **선로의 단위 길이당 복소 임피던스와 어드미턴스**

전송 선로의 단위 길이당 복소 임피던스와 어드미턴스를 고려해보자. $\underline{Z}'=R'+j\omega L'$, $\underline{Y}'=G'+j\omega C'$로 주어지며 여기서 R', L', G', C'는 주회로 파라미터들이고 $\omega=2\pi f$는 선로의 동작하는 각주파수이다. $\underline{\gamma}$은 복소 전파 상수, $\underline{Z}_0$는 특성 임피던스를 나타낼 때 $\underline{Z}'$와 $\underline{Y}'$ 사이에 다음과 같은 4가지 관계식 (a) $\underline{Z}'=1/\underline{Y}'$ (b) $\underline{Z}'=\underline{\gamma}^2/\underline{Y}'$ (c) $R'+j\omega L'=1/G'+j/(\omega C')$ (d) $\underline{Z}'=\underline{Z}_0^2\underline{Y}'$이 성립할 때 옳은 관계식의 수는?

(A) 0

(B) 1

(C) 2

(D) 3

개념문제 10.8 **입사파, 반사파와 합성파에 대해 전류에 대한 전압비**

전송 선로에서 $\underline{V}_{\rm i}$, $\underline{V}_{\rm r}$, $\underline{V}$를 각각 그림 10.4에 나타낸 것처럼 입사파, 반사파, 합성(전체)파의 복소 전압들이라고 하고 모두 같은 기준 방향을 가진다고 가정한다. $\underline{I}_{\rm i}$, $\underline{I}_{\rm r}$, $\underline{I}$는 같은 기준 방향에 대해 세 전파와 관련된 복소 전류 세기라고 한다. 좌표 z에 의해 정의되는 선로 단면에 대해 옳은 것은?

(A) $\underline{V}_{\rm i}(z)/\underline{I}_{\rm i}(z)=\underline{V}_{\rm r}(z)/\underline{I}_{\rm r}(z)=\underline{V}(z)/\underline{I}(z)$

(B) $\underline{V}_{\rm i}(z)/\underline{I}_{\rm i}(z)=-\underline{V}_{\rm r}(z)/\underline{I}_{\rm r}(z)=\underline{V}(z)/\underline{I}(z)$

(C) $\underline{V}_{\rm i}(z)/\underline{I}_{\rm i}(z)=\underline{V}_{\rm r}(z)/\underline{I}_{\rm r}(z)=-\underline{V}(z)/\underline{I}(z)$

(D) $\underline{V}_{\rm i}(z)/\underline{I}_{\rm i}(z)=\underline{V}(z)/\underline{I}(z)\neq\underline{V}_{\rm r}(z)/\underline{I}_{\rm r}(z)$

(E) $\underline{V}_{\rm i}(z)/\underline{I}_{\rm i}(z)=\underline{V}_{\rm r}(z)/\underline{I}_{\rm r}(z)\neq\underline{V}(z)/\underline{I}(z)$

(F) $\underline{V}_{\rm i}(z)/\underline{I}_{\rm i}(z)=-\underline{V}_{\rm r}(z)/\underline{I}_{\rm r}(z)\neq\underline{V}(z)/\underline{I}(z)$

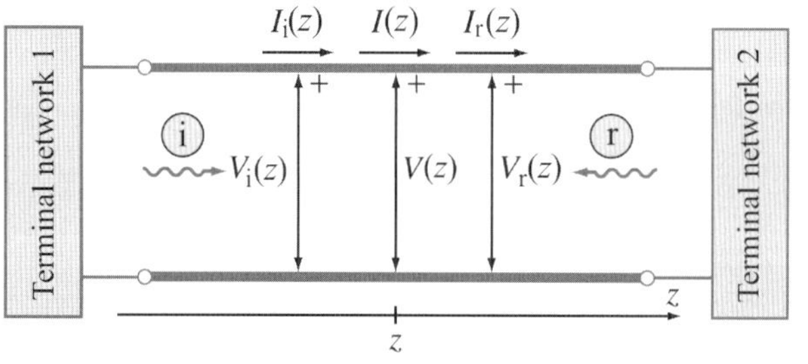

그림 10.4 전송 선로에서 입사, 반사, 전체 전압과 전류(개념문제 10.8)

개념문제 10.9 **작은 손실과 무손실 전송 선로**

같은 주파수에서 작은 손실을 갖는 전송 선로와 같은 선로에 대해 무손실을 가정한 경우, 두 전송 선로에서 감쇠 상수 α, 위상 상수 β, 복소 특성 임피던스 $|\underline{Z}_0|$의 크기, 특성 임피던스의 위상각 ϕ 등 보조 회로 파라미터들 중 실제로 같다고 할 수 있는 값은?

(A) β만

(B) β, $|\underline{Z}_0|$, ϕ만

(C) $|\underline{Z}_0|$, ϕ만

(D) α, $|\underline{Z}_0|$, ϕ만

(E) 모든 파라미터들

(F) 해당 파라미터들이 없다.

10.2 전송 선로에 대한 반사 계수

그림 10.5에 나타낸 것처럼 복소 내부 임피던스($\underline{Z}_g$)와 복소 기전력(electromotive force)(개방 회로, 전압) $\mathcal{E}$의 전압원[1](generator)에 전송 선로 네트워크의 앞단이 연결되어 있다. 일반적으로 이 전압원은 임의 입력 네트워크의 입력 단자에 대해 테브낭 등가 전압원(Thévenin equivalent generator)를 나타낸다. 전송 선로의 다른 한쪽 단자는 임의 수동(전압원이 없는) 출력 네트워크의 등가(입력) 임피던스인 복소 임피던스 $\underline{Z}_L$을 갖는 부하로 종단이

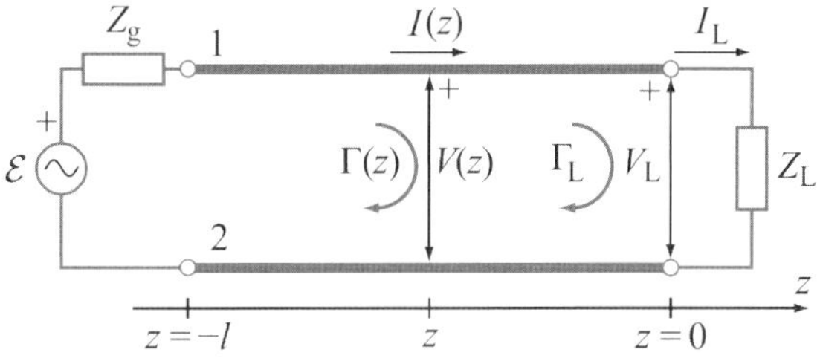

그림 10.5 그림 10.1의 전송 선로 양쪽 단자에 $z=-l$에서 전압원과 $z=0$에서 복소 임피던스부하를 연결

1) 전송 선로 회로에서 generator는 주로 전압원이 사용되기 때문에 이후 전압원으로 표기하도록 한다.

되어 있다. z 축의 원점은 선로의 출력 단자가 되게 하면(즉, 부하의 위치) l의 길이를 갖는 선로 입력 단자(전압원)의 위치를 $z=-l$로 정의할 수 있다.

그림 10.5에서 선로의 전체 전압과 전류에 대해 부하 단자에(z=0)서 경계 조건은 식 (10.2)로 주어지며 식 (8.10)과 유사하게 $\underline{V}_{r0}$와 $\underline{V}_{i0}$의 비로 다음과 같은 해로 나타내며 선로의 부하 전압 반사 계수(load voltage reflection coefficient)라고 한다.

$$\underline{\Gamma}_L = \frac{\underline{V}_{r0}}{\underline{V}_{i0}} = \frac{\underline{Z}_L - \underline{Z}_0}{\underline{Z}_L + \underline{Z}_0} \text{(부하 전압 반사 계수)} \tag{10.4}$$

식 (10.2)로부터 전류에 대해 선로의 부하 반사 계수는

$$\underline{\Gamma}_{\text{for current}} = \frac{\underline{I}_{r0}}{\underline{I}_{i0}} = -\frac{\underline{V}_{r0}}{\underline{V}_{i0}} = -\underline{\Gamma}_L \tag{10.5}$$

로 전압 계수에 대해 반대가 된다. 이때 반사 계수 $\underline{\Gamma}_L$는 복소수로 지수 함수 형태로 쓸 수 있다.

$$\underline{\Gamma}_L = |\underline{\Gamma}_L| e^{j\psi L} (0 \le |\underline{\Gamma}_L| \le 1; -180^\circ < \psi_L \le 180^\circ) \tag{10.6}$$

여기서 ψ_L은 위상 각도이다. 식 (10.2)로 부터 부하에서 선로 전압 반사 계수 식 (10.4)의 개념을 선로위 임의 위치에서의 반사 계수로 일반화할 수 있다.

$$\underline{\Gamma}(z) = \frac{\underline{V}_r(z)}{\underline{V}_i(z)} = \frac{\underline{V}_{r0} e^{\gamma z}}{\underline{V}_{i0} e^{-\gamma z}} = |\underline{\Gamma}_L| e^{2\alpha z} e^{j(2\beta z + \psi_L)} \text{(일반화된 반사 계수)} \tag{10.7}$$

여기서 계수 $\underline{\Gamma}(z)$를 사용하면 선로에서 전체 전압과 전류를 식 (10.2)를 이용하여 다음과 같이 쓸 수 있다.

$$\underline{V}(z) = \underline{V}_i(z)[1 + \underline{\Gamma}(z)], \ \underline{I}(z) = \underline{I}_i(z)[1 - \underline{\Gamma}(z)] \tag{10.8}$$

식 (10.8)과 식 (10.7)에 의해 주어지는 $\underline{V}(z)$에 대한 표현의 해석으로부터 무손실 전송 선로에서 전압의 최댓값은 그림 8.9(b)처럼 전기장의 최대와 유사하게 나타난다.

$$|\underline{V}|_{\max} = V_{i0}(1 + |\underline{\Gamma}_L|), \ z_{\max} = -m\frac{\lambda_z}{2} - \frac{\psi_L}{2\beta}, \begin{cases} m = 0,1,2,\dots \text{ if } \psi_L \ge 0 \\ m = 1,2,\dots \text{ if } \psi_L < 0 \end{cases}$$

(전송 선로에서 전압 최대) (10.9)

여기서 $\lambda_z = 2\pi/\beta$은 선로의 파장이고, $z_{\max} \le 0$이 되기 위해 $\psi_L < 0$에 대해 $m \ge 1$이다. 최솟값은(그림 8.9(b)를 참고하라)

$$|\underline{V}|_{\min} = V_{i0}(1-|\underline{\Gamma}_L|),\ \ z_{\min} = -(2m+1)\frac{\lambda_z}{4} - \frac{\psi_L}{2\beta},\quad m=0,1,2,\ldots \tag{10.10}$$
$$z_{\min} = 0 \quad \text{if} \quad \psi_L = 180^\circ \ (\text{전압 최소})$$

즉, 근접한 최댓값의 위치에서 $\lambda_z/4$ 만큼 이동된다. 식 (10.8)에 $\underline{I}(z)$에 대한 표현으로부터 전류의 최대는 전압 최소의 위치에서 발생하며 반대로도 성립한다. $|\underline{I}|_{\max} = |\underline{V}|_{\max}/Z_0$ 이고 $|\underline{I}|_{\min} = |\underline{V}|_{\min}/Z_0$ (그림 8.9(b)에 자기장 정재파 패턴을 참고하라). 주어진 부하 임피던스에 대해 전송 선로의 정재파비(SWR)는 선로에서 최소에 대한 전압 또는 전류 최대의 비로 정의되며

$$S = \frac{|\underline{V}|_{\max}}{|\underline{V}|_{\min}} = \frac{|\underline{I}|_{\max}}{|\underline{I}|_{\min}} = \frac{1+|\underline{\Gamma}_L|}{1-|\underline{\Gamma}_L|} \ (\text{정재파비}) \tag{10.11}$$

개념문제 10.10 순수한 저항성 부하, 부하 전압 반사 계수

무손실 전송 선로가 순수한 저항성 부하로 종단되어 있다. 이 경우에 대해 선로의 부하 전압 반사 계수 $\underline{\Gamma}_{\mathrm{L}}$는

(A) 순실수이며 양수

(B) 순실수이며 음수

(C) 0

(D) 위에 해당이 안됨

(E) 더 많은 정보가 필요

개념문제 10.11 부하 전압 전달 계수(load voltage transmission coefficient)

주어진 부하에 대해 전송 선로의 부하 전압 전달 계수는 $\underline{V}_{\mathrm{L}}$이 부하 전압이고 $\underline{V}_{i0}$가 부하에 입력되는 복소 전압일 때 $\underline{\tau}_{\mathrm{L}} = \underline{V}_{\mathrm{L}}/\underline{V}_{i0}$로 정의되나. 선로의 부하 전압 반사 계수 $\underline{\Gamma}_{\mathrm{L}}$와 관계로 옳은 것은?

(A) $\underline{\tau}_{\mathrm{L}} = 1 + \underline{\Gamma}_{\mathrm{L}}$

(B) $\underline{\tau}_{\mathrm{L}} = 1 - \underline{\Gamma}_{\mathrm{L}}$

(C) $\underline{\tau}_{\mathrm{L}} = 2 - \underline{\Gamma}_{\mathrm{L}}$

(D) $\underline{\tau}_{\mathrm{L}} = -\underline{\Gamma}_{\mathrm{L}}$

(E) $\underline{\tau}_{\mathrm{L}} = -1 + \underline{\Gamma}_{\mathrm{L}}$

개념문제 10.12 **전류에 대한 부하 반사 계수**

전송 선로의 부하 전압 반사 계수와 비교할 때, 전류에 대한(반사되는 복소 전류 세기와 입사되는 전류 세기의 비로 정의되는) 부하 반사 계수는?

(A) 같다.

(B) 같은 크기를 갖고 180° 위상차가 있다.

(C) 서로 다른 크기를 갖고 같은 위상각을 갖는다.

(D) 서로 다른 크기를 갖고 180° 위상차가 있다.

(E) 위 모두 해당되지 않는다.

(F) 더 많은 정보가 필요하다.

개념문제 10.13 **무손실 선로에서 일반화된 전압 반사 계수**

무손실 전송 선로를 따라 z 좌표계에 의해 정의되는 임의의 지점에서 일반화된 전압 반사 계수 $\underline{\Gamma}(z)$는?

(A) 크기는 z의 지수 함수이고 위상은 0이다.

(B) 크기와 위상 모두 z의 지수 함수이다.

(C) 크기는 상수이며 위상은 z의 지수 함수이다.

(D) 크기는 상수이며 위상은 z의 선형 함수이다.

(E) 크기는 상수이며 위상은 0이다.

개념문제 10.14 **전송 선로의 SWR에 대한 범위**

전송 선로의 SWR이 가능한 값의 범위는 다음과 같다.

(A) $0 \leq s \leq 1$

(B) $-1 \le s \le 1$

(C) $0 \le s < \infty$

(D) $1 \le s < \infty$

(E) $-\infty < s < \infty$

개념문제 10.15 **0dB 반사 계수에 대한 SWR(standing wave ratio)**

무손실 전송 선로의 부하 전압 반사 계수(데시벨)는 0dB일 때, 선로의 정재파비는?

(A) $s = 1$

(B) $s = 0$

(C) $s = 2$

(D) $s \to \infty$

(E) 정의되지 않는다.

(F) 더 많은 정보가 필요하다.

개념문제 10.16 **슬롯 선로에 의한 주파수 측정**

공기로 채워진 무손실 슬롯 동축 선로에 값을 알 수 없는 부하 임피던스가 연결되었을 때 측정에서 두 인접한 전압 최댓값 사이 거리 $\Delta l = 15\text{cm}$ 이다. 이로부터 알 수 있는 선로에 인가되는 전압원의 주파수는?

(A) $f = 1\text{GHz}$

(B) $f = 2\text{GHz}$

(C) $f = 500\text{MHz}$

(D) $f = 4\text{GHz}$

(E) 위의 주파수들 중 답이 없다.

(F) 더 많은 정보가 필요하다.

개념문제 10.17 **부하 반사 계수의 슬롯 선로 측정(slotted-line measurement)**

알 수 없는 부하로 종단되어 있는 무손실 슬롯 선로를 사용하여 선로의 측정된 정재파비가 $s=2$이다. 부하 반사 계수의 크기는?

(A) $|\underline{\Gamma}_{\mathrm{L}}|=1/2$

(B) $|\underline{\Gamma}_{\mathrm{L}}|=2$

(C) $|\underline{\Gamma}_{\mathrm{L}}|=1/3$

(D) $|\underline{\Gamma}_{\mathrm{L}}|=2/3$

(E) 위의 값들 중에 없다.

(F) 더 많은 정보가 필요하다.

개념문제 10.18 **부하 단자에서 최대 전압**

시간 조화 전파가 50Ω의 특성 임피던스를 갖는 무손실 전송선로를 따라 전파하고 임피던스를 알 수 없는 부하로부터 일부가 반사된다. 선로에서 합성된 파가 정재파 특성을 나타내고 전압이 최대가 되는 지점이 부하 단자이다. 이로부터 부하의 임피던스는

(A) 순실수이고 50Ω보다 크다.

(B) 순실수, 0이 아니며, 50Ω보다 작다.

(C) 50Ω과 같다.

(D) 순허수

(E) 0

(F) 무한하다.

개념문제 10.19 **부하 단자에서 최소 전압**

0이 아닌 정재파의 최소 전압이 $Z_0=50\,\Omega$인 무손실 전송 선로의 부하 단자에서 측정되었을 때, 부하에서 임피던스는 다음과 같다.

(A) 순실수이고 50Ω보다 크다.

(B) 순실수, 0이 아니며, 50Ω보다 작다.

(C) 50Ω과 같다.

(D) 순허수

(E) 0

(F) 무한하다.

개념문제 10.20 **순저항성 부하, 전압과 전류 정재파 패턴**

위상 상수 β이고, 전압 V_{i0}인 시간 조화 전파가 Z_0 특성 임피던스를 갖는 무손실 전송 선로를 따라 전파하고 있다. 선로는 복소 임피던스 $\underline{Z}_L = 2Z_0 + j0$를 갖는 부하로 종단되어 있다. 이때 전압과 전류 정재파 패턴으로 옳은 것은?

(A) 그림 10.6(a)

(B) 그림 10.6(b)

(C) 그림 10.6(c)

(D) 그림 10.6(d)

(E) 그림 10.6(e)

개념문제 10.21 **다른 순저항 부하(purely resistive load), 정재파 패턴**

무손실 전송 선로가 부하 임피던스 $\underline{Z}_L = Z_0/4 + j0$로 종단되어 있다. Z_0은 선로의 특성 임피던스일 때 그림 10.6에서 이 선로에 대해 전압과 전류 정재파 패턴으로 옳은 것은?

(A) 그림 10.6(a)

(B) 그림 10.6(b)

(C) 그림 10.6(c)

(D) 그림 10.6(d)

(E) 그림 10.6(e)

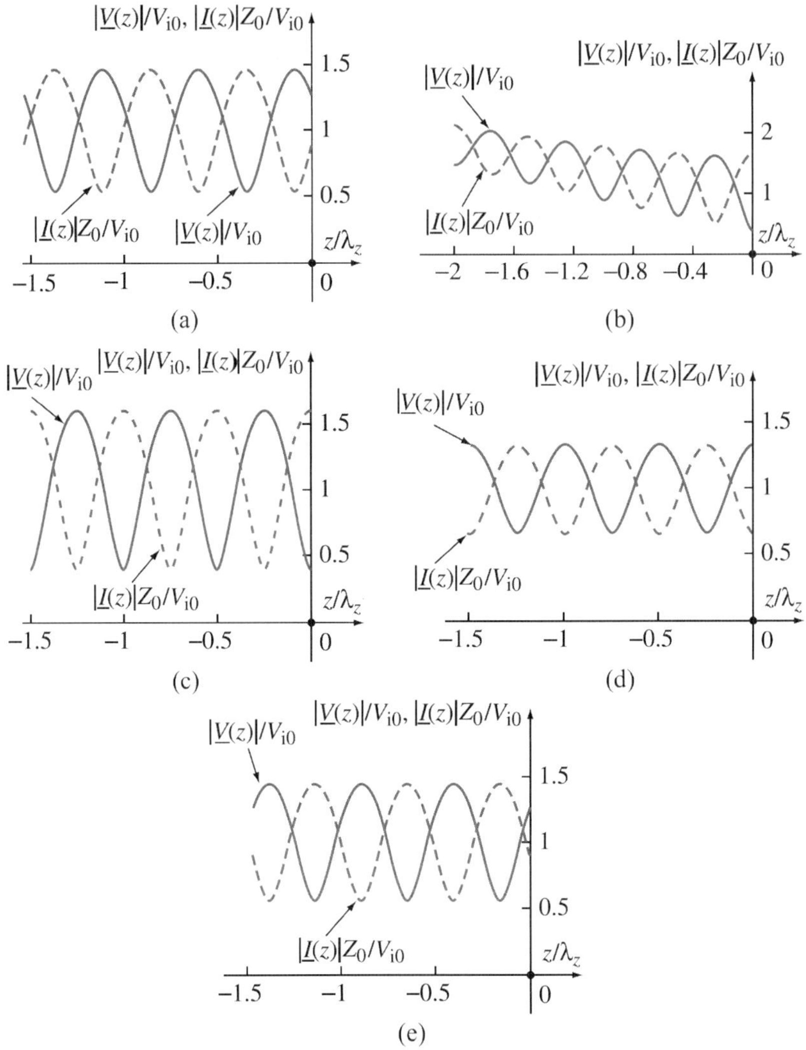

그림 10.6 특정한 임피던스 부하를 가진 전송 선로에 대해 $z/\lambda_z(\lambda_z = 2\pi/\beta)$의 함수로 나타낸 정규화된 전압$[|\underline{V}(z)|/V_{i0}]$과 전류$[|\underline{I}(z)|Z_0/V_{i0}]$ 정재파 패턴(개념문제 10.21)

개념문제 10.22 **유도성 복소 부하(inductive complex load), 정재파 패턴**

만약 Z_0의 특성 임피던스를 갖는 무손실 전송 선로에 대해 부하 임피던스가 $\underline{Z}_L = Z_0(1+j)$로 주어진다면, 선로에서 전압과 전류 정재파 패턴으로 옳은 것은?

(A) 그림 10.6(a)

(B) 그림 10.6(b)

(C) 그림 10.6(c)

(D) 그림 10.6(d)

(E) 그림 10.6(e)

개념문제 10.23 **용량성 복소 부하(capacitive complex load), 정재파 패턴**

특성 임피던스 Z_0를 갖는 무손실 전송 선로가 $\underline{Z}_L = Z_0(1-j)$의 부하 임피던스로 종단되었을 때 정재파 패턴은?

(A) 그림 10.6(a)

(B) 그림 10.6(b)

(C) 그림 10.6(c)

(D) 그림 10.6(d)

(E) 그림 10.6(e)

개념문제 10.24 **전송 선로에서 반사되는 복사 전력**

그림 10.7에 주어진 전압과 전류들의 기준 방향에 대해, 반사되는 복사 전력(그림 10.7에서 역방향(음의 방향 z)으로 전달되는), 즉 반사파에 의해 전달되는 복소 전력은?

(A) $\underline{S}_r = \underline{V}_r(z)\underline{I}_r(z)$

(B) $\underline{S}_r = -\underline{V}_r(z)\underline{I}_r(z)$

(C) $\underline{S}_r = \underline{V}_r(z)[\underline{I}_r(z)]^*$

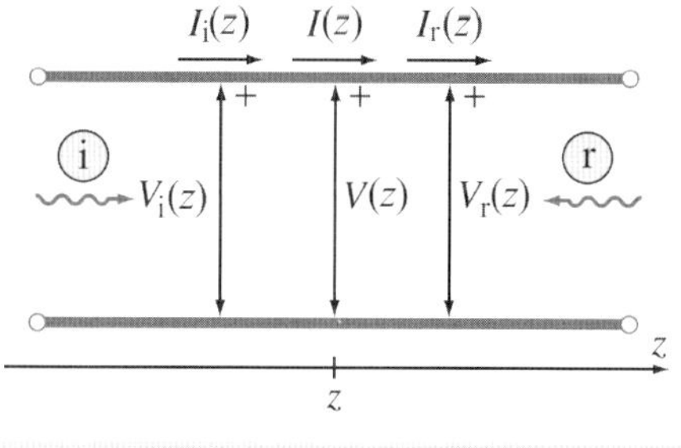

그림 10.7 전송 선로에서 입사파와 반사파(개념문제 10.24)

(D) $\underline{S}_{\mathrm{r}} = \underline{V}_{\mathrm{r}}(z)[-\underline{I}_{\mathrm{r}}(z)]^*$

(E) 위에 해당 사항이 없음

개념문제 10.25 **입사파와 반사파에 의해 전달되는 시간 평균 전력**

전압 V_{i0}인 시간 조화 전파가 위상 속도 β로 Y_0의 특성 어드미턴스를 갖는 무손실 전송 선로를 전파하고 있다. 선로는 전압 반사 계수의 크기 $|\underline{\Gamma}_{\mathrm{L}}|(0 < |\underline{\Gamma}_{\mathrm{L}}| < 1)$와 위상각 ψ_{L} ($\psi_{\mathrm{L}} \neq 0$이고 $\psi_{\mathrm{L}} \neq 180^\circ$)인 복소 부하로 종단되어 있다. 입사파와 반사파에 의해 전달되는 시간 평균 전력은 양과 음의 z 방향으로 각각 다음과 같이 주어진다(그림 10.7)고 할 때, 옳은 것은?

(A) $(P_{\mathrm{i}})_{\mathrm{ave}} = Y_0 V_{\mathrm{i0}}^2 \cos^2\beta z$이고 $(P_{\mathrm{r}})_{\mathrm{ave}} = Y_0|\underline{\Gamma}_{\mathrm{L}}|^2 V_{\mathrm{i0}}^2 \sin^2\beta z$

(B) $(P_{\mathrm{i}})_{\mathrm{ave}} = Y_0 V_{\mathrm{i0}}^2 \cos^2\psi_{\mathrm{L}}$이고 $(P_{\mathrm{r}})_{\mathrm{ave}} = Y_0|\underline{\Gamma}_{\mathrm{L}}|^2 V_{\mathrm{i0}}^2 \sin^2\psi_{\mathrm{L}}$

(C) $(P_{\mathrm{i}})_{\mathrm{ave}} = Y_0 V_{\mathrm{i0}}^2$이고 $(P_{\mathrm{r}})_{\mathrm{ave}} = Y_0|\underline{\Gamma}_{\mathrm{L}}|^2 V_{\mathrm{i0}}^2 \cos^2\psi_{\mathrm{L}}$

(D) $(P_{\mathrm{i}})_{\mathrm{ave}} = Y_0 V_{\mathrm{i0}}^2$이고 $(P_{\mathrm{r}})_{\mathrm{ave}} = Y_0|\underline{\Gamma}_{\mathrm{L}}|^2 V_{\mathrm{i0}}^2$

(E) $(P_{\mathrm{i}})_{\mathrm{ave}} = Y_0 V_{\mathrm{i0}}^2$이고 $(P_{\mathrm{r}})_{\mathrm{ave}} = |\underline{\Gamma}_{\mathrm{L}}|^2 V_{\mathrm{i0}}^2$

(F) $(P_{\mathrm{i}})_{\mathrm{ave}} = 0$이고 $(P_{\mathrm{r}})_{\mathrm{ave}} = 0$

개념문제 10.26 **복소 부하에서 소모되는 시간 평균 전력**

전압 반사 계수의 크기 $|\underline{\Gamma}_{\mathrm{L}}|(0 < |\underline{\Gamma}_{\mathrm{L}}| < 1)$와 위상각 ψ_{L}($\psi_{\mathrm{L}} \neq 0$이고 $\psi_{\mathrm{L}} \neq 180^\circ$)로 표현되는 부하와 전압 V_{i0}의 시간 조화 입사파를 전달하는 특성 어드미턴스 Y_0의 무손실 전송 선로에 대해 부하에서 소모되는 시간 평균 전력은?

(A) $P_{\mathrm{L}} = Y_0 V_{\mathrm{i0}}^2(1-|\underline{\Gamma}_{\mathrm{L}}|^2)\cos\psi_{\mathrm{L}}$

(B) $P_{\mathrm{L}} = Y_0 V_{\mathrm{i0}}^2(1-|\underline{\Gamma}_{\mathrm{L}}|^2)$

(C) $P_{\mathrm{L}} = Y_0 V_{\mathrm{i0}}^2|\underline{\Gamma}_{\mathrm{L}}|^2$

(D) $P_{\mathrm{L}} = Y_0 V_{\mathrm{i0}}^2$

(E) $P_{\mathrm{L}} = 0$

개념문제 10.27 **정합 부하(matched load)를 가진 저손실 선로에 전력 흐름**

시간 조화 전파가 작은 손실을 갖는 전송 선로를 따라 감쇠 상수 α와 위상 상수 β로 전파하고 있다. 부하 단자에서 전파의 전압은 V_{i0}이다. 선로의 특성 임피던스는 순실수이며 Z_0와 같다. 선로가 정합 부하로 종단되어 선로에서 반사파가 없다. 부하 단자로부터 거리 $l(l>0)$ 만큼 떨어진 선로의 단면에서 전파에 의해 전달되는 시간 평균 전력으로 옳은 것은?

(A) $P = V_{i0}^2/Z_0$

(B) $P = (V_{i0}^2/Z_0)e^{2\alpha l}$

(C) $P = (V_{i0}^2/Z_0)e^{-2\alpha l}$

(D) $P = (V_{i0}^2/Z_0)e^{4\alpha l}$

(E) $P = (V_{i0}^2/Z_0)e^{-4\alpha l}$

(F) $P = (V_{i0}^2/Z_0)e^{-2\alpha l}\cos\beta l$

10.3 전송 선로 임피던스

식 (10.2)에서 알 수 있듯이 전송 선로의 전압과 전류 사이 비로 나타내는 특성 임피던스 Z_0는 선로에서 $\underline{V}(z)$와 $\underline{I}(z)$의 일반적인 해가 아니라 단일 진행(순방향 또는 역방향)하는 전파에 대해서만 일어난다. 식 (10.8), (10.2)와 (10.7)을 결합하면 전류에 대한 전체 전압비는 Z_0로 나타내고 일반적인 전압 반사 계수 $\underline{\Gamma}(z)$ 또는 부하 전압 반사 계수 $\underline{\Gamma}_{\rm L}$이고 복소 전파 상수 γ은

$$\underline{Z}(z) = \frac{\underline{V}(z)}{\underline{I}(z)} = Z_0\frac{1+\underline{\Gamma}(z)}{1-\underline{\Gamma}(z)} = Z_0\frac{1+\underline{\Gamma}_L e^{2\gamma z}}{1-\underline{\Gamma}_L e^{2\gamma z}} (-l \le z \le 0), \quad \underline{Z}_{\rm in} = \underline{Z}(-l)$$

(전송 선로 임피던스, 등가 입력 임피던스) (10.12)

여기서 $\underline{\Gamma}_{\rm L}$은 식 (10.4)에 의해 주어진다. 간단하게 $\underline{Z}(z)$로 주어지는 비를 부하에서 z축을 바라보며 선로의 단면에서 정의되는 전송 선로 임피던스(transmission-line impedance)라고 한다. 다시 말해 $\underline{Z}(z)$는 선로의 나머지 부분과 임피던스 $\underline{Z}_{\rm L}$의 부하를 포함하는 선로의 부분을 대치하기 위해 사용되는 등가 부하의 복소 임피던스와 같다.

$z=-l$에 대해 전압원 단자에서 $\underline{Z}$는 그림 10.5에 전체 선로의 전압원으로부터 등가 입력 임피던스를 표시한다.

개념문제 10.28 전송 선로의 전압원 단자에서 전압

그림 10.8은 주파수 $f=750\text{MHz}$, 유도 기전력 $\mathcal{E}=5\,V$, 내부 저항 $R_g=50\,\Omega$인 시간 조화 전압 발생기에 의해 인가되는 특성 임피던스 $Z_0=50\,\Omega$의 무손실 전송 선로를 나타낸다. 다른 한쪽 끝에 선로가 $R_L=100\,\Omega$인 순저항 부하로 종단되었다. 이때 정상 상태에서 선로의 시작점(전압원 단자)에서 전압 V_g는?

(A) 5V이다.

(B) 3.33V

(C) 2.5V

(D) 2V

(E) 선로의 길이에 따라 다르다.

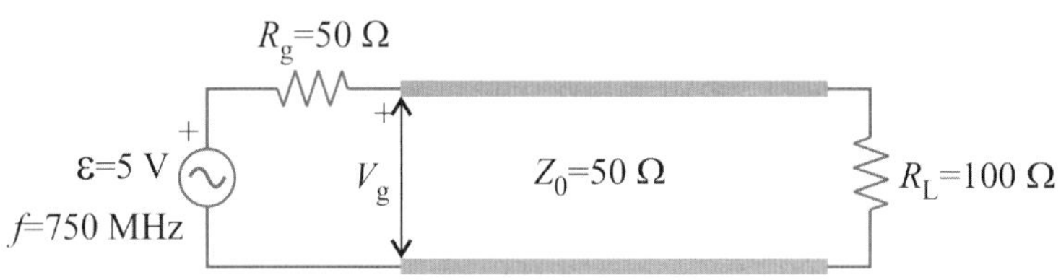

그림 10.8 순수한 저항성 내부 임피던스를 가진 시간 조화 전압원과 순수한 저항성 부하로 단락된 무손실 전송 선로(개념문제 10.28)

개념문제 10.29 순저항 부하를 가진 선로의 입력 임피던스

순저항 부하로 종단된 무손실 전송 선로의 입력 임피던스에 영향을 미치지 않는 변화로 옳은 것은?

(A) 선로의 길이가 2배

(B) 선로의 동작 주파수가 2배

(C) 길이와 주파수가 모두 2배

(D) 길이가 2배, 주파수는 1/2배

(E) 위 (A)-(D)에서 변화가 하나 이상

(F) 위 변화 모두 해당 안 됨

개념문제 10.30 **복소 부하를 갖는 선로의 입력 임피던스**

무손실 전송 선로의 종단에 직렬로 저항과 인덕터가 연결된 복소 부하가 연결되었을 때 다음의 변화가 선로의 입력 임피던스에 영향을 주지 않는 것은?

(A) 선로의 길이가 2배

(B) 선로의 동작 주파수가 2배

(C) 길이와 주파수가 모두 2배

(D) 길이가 2배, 주파수는 1/2배

(E) 위 (A)-(D)에서 변화가 하나 이상

(F) 위 변화 모두 해당 안 됨

개념문제 10.31 **손실 선로를 구동하는 전압원의 전류**

길이 l과 특성 임피던스 Z_0를 갖는 전송 선로가 시간 조화 전압원에 의해 구동된다. 전압원의 유도 기전력은 $\mathcal{E}$와 $0°$ 초기 위상을 갖고, 내부 임피던스는 순실수값으로 R_g와 같다. 다른 한편의 선로는 개방 회로이다. 선로 도체는 선로의 단위 길이당 고주파수 저항이 R'인 작은 손실을 가지며, 반면 유전체는 무손실이다. 선로의 입력 임피던스가 $\underline{Z}_{in}$이고, 선로를 따라 복소 전파상수가 γ이다. 이때 전압원의 복소 전류 밀도로 옳은 것은?

(A) $\underline{I}_g = \mathcal{E}\, e^{-\gamma l} / (\underline{Z}_{in} + R'l + R_g)$

(B) $\underline{I}_g = \mathcal{E}\, e^{-\gamma l} / (\underline{Z}_{in} + R_g)$

(C) $\underline{I}_g = \mathcal{E} / (\underline{Z}_0 + R_g)$

(D) $\underline{I}_g = \mathcal{E} / (\underline{Z}_{in} + R_g)$

(E) $\underline{I}_g = \mathcal{E}\, e^{-\gamma l} / [(\underline{Z}_{in} + R_g)(1 + e^{-2\gamma l})]$

(F) $\underline{I}_g = 0$

개념문제 10.32 **선로 도체에서 전체 Ohmic 전력**

길이 l, 특성 임피던스 Z_0, 고주파수 단위 길이당 저항 R', $G'=0$, 입력 임피던스 $\underline{Z}_{\mathrm{in}}$ 전파 상수 γ인 개방 회로가 연결된 전송 선로에서 유도기전력의 전압 $\mathcal{E}$, 초기 위상이 $0°$, 내부 저항이 R_{g}인 시간 조화 전압원에 의해 여기된다. 전압원의 전류 $\underline{I}_{\mathrm{g}}$가 알려져 있다고 가정할 때, 선로 도체에서 주울의 손실들의 전체 시간 평균 전력으로 옳은 것은?

(A) $P_{\mathrm{line\,losses}} = R'l|\underline{I}_{\mathrm{g}}|^2$

(B) $P_{\mathrm{line\,losses}} = R'l|\underline{I}_{\mathrm{g}}|^2 e^{2\mathrm{Re}[\gamma]l}$

(C) $P_{\mathrm{line\,losses}} = \mathrm{Re}[\underline{Z}_{\in}]|\underline{I}_{\mathrm{g}}|^2$

(D) $P_{\mathrm{line\,losses}} = \mathrm{Re}[\mathcal{E}\,\underline{I}_{\mathrm{g}}{}^*]$

(E) $P_{\mathrm{|\ losses}} = \mathrm{Re}[\mathcal{E}\,\underline{I}_{\mathrm{g}}{}^* e^{-2\gamma l}]$

(F) $P_{\mathrm{|\ losses}} = \mathcal{E}^2 e^{2\mathrm{Re}[\gamma]l}/(R'l+R_{\mathrm{g}})$

10.4 단락, 개방 그리고 정합된 전송 선로

이 절에서는 그림 10.5에 나타낸 것처럼 단락 회로, 개방 회로, 그리고 정합 선로의 전송 선로의 종단 부하의 중요한 특별한 세 가지 경우에 대해 다루고자 한다. 만약 선로가 단락 회로(short circuit)로 종단되었다면 즉, 출력 단자($z=0$에서) 그림 10.9(a)에 나타낸 것처럼 서로 연결되었다면 부하 전압($\underline{V}_{\mathrm{L}}$)은 0이고, 부하저항($\underline{Z}_{\mathrm{L}}$)도 0이 된다. 따라서 식 (10.4)의 부하 전압 반사 계수 $\underline{\Gamma}_{\mathrm{L}}$는 $(0-Z_0)/(0+Z_0)=-1$과 같고 식 (10.2), (10.4), (10.12) 그리고 (6.20)으로부터 선로에서 전체 복소 전압($\underline{V}_{\mathrm{sc}}$)와 전류($\underline{I}_{\mathrm{sc}}$) 그리고 선로의 입력 임피던스($\underline{Z}_{\mathrm{sc}}$)를 계산할 수 있다.($\gamma=j\beta$로 무손실이라고 가정)

$$\underline{Z}_{\mathrm{L}}=0 \rightarrow \underline{\Gamma}_{\mathrm{L}}=-1,\ \ \underline{V}_{\mathrm{sc}}(z)=-2\mathrm{j}\,\underline{V}_{\mathrm{i0}}\sin\beta z,\quad \underline{I}_{\mathrm{sc}}(z)=2\frac{\underline{V}_{\mathrm{i0}}}{Z_0}cos\beta z \qquad (10.13)$$
$$\underline{Z}_{\mathrm{sc}}=\underline{Z}_{\mathrm{in}}|_{\underline{Z}_L=0}=\mathrm{j}\,Z_0\tan\beta l(\text{단락된 전송 선로})$$

만약 선로가 개방 회로(open circuit)로 종단이 되었다면, 즉 그림 10.5에서 출력 단자($z=0$)가 그림 10.9(b)와 같이 개방된채 놔둔다면 부하 전류 $\underline{I}_{\mathrm{L}}$은 0이 되고 부하 임피던스는

무한대 값을 갖는다. Z_0가 무한히 큰 $|\underline{Z}_L|$과 비교하여 0으로 취급할 수 있기 때문에, 식 (10.4)에서처럼 선로의 부하 전압 반사 계수는 $(\underline{Z}_L - 0)/(\underline{Z}_L - 0) = 1$이 된다.

단락 선로에 대한 같은 방정식을 사용하면

$$\underline{Z}_L = \infty \rightarrow \underline{\Gamma}_L = 1,\ \underline{V}_{oc}(z) = 2\underline{V}_{i0}\cos\beta z,\quad \underline{I}_{oc}(z) = -2j\frac{\underline{V}_{i0}}{Z_0}\sin\beta z \tag{10.14}$$
$$\underline{Z}_{oc} = \underline{Z}_{in}|_{\underline{Z}_L\to\infty} = -j\,Z_0\cot\beta l\text{(개방된 전송 선로)}$$

이 된다.

마지막으로 그림 10.9(c)와 같이 만약 선로가 선로의 특성 임피던스 Z_0와 같은 임피던스를 가진 부하로 종단된다면 부하 전압 반사 계수는 0이 되고, 우리는 이 경우 부하가 선로에 정합(matching)되었다고(정합 부하) 말할 수 있고 또한 선로를 정합 선로라고 할 수 있다. 이 경우 선로에서 반사파가 없기 때문에

$$\underline{Z}_L = Z_0 \rightarrow \underline{\Gamma}_L = 0,\ \underline{V}_{ml}(z) = \underline{V}_{i0}e^{-j\beta z},\quad \underline{I}_{ml}(z) = \frac{\underline{V}_{i0}}{Z_0}e^{-j\beta z} \tag{10.15}$$
$$\underline{Z}_{ml} = \underline{Z}_{in}|_{\underline{Z}_L = Z_0} = Z_0\text{(정합된 전송 선로)}$$

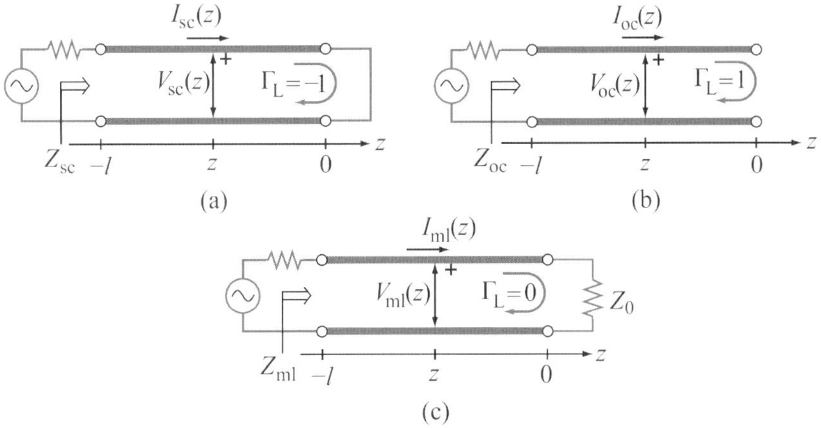

그림 10.9 전송 선로의 임피던스 부하의 세 가지 경우 (a) 단락 회로 (b) 개방 회로 (c) 임피던스 정합 부하

개념문제 10.33 단락 선로, 전압과 전류 정재파 패턴

단락된 무손실 전송 선로의 전압과 전류 정재파 패턴으로 옳은 것은?

(A) 그림 10.10(a)

(B) 그림 10.10(b)

(C) 그림 10.10(c)

(D) 위에 해당하는 그림이 없음

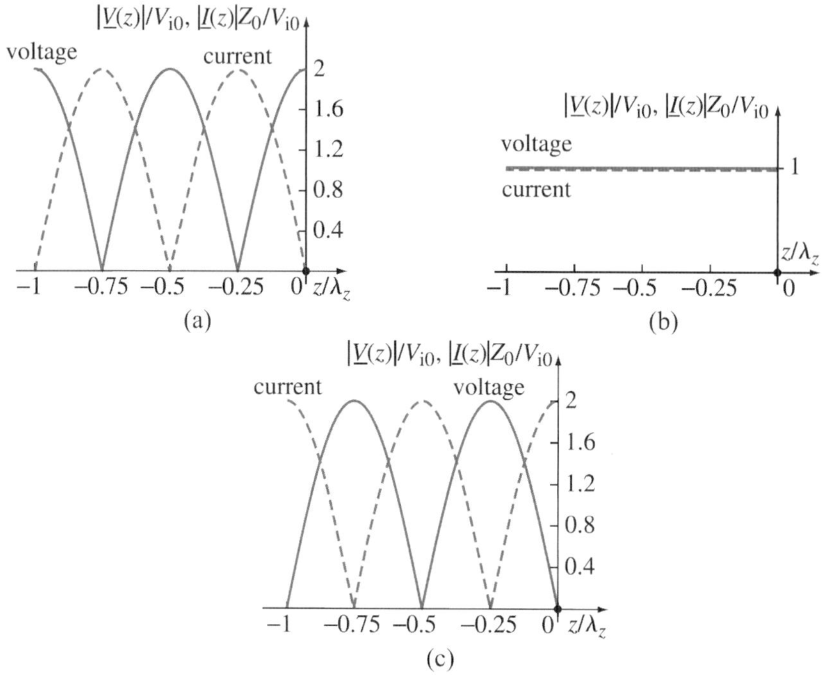

그림 10.10 세 가지 다른 임피던스 부하로 종단된 무손실 전송 선로에 대해 $z/\lambda_z(\lambda_z = 2\pi/\beta)$의 함수로 나타낸 정규화된 전압$[|\underline{V}(z)|/V_{i0}]$과 전류$[|\underline{I}(z)|Z_0/V_{i0}]$ 정재파 패턴(개념문제 10.33)

개념문제 10.34 **개방 선로, 정재파 패턴**

무손실 전송 선로가 개방 선로라고 가정할 때 이 선로의 전압과 전류 정재파 패턴을 나타낼 수 있는 그림으로 옳은 것은?

(A) 그림 10.10(a)

(B) 그림 10.10(b)

(C) 그림 10.10(c)

(D) 위에 해당하는 그림이 없음

개념문제 10.35 **정재파 패턴, 정합 선로**

정합된 무손실 전송 선로의 전압과 전류 정재파 패턴으로 옳은 것은?

(A) 그림 10.10(a)

(B) 그림 10.10(b)

(C) 그림 10.10(c)

(D) 위에 해당하는 그림이 없음

개념문제 10.36 **선로 부하에 대해 전압 패턴으로부터 전류 패턴**

무손실 개방 선로 위의 임의의 위치에서 전류가 같은 선로 같은 위치의 전압의 $1/Z_0$ 배와 같기 위해 필요한 조건은?

(A) 정합되면(임피던스 정합 부하)

(B) 같은 부하를 가질 때(개방 회로)

(C) 단락 회로라면

(D) 위에 해당하는 것이 없음

개념문제 10.37 **또 다른 전압-전류 관계**

정합된 무손실 전송 선로 위의 임의 위치에서 전압이 같은 선로의 같은 위치에서 전류보다 Z_0 배가 클 때 필요한 조건은?

(A) 같은(정합) 부하를 가질 때

(B) 단락 회로 경우

(C) 개방 회로 경우

(D) 위에 해당하는 것이 없음

개념문제 10.38 **전송 선로를 따라 정재파 패턴의 이동**

개방된 무손실 전송 선로의 전압과 전류 정재파 패턴은 단락된 전송 선로를 얼마나 이동시키면 얻을 수 있을까?

(A) $\lambda_z/4$[λ_z는 선로에 대한 관내 파장(guided wavelength)이다]

(B) $\lambda_z/2$

(C) π

(D) 2π

(E) 0

(F) 두 패턴들은 다른 하나로부터 얻을 수 없다.

개념문제 10.39 **단락 선로에서 전압과 전류 사이 위상차**

단락된 무손실 전송 선로의 모든 위치에서 전압과 전류의 위상차로 옳은 것은?

(A) 동위상

(B) 역위상(서로 180° 의 위상차)

(C) ±90° 의 위상차

(D) 0, 180° ±90° 가 아닌 상수값을 갖는 위상차

(E) 부하로부터 거리에 따른 위상차

개념문제 10.40 **개방 선로에서 전압과 전류 위상차**

무손실 전송 선로가 개방 회로에 연결되었을 때 선로위 모든 위치에서 전압과 전류의 위상차로 옳은 것은?

(A) 동위상

(B) 역위상(서로 180° 의 위상차)

(C) ±90° 의 위상차

(D) 0, 180° ±90° 가 아닌 상수값을 갖는 위상차

(E) 부하로부터 거리에 따른 위상차

개념문제 10.41 **정합 선로에서 전압과 전류 위상차**

임피던스 정합 부하를 가진 무손실 전송 선로에 대해 선로에서 전압과 전류의 위상차로 옳은 것은?

(A) 동위상

(B) 역위상(서로 180°의 위상차)

(C) ±90°의 위상차

(D) 0, 180° ±90°가 아닌 상수값을 갖는 위상차

(E) 부하로부터 거리에 따른 위상차

개념문제 10.42 **부하로부터 1/4 파장 거리에서 전압이 0**

특성 임피던스 50Ω을 갖는 무손실 전송 선로에 시간 조화 입사파가 전파하며 알 수 없는 임피던스를 갖는 부하로부터 일부 반사가 일어난다. 정재파 특성을 나타내는 선로 위에서 합성파의 전압이 0이 되는 지점이 부하 단자로부터 $\lambda_z/4$ 거리에서 나타나는 것이 선로의 단면에서 관찰되었다. 이때 λ_z는 선로에서 파장이다. 이로부터 부하의 임피던스에 대해 내릴 수 있는 결론으로 옳은 것은?

(A) 순실수이고, 50Ω보다 크다.

(B) 순실수, 0이 아니며 50Ω보다 작다.

(C) 50Ω과 같다.

(D) 순허수

(E) 0

(F) 무한하다.

개념문제 10.43 **부하로부터 반파장 거리에서 전압이 0**

Z_0은 50Ω인 무손실 전송 선로에서 $\lambda_z/2$ 만큼 부하 단자로부터 떨어진 곳에서 정재파의 전압이 0이면, 부하 임피던스로 옳은 것은?

(A) 순실수이고, 50Ω보다 크다.

(B) 순실수, 0이 아니며 50Ω보다 작다.

(C) 50Ω과 같다.

(D) 순허수

(E) 0

(F) 무한하다.

개념문제 10.44 **어떤 부하가 전송 선로를 무한히 길게 보이게 만드는가**

만약 무손실 전송 선로가 무한히 길게 보이려면 부하 임피던스는 부하 단자 이후에도 선로의 무한히 연장된 것과 등가로서 간주될 수 있다. 그림 10.5에서 $0 \le z < \infty$에 대해 부하 임피던스는?

(A) 단락 회로

(B) 개방 회로

(C) 정합 부하

(D) 위 부하 중에는 없다.

개념문제 10.45 **정합 부하에 대한 전압원 단자에서 전압**

그림 10.11과 같은 정상 상태에서 무손실 전송 선로의 전압원 단자에서 전압 V_g는?

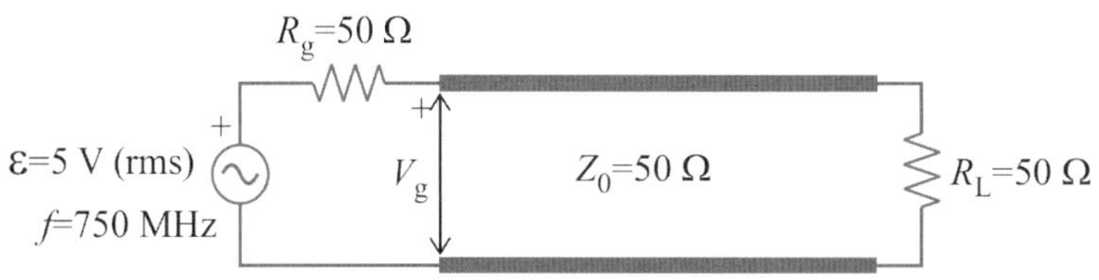

그림 10.11 정합된 부하로 종단되고 시간 조화 전압원과 저항성 내부 임피던스가 직렬 연결된 무손실 전송 선로(개념문제 10.45)

(A) 5V

(B) 3.33V

(C) 2.5V

(D) 2V

(E) 선로의 길이에 따라 다르다.

개념문제 10.46 **동축 케이블의 개방 회로 부분**

$l = 2\lambda_z/3$ 길이인(λ_z는 케이블에서 전파의 파장) 무손실 동축 케이블의 개방 회로 부분에 대한 입력 임피던스로 옳은 것은?

(A) 0이 아니며, 유한하고, 순실수

(B) 0이 아니며, 유한하고, 순허수

(C) 0

(D) 무한

(E) 위에 어느 것도 해당이 안 됨

(F) 더 많은 정보가 필요함

개념문제 10.47 **단락 선로와 개방 선로에 대한 임피던스 그림**

그림 10.12에서 무손실 전송 선로의 단락 선로와 개방 선로에 대한 그림으로 알맞은 것은?

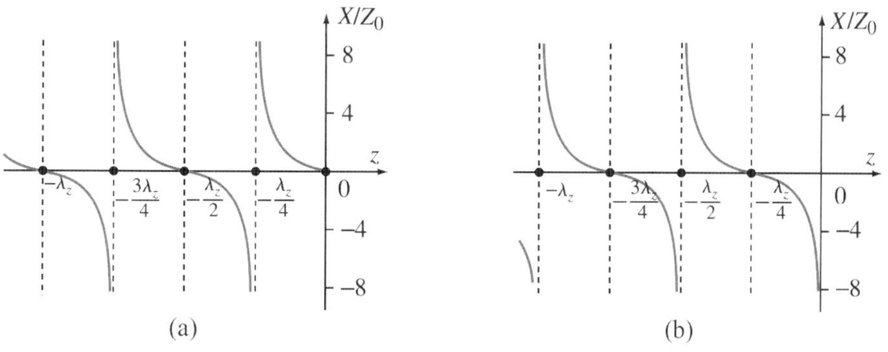

그림 10.12 (개념문제 10.47)

(A) 그림 10.12(a) – 단락 선로 그림 10.12(b) – 개방 선로

(B) 그림 10.12(a) – 개방 선로 그림 10.12(b) – 단락 선로

(C) 그림 10.12(a) – 단락 선로 그림 10.12(b) – 두 경우 모두 아님

(D) 그림 10.12(a) – 개방 선로 그림 10.12(b) – 두 경우 모두 아님

(E) 그림 10.12(a) – 두 경우 모두 아님 그림 10.12(b) – 개방 선로

(F) 그림 10.12(a) – 두 경우 모두 아님 그림 10.12(b) – 두 경우 모두 아님

개념문제 10.48 **개방 회로 선로의 입력 임피던스**

개방 회로인 무손실 전송 선로의 입력 임피던스로 옳은 것은?

(A) 순저항

(B) 순유도성 리액턴스

(C) 순용량성 리액턴스

(D) 저항 성분이 포함된 유도성 복소수

(E) 용량성 복소수

(F) 더 많은 정보가 필요함

개념문제 10.49 **단락 회로 선로의 길이 변화**

주어진 동작 주파수에서 단락 회로인 무손실 전송 선로의 길이를 변화시켜 임의로 구현할 수 있는 입력 임피던스 값은?

(A) 저항

(B) 리액턴스

(C) 복소 임피던스

(D) 위에 해당이 없음

개념문제 10.50 **단락 회로 선로의 동작 주파수의 변화**

주어진 선로 길이에 대해 단락된 무손실 전송 선로의 동작 주파수가 변한다고 가정하자. 이러한 변화로 구현할 수 있는 입력 임피던스 값으로 옳은 것은?

(A) 저항

(B) 리액턴스

(C) 복소 임피던스

(D) 위에 해당이 없음

개념문제 10.51 **1/4 파장 단락 선로의 입력 임피던스**

1/4 파장(1/4 파장 길이 $l = \lambda_z/4$) 단락 회로인 무손실 전송 선로는 입력단자에서 보면 어떻게 보이는가?

(A) 단락 회로

(B) 개방 회로

(C) 선로의 특성 임피던스와 같은 저항

(D) 위에 해당이 없음

개념문제 10.52 **1/4 파장 길이를 갖는 동축 케이블**

무손실 동축 케이블의 개방 회로 부분의 길이가 1/4 파장이라고 가정할 때 케이블의 입력 임피던스로 옳은 것은?

(A) 0이 아니며, 유한하고, 순실수

(B) 0이 아니며, 유한하고, 순허수

(C) 0

(D) 무한

(E) 위에 어느 것도 해당이 안 됨

(F) 더 많은 정보가 필요함

개념문제 10.53 **반파장 길이의 케이블**

반파장부($l = \lambda_z/2$) 길이를 갖는 무손실 동축 케이블 종단이 개방회로일 때 입력 임피던스로 옳은 것은?

(A) 0이 아니며, 유한하고, 순실수

(B) 0이 아니며, 유한하고, 순허수

(C) 0

(D) 무한

(E) 위에 어느 것도 해당이 안 됨

(F) 더 많은 정보가 필요함

개념문제 10.54 **1/4파장 선로의 임피던스 변환 성질**

1/4 파장($\lambda_z/4$) 길이를 갖는 무손실 전송 선로의 특징으로 옳은 것은?

(A) 개방을 단락으로(반대는 아니다)

(B) 단락을 개방으로(반대는 아니다)

(C) 개방을 단락으로 단락을 개방으로

(D) 위의 변화는 일어나지 않는다.

개념문제 10.55 **집중 커패시터로서 전송 선로**

위상 속도가 $v_p = 2\times10^8$m/s 인 전파에 대해 특성 임피던스 $Z_0 = 50\Omega$인 무손실 동축 케이블을 고려해보자. 주파수 $f = 500$MHz에서 집중 커패시터의 커패시턴스가 등가적으로 $C_{eq} = 10$pF이 되는 개방 회로로 종단된 케이블의 길이를 찾는 것이 가능한가?

(A) 예

(B) 아니오

개념문제 10.56 **병렬 단락 회로 스터브(stub)에 의한 어드미턴스 정합 - Part 1**

그림 10.13에 나타낸 회로를 사용하여 특성 어드미턴스 $Y_0 = 1/Z_0$의 무손실 전송 선로에 대해 복소 어드미턴스 $\underline{Y}_L$의 부하를 정합하기 위해, 병렬로 연결된(Shunt) 단락 전송 회로가 스터브라고 불리는 전송 선로의 어느 위치에 연결되어야 하는가?

(A) 복소 선로 임피던스($\underline{Z}_{line} = 1/\underline{Y}_{line}$)의 실수부가 $1/Y_0$와 같을 때

(B) 복소 선로 어드미턴스(Yinc)의 허수부가 Y_0와 같을 때

(C) 복소 선로 어드미턴스의 실수부가 0일 때

(D) 복소 선로 어드미턴스의 실수부가 Y_0와 같을 때

(E) 선로의 어느 부분이나 정합이 가능하다.

(F) 선로에서 정합이 가능한 위치는 없다.

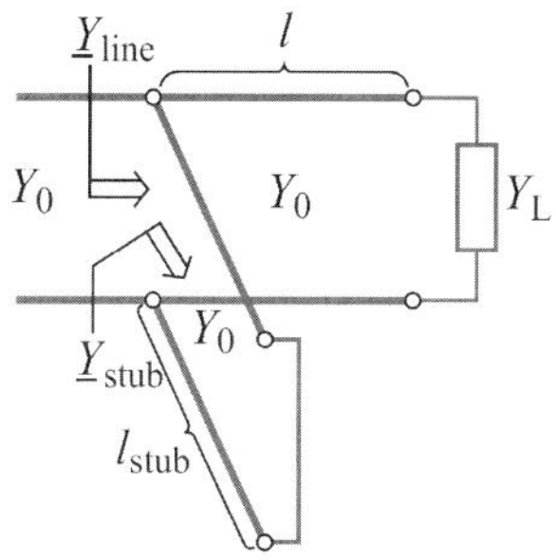

그림 10.13 병렬 단락 회로 스터브를 사용한 어드미턴스 정합(정합은 선로 길이 l과 Y_0와 등가인 길이 l_{stub}의 스터브가 결합된 입력 어드미턴스로 이루어졌다)(개념문제 10.56)

개념문제 10.57 **병렬 단락 회로 스터브에 의한 어드미턴스 정합 - Part 2**

그림 10.13에 어드미턴스 정합 회로에서 스터브의 전기적 길이는 스터브의 입력 어드미턴스가 어떤 값을 갖도록 조정되어야 하는가?

(A) Y_0와 같도록

(B) jY_0와 같도록

(C) 선로 어드미턴스($\underline{Y}_{\text{line}}$)를 상쇄할 수 있도록

(D) 선로 어드미턴스의 실수부를 보상할 수 있도록

(E) 선로 어드미턴스의 허수부를 보상할 수 있도록

(F) 제안한 회로 구조는 정합을 할 수 없다.

개념문제 10.58 **병렬 개방 회로 스터브에 의한 어드미턴스 정합**

그림 10.14와 같이 개방 회로 스터브를 이용하여 복소 어드미턴스 부하를 어드미턴스 정합하기 위한 회로가 있다. 정합하기 위해 이 스터브의 위치는 전송 선로에서 어떤 위치로 선택해야 하는가?

(A) 복소 선로 임피던스($\underline{Z}_{\text{line}} = 1/\underline{Y}_{\text{line}}$)의 실수부가 $1/Y_0$와 같을 때

(B) 복소 선로 어드미턴스(Yinc)의 허수부가 Y_0와 같을 때

(C) 복소 선로 어드미턴스의 실수부가 0일 때

(D) 복소 선로 어드미턴스의 실수부가 Y_0와 같을 때

(E) 선로의 어느 부분이나 정합이 가능하다.

(F) 선로에서 정합이 가능한 위치는 없다.

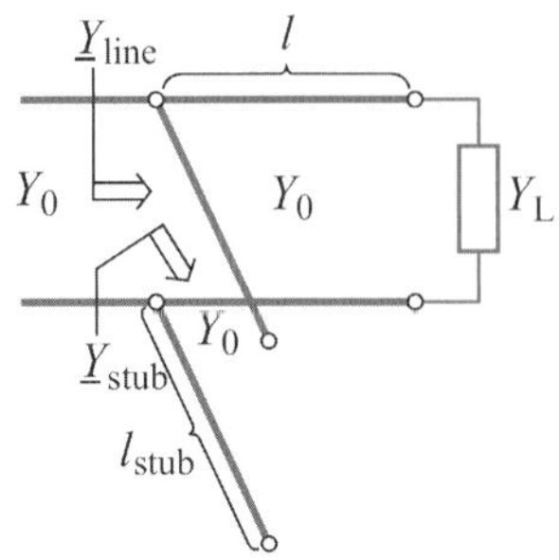

그림 10.14 개방 회로 스터브를 가진 어드미턴스 정합 전송 선로(모든 선로는 무손실)(개념문제 10.58)

개념문제 10.59 **직렬 단락 스터브에 의한 임피던스 정합 - part 1**

그림 10.15에 나타낸 회로를 사용하여 특성 임피던스 Z_0의 무손실 전송 선로에 복소 임피던스 $\underline{Z}_L$의 부하를 임피던스 정합하고자 한다. 직렬 단락스터브는 전송 선로의 어느 위치에 연결이 되어야 하는가

(A) 복소 선로 임피던스($\underline{Z}_{\text{line}}$)의 실수부가 Z_0와 같을 때

(B) 복소 선로 임피던스의 허수부가 Z_0와 같을 때

(C) 복소 선로 임피던스의 실수부가 0일 때

(D) 복소 선로 어드미턴스의 실수부($\underline{Y}_{\text{line}} = 1/\underline{Z}_{\text{line}}$)가 $1/Z_0$와 같을 때

(E) 선로의 어느 부분이나 정합이 가능하다.

(F) 선로에서 정합이 가능한 위치는 없다.

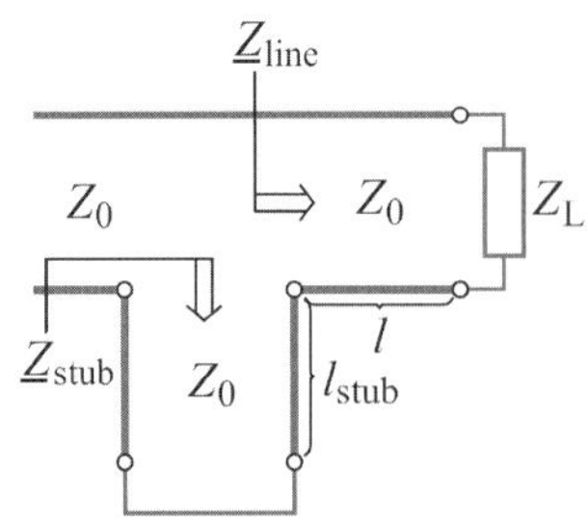

그림 10.15 직렬 단락 회로 스터브를 사용한 임피던스 정합(정합은 선로 길이 l과 Z_0와 등가인 길이 l_{stub}의 스터브가 결합된 입력 임피던스)(개념문제 10.59)

개념문제 10.60 **직렬 스터브에 의한 임피던스 정합 - part 2**

그림 10.15의 임피던스 정합 회로에서 스터브의 전기적 길이는 스터브의 입력 임피던스가 어떤값이 되도록 조절해야 하는가?

(A) Z_0와 같도록

(B) jZ_0와 같도록

(C) 선로 임피던스(Z_{line})를 상쇄할 수 있도록

(D) 선로 임피던스의 실수부를 보상할 수 있도록

(E) 선로 임피던스의 허수부를 보상할 수 있도록

(F) 제안한 회로 구조는 정합을 할 수 없다.

개념문제 10.61 **전송 선로 공진기**

단락된 무손실 전송 선로에서 전송 선로에는 단락 특성을 갖는 또 다른 위치들이 존재하게 되며, 전체 구조에서 변화가 없을 것이다. 즉, 새로운 단락 회로를 추가하더라도 선로에서의 전압이나 전류에 영향을 주지 않는다. 이때 새로운 단락 회로의 일부인 전송 선로의 일부를 제거할 수 있는데, 양쪽 끝이 단락되어 있으며 두 단락 회로 사이에서 정재파가 갇힌 구조를 얻을 수 있다. 이 구조를 전송 선로 공진기(transmission-line resonator)라고 한다. λ_z를 선로의 파장이라고 하면, 새로운 단락 회로가 더해졌을 때 부하 종단으로부터 가능한 거리 즉, 공진기의 가능한 길이로 옳은 것은?

(A) $l = m\lambda_z/2\,(m = 1,2,\ldots)$

(B) $l = m\lambda_z/4\,(m = 1,2,\ldots)$

(C) $l = m\lambda_z/8\,(m = 1,2,\ldots)$

(D) $l = (2m+1)\lambda_z/4\,(m = 1,2,\ldots)$

(E) 선로의 임의의 위치 l에 대해

(F) 선로에 만족하는 l은 없다.

10.5 스미스 차트

시간 조화(time-harmonic) 영역에서 두 도체를 가진 전송 선로의 회로 이론 해석에 이어, 이 절에서는 주파수 영역에서 전송 선로의 회로 설계와 해석을 위한 또 다른 방법으로 스미스 차트(Smith chart)라고 하는 그래프를 이용한 기술을 제시하고자 한다. 이 차트는 본질적으로 그림 10.16(a)에 나타낸 것처럼 $\underline{\Gamma} = \underline{\Gamma}_r + j\underline{\Gamma}_i$의 복소 평면, 즉 반사 계수의 실수부와 허수부로 나타내는 $\Gamma_r - \Gamma_i$ 평면에 식 (10.7)에 의해 주어지는 일반적인 전압 반사 계수 $\underline{\Gamma}(z)$을 극좌표로 나타낸 것이다. 이때 해석하고자 하는 전송 선로를 무손실로 국한한다면, $\underline{\Gamma}$의 크기는 그림 10.16(a)에서 $|\underline{\Gamma}|$의 반경으로 그려지는 원과 관련하여 선로($-l \le z \le 0$에 대해)를 따라 상수가 되고 SWR 원 또는 s 원으로 나타낸다(식 (10.11)을 참고하라). 식 (10.6)에서 $0 \le |\underline{\Gamma}| \le 1$이기 때문에, 스미스 차트는 $|\underline{\Gamma}| = 1$인 단위원 내에서 정의가 된다. 임피던스는 Z_0에 대해 정규화된 값 $\underline{z}_n$을 사용하여 스미스 차트에 나타낸다. 식 (10.12)에 의해

$$\underline{z}_n = \frac{\underline{Z}}{Z_0} = \frac{R}{Z_0} + j\frac{X}{Z_0} = r + jx = \frac{1+\underline{\Gamma}}{1-\underline{\Gamma}} \text{(정규화된 선로 임피던스)} \tag{10.16}$$

여기서 r과 x는 각각 정규화된 선로 저항과 리액턴스이다. $\underline{\Gamma}$와 $\underline{z}_n$ 사이의 관계식으로부터 $\Gamma_r - \Gamma_i$인 평면에서 (r=상수)는 원의 방정식이 되는 반면, (x= 상수)는 그림 10.16(b)처럼 호의 방정식이 된다. r과 x의 많은 값들에 대해 r 원과 x 호를 같이 그리게 되면 그림 10.17과

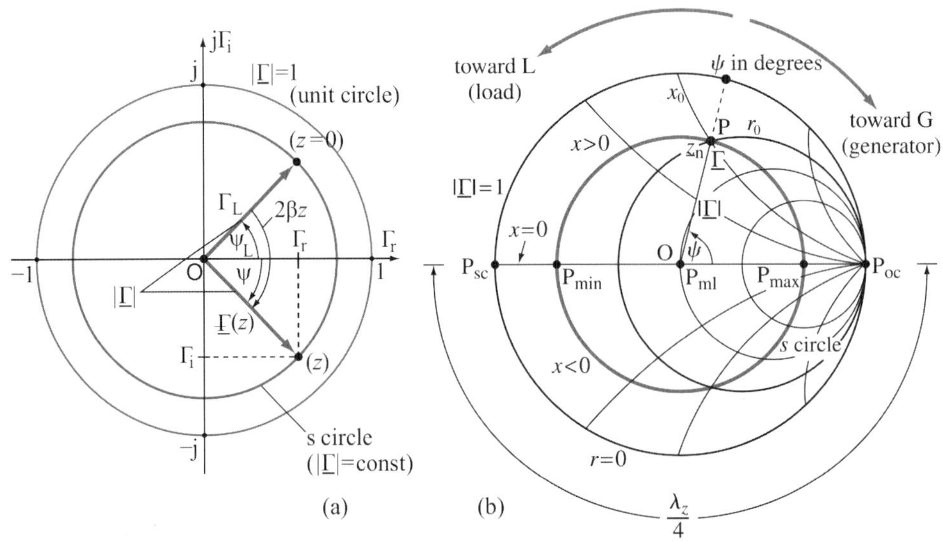

그림 10.16 (a) 스미스 차트를 그리기 위해 무손실 전송 선로(그림 10.5)를 따라 식 (10.7)의 일반화된 전압 반사 계수 $\underline{\Gamma}(z)$의 복소 평면에 그래프로 표현
(b) 스미스 차트의 중요한 특징들과 사용

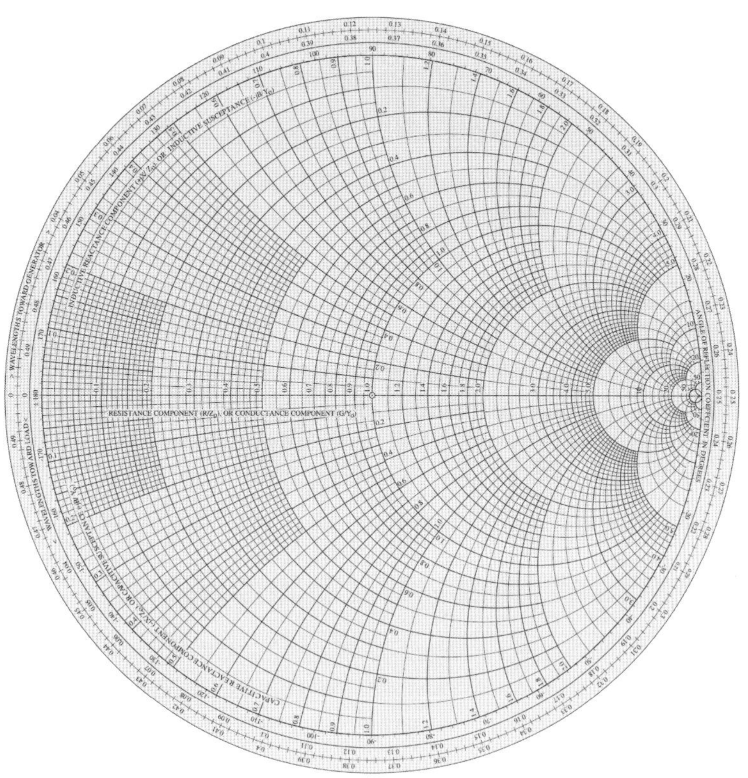

그림 10.17 스미스 차트

같은 스미스 차트를 얻을 수 있다. 스미스 차트에서 정규화된 선로 임피던스가 $\underline{z}_{\mathrm{n}} = r_0 + jx_0$로 주어진다면 이는 $r = r_0$인 원과 $x = x_0$인 호가 만나는 교점이 된다. 대체적으로 스미스 차트는 전송 선로에서 그래프를 이용한 계산이나 해석 데이터를 가시적으로 나타낼 때 편리한데, 식 10.16에 의해 $\underline{z}_{\mathrm{n}}$과 $\underline{\Gamma}$의 값을 동시에 표현할 수 있다.

그림 10.16(b)에 그림 10.17의 스미스 차트의 몇 가지 특징을 나타내었다. 예를 들어 그림 10.9에 나타낸 것과 같이 전송 선로의 부하 종단과 단락 회로, 개방 회로, 정합 부하와 같이 세 가지 중요한 특별한 경우에 대해 그림 10.16(b)에 각각 $\mathrm{P_{sc}}$, $\mathrm{P_{oc}}$, $\mathrm{P_{ml}}$로 표기하였다. 이 그림에서는 또한 스미스 차트의 위쪽 영역(아래쪽 영역)은 유도성(용량성) 선로 임피던스임을 나타낸다. 식 (10.7)로부터 그림 10.5에서 무손실 선로를 따라 이동하는 z 좌표의 변화는 반사계수의 위상 ψ 변화가 $\underline{\Gamma}(z): \Delta\psi = 2\beta\Delta z(\beta = 2\pi/\lambda_z)$ 된다. 그러므로 그림 10.16(b) $(\Delta\psi < 0)$에서 시계 방향 회전은 그림 10.5$(\Delta z < 0)$에서 선로를 따라 발생기(G) 방향으로 이동하게 되며 반면 반시계 방향 회전은 부하(L)을 향한 이동이다. 각 방향에 대한 이동에서 한바퀴를 돌게 되면 선로를 따라 반파장 길이 만큼 이동한 것과 같다.

$$\text{스미스 차트에서 } 360^\circ \text{ 회전} \leftrightarrow \text{전송 선로를 따라 } \frac{\lambda_z}{2} \text{ 이동} \tag{10.17}$$

식 (10.8)을 사용하면 그림 10.5에서 나타낸 선로에서 전압 최대 $|\underline{V}| = |\underline{V}|_{max}$가 일반적인 전압 반사 계수가 순허수이고 양수인 영역에서 위치하게 되고, 이는 스미스 차트에서(그림 10.16(b)) s원이 양의 Γ_r 축(즉, 선분 $\overline{OP_{oc}}$)가 교차하는 점 P_{max}와 관련이 있다. 반면 선로에서 전압 최소 $|\underline{V}| = |\underline{V}|_{min}$가 되는 위치에서 반사 계수 $\underline{\Gamma}$는 순허수이며 음수이고 스미스 차트에서 s원과 음의 Γ_r 축($\overline{OP_{oc}}$)과의 교점인 P_{min}과 관련된다.

개념문제 10.62 **순리액티브 부하 임피던스의 변환**

$\underline{Z}_L = j50\,\Omega$의 부하 임피던스로 종단된 특성 임피던스 $Z_0 = 50\,\Omega$인 무손실 전송 선로의 길이를 변화하여 얻을 수 없는 입력 임피던스는 무엇인가?

(A) $50\,\Omega$

(B) 개방 회로의 임피던스

(C) 단락 회로의 임피던스

(D) $j50\,\Omega$

(E) $-j50\,\Omega$

개념문제 10.63 **순저항성 부하 임피던스의 변환**

$Z_0 = 50\,\Omega$인 특성 임피던스를 갖는 무손실 전송 선로의 길이를 변화하여 부하 임피던스 $\underline{Z}_L = (100 + j0)\,\Omega$를 입력 임피던스 __________ 로 변화시키는 것은 가능하다.

(A) $(100 + j100)\,\Omega$

(B) $j100\,\Omega$

(C) $15\,\Omega$

(D) $25\,\Omega$

(E) $150\,\Omega$

(F) 위의 임피던스 중 하나 이상이 가능하다.

개념문제 10.64 **선로 특성 임피던스보다 큰 부하 저항**

$Z_0 = 100\,\Omega$인 특성 임피던스와 1/8 파장 길이를 갖는 무손실 전송 선로에 부하 임피던스 $\underline{Z}_{\rm L} = (200 + j0)\,\Omega$이 종단되었다. 이 선로의 입력 임피던스로 옳은 것은?

(A) $100\,\Omega$보다 큰 순저항

(B) $100\,\Omega$보다 작은 순저항

(C) $100\,\Omega$과 같은 순저항

(D) 순리액티브

(E) 유도성 복소 저항(저항 성분을 갖는)

(F) 용량성 복소 저항

개념문제 10.65 **선로 특성 임피던스보다 작은 부하 저항**

$Z_0 = 100\,\Omega$인 특성 임피던스와 1/8 파장 길이를 갖는 무손실 전송 선로에 부하 임피던스 $\underline{Z}_{\rm L} = (50 + j0)\,\Omega$가 종단되었다. 이 선로의 입력 임피던스로 옳은 것은?

(A) $100\,\Omega$보다 큰 순저항

(B) $100\,\Omega$보다 작은 순저항

(C) $100\,\Omega$과 같은 순저항

(D) 순리액티브

(E) 유도성 복소 저항(저항 성분을 갖는)

(F) 용량성 복소 저항

개념문제 10.66 **선로 특성 임피던스와 같은 부하저항**

$Z_0 = 100\,\Omega$인 특성 임피던스와 1/8 파장 길이를 갖는 무손실 전송 선로에 부하 임피던스 $\underline{Z}_{\rm L} = (100 + j0)\,\Omega$가 종단되었다. 이 선로의 입력 임피던스로 옳은 것은?

(A) $100\,\Omega$보다 큰 순저항

(B) $100\,\Omega$보다 작은 순저항

(C) $100\,\Omega$과 같은 순저항

(D) 순리액티브

(E) 유도성 복소 저항(저항 성분을 갖는)

(F) 용량성 복소 저항

개념문제 10.67 **스미스 차트를 이용한 부하 임피던스 찾기**

$Z_0 = 100\,\Omega$인 특성 임피던스와 1/8 파장 길이를 갖는 무손실 전송 선로가 미지의 부하로 종단되었다. 선로의 입력 임피던스가 $\underline{Z}_{\text{in}} = (200 + j0)\,\Omega$일 때, 부하의 임피던스 Z_L로 옳은 것은?

(A) 100Ω보다 큰 순저항

(B) 100Ω보다 작은 순저항

(C) 100Ω과 같은 순저항

(D) 순리액티브

(E) 유도성 복소 저항(저항 성분을 갖는)

(F) 용량성 복소 저항

개념문제 10.68 **선로 길이의 변화**

$Z_0 = 100\,\Omega$인 특성 임피던스와 5/8 파장 길이를 갖는 무손실 전송 선로에서 입력 임피던스가 $\underline{Z}_{\text{in}} = (200 + j0)\,\Omega$일 때, 부하 임피던스 Z_L로 맞는 것은?

(A) 100Ω보다 큰 순저항

(B) 100Ω보다 작은 순저항

(C) 100Ω과 같은 순저항

(D) 순리액티브

(E) 유도성 복소 저항(저항 성분을 갖는)

(F) 용량성 복소 저항

개념문제 10.69 **슬롯(Slotted) 선로 측정과 스미스 차트**

모르는 부하 임피던스가 연결된 무손실 공기가 채워진 슬롯 동축 선로의 측정으로부터 두 전압이 최대가 되는 근접한 거리 $\Delta l = 15\text{cm}$를 얻었다. 스미스 차트를 이용하여 얻은 전압원의 주파수로 맞는 것은?

(A) $f = 1\text{GHz}$

(B) $f = 2\text{GHz}$

(C) $f = 500\text{MHz}$

(D) $f = 4\text{GHz}$

(E) 위의 주파수들 중 해당 사항이 없음

(F) 더 많은 정보가 필요함

개념문제 10.70 **스미스 차트에서 전압 최대**

시간 조화파를 전달하는 특성 임피던스 $Z_0 = 50\Omega$를 갖는 무손실 전송 선로에 대해 미지의 임피던스를 갖는 부하로부터 일부가 반사된다. 선로에서 합성파는 정재파 특성을 나타내면 전압 최대는 부하 단자에서 관찰된다. 이로부터 스미스 차트를 이용하면 부하 임피던스 Z_L로 맞는 것은?

(A) 50Ω보다 큰 순저항

(B) 50Ω보다 작은 순저항

(C) 50Ω과 같은 순저항

(D) 순리액티브

(E) 0

(F) 무한한 값

개념문제 10.71 **스미스 차트에서 전압 최소**

$Z_0 = 50\Omega$인 무손실 전송 선로의 부하 단자에서 합성 정재파의 전압 최소가 0이 아닌 값을 가진다면 스미스 차트를 이용하여 임피던스 Z_L로 맞는 것은?

(A) 50Ω보다 큰 순저항

(B) 50Ω보다 작은 순저항

(C) 50Ω과 같은 순저항

(D) 순리액티브

(E) 0

(F) 무한한 값

개념문제 10.72 **스미스 차트에서 개방 회로의 변환**

λ_z가 케이블에 대한 파장이라고 할 때 길이 $l = 2\lambda_z/3$인 무손실 동축 케이블의 개방 회로부를 고려해보자. 스미스 차트를 이용하면 이 케이블의 입력 임피던스로 옳은 것은?

(A) 0이 아니며, 유한하고, 순실수

(B) 0이 아니며, 유한하고, 순허수

(C) 0

(D) 무한

(E) 위에 어느 것도 해당이 안됨

(F) 더 많은 정보가 필요함

개념문제 10.73 **선로에서 1/4 파장 이동과 스미스 차트**

스미스 차트를 보면 $\lambda_z/4$ 길이의 개방 회로를 갖는 무손실 동축 케이블의 입력 임피던스에 대한 설명으로 맞는 것은?

(A) 0이 아니며, 유한하고, 순실수

(B) 0이 아니며, 유한하고, 순허수

(C) 0

(D) 무한

(E) 위에 어느 것도 해당이 안 됨

(F) 더 많은 정보가 필요함

개념문제 10.74 **반파장 이동과 스미스 차트**

스미스 차트를 이용하여, 반파장 길이($\lambda_z/2$)의 개방된 무손실 동축 케이블의 임력 임피던스에 대한 설명으로 맞는 것은?

(A) 0이 아니며, 유한하고, 순실수

(B) 0이 아니며, 유한하고, 순허수

(C) 0

(D) 무한

(E) 위에 어느 것도 해당이 안 됨

(F) 더 많은 정보가 필요함

개념문제 10.75 **스미스 차트에서 임피던스 반전**

스미스 차트를 이용하여 1/4 파장 길이($l = \lambda_z/4$)를 갖는 무손실 전송 선로에 대한 설명으로 옳은 것은?

(A) 개방을 단락으로(반대는 아니다) 바꾼다.

(B) 단락을 개방으로(반대는 아니다) 바꾼다.

(C) 개방을 단락으로 단락을 개방으로 바꾼다.

(D) 위의 변화는 일어나지 않는다.

개념문제 10.76 **등가 입력 임피던스를 갖는 전송 선로**

선로에서 전파 파장은 $\lambda_z = 1\text{m}$로 같고 같은 주파수에서 동작하는 서로 다른 길이의 두 무손실 50Ω 특성 임피던스를 갖는 전송 선로가 있다. 선로들은 임피던스 $\underline{Z}_\text{L} = (100 - j50)\,\Omega$의 등가 복소 부하 저항으로 종단되어 있고 선로의 입력 임피던스는 동일하다. 두 선로들의 가능한 길이 l_1, l_2에 대해 다음 중 옳은 것은?

(A) $l_1 = 1.2\text{m}$ 와 $l_2 = 0.2\text{m}$

(B) $l_1 = 1.2\text{m}$ 와 $l_2 = 0.7\text{m}$

(C) $l_1 = 0.95\text{m}$ 와 $l_2 = 0.7\text{m}$

(D) $l_1 = 0.5\text{m}$ 와 $l_2 = 0.25\text{m}$

(E) 위 조합 중 하나 이상

(F) 위 조합에는 없음

개념문제 10.77 **전송 선로에서 전압 최대와 전압 최소의 수**

길이 $l = 2\lambda_z$ 의 무손실 전송 선로(λ_z 는 선로의 관내 파장) 정규화된 임피던스 $\underline{z}_L = \underline{Z}_L / Z_0 = 1 + j1$ 는 선로의 특성 임피던스 Z_0 로 종단되어 있다. 선로에서 전체 전압 최대와 전압 최소의 수는?

(A) 2개의 전압 최대, 2개의 전압 최소

(B) 2개의 전압 최대, 3개의 전압 최소

(C) 3개의 전압 최대, 2개의 전압 최소

(D) 4개의 전압 최대, 4개의 전압 최소

(E) 4개의 전압 최대, 5개의 전압 최소

(F) 5개의 전압 최대, 4개의 전압 최소

개념문제 10.78 **서로 다른 선로 길이에 대해 전압 최대와 전압 최소**

정규화된 부하 임피던스 $\underline{z}_L = \underline{Z}_L / Z_0 = 1 + j1$ 를 가진 무손실 전송 선로의 길이 $l = 2.25\lambda_z$ 일 때 선로에서 전압 최대와 전압 최소의 수는?

(A) 2개의 전압 최대, 2개의 전압 최소

(B) 2개의 전압 최대, 3개의 전압 최소

(C) 3개의 전압 최대, 2개의 전압 최소

(D) 4개의 전압 최대, 4개의 전압 최소

(E) 4개의 전압 최대, 5개의 전압 최소

(F) 5개의 전압 최대, 4개의 전압 최소

개념문제 10.79 **전송 선로의 정규화된 입력 임피던스**

부하 임피던스 $\underline{z}_\mathrm{L} = \underline{Z}_\mathrm{L}/Z_0 = 1 + j1$ 인 부하로 종단된 길이 $l = 2\lambda_z$ 의 무손실 전송 선로의 정규화된 입력 임피던스 $\underline{z}_\mathrm{in} = \underline{Z}_\mathrm{in}/Z_0$ 는?

(A) $\underline{z}_\mathrm{in} = 1 + j1$

(B) $\underline{z}_\mathrm{in} = 1 - j1$

(C) $\underline{z}_\mathrm{in} = 1 - j2$

(D) $\underline{z}_\mathrm{in} = 2 + j2$

(E) $\underline{z}_\mathrm{in} = 1$

(F) $\underline{z}_\mathrm{in} = j1$

10.6 계단 입력을 가진 전송 선로의 과도 해석

전송 선로에서 다른 형태들의 신호 또는 시간 조화 신호가 정상 상태에 도달하기 전 전압과 전류의 일시적인 변화를 "과도 상태(transient)"라고 한다. 전송 선로에서 발생하는 과도 상태로 가장 주목할만한 예는 전송 선로의 입력단에서 입력 전압이나 전류가 계단 형태로 갑자기 변하면서 만들어지는 과도 응답(transient response)으로 결국 선로에서 시간에 따라 일정한 전압과 전류(DC)를 갖게 되는 현상이다. 전송 선로에서 과도 응답 해석을 시작하기 위해 그림 10.5에서 전송 선로의 입력단에 연결된 전압원은 시간에 따라 변하는 유도기전력(emf) $e(t)$와 내부 저항 R_g를 갖고 부하는 순저항 성분으로 저항 R_L을 갖는다고 가정하자. 또한 계산을 편하게 하기 위해 그림 10.18(a)와 같이 전압원 단자에서 z축의 원점 $(z=0)$을 가정한다.

그림 10.18(a)에서 유도기 전력을 $t<0$에서는 $e(t)=0$이고, $t>0$에서 $e(t)=\mathcal{E}$ =상수로 계단 시간 함수가 된다고 하면, $t=0$ 이전에 전압과 전류는 선로위 모든 위치에서 동일하게 0이다. $t=0$에서 전압원에서 입력 전압 v_i1과 전류 i_i1이 시작되고 그림 10.18(b)와 같이 부하로 전파하게 된다. 입력파가 $t=T$에 부하에 전달하게 된다. 이때 T는 선로에 대한 전체 단방향 지연 시간(one-way delay time)이 된다.

$$T = \frac{1}{v_\mathrm{p}} \text{(전송 선로의 단방향 지연 시간)} \qquad (10.18)$$

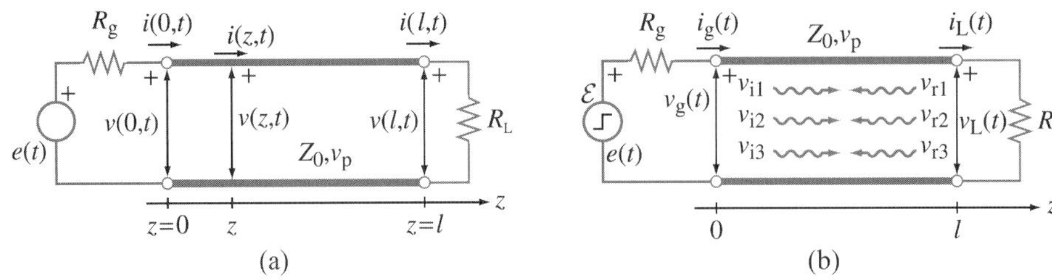

그림 10.18 (a) 순수한 저항성 부하로 종단된 순수한 저항성 내부 임피던스의 시변 전압원의 전송 선로
(b) 다중반사 추적 방법– 전송 선로에서 입사 전압과 반사 전압 성분을 이용으로 순수한 저항성 부하를 갖는 무손실 전송 선로의 계단 응답을 결정

여기서 v_{p}는 선로에서 위상 속도(phase velocity)이다. 부하로부터 역방향 전파가 반사되어 돌아오기 전에 선로에는 오직 입사파만 존재한다. 전압원 단자에서 과도 신호에 대한 선로의 동적 임피던스(dynamic impedance)는 다음과 같다.

$$(Z_{\mathrm{in}})_{\mathrm{dynamic}}=\frac{v_{\mathrm{i1}}}{i_{\mathrm{i1}}}=Z_0\text{(전송 선로의 입력 동적 임피던스)} \tag{10.19}$$

다시 말해 전압원에서 선로를 들여다 본 순수한 저항성 임피던스는 선로의 특성 임피던스 Z_0와 같고, Z_0와 R_{g}에 의한 전압 분배로부터 다음과 같이 주어진다.

$$v_{\mathrm{i1}}=\frac{Z_0}{Z_0+R_g}\mathcal{E}\text{ (선로에서 초기 입사 전압)} \tag{10.20}$$

그림 10.18(b)의 일반적 경우에서 부하는 선로에 정합되지 않기 때문에($R_L \neq Z_0$), 전압 $v_{\mathrm{r1}}=\Gamma_{\mathrm{L}}v_{\mathrm{i1}}$의 반사파가 부하에서 만들어진다. 부하 전압 반사 계수 Γ_{L}은 $\underline{Z}_{\mathrm{L}}$을 R_{L}로 대치하면 식 (10.4)로부터 얻을 수 있다. 그림 10.18(b)에서 반사파가 부하로부터 멀리 진행함에 따라 $t=2T$에 반사파는 전압원에 도달하게 된다. 전송 선로에서 이러한 순방향과 역방향 전압 파형들이 서로 어떻게 중첩되는지를 그림 10.19에 나타내었다. 만약 전압원이 선로에 정합되지 않는다면 즉 $R_{\mathrm{g}} \neq Z_0$이면, 전압원으로부터 반사되는 전압 v_{r1}의 반사(즉, 재반사)가 발생한다. 전압원에서 전압 반사 계수 Γ_{g}에 대한 v_{r1}은 부하 계수에서 부하저항 대신 R_{g}로 바꾸면 된다.

$$\Gamma_{\mathrm{g}}=\frac{R_{\mathrm{g}}-Z_0}{R_{\mathrm{g}}+Z_0},\quad \Gamma_{\mathrm{L}}=\frac{R_{\mathrm{L}}-Z_0}{R_{\mathrm{L}}+Z_0}\text{(전압원과 부하 반사 계수)} \tag{10.21}$$

그림 10.18(b)에서 이 새롭게 입사되는 전압 $v_{\mathrm{i2}}=\Gamma_{\mathrm{g}}v_{\mathrm{r1}}$이다. $t=3T$일 때 반사 계수 Γ_{L}인 부하에서 반사되어 돌아오는 $v_{\mathrm{r2}}=\Gamma_{\mathrm{L}}v_{\mathrm{i2}}$로 주어지면 ($v_{\mathrm{i3}}=\Gamma_{\mathrm{g}}v_{\mathrm{r2}}\;\; v_{\mathrm{r3}}=\Gamma_{\mathrm{L}}v_{\mathrm{i3}}\;\ldots$)가 된다.

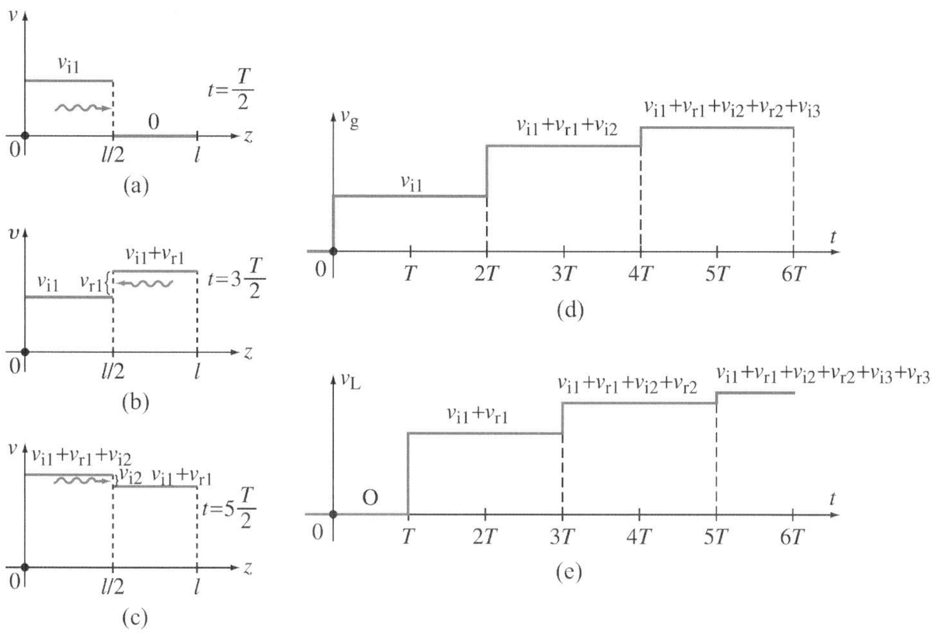

그림 10.19 그림 10.18(b)의 전송 선로에서 $R_L, R_g > Z_0$, $0 \le z \le l$일 때, $0LEt \le 6T$인 경우 전체 전압 분포 $v(z,t)$
(a) $t = T/2$ (b) $t = 3T/2$ (c) $t = 5T/2$ (d) 전압원($z=0$)
(e) 부하($z=l$)에서 전압 파형

그림 10.19는 선로의 양단에서 $v_g(t) = v(0,t)$, $v_L(t) = v(l,t)$로 나타내는 시간 구간 내에서 선로를 따라 나타나는 세 특정 순간에서 전압 $v(z,t)$의 파형을 나타내었다.

개념문제 10.80 두 동축 케이블에서 단방향 전파 시간

서로 다른 유전율의 유전체를 가진 같은 크기의 두 동축 케이블에 펄스 신호가 그림 10.20과 같이 전파한다. 두 유전체는 모두 비자성체이고 무손실이다. 상대 유전율 $\varepsilon_r = 2$인 케이블에서 전압원으로부터 부하까지 전파하는 시간은 $\varepsilon_r = 8$인 동축 케이블에서의 전파 시간에 비해 어떻게 주어지는가?

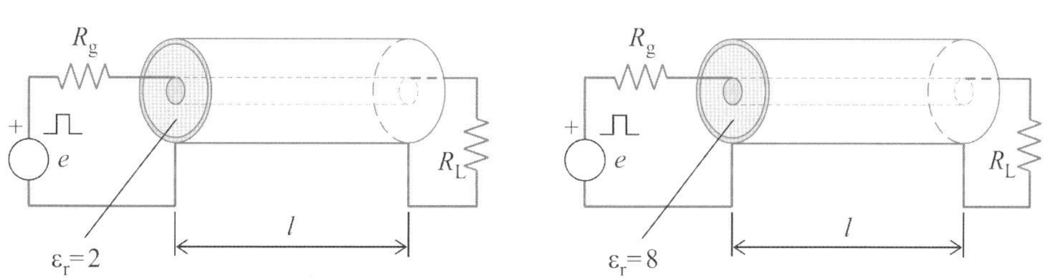

그림 10.20 서로 다른 유전체를 가진 두 동축 케이블을 따라 전파하는 펄스(개념문제 10.80)

(A) 4배이다.

(B) 1/4이다.

(C) 2배이다.

(D) 1/2이다.

(E) 같다.

개념문제 10.81 **선로의 전압원 단자에서 초기 과도 전압**

특성 임피던스 $Z_0 = 50\,\Omega$인 무손실 전송 선로가 그림 10.21에 나타낸 것처럼 $t = 0$에서 계단 전압 $\mathcal{E} = 5\text{V}$의 전압원에 의해 구동된다고 하자. $t = 0^+$에서 선로의 입력단(전압원 단자)에서 과도 전압 $v_g(t)$으로 맞는 것은?

(A) 5V

(B) 3.33V

(C) 2.5V

(D) 2V

(E) 선로의 길이에 따라 다르다.

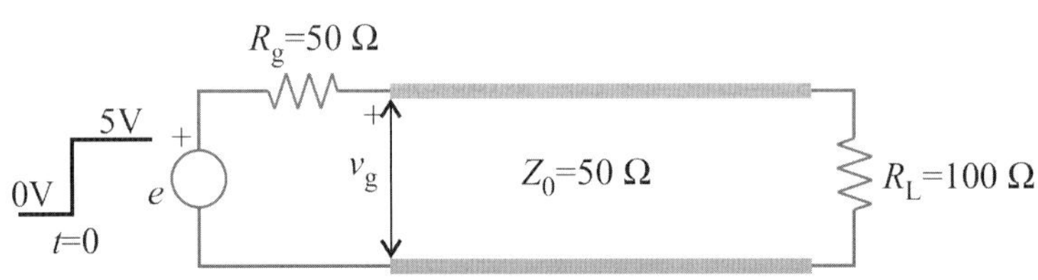

그림 10.21 그림 10.8의 회로에서 $t = 0$에서 계단 응답을 가진 경우(개념문제 10.81)

개념문제 10.82 **정합 부하에 대한 계단 응답**

그림 10.21처럼 계단 전압 입력을 가진 무손실 전송 선로가 부하에 정합되었을 때, 선로의 과도 신호 영역은 신호가 선로를 따라 전파하는 단방향 전파 시간 T 동안만 지속된다. 이후 전체 선로에서 정상 상태가 만들어지는 조건으로 옳은 것은?

(A) 전압원이 선로에 또한 정합되기만 한다면

(B) 전압원이 선로에 부정합되기만 한다면

(C) 전압원이 선로에 정합이 되거나 되지 않거나 무관하다.

개념문제 10.83 **정합된 전압원과 부정합 부하에 대한 계단 응답**

그림 10.21과 같은 전송 선로 회로에서 전압 $v_g(t)$에 대해 전압원 단자에서 정상 상태가 만들어지는 순간은? 단, T는 선로에서 단방향 전파 지연 시간이다.

(A) $t=0$

(B) $t=T$

(C) $t=2T$

(D) $t=3T$

(E) $t=4T$

(F) $t\to\infty$

개념문제 10.84 **부정합 전압원과 부하에 대한 계단 응답**

그림 10.22에 나타낸 것처럼 계단 전압 입력과 선로에서 단방향 전파 지연 시간이 T일 때, 전압 $v_g(t)$가 정상 상태에 도달하는 순간은

(A) $t=0$

(B) $t=T$

(C) $t=2T$

(D) $t=3T$

(E) $t=4T$

(F) $t\to\infty$

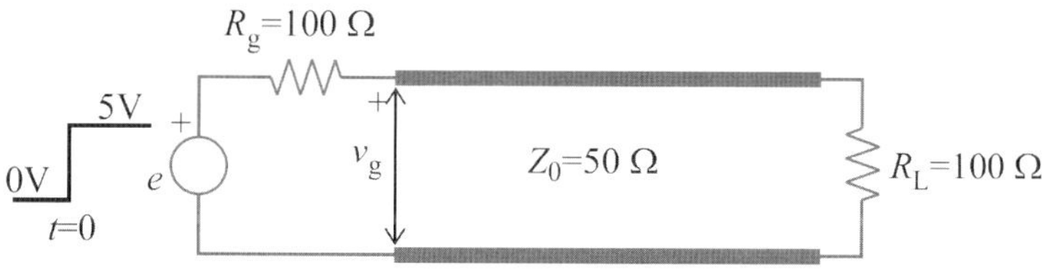

그림 10.22 과도 전압과 전류를 가진 전송 선로(개념문제 10.84)

개념문제 10.85 **계단 응답에 대한 정상 상태 해석은 실제로 DC 값만 갖는가?**

그림 10.22에 나타낸 회로와 같이 전압 계단 전압원에 의해 여기되는 무손실 전송 선로 구조에 대한 정상 상태 응답은 실제로는 DC 성분만 갖는다. 만약 선로 구조를 제안한다면 단순히 이상적인 단락 회로 도체들의 쌍으로 간주될 수 있다.

(A) 참

(B) 거짓

개념문제 10.86 **분산 커패시터와 인덕터를 가진 모델에서 정상 상태**

그림 10.22에 선로처럼 부정합 전압원과 부하, 계단 함수 입력을 가진 무손실 전송 선로를 가정하자. 집중 소자들을 가진 기본 단위 구조의 사다리꼴 네트워크 형태로 선로의 회로 모델에서 분산형 병렬 커패시터와 직렬 인덕터를 갖고 있다. 무손실 선로에서 정상 상태는 다음과 같이 커패시터의 전압과 인덕터의 전류를 갖는다.

(A) 모든 전압들은 0, 전류들도 0

(B) 모든 전압들이 같고, 0이 아니며, 모든 전류들은 같고 0이 아니다.

(C) 모든 전압들은 같고 0이 아니면, 모든 전류들은 0이다.

(D) 모든 전압들은 0이고, 모든 전류들은 같고 0이 아니다.

(E) 모든 전압들은 같으며, 0이 아니고, 전류는 같지 않다.

(F) 전압들은 같지않고 전류들도 같지 않다.

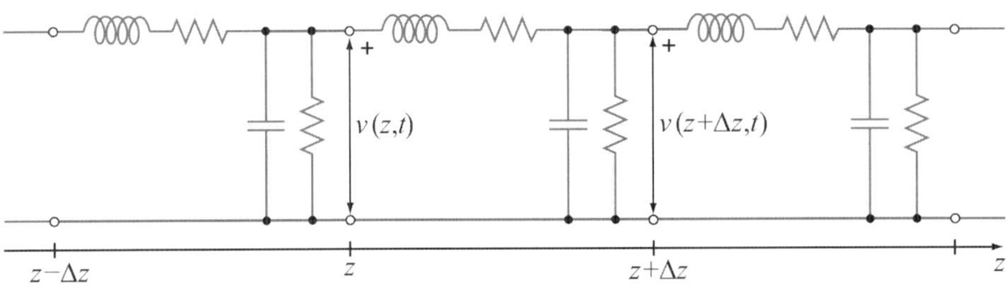

그림 10.23 과도 전압과 전류를 가진 임의의(손실) 전송 선로의 회로 모델(개념문제 10.86)

개념문제 10.87 **전송 선로에서 정상 상태 전압**

그림 10.24에 나타낸 것과 같은 전송 선로 회로($\mathcal{E} = 10\,V, R_g = R_L = 100\Omega,\ Z_0 = 400\Omega$)에 대해 정상 상태 전압원 양단의 전압 v_g는?

(A) 10V

(B) 2V

(C) 8V

(D) 5V

(E) 0

(F) 선로의 길이에 따라 다르다.

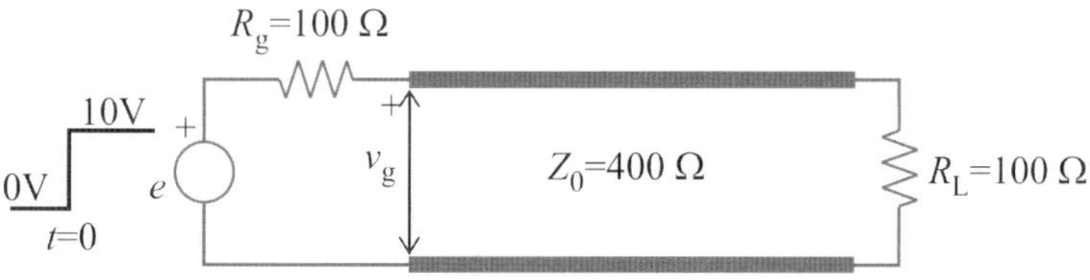

그림 10.24 정합되지 않은 전압원과 부하를 가진 무손실 전송 선로 회로에 계단 응답이 인가되었을 경우 정상 상태 전압의 평가(개념문제 10.87)

개념문제 10.88 **시간 영역 반사계(Reflectrometry)**

계단 전압 전압원과 오실로스코프로 구성되는 시간 영역 반사계(TDR)는 무손실 전송 선로에 연결된 미지의 부하 저항의 저항값을 결정하기 위해 사용된다. 선로의 특성 임피던스가 $Z_0 = 50\Omega$이고, 전압원의 내부 저항도 같다. 만약 선로가 $t = 0$에서 유도기 전력(emf) $\mathcal{E} = 4$V 전압원이 인가된다면 오실로스코프는 선로의 전압원 단자에서 그림 10.25와 같이 전압 $v_g(t)$를 표시한다. 부하 저항값은?

(A) $R_L = 0$

(B) $R_L = 150\Omega$

(C) $R_L = 30\Omega$

(D) $R_L = 50\Omega$

(E) $R_L = 150\Omega$

(F) $R_L \to \infty$

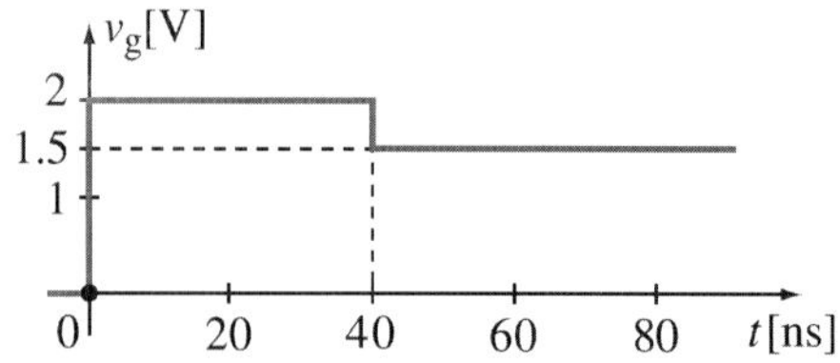

그림 10.25 시간 영역 반사계로 전송 선로의 미지 부하를 측정 : 부하 저항 R_L을 결정하기 위해 오실로스코프 화면에 표시된 전압원($R_g = Z_0$)에서 선로의 전압 계단 응답(개념문제 10.88)

개념문제 10.89 TDR 디스플레이로부터 선로 길이를 결정

시간 영역 반사계가 폴리에틸렌($\varepsilon_r = 2.25$, $\mu_r = 1$)으로 채워진 전송 선로의 길이를 결정하기 위해 사용된다. 그림 10.25에 나타낸 TDR 오실로스코프 화면으로부터 선로의 길이로 옳은 것은?

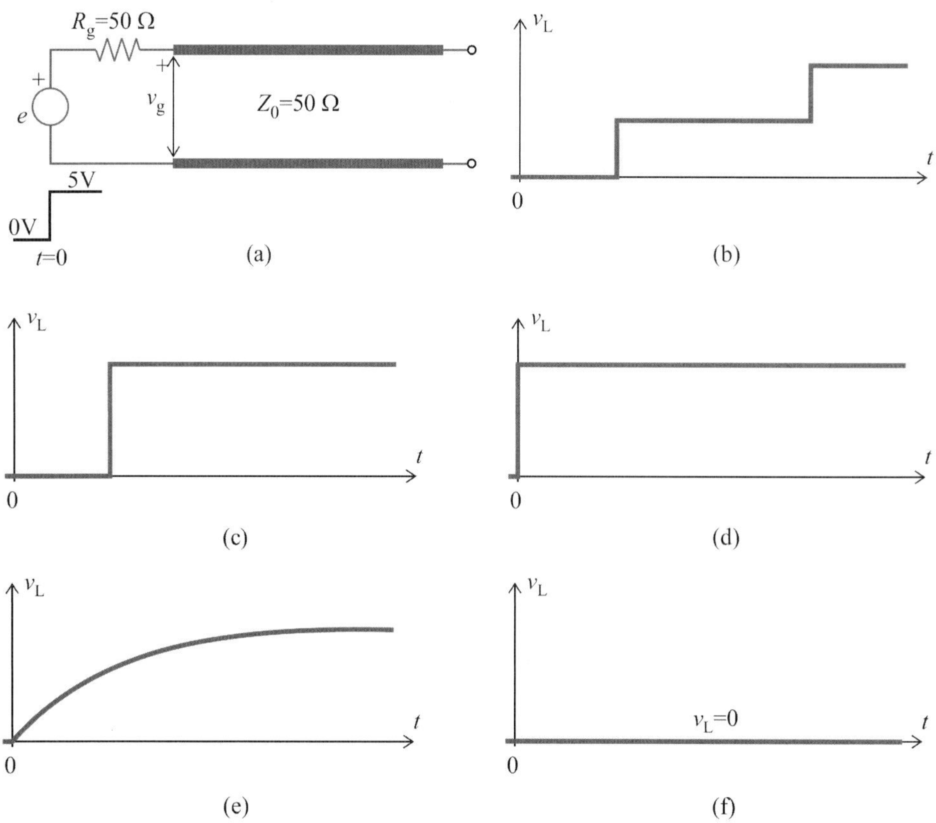

그림 10.26 (a) 계단 전압($t = 0$에서 $\mathcal{E} = 5$V)을 가진 개방 회로 전송 선로
(b)-(f) 선로의 계단 응답 특성, 부하에서 전압 파형(개념문제 10.89)

(A) $l = 3\text{m}$

(B) $l = 4\text{m}$

(C) $l = 6\text{m}$

(D) $l = 8\text{m}$

(E) $l = 12\text{m}$

(F) $l = 16\text{m}$

개념문제 10.90 **개방 회로 선로의 계단 응답**

그림 10.26(a)에 나타낸 것처럼 특성 임피던스 $Z_0 = 50\Omega$인 무손실 전송 선로가 계단 전압 emf $\mathcal{E} = 5\text{V}$와 내부 저항 $R_g = 50\Omega$인 전압원에 의해 구동되며 부하는 개방 회로($R_L \to \infty$)이다. 부하에서 전압 $v_L(t)$는?

(A) 그림 10.26(b)

(B) 그림 10.26(c)

(C) 그림 10.26(d)

(D) 그림 10.26(e)

(E) 그림 10.26(f)

개념문제 10.91 **단락 회로 선로의 계단 응답**

그림 10.26(a)에서 선로가 그림 10.27과 같이 부하에서 단락되어 있을 때($R_L = 0$), 그림 10.26 중 부하에서 전압 파형 $v_L(t)$를 나타낸 것은?

(A) 그림 10.26(b)

(B) 그림 10.26(c)

(C) 그림 10.26(d)

(D) 그림 10.26(e)

(E) 그림 10.26(f)

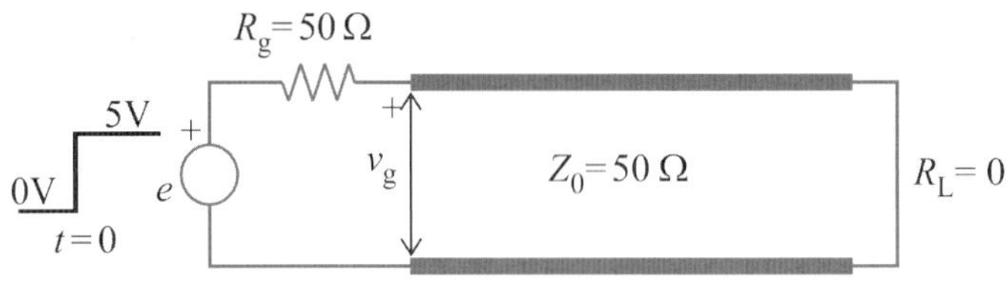

그림 10.27 계단 전압원을 가진 단락 회로로 종단된 무손실 전송 선로(개념문제 10.91)

개념문제 10.92 이상적인 전압원에 대한 반사 계수

특성 임피던스 $Z_0 = 100\,\Omega$인 무손실 전송 선로가 $t = 0$에서 계단 전압을 가진 이상적인 전압원에 의해 구동된다. 선로의 다른 쪽 끝이 저항 $R_L = 200\,\Omega$의 순수한 저항 부하로 종단되었을 때 전압원 쪽으로 진행하는 과도 선로전압은

(A) 전압원에서 반사되지 않는다(반사 계수 $\Gamma_g = 0$)

(B) 반사 계수 $\Gamma_g = 0.5$로 반사된다

(C) 반사 계수 $\Gamma_g = -0.5$로 반사된다

(D) 반사 계수 $\Gamma_g = 1$로 반사된다

(E) 반사 계수 $\Gamma_g = -1$로 반사된다

(F) 더 많은 정보가 필요하다

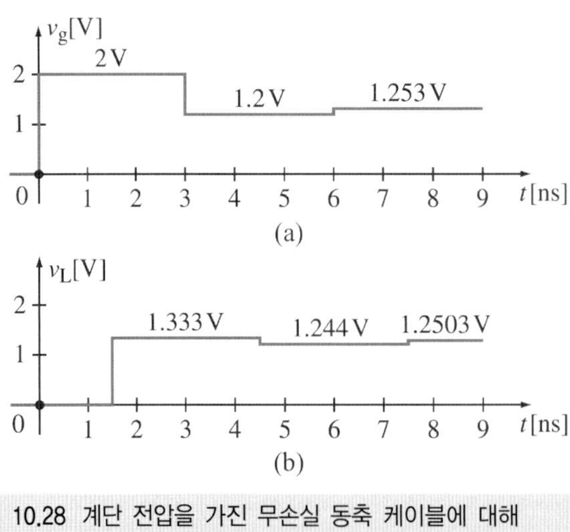

그림 10.28 계단 전압을 가진 무손실 동축 케이블에 대해 (a) 전압원에서 (b) 부하에서 전압 파형(개념문제 10.92)

개념문제 10.93 **동축 케이블의 양단에서 전압 파형**

특성 임피던스 $Z_0 = 50\,\Omega$과 단방향 시간 지연 $T = 1.5\text{ns}$인 무손실 동축 케이블이 $t = 0$에서 계단 전압 $\mathcal{E} = 5\text{V}$, 내부 저항 R_g인 전압원으로 구동된다. 케이블의 다른 한쪽 끝단은 저항 R_L의 순수한 저항성 부하로 종단되어 있다. 그림 10.28은 $0 \le t \le 9\text{ns}$인 시간 구간 동안 케이블의 양 끝단에서 전압 파형을 나타낸다. 이 다이어그램으로부터 맞는 것은?

(A) $R_L > Z_0$와 $R_g > Z_0$

(B) $R_L < Z_0$와 $R_g < Z_0$

(C) $R_L > Z_0$와 $R_g < Z_0$

(D) $R_L < Z_0$와 $R_g > Z_0$

(E) $R_L > Z_0$와 $R_g = Z_0$

(F) $R_L < Z_0$와 $R_g = Z_0$

개념문제 10.94 **부하와 전압원 저항들의 또다른 조합**

특성 임피던스 $Z_0 = 100\,\Omega$과 단방향 시간 지연 $T = 2\text{ns}$인 무손실 동축 케이블이 $t = 0$에서 계단 전압 $\mathcal{E} = 4\text{V}$, 내부 저항 R_g인 전압원으로 구동된다. 케이블의 다른 한쪽 끝단은 저항 R_L의 순수한 저항성 부하로 종단되어 있다. 그림 10.29은 $0 \le t \le 12\text{ns}$인 시간 구간 동안 케이블의 양 끝단에서 전압 파형을 나타낸다. 부하 저항 R_L과 전압원의 내부 저항 R_g는 Z_0에 비해 어떻게 주어지는가?

(A) $R_L > Z_0$와 $R_g > Z_0$

(B) $R_L < Z_0$와 $R_g < Z_0$

(C) $R_L > Z_0$와 $R_g < Z_0$

(D) $R_L < Z_0$와 $R_g > Z_0$

(E) $R_L > Z_0$와 $R_g = Z_0$

(F) $R_L < Z_0$와 $R_g = Z_0$

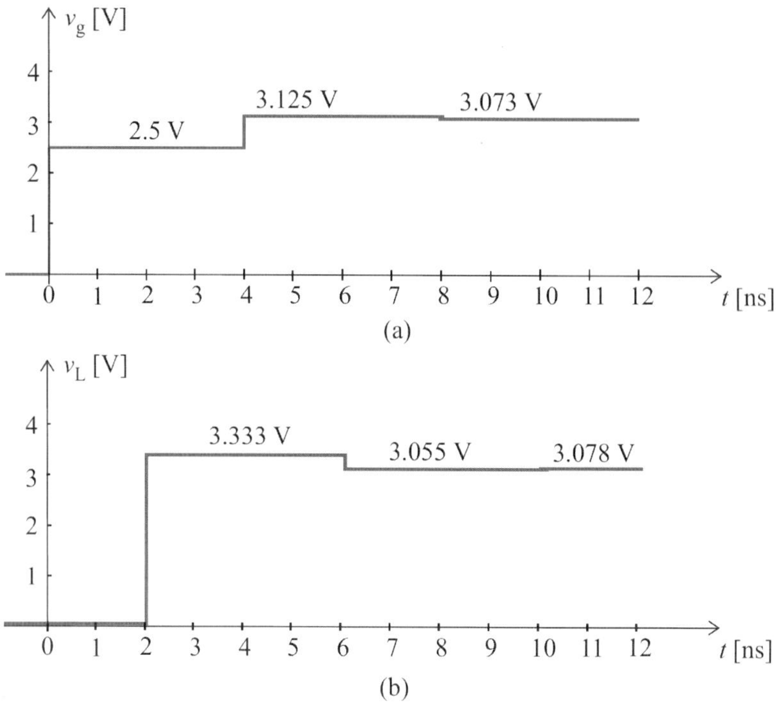

그림 10.29 무손실 전송 선로의 계단 과도 응답 (a) 입력 (b) 출력 전압 파형(개념문제 10.94)

개념문제 10.95 **부하와 전압원 저항들의 또 다른 조합**

특성 임피던스 $Z_0 = 100\,\Omega$과 단방향 시간 지연 $T = 2\text{ns}$인 무손실 동축 케이블이 $t = 0$에서 계단 전압 $\mathcal{E} = 4\text{V}$, 내부 저항 R_g인 전압원으로 구동된다. 케이블의 다른 한쪽 끝단은 저항 R_L의 순수한 저항성 부하로 그림 10.30과 같이 종단되어 있다.

(A) $R_L > Z_0$와 $R_g > Z_0$

(B) $R_L < Z_0$와 $R_g < Z_0$

(C) $R_L > Z_0$와 $R_g < Z_0$

(D) $R_L < Z_0$와 $R_g > Z_0$

(E) $R_L > Z_0$와 $R_g = Z_0$

(F) $R_L < Z_0$와 $R_g = Z_0$

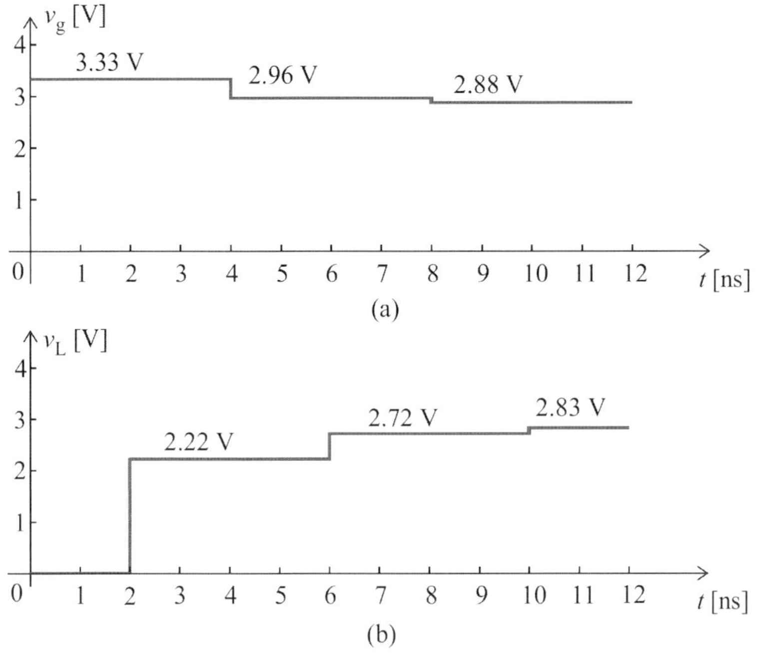

그림 10.30 전송 선로에 대해 (a) 전압원 (b) 부하에서 전압 파형(개념문제 10.95)

개념문제 10.96 두 시간 순간에 선로에 전압

그림 10.31은 특성 임피던스 $Z_0 = 100\Omega$과 단방향 시간 지연 $T = 2\text{ns}$인 무손실 동축 케이블이 $t = 0$에서 계단 전압 $\mathcal{E} = 4\text{V}$, 시간의 두 순간에 $v(z,t)$, $0 \le z \le l$이 인가될 때 파형을 나타낸다. 그림 10.31(a)와 그림 10.31(b)가 나타내는 시간으로 맞는 것은?

(A) $t = 1\text{ns}$ 이고, $t = 3\text{ns}$

(B) $t = 3\text{ns}$ 이고, $t = 1\text{ns}$

(C) $t = 3\text{ns}$ 이고, $t = 5\text{ns}$

(D) $t = 5\text{ns}$ 이고, $t = 3\text{ns}$

(E) $t = 5\text{ns}$ 이고, $t = 7\text{ns}$

(F) $t = 7\text{ns}$ 이고, $t = 5\text{ns}$

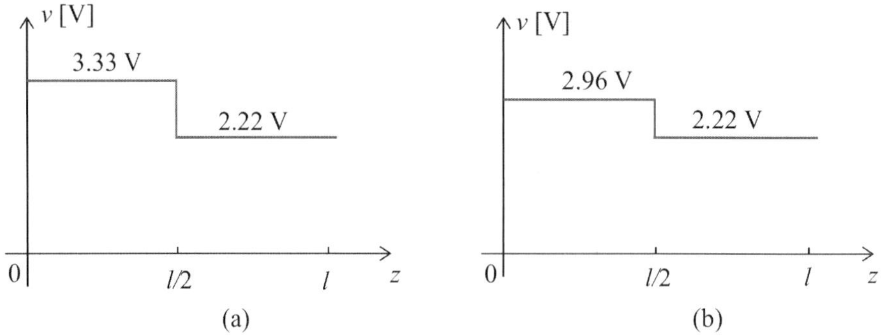

그림 10.31 계단 전압을 가진 전송 선로에서 전압 파형(선로의 입력/출력 전압 파형은 그림 10.30과 같다)(개념문제 10.96)

개념문제 10.97 **전압 파형으로부터 전압원 저항을 결정**

그림 10.32는 $t = 0$에서 계단 전압 $\mathcal{E}$인 전압원이 인가되는 특성 임피던스 Z_0인 무손실 전송 선로에 대해 입력과 출력 파형 $v_g(t)$, $v_L(t)$이다. 전압원의 내부 저항은?

(A) $R_g = Z_0$

(B) $R_g = 2Z_0$

(C) $R_g = Z_0/2$

(D) $R_g = 0$

(E) $R_g \to \infty$

(F) 더 많은 정보가 필요하다.

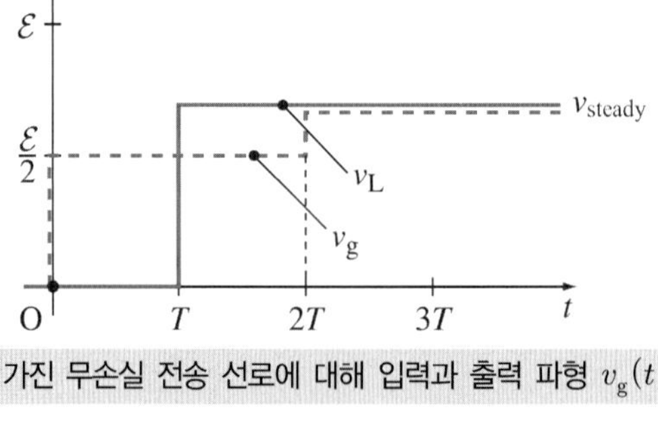

그림 10.32 계단 전압을 가진 무손실 전송 선로에 대해 입력과 출력 파형 $v_g(t)$, $v_L(t)$(개념문제 10.97)

개념문제 10.98 **전압 파형으로부터 부하 반사 계수를 결정**

그림 10.33과 같이 $t=0$에서 인가된 계단 전압 $\mathcal{E}$에 의해 구동되는 무손실 전송 선로에 대해 $v_{\text{steady}}=0.75\mathcal{E}$이다. 선로의 부하에서 전압 반사 계수는?

(A) $\Gamma_{\text{L}}=-1$

(B) $\Gamma_{\text{L}}=-0.5$

(C) $\Gamma_{\text{L}}=0$

(D) $\Gamma_{\text{L}}=0.25$

(E) $\Gamma_{\text{L}}=0.5$

(F) $\Gamma_{\text{L}}=1$

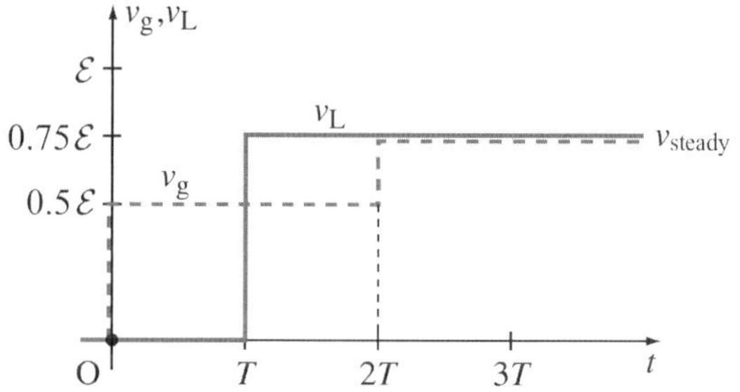

그림 10.33 (개념문제 10.98)

개념문제 10.99 **또 다른 부하 반사 계수의 결정**

그림 10.34와 같이 계단 전압 $\mathcal{E}$를 인가할 때 무손실 전송 선로에 대해 선로의 부하 전압 반사 계수는?

(A) $\Gamma_{\text{L}}=-1$

(B) $\Gamma_{\text{L}}=-0.5$

(C) $\Gamma_{\text{L}}=0$

(D) $\Gamma_{\text{L}}=0.25$

(E) $\Gamma_{\text{L}}=0.5$

(F) $\Gamma_{\text{L}}=1$

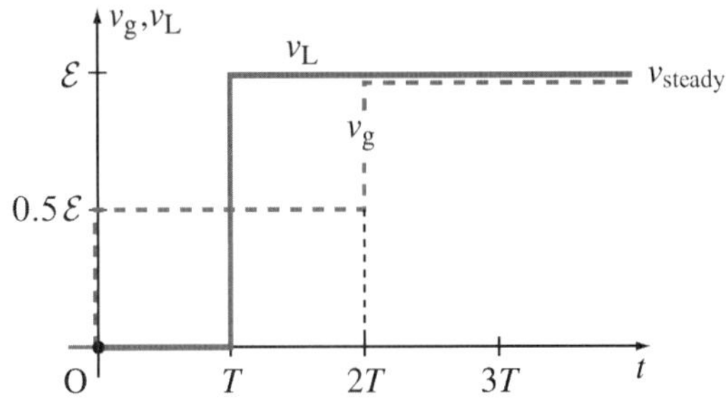

그림 10.34 또 다른 부하를 갖는 전송 선로의 계단 응답(개념문제 10.99)

10.7 펄스 신호를 가진 전송 선로의 해석

그림 10.18(a)에서 유도기전력 전압이 그림 10.35(a)처럼 $t=0$에서 t_0인 동안 크기 $\mathcal{E}$의 사각형 펄스이다. 그림 10.35(b)로부터 $e(t)$는 그림 10.18(b)에서 극성이 반대이고 시간차가 t_0인 두 계단 함수의 중첩으로 볼 수 있다. $e(t)$에 대한 그림 10.18(a)에서 전송 선로의 응답은 각 계단 입력들에 대해 각각 계산되어 합쳐질 수 있다. 즉 입력 $e_1(t)$ ($t=0$에서 계단 입력)에 대한 선로 출력 응답(부하 전압) $v_{L1}(t)$라고 하면, 결합된 입력에 대한 전체 출력 응답은 다음과 같이 주어진다.

$$e(t)=e_1(t)-e_1(t-t_0) \rightarrow v_L(t)=v_{L1}(t)-v_{L1}(t-t_0) \text{(펄스 응답)} \tag{10.22}$$

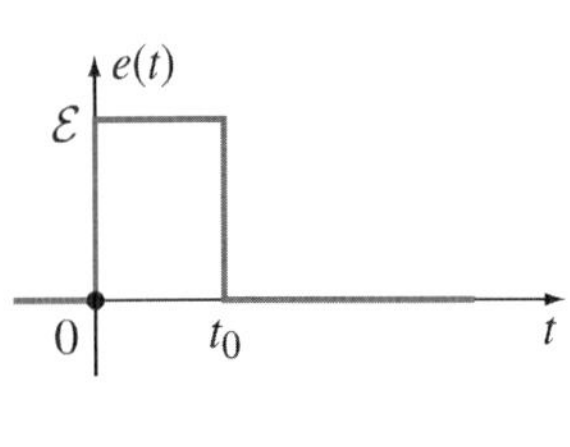

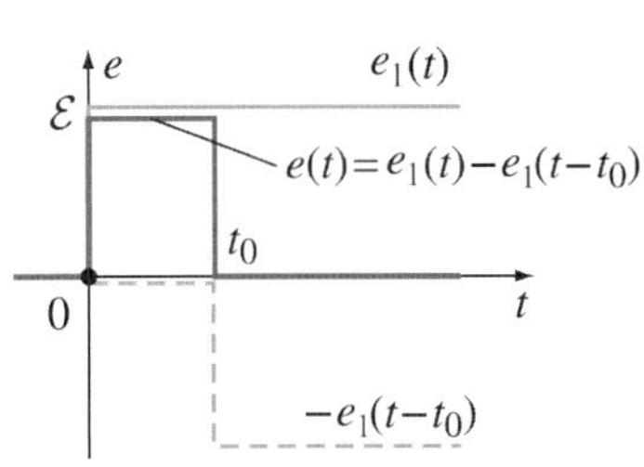

그림 10.35 그림 10.18(b)에서 무손실 전송 선로의 펄스 인가
(a) 시간 영역에서 사각 펄스 emf 함수 (b) 두 계단 함수를 사용한 표현

즉, 선로 전압은 $v_{L1}(t)$와 -1을 곱하고 t_0 만큼 지연된 신호의 중첩에 의해 얻을 수 있으며, 선로에서 다른 신호들에 대해서도 적용될 수 있다.

개념문제 10.100 **부정합 부하와 전압원을 가진 선로의 펄스 응답**

길이 $l = 45\text{cm}$, 선로의 단방향 지연 시간 $T = 3\text{ns}$ 특성 임피던스 $Z_0 = 50\Omega$인 무손실 전송 선로에 $t = 0$에서 크기 $\mathcal{E} = 10\text{V}$, 폭 $t_0 = 2\text{ns}$인 사각 펄스의 이상적인 전압원으로 구동되었다. 선로의 다른 쪽 끝은 $R_L = 200\Omega$의 순수한 저항성 부하로 연결이 되었다. $0 \leq t \leq 20\text{ns}$에서 부하 단자에서 선로의 계단과 펄스 응답 전압 $v_{L1}(t)$와 $v_{L2}(t)$이 그림 10.36(a)와 (b)에 각각 나타내었다.

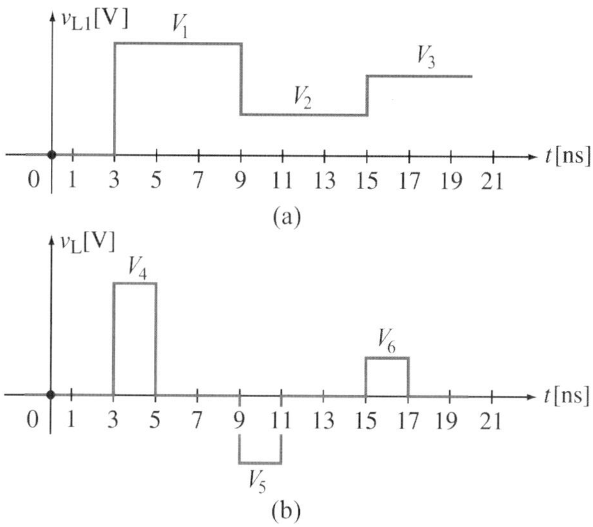

그림 10.36 무손실 전송 선로의 (a) 계단 (b) 펄스 출력(개념문제 10.100)

(A) $V_4 = V_1$, $V_5 = -V_2$ 그리고 $V_6 = V_3$

(B) $V_4 = V_1$, $V_5 = V_1 - V_2$ 그리고 $V_6 = V_2 - V_3$

(C) $V_4 = V_1$, $V_5 = V_1 - V_2$ 그리고 $V_6 = V_1 - V_3$

(D) $V_4 = V_1 - V_2$, $V_5 = -V_2$ 그리고 $V_6 = V_3 - V_2$

(E) $V_4 = V_1$, $V_5 = V_2 - V_1$ 그리고 $V_6 = V_3 - V_2$

(F) 위에 답이 없다.

개념문제 10.101 **정합 전압원을 가진 선로의 펄스 응답**

만약 전압원이 무손실 전송 선로 $l = 45\text{cm}$, $T = 3\text{ns}$, $Z_0 = 50\Omega$, $R_L = 200\Omega$에 정합되었다면 ($R_g = Z_0$), 펄스 여기($\mathcal{E} = 10\text{V}$, 펄스폭 $t_0 = 2\text{ns}$, $t = 0$)에 대한 선로의 출력 응답 $v_L(t)$은?

(A) 반대 극성을 갖는 무한한 일련의 펄스

(B) 같은 극성을 갖는 무한한 일련의 펄스

(C) 단지 하나의 펄스

(D) 서로 다른 극성을 갖는 두 펄스

(E) 같은 극성을 갖는 두 펄스

(F) 위 모두 해당이 안됨

개념문제 10.102 **정합 부하를 갖는 선로의 펄스 응답**

부하가 전송 선로($T = 3\text{ns}$ 인)에 정합 $R_L = Z_0$되었고, 전압원은 이상적으로 $R_g = 0$, 펄스폭 $t_0 = 2\text{ns}$일 때, 부하에서 선로의 응답 $v_L(t)$는?

(A) 반대 극성을 갖는 무한한 일련의 펄스

(B) 같은 극성을 갖는 무한한 일련의 펄스

(C) 단지 하나의 펄스

(D) 서로 다른 극성을 갖는 두 펄스

(E) 같은 극성을 갖는 두 펄스

(F) 위 모두 해당이 안됨

개념문제 10.103 **부하 단자에서 겹치는 펄스**

그림 10.37은 사각 펄스 여기에 대한 전송 선로의 출력 전압 응답을 보여준다. 선로의 단방향 지연 시간이 T이고, 펄스전압의 폭이 t_0일 때

(A) $t_0 < T$

(B) $t_0 = T$

(C) $T < t_0 < 2T$

(D) $t_0 = 2T$

(E) $t_0 > 2T$

(F) 더 많은 정보가 필요하다.

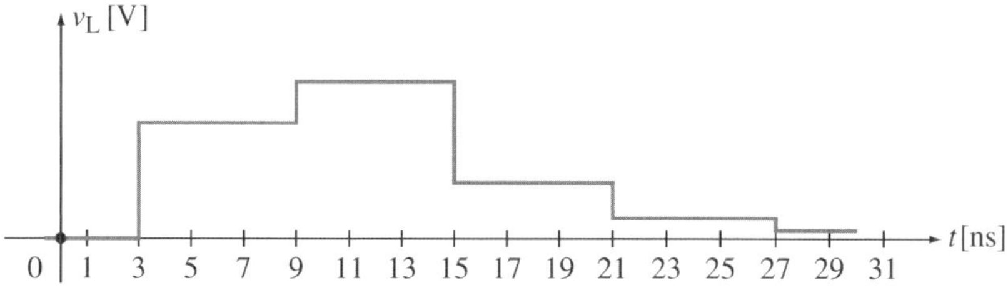

그림 10.37 전송 선로의 펄스 응답(개념문제 10.103)

10.8 리액티브 종단에 대한 과도 응답

때때로 전송 선로 종단은 인덕터나 커패시터와 같은 리액티브 집중 소자를 갖는다. 과도 응답의 예로 그림 10.38(a)와 같이 정합된 계단 전압원이 인가되고 인덕턴스 L의 이상적인 인덕터로 종단된 무손실 전송 선로를 고려해보자. 입사 전압은 $v_i = v_{i1} = \mathcal{E}/2$ (식 (10.20))이다. 식 (10.18)과 같이 T가 선로의 단방향 지연 시간이라고 할 때 $t = T$에서 신호 v_{i1}의 파형은 부하 단자에 도달하고 인덕터의 전압이 갑자기 바뀌게 된다. 일반적으로 인가되는 전압의 급격한 변화는 인덕터가 개방 회로처럼 동작하게 되고(매우 높은 주파수의 시간 조화 신호에 대해서도 그렇다) 전류는 0이 된다. 그래서 이때 입사된 전압은 그림 10.38(a)처럼 개방 회로 전송 선로처럼 부하로부터 반사된다. 부하의 전체 전압은

$$v_L(T) = v_{i1} + v_{r1} = 2v_{i1} = \mathcal{E} \text{ (인덕터 → 개방 회로, } \Gamma_L = 1) \tag{10.23}$$

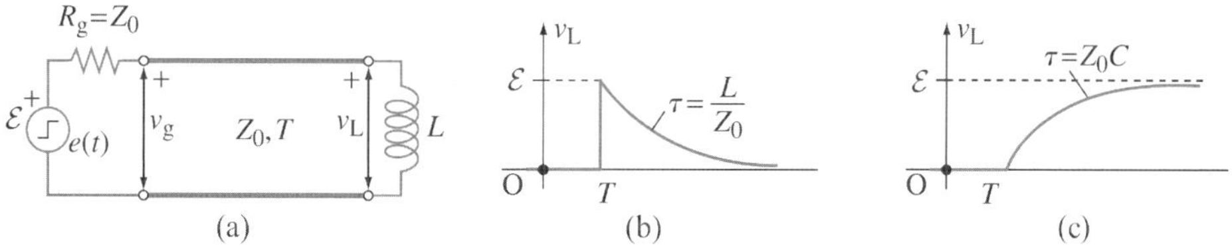

그림 10.38 순수한 유도성 부하와 정합된 전압원을 가진 무손실 전송 선로의 계단 과도 응답 해석
(a) 회로 (b) 부하에서 전압 파형 (c) (b)와 같지만 순수한 용량성 부하에 대해

DC 영역과 같은(주파수가 0인) 정상 상태에서, 인덕터는 단락 회로처럼 생각할 수 있으므로

$$v_L(t\to\infty) = v_{\text{steady}} = 0(\text{인덕터} \to \text{단락 회로},\ \Gamma_L = -1) \tag{10.24}$$

시간 $t = T$와 $t\to\infty$ 사이에 인덕터 전압의 변화(감소)는 그림 10.38(b)와 같이 지수 함수적 특성을 갖는다. 부하에서 전송 선로를 들여다보는 입력 다이나믹 임피던스는 선로의 특성 임피던스 Z_0와 같고, 이 지수 함수적 변화의 시상수(time constant)는

$$\tau = \frac{L}{Z_0}(\text{순수한 유동성 부하를 가진 선로의 시상수}) \tag{10.25}$$

부하로서 커패시턴스 C의 이상적인 커패시터를 가진 전송 선로의 과도 해석은 인덕터와는 반대로 동작한다는 것을 명심하자. 커패시터는 정상 상태(DC)에서 개방 회로처럼 동작하지만 인가된 신호의 빠른 변화에 대해 단락 회로처럼 동작한다. 그림 10.38(c)와 같이 $t = T$와 $t\to\infty$ 사이 지수 함수적 변화의 시상수는 $\tau = Z_0C$이다. 게다가 비슷한 과도 응답 해석이 다양하게 결합된 저항성과 리액티브, 예를 들어 저항과 인덕터(커패시터)의 직렬 또는 병렬 조합 등 종단을 가진 전송 선로에서 수행될 수 있다.

개념문제 10.104 선로의 부하단에서 직렬(series)로 연결된 저항과 인덕터

t=0에서 무손실 전송 선로에 계단 전압 전압원이 인가된다. 선로의 특성 임피던스는 Z_0이고 전압원의 내부 저항 R_g는 같다(전압원은 선로에 정합되어 있다). 다른 한쪽 끝에 선로가 저항R과 인덕턴스 L의 인덕터가 직렬로 연결되었을 때 부하에 걸리는 전압 파형 $v_L(t)$는?

(A) 그림 10.39(a)

(B) 그림 10.39(b)

(C) 그림 10.39(c)

(D) 그림 10.39(d)

(E) 그림 10.39(e)

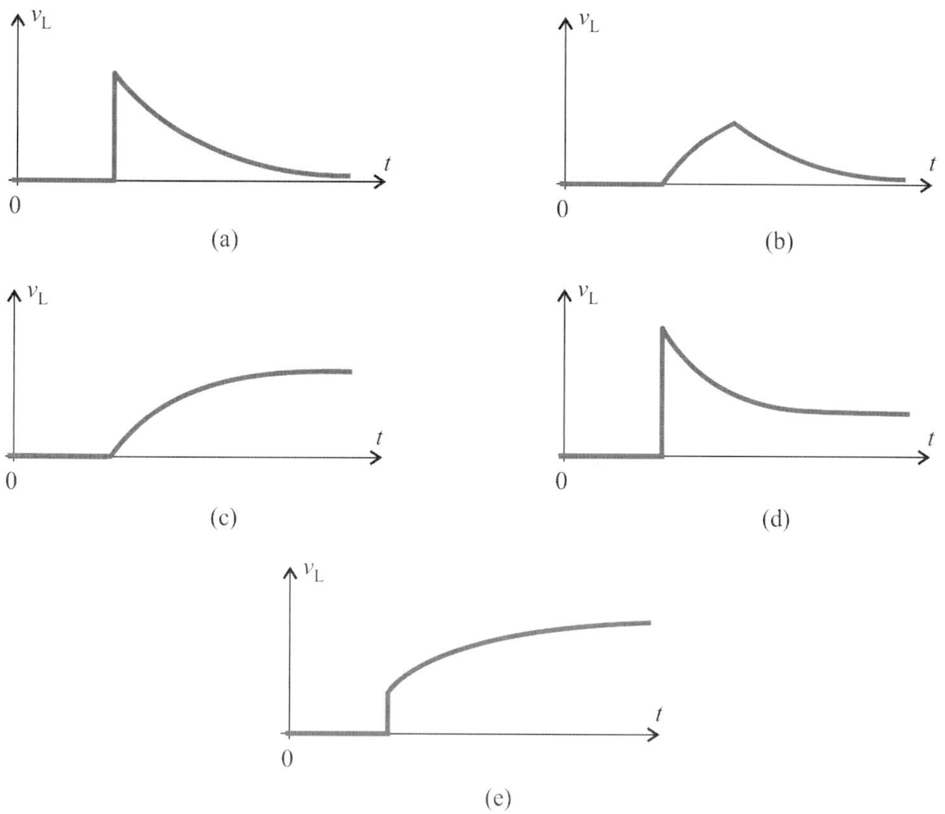

그림 10.39 저항과 유도성 부하의 결합으로 종단된 $R_g = Z_0$(정합 부하)를 가진 무손실 전송 선로의 부하에서 전압 파형(개념문제 10.104)

개념문제 10.105 **부하 종단에 직렬(series)로 연결된 저항과 커패시터**

전압원과 정합되어 있고 계단 전압이 인가되는 전송 선로가 저항 R과 커패시터 C의 직렬 연결로 종단되어 있을 때, 부하에서 전압 파형은?

(A) 그림 10.39(a)

(B) 그림 10.39(b)

(C) 그림 10.39(c)

(D) 그림 10.39(d)

(E) 그림 10.39(e)

개념문제 10.106 **부하에서 저항과 인덕터의 병렬(parallel) 연결**

선로의 부하 종단에 저항 R과 인덕터 L이 병렬로 연결되었을 때 선로의 계단 응답으로 나타나는 파형은?

(A) 그림 10.39(a)

(B) 그림 10.39(b)

(C) 그림 10.39(c)

(D) 그림 10.39(d)

(E) 그림 10.39(e)

개념문제 10.107 **부하에서 저항과 커패시터의 병렬 연결**

선로의 부하 종단에 저항 R과 커패시터 C가 병렬로 연결되었을 때 선로의 계단 응답으로 나타나는 파형은?

(A) 그림 10.39(a)

(B) 그림 10.39(b)

(C) 그림 10.39(c)

(D) 그림 10.39(d)

(E) 그림 10.39(e)

개념문제 10.108 **선로 부하에서 직렬 연결된 저항과 인덕터에 대한 시상수**

$t=0$에서 계단 전압이 인가되는 정합된 전압원에 의해 인가되는 무손실 전송 선로로 구성된 전송 선로 회로가 선로의 부하쪽 종단에 저항 R과 인덕터 L이 직렬 연결되어 있다. $t=T$부터 $t\to\infty$일 때, 이 회로에서 부하 전압의 지수 함수 변화에 대한 시상수는?

(A) $\tau = L/R$

(B) $\tau = (RZ_0)L/(R+Z_0)$

(C) $\tau = (R+Z_0)L/(RZ_0)$

(D) $\tau = L/(R+Z_0)$

(E) $\tau = L/(R + Z_0 + R_g)$

(F) $\tau = (R + Z_0 + R_g)L/[R(Z_0 + R_g)]$

개념문제 10.109 **선로 부하에서 병렬 연결된 저항과 인덕터에 대한 시상수**

$t = 0$에서 계단 전압이 인가되는 정합된 전압원에 의해 인가되는 무손실 전송 선로로 구성된 전송 선로 회로가 선로의 부하쪽 종단에 저항 R과 인덕터 L이 병렬 연결되어 있다. $t = T$부터 $t \to \infty$ 일 때, 이 회로에서 부하 전압의 지수 함수 변화에 대한 시상수는?

(A) $\tau = L/R$

(B) $\tau = (RZ_0)L/(R + Z_0)$

(C) $\tau = (R + Z_0)L/(RZ_0)$

(D) $\tau = L/(R + Z_0)$

(E) $\tau = L/(R + Z_0 + R_g)$

(F) $\tau = (R + Z_0 + R_g)L/[R(Z_0 + R_g)]$

개념문제 10.110 **선로 부하에서 직렬 연결된 저항과 커패시터에 대한 시상수**

계단 전압을 가진 정합된 전압원을 가진 전송 선로가 저항 R과 커패시터 C의 직렬 연결로 종단되었을 때 시상수는?

(A) $\tau = RC$

(B) $\tau = (RZ_0)C/(R + Z_0)$

(C) $\tau = (R + Z_0)C/(RZ_0)$

(D) $\tau = (R + Z_0)C$

(E) $\tau = (R + Z_0 + R_g)C$

(F) $\tau = R(Z_0 + R_g)C/(R + Z_0 + R_g)$

개념문제 10.111 **선로 부하에서 병렬 연결된 저항과 커패시터에 대한 시상수**

계단 전압을 가진 정합된 전압원을 가진 전송 선로가 저항 R과 커패시터 C의 병렬 연결로 종단되었을 때 부하 전압의 지수 함수 변화에 대한 시상수는?

(A) $\tau = RC$

(B) $\tau = (RZ_0)C/(R+Z_0)$

(C) $\tau = (R+Z_0)C/(RZ_0)$

(D) $\tau = (R+Z_0)C$

(E) $\tau = (R+Z_0+R_g)C$

(F) $\tau = R(Z_0+R_g)C/(R+Z_0+R_g)$

개념문제 10.112 **L과 C 값에 따른 과도 변화 비율(rate of transitional process)**

인덕터 L과 커패시터 C를 부하로 포함하는 전송 선로에서 L과 C 값이 커지면 선로의 과도 변화는?

(A) 더 빨라진다.

(B) 더 느려진다.

(C) 차이가 없다.

개념문제 10.113 **리액티브 소자를 가진 회로에 대한 시상수의 의미**

그림 10.40에 나타낸 과도 변화에서 과도 변화가 시작된 후 부하 전압이 정상 상태 전압의 99%에 도달하는 가장 빠른 시간은? 이때 τ는 전압의 지수 함수 변화의 시상수이다.

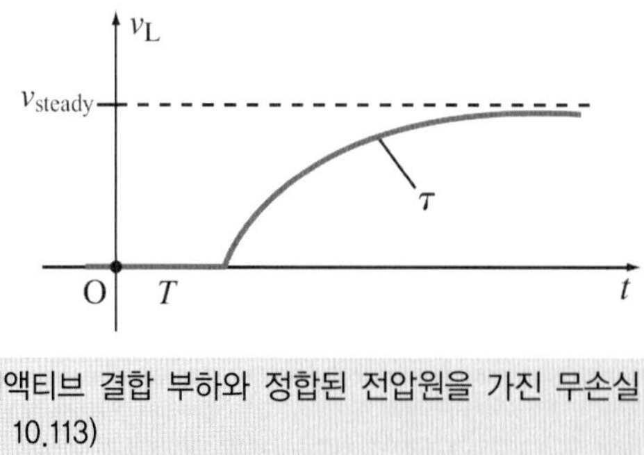

그림 10.40 저항과 리액티브 결합 부하와 정합된 전압원을 가진 무손실 전송 선로의 계단 응답 (개념문제 10.113)

(A) 0.05τ

(B) 0.5τ

(C) 5τ

(D) 50τ

(E) 500τ

개념문제 10.114 **직렬 RL 부하를 가진 전송 선로의 펄스 응답**

단방향 전파 시간 T인 무손실 전송 선로에 $t=0$에서 크기 $\mathcal{E}$ 폭이 t_0인 사각 펄스의 전압원이 인가되었다. 선로의 특성 임피던스와 전압원의 내부 저항이 $R_g = Z_0$로 같다. 선로의 다른 한쪽이 저항 R과 인덕터 L이 직렬로 연결되어 종단되었다. 부하에서 관찰되는 전압 파형 $v_L(t)$는?

(A) 그림 10.41(a)

(B) 그림 10.41(b)

(C) 그림 10.41(c)

(D) 그림 10.41(d)

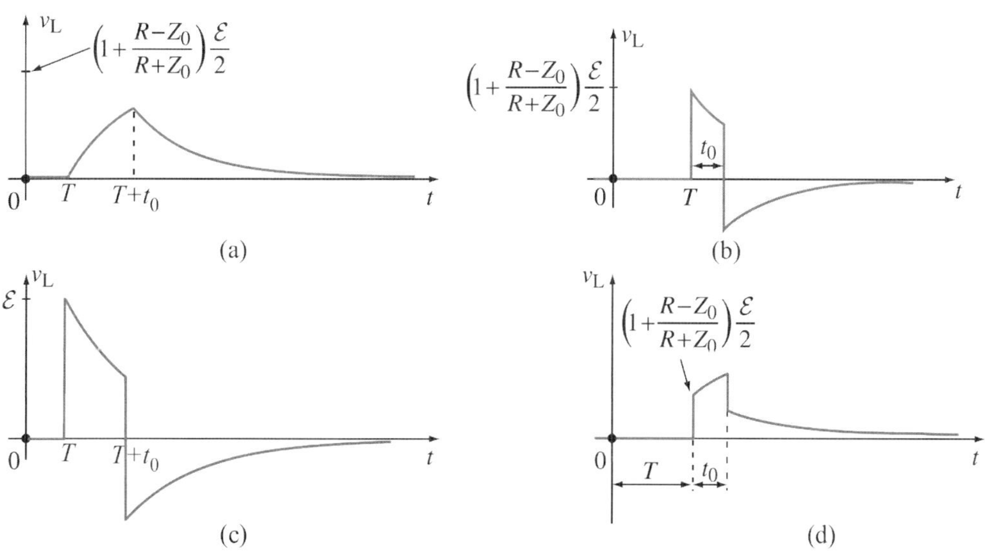

그림 10.41 단방향 전파 시간 T인 무손실 전송 선로가 결합된 저항성과 리액티브 부하를 갖고 $R_g = Z_0$로 정합된 전압원을 가질 때 $t=0$에서 크기 $\mathcal{E}$ 폭이 t_0인 사각펄스의 전압원이 인가되었을 때 부하에서 전압 파형(개념문제 10.114)

개념문제 10.115 **직렬 RC 부하를 가진 선로의 펄스 응답**

선로 부하가 저항 R과 커패시터 C가 직렬 연결되어 있을 때, 선로의 펄스 신호 여기에 대한 부하 전압 파형은?

(A) 그림 10.41(a)

(B) 그림 10.41(b)

(C) 그림 10.41(c)

(D) 그림 10.41(d)

개념문제 10.116 **병렬 RL 부하를 가진 선로의 펄스 응답**

선로 부하가 저항 R과 인덕터 L의 병렬 연결되어 있을 때, 선로의 펄스 신호 여기에 대한 부하 전압 파형은?

(A) 그림 10.41(a)

(B) 그림 10.41(b)

(C) 그림 10.41(c)

(D) 그림 10.41(d)

개념문제 10.117 **병렬 RC 부하를 가진 선로의 펄스 응답**

선로 부하가 저항 R과 커패시터 C의 병렬 연결되어 있을 때, 선로의 펄스 신호 여기에 대한 부하 전압 파형은?

(A) 그림 10.41(a)

(B) 그림 10.41(b)

(C) 그림 10.41(c)

(D) 그림 10.41(d)

개념문제 10.118 **부하에 두개의 저항과 인덕터가 직-병렬 연결되었을 때**

단방향 전파 시간 $T = 1\text{ns}$이고, 특성 임피던스 $Z_0 = 100\Omega$인 무손실 전송 선로가 $t = 0$에서 계단 전압 $\mathcal{E} = 2\text{V}$의 정합된 전압원에 의해 구동된다. 그림 10.42(a)에 나타낸 것처럼 이 선로의 종단에 두 개의 저항 $R = 100\Omega$과 인덕터 $L = 50\text{nH}$의 직-병렬로 연결되었을 때 선로의 부하단에서 전압 파형은?

(A) 그림 10.42(b)

(B) 그림 10.42(c)

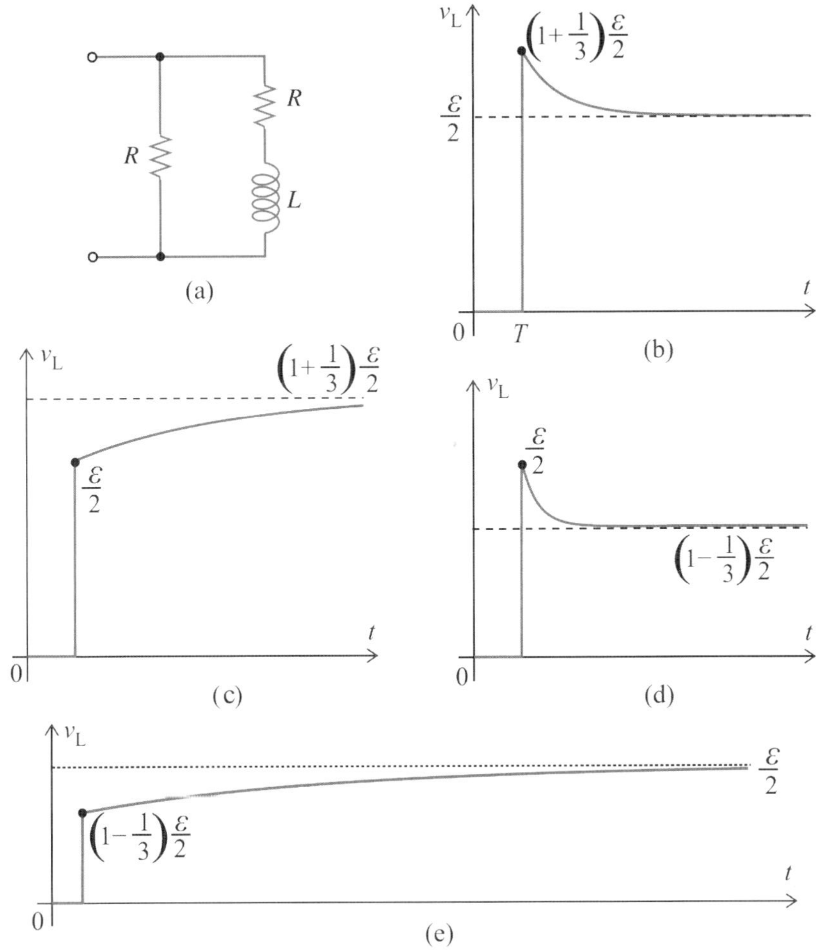

그림 10.42 (a) 정합된 계단 전압원에 의해 구동되는 전송 선로의 부하 종단에 두 개의 저항과 인덕터가 직-병렬 결합된 회로
(b)-(f) 부하에서 측정되는 전압 파형
(개념문제 10.118)

(C) 그림 10.42(d)

(D) 그림 10.42(e)

개념문제 10.119 **부하에 두 개의 저항과 인덕터가 연결된 또 다른 조합**

$Z_0 = 100\,\Omega$과, $R_g = Z_0$, 계단 전압 전압원을 가진 선로의 부하에 그림 10.43과 같이 저항 $R = 100\,\Omega$, 인덕터 $L = 50\text{nH}$가 직병렬 연결되었을 때 부하 전압 파형은

(A) 그림 10.42(b)

(B) 그림 10.42(c)

(C) 그림 10.42(d)

(D) 그림 10.42(e)

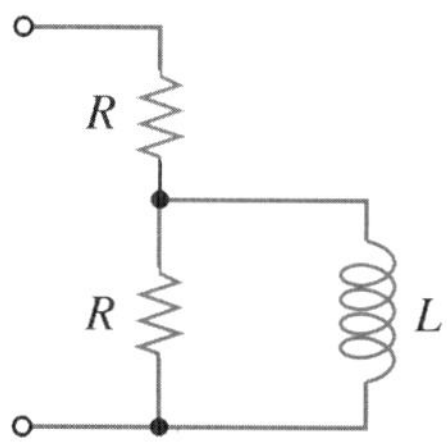

그림 10.43 계단 전압을 갖는 전송 선로의 부하로서 두 개의 저항과 인덕터가 결합된 직-병렬 조합 (개념문제 10.119)

개념문제 10.120 **부하에 두 개의 저항과 커패시터의 직병렬 연결**

그림 10.44와 같이 두 개의 저항 $R = 100\,\Omega$과 커패시터 $C = 50\text{pF}$가 직병렬 조합으로 선로 ($Z_0 = 100\,\Omega$과, $R_g = Z_0$)의 부하 종단에 연결되었을 때 선로의 계단 응답은?

(A) 그림 10.42(b)

(B) 그림 10.42(c)

(C) 그림 10.42(d)

(D) 그림 10.42(e)

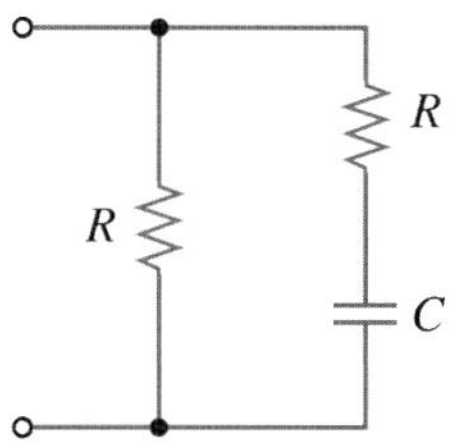

그림 10.44 정합된 계단 전압원과 전송 선로의 부하에 두 개의 저항과 커패시터가 직-병렬 조합 (개념문제 10.120)

개념문제 10.121 **부하에 두 개의 저항과 커패시터의 다른 조합**

그림 10.45와 같이 두 개의 저항 $R = 100\,\Omega$과 커패시터 $C = 50\text{pF}$가 직병렬 조합으로 선로($Z_0 = 100\,\Omega$과, $R_g = Z_0$)의 부하 종단에 연결되었을 때 선로의 계단 응답은?

(A) 그림 10.42(b)

(B) 그림 10.42(c)

(C) 그림 10.42(d)

(D) 그림 10.42(e)

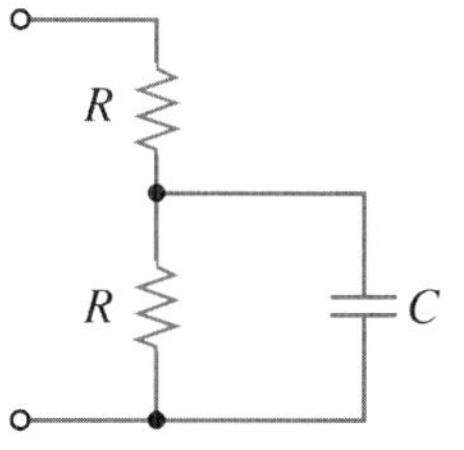

그림 10.45 선로 부하로 두 개의 저항과 커패시터의 직-병렬 조합(개념문제 10.121)

제 11 장 도파관과 캐비티 공진기

개요

마이크로파 영역의 주파수에서 금속 파이프 형태의 도파관은 전자기 장치 및 시스템에서 에너지 및 정보 전송에 사용된다. 본질적으로, 전자기파는 금속 벽에 의해 다중 반사를 일으키며 유전체(대개는 공기)로 채워진 파이프를 따라 이동한다. 그러므로, 전자기파는 파이프 도체에 의해 유도된다고 볼 수 있다. 도파관은 TE 및 TM 파를 포함하는 비 TEM파를 전달한다. TE파는 도파관 축을 따라 제로 전기장과 제로가 아닌 자기장 성분을 가지고 있는 반면에 TM파는 반대의 상황이다(자기장 벡터는 도파관 축에 수직인 횡단면에 놓여 있다). 에너지/정보 전송을 위한 금속 도파관 이외에도, 도파관의 양쪽 끝이 막힌 직사각형의 금속 캐비티는 마이크로파 공진기로 폭넓은 분야에서 사용된다. 이론적으로는 금속 파이프와 캐비티의 단면은 임의의 형태가 모두 가능하지만 본 교재에서는 실제 마이크로파 장치 및 시스템에 가장 자주 사용되는 직사각형 금속 도파관 및 캐비티 공진기에 중점을 둘 것이다.

11.1 평면파의 다중 반사를 기반으로 한 직사각형 도파관 분석

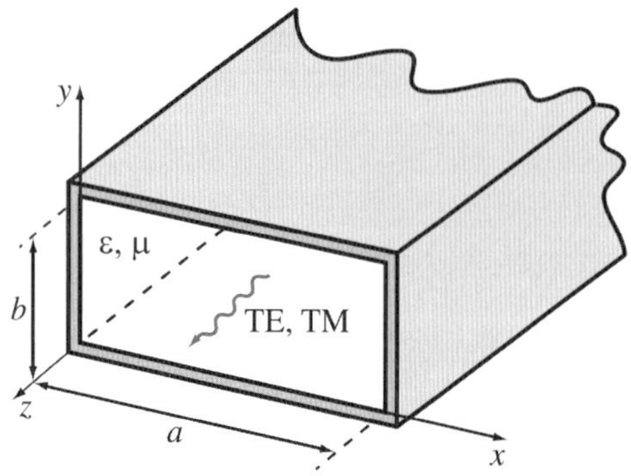

그림 11.1 TE 또는 TM파를 가진 직사각형 도파관

그림 11.1과 같이 균일한 유전율 ε과 투자율 μ로 채워진 단면의 내부 치수가 a와 b인 무한히 긴 균일한 직사각형 금속 도파관을 고려하자. 이 도파관은 무손실이라고 가정한다. 즉, 벽은 완전 도체(PEC)로 이루어져 있고, 도파관은 완전유전체로 채워져 있다. 우리는 z축을 따라 도파관 내부에서 전파되는 주파수 f (각 주파수 $\omega = 2\pi f$)인 시간 조화 전자기파에 대한 답을 찾고자 한다. 한 가지 해결책은 그림 8.15(a)에서 보여지는 것처럼 PEC 경계면에 비스듬히 기울어져 입사하는 수직으로 편향된 균일 평면파이다. 입사각이 θ_i인 전파는 그림 11.1에서 $x=0$과 $x=a$의 두 벽 사이를 왔다갔다 하며 $+z$방향으로 진행한다([그림 11.1]의 좌표축은 그림 8.15(a)와 다르게 설정되어 있다). 두 번째 평면에서 총 전기장 벡터의 접선 성분이 0이 되도록 규정한 경계 조건은 다음과 같다.

$$\sin\beta_n a = 0, \quad \beta_n = \frac{\omega\cos\theta_i}{c} \quad \rightarrow \quad \theta_i = \arccos\left(m\frac{c}{2af}\right) \quad (m = 1, 2, \ldots) \qquad (11.1)$$

β_n은 그림 8.15(a)에서 PEC 경계에 수직인 방향으로 진행하는 전파의 위상 계수를 나타내고, c는 도파관 내에서의 고유 위상 속도(intrinsic phase velocity) 즉, 식 (7.3) 에서 보듯이 유전율 ε과 투자율 μ인 매질에서의 전자기파의 속도를 나타낸다. 식 (11.1)을 이용하여 그림 11.1의 도파관에서 종단방향 (z방향)의 위상 상수 β는 다음과 같다.

$$\beta = \beta_z = \frac{\omega\sin\theta_i}{c} = \frac{\omega}{c}\sqrt{1-\cos^2\theta_i} = \frac{\omega}{c}\sqrt{1-\frac{f_c^2}{f^2}}, \quad f_c = (f_c)_{m0} = m\frac{c}{2a} \ (n=0)$$

($\beta-$ 도파관 위상 상수) (11.2)

여기서 f_c는 TE_{m0} 모드의 차단 주파수(cutoff frequency)이다. 즉, 각각의 정수값 m은 도파관에서 형성 가능한 전자기파를 결정한다. 도파관 내에 존재하는 이러한 각각의 파동을 모드(mode)라고 부른다. 우리가 다음 절에서 살펴 보겠지만, 임의의 음이 아닌 정수인 m과

n을 가지는 다양한 도파관 모드가 그림 11.1의 도파관 내부에서(적절히 인가되면) 존재할 수 있다. 주파수 f_c는 식 (7.18)의 플라즈마 주파수 (f_p)와 같은 역할을 한다. 플라즈마 매질과 유사하게 그림 11.1의 도파관은 고대역 통과 여파기로 동작하여 차단 주파수 f_c보다 높은 주파수를 갖는 전자파는 도파관을 통과한다.

그림 11.1의 직사각형 도파관의 단면을 표시하는 것이 관례이고 $a \geq b$이므로 가장 낮은 도파관 모드는 $m=1$, $n=0$인 TE_{10} 모드이다. $(f_c)_{10}$과 다음 고차 모드의 차단 주파수 사이에는 TE_{10}모드만이 전파될 수 있다. 이를 기본모드(fundamental mode)라고 한다. 그림 8.15(a)와 식 (11.2)로부터 기본모드의 필드(field) 성분은 다음과 같다.

$$TE_{10}: \underline{E}_y = -j\omega\mu\frac{a}{\pi}\underline{H}_0 \sin\left(\frac{\pi}{a}x\right)e^{-j\beta z},\ \underline{H}_x = j\beta\frac{a}{\pi}\underline{H}_0 \sin\left(\frac{\pi}{a}x\right)e^{-j\beta z},$$
$$\underline{H}_z = \underline{H}_0 \cos\left(\frac{\pi}{a}x\right)e^{-j\beta z},\ \underline{H}_0 = -\frac{2\pi \underline{E}_{i0}}{\omega\mu a},\ (f_c)_{10} = \frac{c}{2a}\ (\text{주모드})$$
$$(\underline{E}_x,\ \underline{E}_z,\ \underline{H}_y = 0) \tag{11.3}$$

물론, $\underline{E}_z = 0$이고 $\underline{H}_z \neq 0$이기 때문에 이것은 TE파이다.

개념문제 11.1 **직사각형 도파관에서 여러 TE 모드의 경로**

단면의 가로 길이 a가 6cm인 공기로 채워진 도체 도파관이 있다고 가정하자. 그림 11.2는 동작 주파수 $f=10\mathrm{GHz}$에서 균일한 평면파가 도파관 벽 사이를 입사각 θ_i를 이루며 왔다갔다 하며 진행하는 경로를 보여주고 있다. 이는 가장 낮은 주파수를 갖는 4개의 TE_{m0} 모드(m=1, 2, 3, 4)에 해당한다. 그림 11.2(a), 11.2(b), 그림 11.2(c), 그림 11.2(d)에 보여지는 경로는

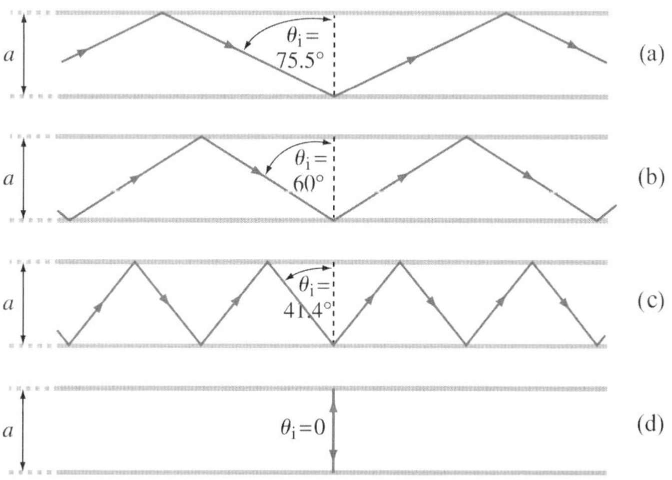

그림 11.2 공기가 채워진 직사각형 금속 도파관에서 처음 네 개의 TE_{m0} 모드 ($m=1, 2, 3, 4$)의 경로 [순서 (a)–(d)는 반드시 $m=1, 2, 3, 4$와 일치하지는 않는다](개념문제 11.1)

(A) TE_{40}, TE_{30}, TE_{20}, 그리고 TE_{10}

(B) TE_{30}, TE_{20}, TE_{10}, 그리고 TE_{40}

(C) TE_{10}, TE_{20}, TE_{30}, 그리고 TE_{40}

(D) TE_{20}, TE_{30}, TE_{40}, 그리고 TE_{10}

모드이다.

개념문제 11.2 **전자파 경로 다이어그램의 전파 모드 수**

그림 11.2에 근거하여 이론적으로 가능한 모든 해당 모드 중에서 10GHz에서 $a = 6\text{cm}$인 공기가 채워진 금속 도파관을 따라 얼마나 많은 TE_{m0} 모드(m=1, 2, ⋯)가 전파될 수 있을까?

(A) 0개

(B) 1개

(C) 2개

(D) 3개

(E) 4개

(F) 무한히 많은 모드

개념문제 11.3 **차단 주파수보다 낮은 대역에서의 도파관 위상 상수**

그림 11.3은 단면의 한 변의 길이가 a와 b인 무손실 직사각형 도체 도파관을 보여주고 있다. 도파관은 유전율 ε과 투자율 μ인 균일한 유전체로 채워져 있다. 이 도파관의 차단 주파수는 f_c이다. f_c보다 낮은 주파수 f에서 그에 해당하는 위상 상수 β는

(A) 0이 아닌 값, 유한한 값, 순수한 실수

(B) 0이 아닌 값, 유한한 값, 순수한 허수

(C) 0

(D) 무한한 값

(E) 위 중에 어느 것도 아닌 값

(F) 더 많은 정보가 필요

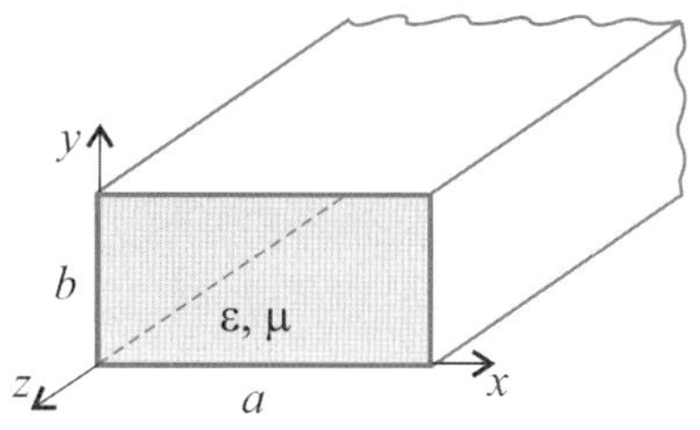

그림 11.3 균일한 유전체를 가진 직사각형 금속 도파관(개념문제 11.3)

개념문제 11.4 **차단 주파수보다 높은 대역에서의 도파관 위상 상수**

무손실 직사각형 도체 도파관(그림 11.3)의 차단 주파수 f_c보다 큰 주파수에서 주어진 파동 모드의 위상 상수는

(A) 0이 아닌 값, 유한한 값, 순수한 실수

(B) 0이 아닌 값, 유한한 값, 순수한 허수

(C) 0

(D) 무한한 값

(E) 위 중에 어느 것도 아닌 값

(F) 더 많은 정보가 필요

개념문제 11.5 **차단 주파수에서의 위상 상수**

차단 주파수 f_c에서 도파관 위상 상수β는

(A) 0이 아닌 값, 유한한 값, 순수한 실수

(B) 0이 아닌 값, 유한한 값, 순수한 허수

(C) 0

(D) 무한한 값

(E) 위 중에 어느 것도 아닌 값

(F) 더 많은 정보가 필요

개념문제 11.6 **도파관에서 전파 파동 모드**

균일한 유전체를 갖는 무손실 직사각형 금속 도파관의 차단 주파수는 f_c이고, 동작 주파수가 f일 때, 모든 파동 모드가 어떤 조건을 만족할 때 도파관을 따라 진행할 수 있나?

(A) $f_c < f$

(B) $f_c \leq f$

(C) $f_c > f$

(D) $f_c \geq f$

(E) $f_c = f$

(F) $f_c \neq f$

개념문제 11.7 **도파관에서 존재하는 TE, TM, TEM 모드들**

직사각형 도파관을 따라 전파하는 여러 형태의 파동(TE, TM, 그리고 TEM)에 대하여 생각해보자. 도파관에 존재하는 시간 조화 전자기파 파동의 동작 주파수를 f라고 한다면

(A) 모든 주파수 f의 TE파가

(B) 모든 주파수 f의 TM파가

(C) 모든 주파수 f의 TEM파가

(D) 어떤 주파수 f의 TM파와 TM파가

(E) 어떤 주파수 f의 TE파, TM파, 그리고 TEM파가

그 구조를 따라 이동할 수 있다.

개념문제 11.8 **동축 케이블의 TEM 모드의 차단 주파수**

유전율 ε과 투자율 μ_0인 균일한 유전체로 채워졌고 반지름이 a와 b $(a < b)$인 무손실 동축 케이블에 존재하는 TEM 모드의 차단 주파수는

(A) $f_c = 1/(2\sqrt{\varepsilon\mu_0}\,a)$

(B) $f_c = 1/(2\sqrt{\varepsilon\mu_0}\,b)$

(C) $f_c = 1/[\sqrt{\varepsilon\mu_0}\,(a+b)]$

(D) $f_c = 1/[\sqrt{\varepsilon_0\mu_0}(a+b)]$

(E) $f_c = 0$

(F) $f_c \to \infty$

개념문제 11.9 **도파관 기본모드의 필드 성분들**

그림 11.4에 보여지는 도파관에서 $a > b$라고 가정할 때, 다음 중 기본모드의 전기장과 자기장 성분 중에서 0이 아닌 것으로 이루어진 것은

(A) E_x, E_z와 H_y

(B) E_x와 H_y

(C) E_y, H_x와 H_z

(D) E_y, H_y와 H_z

(E) E_x, E_z, H_y와 H_z

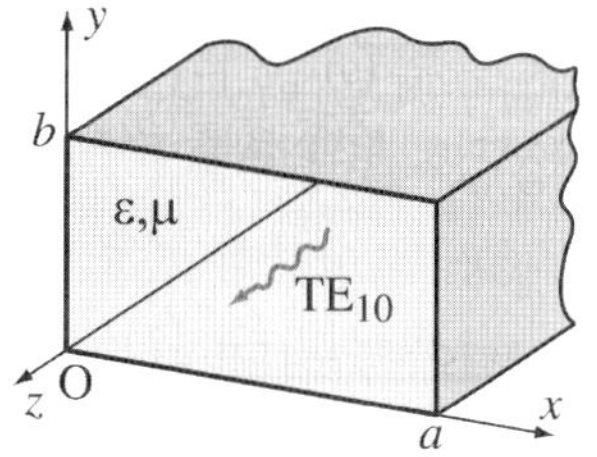

그림 11.4 기본모드를 전달하는 균일한 유전체로 채워진 도체 도파관(개념문제 11.9)

개념문제 11.10 **기본모드의 정재파 패턴**

그림 11.4의 표기법을 참고하여 $a = 1.5b$인 공기로 채워진 직사각형 도파관을 따라서 진행하는 기본모드의 전자기파는 정재파 패턴을 나타낸다.

(A) 단지 x 방향으로

(B) 단지 y 방향으로

(C) 단지 x와 y 방향으로

(D) 단지 x와 z 방향으로

(E) 세 방향 모두로

(F) 어떠한 방향도 아님

11.2 직사각형 도파관에서 임의의 TE와 TM 모드

유전율 ε와 투자율 μ인 완전 유전체를 위한 맥스웰 방정식인 식 (6.13), 도파관 완전 도체 벽에서의 경계 조건인 식 (6.15)으로부터 그림 11.1에서 보이는 직사각형 도파관에 형성된 TE_{mn} 모드의 필드(field) 성분은 다음과 같다.

$$\underline{E}_x = \frac{j\omega\mu}{k^2}\frac{n\pi}{b}\underline{H}_0 \cos(\frac{m\pi}{a}x)\sin(\frac{n\pi}{b}y)e^{-j\beta z},\quad \underline{E}_y = -\frac{j\omega\mu}{k^2}\frac{m\pi}{a}\underline{H}_0 \sin(\frac{m\pi}{a}x)$$
$$\times\cos(\frac{n\pi}{b}y)e^{-j\beta z},\ \underline{E}_z = 0,\ \underline{H}_x = \frac{j\beta}{k^2}\frac{m\pi}{a}\underline{H}_0 \sin(\frac{m\pi}{a}x)\cos(\frac{n\pi}{b}y)e^{-j\beta z},$$
$$\underline{H}_y = \frac{j\beta}{k^2}\frac{n\pi}{b}\underline{H}_0 \cos(\frac{m\pi}{a}x)\sin(\frac{n\pi}{b}y)e^{-j\beta z}$$
$$\underline{H}_z = \underline{H}_o \cos\left(\frac{m\pi}{a}x\right)\cos\left(\frac{n\pi}{b}y\right)\times e^{-j\beta z},\quad K^2 = \left(\frac{m\pi}{a}\right)^2 + \left(\frac{n\pi}{b}\right)^2$$
$$(\mathrm{TE}_{mn}\ \text{모드 : m, n=0, 1, 2} \cdots) \tag{11.4}$$

이때, 모드 m, n 중 하나만 0이 될 수 있다는 제한이 있다.

TM_{mn}모드의 전자기파는 다음과 같이 주어진다.

$$\underline{E}_x = -\frac{j\beta}{k^2}\frac{m\pi}{a}\underline{E}_0 \cos(\frac{m\pi}{a}x)\sin(\frac{n\pi}{b}y)e^{-j\beta z},\quad \underline{E}_y = -\frac{j\beta}{k^2}\frac{n\pi}{b}\underline{E}_0 \sin(\frac{m\pi}{a}x)$$
$$\times\cos(\frac{n\pi}{b}y)e^{-j\beta z},\ \underline{E}_z = \underline{E}_0 \sin(\frac{m\pi}{a}x)\sin(\frac{n\pi}{b}y)e^{-j\beta z},$$
$$\underline{H}_x = \frac{j\omega\varepsilon}{k^2}\frac{n\pi}{b}\underline{E}_0 \sin(\frac{m\pi}{a}x)\cos(\frac{n\pi}{b}y)e^{-j\beta z},\quad \underline{H}_y = -\frac{j\omega\varepsilon}{k^2}\frac{m\pi}{}$$
$$\times\sin(\frac{n\pi}{b}y)e^{-j\beta z},\ \underline{H}_z = 0(\mathrm{TM}_{mn}\ \text{모드 : m, n=1, 2} \cdots) \tag{11.5}$$

여기서 변수 k(또는 k^2)는 식 (11.4)와 같다. $\underline{H}_z = 0,\ \underline{E}_z \neq 0$이므로 이것은 TM파임을 명심하자. 또한 가장 낮은 TM모드는 TM_{11}이다. 도파관 위상 상수 β의 수식은 TE와 TM 두 가지 경우 모두 식 (11.2)에 나타나 있고, TE_{mn} 또는 TM_{mn} 모드의 차단 주파수는 다음과 같다.

$$f_c = (f_c)_{mn} = \frac{c}{2}\sqrt{(\frac{m}{a})^2 + (\frac{n}{b})^2}\ (\text{차단 주파수, } \mathrm{TE}_{mn}\ \text{또는 } \mathrm{TE}_{mn}\text{모드}) \tag{11.6}$$

개념문제 11.11 **임의의 TE 모드의 필드 형상**

직사각형 도파관을 따라 진행하는 임의의 TE_{mn} 모드의 형상을 생각해보자. 그림 11.5에 주어진 표기법을 참고하여 정수 m과 n(0이 아닌 경우)은

(A) 각각 a와 b에 맞는 x축과 y축을 따라 형성된 파장의 수와 같다.

(B) 각각 a와 b에 맞는 x축과 y축을 따라 형성된 반파장의 수와 같다.

(C) 각각 전기장과 자기장에 대한 x축의 파장 수와 같다.

(D) 각각 전기장과 자기장에 대한 x축의 반파장 수와 같다.

(E) 전기장의 x축과 자기장의 y축을 따라 형성된 파장의 수와 같다.

(F) 위에 것 중 아무 것도 아니다.

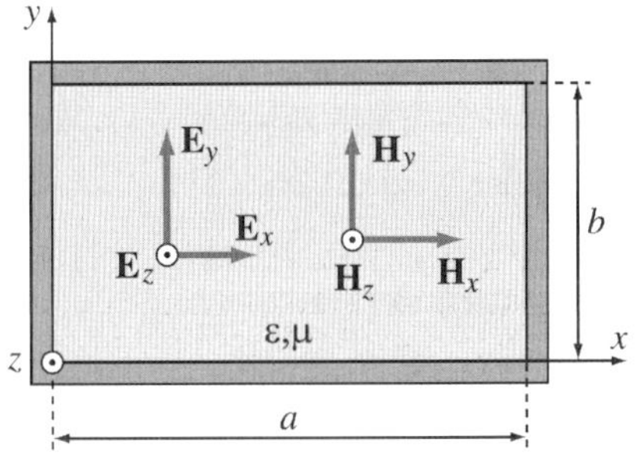

그림 11.5 단면의 길이가 a와 b인 직사각형 도체 도파관($a > b$). 보여지는 것은 존재할 수 있는 전기장과 자기장 성분이다.(개념문제 11.11)

개념문제 11.12 **가장 낮은 차수의 TM 모드의 필드 성분**

그림 11.5에서 단면의 길이가 각각 a와 b인 ($a > b$) 직사각형 도파관을 따라서 이동하는 TM_{11} 모드 중 0이 아닌 전기장과 자기장 성분은 다음과 같다.

(A) E_y, H_x 그리고 H_z

(B) E_x, E_z 그리고 H_y

(C) E_x, E_y, H_x 그리고 H_y

(D) E_x, E_y, H_x, H_y 그리고 H_z

(E) E_x, E_y, E_z, H_x 그리고 H_y

(F) E_x, E_y, E_z, H_x, H_y 그리고 H_z

개념문제 11.13 **임의의 TM 모드의 필드 성분**

직사각형 도파관을 따라서 이동하는 임의의 TM_{mn} 모드의 경우 0이 아닌 전기장과 자기장 성분의 완전한 리스트는 다음과 같다.

(A) E_y, H_x 그리고 H_z

(B) E_x, E_z 그리고 H_y

(C) E_x, E_y, H_x 그리고 H_y

(D) E_x, E_y, H_x, H_y 그리고 H_z

(E) E_x, E_y, E_z, H_x 그리고 H_y

(F) E_x, E_y, E_z, H_x, H_y 그리고 H_z

개념문제 11.14 **도파관에서 기본모드의 필드 패턴**

그림 11.5의 직사각형 도파관의 단면에서 형성되는 기본모드, TE_{10}모드의, 필드 형상은 다음의 그림과 같다.

(A) 그림 11.6(a)

(B) 그림 11.6(b)

(C) 그림 11.6(c)

(D) 그림 11.6(d)

(E) 그림 11.6(e)

(F) 그림 11.6(f)

개념문제 11.15 **도파관에서 TE_{01} 모드의 필드 패턴**

그림 11.6에 보여지는 6개의 필드 형상 중에서 TE_{01} 모드의 전기장과 자기장 형상으로 알맞은 것은?

(A) 그림 11.6(a)

(B) 그림 11.6(b)

(C) 그림 11.6(c)

(D) 그림 11.6(d)

(E) 그림 11.6(e)

(F) 그림 11.6(f)

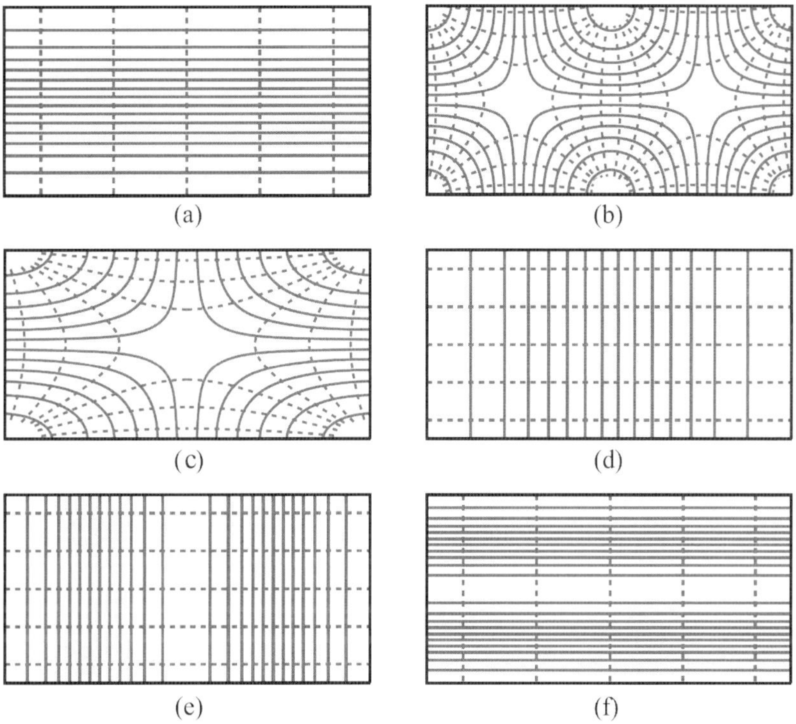

그림 11.6 $a = 2b$인 직사각형 도파관(그림 11.5) 단면에서 선택된 TE_{mn}모드 전자기장 분포를 나타내는 전자기력선. 전기장은 실선, 자기장은 점선(일반적으로, 전자기력선의 방향은 그 점에서 접선 방향의 필드 벡터의 방향이고, 그 점에서 전자기력선의 밀도에 비례하는 필드 벡터의 크기이다). (개념문제 11.15)

개념문제 11.16 **도파관에서 TE_{20}모드의 필드 패턴**

그림 11.6에 보여지는 6개의 필드 형상 중에서 TE_{20}모드의 전기장과 자기장 형상으로 알맞은 것은?

(A) 그림 11.6(a)

(B) 그림 11.6(b)

(C) 그림 11.6(c)

(D) 그림 11.6(d)

(E) 그림 11.6(e)

(F) 그림 11.6(f)

개념문제 11.17 **도파관에서 TE_{11} 모드의 필드 형상**

그림 11.6에 보여지는 6개의 필드 형상 중에서 TE_{11} 모드의 전기장과 자기장 형상으로 알맞은 것은?

(A) 그림 11.6(a)

(B) 그림 11.6(b)

(C) 그림 11.6(c)

(D) 그림 11.6(d)

(E) 그림 11.6(e)

(F) 그림 11.6(f)

개념문제 11.18 **도파관에서 TE_{21} 모드의 필드 형상**

그림 11.6에 보여지는 6개의 필드 형상 중에서 TE_{21} 모드의 전기장과 자기장 형상으로 알맞은 것은?

(A) 그림 11.6(a)

(B) 그림 11.6(b)

(C) 그림 11.6(c)

(D) 그림 11.6(d)

(E) 그림 11.6(e)

(F) 그림 11.6(f)

개념문제 11.19 **도파관에서 TE_{02} 모드의 필드 형상**

그림 11.6에 보여지는 6개의 필드 형상 중에서 TE_{02} 모드의 전기장과 자기장 형상으로 알맞은 것은?

(A) 그림 11.6(a)

(B) 그림 11.6(b)

(C) 그림 11.6(c)

(D) 그림 11.6(d)

(E) 그림 11.6(e)

(F) 그림 11.6(f)

개념문제 11.20 TE와 TM의 위상 상수

동일한 주파수에서 공기로 채워진 무손실 직사각형 도파관 내에 존재하는 TE_{mn}의 위상 상수와 TM_{mn}의 위상 상수는 같다.

(A) 맞다.

(B) 틀리다.

개념문제 11.21 직사각형 도파관의 주 주파수 영역(dominant frequency range)

단면의 치수가 a 및 b인 직사각형 금속 도파관의 주 주파수 범위는 단지 기본모드만 도파관을 따라 진행할 수 있는 최대 주파수 범위로 정의된다. 표준 도파관으로 알려진 $a=2b$인 도파관에서 주 영역은 다음과 같다(여기서 c는 도파관 유전체의 고유 위상 속도이다).

(A) $c/(2a) \le f < \infty$

(B) $c/(2b) \le f < c/b$

(C) $c/(2b) < f \le c/b$

(D) $c/(2a) \le f < c/a$

(E) $c/(2a) < f \le c/a$

(F) $c/(2a) < f \le c\sqrt{1/a^2 + 1/b^2}/2$

개념문제 11.22 **주 영역을 최대화하는 도파관 단면의 a와 b의 길이의 비**

그림 11.5에서 보여지는 직사각형 도체 도파관을 고려해보자. $a \geq b$이고, a는 고정되어 있다고 가정하자. 도파관 단면의 종횡비인 a/b의 모든 가능한 값 중에서 도파관의 주 주파수 영역이 최대가 되는 때는?

(A) $a/b = 1$

(B) $1 \leq a/b < 1.5$

(C) $1 \leq a/b < 2$

(D) $a/b \geq 2$

(E) 어떤 a/b

(F) 위의 보기 중에는 없다.

개념문제 11.23 **주 주파수 영역의 최대 상대 크기**

주 주파수 영역의 낮은 주파수와 높은 주파수를 각각 f_1과 f_2라고 하자. f_2/f_1로 정의되는 주 영역의 상대적인 크기의 최대 가능한 값은

(A) $(f_2/f_1)_{\max} = 1.5$

(B) $(f_2/f_1)_{\max} = 2$

(C) $(f_2/f_1)_{\max} = 4$

(D) $(f_2/f_1)_{\max} \to \infty$

(E) 위의 보기 중에는 없다.

(F) 더 많은 정보가 필요하다.

개념문제 11.24 **정사각형 도파관의 주 주파수 영역**

정사각형 도파관 $(a = b)$의 주 주파수 영역(f_1과 f_2에 의해 경계가 주어지는)의 f_2/f_1는 얼마인가?

(A) $(f_2/f_1) = 1$

(B) $(f_2/f_1) = 1.5$

(C) $(f_2/f_1) = 2$

(D) $(f_2/f_1) \to \infty$

(E) 위의 보기 중에는 없다.

(F) 더 많은 정보가 필요하다.

개념문제 11.25 **표준 도파관의 주 주파수 영역의 상대적인 크기**

표준 도파관 $(a = 2b)$에서 주 주파수 영역의 상대적인 크기는?

(A) $(f_2/f_1) = 1$

(B) $(f_2/f_1) = 1.5$

(C) $(f_2/f_1) = 2$

(D) $(f_2/f_1) \to \infty$

(E) 위의 보기 중에는 없다.

(F) 더 많은 정보가 필요하다.

개념문제 11.26 **표준 도파관에서 전파 가능한 모드**

그림 11.5에서 공기로 채워져 있는 표준 도파관 $(a = 2b = 5\text{cm})$에서 기본 모드의 차단 주파수가 $(f_c)_{10} = 3\text{GHz}$이다. 동작 주파수 4GHz에서 다음과 같은 모드가 모두 이 도파관을 따라서 진행할 수 있다.

(A) TE_{10}

(B) TE_{10}과 TM_{10}

(C) $\text{TE}_{10}, \text{TE}_{01}$과 TE_{20}

(D) $\text{TE}_{10}, \text{TE}_{01}, \text{TM}_{10}$과 TM_{01}

(E) $\text{TE}_{10}, \text{TE}_{01}, \text{TE}_{20}, \text{TE}_{11}$과 TM_{11}

(F) 위의 보기 중 답이 없다.

개념문제 11.27 고주파 대역에서 전파 가능한 모드

그림 11.5에서 공기로 채워져 있는 표준 도파관 ($a = 2b = 5\text{cm}$)에서 주 모드의 차단 주파수가 $(f_c)_{10} = 3\text{GHz}$이다. 동작 주파수 6.2GHz에서 다음과 같은 모드가 이 도파관을 따라서 진행할 수 있다.

(A) TE_{10}

(B) TE_{10}과 TM_{10}

(C) $\text{TE}_{10}, \text{TE}_{01}$과 TE_{20}

(D) $\text{TE}_{10}, \text{TE}_{01}, \text{TM}_{10}$과 TM_{01}

(E) $\text{TE}_{10}, \text{TE}_{01}, \text{TE}_{20}, \text{TE}_{11}$과 TM_{11}

(F) 위의 보기 중 답이 없다.

개념문제 11.28 유전체로 채워진 도파관

$a = 2b = 5\text{cm}$인 도파관이 무손실 유전체 ($\varepsilon_r = 2.25$, $\mu_r = 1$)로 채워져 있다. 동작 주파수 4GHz에서 다음과 같은 모드가 이 도파관을 따라서 진행할 수 있다.

(A) TE_{10}

(B) TE_{10}과 TM_{10}

(C) $\text{TE}_{10}, \text{TE}_{01}$과 TE_{20}

(D) $\text{TE}_{10}, \text{TE}_{01}, \text{TM}_{10}$과 TM_{01}

(E) $\text{TE}_{10}, \text{TE}_{01}, \text{TE}_{20}, \text{TE}_{11}$과 TM_{11}

(F) 위의 보기 중 답이 없다.

개념문제 11.29 4배 큰 도파관

$a = 2b = 20\text{cm}$인 도파관이 공기로 채워져 있다. 동작 주파수 1GHz에서 다음과 같은 모드가 이 도파관을 따라서 진행할 수 있다.

(A) TE_{10}

(B) TE_{10}과 TM_{10}

(C) TE_{10}, TE_{01}과 TE_{20}

(D) $TE_{10}, TE_{01}, TM_{10}$과 TM_{01}

(E) $TE_{10}, TE_{01}, TE_{20}, TE_{11}$과 TM_{11}

(F) 위의 보기 중 답이 없다.

개념문제 11.30 **철도 터널에서 FM과 AM 라디오파**

철도 터널은 $a = 7\text{m}$, $b = 4\text{m}$인 직사각형 도파관으로 근사 가능하다. 100MHz의 FM 라디오와 1MHz의 AM 라디오 대역에서 얼마나 많은 모드가 이 터널안을 따라 전파될 수 있나?

(A) 두 무선 주파수 각각에서 하나의 모드.

(B) 두 주파수 각각에서 하나 이상의 모드.

(C) 어떤 주파수에서도 모드가 없다.

(D) FM 주파수에서 하나의 모드이고 AM 주파수에서 모드가 없다.

(E) FM 주파수에서 하나 이상의 모드와 AM 주파수에서 하나의 모드.

(F) FM 주파수에서 하나 이상의 모드가 있고 AM 주파수에서 모드가 없다.

11.3 TE와 TM 모드의 파동 임피던스

식 (11.2)와 식 (11.4)으로부터 직사각형 도파관 내부에 형성된 임의의 TE 모드에서 횡단면에 존재하는 복소수 전기장 세기 $\underline{E}_t$와 복소수 자기장 세기 $\underline{H}_t$의 비는 그림 11.1의 좌표축과 무관하고, 순수한 실수로 다음과 같다.

$$Z_{TE} = \left(\frac{\underline{E}_t}{\underline{H}_t}\right)_{TE} = \frac{\underline{E}_x}{\underline{H}_y} = -\frac{\underline{E}_y}{\underline{H}_x} = \frac{\omega\mu}{\beta} = \frac{\eta}{\sqrt{1 - f_c^2/f^2}} \text{(TE 파동 임피던스)} \quad (11.7)$$

여기서 $c = 1/\sqrt{\varepsilon\mu}$는 고유한 위상 속도이고, $\eta = \sqrt{\mu/\varepsilon}$는 고유 임피던스이고, $\mu c = \eta$이다. 이때, 비($\underline{E}_t/\underline{H}_t$)는 TE파($TE_{mn}$ 모드)의 임피던스로 정의된다. 유사하게, 식 (11.5)와 식 (11.2)로부터 임의의 TM파(TM_{mn} 모드)의 임피던스의 식을 다음과 같이 나타낼 수 있다.

$$Z_{\mathrm{TE}} = \left(\frac{\underline{E}_t}{\underline{H}_t}\right)_{\mathrm{TM}} = \frac{\beta}{\omega\varepsilon} = \eta\sqrt{1-\frac{f_c^2}{f^2}}\ (\text{TM 파동 임피던스}) \tag{11.8}$$

개념문제 11.31 TE파 임피던스, 좌표축에 대한 의존성

그림 11.7에 보이는 무손실 직사각형 도파관에 진행하는 TE_{mn}파가 있다. 이 전자파의 파동 임피던스 Z_{TE}는 $\underline{E}_t$와 $\underline{H}_t$의 비로 정의된다. 임피던스 Z_{TE}는

(A) x와 y에 따라 달라지나, z에는 영향을 받지 않는다.

(B) x에 따라 달라지나, y와 z에는 영향을 받지 않는다.

(C) z에 따라 달라지나, x와 y에는 영향을 받지 않는다.

(D) x, y, z에 영향을 받는다.

(E) 어떠한 좌표에도 영향을 받지 않는다.

(F) 더 많은 정보가 필요하다.

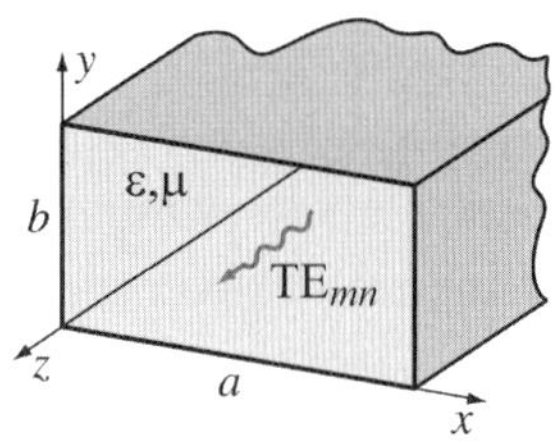

그림 11.7 진행하는 TE_{mn}파를 가진 무손실 도파관(개념문제 11.31)

개념문제 11.32 주파수와 모드 수 m, n에 대한 의존성

무손실 직사각형 도파관에서 진행하는 TE_{mn}파가 있을 때 이 전자파의 파동 임피던스 $Z_{\mathrm{TE}} = \underline{E}_t/\underline{H}_t$가 동작 주파수 f와 모드 수 m과 n의 함수인지 아닌지를 생각해보자.

(A) f에 영향을 받으나, (m,n)에는 영향을 받지 않는다.

(B) (m,n)에 영향을 받으나, f에는 영향을 받지 않는다.

(C) f와 (m,n)에 영향을 받는다.

(D) 위의 어떠한 변수에도 영향을 받지 않는다.

(E) 더 많은 정보가 필요하다.

개념문제 11.33 TE와 TM파 임피던스

공기로 채워진 무손실 직사각형 도파관에서 동일한 동작 주파수에서 TE_{mn}파와 TM_{mn}파의 파동 임피던스는

(A) 다른 값을 갖는다.

(B) 서로 유사한 값을 갖는다.

(C) 같은 값을 갖는다.

(D) 위의 예 중에서 어느 것도 아니다.

(E) 더 많은 정보가 필요하다.

개념문제 11.34 TEM파와 유사한 TE와 TM파

공기로 채워진 직사각형 도파관에 존재하는 TE_{mn}과 TM_{mn}파는 공기 중의 TEM파의 특성과 같다.

(A) 차단 주파수에 근접한 동작 주파수에서

(B) 차단 주파수보다 높은 주파수에서

(C) (A)와 (B) 사이에 중간 주파수에서

(D) 전파 주파수 중 어떤 것도 아니다.

개념문제 11.35 차단 주파수보다 낮은 TE와 TM파 임피던스

차단 주파수보다 낮은 주파수에서 직사각형 도파관의 TE와 TM의 파동 임피던스는?

(A) 영

(B) 무한값

(C) 영이 아닌 값, 유한값, 그리고 순수한 실수부만 있는 값

(D) 영이 아닌 값, 유한값, 그리고 순수한 허수부만 있는 값

(E) 위의 것도 어느 것도 아님

(F) 더 많은 정보가 필요하다.

개념문제 11.36 TE, TE, TEM **파동 임피던스의 비교**

전체 동작 주파수 영역에서 $(f > f_c)$, 직사각형 도파관의 TE와 TE 파동 임피던스와 동일한 유전체로 구현된 전송 선로의 TEM 파동 임피던스를 비교하면

(A) $Z_{\text{TE}} > Z_{\text{TEM}}$ 그리고 $Z_{\text{TM}} > Z_{\text{TEM}}$

(B) $Z_{\text{TE}} > Z_{\text{TEM}}$ 그리고 $Z_{\text{TM}} < Z_{\text{TEM}}$

(C) $Z_{\text{TE}} < Z_{\text{TEM}}$ 그리고 $Z_{\text{TM}} > Z_{\text{TEM}}$

(D) $Z_{\text{TE}} \gg Z_{\text{TEM}}$ 그리고 $Z_{\text{TM}} \ll Z_{\text{TEM}}$

(E) $Z_{\text{TE}} \ll Z_{\text{TEM}}$ 그리고 $Z_{\text{TM}} \gg Z_{\text{TEM}}$

(F) 위의 보기 중에서 어느 것도 아니다.

개념문제 11.37 TE, TE, TEM **파동 임피던스 사이의 관계**

직사각형 도파관에서 형성된 TE와 TE 파동 임피던스와 동일한 유전체를 사용하여 구현된 전송 선로에서의 TEM 파동 임피던스에서 $Z_{\text{TE}}Z_{\text{TM}} = Z_{\text{TEM}}^2$ 의 관계가 성립한다.

(A) 도파관과 해당되는 모드의 모든 동작 주파수 $(f > f_c)$에서

(B) 차단 주파수와 근접한 동작 주파수에서

(C) 차단 주파수보다 훨씬 더 높은 주파수에서

(D) (B)와 (C)사이의 중간 주파수에서

(E) 동작 주파수 중 어떤 것도 아니다.

11.4 작은 손실을 갖는 도파관

그림 11.1에 보여지는 직사각형 도파관에서 도체 및 유전체 손실을 고려할 때, 이러한 손실들은 작다 (즉, 식 (9.6)을 만족한다)고 가정한다. 따라서, 마치 손실이 없는 것처럼 도파관의 모든 단면 (xy 면)에서의 전계 분포가 실질적으로 동일하다고 가정한다. 반면에 z방향으로는 $e^{-\alpha z}$에 따라 필드가 점점 감쇠된다. 여기서 α는 그 구조의 감쇠 상수이다. 식 (9.8)에 대신하여 도파관 도체의 감쇠 상수는 다음과 같이 표현할 수 있다.

$$\alpha_c = \frac{P'_c}{2P}, \quad P'_c = \oint_{C_c} R_s |\underline{\mathbf{H}}_{\text{tang}}|^2 dl \text{(도파관 벽에서 손실들)} \tag{11.9}$$

여기서 P'_c(도파관의 4개의 벽을 포함하는)는 도체에서 단위 길이당 주울의 손실의 시간-평균 전력이다. P는 도파관를 따라 전달되는 시간-평균 전력으로 z축을 따라 파동에 의해 전달되는 복소수 전력의 실수부와 동일하다. 즉, 도파관의 단면을 통과하는 전자파의 복소수 포인팅 벡터의 플럭스 (flux) S_d이다. 반면에 식 (9.9)을 일반화하여 도파관 유전체의 감쇠 상수를 다음과 같이 정리할 수 있다.

$$\alpha_d = \frac{P'_d}{2P}, \quad P'_d = \int_{S_d} \sigma_d |\underline{\mathbf{E}}|^2 dS \text{(도파관 벽에서 손실들)} \tag{11.10}$$

여기서 중요한 것은 α_c와 α_d가 모두 무손실 필드 분포를 사용하여 계산된다는 것이다 (perturbation method, 섭동 방법).

개념문제 11.38 **전력 흐름에 기여하지 않는 필드 구성 요소**

그림 11.8에 보이는 무손실 직사각형 도파관을 따라 진행하는 임의의 TE 또는 TM파 모드는 다음의 전기장과 자기장 성분이 0이거나 또는 만약 0이 아니면 도파관을 따라서 전력을 전달하는 역할을 하지 않는다.

(A) E_x, E_y, H_x 그리고 H_y

(B) E_x, E_z, H_y 그리고 H_z

(C) E_y, H_y 그리고 H_z

(D) E_x 그리고 H_z

(E) E_z 그리고 H_z

(F) 어떠한 성분도 아니다.

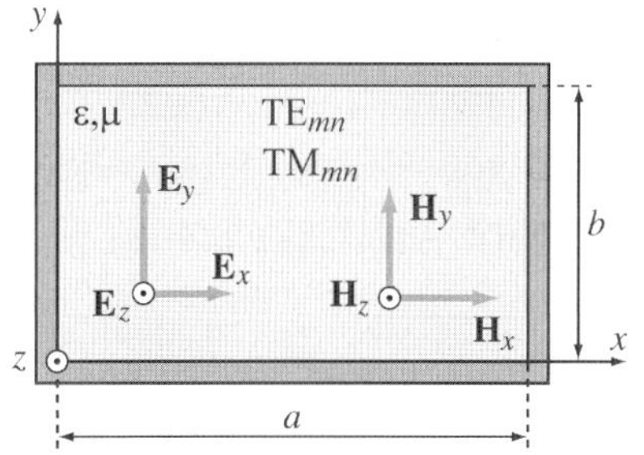

그림 11.8 직사각형 도파관을 따라 진행하는 임의의 TE 또는 TM 모드의 전기장과 자기장 성분 (개념문제 11.38)

개념문제 11.39 **도파관 벽으로 향하는 포인팅 벡터의 플럭스(flux)**

무손실 직사각형 도체 도파관에서 주 모드 (TE_{10})가 진행할 때, 그림 11.8의 주어진 표기법을 참고하자. 복소수 포인팅 벡터 $\underline{\boldsymbol{P}}$의 플럭스가 다음의 도파관 벽으로 들어갈 때 0이 된다.

(A) $x=0$ 및 $x=a$로 정의된 벽

(B) $x=0$ 및 $y=0$로 정의된 벽

(C) $y=0$ 및 $y=b$로 정의된 벽

(D) 모든 4개의 벽

(E) 어떠한 벽도 아니다.

개념문제 11.40 **주 모드의 전송전력**

그림 11.8에 보이는 직사각형 도파관에서 진행하는 TE_{10}모드와 연관된 시간-평균(실수부) 전력 흐름 P를 고려하자. 다음 2개의 내용 중 맞는 것은?

(a) P는 일정한 시간 $\int_{x=0}^{a}|\underline{E}_y|^2 dx$로 쓸 수 있다.

(b) P는 일정한 시간 $\int_{x=0}^{a}|\underline{H}_x|^2 dx$로 쓸 수 있다.

(A) (a)만 맞음

(B) (b)만 맞음

(C) 2개 모두 맞음

(D) 2개 모두 틀림

개념문제 11.41 **손실이 작은 도파관과 손실이 없는 도파관**

손실이 작은 도파관은 일반적으로 손실이 없는 도파관처럼 다룰 수 있다.

(A) 맞다.

(B) 틀리다.

개념문제 11.42 **손실이 작은 도파관에서 큰 파동 감쇠**

손실이 적은 도파관에서 진행하는 TE 또는 TM파의 감쇠는 실제 사용할 때는 엄청 크다.

(A) 맞다.

(B) 틀리다.

개념문제 11.43 **저손실과 무손실 도파관에서 전기장 분포**

저손실 도파관에서 주 모드 (TE_{10})의 경우 전기장 벡터 $\underline{\mathbf{E}}$는 대략적으로 같은 분포(상대적인 공간 좌표의 의존성)를 갖는 경우는?

(A) 도파관의 단면 (xy면)과 도파관의 진행 방향 (z방향)에서

(B) 도파관의 단면 (xy면)에서, (그러나 도파관의 진행 방향 (z방향)에서는 아닌)

(C) 도파관의 단면 (xy면)에서는 아닌, (그러나 도파관의 진행 방향 (z방향)에서)

(D) 도파관의 단면에서도 아닌, 진행 방향 (z방향)에서도 아닌

개념문제 11.44 **저손실과 무손실 도파관에서 자기장 분포**

저손실과 무손실 도파관에서 전송되는 주 모드의 자기장 벡터 $\underline{\mathbf{H}}$의 분포는 거의 같다.

(A) 도파관의 단면 (xy면)과 도파관의 진행 방향 (z방향)에서

(B) 도파관의 단면 (xy면)에서, 그러나 도파관의 진행 방향 (z방향)에서는 아닌

(C) 도파관의 단면 (xy면)에서는 아닌, 그러나 도파관의 진행 방향 (z방향)에서

(D) 도파관의 단면에서도 아닌, 진행 방향 (z방향)에서도 아닌

개념문제 11.45 **도체 손실 평가를 위한 적분 경로**

도파관의 도체 (4개의 도파관 벽)에서 주울 손실의 단위 길이당 시간-평균 전력 P'_c을 평가하기 위해서 임의의 TM 모드의 감쇠 계수 α_c가 필요하다. 그와 관계된 표면 전력 밀도 $R_s|\underline{\mathbf{H}}_{\text{tang}}|^2$, C_c의 적분 경로는

(A) 도체의 내부 경로를 나타낸다.

(B) 도체의 외부 경로를 나타낸다

(C) 도체의 내부와 외부 경로를 나타낸다.

(D) 위의 보기 중 답이 없다.

개념문제 11.46 **도체 손실 전력 적분에서 자기장 성분**

TE_{10} 모드가 그림 11.9에서 보여지는 공기로 채워진 도체 벽 도파관을 따라 진행하고 있다. 도파관의 저항성 전력(ohmic power)과 감쇠 상수를 얻기 위해 C_c을 따라서 적분할 때 다음 중 0이 아닌 자기장 성분이 표면 전력 밀도 $R_s|\mathbf{H}_{\text{tang}}|^2$를 통해 P'_c의 결과에 기여한다.

(A) H_x

(B) H_z

(C) H_x와 H_z

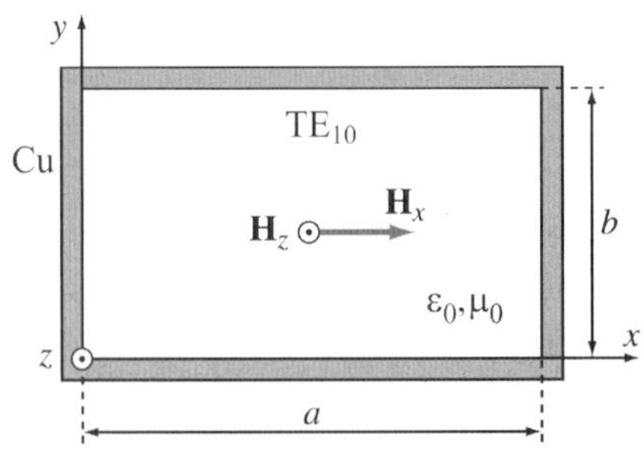

그림 11.9 TE_{10} 모드를 전달하는 구리벽으로 이루어진 공기가 채워진 직사각형 도파관(개념문제 11.46)

개념문제 11.47 **감쇠 상수의 주파수 의존성**

공기로 채워진 직사각형 알루미늄 도파관에서 TE_{10} 모드가 전송된다. 도파관의 감쇠 상수 $\alpha = \alpha_c$는

(A) 주파수의 제곱근에 비례한다.

(B) 주파수에 영향을 받지만 $\sqrt{f}$ 보다 더 복잡한 방식이다.

(C) 주파수에 영향을 받지 않는다.

(D) 좀 더 많은 정보가 필요하다.

개념문제 11.48 **유전체 손실전력 적분에서 전기장 성분**

그림 11.10에서 보여지는 저손실 유전체로 채워진 직사각형 도파관에 존재하는 임의의 TM_{mn} 파를 고려하자. 전기장 벡터의 3개의 모든 직각좌표 성분이 0은 아니다. 도파관 단면의 표면 적분 S_d를 할 때 주울 손실의 단위 길이당 시간-평균 전력 P'_d와 그 감쇠 상수 α_d를 결정할 필요가 있다. 다음의 전기장 성분 중에서 부피 전력 밀도 $\alpha_d|\underline{\mathbf{E}}|^2$를 통해서 P'_d의 결과에 영향을 주는 것은?

(A) E_x 그리고 E_y

(B) E_z

(C) E_x, E_y 그리고 E_z

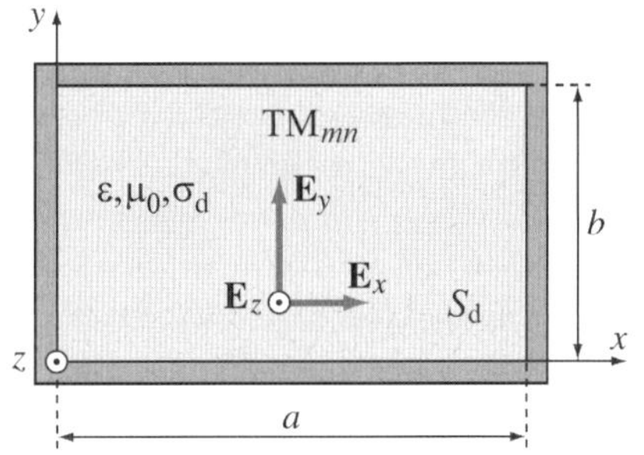

그림 11.10 저손실 유전체로 채워진 직사각형 도파관(개념문제 11.48)

11.5 도파관 분산과 파동 속도

그림 11.1의 직사각형 도파관에서 식 (11.2)의 위상 상수 β는 TE 또는 TM파의 각 주파수 ω의 비선형 함수이므로 파동의 위상 속도 v_p는 주파수에 따라 변하고 도파관은 분산전파 매질(dispersive propagation medium)을 나타낸다. 식 (7.19), (7.20), 그리고 (11.2)를 결합하여 도파관을 따라 진행하는 파동의 v_p와 그룹 속도(group velocity)(또는 에너지 속도) v_g는 다음과 같이 표현할 수 있다. 여기서 c는 도파관 유전체의 고유 위상 속도이다.

$$v_p = \frac{\omega}{\beta} = \frac{c}{\sqrt{1-f_c^2/f^2}}, \quad v_g = \frac{1}{d\beta/d\omega} = c\sqrt{1-\frac{f_c^2}{f^2}} \quad \left(c = \frac{1}{\sqrt{\varepsilon\mu}}\right)$$

(도파관 위상 속도와 그룹 속도) (11.11)

개념문제 11.49 **분산 또는 비분산 전파 매질로써의 도파관**

직사각형 도파관의 벽은 투과할 수 없는 매질인 완전 도체로 이루어져 있고, 도파관의 내부는 비분산 매질인 완전 유전체로 채워져 있다. 차단 주파수 위에서 존재하는 기본 모드에서 도파관 전체는

(A) 분산 전파 매질이다.

(B) 비분산 전파 매질이다.

개념문제 11.50 **임의의 도파관에서 두 모드의 분산 다이어그램**

임의의 크기 a/b를 갖는 직사각형 도파관에서 TE_{20} 모드의 분산 다이어그램(즉, $\beta-\omega$관계)은 TE_{01} 모드의 분산 다이어그램과 같다.

(A) 맞다.

(B) 틀리다.

개념문제 11.51 **표준 도파관에서 두 모드의 분산 다이어그램**

$a/b=2$인 표준 도파관에서 TE_{20}과 TE_{01}의 $\beta-\omega$ 다이어그램은 같다.

(A) 맞다.

(B) 틀리다.

개념문제 11.52 **기본 모드의 위상과 그룹 속도**

PEC 벽으로 이루어진 직사각형 도파관이 공기로 채워져 있다. 기본 모드(TE_{10})의 위상 속도 v_p와 그룹 속도 v_g, 공기 중의 빛의 속도 $C_0=3\times10^8\mathrm{m/s}$의 관계로 적절한 것은?

(A) $v_\mathrm{p} > C_0$

(B) $v_\mathrm{g} > C_0$

(C) 모두 맞다.

(D) 모두 틀리다.

개념문제 11.53 **위상 속도와 그룹 속도의 비교**

손실이 없는 공기로 채워진 도파관을 진행하는 TE_{mn} 파동의 위상 속도 v_p와 그룹 속도 v_g는

(A) 서로 크기가 다르다.

(B) 서로 크기가 유사하다.

(C) 서로 크기가 정확히 같다.

(D) 위의 것도 어느 것도 아니다.

(E) 더 많은 정보가 필요하다.

개념문제 11.54 **도파관을 따라 진행하는 다른 반송파 주파수를 갖는 신호들의 전달**

반송파(carrier) 주파수가 f_1과 f_2인 두 신호가 있다 ($f_2 > f_1$). 두 신호가 길이가 l인 도파관의 끝에서 동시에 발생하여 도파관을 따라 전달된다. 두 주파수는 모두 도파관의 주 주파수 영역(TE_{10} 모드가 그 도파관을 통과할 수 있는 가장 큰 가장한 범위)에 속한다. 주파수 f_1에서 주 모드의 위상 속도와 그룹 속도는 각각 v_{p1}과 v_{g1}이다. 또한, 주파수 f_2에서는 v_{p2}과 v_{g2}였다. 두 신호가 도파관의 반대편까지 도달하는 데 걸리는 시간차는

(A) 0이 아니며 $\Delta t = |l/v_{p1} - l/v_{p2}|$이다.

(B) 0이 아니며 $\Delta t = |l/v_{p1} - l/v_{p2}|$와 같다.

(C) 0이 아니며 $\Delta t = |l/v_{p1} - l/v_{p2}| = |l/v_{g1} - l/v_{g2}|$로 주어진다.

(D) 0

11.6 도파관 결합기

직사각형 도파관에서 특정 TE_{mn} 또는 TM_{mn} 모드를 생성하려면 (그림 11.1) 외부의 에너지를 도파관 내부로 공급하는 전자기 결합 메커니즘이 필요하다. 이로 인해 특정한 모달 필드(modal field)가 생성된다. 이러한 필드는 도파관을 따라 이동하면서 급전(feed)으로부터의 입력 신호를 전달한다. 같은 메커니즘이 반대의 경우도 사용될 수 있다. 즉, 파동에 의해 도파

관을 따라 전달되는 에너지 (신호)가 외부기기나 시스템으로 전달될 수 있다. 이때 전자기 결합에 기반한 그런 신호 송수신기를 도파관 결합기(waveguide coupler)라고 한다. 대체로 결합기는 외부에 부착된 동축 케이블로부터 입력된 전력을 도파관 모드로 변환해주거나 혹은 반대의 역할을 한다.

케이블의 내부 도체가 연장된 형태(프로브라 불린다)가 도파관 내부에 삽입되고, 외부 도체는 도파관의 벽에 연결된다. 그림 11.11에서 전기 프로브(probe)와 자기 프로브를 보여주고 있다. 전기 프로브는 도파관으로 전기장을 결합시키기에 적절한 구조로 짧은 와이어 세그먼트(케이블 도체의 직선 연장) 형태이다. 자기 프로브는 작은 와이어 루프(도체가 접혀 그 끝이 도파관의 벽에 다시 연결)로 구성되어 자기장 결합에 더 적합하다. 이러한 프로브는 짧은 모노폴 와이어 안테나이거나 짧은 루프 안테나이다. 특히, 도파관에서 TE 또는 TM을 인가 또는 수신하기 위한 전기 프로브는 전기장 세기 $\mathbf{E}$가 최대가 되는 곳에 위치해야 하고, 전기장의 방향과 평행하게 놓여져야 한다. 반면에, 자기장 프로브는 도파관에서 자기장이 최대가 되는 곳에 위치하고, 루프면이 자기장 $\mathbf{H}$에 수직이어야 한다.

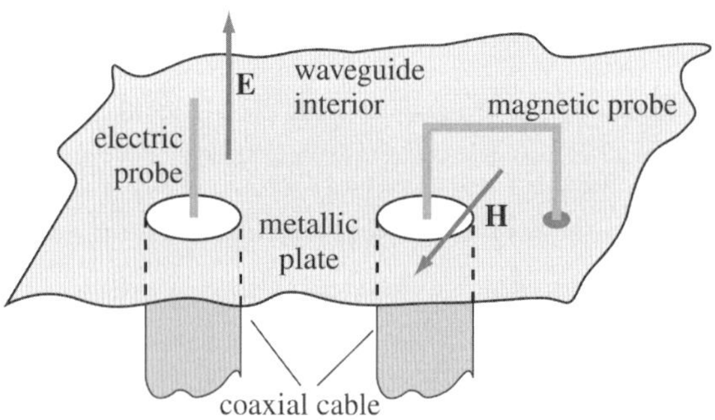

그림 11.11 직사각형 도체 도파관에서 파동 모드를 인가하거나 수신하기 위한 전기 프로브(짧은 모노폴 안테나)와 자기 프로브(짧은 루프 안테나) 형태의 케이블-도파관 결합기

개념문제 11.55 도파관을 따라 진행하는 다른 반송파 주파수를 갖는 신호들의 전달

공기로 채워진 무손실 직사각형 도파관에서 TE_{10} 모드가 작은 도선 루프(자기 프로브)로 수신되고 있다. 이때, 루프의 단면적은 S이고 도파관의 한쪽 벽에 부착되어 있다. 그림 11.12에 보이는 것처럼 (a) $x=0$(왼쪽 벽)과 (b) $y=0$(바닥 벽)의 도체 표면에 루프가 부착되어 있다고 생각하자. 도파관의 단면에서 그 세기가 최대치인 곳에서 파동의 복소 rms 자기장 세기 벡터의 x성분과 z성분을 각각 $\underline{H}_x$와 $\underline{H}_z$라고 할 때, (a)의 루프에 의한 rms 유도 기전력 $\varepsilon_{ind}^{(a)}$과 (b)의 루프에 의한 rms 유도 기전력 $\varepsilon_{ind}^{(b)}$은 다음과 같이 주어진다.

(A) $\varepsilon_{ind}^{(a)}=\omega\mu_0|\underline{H}_x|S$과 $\varepsilon_{ind}^{(b)}=\omega\mu_0|\underline{H}_z|S$

(B) $\varepsilon_{ind}^{(a)} = \omega\mu_0|\underline{H}_z|S$과 $\varepsilon_{ind}^{(b)} = \omega\mu_0|\underline{H}_x|S$

(C) $\varepsilon_{ind}^{(a)} = \omega\mu_0|\underline{H}_x|S$과 $\varepsilon_{ind}^{(b)} = 0$

(D) $\varepsilon_{ind}^{(a)} = 0$과 $\varepsilon_{ind}^{(b)} = \omega\mu_0|\underline{H}_z|S$

(E) $\varepsilon_{ind}^{(a)} = \omega\mu_0|\underline{H}_x S + j\omega\mu_0\underline{H}_z S|$과 $\varepsilon_{ind}^{(b)} = |\omega\mu_0\underline{H}_x S - j\omega\mu_0\underline{H}_z S|$

(F) $\varepsilon_{ind}^{(a)} = \varepsilon_{ind}^{(b)} = 0$과 $\varepsilon_{ind}^{(b)} = \omega\mu_0|\underline{H}_z|S$

개념문제 11.56 주 영역 위에서 자기 프로브 결합

공기로 채워져 있는 도파관의 단면이 $a = 16.51\text{cm}$, $b = 8.255\text{cm}$이다. TE_{10}, TE_{20}, TE_{01} 모드가 이 도파관을 투과할 수 있다고 가정하자. 그림 11.12에 제시된 좌표 축을 참고하여 도파관의 왼쪽 벽 ($x = 0$인 벽)에 부착된 작은 와이어 루프를 $y = b/2$인 면에 놓자. 이때 루프는 몇 개의 자기장과 결합할 수 있나?

(A) 단지 1개

(B) 단지 2개

(C) 단지 3개

(D) 0개

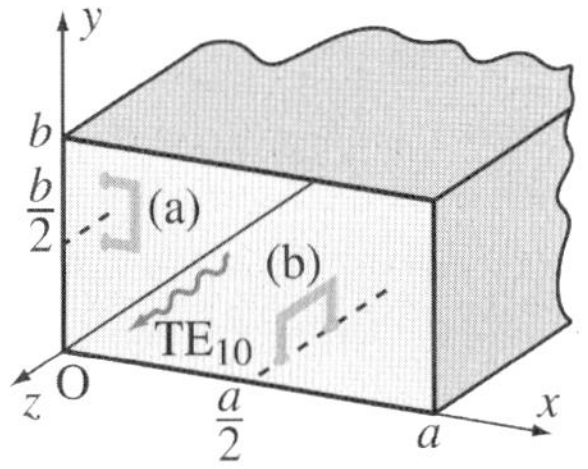

그림 11.12 직사각형 도체 도파관에서 기본 모드 (TE_{10})을 수신하는 자기 프로브(개념문제 11.56)

개념문제 11.57 기본 모드를 위한 단방향 전기 프로브 결합기

그림 11.13은 도파관을 따라 단방향으로 전송되는 TE_{10} 모드를 형성하는 결합 구조를 보여주고 있다. 다른 쪽 방향으로 진행하는 것을 막기 위해 한쪽 끝은 금속면을 사용하여 막아버렸다. 그 금속면으로부터의 거리 d는 프로브에 의해 인가된 역방향으로 진행하는 파동이 금속면을 맞고 반사되어 되돌아온 후에 순방향으로 진행하는 파동과 적절히 합쳐지도록 설정된다

(그림 11.13). 그리하여, 두 개의 파동이 동위상이 되어 프로브에서 멀어지는 방향 즉, 오른쪽으로 진행하게 된다. 한 파장의 길이가 λ_z인 도파관에서(그림 11.13에서 z방향을 따라서 측정된), 두 파동이 동위상으로 적절히 합쳐지기 위한 거리 d는?

(A) $d = \lambda_z/8$

(B) $d = \lambda_z/4$

(C) $d = \lambda_z/2$

(D) $d = \lambda_z$

(E) $d = 2\lambda_z$

(F) 위의 값들보다 크다

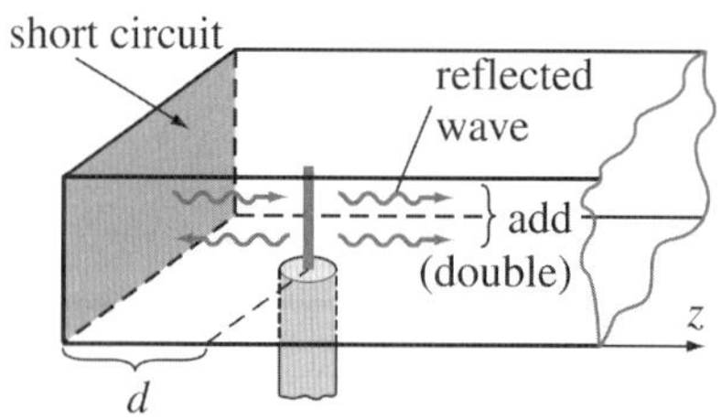

그림 11.13 도파관을 따라 한쪽 방향으로만 진행하는 TE_{10} 모드를 전송하는 전기 프로브(개념문제 11.57)

개념문제 11.58 **수신 동작모드(receiving mode of operation)의 단방향 결합기**

그림 11.13에 보여지는 도파관 결합 구조에서 적절한 d를 선택한다. 전기 프로브는 $-z$방향 (프로브로 향하는)으로 전파하는 TE_{10} 모드로부터 신호를 받을 때 인가되는 파동과 벽으로부터 반사되어 되돌아온 파동이 동위상으로 적절히 합쳐지게 된다.

(A) 맞다.

(B) 틀리다.

개념문제 11.59 **TE_{20} 모드를 위한 전기 프로브 도파관 커플러**

그림 11.14에 제시된 전기 프로브 중에서 TE_{20} 모드의 인가/수신을 위해 사용되는 결합 구조는?

(A) 그림 11.14(a)에 제시된 결합기

(B) 그림 11.14(b)에 제시된 결합기

(C) 그림 11.14(c)에 제시된 결합기

(D) 그림 11.14(d)에 제시된 결합기

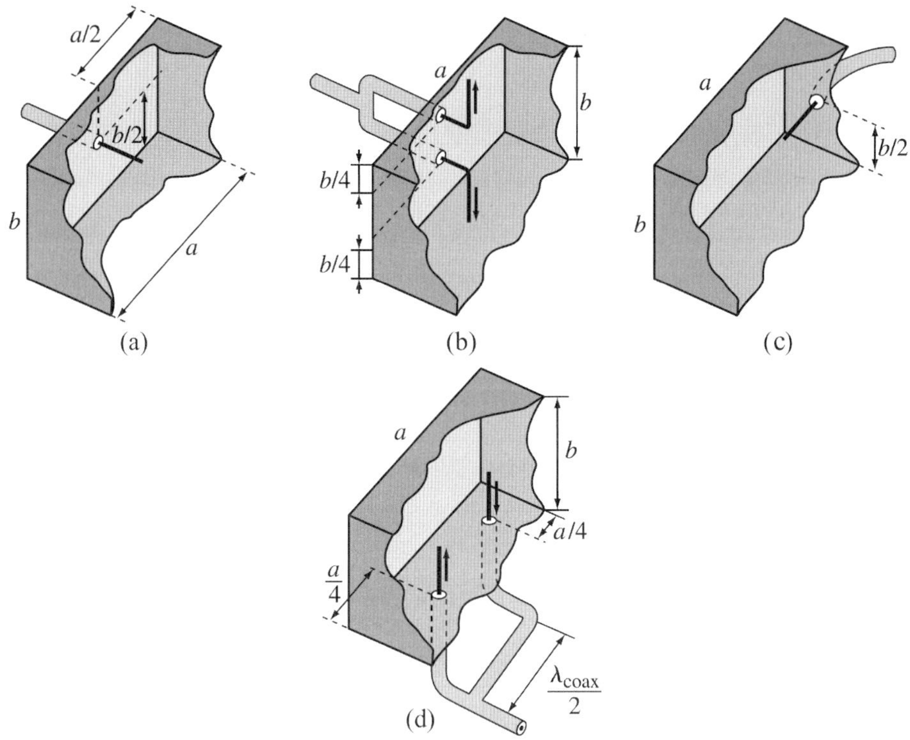

그림 11.14 직사각형 도파관(각각은 특정한 모드를 위한 구조)에서 4개의 서로 다른 고차 모드(기본 모드보다 높은 차수의 모드)를 위한 전기 프로브를 사용한 결합 구조(개념문제 11.59)

개념문제 11.60 TE_{11} **모드를 위한 전기 프로브 도파관 결합기**

그림 11.14에 제시된 전기 프로브 중에서 TE_{11} 모드의 인가/수신을 위해 사용되는 결합 구조는?

(A) 그림 11.14(a)에 제시된 결합기

(B) 그림 11.14(b)에 제시된 결합기

(C) 그림 11.14(c)에 제시된 결합기

(D) 그림 11.14(d)에 제시된 결합기

개념문제 11.61 TE_{11} **모드를 위한 전기 프로브 도파관 결합기**

그림 11.14에 제시된 전기 프로브 중에서 TE_{11} 모드의 인가/수신을 위해 사용되는 결합 구조는?

(A) 그림 11.14(a)에 제시된 결합기

(B) 그림 11.14(b)에 제시된 결합기

(C) 그림 11.14(c)에 제시된 결합기

(D) 그림 11.14(d)에 제시된 결합기

개념문제 11.62 TM_{11} **모드를 위한 전기 프로브 도파관 결합기**

그림 11.14에 제시된 전기 프로브 중에서 TE_{11}모드의 인가/수신을 위해 사용되는 결합 구조는?

(A) 그림 11.14(a)에 제시된 결합기

(B) 그림 11.14(b)에 제시된 결합기

(C) 그림 11.14(c)에 제시된 결합기

(D) 그림 11.14(d)에 제시된 결합기

11.7 직사각형 캐비티 공진기

다음으로 TE와 TM파를 가진 직사각형 도파관으로부터 만들어진 전자기 공진기를 공부하자. 그림 11.15에서 보여지는 것처럼 도파관의 양쪽 끝이 도체 벽으로 막히면 직사각형 금속 박스(캐비티, cavity)를 형성하게 되어 3차원 공진 파동 구조가 된다(특정한 공진 주파수에서). 이를 직사각형 캐비티 공진기라고 부른다. 캐비티에서 정재파로 된 TE 또는 TM파동은 양쪽 벽 사이에서 앞뒤로 왔다갔다 하는 입사파와 반사파에 의해 이루어진다. 그 결과 z축을 따라 생기는 필드 패턴은 그림 8.1(b)와 같다. 캐비티의 변수 d는 그 결과 생기는 파동의 전기장 벡터의 접선 성분이 그림 11.15의 $z=-d$인 PEC 경계면에서 0이 되도록 설정되어야 한다. 이에 따라 그림 8.1(b)와 식 (8.4)로부터 $\sin\beta d=0$ 즉, $\beta d=p\pi\,(p=1,2,\ldots)$이 된다. 식 (11.2)에서 도파관 위상 계수 b를 위한 위의 조건들과 식 (11.6)에서 임의의 TE_{mn} 또는 TM_{mn} 모드를 위한 차단 주파수 $f_c=(f_c)_{mn}$를 조합하여 다음과 같은 모드 (m,n,p)를 위한 공진 주파수(rescnant frequency, f_{res}) 식을 얻을 수 있다. 여기서 모드 (m,n,p)는 한 변의 길이가 각각 a, b, d인 캐비티에서 발생하는 TE_{mnp} 또는 TM_{mnp}를 말한다(그림 11.15).

$$f = f_{res} = (f_{res})_{mnp} = \frac{c}{2}\sqrt{(\frac{m}{a})^2 + (\frac{n}{b})^2 + (\frac{p}{d})^2} \quad (m,n,p = 0, 1, 2, \ldots)$$

(캐비티 공진, $\mathrm{TE_{mnp}}$ 또는 $\mathrm{TM_{mnp}}$ 모드) (11.12)

만약 캐비티 길이가 모두 같지 않고 그림 11.15에서 좌표축 (x, y, z)이 $a > b$이고 $d > b$가 되도록 선택된다면 식 (11.12)의 모든 해 중에서 가장 낮은 주파수는 다음과 같이 주어진다.

$$(f_{res})_{101} = \frac{c}{2}\sqrt{(\frac{1}{a})^2 + (\frac{1}{d})^2} \quad (\mathrm{TE_{101}},\ \text{기본 캐비티 모드}) \tag{11.13}$$

이를 기본 캐비티 모드(cavity mode)라고 부른다.

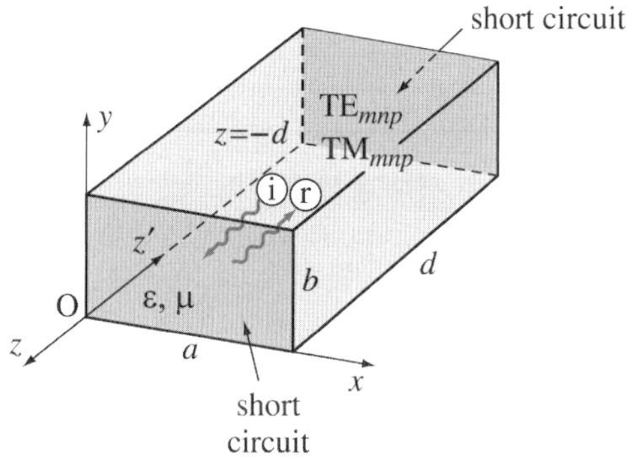

그림 11.15 그림 11.1의 양쪽 면이 단락 회로(금속 벽)로 설정된 직사각형 캐비티 공진기

식 (11.3)에서 표현된 $\mathrm{TE_{10}}$ 모드가 그림 11.15의 $z = 0$과 $z = -d$에 위치한 전기장 PEC 벽을 맞고 반사하면 식 (8.4)에서 보여지는 것처럼 입사파와 반사파가 합쳐지게 된다. 그 결과 생긴 파동은 식 (8.4)를 사용하여 구할 수 있다. 이에 따라 캐비티에서 생성되는 $\mathrm{TE_{101}}$모드의 전기장과 자기장을 다음과 같이 표현할 수 있다.

$$\underline{E}_y = -2\omega\mu\frac{a}{\pi}\underline{H_0}\sin(\frac{\pi}{a}x)\sin(\frac{\pi}{d}z), \quad \underline{H}_x = 2j\frac{a}{d}\underline{H_0}\sin(\frac{\pi}{a}x)\cos(\frac{\pi}{d}z),$$
$$\underline{H}_z = -2j\underline{H_0}\cos(\frac{\pi}{a}x)\sin(\frac{\pi}{d}z), \quad \underline{E}_x, \underline{E}_z, \underline{H}_y = 0$$

($\mathrm{TE_{101}}$모드의 필드) (11.14)

여기서 $\omega = 2\pi f$이고, f는 식 (11.13)에서 얻어지는 $(f_{res})_{101}$이다. 캐비티에서 생성되는 임의의 $\mathrm{TE_{mnp}}$와 $\mathrm{TM_{mnp}}$는 유사한 형태로 얻을 수 있다.

개념문제 11.63 **각각의 공진-캐비티 모드를 위한 동작 주파수**

변의 길이가 각각 a, b, d인 무손실 직사각형 도체 캐비티가 균일한 유전체(유전율 ε과 투자율 μ)로 채워져 있다. a, b, d, ε, μ가 고정되면 각각의 캐비티 모드, 즉, 특정한 (m, n, p)를 위한 TE_{mnp}와 TM_{mnp} 모드가 존재한다.

(A) 단지 한 주파수에서

(B) 여러 주파수에서(불연속 분포)

(C) 여러 주파수에서(연속 분포)

(D) 여러 개의(분리된) 주파수 범위에서

개념문제 11.64 **캐비티 공진 모드를 위한 동작 주파수**

무한히 긴 도파관의 단면이 a와 b라고 가정하자. a, b, ε, μ가 고정되어 있다면 각 도파관 모드, 즉 주어진 (m, n)인 TE_{mnp}또는 TM_{mnp}이 존재할 수 있는 주파수 유형은 무엇인가?

(A) 단지 한 주파수에서

(B) 여러 주파수에서(불연속 분포)

(C) 여러 주파수에서(연속 분포)

(D) 여러 개의(분리된) 주파수 범위

개념문제 11.65 **캐비티 공진 주파수 대 도파관 차단 주파수**

한 변의 길이가 a, b, d인 공기로 채워진 직사각형 도체 도파관에서 TE_{101} 캐비티 모드의 공진 주파수는 동일한 단면의 크기 a와 b를 갖는 공기로 채워진 도파관에서 발생하는 TE_{10} 모드의 차단 주파수보다

(A) 높다.

(B) 같다.

(C) 낮다.

개념문제 11.66 **기본 캐비티 모드의 정재파 형상**

한 변의 길이 a, b, d인 공기로 채워진 캐비티 공진기에서 TE_{101}모드(기본 캐비티 모드)가 존재한다. 이 모드의 전기장과 자기장 성분은 정재파 특성을 나타낸다.

(A) 단지 한 방향에서

(B) 단지 두 방향에서

(C) 모든 세 방향에서

(D) 어떠한 방향에서도 일어나지 않는다.

개념문제 11.67 **캐비티 공진기에서 생성된 임의의 TE 모드를 위한 필드 식**

그림 11.16에서 보여지는 손실이 없는 직사각형 캐비티 공진기에서 발생하는 임의의 TE_{mnp} 모드의 전자기장을 수식으로 표현할 때, 영이 아닌 전자기장 성분(z축 기준)은 다음과 같다($p=1,\ 2,\ \cdots$).

(A) $\sin(p\pi z/d)$

(B) $\cos(p\pi z/d)$

(C) $\sin[p\pi z/(2d)]$

(D) $\sin(p\pi z/d)$ 또는 $\cos(p\pi z/d)$

(E) $e^{-jp\pi z/d}$

(F) z에 관계없이 상수

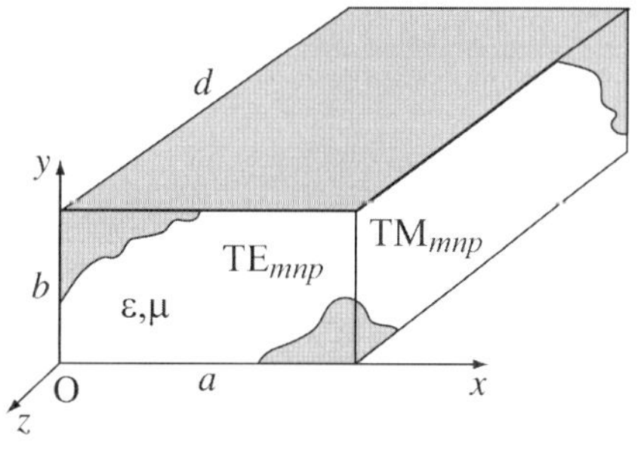

그림 11.16 TE_{mnp} 또는 TM_{mnp}가 인가된 직사각형 캐비티 공진기(개념문제 11.67)

개념문제 11.68 **캐비티 공진기에서 생성된 임의의 TM 모드를 위한 필드 식**

그림 11.16에서 보여지는 손실이 없는 직사각형 캐비티 공진기에서 발생하는 임의의 TM_{mnp}모드의 전자기장을 수식으로 표현할 때, 영이 아닌 전자기장 성분(z축 기준)은 다음과 같다($p=1,\ 2,\ \cdots$).

(A) $\sin(p\pi z/d)$

(B) $\cos(p\pi z/d)$

(C) $\sin[p\pi z/(2d)]$

(D) $\sin(p\pi z/d)$ 또는 $\cos(p\pi z/d)$

(E) $e^{-jp\pi z/d}$

(F) z에 관계없이 상수

개념문제 11.69 **임의의 TE 모드를 위한 경계 조건**

그림 11.16에서 도체 벽으로 이루어진 도파관 캐비티 공진기에서 생성된 임의의 TE_{mnp} 모드가 존재한다. 이 모드의 전기장과 자기장 성분 중에서 $z=0^-$과 $z=-d^+$에서 0이 되는 것은?

(A) E_z 그리고 H_z

(B) E_x, E_y, H_x 그리고 H_y

(C) E_x 그리고 E_y

(D) E_x, E_y 그리고 H_z

(E) E_x, E_y, E_z 그리고 H_z

(F) 어느 성분도 아니다.

개념문제 11.70 **임의의 TM 모드를 위한 경계 조건**

그림 11.16에서 도체 벽으로 이루어진 도파관 캐비티 공진기에서 생성된 임의의 TM_{mnp} 모드가 존재한다. 이 모드의 전기장과 자기장 성분 중에서 $z=0^-$과 $z=-d^+$에서 0이 되는 것은?

(A) E_z 그리고 H_z

(B) E_x, E_y, H_x 그리고 H_y

(C) E_x 그리고 E_y

(D) E_x, E_y 그리고 H_z

(E) E_x, E_y, E_z 그리고 H_z

(F) 어느 성분도 아니다.

개념문제 11.71 **금속 벽을 가진 도파관의 파동 임피던스**

단면이 a와 b인 직사각형 무손실 도파관을 따라 z축으로 진행하는 TE_{10} 모드가 있다. $z=0$인 면이 금속 벽으로 되어 있을 때 파동 임피던스 $\underline{Z}_{\text{standing}} = -\underline{E}_y/\underline{H}_x$는?

(A) 순수하게 실수부만 존재한다.

(B) 순수하게 허수부만 존재한다.

(C) 실수부와 허수부가 존재한다.

개념문제 11.72 **금속 벽을 가진 도파관에서의 포인팅 벡터**

$z=0$에 존재하는 금속 벽이 있는 직사각형 무손실 도체 도파관에 TE_{10} 모드가 진행한다. 이 파동의 복소수 포인팅 벡터의 z성분은?

(A) 단지 실수부만 존재한다.

(B) 단지 허수부만 존재한다.

(C) 실수부와 허수부가 존재한다.

개념문제 11.73 **도파관에서의 포인팅 벡터**

그림 11.16에서 보이는 것처럼 한 변의 길이가 각각 a, b, d인 공기로 채워진 직사각형 도체 캐비티 공진기가 있고, 주(TE_{101}) 정재파 모드가 캐비티 안에 존재한다. 이 파동의 복소수 포인팅 벡터는?

(A) 캐비티의 모든 지점에서 실수부만 존재한다.

(B) 캐비티의 모든 지점에서 허수부만 존재한다.

(C) 일부 지점에서는 실수부, 일부 지점에서는 허수부가 존재한다.

(D) 위에 어느 것도 아니다.

개념문제 11.74 **캐비티 면에서 표면 전류**

그림 11.16의 여섯 면이 모두 도체이고 내부가 공기로 채워진 캐비티가 있고, TE_{101} 모드가 존재한다. 몇 개의 면에서 표면 전류(표면의 모든 점에서 $\underline{J}_s = 0$)가 0이 되는가?

(A) 0개

(B) 1개

(C) 2개

(D) 3개

(E) 4개

(F) 6개

개념문제 11.75 **캐비티 면에서 표면 전하**

그림 11.16의 여섯 면이 모두 도체이고 내부가 공기로 채워진 캐비티가 있고, TE_{101} 모드가 존재한다. 몇 개의 면에서 표면 전하가 0이 되는가?

(A) 0개

(B) 1개

(C) 2개

(D) 3개

(E) 4개

(F) 6개

11.8 저손실 직사각형 캐비티의 양호도

캐비티 공진기에서 발생하는 손실을 무시하면 일단 확정된 전자기 에너지 $W_{\text{em}}(t)$는 시간이 지나도($t \to \infty$) 동일하게 변하지 않는다. 반면에 손실이 있는 공진기에서는 $W_{\text{em}}(t)$는 시간이 지남에 따라 다음과 같이 $W_{\text{em}}(t) = W_{\text{em}}(0)e^{-2t/\tau}$로 기하급수적으로 감소한다. τ는 해당 구조의 양호도(Quality factor) Q에 비례하고, $Q = \pi\tau / T_{\text{res}}$와 같이 표현될 수 있다. 여기서 $T_{\text{res}} = 1/f_{\text{res}}$은 공진기에서 전자기파의 시간-고조파 변화 공진점에서의 시간 주기이다. 양호도 Q는 공진기의 대역폭을 정의하며 Q가 클수록 공진이 더 명확하여, 장치의 주파수 선택도(frequency selectivity)가 높다. 저손실 캐비티 공진기의 경우 Q는 다음과 같다.

$$Q = \frac{Q_{\text{c}} Q_{\text{d}}}{Q_{\text{c}} + Q_{\text{d}}}, \quad Q_{\text{c}} = \omega_{\text{res}} \frac{W_{\text{em}}}{P_{\text{c}}}, \quad Q_{\text{d}} = \omega_{\text{res}} \frac{W_{\text{em}}}{P_{\text{d}}} \text{ (품질계수)} \tag{11.15}$$

($\omega_{\text{res}} = 2\pi f_{\text{res}}$), 여기서 P_{c}는 캐비티 도체의 주울 손실의 시간-평균 전력이고, P_{d}는 식 (11.9)와 (11.10)을 사용하여 도파관에서 단위 길이당 도체와 유전체 손실과 유사하게 계산된다. 게다가, Q(저손실이라는 가정 아래)는 무손실을 위한 필드 분포를 사용하여 결정된다 (perturbation method, 섭동 방법).

개념문제 11.76 캐비티에서 전기장과 자기장 사이의 위상 천이

무손실 직사각형 캐비티 공진기에서 형성된 TE_{101}모드의 순간적인 전체 전자기장은 서로 간의 90°의 위상 차이가 있다.

(A) 캐비티의 모든 지점에서

(B) 캐비티의 어떤 지점에서

(C) 캐비티의 어떤 지점에서도 아닌

개념문제 11.77 캐비티에서 순시 전기장과 자기장 벡터

무손실 도파관 공진기에(캐비티 내부에서 임의의 지점에서) 주 캐비티 모드(TE_{101})의 순시(instantaneous) 전기장과 자기장 세기 벡터는 다음과 같이 쓸 수 있다. $\mathbf{A}_1$과 $\mathbf{A}_2$는 순수하게 실수부만 갖는 벡터(이 벡터는 위치의 좌표에 의존)이며, $\underline{H}_0 = |\underline{H}_0|e^{j\xi}$는 기본 모드의 복소 전자기파 벡터를 위한 식이다.

(A) $\mathbf{E}(\text{t}) = |\underline{H}_0| \mathbf{A}_1 \cos(\omega t + \xi)$와 $\mathbf{H}(\text{t}) = -|\underline{H}_0| \mathbf{A}_2 \cos(\omega t + \xi)$

(B) $\mathbf{E}(t)=|\underline{H}_0|\mathbf{A}_1\sin(\omega t+\xi)$와 $\mathbf{H}(t)=-|\underline{H}_0|\mathbf{A}_2\sin(\omega t+\xi)$

(C) $\mathbf{E}(t)=|\underline{H}_0|\mathbf{A}_1\cos(\omega t+\xi)$와 $\mathbf{H}(t)=-|\underline{H}_0|\mathbf{A}_2\sin(\omega t+\xi)$

(D) $\mathbf{E}(t)=|\underline{H}_0|\mathbf{A}_1\cos\omega t$와 $\mathbf{H}(t)=-|\underline{H}_0|\mathbf{A}_2\cos\omega t$

(E) $\mathbf{E}(t)=|\underline{H}_0|\mathbf{A}_1\sin\omega t$와 $\mathbf{H}(t)=-|\underline{H}_0|\mathbf{A}_2\sin\omega t$

(F) 위의 보기 중 어느 것도 아니다.

개념문제 11.78 캐비티에서 필드 벡터의 편파 상태

무손실 직사각형 캐비티 공진기에서 TE_{101}모드의 전기장 벡터 **E**와 자기장 벡터 **H**의 편파 상태를 고려해보자. 캐비티의 임의의 지점에서

(A) **E**와 **H**는 모두 타원형 편파이다.

(B) **E**와 **H**는 모두 원형 편파이다.

(C) **E**와 **H**는 모두 선형 편파이다.

(D) **E**는 선형 편파, **H**는 타원형 편파이다.

(E) **E**는 선형 편파, **H**는 원형 편파이다.

(F) 위의 보기 중 어느 것도 아니다.

개념문제 11.79 캐비티의 공진기에서 최대 전기장 에너지

무손실 직사각형 도체 캐비티에서 기본 공진 모드(TE_{101})의 전기장 에너지가 최대가 되는 순간에 자기장의 세기는

(A) 캐비티의 모든 지점에서 최대가 된다.

(B) 캐비티의 모든 지점에서 최대의 $1/\sqrt{2}$가 된다.

(C) 캐비티의 모든 지점에서 최대의 1/2가 된다.

(D) 최대와 최솟값이 일정한 간격으로 반복된다.

(E) 캐비티의 모든 지점에서 0이 된다.

개념문제 11.80 **캐비티 내부의 에너지**

무손실 도파관 캐비티 공진기에 TE_{101}모드가 존재한다. 다음의 2개의 문장 중에서 맞는 것은?

(a) 캐비티의 순간적인 전자기 에너지 $W_{\mathrm{em}}(t)$가 모두 전기장이 되는 순간이 있다.

(b) 에너지 $W_{\mathrm{em}}(t)$가 모두 자기장이 되는 시간들이 있다.

(A) 문장 (a)만 맞다.

(B) 문장 (b)만 맞다.

(C) 모두 맞다.

(D) 모두 틀리다.

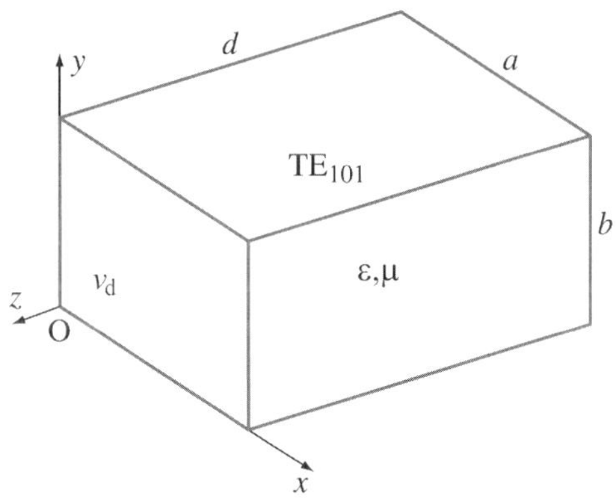

그림 11.17 기본 공진 모드(TE_{101})를 가진 직사각형 도체 캐비티 공진기(개념문제 11.80)

개념문제 11.81 **캐비티 내부에 축적된 에너지를 구하기 위한 부피 적분**

무손실 직사각형 도체 캐비티의 한 변의 길이가 각각 a, b, d이고, 균일한 유전체(유전율 ε과 투자율 μ)로 채워져 있다(그림 11.17). 기본 모드 (TE_{101})의 복소 rms 전기장 세기는 $\underline{E}_y$이다(그림 11.17에서 x와 z의 함수이다). 캐비티에 저장된 전자기 에너지는 다음과 같이 캐비티 유전체의 부피 v_d에 대한 적분을 통해 얻을 수 있다.

(A) $W_{\mathrm{em}} = (\varepsilon/4)\int_{v_\mathrm{d}} |\underline{E}_y|^2 dv$

(B) $W_{\mathrm{em}} = (\varepsilon/2)\int_{v_\mathrm{d}} |\underline{E}_y|^2 dv$

(C) $W_{\mathrm{em}} = \varepsilon \int_{v_{\mathrm{d}}} |\underline{E}_y|^2 dv$

(D) $W_{\mathrm{em}} = 2\varepsilon \int_{v_{\mathrm{d}}} |\underline{E}_y|^2 dv$

(E) $W_{\mathrm{em}} = 4\varepsilon \int_{v_{\mathrm{d}}} |\underline{E}_y|^2 dv$

(F) 위의 보기 중에는 없다.

개념문제 11.82 **양호도 대 감쇠율(damping rate)**

도파관 캐비티 공진기의 양호도가 커질수록 공진기의 댐핑(damping) 즉, 공진기에 저장된 에너지의 감쇠보다

(A) 빠르다.

(B) 늦다.

(C) 같다.

개념문제 11.83 **이상적인 공진기의 양호도**

손실이 없는 이상적인 공진기의 양호도는 ?

(A) $Q = 0$

(B) $Q = 1$

(C) $Q \to \infty$

(D) 정의할 수 없다.

개념문제 11.84 **공진기에서 도체와 유전체의 양호도**

도체 손실이 Q_{c}, 유전체 손실이 Q_{d}인 캐비티 공진기의 양호도 Q의 관계로 옳은 것은? $(0 < Q_{\mathrm{c}} < Q_{\mathrm{d}} < \infty)$

(A) $Q = Q_{\mathrm{c}}$

(B) $Q = Q_{\mathrm{d}}$

(C) $Q \to \infty$

(D) $0 < Q < Q_c$

(E) $Q_d < Q < \infty$

개념문제 11.85 **완전 유전체로 채워진 캐비티 공진기**

도파관 캐비티 공진기의 도체를 위한 양호도 $Q_c = 1000$이고, 유전체의 양호도 $Q_d \to \infty$이다. 이 공진기의 양호도는?

(A) $Q = 1000$

(B) $Q = 2000$

(C) $Q = 500$

(D) $Q \to \infty$

(E) $Q = 0$

개념문제 11.86 **공기와 테프론으로 채워진 황동 캐비티의 양호도**

공기로 채워져 있고, 한 변의 길이 $a = 30\text{cm}$인 정육면체 형태의 황동($\sigma_c = 15\text{MS/m}$, $\mu_c = \mu_0$)으로 만든 캐비티가 있다. Q_c와 Q_d는 각각 도체와 유전체의 양호도를 나타낸다. 만약 캐비티가 테프론($\varepsilon_r = 2.1$, $\sigma_d = 5 \times 10^{-6}\text{S/m}$)으로 채워져 있다면,

(A) Q_c는 변하고, Q_d는 변하지 않는다.

(B) Q_d는 변하고, Q_c는 변하지 않는다.

(C) Q_c와 Q_d가 모두 변한다.

(D) Q_c와 Q_d가 모두 변하지 않는다.

개념문제 11.87 **도체 손실을 발견하기 위한 내부 캐비티 벽에 대한 적분**

구리 벽으로 이루어져 있고, 공기로 채워진 직사각형 도체 캐비티 내부에 TE_{101} 모드가 존재한다. 도체 벽에서의 시간-평균 전력 P_c와 양호도 Q_c를 얻기 위해 필요한 도체 벽 내부 표면을 따라 적분을 하고자 한다. 표면 전력 밀도 $R_s|\underline{\mathbf{H}}_{\text{tang}}|^2$를 통해 P_c를 얻는데 다음 중 어떤 자기장 성분이 기여를 할까?

(A) H_x

(B) H_z

(C) H_x와 H_z

개념문제 11.88 **캐비티에서 유전체 손실 전력을 구하기 위한 부피 적분**

완전 도체로 이루어진 직사각형 캐비티가 있고, 각 주파수 ω_{res}에서 TE_{101}모드가 발생한다. 캐비티는 저손실 유전체로 채워져 있고, 유전체의 유전율은 ε이고, 전도성은 σ_{d}이다. 유전체의 시간-평균 전력 P_{d}와 캐티비에 저장된 전자기 에너지 W_{em}을 구하기 위해 필요한 $|\underline{E}_y|^2$의 부피 적분과 비교하면 캐비티의 양호도 Q_{d}는?

(A) $Q_{\mathrm{d}} = \omega_{\mathrm{res}}\varepsilon/(4\sigma_{\mathrm{d}})$

(B) $Q_{\mathrm{d}} = \omega_{\mathrm{res}}\varepsilon/(2\sigma_{\mathrm{d}})$

(C) $Q_{\mathrm{d}} = \omega_{\mathrm{res}}\varepsilon\sigma_{\mathrm{d}}/2$

(D) $Q_{\mathrm{d}} = \omega_{\mathrm{res}}\varepsilon\sigma_{\mathrm{d}}$

(E) $Q_{\mathrm{d}} = \omega_{\mathrm{res}}\varepsilon/\sigma_{\mathrm{d}}$

(F) 위의 보기 중에는 없다.

개념문제 11.89 **양호도 vs 소자의 대역폭**

좁은 대역폭을 가지는 회로가 있다고 하자. 여기서 대역폭은 두 주파수 사이의 범위를 말한다. 즉, $\mathrm{BW} = f_2 - f_1$이라고 할 수 있다. 이론상으로는 좁은 대역폭을 갖는 회로의 대역폭이 증가할 수 있다.

(A) 회로에 손실을 만들어서(즉, 회로에 저항을 추가하여)

(B) 회로의 손실을 줄여서

(C) 위의 보기 중 어느 것도 아니다.

개념문제 11.90 **이상적인 공진기의 대역폭**

손실이 없는 공진기의 대역폭은

(A) $BW = 0$

(B) $BW \to \infty$

(C) 정의할 수 없다.

제 12 장 안테나와 무선통신 시스템

개요

빠른 시변(고주파 시간 조화) 전류(6장)를 갖는 도체는 전자기 에너지를 주변의 공간으로 방사시킴에도 불구하고 몇몇 도체 구조는 특정한 주파수에서 원하는 방향으로 전자기 방사가 최대가 되도록 구체적으로 설계하며 이러한 도체 시스템을 안테나(antenna)라 한다. 물론 이 도체 시스템은 유전체 구조를 항상 포함한다. 즉, 안테나는 설계된 전자기 소자로 무선신호를 효율적으로 송신하거나 수신하기 위해 만들어졌다. 좀 더 구체적으로 말하면, 안테나는 전송 선로(9장과 10장) 또는 도파관(11장)을 따라 전송되는 전자기파를 공기 또는 다른 주변의 매질과 같이 경계가 없는 공간으로 방사(radiation)하는 전자기파로 변환해주는 과도 소자이다. 이렇게 동작할 때를 송신(방사) 모드라고 하고, 반대의 경우 안테나는 수신 모드로 동작한다고 말한다. 우리는 안테나 혹은 송수신 양쪽 끝단에 안테나를 가진 무선통신 시스템에 대하여 공부하게 된다. 이러한 경우 우리는 7장과 8장에서 보듯이 균일파의 전파(propagation)를 표현하는 개념이나 식을 사용하게 된다.

12.1 헤르쯔 다이폴에 의한 전자기파

가장 단순한 안테나인 헤르쯔 다이폴(Hertzian dipole) 안테나를 고려해보자. 그림 12.1에서 보듯이 이 안테나는 전기적으로 길이가 짧고($l \ll \lambda$) 직선 형태의 금속으로 이루어졌으며 도선을 따라 변하지 않는 시간에 따라 빠르게 변하는 전류를 갖는 와이어 세그먼트이다. 주파수 f에서 다이폴은 중앙에 위치한 집중 소자 형태의 신호 발생기에 의해 급전되고, 그 복소 rms 전류 세기는 $\underline{I}$라고 하자. 그림 12.1에 보여지는 것처럼 양 쪽 끝이 한 쌍의 작은 금속 구로 되어 있거나 또는 다른 형태의 도체로 되어 있을 수 있다. 전류가 다이폴 와이어의 양쪽 끝에서 0이 아니기 때문에 다이폴의 양 쪽은 전하 Q와 $-Q$로 종단되어야 하고, 이 전하들이 작은 금속 구에 축적되게 된다. 그림 12.1의 점 P ($r \gg l$)에서의 복소 자기장 벡터 포텐셜는 다이폴의 중심으로부터 방사해서 나오는 전자기파의 구형 형태이고[그림 6.42(a) 참고], 다음과 같이 표현할 수 있다.

$$\underline{\mathbf{A}} = \frac{\mu \underline{I} l e^{-j\beta r}}{4\pi r}\hat{\mathbf{z}} \quad (\beta = \omega\sqrt{\varepsilon\mu})(\text{헤르쯔 다이폴의 자기 포텐셜}) \tag{12.1}$$

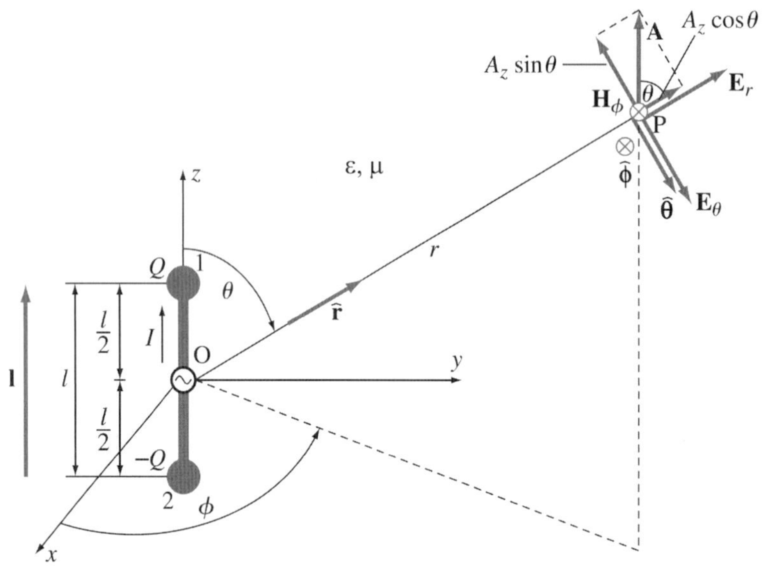

그림 12.1 헤르쯔 다이폴($\underline{I} = const$, $l \ll \lambda$, $l \ll r$)

여기서 β는 식 (7.9)에서 보여진 것처럼 주어진 주파수 f에서 주변에 존재하는 매질을 위한 위상 상수(파수)이다. 즉, 식 (7.2)의 $E_x(t)$을 식 (7.1)의 $\underline{E}_x$로 변환하는 것과 같은 방식으로 $\mathbf{A}(t)$를 위한 식 (6.22)에서 $\mathbf{J}(t-R/C)dv$ 또는 $i(t-R/c)d\mathbf{l}$을 복소 영역으로 변환할 수 있기 때문에 $\underline{I}d\mathbf{l}e^{-j\beta R/R}$의 적분 형태의 식으로 표현된다. 그림 12.1에서 나타낸 안테나는 매우 작은 극소 다이폴로 간주할 수 있기 때문에 즉, $d\mathbf{l} \to l\hat{\mathbf{z}}$ 라고 할 수 있고, 식 (6.22)에서 적분이 필수적이지 않고 $R=r$이다.

식 (4.17)과 식 (5.5)를 사용하여 벡터 $\underline{\mathbf{A}}$로부터 안테나의 복소 자기장 세기 벡터 $\underline{\mathbf{H}}$를 얻을 수 있으며, 식 (6.13)에서 맥스웰 방정식 $\underline{\mathbf{E}} = -j\nabla \times \underline{\mathbf{H}}/(\omega\varepsilon)$을 사용하여 그림 12.1의 구좌표계를 사용하여 다음과 같은 식을 얻을 수 있다.

$$\underline{\mathbf{E}} = -\frac{\eta\beta^2 \underline{I} l e^{-j\beta r}}{4\pi}\left\{\left[\frac{1}{(j\beta r)^2} + \frac{1}{(j\beta r)^3}\right] 2\cos\theta\,\hat{\mathbf{r}} + \left[\frac{1}{j\beta r} + \frac{1}{(j\beta r)^2} + \frac{1}{(j\beta r)^3}\right]\sin\theta\,\hat{\theta}\right\}$$

$$\underline{\mathbf{H}} = -\frac{\beta^2 \underline{I} l e^{-j\beta r}\sin\theta}{4\pi}\left[\frac{1}{j\beta r} + \frac{1}{(j\beta r)^2}\right]\hat{\phi}(\text{다이폴의 필드 벡터}) \tag{12.2}$$

여기서 $\eta = \sqrt{\mu/\varepsilon}$ 는 식 (7.6)에서 나타냈듯이 매질의 고유 임피던스이다. 반면에, 전기장을 위한 동일한 결과가 다음의 식 $\underline{\mathbf{E}} = -j\omega\underline{\mathbf{A}} - \nabla \underline{V}$ [식 (6.2)와 식 (1.16)을 참고]을 사용해도 얻을 수 있다. 여기서 $\underline{V}$는 그림 12.1 헤르쯔 다이폴의 점전하 $\underline{Q}$와 $-\underline{Q}$에 의해 형성되는 점 P에서의 복소 전기장 스칼라 포텐셜이고, 식 (6.22)를 기반으로 계산되었다. 최종적으로 식 (6.26)과 식 (12.2)을 결합하여 그림 12.1의 점 P에서 복소 포인팅 벡터는 다음과 같다.

$$\underline{P} = \eta\left(\frac{\beta^2 Il}{4\pi}\right)^2 \left\{ f\left[\frac{\mathrm{j}}{(\beta r)^3} + \frac{\mathrm{j}}{(\beta r)^5}\right]\sin 2\theta\,\hat{\theta} + f\left[\frac{1}{(\beta r)^2} - \frac{\mathrm{j}}{(\beta r)^5}\right]\sin^2\theta\,\hat{\mathbf{r}} \right\} \tag{12.3}$$

여기서 $II^* = |I|^2 = I^2$, 그러므로 안테나에 의한 순시 포인팅 벡터, 식 (6.27)은 다음과 같다.

$$P_{ave} = Re\{\underline{P}\} = \frac{\eta\beta^2 I^2 l^2 \sin^2\theta}{16\pi^2 r^2}\hat{\mathbf{r}} \,(\text{시간-평균 포인팅 벡터}) \tag{12.4}$$

개념문제 12.1 **헤르쯔 다이폴을 위한 전류-전하 관계**

그림 12.2는 각 주파수 ω에서 동작하는 길이가 l이고, 복소 rms 전류 세기가 $\underline{I}$인 헤르쯔 다이폴을 보여주고 있다. 다이폴의 복소 rms 전하 즉, 그림 12.2에서 윗부분의 작은 금속구의 전하는 다음과 같다.

(A) $\underline{Q} = \mathrm{j}\,\underline{I}/\omega$

(B) $\underline{Q} = -\mathrm{j}\,\underline{I}/\omega$

(C) $\underline{Q} = \mathrm{j}\,\omega\underline{I}$

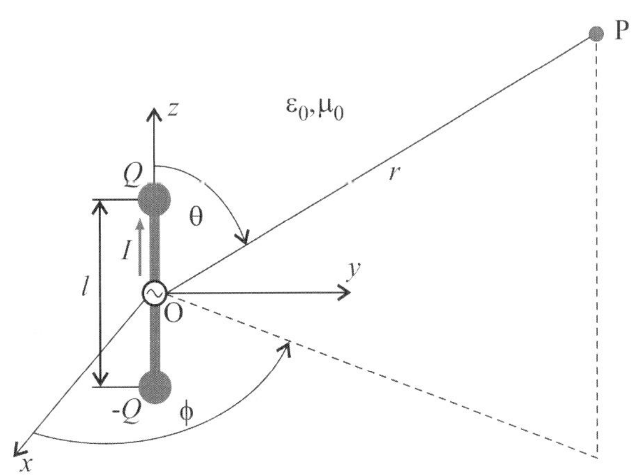

그림 12.2 자유공간으로 방사하는 헤르쯔 다이폴(개념문제 12.1)

(D) $\underline{Q} = -\underline{I}/\omega$

(E) $\underline{Q} = 0$

(F) $\underline{I}$와 $\underline{Q}$는 서로 관계가 없다.

개념문제 12.2 **시간 영역에서 전하로부터의 다이폴 전류**

그림 12.2에서 헤르쯔 다이폴의 복소 rms 전하가 $\underline{Q} = Qe^{j0}$(동작 각주파수는 ω)이면, 순시 전류 세기는

(A) $i(t) = -\omega Q\sqrt{2}\cos\omega t$

(B) $i(t) = -Q\sqrt{2}\cos\omega t$

(C) $i(t) = -(Q\sqrt{2}/\omega)\sin\omega t$

(D) $i(t) = -\omega Q\sqrt{2}\sin\omega t$

(E) $i(t) = \omega Q$

(F) 더 많은 정보가 필요하다.

개념문제 12.3 **헤르쯔 다이폴의 전기적인 길이**

그림 12.2에서 길이가 l인 다이폴이 주파수 f에서 동작한다고 할 때, 다음 중 어떤 안테나를 헤르쯔 다이폴로 고려할 수 없는가?

(A) $l = 1\text{cm}$ 그리고 $f = 300\text{MHz}$

(B) $l = 1\text{cm}$ 그리고 $f = 30\text{GHz}$

(C) $l = 1\text{m}$ 그리고 $f = 3\text{MHz}$

(D) $l = 1\text{m}$ 그리고 $f = 300\text{kHz}$

(E) $l = 10\text{m}$ 그리고 $f = 300\text{kHz}$

(F) 모두 정답이 아니다.

개념문제 12.4 **다이폴의 중심으로부터 관찰자 위치까지의 거리**

그림 12.2에서 길이가 l인 다이폴이 주파수 f에서 동작한다. 관찰자의 점 P에서 다이폴의 중심까지의 거리 r이 1m일 때, 다음 중 어떤 안테나를 헤르쯔 다이폴로 고려할 수 있는가?

(A) $l = 1\text{cm}$ 그리고 $f = 300\text{MHz}$

(B) $l = 1\text{cm}$ 그리고 $f = 30\text{GHz}$

(C) $l = 1\text{m}$ 그리고 $f = 3\text{MHz}$

(D) $l = 1\text{m}$ 그리고 $f = 300\text{kHz}$

(E) $l = 10\text{m}$ 그리고 $f = 300\text{kHz}$

(F) 모두 정답이 아니다.

개념문제 12.5 **헤르쯔 다이폴의 전류와 전하에 의한 전기장**

$\underline{\mathbf{E}}_{\text{current}}$는 헤르쯔 다이폴로부터 공기 중으로 방사하는 전류 $\underline{I}$에 의해 임의의 관찰점 P에서의 복소 전기장 세기 벡터이다. $\underline{\mathbf{E}}_{\text{charge}}$는 같은 지점에서 다이폴의 전하 Q(그리고 $-Q$)에 의해 발생하는 필드 벡터를 나타낸다. 즉, $\underline{\mathbf{E}}_{\text{current}}$ 다이폴에서 $Q=0$이라는 가정하에서 얻어지는 전기장이고, $\underline{\mathbf{E}}_{\text{charge}}$는 $\underline{I}=0$이라는 가정하에 얻어지는 전기장이다. 점 P에서 전체 전기장 $\underline{\mathbf{E}}$는 다음과 같다.

(A) $\underline{\mathbf{E}} = \underline{\mathbf{E}}_{\text{current}}$

(B) $\underline{\mathbf{E}} = \underline{\mathbf{E}}_{\text{charge}}$

(C) $\underline{\mathbf{E}} = \underline{\mathbf{E}}_{\text{current}} = \underline{\mathbf{E}}_{\text{charge}}$

(D) $\underline{\mathbf{E}} = \underline{\mathbf{E}}_{\text{current}} + \underline{\mathbf{E}}_{\text{charge}}$

(E) 모두 정답이 아니다.

개념문제 12.6 **헤르쯔 다이폴의 전기장과 자기장 포텐셜**

$\underline{V}$와 $\underline{\mathbf{A}}$는 각각 자유공간에서 헤르쯔 다이폴의 전기장 스칼라 포텐셜과 자기장 벡터 포텐셜을 나타낸다. 임의의 관찰 지점에서

(A) $\underline{V}=0$이고 $\underline{\mathbf{A}} \neq 0$

(B) $\underline{\mathbf{A}} = 0$이고 $\underline{V} \neq 0$

(C) $\underline{V} = 0$이고 $\underline{\mathbf{A}} = 0$

(D) 모두 정답이 아니다.

개념문제 12.7 **헤르쯔 다이폴에 의해 방사되는 필드 벡터의 성분**

$\underline{\mathbf{E}}$와 $\underline{\mathbf{H}}$는 공기 중으로 방사하는 헤르쯔 다이폴의 복소 전기장과 자기장 벡터이다. 다이폴의 중심에 원점 O가 있고, 다이폴의 축은 z축을 따라 놓여져 있다. 다음 중 아래의 벡터의 성분 중에서 어느 것이 0이 아닌가? 임의의 관찰자의 점에서

(A) $\underline{\mathbf{E}}$는 단지 r-성분을 가지고 있고, $\underline{\mathbf{H}}$는 단지 ϕ-성분을 가지고 있다.

(B) $\underline{\mathbf{E}}$는 단지 θ-성분을 가지고 있고, $\underline{\mathbf{H}}$는 단지 ϕ-성분을 가지고 있다.

(C) $\underline{\mathbf{E}}$는 단지 ϕ-성분을 가지고 있고, $\underline{\mathbf{H}}$는 단지 θ-성분을 가지고 있다.

(D) $\underline{\mathbf{E}}$는 단지 θ-와 ϕ-성분을 가지고 있고, $\underline{\mathbf{H}}$도 동일하다.

(E) $\underline{\mathbf{E}}$는 단지 r-와 θ-성분을 가지고 있고, $\underline{\mathbf{H}}$는 단지 ϕ-성분을 가지고 있다.

(F) $\underline{\mathbf{E}}$는 세 성분을 모두 가지고 있고, $\underline{\mathbf{H}}$는 단지 ϕ-와 ϕ-성분을 가지고 있다.

반면에 나머지 성분들은 모두 0이다.

개념문제 12.8 **헤르쯔 다이폴에 의한 복소 포인팅 벡터**

임의의 지점에서 헤르쯔 다이폴에 의한 복소 포인팅 벡터 $\underline{P}$는

(A) 순수하게 실수부만 있다.

(B) 순수하게 허수부만 있다.

(C) 실수부와 허수부가 모두 있다.

개념문제 12.9 **시간-평균 포인팅 벡터의 성분**

공기 중으로 방사하는 헤르쯔 다이폴의 시간-평균 포인팅 벡터 P_{ave}를 고려해보자. 다이폴의 중심이 원점이고, 다이폴의 축이 z축을 따라 놓여져 있다. 임의의 관찰자의 점에서 P_{ave}는

(A) 단지 r-성분을 가지고 있다.

(B) 단지 θ-성분을 가지고 있다.

(C) 단지 r-성분과 θ-성분을 가지고 있다.

(D) 단지 r-성분과 ϕ-성분을 가지고 있다.

(E) 세 성분을 모두 가지고 있다.

개념문제 12.10 **헤르쯔 다이폴의 방위각 대칭**

헤르쯔 다이폴이 공기 중으로 방사하는 것을 분석하고자 한다. 다이폴의 중심이 원점이고 다이폴의 축이 z축에 놓여져 있을 때 구좌표계를 고려해보자. 이때, 몇 개의 변수는 방위각 ϕ에 의존하지 않는다.

(A) 맞다.

(B) 틀리다.

개념문제 12.11 **다이폴 중심으로부터 필드 지점의 전기적 거리**

헤르쯔 다이폴이 공기 중으로 전송하고 있을 때, 이와 관련한 필드, 포텐셜, 포인팅 벡터의 거리 r에 대한 의존성을 고려해보자. 우리가 어떤 r을 택하든지 그것은 βr에

(A) 모두 의존적이다.

(B) 일부만 의존적이다.

(C) 의존적이 아니다.

개념문제 12.12 **전기 소자의 필드**

다이폴의 길이 l, 관찰자점으로부터 다이폴 중심으로부터의 거리 r, 안테나의 동작 파장 λ이 변해도 공기 중에 놓여진 헤르쯔 다이폴의 방사에 의한 공간에 분포된 필드는 변하지 않는다.

(A) 맞다.

(B) 틀리다.

12.2 원거리장과 근거리장

이 절에서는 헤르쯔 다이폴(그림 12.1)에 의한 전자기장의 중요하고도 특별한 경우를 소개하고자 한다: 안테나로부터 전기적으로 멀리 떨어진 관찰자의 점인 원거리장이다. 특히, 그림 12.1에서 원점으로부터 필드 점 P의 거리가 r이 다이폴의 동작 파장 λ보다 매우 크다고 할 때 (원거리 λ, 영역), 식 (7.10)과 식 (7.9)에 주어진 바와 같이 βr이 1보다 훨씬 커서 다음과 같이 쓸 수 있다.

$$r \gg \lambda \to \beta r \gg 1 \to \frac{1}{\beta r} \gg \frac{1}{(\beta r)^2} \gg \frac{1}{(\beta r)^3} \text{(원거리장)} \tag{12.5}$$

실질적으로 경험에 의하면 원거리장 조건은 $r > 10\lambda$이다. 그러므로, 식 (12.2)에서 두 전기장과 자기장의 주요한 인자는 $1/r$이다. 따라서, 다음과 같이 훨씬 단순하고 대략적인 식으로 대체될 수 있다.

$$\underline{\mathbf{E}} \approx \frac{j\eta\beta \underline{I}\, l e^{-j\beta r}\sin\theta}{4\pi r}\hat{\theta},\ \underline{\mathbf{H}} \approx \frac{j\eta\beta \underline{I}\, l e^{-j\beta r}\sin\theta}{4\pi r}\hat{\varphi}$$

$$\text{(원거리장, 헤르쯔 다이폴)} \tag{12.6}$$

전기적으로 큰 안테나의 경우, 식 (12.5)의 원거리장의 조건은 $r \gg D$과 합쳐져야 한다. 여기서 D는 안테나의 최대 크기이다. 몇몇의 경우 거리 r과 값 $2D^2/\lambda$을 비교하여 원거리장 영역의 더 복잡한 정의가 사용되기도 한다. 식 (12.5)와 반대로, 그림 12.1에서 근거리장 r은 정의에 의해 λ에 비해 매우 작다(실질적으로, $r < 0.1\lambda$). 그러나, 여전히 $r \gg l$고, βr은 6.11절에서 언급한 준정적 조건을 만족해야 한다. 이에 따라,

$$r \ll \lambda \to \beta r \ll 1 \to \frac{1}{(\beta r)^3} \gg \frac{1}{(\beta r)^2} \gg \frac{1}{\beta r} \text{(근거리장)} \tag{12.7}$$

그러므로, 식 (12.2)에서 r의 역수로 표현된 인자 중에서 가장 큰 제곱으로 표시된 것만 유지된다. 또한, 이 영역에서의 지연 효과는 무시할 수 있다. 즉, $e^{-j\beta r} \approx 1$이다.

개념문제 12.13 전류와 전하에 의한 원거리 전기장

$\underline{\mathbf{E}}_{\text{current}}$는 헤르쯔 다이폴의 전류에 의한 것이고, $\underline{\mathbf{E}}_{\text{charge}}$는 원거리 지점에서의 전하에 의한 것이다. 관찰자의 점 r은 다이폴의 원거리장에 놓여져 있고, $r \gg \lambda_0$(여기서 λ_0는 안테나의 공기 중에서의 동작 파장이다). 이러한 상황에서 전체 원거리 전기장 $\underline{\mathbf{E}}$는 다음과 같다.

(A) $\underline{\mathbf{E}} = \underline{\mathbf{E}}_{\text{current}}$

(B) $\underline{\mathbf{E}} = \underline{\mathbf{E}}_{\text{charge}}$

(C) $\underline{\mathbf{E}} = \underline{\mathbf{E}}_{\text{current}} = \underline{\mathbf{E}}_{\text{charge}}$

(D) $\underline{\mathbf{E}} = \underline{\mathbf{E}}_{\text{current}} + \underline{\mathbf{E}}_{\text{charge}}$

(E) 모두 정답이 아니다.

개념문제 12.14 **원거리장에서 포텐셜과 필드**

공기 중으로 방사하는 헤르쯔 다이폴에 의해 생성되는 스칼라 포텐셜 $\underline{V}$와 포텐셜 벡터 $\underline{\mathbf{A}}$에 대하여 생각해보자. 원거리장($r \gg \lambda_0$)에서 다음 중 옳은 것은?

(A) $\nabla \underline{V} = 0$이고 $\nabla \times \underline{\mathbf{A}} \neq 0$

(B) $\nabla \times \underline{\mathbf{A}} = 0$이고 $\nabla \underline{V} \neq 0$

(C) $\nabla \underline{V} = 0$이고 $\nabla \times \underline{\mathbf{A}} = 0$

(D) 모두 정답이 아니다.

개념문제 12.15 **원거리장에서 필드 성분**

구좌표계의 원점에 다이폴의 중심이 놓여져 있다. z축을 따라 다이폴의 축이 놓여져 있을 때 원거리장에서 헤르쯔 다이폴에 의해서 생성되는 전자기장 $\underline{\mathbf{E}}$와 $\underline{\mathbf{H}}$의 성분에 대한 설명 중 맞는 것은?

(A) $\underline{\mathbf{E}}$는 단지 r-성분을 가지고 있고, $\underline{\mathbf{H}}$는 단지 ϕ-성분을 가지고 있다.

(B) $\underline{\mathbf{E}}$는 단지 θ-성분을 가지고 있고, $\underline{\mathbf{H}}$는 단지 ϕ-성분을 가지고 있다.

(C) $\underline{\mathbf{E}}$는 단지 ϕ-성분을 가지고 있고, $\underline{\mathbf{H}}$는 단지 θ-성분을 가지고 있다.

(D) $\underline{\mathbf{E}}$는 단지 θ-와 ϕ-성분을 가지고 있고, $\underline{\mathbf{H}}$도 동일하다.

(E) $\underline{\mathbf{E}}$는 단지 r-와 θ-성분을 가지고 있고, $\underline{\mathbf{H}}$는 단지 ϕ-성분을 가지고 있다.

(F) $\underline{\mathbf{E}}$는 세 성분을 모두 가지고 있고, $\underline{\mathbf{H}}$는 단지 ϕ-와 ϕ-성분을 가지고 있다.

반면에 나머지 성분들은 모두 0이다.

개념문제 12.16 **원거리장에서 전기장과 자기장에서의 위상 차이**

방사하는 헤르쯔 다이폴의 원거리장에서 순시 전기장과 자기장 세기 벡터를 각각 $\mathrm{E}(t)$와 $\mathrm{H}(t)$라고 하자. $\mathrm{E}(t)$와 $\mathrm{H}(t)$의 위상은

(A) 같다.

(B) 180°의 차이가 난다.

(C) 90°의 차이가 난다.

(D) 같거나 90° 또는 180°의 차이가 난다.

(E) 다이폴로부터의 거리 r에 따라 위상 차이가 달라진다.

개념문제 12.17 **원거리장에서 복소 전기장과 자기장의 비**

원거리장의 임의의 지점에서 헤르쯔 다이폴에 의해 방사되는 복소 rms 전기장과 자기장의 세기의 비 $\underline{E}/\underline{H}$는

(A) 순수한 실수부로 일정하다.

(B) 순수한 허수부로 일정하다.

(C) 0이 아닌 실수부와 허수부로 일정하다.

(D) 공간의 위치에 따라 변하는 실수부이다.

(E) 공간의 위치에 따라 변하는 허수부이다.

(F) 공간의 위치에 따라 변하는 실수부와 허수부이다.

개념문제 12.18 **원거리장에서 복소 포인팅 벡터**

원거리장에서 헤르쯔 다이폴의 복소 포인팅 벡터 $\underline{P}$는

(A) 순수한 실수부만 존재한다.

(B) 순수한 허수부만 존재한다.

(C) 실수부와 허수부가 모두 존재한다.

개념문제 12.19 **원거리와 근거리에서 다이폴에 의한 시간-평균 포인팅 벡터**

원거리장의 한 점(헤르쯔 중심으로부터 떨어진 거리가 r)에서 헤르쯔 다이폴에 의해 생성되는 시간-평균 포인팅 벡터 P_{ave}의 크기를 고려하자. 원거리 근사치($r \gg \lambda$일 때만 적용되고, 여기서 λ는 매질에서 다이폴의 한 파장에 해당한다)에 의해 얻어진 P_{ave}는 어떠한 r에 대하여도 항상 성립하는 P_{ave}보다

(A) 크다

(B) 같다

(C) 작다

개념문제 12.20 **근거리장에서 포텐셜과 필드**

다이폴의 근거리장($r \ll \lambda_0$)에서 스칼라 포텐셜 $\underline{V}$의 기울기와 벡터 포텐셜 $\underline{\mathbf{A}}$의 컬($\nabla \times$)에 대하여 다음 중 맞는 것은?

(A) $\nabla \underline{V} = 0$이고, $\nabla \times \underline{\mathbf{A}} \neq 0$

(B) $\nabla \times \underline{\mathbf{A}} = 0$이고, $\nabla \underline{V} \neq 0$

(C) $\nabla \underline{V} = 0$이고, $\nabla \times \underline{\mathbf{A}} = 0$

(D) 모두 정답이 아니다.

개념문제 12.21 **근거리장에서 필드 성분**

구좌표계의 원점에 다이폴의 중심이 놓여져 있다. z축을 따라 다이폴의 축이 놓여져 있을 때 근거리장에서 헤르쯔 다이폴에 의해서 생성되는 전자기장 $\underline{\mathbf{E}}$와 $\underline{\mathbf{H}}$의 성분에 대한 설명 중 맞는 것은?

(A) $\underline{\mathbf{E}}$는 단지 r-성분을 가지고 있고, $\underline{\mathbf{H}}$는 단지 ϕ-성분을 가지고 있다.

(B) $\underline{\mathbf{E}}$는 단지 θ-성분을 가지고 있고, $\underline{\mathbf{H}}$는 단지 ϕ-성분을 가지고 있다.

(C) $\underline{\mathbf{E}}$는 단지 ϕ-성분을 가지고 있고, $\underline{\mathbf{H}}$는 단지 θ-성분을 가지고 있다.

(D) $\underline{\mathbf{E}}$는 단지 θ-와 ϕ-성분을 가지고 있고, $\underline{\mathbf{H}}$도 동일하다.

(E) $\underline{\mathbf{E}}$는 단지 r-와 θ-성분을 가지고 있고, $\underline{\mathbf{H}}$는 단지 ϕ-성분을 가지고 있다.

(F) $\underline{\mathbf{E}}$는 세 성분을 모두 가지고 있고, $\underline{\mathbf{H}}$는 단지 ϕ-와 ϕ-성분을 가지고 있다.

개념문제 12.22 **근거리장에서 전기장과 자기장에서의 위상 차이**

방사하는 헤르쯔 다이폴의 근거리장에서 순시 전기장과 자기장 세기 벡터를 각각 $\mathbf{E}(t)$와 $\mathbf{H}(t)$라고 하자. $\mathbf{E}(t)$와 $\mathbf{H}(t)$의 위상은?

(A) 같다.

(B) 180° 의 차이가 난다.

(C) 90° 의 차이가 난다.

(D) 같거나 90° 또는 180° 의 차이가 난다.

(E) 다이폴로부터의 거리 r에 따라 위상 차이가 달라진다.

개념문제 12.23 **근거리 전기장**

헤르쯔의 근거리 전기장은 정전기 다이폴 (두 개의 정적인 점전하 Q와 $-Q$로 구성된 구조로 점전하 Q에서 $-Q$로 이어지는 위치 벡터는 $\mathbf{l}$)의 전기장 세기 벡터와 같다. 이때, 복소수 모멘트는 $\underline{\mathbf{p}} = \underline{Q}\mathbf{l}$이다.

(A) 맞다.

(B) 틀리다.

개념문제 12.24 **근거리장에서 복소수 포인팅 벡터**

근거리장에서의 헤르쯔 다이폴에 의해 생성되는 복소 포인팅 벡터 $\underline{\mathcal{P}}$는?

(A) 주로 실수부이다.

(B) 주로 허수부이다.

(C) 둘 다 아니다.

개념문제 12.25 전기장과 자기장 벡터의 수직성

헤르쯔 다이폴의 전기장과 자기장은 서로 수직이다.

(A) 모든 점에서

(B) 원거리장의 모든 점에서

(C) 근거리장의 모든 점에서

(D) 어떤 점에서도 아니다.

(E) 위의 것 중에서 어떤 것도 아니다.

개념문제 12.26 원거리장과 근거리장 계산의 실용적인 중요성

안테나가 적용되는 대부분의 경우 원거리장의 계산이 근거리장의 계산보다

(A) 더 중요하다.

(B) 덜 중요하다.

(C) 중요성이 같다.

12.3 임의의 안테나 원거리장을 구하는 과정

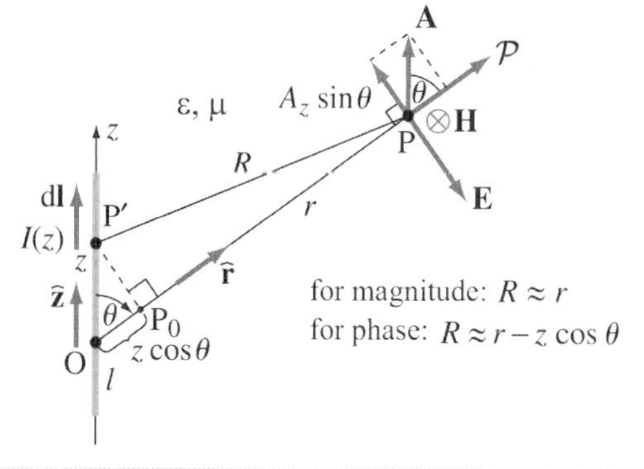

그림 12.3 임의의 전류 분포를 가진 직선형태의 도선 안테나: 원거리장에서 자기장 벡터 포텐셜, 전기장과 자기장 벡터의 계산

그림 12.3에서 보여지는 것처럼 z축을 따라 놓인 직선 형태의 도선 안테나가 있다. 원거리장이라는 가정하에(r, θ, ϕ)로 정의된 관찰점 P에서 자기장 벡터 포텐셜 $\underline{\mathbf{A}}$를 계산할 때, $e^{-j\beta R}/R$의 적분 형태의 크기나 위상(그림 12.3에서 보여지는)에 대하여 다른 근사값을 적용하였다. 여기서 R은 z축 상에 위치한 임의의 급전점 P′과 관찰점 P사이의 거리이다. 소스는 z축상에 놓여진 임의의 점 P′이다. 이 적분(안테나가 놓여진 z축 관점에서)은 아래와 같다.

$$\underline{\mathbf{A}} = \frac{\mu}{4\pi}\int_l \frac{\underline{I}(z)\mathrm{dl}\mathrm{e}^{-j\beta\mathrm{R}}}{R} \approx \frac{\mu e^{-j\beta r}}{4\pi r}\hat{\mathbf{z}}\int_l \underline{I}(z)e^{j\beta z cos\theta}\mathrm{d}z\,(\text{방사 적분}) \qquad (12.8)$$

이것을 방사 적분이라고 부르고, 주어진 전류 분포 $\underline{I}(z)$를 위한 해는 그림 12.3의 도선 안테나의 해석에 기반한다. 유사한 적분이 임의의(곡선형태의) 도선 안테나, 면 또는 부피 형태를 가진 안테나에도 적용된다. 전기적으로 짧은 안테나는 $l \ll \lambda$이므로 식 (12.8)에서 $\beta z \approx 0$이 된다.

그림 12.1과 식 (12.6)과 식 (12.1)로부터 z축에 놓인 헤르쯔 다이폴의 전기장과 자기장 성분은 다음과 같다. $\underline{E}_\theta = -j\omega\underline{A}_\theta = j\omega\underline{A}_z\sin\theta$, $\underline{H}_\phi = \underline{E}_\theta/\eta$. 그림 12.3의 와이어 안테나는 z축을 따라 놓인 많은 헤르쯔 다이폴의 연결로 볼 수 있다. 임의의 전송 안테나의 경우 벡터 $\underline{\mathbf{E}}$와 $\underline{\mathbf{H}}$는 원거리장에서 모두 θ와 ϕ-성분을 가지고 있다. 이러한 관계는 다음과 같이 확장하여 표현할 수 있다.

$$\underline{E}_\theta = -j\omega\underline{A}_\theta,\ \underline{E}_\phi = -j\omega\underline{A}_\phi,\ \underline{H}_\phi = \frac{\underline{E}_\theta}{\eta},\ \underline{H}_\theta = \frac{\underline{E}_\phi}{\eta}\,(\text{임의의 안테나}) \qquad (12.9)$$

일단 식 (12.8)로부터 $\underline{\mathbf{A}}$를 얻거나 또는 유사한 방사 적분을 하면 안테나의 방사를 분석하는 나머지 단계는 매우 간단해진다. 이러한 것은 어떠한 안테나 형태의 구조라도 동일하다. $\underline{\mathbf{E}}$와 $\underline{\mathbf{H}}$는 식 (12.9)로부터 쉽게 구할 수 있다.

개념문제 12.27 **헤르쯔 다이폴의 연속연결에 의한 도선 안테나 표현**

임의의 전송 도선 안테나는 그림 12.4에서 보여지는 것처럼 헤르쯔 다이폴의 연속된 형태로 나타나 있다. 이러한 표현에서 연속으로 분포된 다이폴 중에서 한쪽 끝에 전하 Q가 존재하는데, 이 전하는 바로 옆에 위치하는 다이폴의 전하 $-Q$와 상쇄된다. 즉, Q_1은 $-Q_2$와 Q_2는 $-Q_3$와 상쇄된다.

(A) 맞다.

(B) 틀리다.

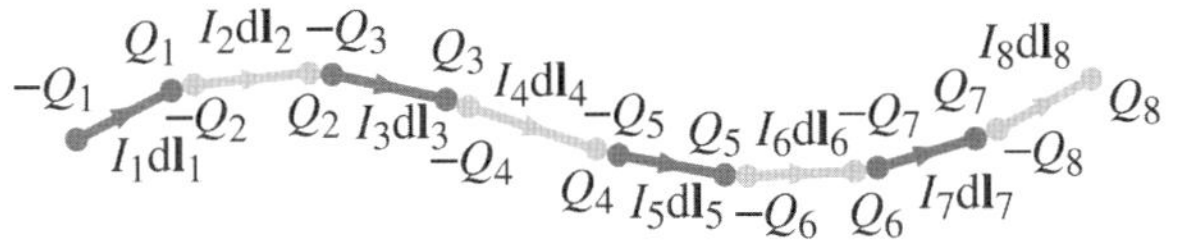

그림 12.4 헤르쯔 다이폴이 연속으로 분포된 임의의 전송 도선 안테나(개념문제 12.27)

개념문제 12.28 **방사 적분에서 크기와 위상의 근사치**

임의의 전송 안테나의 방사 적분을 풀 때(원거리장 계산),

(A) 크기 근사치는 위상 근사치보다 더 엄격(stringent)하다

(B) 위상 근사치는 크기 근사치보다 더 엄격(stringent)하다

(C) 크기 근사치와 위상 근사치는 동일하게 엄격(stringent)하다

개념문제 12.29 **전기적으로 작은 안테나를 위한 근사치**

전기적으로 작은 전송 안테나를 위한 원거리장 적분을 풀 때 다음 중 맞는 것은?

(A) 크기 근사치는 위상 근사치보다 더 엄격하다.

(B) 위상 근사치는 크기 근사치보다 더 엄격하다.

(C) 크기 근사치와 위상 근사치는 동일하게 엄격하다.

개념문제 12.30 **삼각형 전류 분포를 갖는 짧은 다이폴의 등가적인 길이**

그림 12.5에서 보듯이 $\underline{I}(z) = \underline{I}_0(1-2|z|/l)\,(-l/2 \le z \le l/2)$와 같은 전류 분포를 갖고, 전기적으로 길이가 l인 짧은 다이폴 안테나를 고려해보자. 등가적으로 길이가 $l_{\text{equivalent}}$인 헤르쯔 다이폴이 있고, 전류는 크기가 $\underline{I}_0$이고 안테나의 도선을 따라 전체적으로 균일하게 분포하고 있다. 이 두 안테나(길이가 짧은 안테나와 등가적으로 헤르쯔 다이폴)의 원거리장의 임의의 점에서 자기 포텐셜은 같다. 이때, 두 안테나의 길이는 다음과 같다.

(A) $l_{\text{equivalent}} > l$

(B) $l_{\text{equivalent}} = l$

(C) $l_{\text{equivalent}} < l$

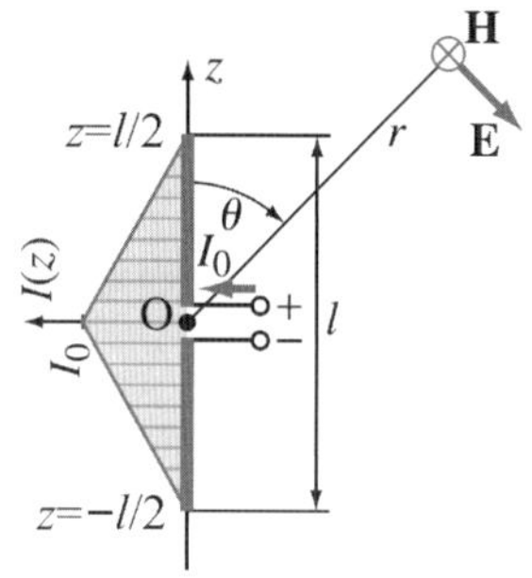

그림 12.5 삼각형 형태의 전류 분포를 갖는 전기적 길이가 짧은 도선 다이폴 안테나에 의한 방사 (개념문제 12.30)

개념문제 12.31 **자기장 포텐셜로부터 생성된 원거리장 포인팅 벡터**

만약 2개의 전송 안테나가 원거리장에서 같은 자기장 벡터 포텐셜 $\underline{\mathbf{A}}$을 갖는다면, 이 2개의 안테나는 같은 원거리장 복소 포인팅 벡터 $\underline{\mathbf{P}}$를 갖는다.

(A) 맞다

(B) 틀리다

개념문제 12.32 **θ-방향의 자기장 포텐셜을 갖는 안테나**

원거리장의 한 점에서 전송 안테나의 자기장 벡터 포텐셜이 구좌표계에서 θ-성분만을 가지고 있다. 즉, 다음과 같이 $\underline{\mathbf{A}}=A\hat{\theta}$이다. 이 지점에서 자기장 벡터는 다음과 같다.

(A) $\underline{\mathbf{H}}=(j\omega A/\eta)\hat{\theta}$

(B) $\underline{\mathbf{H}}=-(j\omega A/\eta)\hat{\theta}$

(C) $\underline{\mathbf{H}}=[(j\omega A\sin\theta/\eta)]\hat{\theta}$

(D) $\underline{\mathbf{H}}=(j\omega A/\eta)\hat{\varphi}$

(E) $\underline{\mathbf{H}}=-(j\omega A/\eta)\hat{\varphi}$

(F) $\underline{\mathbf{H}}=[(j\omega A\sin\theta/\eta)]\hat{\varphi}$

개념문제 12.33 **ϕ-방향의 자기장 포텐셜을 갖는 안테나**

원거리장의 한 점에서 전송 안테나의 자기장 벡터 포텐셜이 구좌표계에서 ϕ-성분만을 가지고 있다. 즉, 다음과 같이 $\underline{\mathbf{A}} = A\hat{\boldsymbol{\varphi}}$이다. 이 지점에서 자기장 벡터는 다음과 같다.

(A) $\underline{\mathbf{H}} = (j\omega A/\eta)\hat{\theta}$

(B) $\underline{\mathbf{H}} = -(j\omega A/\eta)\hat{\theta}$

(C) $\underline{\mathbf{H}} = [(j\omega A\sin\theta/\eta)]\hat{\theta}$

(D) $\underline{\mathbf{H}} = (j\omega A/\eta)\hat{\boldsymbol{\varphi}}$

(E) $\underline{\mathbf{H}} = -(j\omega A/\eta)\hat{\boldsymbol{\varphi}}$

(F) $\underline{\mathbf{H}} = [(j\omega A\sin\theta/\eta)]\hat{\boldsymbol{\varphi}}$

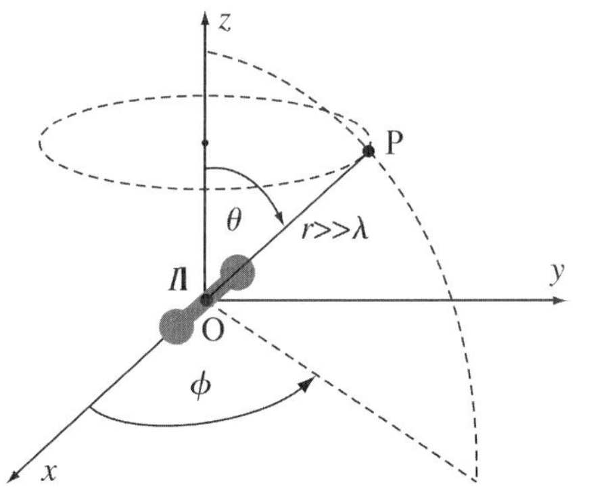

그림 12.6 x축을 따라 놓인 헤르쯔 다이폴에서 발생하는 방사를 구좌표계에서 측정(개념문제 12.33)

개념문제 12.34 **x축을 따라 놓인 헤르쯔 다이폴**

그림 12.6에서와 같이 직각 좌표계에서 x축을 따라 놓인 해르쯔 다이폴의 전기장 세기 벡터 $\underline{\mathbf{E}}$가 있다. 이를 구 좌표계로 변환하면

(A) $\underline{E}_\theta$만 존재한다.

(B) $\underline{E}_\phi$만 존재한다.

(C) $\underline{E}_r$와 $\underline{E}_\theta$만 존재한다.

(D) $\underline{E}_r$와 $\underline{E}_\phi$만 존재한다.

(E) $\underline{E}_\theta$와 $\underline{E}_\phi$만 존재한다.

(F) $\underline{E}_r$, $\underline{E}_\theta$와 $\underline{E}_\phi$이 존재한다.

개념문제 12.35 **임의의 안테나의 전기장과 자기장 벡터의 관계**

매질의 고유 임피던스 η, 방사 방향으로 정의된 방사형 단위 벡터가 $\hat{\mathrm{r}}$이다. 원거리장에서 임의의 전송 안테나의 전기장과 자기장 벡터가 각각 $\underline{\mathbf{E}}$와 $\underline{\mathbf{H}}$ 사이는 다음과 같은 관계에 있다.

(A) $\mathrm{H} = \hat{\mathrm{r}} \times \underline{\mathrm{E}}/\eta$와 $\mathrm{E} = \eta\underline{\mathrm{H}} \times \hat{\mathrm{r}}$

(B) $\mathrm{H} = \hat{\mathrm{r}} \times \underline{\mathrm{E}}/\eta$와 $\mathrm{E} = -\eta\underline{\mathrm{H}} \times \hat{\mathrm{r}}$

(C) $\mathrm{H} = -\hat{\mathrm{r}} \times \underline{\mathrm{E}}/\eta$와 $\mathrm{E} = \eta\underline{\mathrm{H}} \times \hat{\mathrm{r}}$

(D) $\mathrm{H} = -\hat{\mathrm{r}} \times \underline{\mathrm{E}}/\eta$와 $\mathrm{E} = -\eta\underline{\mathrm{H}} \times \hat{\mathrm{r}}$

(E) 위의 보기에서 주어진 쌍보다 많다.

(F) $\underline{\mathbf{E}}$와 $\underline{\mathbf{H}}$ 사이에는 관계가 없다.

개념문제 12.36 **안테나 원거리장의 복소 포인팅 벡터**

안테나의 원거리장에서 얻은 복소 포인팅 벡터 $\underline{\mathbf{P}} = |\underline{\mathbf{E}}|^2\hat{\mathrm{r}}/\eta$는 유효하다. 여기서 복소 rms 전기장이 $\underline{\mathbf{E}}$이고, 매질의 고유 임피던스는 η이고, $\hat{\mathrm{r}}$은 방사 방향으로 단위 벡터이다.

(A) 임의의 안테나에 모두 적용된다.

(B) 단지 직선형태의 도선 안테나에 적용된다.

(C) 단지 전기적으로 짧은 안테나에 적용된다.

(D) 어떤 안테나도 적용되지 않는다.

개념문제 12.37 **임의의 안테나 전파**

자유공간에서 임의의 안테나에서 일어나는 방사에 대한 아래 설명 (a), (b) 중 맞는 것은?

(a) 좌표의 원점에 놓인 안테나가 있고, 방사된 전기장과 자기장이 TEM파를 형성한다.

(b) 원거리장에서 필드는 균일하여 평면파가 형성된다.

(A) 단지 (a)만 맞다.

(B) 단지 (b)만 맞다.

(C) 모두 맞다.

(D) 모두 틀리다.

개념문제 12.38 **안테나의 거리에 영향을 받는 필드 세기**

100MHz에서 동작하는 송신 안테나로부터 6km만큼 떨어진 지점에서의 전기장 세기는 $100\mu V/m$이다. 12km만큼 떨어진 지점에서의 전기장의 세기는?

(A) $1.25\mu V/m$

(B) $1.67\mu V/m$

(C) $2.5\mu V/m$

(D) $5\mu V/m$

(E) $40\mu V/m$

12.4 안테나의 방사와 옴 저항, 안테나의 입력 임피던스

안테나에서 방사되는 시간-평균 전력 P_{rad}을 구하기 위해서 시간-평균 포인팅 벡터 P_{ave}의 플럭스(식 (6.25) 참조)를 계산해야 한다. 그림 12.1에서 좌표 축의 원점에 놓여진 헤르쯔 다이폴 안테나의 시간-평균 포인팅 벡터 P_{ave}는 식 (12.4)와 같다. 이때, 구의 표면적은 S, 반지름은 r이다. 이 전력은 안테나 입력 단자에 급전 전류 $\underline{I}_0$의 제곱에 비례한다. 그 비는 다음과 같이 항상 일정하다.

$$R_{\mathrm{rad}} = \frac{P_{\mathrm{rad}}}{I_0^2} = \frac{1}{I_0^2}\oint_S P_{\mathrm{ave}} \cdot d\mathbf{S} \text{(안테나 방사 저항)} \tag{12.10}$$

이를 저항, 즉 안테나의 방사 저항(radiation resistance)라고 불린다. 자유공간에서 헤르쯔 다이폴의 경우 $R_{\mathrm{rad}} = 20(\beta l)^2\ \Omega$이다. 여기서 β는 안테나의 동작 주파수에서 자유공간 상에서의 위상상수이다. 또한, 안테나의 몸체는 손실 매질로 구성되어 있고, 전도 전류가 이 매질을 따라 흐르기 때문에 저항성(주울) 손실이 존재할 수 밖에 없다. 이에 따라, 안테나의 시간-평균 저항성 전력은 $P_{\mathrm{ohmic}} = R_{\mathrm{ohmic}} I_0^2$ 같이 쓸 수 있다. 여기서 R_{ohmic}은 안테나의 고주파 대역(표피 효과를 포함한)에서 저항이다. 반면에, 안테나의 도체 부분의 P_{ohmic}은 식 (11.9)의 적분과 유사하게 구해진다. 그림 12.3에서와 같이 z축을 따라 확장된 직선 형태의 도선 안테나의 경우 반지름이 a인 도선의 표면 상에 존재하는 자기장은 다음과 같다. $\underline{H} = \underline{I}(z)/2\pi a$ [일반화된 암페어 법칙의 적분 형태, 식 (5.3)]. 그러므로, R_{ohmic}은 다음과 같은 적분 형태로 주어진다.

$$R_{\mathrm{ohmic}} = \frac{P_{\mathrm{ohmic}}}{I_0^2} = \frac{1}{I_0^2} \int_l \frac{R_{\mathrm{s}}}{2\pi a} |\underline{I}(z)|^2 dz \text{(안테나 옴 저항)} \tag{12.11}$$

여기서 R_{s}는 안테나 도체의 표면 저항(식 (9.8) 참고)이고 안테나를 따라 형성되는 전류 세기는 $\underline{I}(z)$이다. 안테나의 복소 입력 임피던스는 $\mathrm{Z_A} = \mathrm{Z_{in}} = R_{\mathrm{A}} + jX_{\mathrm{A}} = R_{\mathrm{rad}} + R_{\mathrm{ohmic}} + jX_{\mathrm{A}}$ 이고, 안테나의 입력 리액턴스 X_A는 안테나 주변에 근거리 주변에 저장된 리액티브 전력으로 $X_A = Q_{\mathrm{near\,field}}/I_0^2$ 이다.

개념문제 12.39 방사된 포인팅 벡터를 위한 역제곱 법칙

방사된 시간-평균 포인팅 벡터의 크기 P_{ave}는 안테나로부터 관찰자의 점까지 거리 r 사이에 다음과 같은 관계 $P_{\mathrm{ave}} \propto 1/r^2$은

(A) 임의의 송신 안테나에 대하여 성립한다.

(B) 단지 헤르쯔 다이폴에 대하여 성립한다.

(C) 어떤 안테나도 성립을 안 한다.

개념문제 12.40 원거리 및 근거리에서의 전력 흐름 밀도를 위한 역제곱 법칙

만약 송신 안테나가 원거리에서 시간-평균 포인팅 벡터의 크기 P_{ave}와 거리 r는 다음과 같이 $P_{\mathrm{ave}} \propto 1/r^2$로 표현할 수 있다. 이러한 관계는 근거리에서도 성립한다.

(A) 맞다.

(B) 틀리다.

개념문제 12.41 **안테나로부터 방사되는 시간-평균 전력**

원점에 위치한 임의의 송신 안테나의 시간-평균 포인팅 벡터 P_{ave}의 플럭스는 반지름이 r인 구의 표면을 통과할 때, 플럭스는 r에 따라 달라진다.

(A) 맞다.

(B) 틀리다.

개념문제 12.42 **구의 표면을 통해 나가는 복소 전력 흐름**

구좌표계의 원점에 위치한 임의의 안테나로부터 방사되는 복소수 포인팅 벡터 $\underline{P}$의 플럭스가 구의 표면을 통해서 나갈 때 플럭스는 반지름 r에 영향을 받는다.

(A) 맞다.

(B) 틀리다.

개념문제 12.43 **임의의 안테나의 옴 저항과 방사저항**

임의의 송신 안테나의 고주파 대역 옴 저항(ohmic resistance) R_{ohmic}과 방사 저항 R_{rad}은 각각 안테나 본체와 매질의 주울 손실을 나타낸다.

(A) 맞다.

(B) 틀리다.

개념문제 12.44 **헤르쯔 다이폴의 방사저항**

반파장 도선 다이폴 안테나의 방사 저항 R_{rad}와 비교할 때 헤르쯔 다이폴의 방사 저항은

(A) 매우 작다.

(B) 작다.

(C) 대략 같다.

(D) 크다.

(E) 매우 크다.

개념문제 12.45 **헤르쯔 다이폴의 옴 저항**

급전 전류의 rms 세기가 I_0이고, 도선의 표피 효과의 표면 저항은 R_s이고, 도선의 반지름이 a이다. 길이가 l인 헤르쯔 다이폴의 고주파 옴 저항은?

(A) $R_{\text{ohmic}} = R_s l/(\pi a I_0^2)$

(B) $R_{\text{ohmic}} = R_s l/(2\pi a I_0^2)$

(C) $R_{\text{ohmic}} = R_s l I_0^2/(2\pi a)$

(D) $R_{\text{ohmic}} = R_s l/(\pi a)$

(E) $R_{\text{ohmic}} = 2R_s l/(\pi a)$

(F) $R_{\text{ohmic}} = R_s l/(2\pi a)$

개념문제 12.46 **안테나 입력 임피던스의 실수부**

임의의 송신 안테나의 복소 입력 임피던스의 실수부는

(A) 안테나의 방사 저항과 같다.

(B) 안테나의 고주파 대역 옴 저항과 같다.

(C) (A)와 (B)의 합과 같다.

(D) 어느 것도 없다.

개념문제 12.47 **임의의 송신 안테나를 위한 등가 회로**

입력 임피던스에 대하여 임의의 송신 안테나는

(A) 실제 전압 발생기로 대체될 수 있다.

(B) 이상적인 전압 발생기로 대체될 수 있다.

(C) 복소 임피던스를 가진 부하로 대체될 수 있다.

(D) 순수한 실수부 임피던스만 가진 부하로 대체될 수 있다.

(E) 순수한 허수부 임피던스만 가진 부하로 대체될 수 있다.

(F) 개방 회로에 의해 대체될 수 있다.

개념문제 12.48 **송신 안테나의 임피던스 매칭 특성**

임의의 송신 안테나가 무손실의 특성 임피던스가 Z_0인 전송 선로에 의해 급전된다. 안테나의 방사 저항과 옴 저항은 각각 R_{rad}와 R_{ohmic}이고, 동작 주파수에서 안테나의 입력 리액턴스는 X_A다. 전송 선로에서 안테나로 전력의 최대로 송신하기 위해 세 개의 안테나 변수 R_{rad}, R_{ohmic}, X_A 중에서 최적화해야 하는 변수는?

(A) R_{rad}

(B) R_{rad}와 R_{ohmic}

(C) R_{rad}와 X_A

(D) X_A

(E) P_{rad}, P_{ohmic}, X_A

(F) 모두 아니다.

개념문제 12.49 **송신 안테나의 입력 전력**

안테나의 방사 저항과 옴 저항은 각각 R_{rad}와 R_{ohmic}이고, 동작 주파수에서 안테나의 입력 리액턴스는 X_A다. 이 송신 안테나가 각 주파수 ω에서 시간 조화 전류 세기 I_0에 의해 급전된다. 입력단에서 안테나에 전달된 시간-평균(실수부) 입력 전력 P_{in}은?

(A) $P_{\mathrm{in}} = R_{\mathrm{rad}} I_0^2$

(B) $P_{\mathrm{in}} = R_{\mathrm{ohmic}} I_0^2$

(C) $P_{\mathrm{in}} = (R_{\mathrm{rad}} + R_{\mathrm{ohmic}}) I_0^2$

(D) $P_{\mathrm{in}} = (R_{\mathrm{rad}} + R_{\mathrm{ohmic}} + X_A) I_0^2$

(E) $P_{\mathrm{in}} = (R_{\mathrm{rad}} + R_{\mathrm{ohmic}} + \omega X_A) I_0^2$

(F) 더 많은 정보가 필요하다.

개념문제 12.50 **안테나의 방사 효율**

안테나의 방사 효율(radiation efficiency)은 다음과 같이 정의된다.

$\eta_{\mathrm{rad}} = P_{\mathrm{rad}}/(P_{\mathrm{rad}} + P_{\mathrm{ohmic}})$이고, P_{rad}와 P_{ohmic}은 각각 방사 전력과 옴 전력이다. 이때, η_{rad}의 범위는?

(A) $0 \le \eta_{\mathrm{rad}} \le 1/2$

(B) $0 \le \eta_{\mathrm{rad}} \le 1$

(C) $0 \le \eta_{\mathrm{rad}} \le 2$

(D) $-1 \le \eta_{\mathrm{rad}} \le 1$

(E) $0 \le \eta_{\mathrm{rad}} \le \infty$

개념문제 12.51 **헤르쯔 다이폴과 작은 루프 안테나의 입력 리액턴스**

헤르쯔 다이폴의 입력 리액턴스는 $(X_A)_{\mathrm{dipole}}$, 전기적으로 작은 루프 안테나의 입력 리액턴스는 $(X_A)_{\mathrm{loop}}$라고 하자.

(A) $(X_A)_{\mathrm{dipole}} > 0$이고, $(X_A)_{\mathrm{loop}} > 0$

(B) $(X_A)_{\mathrm{dipole}} > 0$이고, $(X_A)_{\mathrm{loop}} < 0$

(C) $(X_A)_{\mathrm{dipole}} < 0$이고, $(X_A)_{\mathrm{loop}} > 0$

(D) $(X_A)_{\mathrm{dipole}} < 0$이고, $(X_A)_{\mathrm{loop}} < 0$

12.5 안테나 방사 패턴, 지향성, 그리고 이득

임의의 안테나의 원거리 전기장 세기 벡터 $\underline{\mathbf{E}}$는 안테나의 입력 단자의 급전 전류 $\underline{I}_0$에 비례한다. 식 (12.8)에서 보여지는 것처럼 구면파는 반지름 r에 영향을 받기 때문에 식 (12.9)에서 주어진 것처럼 $\underline{\mathbf{E}}$를 다음과 같이 쓰는 것이 편리하다.

$$\underline{\mathbf{E}}(r,\theta,\phi) = \frac{j\eta}{2\pi}\underline{I}_0\frac{e^{-j\beta r}}{r}\underline{\mathbf{F}}(\theta,\phi)(\underline{\mathbf{F}}-\text{특성 방사 함수}) \tag{12.12}$$

여기서 $\underline{\mathbf{F}}(\theta,\phi)$는 안테나의 특성 방사 함수(characteristic radiation function)이다 (단위가 없는 양). 이는 각각의 안테나를 위한 특징적인 필드 표현식의 일부를 나타낸 것으로 안테나마다 다르다. 하지만 그 외의 나머지 항은 모든 안테나에서 동일하다. 거리 r에는 독립적이고 θ와 ϕ로 정의되는 안테나 방사 방향의 함수로 안테나의 지향성을 결정한다. 그래픽적인 측면에서 보면 안테나의 다른 방사 패턴을 제시한다. 대개 안테나의 정규화된(normalized) 필드 패턴 $f(\theta,\phi)$를 그리는 데 다음과 같이 정의할 수 있다.

$$f(\theta,\phi)=\frac{|\underline{\mathbf{F}}(\theta,\phi)|}{|\underline{\mathbf{F}}(\theta,\phi)|_{\max}}\qquad \{[f(\theta,\phi)]_{\max}=1\}(\text{정규화 필드 패턴})\tag{12.13}$$

전형적인 지향성 안테나의 방사 패턴은 3D형태로 그림 12.7에 제시되어 있다. 패턴 f는 다음과 같이 $f_{\mathrm{dB}}(\theta,\phi)=20\log f(\theta,\phi)$ 데시벨 단위를 사용하여 표현한다. 여기서 최대 크기는 0 dB이다.

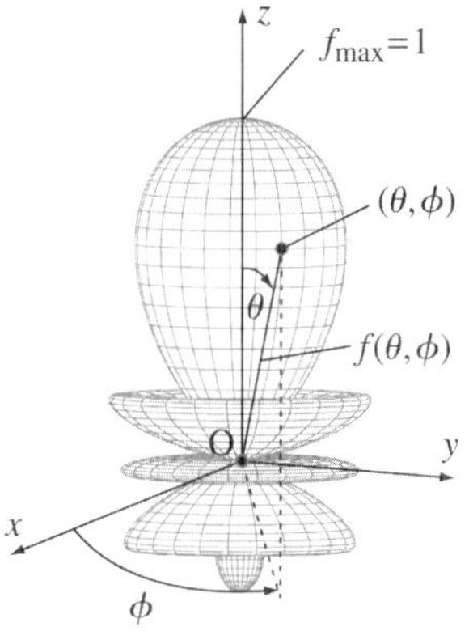

그림 12.7 지향성 안테나의 전형적인 정규화된 방사 패턴 식 (12.13)

송신 안테나의 지향성 특성을 더 자세히 설명하고 정량화하기 위해 안테나의 지향성 $D(\theta,\phi)$은 원거리 시간-평균 포인팅 벡터와 안테나의 전체 시간-평균 방사 전력을 통해 다음과 같이 정의할 수 있다[식 (12.4)와 식 (12.10)을 참고].

$$D(\theta,\phi)=\frac{4\pi r^2 P_{ave}(r,\theta,\phi)}{P_{\mathrm{rad}}}=\frac{\eta|\underline{\mathbf{F}}(\theta,\phi)|^2}{\pi R_{\mathrm{rad}}}(\text{안테나 지향성})\tag{12.14}$$

R_{rad}는 안테나의 방사 저항을 의미한다. 유사하게, 안테나의 이득은 다음과 같이 계산된다.

$$G(\theta,\phi)=\frac{4\pi r^2 P_{ave}(r,\theta,\phi)}{P_{\mathrm{in}}}=\frac{\eta|\underline{\mathbf{F}}(\theta,\phi)|^2}{\pi(R_{\mathrm{rad}}+R_{\mathrm{ohmic}})}(\text{안테나 이득})\tag{12.15}$$

여기서 $P_{\mathrm{in}}=P_{\mathrm{rad}}+P_{\mathrm{ohmic}}$으로 시간-평균 총 입력 전력이고, R_{ohmic}은 안테나의 옴 저항

으로 식 (12.11)에 표현되어 있다. D는 방사 방향을 구체화하지 않고 사용되며, 이때 최대 지향성(directivity)이 다음과 같이 $D \equiv D_{\max} = [D(\theta, \phi)]_{\max}$로 제시된다. 또한, 비슷하게 $G \equiv G_{\max}$라고 표현한다.

개념문제 12.52 일부 좌표에서 원거리장의 공통 의존성

구좌표계에 안테나가 있다. 다음과 같은 좌표 축에서 원거리 전기장과 자기장 벡터의 의존성은 모든 송신 안테나가 동일하다.

(A) 단지 r

(B) 단지 ϕ

(C) 단지 θ와 ϕ

(D) 모두 아니다.

개념문제 12.53 안테나 특성 방사 함수

원거리장의 한 점에서 똑같은 특성 방사 함수 $\underline{\mathbf{F}}$를 갖는 두 개의 안테나는 그 지점에서 동일한 전기장 세기 벡터 $\underline{\mathbf{E}}$를 갖는다.

(A) 항상 맞다.

(B) 맞을 때도 틀릴 때도 있다.

(C) 항상 틀리다.

개념문제 12.54 안테나 정규화 필드패턴

원거리장의 한 점에서 똑같은 정규화 필드패턴 f를 갖는 두 개의 안테나는 그 지점에서 동일한 전기장 세기 벡터 $\underline{\mathbf{E}}$를 갖는다.

(A) 항상 맞다.

(B) 맞을 때도 틀릴 때도 있다.

(C) 항상 틀리다.

개념문제 12.55 **헤르쯔 다이폴의 특성 방사 함수**

그림 12.8과 같이 z축을 따라 놓인 헤르쯔 다이폴의 특성 방사 함수는?

(A) $\underline{\mathbf{F}}(\theta,\phi)=\beta l(-\cos\theta\cos\phi\,\hat{\theta}+\sin\phi\,\hat{\varphi})/2\ \ (\beta=2\pi f\sqrt{\varepsilon_0\mu_0})$

(B) $\underline{\mathbf{F}}(\theta,\phi)=j\eta\beta l e^{-j\beta r}\sin\theta\,\hat{\theta}/(4\pi r)\ \ (\eta=\sqrt{\mu_0/\varepsilon_0})$

(C) $\underline{\mathbf{F}}(\theta,\phi)=j\eta\beta l\sin\theta\,\hat{\theta}/(4\pi)$

(D) $\underline{\mathbf{F}}(\theta,\phi)=\beta l\sin\theta\,\hat{\theta}/2$

(E) $\underline{\mathbf{F}}(\theta,\phi)=\sin\theta\,\hat{\theta}$

(F) $\underline{\mathbf{F}}(\theta,\phi)=\beta l\,\hat{\theta}/2$

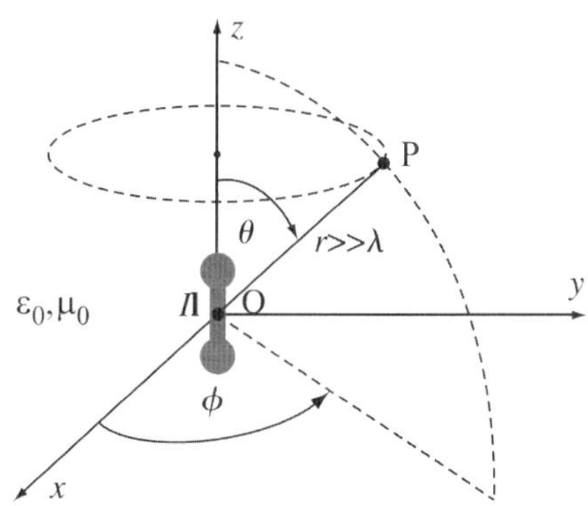

그림 12.8 구좌표계에서 z축을 따라 놓인 헤르쯔 다이폴(개념문제 12.55)

개념문제 12.56 **헤르쯔 다이폴의 정규화 필드 패턴**

그림 12.8의 헤르쯔 다이폴의 정규화 필드 패턴은?

(A) $f(\theta,\phi)=\sqrt{\cos^2\theta\cos^2\phi+\sin^2\phi}\ (\beta=2\pi f\sqrt{\varepsilon_0\mu_0})$

(B) $f(\theta)=\eta\beta l\sin\theta/4\pi r\ (\eta=\sqrt{\mu_0/\varepsilon_0})$

(C) $f(\theta)=\sin\theta$

(D) $f(\theta)=\beta l\sin\theta/2$

(E) $f=\beta l/2$

(F) $f=1$

개념문제 12.57 **헤르쯔 다이폴의 3D 방사 패턴 플롯 (plot)**

그림 12.8의 헤르쯔 다이폴의 3D 정규화 필드 패턴은?

(A) 그림 12.9(a)

(B) 그림 12.9(b)

(C) 그림 12.9(c)

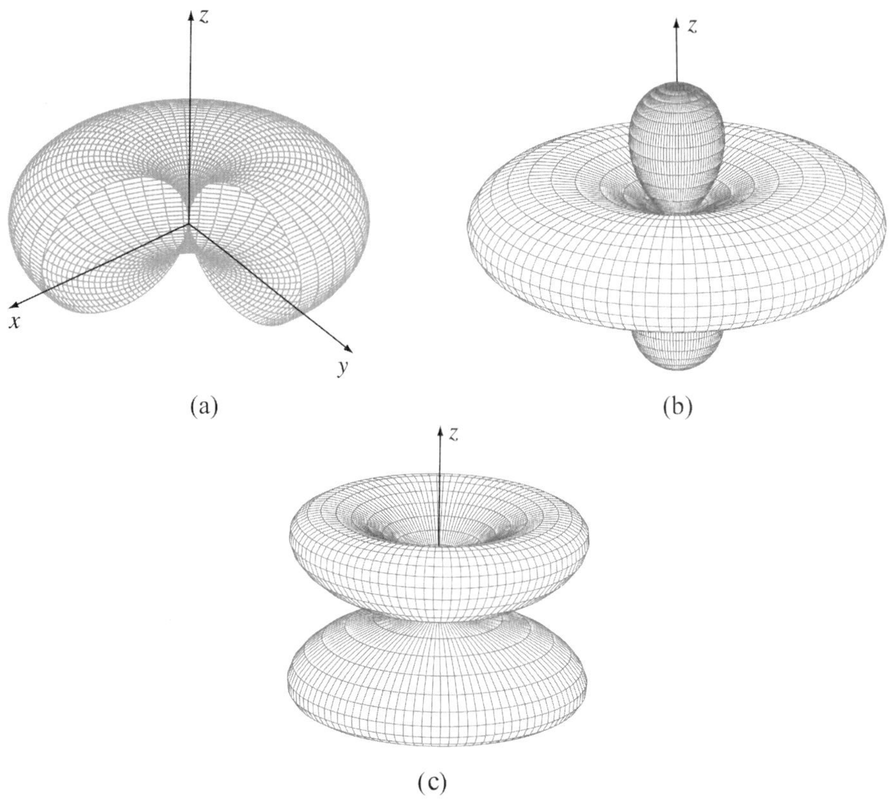

그림 12.9 세 개의 서로 다른 안테나의 정규화된 3D 필드 패턴(개념문제 12.57)

개념문제 12.58 **헤르쯔 다이폴의 방사 패턴**

그림 12.8에서 보여지는 것처럼 z축을 따라 놓인 헤르쯔 다이폴의 정규화 필드 패턴을 방위각면을 따라 자른 단면(xy-면, $\theta = 90°$)의 모양은?

(A) 원

(B) 두 개의 원으로 구성된 곡선

(C) 점

(D) 모두 아니다.

개념문제 12.59 **전송 안테나의 정규화된 전력 패턴**

우리는 때때로 원거리장 포인팅 벡터의 정규화된 크기로 정의된 정규화 전력 패턴 $p(\theta, \phi)$을 그린다. 정규화된 필드 패턴 f와는 다음과 같이 $p(\theta, \phi) = f^2(\theta, \phi)$인 관계에 있다. 이를 데시벨로 표현한다면

(A) $p_{\mathrm{dB}}(\theta,\phi) = f^2_{\mathrm{dB}}(\theta,\phi)$

(B) $p_{\mathrm{dB}}(\theta,\phi) = 2f_{\mathrm{dB}}(\theta,\phi)$

(C) $p_{\mathrm{dB}}(\theta,\phi) = f_{\mathrm{dB}}(\theta,\phi)/2$

(D) $p_{\mathrm{dB}}(\theta,\phi) = f_{\mathrm{dB}}(\theta,\phi) + 6\mathrm{dB}$

(E) $p_{\mathrm{dB}}(\theta,\phi) = f_{\mathrm{dB}}(\theta,\phi) + 3\mathrm{dB}$

(F) $p_{\mathrm{dB}}(\theta,\phi) = f_{\mathrm{dB}}(\theta,\phi)$

개념문제 12.60 **등방성 방사체의 지향성**

모든 방향으로 균일한 방사를 하는 등방성 방사체(isotropic radiator)의 지향성 D는?

(A) 0

(B) 1

(C) 1.5

(D) 4π

(E) 무한대

개념문제 12.61 **헤르쯔 다이폴의 지향성**

그림 12.8에서와 같이 z축을 따라 놓인 헤르쯔 다이폴이 공기 중으로 방사할 때 최대 지향성은 $\theta = 90^\circ$ 에서(다이폴의 특성 방사 함수 $\underline{\mathbf{F}}$와 방사저항 R_{rad}에 관한 식을 사용하여)

(A) $D_{\max} = 0$

(B) $D_{max} = 1$

(C) $D_{max} = 1.5$

(D) $D_{max} = 2$

(E) $D_{max} = 3$

(F) $D_{max} = 4$

개념문제 12.62 **데시벨 단위로 표현된 안테나 이득**

데시벨로 표현하는 안테나 이득(gain)은 다음과 같이 주어진다.

(A) $G_{dB} = \log G$

(B) $G_{dB} = 10 \log G$

(C) $G_{dB} = 20 \log G$

(D) $G_{dB} = \ln G$

(E) $G_{dB} = 10 \ln G$

(F) $G_{dB} = 20 \ln G$

개념문제 12.63 **안테나의 이득과 지향성**

안테나의 최대 이득 G_{max}는 동일한 안테나의 최대 지향성 D_{max}와 비교할 때

(A) 작거나 궁극적으로는 같다.

(B) 같다.

(C) 크거나 궁극적으로는 같다.

개념문제 12.64 **안테나의 방사 패턴, 지향성, 이득**

같은 3D 방사 패턴을 갖는 안테나는 같은

(A) 최대 지향성을 갖고 다른 최대 이득을 갖는다.

(B) 최대 이득을 갖고 다른 최대 지향성을 갖는다.

(C) 최대 지향성과 최대 이득을 갖는다.

(D) 모두 아니다.

12.6 임의의 길이를 갖는 도선 다이폴 안테나

우리는 지금 그림 12.10에 보여지는 것처럼 대칭(안테나의 가운데서 급전)인 임의의 길이 l을 갖는 직선 도선 다이폴 안테나을 고려하고자 한다. 안테나를 따라 아래와 같이 사인파 분포를 갖는 전류가 형성된다고 가정하자.

$$\underline{I}(z)=\underline{I}_m\sin\beta(h-|z|)\ (-h\le z\le h)\text{(다이폴에 형성된 사인파형 전류)}\quad(12.16)$$

여기서 β는 안테나 방사의 위상 상수 $(\beta=2\pi f\sqrt{\varepsilon\mu})$이고, $h=l/2$는 다이폴의 한쪽 도선의 길이이다. 안테나의 입력 단자($z=0$)에서의 전류는 $\underline{I}_0=\underline{I}(0)=\underline{I}_m\sin\beta h$이다. 식 (12.8), 식 (12.16), 식 (12.9), 그리고 식 (12.12)를 사용하여 다이폴의 특성 방사 함수를 다음과 같이 정의할 수 있다.

$$\underline{\mathbf{F}}=\frac{\cos(\beta h\cos\theta)-\cos\beta h}{\sin\beta h\sin\theta}\hat{\theta}\text{(방사 함수, 임의의 다이폴)}\quad(12.17)$$

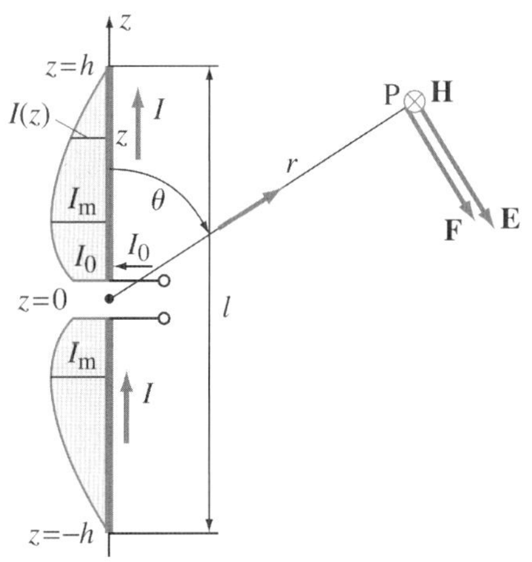

그림 12.10 사인 형태의 전류 분포를 갖는 대칭인 임의의 길이를 갖는 도선 다이폴 안테나

가장 중요한 다이폴은 그림 12.10에서 길이 $\lambda = l/2$인 경우이다. 이 단순한 도선 안테나는 보통 반파장 다이폴(half-wave dipole)이라고 알려져 있으며 가장 많이 사용되는 안테나 중 하나이다. 다이폴의 한쪽 도선의 길이 $h = \lambda/4$이면 $\beta h = 2\pi h/\lambda = \pi/2$가 되어 식 (12.17)의 특성 방사 함수가 다음과 같이 된다.

$$\underline{\mathbf{F}}(\theta) = \frac{\cos\left(\frac{\pi}{2} cos\theta\right)}{\sin\theta}\,\hat{\theta}(\text{방사 함수, 반파장 다이폴}) \tag{12.18}$$

다양한 전기적인 길이를 갖는 다이폴의 경우 식 (12.16)에 의해 도선을 따라 형성되는 전류 분포와 식 (12.17)에 의한 방사 패턴 사이에 명확한 상관관계가 있다. 특히, $l \le \lambda$인 다이폴의 경우 전체 도선을 따라 형성되는 안테나 전류의 위상이 균일하기 때문에[식 (12.16)의 사인 함수는 부호를 바꾸지 않는다]. 방사는 안테나의 수직인 방향 ($\theta = 90^\circ$)으로 가장 강하게 일어난다. 즉, 안테나의 전류 분포를 구성하게 되는 전류 원소들로부터 나오는 평행 광선은 같은 경로를 따라 이동하게 되어 갖는 $\theta = 90^\circ$ 인 원거리장에서 위상을 갖는다. 그러나 $l > \lambda$이면 식 (12.16)에서 보듯이 사인함수의 반대부호에 의해 전류 영점이 생기게 되는데 이로 인해 안테나가 두 부분으로 나뉘게 되고, 이 두 부분에 형성되는 반대 방향의 전류 때문에 상쇄 효과가 발생하고 이로 인하여 다중 방사 로브가 방사 패턴에서 형성된다. 한편, 모든 패턴은 다이폴 축 ($\theta = 0$ 또는 $\theta = 180^\circ$)을 따라서 영점이 존재하는데, 이 영점은 그림 12.3의 자기 포텐셜 성분 $\underline{A}_\theta$의 $\sin\theta$로부터 나오는 것이다. 반파장 다이폴(구리나 알루미늄으로 만들어진)의 고주파 대역 옴 저항(R_{ohmic}) [식 (12.11)참조]은 전형적으로 방사 저항 (R_{rad}) [식 (12.10)참조]보다 상대적으로 작다. 전기적으로 짧은 다이폴과는 달리 반파장 다이폴은 매우 효율적인 방사체이다($R_{\mathrm{rad}} \gg R_{\mathrm{ohmic}}$).

개념문제 12.65 **다이폴 안테나의 위상**

길이 $l = \lambda/2$인 다이폴과 길이 $l = 3\lambda/2$인 다이폴의 복소수 전류 세기 $I(z)$를 생각해보자. 이때, $I(z)$는 도선을 따라 $-l/2 \le z \le l/2$에서 일정한 위상을 갖거나 180° 변하게 된다.

(A) $l = \lambda/2$인 다이폴과 $l = 3\lambda/2$인 다이폴은 일정한 위상을 갖는다.

(B) $l = \lambda/2$인 다이폴은 일정한 위상을 갖고, $l = 3\lambda/2$인 다이폴은 변하는 위상을 갖는다.

(C) $l = \lambda/2$인 다이폴은 변하는 위상을 갖고, $l = 3\lambda/2$인 다이폴은 일정한 위상을 갖는다.

(D) $l = \lambda/2$인 다이폴과 $l = 3\lambda/2$인 다이폴은 변하는 위상을 갖는다.

개념문제 12.66 **임의의 다이폴의 전하 분포**

$l = 2h$인 임의의 길이를 갖는 대칭 다이폴 안테나를 고려해보자. 전류 분포는 $\underline{I}(z) = \underline{I}_m \sin\beta(h - |z|)$ $(-h \leq z \leq h)$이다. 동작 각 주파수 (angular frequency)는 ω이고, 공기 매질에서 동작 중이다. 한쪽 안테나 도선($(0 \leq z \leq h)$)을 따라 형성되는 전하 분포(안테나의 단위 길이당 전하)는

(A) $\underline{Q}'(z) = 0$

(B) $\underline{Q}'(z) = -(j\underline{I}_m/\omega h)\sin\beta h$

(C) $\underline{Q}'(z) = -(j\underline{I}_m/\omega)\sin\beta(h - z)$

(D) $\underline{Q}'(z) = -(j\beta\underline{I}_m/\omega)\cos\beta(h - z)$

(E) $\underline{Q}'(z) \to \infty$

개념문제 12.67 **다이폴 안테나의 전류 분포**

z축을 따라 놓여 있는 임의의 길이 l을 갖고 사인형 전류 분포를 갖는 다이폴 안테나를 고려하자. $l \ll \lambda$일 때, z축의 사인 함수에 의한 안테나 전류 세기는

(A) $\underline{I}(z) = \underline{I}_0$

(B) $\underline{I}(z) = \underline{I}_0/2$

(C) $\underline{I}(z) = \underline{I}_0(1 - |z|/h)$

(D) $\underline{I}(z) = 0$

(E) $\underline{I}(z) \to \infty$

개념문제 12.68 **방사 함수의 최대 크기**

최대 방사하는 방향으로 다이폴 안테나의 특성 방사 함수 $\underline{\mathbf{F}}$의 크기가 1이 되는 것은?

(A) 반파장 다이폴

(B) 임의의 길이를 갖는 다이폴

(C) 어떤 다이폴도 아니다.

개념문제 12.69 **다른 주파수에서의 반파장 다이폴**

1GHz 에서 반파장 다이폴 E-면의 방사 패턴 지향성은 2GHz 에서 반파장 다이폴 E-면의 방사 패턴 지향성보다

(A) 크다.

(B) 작다.

(C) 같다.

개념문제 12.70 **다이폴의 방위각면에서의 방사 패턴**

임의의 길이를 갖는 다이폴이 z축을 따라 놓여 있고, 좌표 축의 원점에서 급전이 되고 있다. $\theta=90°$ 일 때, 2D 방사 패턴의 잘라진 단면은?

(A) 원

(B) 두 개의 원으로 이루어진 곡선

(C) 점

(D) 아무 것도 아니다.

개념문제 12.71 **임의의 다이폴의 원거리장 벡터 성분**

z축을 따라 놓인 임의의 길이를 갖는 다이폴 안테나의 원거리장의 한 점에서의 벡터 성분 $\underline{\mathbf{E}}$와 $\underline{\mathbf{H}}$에 대하여

(A) $\underline{\mathbf{E}}$는 단지 r-성분을 갖고, $\underline{\mathbf{H}}$는 단지 ϕ-성분을 갖는다.

(B) $\underline{\mathbf{E}}$는 단지 θ-성분을 갖고, $\underline{\mathbf{H}}$는 단지 ϕ-성분을 갖는다.

(C) $\underline{\mathbf{E}}$는 단지 ϕ-성분을 갖고, $\underline{\mathbf{H}}$는 단지 θ-성분을 갖는다.

(D) $\underline{\mathbf{E}}$는 단지 θ-와 ϕ-성분을 갖고, $\underline{\mathbf{H}}$는 단지 θ-와 ϕ-성분을 갖는다.

(E) $\underline{\mathbf{E}}$는 단지 r-와 θ-성분을 갖고, $\underline{\mathbf{H}}$는 단지 ϕ-성분을 갖는다.

(F) $\underline{\mathbf{E}}$는 세 개의 성분을 모두 갖고, $\underline{\mathbf{H}}$는 단지 θ-와 ϕ-성분을 갖는다.

나머지 성분은 정확히 또는 대략적으로 0이다.

개념문제 12.72 **전류와 방사 패턴 분포의 상관성**

한 파장보다 긴 길이를 갖는 다이폴의 경우 도선을 따라서 형성되는 사인형 전류 분포에 영점이 많을수록 안테나 E-면의 방사 패턴에서의 영점이

(A) 증가한다.

(B) 감소한다.

(C) 관계없다.

개념문제 12.73 **모든 다이폴의 방사 패턴에서의 영점**

모든 가능한 길이를 갖는 다이폴 안테나는 방사 패턴에서 적어도 하나의 영점(방사가 되지 않는 방향)을 갖는다.

(A) 맞다.

(B) 틀리다.

개념문제 12.74 **서로 다른 세 주파수에서의 다이폴 안테나의 전기적인 길이**

길이 $l = 3\text{m}$인 다이폴 안테나가 rms 세기를 갖는 전류 $I_0 = 1\text{A}$에 의해 급전되고 있다. 이 안테나가 서로 다른 세 주파수에서 동작하고 있다. 동작 주파수가 $f_1 = 50\,\text{MHz}$, $f_2 = 150\,\text{MHz}$, $f_3 = 250\,\text{MHz}$라면 각각에 해당하는 다이폴의 전기적인 길이는?

(A) $l/\lambda_1 = 0.5$, $l/\lambda_2 = 1.5$, $l/\lambda_3 = 2.5$

(B) $l/\lambda_1 = 0.5$, $l/\lambda_2 = 2.5$, $l/\lambda_3 = 1.5$

(C) $l/\lambda_1 = 1.5$, $l/\lambda_2 = 0.5$, $l/\lambda_3 = 2.5$

(D) $l/\lambda_1 = 1.5$, $l/\lambda_2 = 2.5$, $l/\lambda_3 = 0.5$

(E) $l/\lambda_1 = 2.5$, $l/\lambda_2 = 0.5$, $l/\lambda_3 = 1.5$

(F) $l/\lambda_1 = 0.5$, $l/\lambda_2 = 1.5$, $l/\lambda_3 = 0.5$

개념문제 12.75 **서로 다른 세 주파수에서의 다이폴 안테나의 전류 분포**

길이 $l = 3\mathrm{m}$인 다이폴 안테나가 rms 세기를 갖는 전류 $\underline{I}_0 = 1\mathrm{A}$에 의해 급전되고 있다. 이 안테나가 전기적인 길이가 각각 $l/\lambda_1 = 0.5$, $l/\lambda_2 = 1.5$, $l/\lambda_3 = 2.5$인 세 주파수에서의 전류 분포는 각각

(A) 그림 12.11(a), 그림 12.11(b), 그림 12.11(c)

(B) 그림 12.11(a), 그림 12.11(c), 그림 12.11(b)

(C) 그림 12.11(b), 그림 12.11(a), 그림 12.11(c)

(D) 그림 12.11(b), 그림 12.11(c), 그림 12.11(a)

(E) 그림 12.11(c), 그림 12.11(a), 그림 12.11(b)

(F) 그림 12.11(c), 그림 12.11(b), 그림 12.11(a)

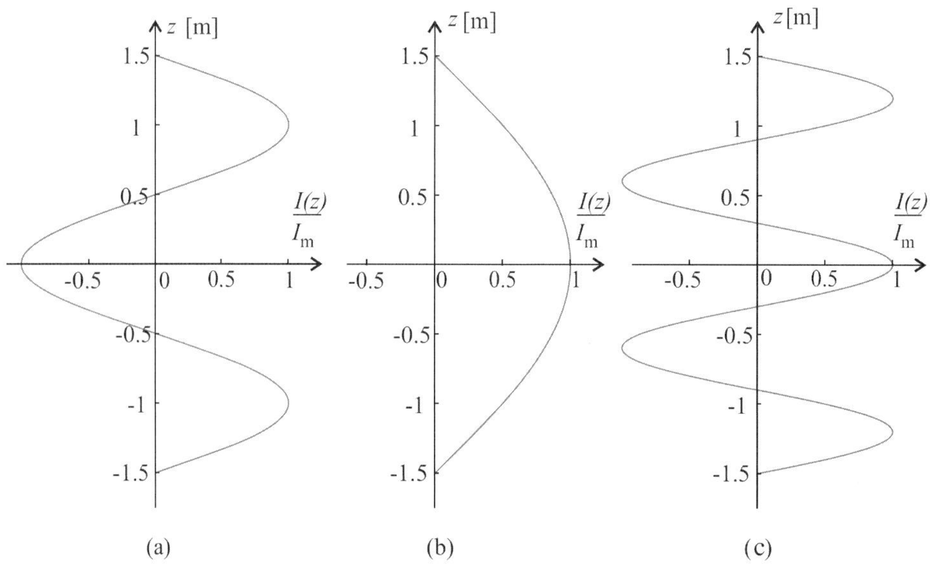

그림 12.11 서로 다른 세 주파수에서 도선 다이폴 안테나를 따라 형성된 정규화된 전류 세기 $\underline{I}(z)/\underline{I}_m$. 이때, 안테나들은 서로 다른 전기적인 길이 l/λ를 갖는다(개념문제 12.76)

개념문제 12.76 **3개의 서로 다른 주파수에서의 다이폴 방사 패턴**

다이폴의 전기적인 길이가 각각 $l/\lambda_1 = 0.5$, $l/\lambda_2 = 1.5$, $l/\lambda_3 = 2.5$인 세 주파수에서의 정규화된 E-면의 방사 패턴은 각각

(A) 그림 12.12(a), 그림 12.12(b), 그림 12.12(c)

(B) 그림 12.12(a), 그림 12.12(c), 그림 12.12(b)

(C) 그림 12.12(b), 그림 12.12(a), 그림 12.12(c)

(D) 그림 12.12(b), 그림 12.12(c), 그림 12.12(a)

(E) 그림 12.12(c), 그림 12.12(a), 그림 12.12(b)

(F) 그림 12.12(c), 그림 12.12(b), 그림 12.12(a)

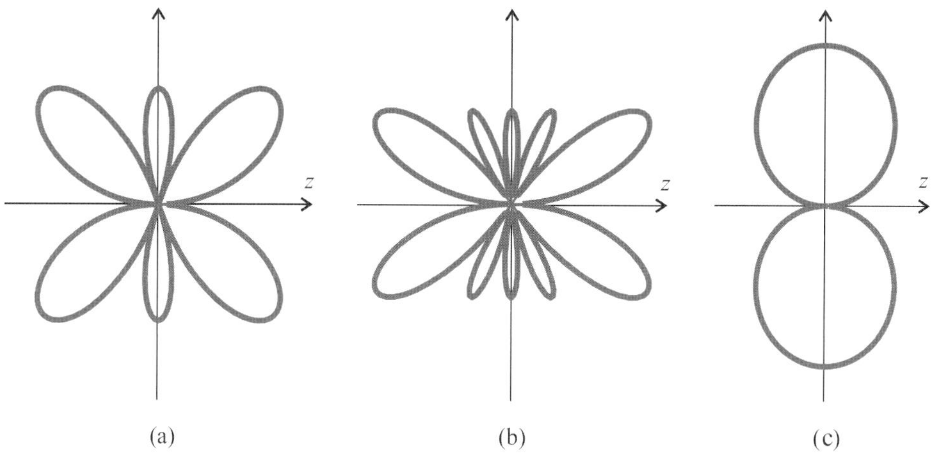

그림 12.12 서로 다른 세 주파수에서의 도선 다이폴 안테나의 E-면에서의 정규화된 방사 패턴. 이때, 안테나들은 서로 다른 전기적인 길이 l/λ를 갖는다(개념문제 12.76).

개념문제 12.77 **완전 도체로 다뤄지는 구리로 만든 반파장 다이폴**

얇은 구리로 만들어진 반파장 다이폴은 완전 도체로 만들어진 반파장 다이폴처럼 다뤄질 수

(A) 있다.

(B) 없다.

12.7 완전 도체 접지면 위의 안테나를 위한 전기 영상법

우리는 때때로 도체 접지면이 존재할 때 안테나를 분석할 필요가 있다. 그 면은 대략적으로 지구의 표면일 수도 있고, 안테나가 부착된 또는 평행하게 놓여진 비행기나 자동차와 같은 큰 구조물의 일부일 수도 있다. 또는 안테나 근처에 놓인 큰 도체 물체(예를 들어 장치의

외관)일수도 있다. 많은 경우에 도체 접지면은 완벽하게 무한하고 평평한 완전 도체라고 가정한다. 그러므로 완전 도체를 갖는 모델 분석은 충분하다. 이 절에서는 전기 영상법(image theory)을 소개하고자 한다. 이는 그림 1.32와 5.8에서 보여진 것과 유사하다. 임의의 안테나는 헤르쯔 다이폴의 중첩된 형태로 표현될 수 있기 때문에 그림 12.13(a)에서 보여지는 면에 대하여 임의의 방향성을 갖는 단일 헤르쯔 다이폴 전기 영상법은 임의의 전류 분포를 갖는 방사체로 쉽게 일반화될 수 있다.

그림 1.32의 전하를 위한 전기 영상법을 그림 12.13(a)의 다이폴 전하 Q와 $-Q$에 적용하면 그림 12.13(b)에서 보듯이 전하 $-Q$와 Q로 이루어진 등가 시스템을 얻을 수 있다. 그림 12.13(a)의 다이폴 안테나의 전류 $\underline{I}$와 전하 $\underline{Q}$(그리고 $-\underline{Q}$)은 연속성 방정식과 관계가 있고, 동일한 관계가 이미지 안테나의 전류와 전하에도 반드시 적용된다. 이것은 이미지 안테나는 헤르쯔 안테나임에 틀림이 없다는 것을 의미하고, 그림 12.13(b)에서 보여지는 이미지 전류의 크기와 방향을 결정한다. 기하학적으로 가상의 다이폴은 대칭면에 대하여 원본의 이미지에 거울 대칭이다. 전기적으로는 실제 안테나의 전하와 전류의 부호가 반대가 되는 이미지가 형성된다.

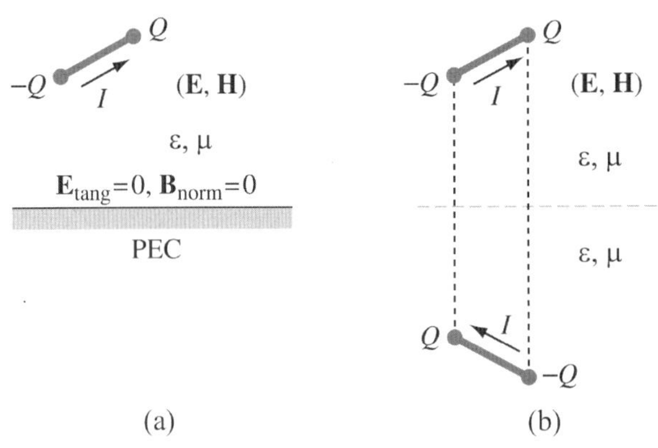

그림 12.13 완전 도체 접지면 위에 안테나(또는 고주파 전류와 전하)를 위한 전기 영상법:
(a) 접지면 위에 임의의 안테나를 구성하는 요소로써의 기울어진 헤르쯔 다이폴
(b) 완전 도체를 1차 전류 및 전하의 네거티브 이미지(negative image)로 대체된 등가 시스템

아마도 그림 12.13에 보이는 전기 영상법의 가장 중요하게 적용되는 분야는 소위 말하는 모노폴(monopole) 안테나(완전 도체 접지면에 부착된 안테나로 그림 12.14(a)에 나타나 있다)를 분석하는 것이다. 그림 12.14(b)에 나타난 것처럼 전기 영상법에 의해 모노폴 안테나는 등가 다이폴로 변형할 수 있다. 이때, 다이폴의 아랫부분에 존재하는 전류는 다이폴의 윗부분에 존재하는 전류의 이미지로 부호가 서로 반대이다. 물론, 다이폴 안테나의 분석이 모노폴과 접지면으로 구성된 안테나를 분석하는 것보다 훨씬 단순하다.

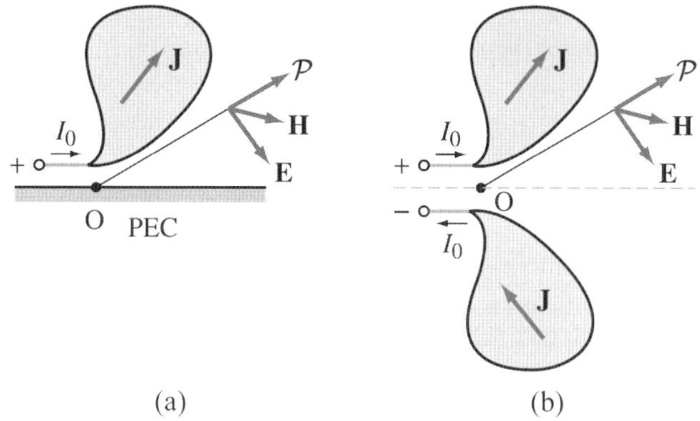

그림 12.14 (a) 임의의 모노폴 안테나 PEC면의 위쪽 공간에 필드
(b) 전기 영상법을 통해 얻은 대칭성을 갖는 다이폴

개념문제 12.78 **완전 도체 접지면 위에 존재하는 안테나를 위한 전기 영상법**

완전 도체 접지면 위에 존재하는 안테나를 분석할 때 그 접지면은

(A) 동일한 부호를 갖는 이미지로 대체될 수 있다.

(B) 반대의 부호를 갖는 이미지로 대체될 수 있다.

(C) 때로는 동일한 때로는 반대의 부호를 갖는 이미지로 대체될 수 있다.

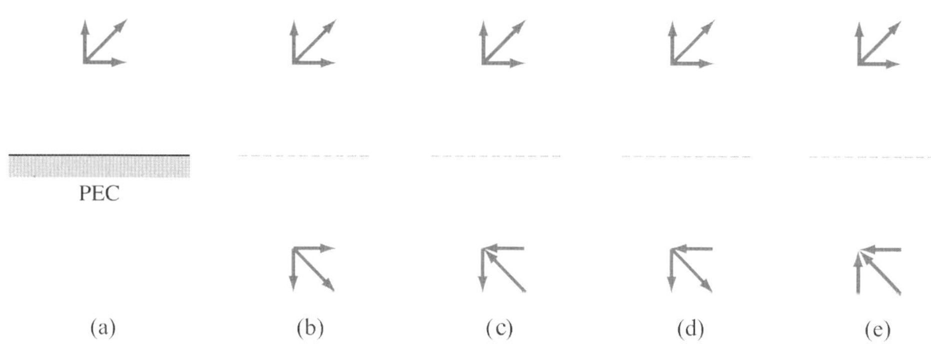

그림 12.15 완전 도체 접지면 위에 존재하는 세 개의 특성 전류 성분을 위한 전기 영상법: 완전 도체와 함께 존재하는 원래의 시스템(a)과 무한한 균일한 매질로 방사하는 실제와 이미지 요소를 가진 등가 시스템-4개의 각기 다른 경우 (b)-(f)(개념문제 12.78)

개념문제 12.79 **완전 도체 접지면 위에 3개의 특성 전류 요소의 전기 영상법**

그림 12.15(a)에 보여지는 것처럼 완전 도체면 위에 존재하는 세 개의 특성(수직, 수평, 경사) 전류 요소가 있다. 윗면에 나타나는 전자기장은 원래의 시스템과 같고 전기 영상법을 사용하여 얻은 등가 시스템은

(A) 그림 12.15(b)와 같다.

(B) 그림 12.15(c)와 같다.

(C) 그림 12.15(d)와 같다.

(D) 그림 12.15(e)와 같다.

개념문제 12.80 **완전 도체 접지면 위에 3개의 특성 전류 요소의 전기 영상법**

그림 12.16은 완전 도체의 접지면 위에 공기 중에 존재하는 반파장 다이폴을 보여주고 있다.

원래의 안테나에서 방사되는 직접 파동에 의해, 반사되는 파동(원래의 안테나에 의해 방사되서 접지면을 맞고 반사되는)에 의해, 영상 안테나로부터 생성되는(전기 영상법에 의해 유도되는) 파동에 의해 각각 수신점 P에서의 전기장 벡터를 $\underline{\mathbf{E}}_{\mathrm{direct}}$, $\underline{\mathbf{E}}_{\mathrm{reflected}}$, $\underline{\mathbf{E}}_{\mathrm{image}}$ 라고 한다. 점 P에서의 총 전기장 $\underline{\mathbf{E}}$는 다음과 같다.

(A) $\underline{\mathbf{E}} = \underline{\mathbf{E}}_{\mathrm{direct}}$

(B) $\underline{\mathbf{E}} = \underline{\mathbf{E}}_{\mathrm{reflected}}$

(C) $\underline{\mathbf{E}} = \underline{\mathbf{E}}_{\mathrm{image}}$

(D) $\underline{\mathbf{E}} = \underline{\mathbf{E}}_{\mathrm{direct}} + \underline{\mathbf{E}}_{\mathrm{reflected}} + \underline{\mathbf{E}}_{\mathrm{image}}$

(E) $\underline{\mathbf{E}} = \underline{\mathbf{E}}_{\mathrm{direct}} + \underline{\mathbf{E}}_{\mathrm{reflected}} = \underline{\mathbf{E}}_{\mathrm{direct}} + \underline{\mathbf{E}}_{\mathrm{image}}$

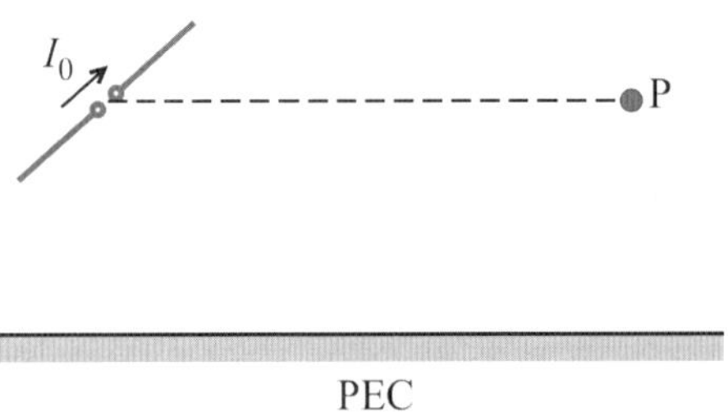

그림 12.16 수평의 완전 도체 면위에 존재하는 공기 중의 반파장 다이폴와 안테나와 동일한 수직면 상에 존재하는 원거리장에서의 수신점 P(개념문제 12.80)

(F) $\underline{\mathbf{E}} = \underline{\mathbf{E}}_{\text{reflected}} + \underline{\mathbf{E}}_{\text{image}}$

개념문제 12.81 **접지면 위에 있는 수평 반파장 다이폴**

수평 반파장 다이폴이 완전 도체로 된 접지면으로부터 높이 h만큼 떨어져 공기 중에 존재하고 있다. 해석을 위해 전기 영상법을 적용하면 완전 도체면이 제거되고 등가 시스템에서 공기 중에 2개의 안테나가 생성된다. 이 시스템에서 2개의 안테나의 대칭면에 있는 점 P에서의 전체 전기장 세기 벡터 $\underline{\mathbf{E}}_{\text{tot}} = \underline{\mathbf{E}}_{\text{original}} + \underline{\mathbf{E}}_{\text{image}}$는 다음과 같다.

(A) 그림 12.17(a)

(B) 그림 12.17(b)

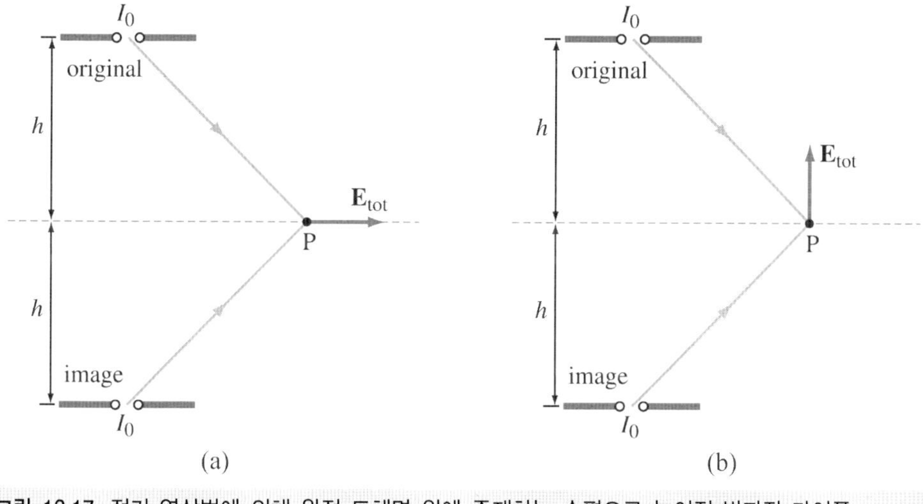

그림 12.17 전기 영상법에 의해 완전 도체면 위에 존재하는 수평으로 놓여진 반파장 다이폴 안테나가 공기 중으로 방사하는 2개의 안테나를 가진 등가 시스템으로 변형: 2개의 안테나 사이의 대칭면에 존재하는 점 P에서 전체 전기장 세기 벡터 $\underline{\mathbf{E}}$의 편파 (개념문제 12.81)

개념문제 12.82 **임의의 모노폴 안테나의 방사 함수**

수평의 완전 도체면 위에 임의의 모노폴 안테나가 존재하고 전기 영상법에 의해 얻어진 등가 대칭 다이폴이 있다. 두 안테나의 특성 방사 함수를 각각 $\underline{\mathbf{F}}_{\text{monopole}}$과 $\underline{\mathbf{F}}_{\text{dipole}}$이라고 하자. 상단 공간의 임의의 점에서

(A) $\underline{\mathbf{F}}_{\text{monopole}} = \underline{\mathbf{F}}_{\text{dipole}}$

(B) $\underline{\mathbf{F}}_{\text{monopole}} = 2\underline{\mathbf{F}}_{\text{dipole}}$

(C) $\underline{\mathbf{F}}_{\text{monopole}} = \underline{\mathbf{F}}_{\text{dipole}}/2$

(D) $\underline{\mathbf{F}}_{\text{monopole}} = -\underline{\mathbf{F}}_{\text{dipole}}$

(E) $\underline{\mathbf{F}}_{\text{monopole}} = 0$

(F) 모두 아니다.

개념문제 12.83 $\lambda/4$ **길이의 모노폴과 등가 반파장 다이폴**

그림 12.18에서 보여지는 것처럼 수평으로 놓여진 완전 도체면 위에 $\lambda/4$ 길이의 모노폴 안테나와 등가 반파장 다이폴 안테나를 고려하자. 2개의 안테나는 윗쪽 반 공간에서 동일한 전자기장을 형성한다. 만약 다이폴의 지향성이 D이면, 모노폴의 지향성은

(A) $4D$

(B) $2D$

(C) D

(D) $D/2$

(E) $D/4$

(F) 모두 아니다.

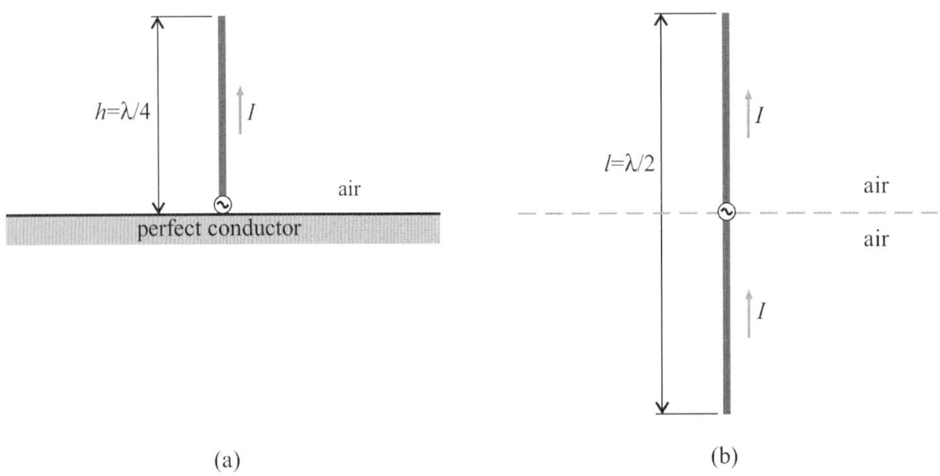

그림 12.18 (a) 완전 도체면 위에 존재하는 $\lambda/4$ 길이의 모노폴 안테나와 (b) 전기 영상법을 통해 얻어진 반파장 다이폴 안테나(개념문제 12.83)

개념문제 12.84 $\lambda/4$ 길이의 모노폴의 지향성을 데시벨로 표현

그림 12.18에 반파장 다이폴의 지향성을 데시벨로 D_{dB}라고 하자. $\lambda/4$ 길이의 모노폴의 지향성을 데시벨로 표현하면

(A) $D_{\text{dB}} - 6\text{dB}$

(B) $D_{\text{dB}} - 3\text{dB}$

(C) D_{dB}

(D) $D_{\text{dB}} + 3\text{dB}$

(E) $D_{\text{dB}} + 6\text{dB}$

(F) 모두 아니다.

개념문제 12.85 $\lambda/4$ 길이의 모노폴의 방사 저항

그림 12.18에 다이폴의 방사 저항을 R_{rad}라고 하자. 이때, $\lambda/4$ 길이의 모노폴의 방사 저항은?

(A) $4R_{\text{rad}}$

(B) $2R_{\text{rad}}$

(C) R_{rad}

(D) $R_{\text{rad}}/2$

(E) $R_{\text{rad}}/4$

(F) 모두 아니다.

개념문제 12.86 비스듬히 기울어진 모노폴과 등가 다이폴

그림 12.19(a)에서 보여지는 것처럼 완전 도체면 위에 45° 기울어진 모노폴 안테나를 생각해보자. 그와 연관된 등가 다이폴 안테나(전기 영상법에 의해 얻어진)가 그림 12.19(b)에 보여지고 있다. 다이폴의 지향성이 D일 때, 모노폴의 지향성은?

(A) $4D$

(B) $2D$

(C) D

(D) $D/2$

(E) $D/4$

(F) 모두 아니다.

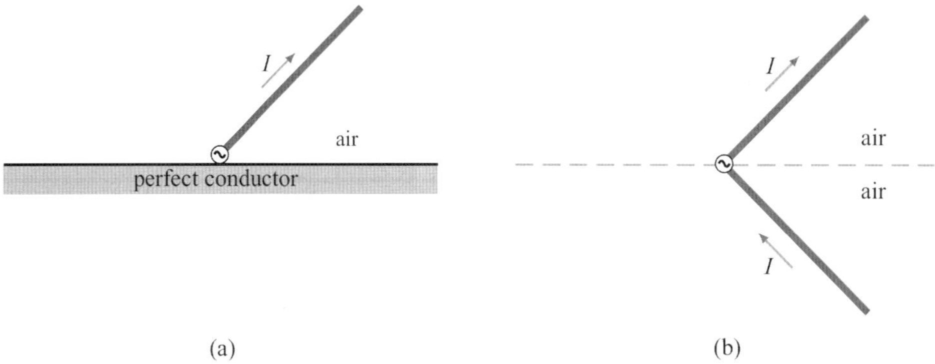

그림 12.19 (a) 완전 도체면 위에 기울어진 모노폴 안테나와
(b) 전기 영상법을 통해 얻어진 등가 다이폴 안테나(개념문제 12.86)

12.8 수신 안테나 이론. 비정렬 와이어 안테나와의 무선 링크

균일한 시간-조화 파동에 의해 묘사되는 한 파장이 λ인 임의의 수신 안테나를 고려하자. 그림 12.20(a)을 참고하여 파동의 전파 단위 벡터 $\hat{\mathbf{n}}$은 좌표 축의 원점을 향하고, 이는 안테나의 입력 단자의 위치이다. 이 파동은 대게 다른(송신) 안테나에 의해 나오는 것이고, 이 안테나의 수신 안테나로부터 멀리 떨어져 있다. 그러므로, 다른 안테나로부터 불균일한 구형파가 방사되지만 대략적으로 균일한 평면파로 해석할 수 있다. 또한 수신 안테나는 복소 임피던스 $\underline{Z}_L$로 종단되어 있다. 그림 12.20(b)에 보여지는 것처럼 출력 단자와 부하에 대하여 안테나는 테브닝(thevenin)등가 신호원으로 대체될 수 있다. 신호원의 복소 임피던스 $\underline{Z}_T$는 그림 12.20(a)의 안테나의 복소 입력 임피던스와 같다. 그러므로, 그것은 안테나의 임피던스 $\underline{Z}_A$와 같다 [식 (12.10)와 (12.11)을 참조]. 신호원의 기전력 $\underline{\varepsilon}_T$(입사파에 의해 급전되는)은 안테나의 개방 단자(부하가 제거된)를 가로지르는 전압 $\underline{V}_{oc}$가 된다. 그 결과는

$$\underline{V}_{oc} = \underline{\varepsilon}_T = \frac{\lambda}{\pi}\underline{\mathbf{E}}_0 \cdot \underline{\mathbf{F}} \text{(수신 안테나의 개방 회로 전압)} \tag{12.19}$$

여기서 $\underline{\mathbf{E}}_0$는 좌표 축의 원점에서의 입사파 전기장 벡터이고, $\underline{\mathbf{F}}$는 입사파의 방향으로 방사하는 안테나의 특성 방사 함수[식 (12.12)]이다. 그 방향은 그림 12.20(a)에서와 같이 $\hat{\mathbf{r}} = -\hat{\mathbf{n}}$이다. 따라서 수신 안테나(3차원 공간에의 각기 다른 방향에서 들어오는 신호를 얼마나 잘 받아들이는지를 보여주는)의 필드 패턴은 전송모드일 때 안테나의 방사 패턴과 동일하다. 즉, 임의의 안테나의 송신과 수신 패턴은 동일하다. 끝으로, 그림 12.20(a)의 안테나 부하단의 전류 $\underline{I}_{\mathrm{L}}$와 부하단으로 전달되는 전력은 그림 12.20(b)의 등가 회로로부터 결정된다.

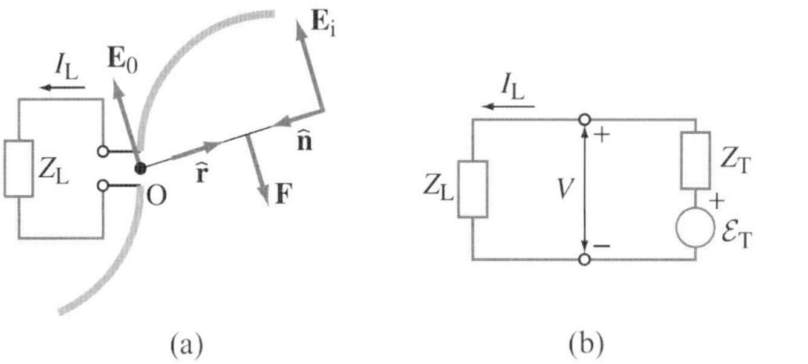

그림 12.20 (a) 균일한 평면 시간-조화파가 존재하는 공간 상에 놓여진 수신 안테나
(b) (a)의 테브닌 등가회로

통신 링크에서 식 (12.19)의 내적은 링크의 양쪽 끝에 위치한 두 안테나(송신과 수신) 사이의 편파 정합(또는 부정합)을 결정한다. 예를 들어, 그림 12.21에서 보여지는 두 개의 다이폴 안테나가 정렬되지 않았을 때 두 안테나 사이의 무선 링크를 고려할 때 수신 다이폴의 개방회로 전압 $\underline{V}_{\mathrm{oc}}$는 식 (12.19)에 의해 주어진다. 이때, $\underline{\mathbf{E}}_0 = \underline{\mathbf{E}}_{\mathrm{t}}$로 그림 12.21에서 원점 O'에서 계산된 전송 안테나의 원거리 전기장 세기 벡터이고, $\underline{\mathbf{F}} = \underline{\mathbf{F}}_{\mathrm{r}}$로 수신 안테나의 특성 방사 함수이다. 전압 $\underline{V}_{\mathrm{oc}}^{\mathrm{new}}$는 다음과 같이 정의되며, α는 $\underline{\mathbf{E}}_{\mathrm{t}}$와 $\underline{\mathbf{F}}_{\mathrm{r}}$ 사이의 각도이다.

$$\underline{V}_{\mathrm{oc}}^{\mathrm{new}} = (\lambda/\pi)\underline{\mathbf{E}}_{\mathrm{t}}^{\mathrm{new}} \cdot \underline{\mathbf{F}}_{\mathrm{r}}^{\mathrm{new}} = (\lambda/\pi)\underline{E}_{\mathrm{t}}^{\mathrm{new}}\underline{F}_{\mathrm{r}}^{\mathrm{new}}\cos\alpha^{\mathrm{new}}$$

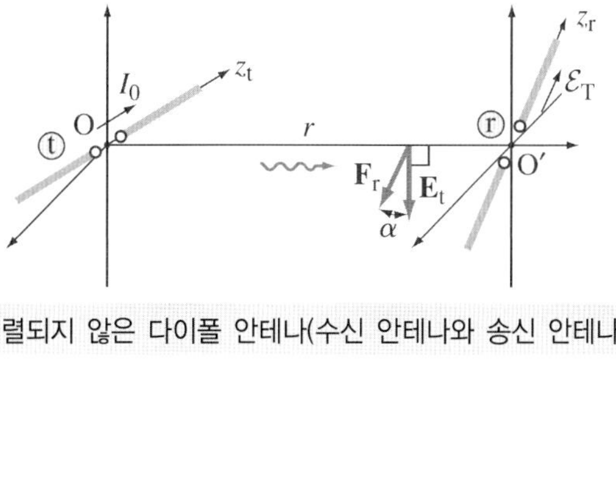

그림 12.21 두 개의 정렬되지 않은 다이폴 안테나(수신 안테나와 송신 안테나)로 구성된 무선 링크

개념문제 12.87 **수동과 능동회로로써 전송/수신 안테나**

입력/출력 단자에 대하여 임의의 송신 안테나와 수신 안테나는

(A) 수동 부하와 능동 회로로 대체될 수 있다.

(B) 능동 회로와 수동 부하로 대체될 수 있다.

(C) 수동 부하로 대체될 수 있다.

(D) 능동 회로로 대체될 수 있다.

개념문제 12.88 **단락된 안테나 단자를 통한 수신 전류**

공기 중으로 전송할 때 1GHz에서 다이폴 안테나의 임피던스 $Z_A = (50 + j50)\,\Omega$이다. 1GHz에서 입사 균일 평면파에 의해 조명될 때 안테나의 단자는 개방되어 있고, 이 안테나는 단자 양단에 걸리는 rms 전압 $V_{oc} = 1\text{V}$이다. 같은 방식으로 단자가 단락되어 있을 때 단자 양단에 걸리는 rms 전류 I_{sc}는

(A) $I_{sc} = 0$

(B) $I_{sc} = (1/377)\text{A}$

(C) $I_{sc} = [1/50\sqrt{2}]\text{A}$

(D) $I_{sc} \to \infty$

(E) 전류 I_{sc}와 전압 V_{oc}가 서로 관계가 없다.

개념문제 12.89 **무선링크에서 송신 안테나의 원거리장**

그림 12.22에 보이는 2개의 반파장 다이폴이 정렬되어 있지 않을 때, 송신 안테나의 원거리 전기장 벡터 세기 $\underline{\mathbf{E}}_t$는 반파장 다이폴의 특성 방사 함수 $\underline{\mathbf{F}}_t$를 사용해서 얻을 수 있다.

$$\underline{\mathbf{F}}_t = F(\theta_t)(-\hat{\mathbf{x}}') = \cos[(\pi/2)\cos\theta_t](-\hat{\mathbf{x}}')/\sin\theta_t$$

(A) $\theta_t = \gamma_1$

(B) $\theta_t = 90^\circ - \gamma_1$

(C) $\theta_t = \gamma_2$

(D) $\theta_t = 90^\circ - \gamma_2$

(E) $\theta_t = 0$

(F) $\theta_t = 90^\circ$

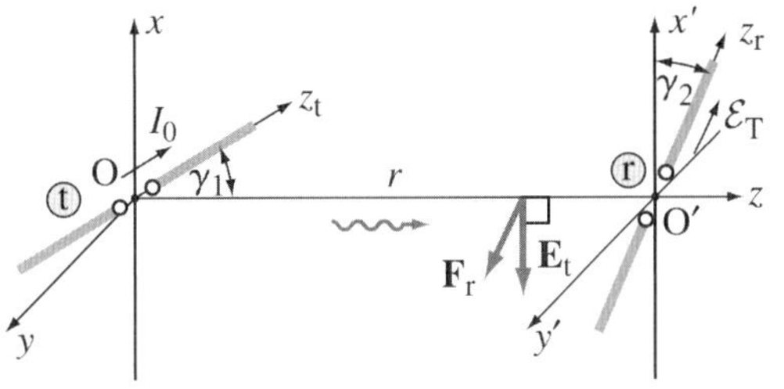

그림 12.22 $r \gg \lambda$인 두 개의 정렬되지 않은 반파장 다이폴 안테나의 무선 링크: 송신 안테나는 z축으로부터 γ_1만큼 기울어진 xz-면에 놓여져 있고, 수신 안테나는 x'축으로부터 γ_2만큼 기울어진 $x'y'$-면에 놓여져 있다(개념문제 12.89).

개념문제 12.90 수신 안테나의 방사 함수를 위한 각도 θ

그림 12.22의 무선 링크에서 수신 안테나의 특성 방사 함수의 크기 $\underline{F}_r$은 반파장 다이폴의 함수 $F(\theta_r)$와 같다. $F(\theta_r) = \cos[(\pi/2)\cos\theta_r]/\sin\theta_r$

(A) $\theta_r = \gamma_1$

(B) $\theta_r = 90^\circ - \gamma_1$

(C) $\theta_r = \gamma_2$

(D) $\theta_r = 90^\circ - \gamma_2$

(E) $\theta_r = 0$

(F) $\theta_r = 90^\circ$

개념문제 12.91 무선 링크에서 안테나의 편파 부정합 정도

그림 12.22의 무선 링크에서 수신 안테나의 개방된 전압은 $\underline{V}_{oc} = (\lambda/\pi)\underline{E}_t\underline{E}_r\cos\alpha$이다. 여기서 $\underline{E}_t$와 $\underline{E}_r$ 사이의 이루는 각도 α는?

(A) $\alpha = \gamma_1$

(B) $\alpha = 90^\circ - \gamma_1$

(C) $\alpha = \gamma_2$

(D) $\alpha = 90^\circ - \gamma_2$

(E) $\alpha = 0$

(F) $\alpha = 90^\circ$

개념문제 12.92 **무선 시스템에서 수신 전압의 최대화**

두 안테나 사이의 거리와 입력 전력, 주파수, 다이폴의 방향이 주어졌을 때. 그림 12.22에서 사용된 두 안테나 사이에서 수신된 전압은 어느 경우 최대화될 수 있나?

(A) $\gamma_1 = \gamma_2 = 0$

(B) $\gamma_1 = \gamma_2 = 45^\circ$

(C) $\gamma_1 = 0^\circ$, $\gamma_2 = 90^\circ$

(D) $\gamma_1 = 90^\circ$, $\gamma_2 = 0^\circ$

(E) $\gamma_1 = \gamma_2 = 90^\circ$

개념문제 12.93 **무선 시스템에서 수신 전압의 최대화**

그림 12.22에서 보여지듯이 2개의 정렬되지 않은 반파장 다이폴 안테나가 있다고 가정하자. 송신과 수신 안테나의 위치를 맞바꾼다고 하자. 즉, 그림 12.23에서 보여지듯이 오른쪽($x'y'$-면에 놓인)에 놓인 다이폴을 전송 안테나로 하고, 반면에 왼쪽(xz-면)에 놓인 다이폴의 단자를 개방으로 남겨두었다. 이러한 환경에서 후자의 안테나에 의해 수신되는 개방 회로 전압 $\underline{V}_{\text{oc}}^{\text{new}}$을 다음의 식을 이용하여 정해진다. 이때, α^{new}는?

$$\underline{V}_{\text{oc}}^{\text{new}} = (\lambda/\pi)\underline{\mathbf{E}}_{\text{t}}^{\text{new}} \cdot \underline{\mathbf{F}}_{\text{r}}^{\text{new}} = (\lambda/\pi)\underline{E}_{\text{t}}^{\text{new}} \cdot \underline{F}_{\text{r}}^{\text{new}} \cos\alpha^{\text{new}}$$

(A) $\alpha^{\text{new}} = \gamma_1$

(B) $\alpha^{\text{new}} = 90^\circ - \gamma_1$

(C) $\alpha^{\text{new}} = \gamma_2$

(D) $\alpha^{\text{new}} = 90^\circ - \gamma_2$

(E) $\alpha^{\text{new}} = 0$

(F) $\alpha^{\text{new}} = 90^\circ$

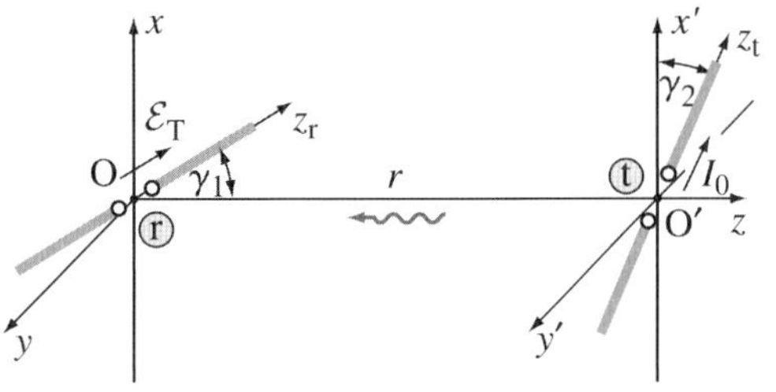

그림 12.23 전송과 수신 안테나의 위치를 맞바꾼 무선 링크(개념문제 12.93)

개념문제 12.94 **정렬되지 않은 두 다이폴 안테나**

자유공간의 무선링크에서 두 안테나는 반파장 다이폴이며, 두 평행한 평면위에 위치하고, 그 중심사이 선로는 평면에 수직이다. 그림 12.24에서 보여지듯이 두 다이폴 사이의 각도는 γ이다. 전송 안테나의 입력 전력이 주어져 있을 때, 수신 안테나의 개방 회로 전압의 크기는

(A) $\sin\gamma$에 비례한다.

(B) $\cos\gamma$에 비례한다.

(C) $\sin\gamma\cos\gamma$에 비례한다.

(D) $\sin^2\gamma$ 에 비례한다.

(E) 모두 아니다.

(F) 더 많은 정보가 필요하다.

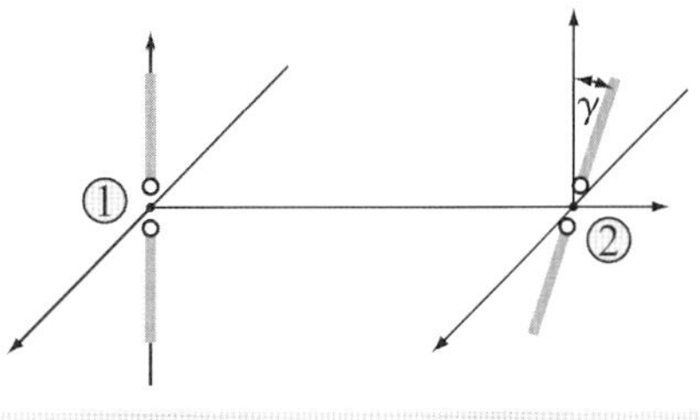

그림 12.24 평행한 면에 위치하나 정렬되지 않은($\gamma \neq 0$) 두 반파장 다이폴에서의 무선 링크(개념문제 12.94)

개념문제 12.95 **수신 안테나의 방사 함수의 크기**

그림 12.24의 무선 시스템에서 수신된 전압을 계산할 때, 수신 안테나의 특성 방사 함수의 크기는

(A) 1이다.

(B) γ의 함수이다.

(C) 일정하나 1은 아니다.

개념문제 12.96 **다이폴에 의한 원형 편파의 수신**

무선 링크의 송신단의 끝에서 그림 12.25(a)에서 보여지듯이 각각 x축과 y축을 따라 놓여진 2개의 반파장 다이폴이 복소 rms 전류 세기 $\underline{I}_{01} = I_0$와 $\underline{I}_{02} = jI_0$에 의해 급전되고 있다. 이때 주파수는 f로 동일하다. 수신단의 끝에서 떨어진 거리 $r = 100\lambda$에 또 다른 다이폴이 $x'y'$면에 놓여져 있고 x'축으로부터 각도 γ가 형성되어 있다 [그림 12.25(b)]. 수신 다이폴의 개방 단자를 걸쳐 형성되는 총 복소 rms 전압은? 여기서 $\underline{E}_{t1}$은 그림 12.25의 수신점(점 O')에서 다이폴 1에서 의해 방사되는 복소 rms 전기장 세기이다.

(A) $\underline{V}_{oc} = \lambda \underline{E}_{t1} \cos\gamma/\pi$

(B) $\underline{V}_{oc} = \lambda \underline{E}_{t1} \sin\gamma/\pi$

(C) $\underline{V}_{oc} = \lambda \underline{E}_{t1} \cos\gamma(1+j)/\pi$

(D) $\underline{V}_{oc} = \lambda \underline{E}_{t1} \sin\gamma(1+j)/\pi$

(E) $\underline{V}_{oc} = \lambda \underline{E}_{t1} \cos\gamma + \sin\gamma)/\pi$

(F) $\underline{V}_{oc} = \lambda \underline{E}_{t1} \cos\gamma - j\sin\gamma)/\pi$

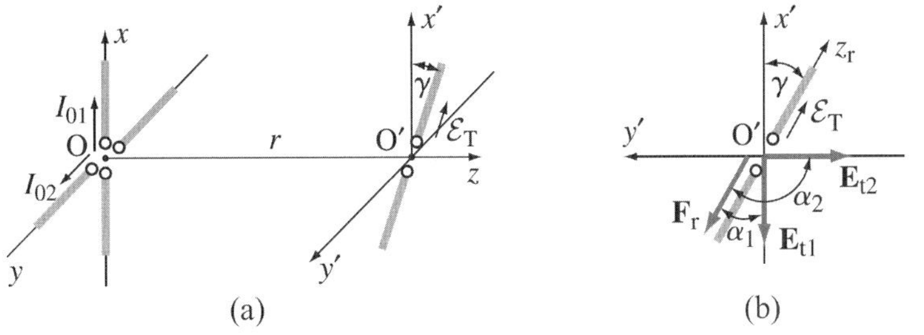

그림 12.25 3개의 반파장 다이폴 안테나를 가진 무선통신 시스템:
(a) 원형 편파 전자기장($\underline{I}_{02} = j\underline{I}_{01}$)을 방사하는 2개의 크로스 다이폴과
(b) 수신단에서의 2개의 입사 전기장 벡터와 수신 안테나의 특성 방사 함수
(개념문제 12.96)

개념문제 12.97 **원형 편파 안테나 시스템에 의한 수신된 전압의 크기**

그림 12.25의 전체 수신 전압의 크기 $|\underline{V}_{oc}|$는

(A) 모든 각도 γ에서 같다.

(B) γ의 함수이다.

개념문제 12.98 **접지면 위에 동일선상 또는 평행하게 놓여진 2개의 다이폴**

$f = 500\text{GHz}$에서 송신 안테나와 수신 안테나 역할을 하는 반파장 다이폴이 완전 도체 접지면으로부터 20m 떨어져 있고, 평행하게 위치하고 있다. 다이폴의 중심 사이의 거리 r은 40m이고, 전송 안테나(다이폴 1)의 입력 전력은 $P_{in} = 1\text{W}$이다. 직접 파동과 반사 파동에 의한 수신 안테나(다이폴 2)의 개방 회로 rms 전압(크기)을 각각 V_{direct}와 $V_{reflected}$라고 하자. (a) 두 개의 다이폴이 그림 12.26 (a)처럼 서로 같은 선상에 있다면 또는 (b) 그림 12.26 (b)처럼 서로 수직이라면 두 전압(V_{direct}와 $V_{reflected}$) 사이의 크기는?

(A) (a)와 (b) 경우 $V_{direct} > V_{reflected}$

(B) (a)의 경우 $V_{direct} > V_{reflected}$이고, (b)의 경우 $V_{direct} < V_{reflected}$

(C) (a)의 경우 $V_{direct} < V_{reflected}$이고, (b)의 경우 $V_{direct} > V_{reflected}$

(D) (a)와 (b) 경우 $V_{direct} < V_{reflected}$

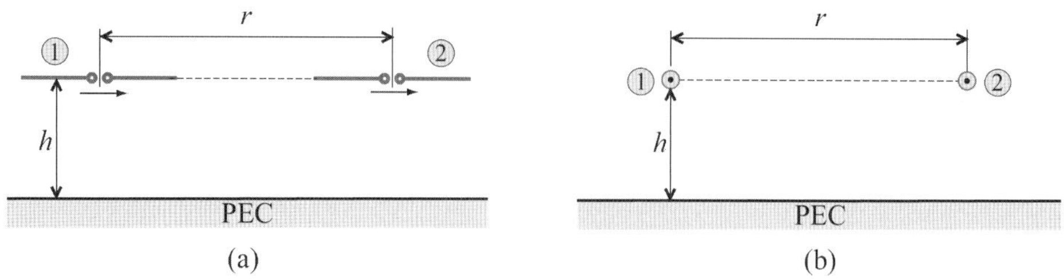

그림 12.26 접지면 위에서 두 반파장 다이폴 안테나 사이의 통신: (a) 동일 선상의 다이폴과 (b) 평행한 다이폴(개념문제 12.98)

개념문제 12.99 **이온층을 통한 두 모노폴 안테나 사이의 통신**

$\lambda/4$ 길이의 수직으로 된 모노폴 전송 안테나(안테나 1)가 주파수 $f = 8\text{MHz}$에서 지표면에서 급전되고 있다. 안테나의 입력 전력은 $P_{\text{in}} = 1\text{kW}$이다. 지구와 이온층은 완전 도체면으로 등가화할 수 있다. 이 둘 사이의 거리는 그림 12.27에서 보듯이 $h_{\text{v}} = 100\text{km}$였다. 전송 안테나로부터 500km 떨어진 한 점 P에서 수신 안테나는 $\lambda/4$ 길이의 모노폴(안테나 2)이다. 두 안테나는 서로 간에 직접적으로 보이진 않는다(Line of sight가 아니다). 이 시스템에서 수신을 최대로 하기 위해 수신 안테나의 각도 α(그림 12.27)는 어떻게 설정하는 것이 좋은가?

(A) $\alpha = 0^\circ$

(B) $\alpha = 90^\circ$

(C) $\alpha = 180^\circ$

(D) $\alpha = \theta$(그림 12.27에서 보이는 각도 θ)

(E) $\alpha = 90^\circ - \theta$

(F) α에 의존하지 않는 수신된 전압

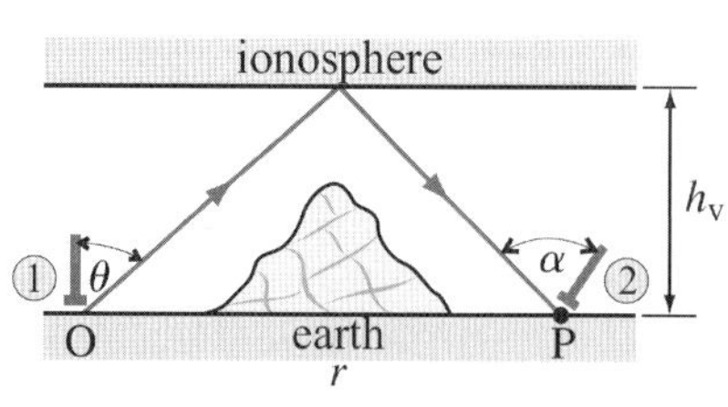

그림 12.27 2개의 $\lambda/4$ 모노폴 안테나가 지구 표면에 있고 안테나 간에 직접 마주보지 않고 전리층을 통해서 통신하는 시스템: 지구 표면과 전리층을 대략적으로 완전 도체로 등가화할 수 있고, 두 층 사이의 거리는 전리층의 실질적인 높이(h_{v})와 같다. 전파는 전리층에 닿으면 반사된다. (개념문제 12.99)

12.9 안테나 유효 개구면

수신 안테나의 가장 기본적인 변수 중에 하나는 주어진 방향으로의 유효 개구면(effective aperture)이다. 그림 12.20(a)를 참고하여 안테나 출력 단자의 걸린 부하에 수신된 전력과 입사된 전자기파의 표면 전력 밀도의 비율로 정의된다. 즉, 안테나가 효과적으로 전력을 추출하여 부하로 전달하는 입사 파면의 일부를 나타내므로 안테나의 유효(등가) 수집 영역으로 생각할 수 있다. 주어진 안테나 변수나 입사파가 고정되어 있다면 부하단으로 전달되는 시간-평균 전력은 공액 (conjugate) 정합일 때 최대가 된다. 즉, 그림 12.20 (b)에서 부하 임피던스 $\underline{Z}_L = \underline{Z}_T^* = \underline{Z}_A^*$이다. 이 최대 수신 전력은 다음과 같이 $P_r = P_L = |\varepsilon_T|^2/(4R_A) = |V_{oc}|^2/(4R_A)$이다. 여기서 $R_A = R_{rad} + R_{ohmic}$이고, Z_A는 안테나의 입력 임피던스이다. 전력을 최대화하기 위해, 안테나는 파동의 편파에 정합되어 있다고 가정하자. 그러기 위해서 $|\underline{V}_{oc}| = \lambda|\underline{\mathbf{E}}_0||\underline{\mathbf{F}}|/\pi$ (식 (12.19)에서 $\alpha = 0^\circ$ 또는 $\alpha = 180^\circ$)과 $P_r = \lambda^2|\underline{\mathbf{E}}_0|^2|\underline{\mathbf{F}}|^2/(4\pi^2 R_A)$이 되어야 한다. 식 (6.27), (6.26), (7.12)를 사용하면 입사파의 시간-평균 포인팅 벡터는 $(P_i)_{ave} = |\underline{\mathbf{E}}_0|^2/\eta$로 주어진다. 여기서 P_r은 $(P_i)_{ave}$와 표면적 (단위는 m^2)의 곱으로 표현된다. 이것이 정확히 안테나 유효 표면적 A_{eff}이고, 식 (12.15)에 보여지는 안테나 이득 G에 대한 표현도 염두에 두어야 한다.

$$P_r = (P_i)_{ave} A_{eff} \rightarrow A_{eff} = \frac{\lambda^2 \eta |\underline{\mathbf{F}}|^2}{4\pi^2 R_A} = \frac{\lambda^2}{4\pi} G(\text{안테나 유효 개구면}) \qquad (12.20)$$

그림 12.28은 세 종류의 안테나에 대하여 유효 개구면의 개념을 보여주고 있다. 혼(horn) 안테나와 파라볼릭 반사판 안테나와 같은 분명한 물리적인 형태의 개구면(구멍)을 가진 안테

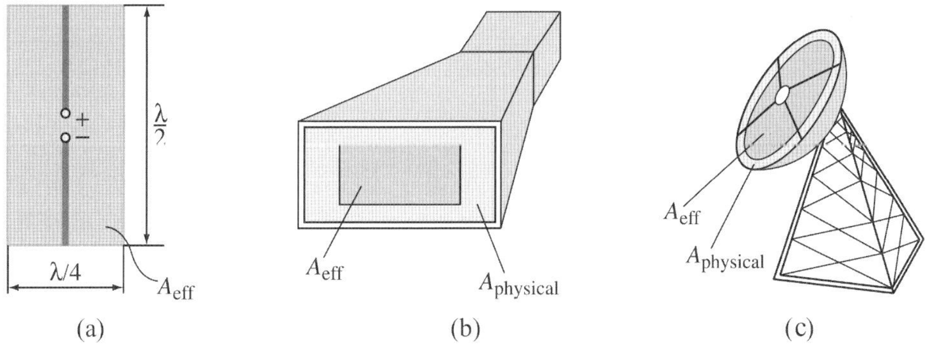

그림 12.28 안테나의 유효 면적(A_{eff})의 개념에 대한 그림.
(a) 반 파장 다이폴 (b) 피라미드 혼 안테나 (c) 원형 파라볼릭 반사판 안테나.
(b)와 (c)의 경우, 안테나 물리적인 개구면 면적($A_{physical}$)이 또한 보여지고 있다.

나의 경우 유효 개구 면적 $A_{eff} = \eta_{aperture} A_{physical}$로 표현할 수 있다. 여기서 $A_{physical}$는 안테나의 물리적인 개구 면적이고 $\eta_{aperture}$은 개구면 효율성($0 \le \eta_{aperture} \le 1$)을 나타내는 단위가 없는 계수이다. 이러한 관계와 식 (12.20)을 결합하여 큰 이득을 얻을려면 안테나는 물리적으로 커서 큰 유효 개구면을 가져야 한다는 것을 알게 된다. 그러나, 파동의 동작 주파수와는 무관하게 단순히 큰 A_{eff}가 중요한 건 아니다. 왜냐하면 $G \propto A_{eff}/\lambda^2$이므로 실질적으로 전기적인 유효 개구면($A_{eff}$와 파장의 제곱의 비)이 이득을 결정한다.

개념문제 12.100 **최대 전력 전송을 위한 부하 임피던스**

임의의 안테나가 균일한 평면파를 수신하고 있고, 복소수 Z_L로 부하가 종단되어 있다. 안테나의 입력 임피던스 $\underline{Z}_A = R_A + jX_A$이다. 부하단에 전달되는 시간-평균 전력 P_L은 언제 최대가 되나?

(A) $\underline{Z}_L = R_A + j0$

(B) $\underline{Z}_L = R_A + jX_A$

(C) $\underline{Z}_L = R_A - jX_A$

(D) $\underline{Z}_L = |\underline{Z}_A| + j0$

(E) $\underline{Z}_L = (377 + j0)\,\Omega$

(F) $\underline{Z}_L = (50 + j0)\,\Omega$

개념문제 12.101 **수신 안테나의 유효 면적**

무선통신 링크에서 송수신 안테나 간의 거리가 100m 떨어져 있다. 방사 파장 $\lambda = 50\text{m}$이다. 수신 안테나의 유효 개구 면적 A_{eff}는 1m^2이다. 수신 위치에서 포인팅 벡터의 시간-평균 세기 P_{ave}는 1mW/m^2이다. 총 수신된 시간-평균 전력은?

(A) $P_{received} = 10\text{W}$

(B) $P_{received} = 125.66\text{W}$

(C) $P_{received} = 1\text{mW}$

(D) $P_{received} = 250\text{mW}$

(E) 더 많은 정보가 필요하다.

개념문제 12.102 **유효 개구 면적 vs 혼 안테나의 크기**

피라미드 혼 안테나의 개구면 크기가 증가하면 안테나의 유효 개구 면적이 증가한다.

(A) 맞다.

(B) 틀리다.

개념문제 12.103 **다이폴 안테나의 유효 개구 면적**

반파장 다이폴 안테나는 물리적인 개구면도 없고 안테나의 표면도 없어서 개구면의 크기는 정의될 수 없다.

(A) 맞다.

(B) 틀리다.

개념문제 12.104 **유효 개구 면적과 이득의 관계**

서로 다른 주파수에서 동작하고 서로 다른 유효 개구면을 갖는 두 개의 안테나가 있다. 이 두 안테나의 경우

(A) 더 큰 유효 면적을 갖는 안테나가 더 높은 이득을 갖는다.

(B) 더 큰 유효 면적을 갖는 안테나가 더 낮은 이득을 갖는다.

(C) 더 많은 정보가 필요하다.

개념문제 12.105 **이득 vs 안테나의 전기적인 크기**

일반적으로 이득이 높은 안테나를 갖는 안테나는 전기적으로 크기가

(A) 크다.

(B) 작다.

(C) 보통이다.

12.10 무선통신 링크를 위한 프리스 전송 공식

실제로, 우리는 일반적으로 무선통신 시스템에서 전력 전송을 최대화하는 안테나 매칭과 방향과 같은 조건을 명확히 하고자 한다. 이 절에서 우리는 이러한 이상적인 경우에만 관심을 갖고자 한다. 그림 12.29에서 보이는 것처럼 거리가 r만큼 떨어진 두 개의 안테나로 구성된 일반적인 무선통신 링크를 고려하자. 이상적인 경우, 우리는 수신 안테나의 부하단에 임피던스 정합, 안테나 사이의 편파 정합, 두 안테나 사이의 정렬이 일치하여 서로 최대 이득을 얻도록 방향을 일치시킨다고 가정한다. 여기서 송신 안테나의 이득 G_t와 수신 안테나의 이득 G_r은 같다고 가정한다.

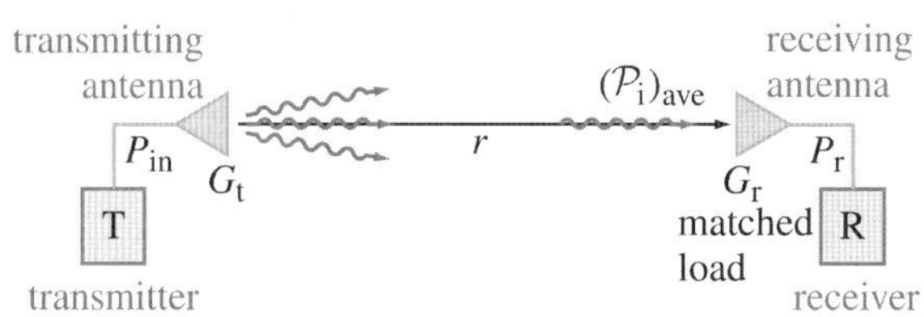

그림 12.29 프리스 전송 선로 식(식 (12.21))을 유도하기 위한 매칭 정합과 방향 조건을 가진 이상적인 안테나를 가진 무선통신 링크

링크 버짓에서 전력을 철저히 결정하기 위해서는 부하에 의해서 수신되는 시간-평균 전력 P_r과 송신 안테나가 종단된 단자에서 받아들이는 시간-평균 입력 전력 P_{in}의 비를 알아야 한다. 식 (12.20)과 식 (12.15)를 사용하면 두 개의 전력은 수신 안테나 종단에서 계산된 송신 안테나에 의해 방사된 전파의 시간-평균 포인팅 벡터 $(P_i)_{ave}$를 사용하여 표현할 수 있다. $(P_i)_{ave}$는 아래와 같이 전력의 비로부터 제거된다.

$$P_r = \frac{\lambda^2 G_r}{4\pi}(P_i)_{ave} \text{와 } P_{in} = \frac{4\pi r^2}{G_t}(P_i)_{ave} \quad \rightarrow \quad \frac{P_r}{P_{in}} = \left(\frac{\lambda}{4\pi r}\right)^2 G_t G_r$$

(프리스 전송방정식) (12.21)

여기서 λ는 동작 주파수에서의 한 파장이다. 수식 P_r/P_{in}은 프리스 전송 방정식으로 알려져 있고 안테나 통신 시스템에서 시스템을 분석 및 설계하기 위해 신호 전력 크기를 평가하는 데 유용하게 쓰인다.

개념문제 12.106 최대 이득을 얻기 위한 두 안테나의 방향

그림 12.30에서 보여지듯이 정렬되지 않은 두 다이폴 안테나의 경우 최대 이득을 얻기 위해 서로를 향하고 있다.

(A) 맞다.

(B) 틀리다.

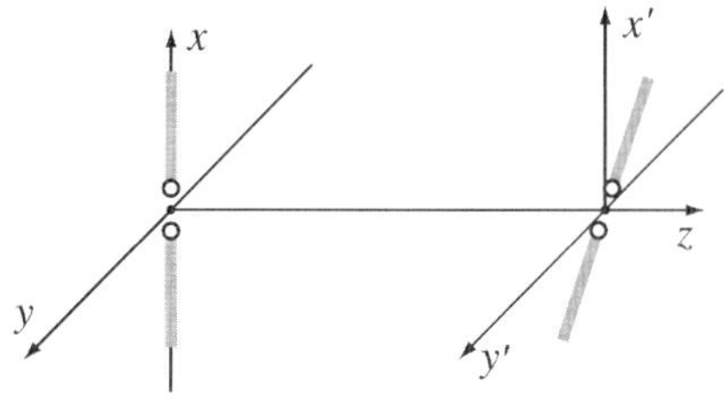

그림 12.30 정렬되지 않은 반파장 다이폴 안테나를 가진 무선 시스템(개념문제 12.106)

개념문제 12.107 **안테나 이득 관점에서 방사링크의 전력 버짓**

무선 링크에서 송신 안테나의 최대 전력은 G_{t} 이고 수신 안테나의 최대 전력은 G_{r} 이다. 두 안테나는 서로 간의 최대 이득을 얻도록 향하고 있다. 수신된 시간-평균 전력은?

(A) $G_{\mathrm{t}}/G_{\mathrm{r}}$ 에 비례한다.

(B) $G_{\mathrm{t}}G_{\mathrm{r}}$ 에 비례한다.

(C) G_{t} 에 비례하고, G_{r} 에는 영향을 받지 않는다.

(D) G_{r} 에 비례하고, G_{t} 에는 영향을 받지 않는다.

(E) G_{t} 와 G_{r} 에 영향을 받지 않는다.

개념문제 12.108 **안테나 유효 개구면을 사용한 무선 시스템의 전력 버짓**

최대 이득을 얻기 위해서 송신과 수신 안테나가 서로 향하고 있고, 그들의 유효 개구면이 각각 $(\mathrm{A_{eff}})_{\mathrm{t}}$ 와 $(\mathrm{A_{eff}})_{\mathrm{r}}$ 라고 하자. 이 시스템에서 입력 전력과 수신 전력의 비 P_r/P_{in} 은?

(A) $(\mathrm{A_{eff}})_{\mathrm{r}}/(\mathrm{A_{eff}})_{\mathrm{t}}$ 에 비례한다.

(B) $(\mathrm{A_{eff}})_{\mathrm{t}}/(\mathrm{A_{eff}})_{\mathrm{r}}$ 에 비례한다.

(C) $(\mathrm{A_{eff}})_{\mathrm{t}}(\mathrm{A_{eff}})_{\mathrm{r}}$ 에 비례한다.

(D) $(\mathrm{A_{eff}})_{\mathrm{r}}$ 에 비례하고, $(\mathrm{A_{eff}})_{\mathrm{t}}$ 에는 영향을 받지 않는다.

(E) $1/(\mathrm{A_{eff}})_{\mathrm{t}}$ 에 비례하고, $(\mathrm{A_{eff}})_{\mathrm{r}}$ 에 영향을 받지 않는다.

(F) $(A_{eff})_t$과 $(A_{eff})_r$에 의존하지 않는다.

개념문제 12.109 **무선 링크의 감쇠**

입력 전력과 수신 전력을 각각 P_{in}과 P_r이라고 하고, $A_{dB} = 10\log(P_{in}/P_r)$이라고 하자. A_{dB}는 두 안테나 사이의 전기적인 거리 r/λ에 의존하여 다음과 같이 표현될 수 있다.

(A) $A_{dB} = \text{const} - 20\log(r/\lambda)$

(B) $A_{dB} = \text{const} - 10\log(r/\lambda)$

(C) $A_{dB} = \text{const} + 10\log(r/\lambda)$

(D) $A_{dB} = \text{const} + 20\log(r/\lambda)$

(E) r/λ에 영향을 받는 것은 다른 것이다.

(F) A_{dB}는 r/λ에 영향을 받지 않는다.

개념문제 12.110 **자유공간에서의 감쇠**

입력 전력과 수신된 전력을 각각 P_{in}과 P_{out}이라고 하고, 두 전력의 비를 데시벨로 나타낸 것이 $A_{dB} = 10\log(P_{in}/P_r)$이다. 두 안테나가 모두 등방성 방사체로 $G_t = G_r = 1$인 경우의 A_{dB}를 $(A_{dB})_{free\,space}$라고 하자. $20\log(4\pi) = 22$라는 것을 고려할 때, $(A_{dB})_{free\,space}$는 항상 22보다

(A) 크다.

(B) 같다.

(C) 작다.

개념문제 12.111 **안테나의 이득 관점에서 링크 감쇠**

$(A_{dB})_{free\,space}$는 자유공간에서의 감쇠를 나타내고, A_{dB}는 등방성 안테나를 위한 감쇠를 나타낸다. 또한, 송신과 수신 안테나의 dB 이득은 각각 $(G_t)_{dB}$과 $(G_r)_{dB}$이다. 이때,

(A) $A_{dB} = (A_{dB})_{free\,space} + (G_t)_{dB} + (G_r)_{dB}$

(B) $A_{dB} = (A_{dB})_{free\,space} + (G_t)_{dB} - (G_r)_{dB}$

(C) $A_{dB} = (A_{dB})_{free\ space} - (G_t)_{dB} + (G_r)_{dB}$

(D) $A_{dB} = (A_{dB})_{free\ space} - (G_t)_{dB} - (G_r)_{dB}$

(E) 모두 아니다.

개념문제 12.112 **무선 링크에서 거리가 2배, 주파수는 1/2배**

송신과 수신 안테나의 이득은 변화가 없고 두 안테나 사이의 거리가 2배가 되고 주파수는 1/2배가 될 때, 송신과 수신 양 끝단 사이의 감쇠량 A_{dB}는

(A) 6 dB증가한다.

(B) 3 dB 증가한다.

(C) 같다.

(D) 3 dB 감소한다.

(E) 6 dB 감소한다.

(F) 12 dB 감소한다.

개념문제 12.113 **무선 링크에서 거리가 1/2배, 주파수는 1/2배**

송신과 수신 안테나의 이득은 변화가 없고 두 안테나 사이의 거리가 1/2배가 되고 주파수는 1/2배가 될 때, 송신과 수신 양 끝단 사이의 감쇠량 A_{dB}는

(A) 6 dB증가한다.

(B) 3 dB 증가한다.

(C) 같다.

(D) 3 dB 감소한다.

(E) 6 dB 감소한다.

(F) 12 dB 감소한다.

12.11 안테나 배열

안테나 배열은 동일한 안테나(배열 요소)의 공간 배열을 의미한다. 공간에서 동일하게 배향되고 (예를 들어, 와이어 배열 요소는 서로 평행하거나 동일 선상에 있음) 일반적으로 크기나 위상이 다른 급전 전류가 독립적으로 인가된다. 이때, 주파수는 같다. 대부분의 경우 배열 요소의 중심은 직선을 따라 놓여진다(이를 선형 배열이라고 한다).

N개의 점전하 소스(모든 방향으로 균일한 방사)의 선형 배열을 고려해보자. 이때, 복소 rms 전류 세기 $\underline{I}_k = I_k e^{j\alpha_k}(I_k = |\underline{I}_k|), k = 1, 2, ..., N$이고, 점전하는 z축을 따라 놓여지고 그림 12.31에서 보여지듯이 위상 계수가 β인 매질로 방사한다. 배열에서 소스의 위치는 좌표 $z_k(k = 1, 2, ..., N)$를 사용하여 정의된다. 이 배열은 단순히 이산 공간 전류 분포를 갖는 안테나이고, 식 (12.8)에서 방사 적분의 이산 분포 형태를 사용하여 원거리장에서의 자계 벡터 포텐셜 $\underline{\mathbf{A}}$을 구할 수 있다. 이때, 그림 12.3에서 안테나의 길이 l을 따라서 한 적분이 아래와 같이 배열 구성 요소에 대한 합이 된다.

$$\underline{F}_a = \mathrm{AF} = \sum_{k=1}^{N} \underline{I}_k e^{j\beta z_k \cos\theta} = \sum_{k=1}^{N} \underline{I}_k e^{j(\beta z_k \cos\theta + \alpha_k)} \text{(배열 인자)} \tag{12.22}$$

식 (12.8)을 기반으로 안테나 배열에 의한 총 $\underline{\mathbf{A}}$는 $\underline{\mathbf{A}} = \underline{\mathbf{A}}_{\mathrm{element}} \underline{F}_a$이다. 즉, 전류 $\underline{I}_0 = 1e^{j0}\mathrm{A}$를 갖고 원점에 놓인 단일 요소의 벡터 포텐셜 $\underline{\mathbf{A}}_{\mathrm{element}}$와 식 (12.22)의 복소 스칼라 함수 $\underline{F}_a$의 곱이다. 이 함수는 배열 그 자체(요소들의 특성과 관계없이)의 완전한 원거리 특성을 나타내고, 따라서 이를 배열 인자(AF, Array Factor)라고 부른다. 가장 중요한 것은, $\underline{\mathbf{A}}_{\mathrm{element}}$는 기준 안테나(배열 요소)로써 임의의 안테나에 의한 원거리 포텐셜에 의해 대체될 수 있다.

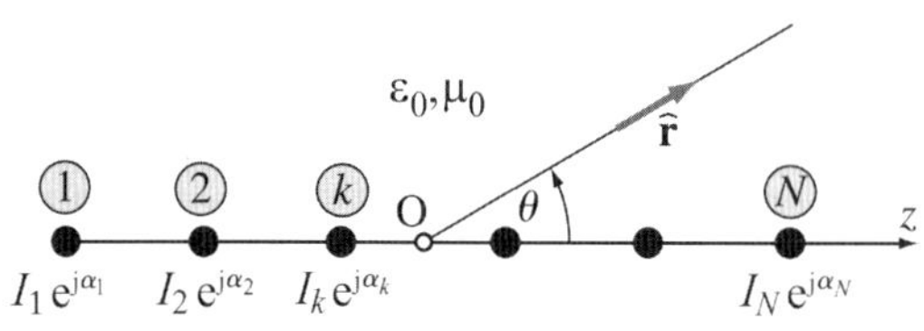

그림 12.31 N개의 소스 요소가 z축을 따라 놓여서 공기 중으로 방사하는 선형 안테나 배열

그 대신에, 안테나 배열의 패턴은 그림 12.32에 표현된 것처럼 배열 요소에 의해 방사되는 각각의 전자기파를 추적하여 예상할 수 있다. 예를 들어 그림 12.32(a)와 같은 전류의 크기와 위상이 같고($I_1 = I_2$, $\alpha_1 = \alpha_2 = 0$), 소자 간 간격 d는 반파장인 두 개의 점전하를 고려해보자. 즉, $+z$축 향해서 바라보면, 파동 1(소스 1에서 방사한)은 소스 2의 위치까지 도달하는

하기 위해서는 경로 $d=\lambda/2$를 따라서 이동하여 추가적인 위상 인자 $e^{-j\beta d}=e^{-j\pi}=-1$를 얻게 된다. 결과적으로 그림 12.32(b)에서 두 파가 합쳐져서 오른쪽으로 전파되어 원거리장에서 반대 위상(두 안테나 요소간 간격이 반파장)과 같은 크기(급전 전류의 크기가 동일)로 도달한다. 이에 따라, $\theta=0°$ 에서 완벽한 상쇄가 일어나서 패턴 영점(null)이 생성된다. 같은 현상이 $-z$축 ($\theta=180°$)을 따라서도 발생한다. 한편, 그림 12.32(b)에서 배열 축에 수식인 방향 (브로드사이드 방향)에서 파동 1과 2은 각각의 소스로부터 원거리장의 한 점까지 동일한 경로 길이를 갖는다. 또한, 급전 전류의 동일한 위상이 주어지면 광선은 원거리장에서 동일한 위상으로 도달하게 되어 그들의 필드는 보강(전체 필드는 하나의 소스의 두 배)으로 합쳐지게 된다. 즉, $\theta=90°$ 에서 방사 패턴이 최대가 되어 이 배열은 브로드사이드 안테나 배열이 된다. 최종적으로, 두 파동 1과 2의 위상 차이는 관찰자의 점이 브로드사이드 방향에서 축 방향으로 이동함에 따라 0° 에서 180° 로 변하기 때문에 그림 12.32(c)와 (d)에서 각각 패턴 곡선과 3차원 플롯을 구성하는 최대 지점과 널 지점 사이에 부드러운 패턴 변화가 생성된다. 물론 동일한 패턴이 식 (12.22)의 배열 인자를 사용해서 얻어진다.

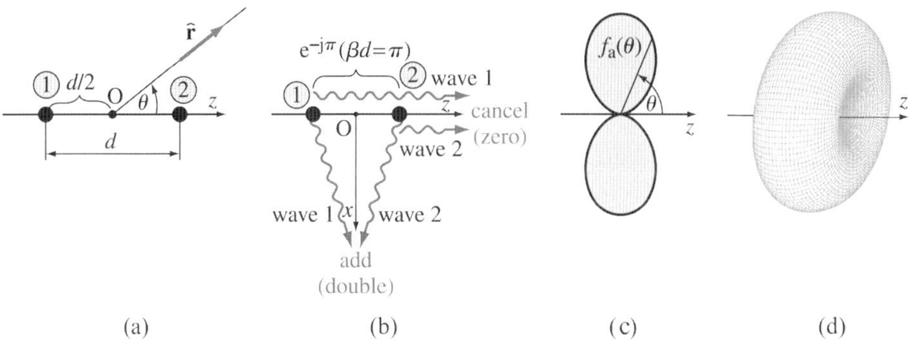

그림 12.32

안테나 배열에 의한 원거리 전기장 벡터 $\underline{\mathbf{E}}$가 식 (12.9)를 사용하여 포텐셜 $\underline{\mathbf{A}}$로부터 얻어지게 된다. 식 (12.22)에서 $\underline{F}_{a}$는 스칼라이기 때문에, 식 (12.9)에서 $\underline{\mathbf{A}}$의 가로지르는 성분(transverse component)을 취해서 $\underline{\mathbf{A}}_{\text{element}}$에 적용한다. 그리하여 배열의 전체 필드는 기준 요소의 필드 $\underline{\mathbf{E}}_{\text{element}}$의 배열 인자의 배가 된다. 식 (12.12)를 염두에 두고 안테나 별의 특성 방사 함수가 다음과 같이 쓰여질 수 있다.

$$\underline{\mathbf{F}}=\underline{\mathbf{F}}_{\text{element}}\underline{F}_{a} \text{ (안테나 배열을 위한 패턴 곱)} \qquad (12.23)$$

이것은 배열 안테나에 대한 패턴 곱(pattern multiplication) 이론으로 알려져 있다. 단순히, 요소 방사 함수(패턴)와 배열 인자를 곱하여 전체 배열의 패턴을 얻을 수 있다.

개념문제 12.114 **동위상을 갖는 소스 사이에 반 파장 떨어진 배열**

그림 12.33에서와 같이 동일한 크기와 동위상을 갖는 두개의 소스가 반파장만큼 떨어져 존재하고 있다. 구좌표계에서 이 배열의 배열 인자는?

(A) $\underline{F}_a(\theta) = e^{-j\pi\cos\theta} + e^{j\pi\cos\theta}$

(B) $\underline{F}_a(\theta) = -e^{-j\pi\cos\theta} + e^{j\pi\cos\theta}$

(C) $\underline{F}_a(\theta) = e^{-j(\pi/2)\cos\theta} + e^{j(\pi/2)\cos\theta}$

(D) $\underline{F}_a(\theta) = -e^{-j(\pi/2)\cos\theta} + e^{j(\pi/2)\cos\theta}$

(E) $\underline{F}_a(\theta) = e^{-j[(\pi/4)\cos\theta - \pi/4]} + e^{j[(\pi/4)\cos\theta - \pi/4]}$

(F) $\underline{F}_a(\theta) = e^{-j(\pi/4)\cos\theta} + e^{j(\pi/4)\cos\theta}$

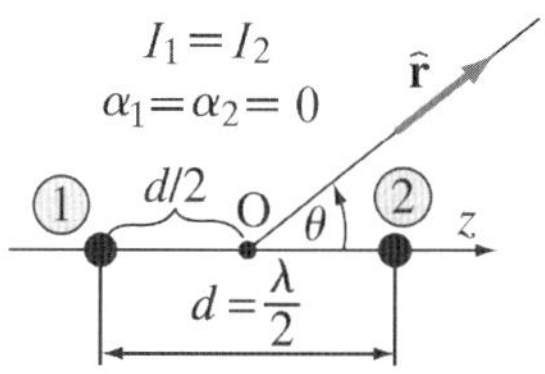

그림 12.33 동일한 크기와 위상을 갖고 사이 거리가 반파장인 두 개의 점전하를 요소로 갖는 배열 (개념문제 12.114)

개념문제 12.115 **180° 위상 차이를 갖는 소스 사이에 반 파장 떨어진 배열**

그림 12.34에서와 같이 동일한 크기와 180° 위상 차이를 갖는 두개의 소스가 반파장만큼 떨어져 존재하고 있다. 구좌표계에서 이 배열의 배열 인자는?

(A) $\underline{F}_a(\theta) = e^{-j\pi\cos\theta} + e^{j\pi\cos\theta}$

(B) $\underline{F}_a(\theta) = -e^{-j\pi\cos\theta} + e^{j\pi\cos\theta}$

(C) $\underline{F}_a(\theta) = e^{-j(\pi/2)\cos\theta} + e^{j(\pi/2)\cos\theta}$

(D) $\underline{F}_a(\theta) = -e^{-j(\pi/2)\cos\theta} + e^{j(\pi/2)\cos\theta}$

(E) $\underline{F}_a(\theta) = e^{-j[(\pi/4)\cos\theta - \pi/4]} + e^{j[(\pi/4)\cos\theta - \pi/4]}$

(F) $\underline{F}_a(\theta) = e^{-j(\pi/4)\cos\theta} + e^{j(\pi/4)\cos\theta}$

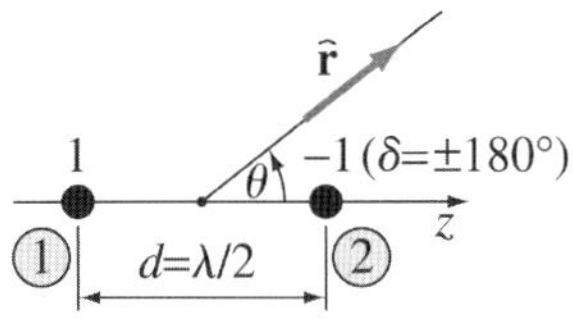

그림 12.34 동일한 크기와 180° 위상 차이를 갖고 사이 거리가 반파장인 두 개의 점전하를 요소로 갖는 배열(개념문제 12.115)

개념문제 12.116 동위상을 갖는 소스 사이에 한 파장 떨어진 배열

그림 12.35에서와 같이 동일한 크기와 동위상을 갖는 두개의 소스가 한 파장만큼 떨어져 존재하고 있다. 구좌표계에서 이 배열의 배열 인자는?

(A) $\underline{F}_{a}(\theta)=e^{-j\pi\cos\theta}+e^{j\pi\cos\theta}$

(B) $\underline{F}_{a}(\theta)=-e^{-j\pi\cos\theta}+e^{j\pi\cos\theta}$

(C) $\underline{F}_{a}(\theta)=e^{-j(\pi/2)\cos\theta}+e^{j(\pi/2)\cos\theta}$

(D) $\underline{F}_{a}(\theta)=-e^{-j(\pi/2)\cos\theta}+e^{j(\pi/2)\cos\theta}$

(E) $\underline{F}_{a}(\theta)=e^{-j[(\pi/4)\cos\theta-\pi/4]}+e^{j[(\pi/4)\cos\theta-\pi/4]}$

(F) $\underline{F}_{a}(\theta)=e^{-j(\pi/4)\cos\theta}+e^{j(\pi/4)\cos\theta}$

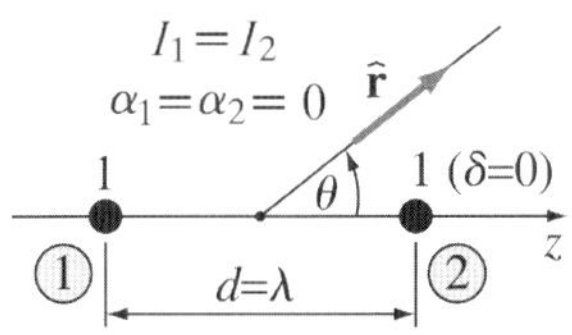

그림 12.35 동일한 크기와 위상을 갖고 사이 거리가 한 파장인 두 개의 점전하를 요소로 갖는 배열 (개념문제 12.116)

개념문제 12.117 180° 위상 차이로 급전되는 점전하들

그림 12.35에서와 같이 동일한 크기와 180° 위상 차이를 갖는 두개의 소스가 한 파장만큼 떨어져 존재하고 있다. 구좌표계에서 이 배열의 배열 인자는?

(A) $\underline{F}_{a}(\theta)=e^{-j\pi\cos\theta}+e^{j\pi\cos\theta}$

(B) $\underline{F}_{\mathrm{a}}(\theta) = -e^{-j\pi\cos\theta} + e^{j\pi\cos\theta}$

(C) $\underline{F}_{\mathrm{a}}(\theta) = e^{-j(\pi/2)\cos\theta} + e^{j(\pi/2)\cos\theta}$

(D) $\underline{F}_{\mathrm{a}}(\theta) = -e^{-j(\pi/2)\cos\theta} + e^{j(\pi/2)\cos\theta}$

(E) $\underline{F}_{\mathrm{a}}(\theta) = e^{-j[(\pi/4)\cos\theta - \pi/4]} + e^{j[(\pi/4)\cos\theta - \pi/4]}$

(F) $\underline{F}_{\mathrm{a}}(\theta) = e^{-j(\pi/4)\cos\theta} + e^{j(\pi/4)\cos\theta}$

개념문제 12.118 $\lambda/4$ 떨어진 배열 소자

그림 12.36에서와 같이 동일한 크기와 90° 위상 차이($\alpha_1 - \alpha_2$)를 갖는 두개의 소스가 $\lambda/4$ 파장만큼 떨어져 존재하고 있다. 구좌표계에서 이 배열의 배열 인자는?

(A) $\underline{F}_{\mathrm{a}}(\theta) = e^{-j\pi\cos\theta} + e^{j\pi\cos\theta}$

(B) $\underline{F}_{\mathrm{a}}(\theta) = -e^{-j\pi\cos\theta} + e^{j\pi\cos\theta}$

(C) $\underline{F}_{\mathrm{a}}(\theta) = e^{-j(\pi/2)\cos\theta} + e^{j(\pi/2)\cos\theta}$

(D) $\underline{F}_{\mathrm{a}}(\theta) = -e^{-j(\pi/2)\cos\theta} + e^{j(\pi/2)\cos\theta}$

(E) $\underline{F}_{\mathrm{a}}(\theta) = e^{-j[(\pi/4)\cos\theta - \pi/4]} + e^{j[(\pi/4)\cos\theta - \pi/4]}$

(F) $\underline{F}_{\mathrm{a}}(\theta) = e^{-j(\pi/4)\cos\theta} + e^{j(\pi/4)\cos\theta}$

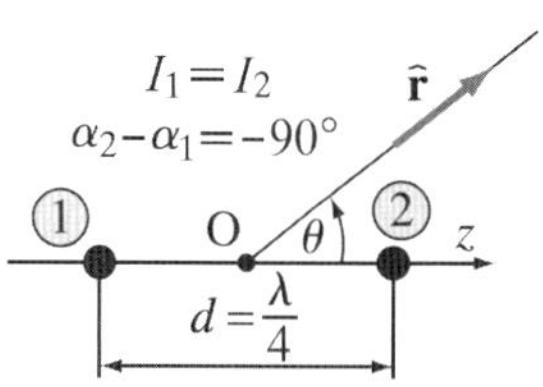

그림 12.36 동일한 크기와 90° 위상 차이를 갖고 사이 거리가 1/4 파장인 두 개의 점전하를 요소로 갖는 배열 (개념문제 12.118)

개념문제 12.119 두 안테나 소자의 정규회된 배열 인자

함수 $f_{\mathrm{a}}(\theta) = |\cos[(\pi/2)\cos\theta]|$는 $\underline{F}_a(\theta)$의 정규화된 배열 인자이다. 다음 식 중 맞는 것은?

(A) $\underline{F}_{\mathrm{a}}(\theta) = e^{-j\pi\cos\theta} + e^{j\pi\cos\theta}$

(B) $\underline{F}_a(\theta) = -e^{-j\pi\cos\theta} + e^{j\pi\cos\theta}$

(C) $\underline{F}_a(\theta) = e^{-j(\pi/2)\cos\theta} + e^{j(\pi/2)\cos\theta}$

(D) $\underline{F}_a(\theta) = -e^{-j(\pi/2)\cos\theta} + e^{j(\pi/2)\cos\theta}$

(E) $\underline{F}_a(\theta) = e^{-j[(\pi/4)\cos\theta - \pi/4]} + e^{j[(\pi/4)\cos\theta - \pi/4]}$

(F) $\underline{F}_a(\theta) = e^{-j(\pi/4)\cos\theta} + e^{j(\pi/4)\cos\theta}$

개념문제 12.120 **두 안테나 소자의 정규화된 배열 인자**

정규화된 배열 인자 $f_a(\theta) = |\sin[(\pi/2)\cos\theta]|$를 고려하자. 다음 중 이에 해당하는 함수 $\underline{F}_a(\theta)$는?

(A) $\underline{F}_a(\theta) = e^{-j\pi\cos\theta} + e^{j\pi\cos\theta}$

(B) $\underline{F}_a(\theta) = -e^{-j\pi\cos\theta} + e^{j\pi\cos\theta}$

(C) $\underline{F}_a(\theta) = e^{-j(\pi/2)\cos\theta} + e^{j(\pi/2)\cos\theta}$

(D) $\underline{F}_a(\theta) = -e^{-j(\pi/2)\cos\theta} + e^{j(\pi/2)\cos\theta}$

(E) $\underline{F}_a(\theta) = e^{-j[(\pi/4)\cos\theta - \pi/4]} + e^{j[(\pi/4)\cos\theta - \pi/4]}$

(F) $\underline{F}_a(\theta) = e^{-j(\pi/4)\cos\theta} + e^{j(\pi/4)\cos\theta}$

개념문제 12.121 **반 파장 떨어지고 동위상인 전류의 배열 인자 도식화**

정규화된 배열 인자 $f_a(\theta) = |\cos[(\pi/2)\cos\theta]|$로 알맞은 것은?

(A) 그림 12.37(a)

(B) 그림 12.37(b)

(C) 그림 12.37(c)

(D) 그림 12.37(d)

(E) 그림 12.37(e)

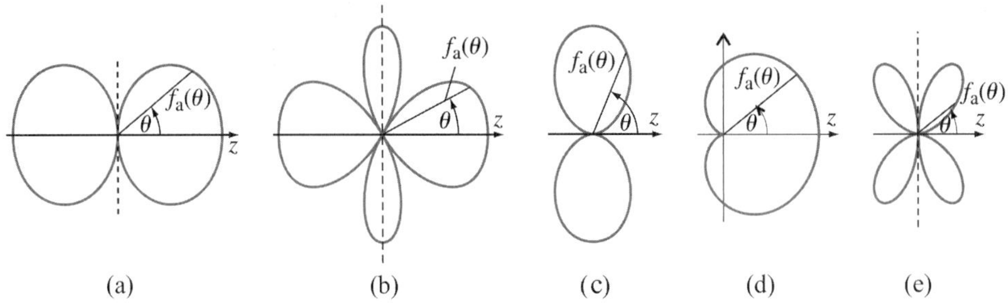

그림 12.37 5개의 두 소자 배열을 갖는 정규화된 배열 인자 $f_a(\theta)$의 2차원 극좌표(개념문제 12.121)

개념문제 12.122 **반파장 떨어지고 180° 위상 차이가 나는 전류의 배열 인자 도식화**

정규화된 배열 인자 $f_{\mathrm{a}}(\theta)=|\sin[(\pi/2)\cos\theta]|$의 플롯으로 알맞은 것은?

(A) 그림 12.37(a)

(B) 그림 12.37(b)

(C) 그림 12.37(c)

(D) 그림 12.37(d)

(E) 그림 12.37(e)

개념문제 12.123 **한 파장 떨어지고 동위상인 전류의 배열 인자 도식화**

그림 12.37에서 제공된 5개의 2D 극좌표 플롯 중에서 정규화된 배열 인자 $f_{\mathrm{a}}(\theta)=|\cos(\pi\cos\theta)|$에 해당하는 것은?

(A) 그림 12.37(a)

(B) 그림 12.37(b)

(C) 그림 12.37(c)

(D) 그림 12.37(d)

(E) 그림 12.37(e)

개념문제 12.124 **한 파장만큼 떨어지고 180° 위상 차이인 전류의 배열 인자 도식화**

정규화된 배열 인자 $f_a(\theta) = |\sin(\pi\cos\theta)|$일 때, 그 플롯에 해당하는 것은?

(A) 그림 12.37(a)

(B) 그림 12.37(b)

(C) 그림 12.37(c)

(D) 그림 12.37(d)

(E) 그림 12.37(e)

개념문제 12.125 **$\lambda/4$만큼 떨어지고 45° 위상 차이인 전류의 배열 인자 도식화**

정규화된 배열 인자 $f_a(\theta) = \cos[(\pi/4)(\cos\theta - 1)]$에 해당하는 것은?

(A) 그림 12.37(a)

(B) 그림 12.37(b)

(C) 그림 12.37(c)

(D) 그림 12.37(d)

(E) 그림 12.37(e)

개념문제 12.126 **배열 안테나의 2D vs 3D 방사 패턴**

그림 12.37에서 제공된 5개의 2D 극좌표 플롯 중에서 그림 12.38에 보여지는 3D 패턴 플롯의 단면을 나타낸 것은?

(A) 그림 12.37(a)

(B) 그림 12.37(b)

(C) 그림 12.37(c)

(D) 그림 12.37(d)

(E) 그림 12.37(e)

(F) 모두 아니다.

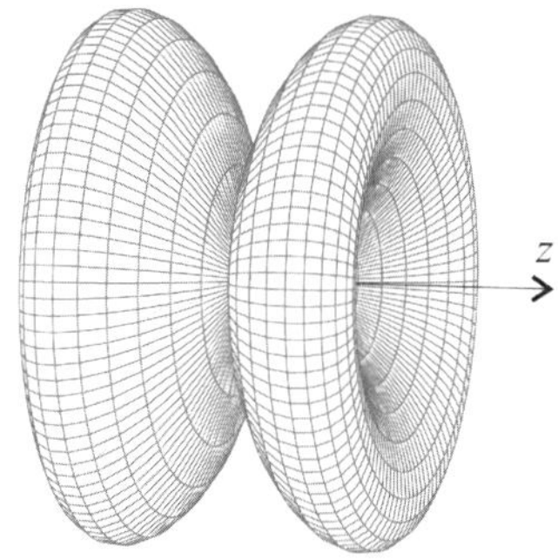

그림 12.38 두 개 소자 배열의 정규화된 배열 인자의 3D 극좌표 플롯(개념문제 12.126)

개념문제 12.127 **브로드사이드(broadside) 안테나 배열**

동일한 전력을 공급 받고 반 파장 간격으로 이격된 두 소자 점소스 배열을 고려하면, 브로드사이드(broadside) 배열을 만들기 위해서 두 소자 사이의 위상 차이 ($\delta = \alpha_2 - \alpha_1$)는?

(A) $\delta = -90°$

(B) $\delta = 0°$

(C) $\delta = 45°$

(D) $\delta = 90°$

(E) $\delta = 180°$

(F) 아무 것도 아니다.

개념문제 12.128 **엔드파이어(endfire) 안테나 배열**

동일한 전력을 공급 받고 반파장 간격으로 이격된 두 소자 점소스 배열을 고려하면, 엔드파이어 배열(배열 축으로 최대 빔을 형성)을 만들기 위해서 두 소자 사이의 위상 차이 ($\delta = \alpha_2 - \alpha_1$)는?

(A) $\delta = -90°$

(B) $\delta = 0°$

(C) $\delta = 45°$

(D) $\delta = 90°$

(E) $\delta = 180°$

(F) 아무 것도 아니다.

개념문제 12.129 **점전하에서 시작되는 전자파의 추적, 엔드파이어(endfire) 방사 패턴**

그림 12.39는 동일한 크기를 갖는 급전 전류에 의해 인가되는 점전하 두개가 있을 때, 완전한 상쇄나 보강이 일어나는 방향을 확인하기 위해 배열 소자에 의해 방사된 각각의 전자파를 추적하는 기술을 보여주고 있다. 이를 바탕으로 이 배열을 위한 소자 간 간격 d와 위상 차이 $\delta = \alpha_2 - \alpha_1$는?

(A) $d = \lambda$, $\delta = 0°$

(B) $d = \lambda$, $\delta = 180°$

(C) $d = \lambda/2$, $\delta = 0°$

(D) $d = \lambda/2$, $\delta = 180°$

(E) $d = \lambda/4$, $\delta = 0°$

(F) $d = \lambda/4$, $\delta = -90°$

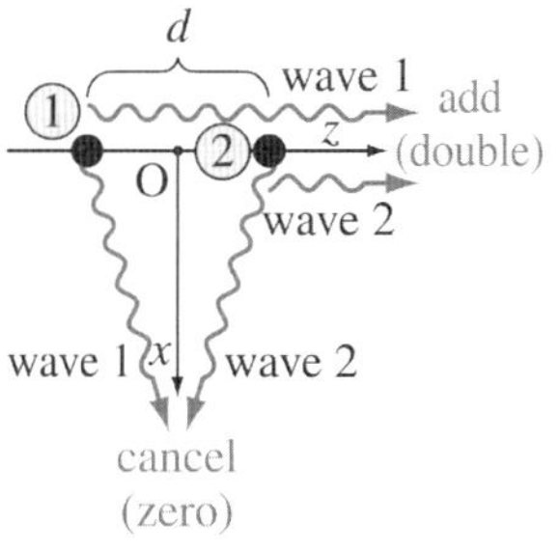

그림 12.39 두개의 소자로 구성된 안테나 배열의 방사 해석(개념문제 12.129)

개념문제 12.130 **점전하에서 시작되는 전자파의 추적, 카디오이드(cardioid) 방사 패턴**

그림 12.40에서 보여지는 추적 다이어그램에서 배열의 d와 δ를 구하여라. 배열 축(z축)을 포함하는 단면의 2D 방사 패턴은 카디오이드 패턴(심장 모양과 닮았다)으로 불리운다.

(A) $d = \lambda$, $\delta = 0°$

(B) $d = \lambda$, $\delta = 180°$

(C) $d = \lambda/2$, $\delta = 0°$

(D) $d = \lambda/2$, $\delta = 180°$

(E) $d=\lambda/4,\ \delta=0^\circ$

(F) $d=\lambda/4,\ \delta=-90^\circ$

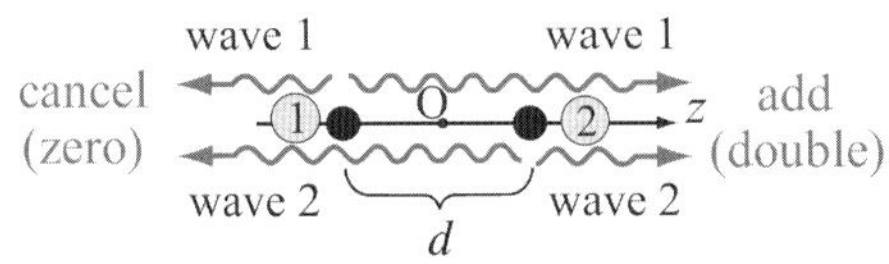

그림 12.40 점전하에 의해 방사되는 파동을 추적하기 위한 배열의 방사 해석(개념문제 12.130)

개념문제 12.131 점전하에서 시작되는 전자파의 추적

그림 12.41에서 보여지는 추적 다이어그램을 갖는 배열을 위한 d와 δ는? 이 배열은 주로 브로드사이드 배열을 형성하고, 브로드사이드 방향으로 3D 주빔을 갖는다. 엔드파이어 방사 로브는 부빔으로 간주된다. 그러나 주빔과 같은 크기를 갖는다. 이를 그레이팅 빔(grating beam)이라 하며, 보통은 실제 적용할 때 원하지 않는 현상이다.

(A) $d=\lambda,\ \delta=0^\circ$

(B) $d=\lambda,\ \delta=180^\circ$

(C) $d=\lambda/2,\ \delta=0^\circ$

(D) $d=\lambda/2,\ \delta=180^\circ$

(E) $d=\lambda/4,\ \delta=0^\circ$

(F) $d=\lambda/4,\ \delta=-90^\circ$

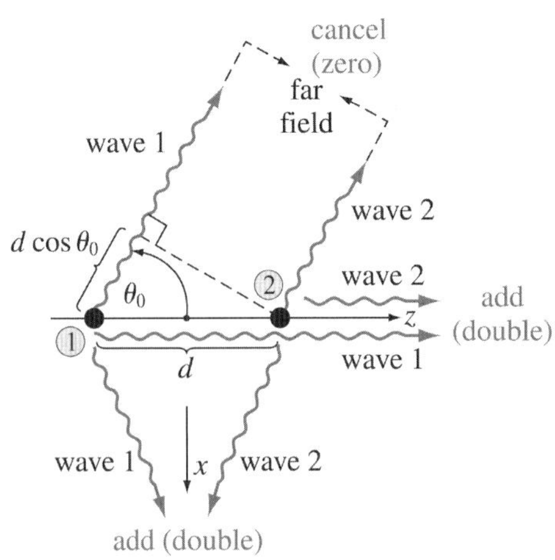

그림 12.41 (개념문제 12.131)

개념문제 12.132 **기울어진 각도에서 방사 패턴의 영점 구하기**

그림 12.41에서 배열의 방사 패턴 영점(null)의 방향을 정의하기 위한 각도 θ_0은?

(A) $\theta_0 = 15^\circ$

(B) $\theta_0 = 30^\circ$

(C) $\theta_0 = 45^\circ$

(D) $\theta_0 = 60^\circ$

(E) $\theta_0 = 75^\circ$

(F) 위의 보기 중 어느 것도 아니다.

개념문제 12.133 **점전하에서 시작되는 전자파의 추적, 다중 방사 빔**

그림 12.42에서 보여지는 추적 다이어그램에서 배열의 d와 δ를 구하여라.

(A) $d = \lambda$, $\delta = 0^\circ$

(B) $d = \lambda$, $\delta = 180^\circ$

(C) $d = \lambda/2$, $\delta = 0^\circ$

(D) $d = \lambda/2$, $\delta = 180^\circ$

(E) $d = \lambda/4$, $\delta = 0^\circ$

(F) $d = \lambda/4$, $\delta = -90^\circ$

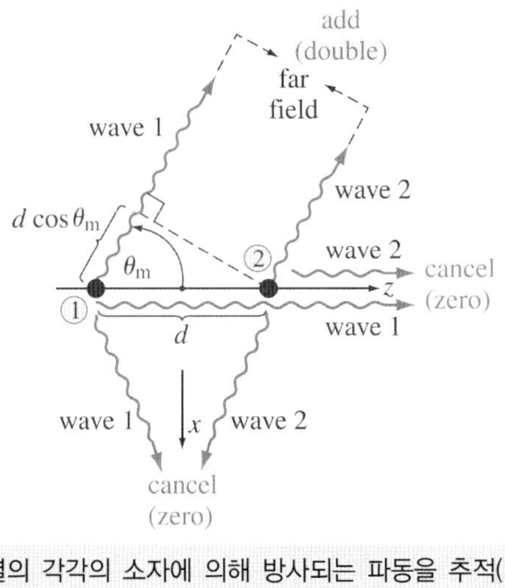

그림 12.42 배열의 각각의 소자에 의해 방사되는 파동을 추적(개념문제 12.133)

개념문제 12.134 **최고점에서 동일한 크기를 갖는 방사빔의 개수**

그림 12.42에서 배열의 2D 방사 패턴(z축을 포함하는 면)에 존재하는 같은 크기의 방사빔의 개수는?

(A) 1

(B) 2

(C) 3

(D) 4

(E) 6

(F) 8

개념문제 12.135 **두 평행한 헤르쯔 다이폴의 배열**

그림 12.43(a)에서 보여지는 것처럼 반 파장만큼 떨어진 두 개의 평행한 헤르쯔 다이폴 안테나 배열이 있다. 배열 축은 다이폴 축과 수직이다. 이때 두 개의 다이폴은 같은 크기에 전류에 의해 급전된다. 그림 12.43(b)와 (c)는 각각 단일 소자(하나의 헤르쯔 다이폴) 패턴과 배열 인자를 보여주고 있다. 이때 단면은 다이폴이 놓여져 있는 xz-면이다. xz-면에서 그려지는 배열의 전체 방사 패턴은?

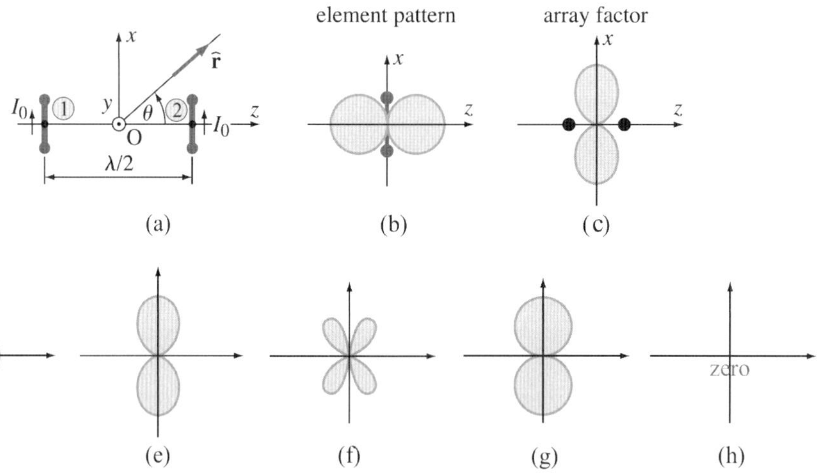

그림 12.43 두 개의 평행한 헤르쯔 다이폴 배열에 의한 방사:
(a) 배열 구조와 적용된 좌표계, (b) xz-면에서 소자 패턴 (c) xz-면에서 배열 인자,
(d)~(h) 다이폴 배열로부터 나올 수 있는 다섯가지 방사 패턴
(개념문제 12.135)

(A) 그림 12.43(d)

(B) 그림 12.43(e)

(C) 그림 12.43(f)

(D) 그림 12.43(g)

(E) 그림 12.43(f)

(F) 모두 아니다.

개념문제 12.136 **평행한 다이폴의 배열**

그림 12.43(a)에서 보여지는 평행한 헤르쯔 다이폴 안테나의 배열의 경우 다이폴에 수직인 면(yz−면)과 배열에 수직인 면(xy−면)에 그려진 단일 소자(헤르쯔 다이폴)의 방사 패턴은?

(A) 그림 12.43(d)

(B) 그림 12.43(g)

(C) 그림 12.43(d)와 그림 12.43(g)

(D) 그림 12.43(g)와 그림 12.43(d)

(E) 그림 12.43(d)와 그림 12.43(f)

(F) 그림 12.43(f)와 그림 12.43(g)

개념문제 12.137 **평행한 다이폴의 배열**

그림 12.43(a)에서 보여지는 평행한 헤르쯔 다이폴 안테나의 배열의 경우, yz−면과 xy−면에서 그려진 배열 인자 플롯은?

(A) 그림 12.43(d)

(B) 그림 12.43(e)

(C) 그림 12.43(d)와 그림 12.43(e)

(D) 그림 12.43(e)와 그림 12.43(d)

(E) 그림 12.43(d)와 그림 12.43(f)

(F) 그림 12.43(h)와 그림 12.43(d)

개념문제 12.138 **평행한 다이폴의 배열**

그림 12.43(a)의 헤르쯔 다이폴 안테나 배열 (동위상으로 인가)로 형성되는 전체 방사 패턴이 yz−면과 xy−면에서 그려진 플롯은?

(A) 그림 12.43(d)와 그림 12.43(e)

(B) 그림 12.43(e)와 그림 12.43(d)

(C) 그림 12.43(h)와 그림 12.43(g)

(D) 그림 12.43(g)와 그림 12.43(f)

(E) 그림 12.43(e)와 그림 12.43(g)

(F) 그림 12.43(g)와 그림 12.43(e)

개념문제 12.139 **180° 위상 차이로 급전되는 평행한 다이폴의 배열**

그림 12.43(a)의 헤르쯔 다이폴 안테나 배열(180° 위상 차이)로 형성되는 전체 방사 패턴이 xy−면에서 그려진 플롯은?

(A) 그림 12.43(d)

(B) 그림 12.43(e)

(C) 그림 12.43(f)

(D) 그림 12.43(g)

(E) 그림 12.43(h)

개념문제 12.140 **평행하게 놓인 세 개의 다이폴 배열**

그림 12.44(a)에서 보여지는 것처럼 3개의 평행한 반 파장 다이폴 안테나가 있다. 세 개의 다이폴은 한 면에 놓여져 있고 인접한 안테나는 1/4 파장 떨어져 있다. 급전 전류의 크기는 1:2:1이고, 위상은 90° 차이가 난다. 그림 12.44(b)는 반 파장 다이폴의 패턴 플롯을 보여주고 그림 12.44(c)는 다이폴 면 (xz−면)에서의 배열 인자를 보여주고 있다. 배열 패턴의 xz−면은 형상은?

(A) 그림 12.44(d)

(B) 그림 12.44(e)

(C) 그림 12.44(f)

(D) 그림 12.44(g)

(E) 그림 12.44(h)

개념문제 12.141 **평행하게 놓인 세 개의 다이폴 배열**

그림 12.44(a)에서 보여지는 것처럼 3개의 평행한 반 파장 다이폴 안테나가 있다. 세 개의 다이폴은 한 면에 놓여져 있고 인접한 안테나는 1/4파장 떨어져 있다. 급전 전류의 크기는 1:2:1이고, 위상은 90° 차이가 난다. 그림 12.44(d)~(h)의 5개의 패턴 플롯 중에서 다이폴에 수직인 면 (xy-면)에서의 전체 방사 패턴의 단면은?

(A) 그림 12.44(d)

(B) 그림 12.44(e)

(C) 그림 12.44(f)

(D) 그림 12.44(g)

(E) 그림 12.44(h)

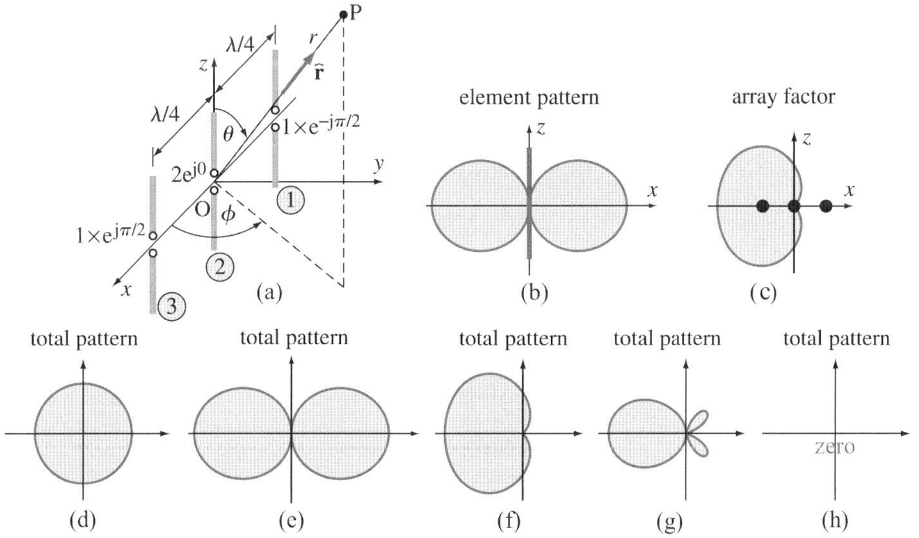

그림 12.44 3개의 평행한 반 파장 다이폴 안테나의 불균일 배열:
(a) 1/4 파장만큼 떨어지고 90° 위상 차이의 급전을 갖는 다이폴
(b) xz-면에서 단일 패턴 (c) xz-면에서의 배열 패턴
(d)-(h) 안테나 배열의 전체 방사 패턴의 5개의 플롯
(개념문제 12.130)

개념문제 12.142 **평행하게 놓인 세 개의 다이폴 배열**

그림 12.44(d)-(h)에서 제공된 5개의 패턴 플롯 중에서 배열축 (yz-면)에 수직한 면으로 잘라진 전체 방사 패턴은?

(A) 그림 12.44(d)

(B) 그림 12.44(e)

(C) 그림 12.44(f)

(D) 그림 12.44(g)

(E) 그림 12.44(h)

찾아보기

ㅁ

ㅂ

ㅅ

ㅇ

ㅈ

ㅊ

ㅋ

ㅌ

ㅍ